空间机器人捕获动力学与控制

Capture Dynamics and Control of Space Robot

蔡国平　刘晓峰　刘元卿　著

科 学 出 版 社

北　京

内 容 简 介

本书以空间机器人抓捕空间非合作目标为对象，详细介绍了抓捕前、抓捕中、抓捕后的相关理论与方法，内容包括：抓捕前的非合作目标的智能识别、运动观测、运动预测、近距离交会、姿态演化、主动消旋等，抓捕中的空间机器人无扰路径规划控制技术及几种抓捕策略，抓捕后的非合作目标惯性参数辨识技术、卫星组合体消旋及姿态快速稳定控制技术。另外还详细介绍了空间机器人关节柔性及摩擦建模、容错控制、追逃博弈等。本书内容是作者多年来在空间机器人技术方面的研究成果汇总，具有系统性和新颖性。

本书可供从事空间机器人技术研究的学者和工程技术人员阅读与使用，对于从事航天器动力学研究的学者也具有借鉴作用。

图书在版编目(CIP)数据

空间机器人捕获动力学与控制/蔡国平，刘晓峰，刘元卿著. —北京：科学出版社，2022.2

ISBN 978-7-03-070955-4

Ⅰ. ①空… Ⅱ. ①蔡… ②刘… ③刘… Ⅲ. ①空间机器人-机械动力学 ②空间机器人-机器人控制 Ⅳ. ①TP242.4

中国版本图书馆 CIP 数据核字(2021)第 269680 号

责任编辑：刘信力 郭学雯／责任校对：彭珍珍
责任印制：吴兆东／封面设计：无极书装

科学出版社出版
北京东黄城根北街 16 号
邮政编码：100717
http://www.sciencep.com
北京中科印刷有限公司印刷
科学出版社发行 各地新华书店经销
*
2022 年 2 月第 一 版 开本：720 × 1000 1/16
2022 年 2 月第一次印刷 印张：28 1/2
字数：558 000

定价：248.00 元

(如有印装质量问题，我社负责调换)

前　　言

空间技术是当今世界高新技术水平的集中展示，也是衡量一个国家综合国力的重要标志。空间机器人是航天器的典型代表之一，因其能代替人类完成空间站的组装与维修、轨道垃圾清理、太空资产维护，以及抓捕、释放、回收卫星等高度复杂的任务，所以对其技术的研究与开发一直是航天科技大国关注的热点。

空间机器人在轨捕获非合作目标是一件极其困难和高风险的太空任务。失控卫星、轨道碎片、小行星等漂浮物多是处于翻滚状态，很多未来的在轨服务任务必须解决抓捕这个极具挑战性的问题，否则在轨服务就无从谈起。空间机器人抓捕非合作目标的过程可以分为抓捕前、抓捕中和抓捕后三个阶段。抓捕前的主要任务是通过视觉等手段获得被抓捕目标的几何外形和运动学参数等信息，然后利用上述信息进行近距离交会，以使机器人到达抓捕位置。如果目标处于高速翻滚状态，抓捕前还需对目标进行消旋，以将目标角速度降低到可以抓捕的范围内。抓捕中的核心问题是空间机器人与被抓捕目标之间的接触碰撞分析以及抓捕控制策略。抓捕后的主要任务是对非合作目标的惯性参数进行辨识以及设计控制器对航天器组合体的姿态进行快速稳定。

本书详细介绍空间机器人在轨抓捕空间非合作目标的相关动力学与控制问题，内容包括：空间机器人的动力学建模，抓捕前的非合作目标的智能识别、运动观测、运动预测、近距离交会、大质量空间非合作目标的动力学演化机理和主动消旋策略，抓捕中的空间机器人机械臂的无扰路径规划控制技术、接触碰撞分析以及两种抓捕策略，抓捕后的空间非合作目标惯性参数辨识技术和两种航天器组合体的姿态快速稳定控制技术。另外，本书最后还安排有三个专题，详细介绍空间机器人的关节柔性及摩擦建模、容错控制问题以及追逃博弈问题。本书内容是作者多年来从事空间机器人技术研究的总结。

感谢国家自然科学基金项目 (11772187，11802174) 多年来的大力支持，使得本书研究内容得以顺利进行。本书所有内容是刘晓峰博士、刘元卿博士、余章卫博士、周邦召博士、王齐帅博士、周勍博士、雷霆博士、王靖森硕士和张琦硕士在学位论文期间完成的，他们在学位论文期间进行了积极和卓有成效的探索，作者表示衷心的感谢。本书撰写中还参考了国内外许多专家和学者的成果，在本书中皆已给出参考文献注释，在此一并对他们表示感谢。作者希望本书内容在对我国空间机器人技术的研究有所裨益的同时，也衷心希望各位专家和学者能够提出宝贵意见，以使得我们今后可以做进一步的研究和探索。

由于作者水平有限，本书内容难免会出现不妥之处，敬请读者批评与指正。

作　者

2021 年 3 月于上海交通大学

目　　录

抓捕中: 无扰路径规划控制、抓捕策略

抓捕后: 惯性参数辨识、消旋及姿态快速稳定

专题：关节柔性、关节摩擦、容错控制、追逃博弈

第 1 章 绪　　论

1.1 研究目的和意义

空间技术是当今世界高新技术水平的集中展示，也是衡量一个国家综合国力的重要标志。空间机器人技术是空间技术的典型代表之一，空间机器人因其能代替人类完成空间站的组装与维修、轨道垃圾清理、太空资产维护，以及抓捕、释放、回收卫星等高度复杂的任务，所以对其技术的研究与开发一直是航天科技大国关注的热点。

20 世纪 80 年代，由加拿大航天局为美国航天飞机设计的加拿大 1 号臂的投入使用标志着空间机器人正式开始登上了人类探索太空活动的舞台。随后发达国家加大了对空间机器人的研发力度，并且取得了丰富的研究成果，其中最具代表性的有加拿大航天局的 2 号臂、欧洲空间局 (ESA) 的欧洲机械臂和日本宇航局的日本机械臂。同时，发达国家还开展了大量空间机器人太空试验，如德国宇航局进行的空间机器人远距离操作实验、日本实验卫星 Ⅶ 号空间机器人实验、美国的轨道快车实验等。上述空间机器人及其试验标志着空间机器人在人类太空活动的应用方面取得了阶段性的成果。

伴随着外层空间的开发和利用，人类已经向太空发射了上千颗航天器，使用空间机器人进行在轨服务成为必然选择。同时，人类太空任务越来越复杂和多样，也需要空间机器人来代替宇航员完成各种空间任务。空间机器人的作用主要体现在如下四个方面。

(1) 太空垃圾清理。人类目前每年向太空发射 100 颗左右的航天器，其中约有 2% 的航天器没有进入指定轨道，并且有 8% 左右的航天器入轨后一个月就失效了。据估计，目前在太空中环绕地球飞行且长度大于 10 cm 的各种太空垃圾数量不少于 21000 件。这些太空垃圾和失效航天器长期占据着宝贵的轨道资源，同时也对正常在轨运行的航天器造成严重威胁。使用空间机器人对太空垃圾和失效航天器进行抓捕，进而将其推高到坟墓轨道或者拉低至大气层销毁，是一条切实可行的重要手段。

(2) 在轨维护、燃料添加和空间组装。卫星制造成本昂贵，故障或者燃料耗尽会导致卫星成为废星，造成巨大太空财产损失。空间机器人可以被用来对故障卫星进行维修和添加燃料，使其恢复正常工作。另外，空间结构朝着大型化方向发展，结构部件分批次发射入轨后再在太空进行组装，空间机器人能够代替人类完成在轨组装任务。

(3) 失效卫星再利用。由于太阳能帆板故障或者无法正常展开，卫星入轨后将无法正常工作，该问题可以借助空间机器人予以解决，这比重新发射一颗新卫星的成本要低许多。卫星由于燃料耗尽而成为废星时，其上的太阳能帆板等部件或元器件仍可以正常使用，可以使用空间机器人对失效卫星进行再组装，从而可以大大节约成本。

(4) 空间军事攻防。空间是现代战争的制高点，空间技术直接决定着现代战争的胜负。利用空间机器人技术来提升空间攻防能力是现代战争的焦点之一。

由以上可以看出，空间机器人在航天器的在轨服务中起着非常关键的作用，开展空间机器人动力学与控制问题的研究具有重要意义。

1.2　发展历程和研究动态

历史上第一个空间机器人是 20 世纪 70 年代加拿大为美国的航天飞机研制的 [1,2]，并于 1981 年上天服务，它是一个 6 自由度 15 m 长的机械臂，俗称 “加拿大臂”(Canadarm)，它负责从美国的航天飞机上装卸载荷、抓捕漂浮载荷、检测航天飞机的隔热外层以及为宇航员提供活动平台等工作。直至 2011 年随航天飞机的退休而停止工作，五条相同的机械臂在天上共完成了 34 项不同的任务，包括协助宇航员维修哈勃望远镜等。20 世纪 90 年代，加拿大又研发了两个空间机器人 [1,3,4]，一个是长度 17.6 m 的加拿大 2 号臂 (又称 SSRMS 或 Canadarm2)，主要用于组装国际空间站；另一个是加拿大灵巧臂 (又称 SPDM 或 DEXTRE)，用于维修空间站。与之前的加拿大臂相比，这两个新机器人都有冗余自由度，可以优化任务轨迹。日本研发的长 9.9 m 的 6 自由度空间站机械臂 JEMRM，在 2008 年运送到国际空间站，其主要工作是帮助照料空间站舱外的科学实验 [5]。欧洲空间局也研发了一个 11 m 长 7 自由度的空间站机械臂 (ERA)，但由于多种原因，该机械臂直到 2017 年才进入国际空间站，将用于空间站的辅助维护工作 [1]。美国国防高级研究计划局 (Defense Advanced Research Projects Agency, DARPA) 于 2007 年在 “轨道快车计划”(Orbital Express) 中，演示了一个 6 自由度 3 m 长的机械臂在轨抓捕一颗漂浮卫星并对该卫星进行加注燃料、更换部件和维修等典型的在轨服务操作 [6]。美国随后又在 “凤凰计划”(Pheonix)[7] 等几个项目中继续研发在轨服务机械人技术，旨在在轨维修故障卫星和从报废的卫星上回收零部件进行再利用。同时，美国还正在研究小卫星的抓捕与变轨技术，他们认为，未来小卫星很可能会撞击地球，因此需要研究追踪与抓捕小卫星的方法以及改变小卫星运行轨迹的路径。我国的空间站机械臂长 10.2 m，有 7 个自由度，主要用于抓捕飞船和组装空间站的工作，已于 2021 年发射上天。我国空间机器人研究起步较晚，第一个在轨工作的机械臂是在 2014 年上天的，比发达国家晚了 30 多年。

在轨服务任务中，被捕获的目标航天器可分为两类 [8]：合作目标、非合作目标。合作目标具有合作性，可向服务航天器传递相对运动信息，或便于进行交会对接等操作的条件。这类航天器通常安装有用于测量的特征和机械臂抓持或对接的装置。相对而言，非合作目标是指那些无法向服务航天器提供相对状态信息而且交互对接所需信息都未知的航天器。美国科学院空间研究委员会 (SSB)、航空与空间工程局 (ASEB) 在哈勃望远镜修复计划的评估报告中曾这样定义过非合作目标 [9]：“非合作目标是指那些没有安装通信应答机或其他主动传感器的空间目标，其他航天器不能通过电子讯问或发射信号等方式实现对此类目标的识别或定位”。非合作目标不能向服务航天器提供有效的信息，这就给交互测量、机械臂抓捕和对接等操作带来了极大的挑战。如何在没有合作信息的情况下对目标进行识别、测量和抓捕便成为非合作在轨服务的一项关键技术，同时也是任务中面临的难点技术 [8,10]。至今为止，人类已经开展了一些在轨捕获任务，例如，1984 年 4 月美国首次以航天飞机为在轨平台和在有宇航员参与的情况下，利用空间机械臂成功捕获回收了故障状态的“太阳峰年”卫星，这标志着在轨捕获技术首次应用到在轨服务领域 [10]；1990 年航天飞机又成功地捕获并回收了“长期暴露装置”；1992 年 5 月再次以航天飞机为任务平台，通过空间机械臂系统成功地捕获故障 Intelsat-6 国际通信卫星，并在为其安装远地点发动机后重新将其放入轨道。此外，美国国家航空航天局 (NASA) 还以航天飞机为平台对哈勃望远镜进行了 5 次在轨捕获修复任务 [8,11]。日本宇航局 (NASDA) 的 ETS-Ⅶ 卫星于 1997 年 11 月发射入轨，首次完成了无人情况下的自主在轨目标捕获，它验证了与自主在轨捕获相关的无人自主交会、在轨视觉伺服、机械臂控制、大延时下的遥操作等多项关键技术 [8,12]。2007 年 3 月发射上天的美国“轨道快车”卫星是美国以太空防御为目的而开发的一种具有在轨捕获能力的空间自主机器人系统，具有强烈的军事背景，特别是其在轨目标捕获的能力使美国在战时具备俘获敌方卫星的能力，它不但具备“太空虏星”的在轨捕获功能，同时也具备在轨维修、在轨加注等多项功能。“轨道快车”系统在验证在轨捕获技术过程中取得了许多新的技术突破，其中包括首次使用具有闭环视觉伺服系统和自动故障恢复功能的机械臂全自主地捕获自由漂浮目标，首次在捕获过程当中使用了基于被动探测系统的全自主导航与制导技术等 [8,13]。值得说明的是，人类迄今为止已经成功开展的在轨服务案例大都是针对合作目标的空间任务，即目标航天器经过了特殊设计以配合完成在轨服务任务，尚没有捕获非合作翻滚目标的成功案例报道 [8]。目前，各国实际在轨运行的航天器和在研型号，并没有专门设计用于接受在轨服务的抓捕手柄和测量标识器 (发光标识器或角反射镜)，即是非合作的，因此基于合作目标的在轨服务技术无法用于此类目标。在轨抓捕技术是航天高新技术领域中的一项极具前瞻性和挑战性的课题，同时也具有极高的军民两用双重价值。美国国家航空航天局、欧洲空间局以及日本宇航局等航天科研机构都对该技术表现出了高度关注，国内哈尔滨工业大学 [14-18]、清华大学 [19-23]、上海交通大学 [24-29]、北京理工大学 [30-32]、南京航空航天大学 [33-36]、西北工业大学 [37-40]、北京邮电大学 [41-45]、福州大学 [46-50]、中国空间技术研究院等也对相关技术进行了长期研究。

目前空间目标的抓捕方式有机械臂、绳系和微小卫星抓捕等。抓捕过程可以分为抓捕前、抓捕中和抓捕后。在文献 [1], [8], [10], [51], [52] 中，作者对空间机器人的相关技术和研究进展情况进行了综述，尤其是文献 [51]，详细总结了以上三个抓捕阶段目前的研究进展情况。抓捕前的主要任务通常是采用视觉等非接触方式确定被抓捕目标的几何外形、运动参数、惯量、质心和到抓捕点的距离等参数，以便确定合适的抓捕位置，规划空间机器人作业过程的路径和轨迹。抓捕中的核心问题是工作航天器和目标航天器间的接触碰撞，特别是动力学和控制问题。该过程冲击载荷大、作用时间短、存在碰撞后再次分离的可能，是复杂的非线性动力学问题。抓捕后的主要问题是系统的稳定控制。采用绳系和微小卫星抓捕的问题在此不再赘述，可以参见文献 [8], [10], [51], [52]。

目前，针对空间机器人抓捕合作目标的研究已经取得一些研究成果，但对非合作目标抓捕尚有许多科学问题有待进行探索。由于非合作目标不能提供有效信息来辅助空间机器人完成抓捕任务，因此有效获取非合作目标的运动参数、几何外形以及减慢目标的转动速度等是保证完成在轨抓捕的必要前提。随着现代计算机视觉技术的发展，通过视觉传感器可以实现对非合作目标的 3 维结构重建，以及对目标的运动分析已成为可能。目前，比较成熟的基于视觉 3 维重建技术的方案有两种 [53-55]：基于视觉里程计 (VO)/视觉实时定位与地图构建 (VSLAM) 的双目方案和单目 RGB-D 方案。这两种方案都能在光照条件比较理想的情况下完成对观测物体的 3 维重建，但考虑到太空环境中复杂的光照条件以及航天器表面附有具有反光特点的防护膜，上述 3 维重建方案尚不具备直接应用于太空环境的条件。另外，由于空间非合作目标并不能配合空间机器人对其表面信息进行获取，所以空间机器人需要具有主动获取非合作目标表面信息的能力，即根据当前观测数据规划下一步空间机器人运动轨迹以及快速实现在轨位置姿态机动控制的能力。由此可见，将视觉技术应用于在轨服务尚有许多科学问题有待解决。太空环境中，以失效航天器及其碎片为代表的非合作目标在结构外形上具有非常大的差异，仅通过人类经验设计具有通用性的抓取策略是有很大难度的。近年来，以深度学习和强化学习为代表的人工智能算法的不断成熟为抓捕非合作目标策略设计提供了新的可能。到目前为止，该类算法已经在图像分析、语音识别、自然语言处理、视频分类、视频游戏、棋牌类游戏、物理系统的导航与控制、用户交互算法等领域取得了令人瞩目的成就 [56,57]。在机器人领域，美国 Berkeley 大学的 Mahler 等 [58] 基于深度学习技术开发的机器人智能抓取系统在多种零部件抓取任务的成功率已经超过了基于人类设定规则所设计的抓取系统。该系统相对于传统的抓取系统，最大的区别是零部件的抓取位置是通过一个经过训练的深度学习网络获得的。美国 Berkeley 大学的 Levine 和 Abbeel[59-61] 在使用人工智能训练机器人完成复杂任务的研究领域也开展了很多非常有意义的探索，研究成果显示，通过强化学习训练获得的自主机器人控制系统在处理复杂任务的性能上已经远超基于人类制定规则所设计的控制系统。有理由相信，人工智能技术可以为空间非合作目标的在轨捕获提供帮助，且该技术具有在航天领域广泛应用的前景。

我国空间技术始于 20 世纪 50 年代，经过 60 多年的艰苦奋斗和自主创新，我国在空间技术方面取得了举世瞩目的成就，实现了跨越式发展。抓取空间翻滚目标是当前国际上的热点研究课题，它对空间站的组装与建设、航天器的在轨维修、空间碎片的清理、空间军事攻防等极具战略意义。为此，科技部和国家自然科学基金委员会面向我国航天事业未来的重大需求，分别于 2016 年 7 月正式发布了“十三五” 国家重大科技项目 “深空探测及空间飞行器在轨服务与维护系统” 和国家自然科学基金重大项目指南 “空间翻滚目标捕获过程中的航天器控制理论与方法”，旨在通过科学探索奠定空间飞行器在轨服务以及空间目标抓取的基础理论，以提高我国空间资产的使用效益，保证飞行器在轨的可靠运行。有理由相信，空间机器人技术的研究将能够促进我国航天事业的发展。

1.3 典型的空间机器人研究计划

世界各国在以往的半个世纪中对空间机器人技术进行了大量研究，取得了很多重要成果。本节针对世界各航天大国的空间机器人发展情况做一回顾与说明。

1.3.1 美国空间机器人计划

早在 20 世纪 80 年代，美国就已开始着手空间机器人相关项目的科研工作，主要包括如下项目。

(1) FTS (Flight Telerobotic Service) 项目 [62]。FTS 是 1986 年由 NASA 主导发起的，它是美国最早的空间机器人项目，原定于 1993 年对项目中的 DTF-1 空间机器人 (如图 1.1 所示) 进行测试飞行实验，以评估机器人系统在太空中的性能。它的主要目标是把机器人带出实验室而将其应用于恶劣环境的太空中，并且使其朝着自主的方向发展，从而替代宇航员完成在轨任务。虽然项目在 1991 年被取消，但是 DTF-1 空间机器人的设计已经基本结束，并且完成了机器人末端执行机构的建造。此外，该项目在各阶段相关飞行硬件方面的研究也取得了一些成果。

(2) RTFX (Ranger Telerobotic Flight Experiment) 项目 [63,64]。该项目开始于 1992 年，主要目的是验证空间遥操作机器人 (如图 1.2 所示) 对航天器的各种服务功能，为将来执行对近地轨道上航天器的在轨任务做准备。项目中的机器人是高度先进的，并且在太空环境中具有自由飞行能力。

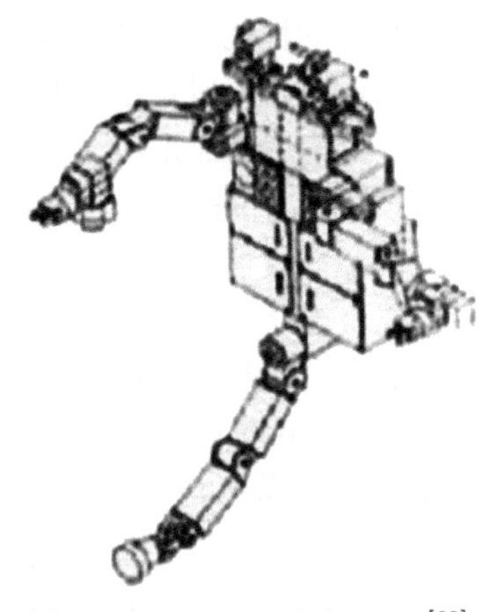

图 1.1　DTF-1 空间机器人 [62]

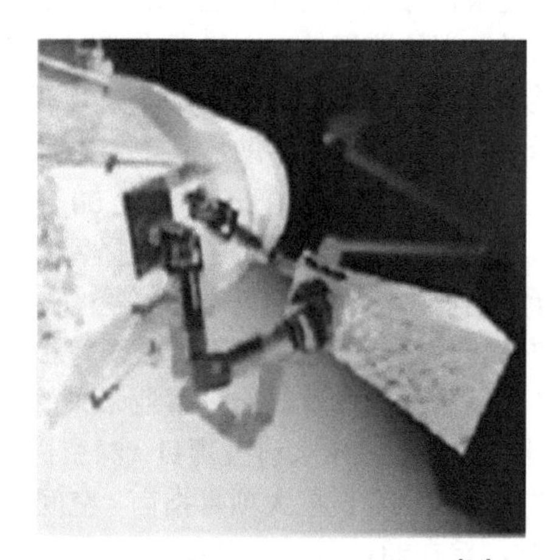

图 1.2　Ranger 遥操作机器人 [64]

(3) Skyworker 项目 [65]。Skyworker 是由 Carnegie Mellon 大学自主研制的，用于大规模有效载荷的运输和装配任务空间机器人。它是具有 11 个自由度的可移动空间机器人，具体的结构如图 1.3 和图 1.4 所示。

图 1.3　在轨转配的 Skyworker[65]

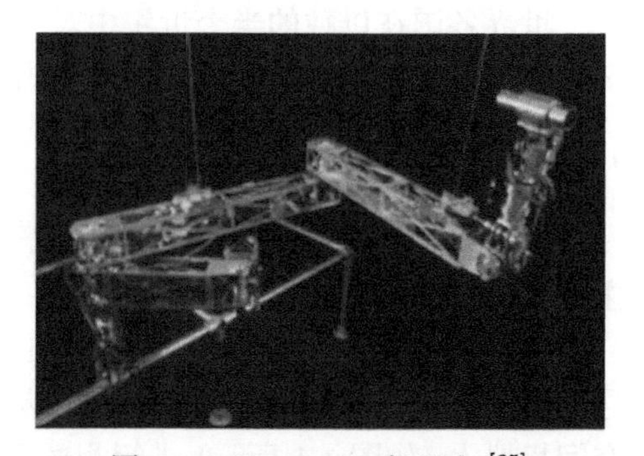

图 1.4　Skyworker 机器人 [65]

(4) AERCam (The Autonomous Extravehicular Activity Robotic Camera)

项目 [66]。AERCam 是一个沙滩排球大小、具有 6 个自由度的摄像机器人 (如图 1.5 所示)，主要用来对空间站和航天飞机内外部进行观察，帮助宇航员完成空间在轨任务。它是由 NASA 约翰逊航天中心设计开发的，机器人的半径为 14 cm，总重为 15.33 kg，带有重为 0.544 kg 的燃料。上面装有用来传送视频流到电脑和地面的两个摄像机、12 个小型氮气动力推进器和航电设备。1997 年 12 月 AERCam 进行了在轨测试 (如图 1.6 所示)，首先由舱外宇航员手动释放后飞行了约 30 分钟，由舱内宇航员在这段时间内对它进行操纵，拍摄图片并回传相关数据 [67,68]。

图 1.5 AERCam 机器人 [66]

图 1.6 AERCam 机器人的在轨测试 [67,68]

(5) Robonaut 项目 [69,70]。Robonaut 是由 NASA 约翰逊航天中心研制的，主要是用来取代航天员完成舱段外工作的一款空间机器人。如图 1.7 所示，Robonaut 在外形和运动能力上基本与人类的上半身一样，主要包含头部、躯体和手臂等部分，它能够使用多种工具完成大量复杂的操作。

(6) SCOUT(Space Construction and Orbital Utility Transport) 项目 [71]。由于现有的 EVA (extravehicular activity) 压力服系统对太阳辐射、空间辐射的防护很少，不能满足深空环境中的使用。为了在舱外活动中最大限度地利用人类灵活的手工操作，美国 Maryland 大学在结合压力服系统设计、航天器技术及机器人服务系统的基础上，开发了 SCOUT 系统，如图 1.8 所示。该系统的高、宽及深分别约为 2 m、1.5 m 和 2 m，可为宇航员在太空作业中提供良好的工作环境，并且容许零延迟开动操纵。

(7) "轨道快车" 项目 [72,73]。该项目是由 DARPA 于 1999 年提出的，主要是为了检验航天器在轨操作的一些相关核心技术。图 1.9 为该项目进行在轨演示的任务规划，主要包括以下方面的相关技术验证：短程及远程自动交会对接技术、捕捉及停靠、太空中的电力电子设备升级和在轨加注燃料等。2007 年 3 月 8 日

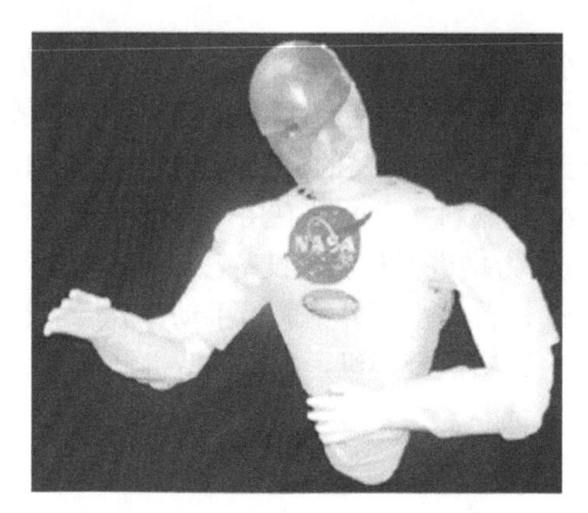

图 1.7　Robonaut 空间机器人 [69]

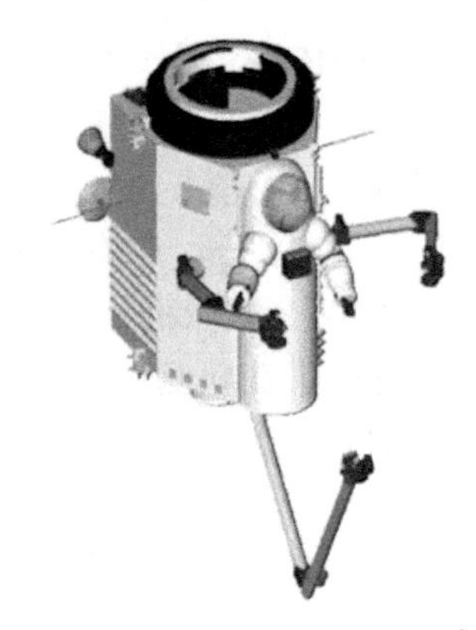

图 1.8　SCOUT 机器人系统 [71]

成功发射了轨道快车项目相关的航天器，并于 2007 年 7 月 22 日实现了所有的在轨项目的演示 [74]。

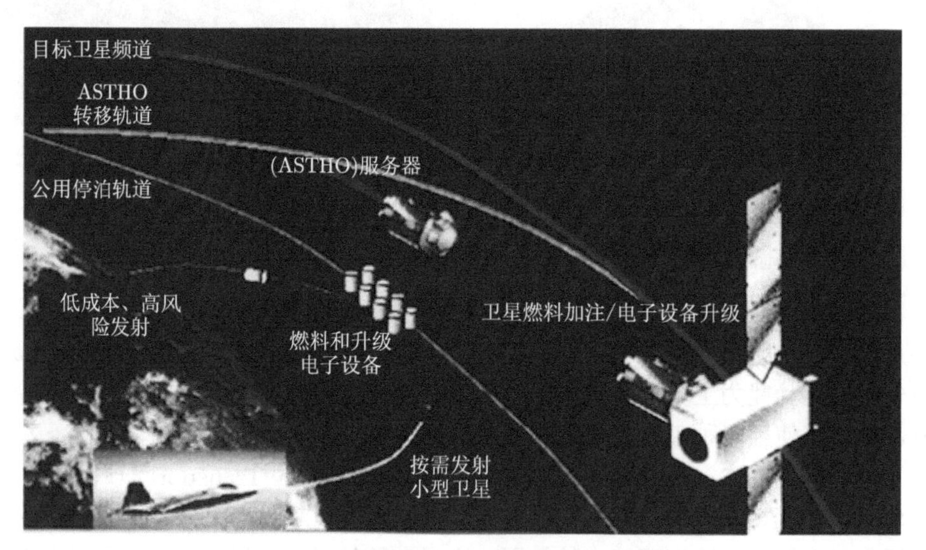

图 1.9　“轨道快车” 项目的验证内容 [73]

(8) “凤凰” (Phoenix) 计划项目 [75]。“凤凰” 计划原名为 “载人地球静止轨道服务” (Manned Geostationary Earth Orbit Servicing, MEOS) 计划，是由 DARPA 于 2011 年发起的，整个系统主要由服务星 (空间机器人)、细胞星 (Satlet) 和在轨投送设备 (POD) 三部分组成。它的主要任务是通过空间机器人 (如图 1.10 所示) 将商业卫星上弹出的 Satlet 和 POD 捕获后存放起来，然后携带它们至目标星附近并捕获目标星，最后通过 POD 的相关工具将 Satlet 安装在目标星上并激活。

图 1.10 “凤凰”计划的空间机器人 [75]

1.3.2 加拿大空间机器人计划

(1) 加拿大 SRMS (Shuttle Remote Manipulator System)[76,77]。SRMS 是由加拿大 MD Robotic 公司在 1981 年开发的，也是全球首个成功应用的远程遥操控的空间机械臂，它主要用于航天飞机检查维修、操纵以及在轨构筑和组装等在轨任务，目前已经成功地完成了 50 多个航天飞行器上的任务。它由上臂和下臂、终端执行机构和位于航天飞行器终端甲板上的控制台所组成。机械臂的总长为 50 in①，包含 6 个可以实现转动和平移运动的关节。图 1.11 为正在执行任务的 SRMS 机器人。

(2) 加拿大 MSS (Mobile Serving System)[78]。在 SRMS 原有的基础上，MD Robotic 公司又研制了在空间站上使用的远程遥操控的机器人系统，如图 1.12 所示。其主要由移动本体系统 (mobile base system, MBS)[79,80]、空间站远程遥操控机械臂系统 (space station remote manipulator system, SSRMS)[81,82] 和专用灵巧机械手 (special purpose dexterous manipulator, SPDM)[83-85] 三部分组成。其中 MBS 相当于整个系统的基座，系统运行的能源也由它来提供；SSRMS 主要用来搬运和组装大型物件，它由总共有 7 个自由度的两臂杆所组成；SPDM 可以执行一些更加复杂和精细的任务，相当于是 SSRMS 的末端执行器，它的总长度和总质量分别为 3.5 m、1.66 t。

① 1 in=2.54 cm。

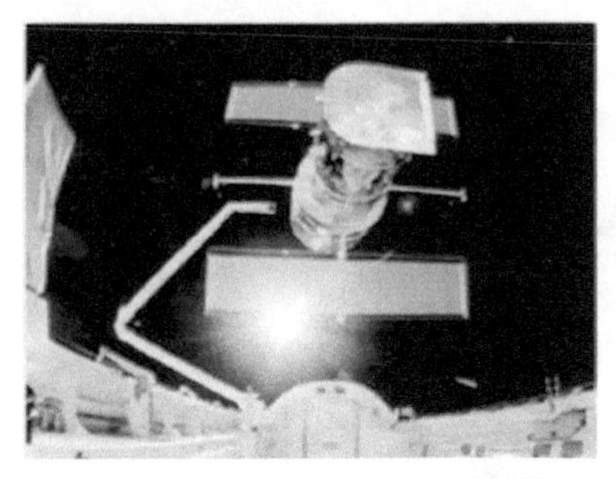

图 1.11 SRMS 机器人 [76,77]

图 1.12 MSS 系统 [79-81]

1.3.3 欧洲空间机器人计划

在过去的半个世纪里，空间机器人相关技术不断发展，德国、欧洲空间局、俄罗斯及意大利等国家也在积极进行研究和实验，相关项目如下所述。

(1) 德国 ROTEX (Robotic Technology Experiment) 项目 [86]。该项目发起于 1986 年，并在 1993 年从哥伦比亚航天飞机上成功发射，进行了结构组装、连接/断开开关动作及捕获空间漂浮目标等实验，并在多传感器融合的夹持技术及遥操作的延时补偿技术等方面取得了重大成果。ROTEX 使用了一个小型 6 轴的空间机器人 (太空中第一个遥操作机器人)，抓手上安装有很多传感器，其中包含有两个 6 轴的腕关节力 (力和力矩) 传感设备、触觉阵列、一组 9 个激光测距仪设备和一个小型的深度摄像机等，具体如图 1.13 所示。

(2) 德国 ESS (Experimental Servicing Satellite) 项目 [87,88]。该项目的主要目的是以 GEO 轨道上 TV-Sat1 为服务对象，利用服务星验证 ROTEX 中的遥操作思想在目标星检测、接近、抓取、停泊、维修及释放等操作的应用，如图 1.14 所示。

(3) 德国 ROKVISS (Robot Komponent Verification on ISS) 项目。在 2002 年，DLR (Deutsches Zentrum für Luft-und Raumfahart) 发起了 ROKVISS 项目，并于 2004 年随俄罗斯进步号宇宙飞船升空，随后在 2005 年实现了在国际空间站的俄罗斯舱段上的装配，它主要是为了验证模块化轻型机器人关节在实际外太空条件下的性能、持续时间下的动力学和摩擦行为以及远程遥操作监控方法的可行性 [89-91]。如图 1.15 所示，ROKVISS 中包含一个两关节力控的小型机器人、一个控制器、一个深度相机、一套光照系统、一个地球探测相机、一套电力能源设备以及其他用于机器人性能验证的相关装置。

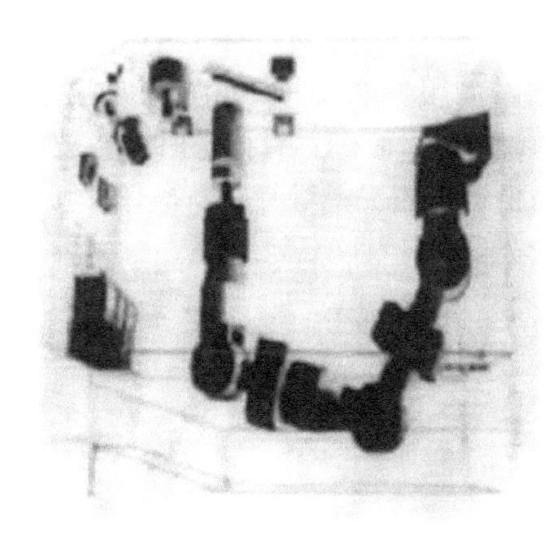

图 1.13 ROTEX 项目的空间机器人 [86]

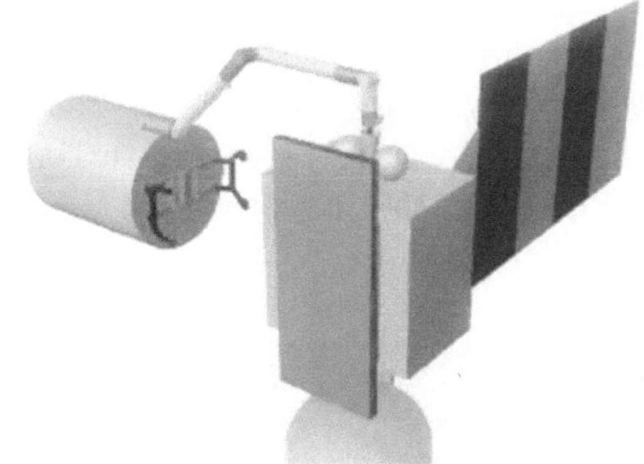

图 1.14 德国 ESS 项目 [87,88]

(4) 德国 TECSAS (Technology Satellites for Demonstration and Verification of Space Systems) 项目。该项目是由德国于 2003 年发起，加拿大参与的机器人项目。整个系统由德国安装有 7 个自由度的服务卫星和加拿大的客户端卫星构成，如图 1.16 所示。项目的主要目标是验证远程会合、近距离交会、绕飞观察、捕获合作与非合作目标、稳定组合体和辨识被捕获目标、组合体的机动飞行、分离目标星和编队分行等 [92,93]。

(5) 德国 DEOS (Deutsche Orbitale Servicing Mission) 项目 [94]。TECSAS 项目在 2006 年被中止后，DLR 后续又发起了 DEOS 项目。DEOS 同样包含服务和客户端两颗卫星，它们同时被发射到初始轨道。DEOS 的主要任务包括利用服务星的机械臂捕获翻滚非合作客户端卫星 (如图 1.17 所示) 和捕获后组合体再入预先定义的轨道。

图 1.15 德国 ROKVISS 项目的机器人 [90]

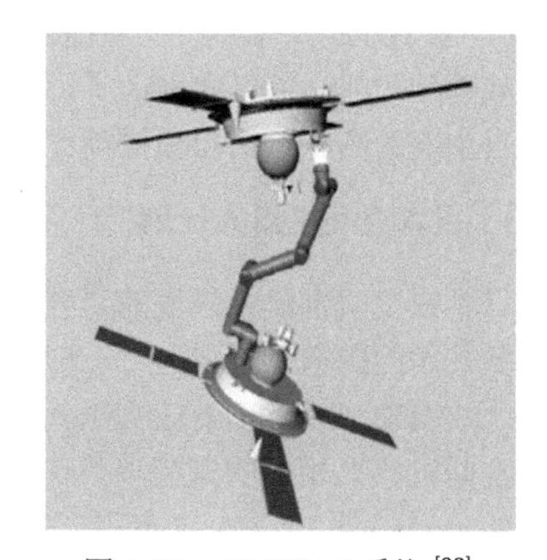

图 1.16 TECSAS 系统 [93]

(6) 欧洲空间局 GSV (Geostationary Service Vehicle) 项目 [95]。GSV 项目是于 1990 年发起的，它本质上是一带有机器人系统的服务航天器，如图 1.18 所示。它在发射后，一直处在静止轨道上直到它的生命结束，而一旦有任务时才会被激活去执行任务。GSV 的主要任务是针对地球静止轨道的卫星进行在轨操作，包括近距离对问题卫星进行观测检查及维修，将失效卫星拖入坟墓轨道等。

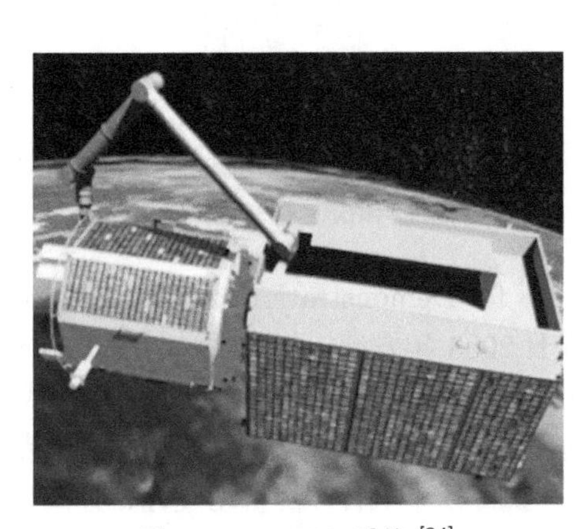

图 1.17 DEOS 系统 [94]

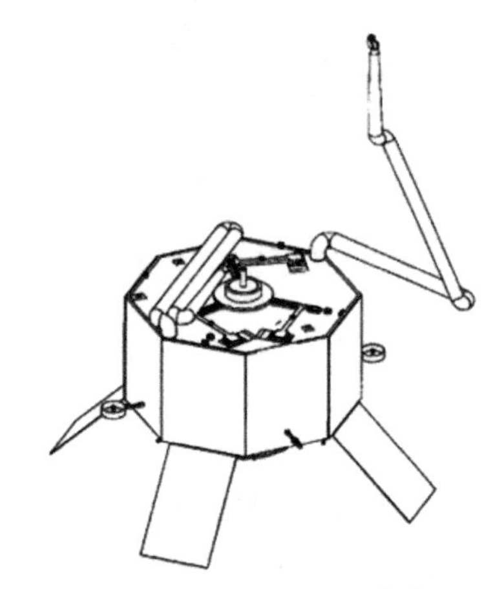

图 1.18 GSV 构型 [95]

(7) 欧洲空间局 ERA (European Robotic Arm) 项目 [96,97]。该项目是由欧洲空间局与俄罗斯航天局共同合作主导的，主要用来执行国际空间站俄罗斯舱段的装配和维修等任务。ERA 是一个长 11 m 并且可重复定位、结构完全对称的 7 关节机械系统，如图 1.19 所示。

(8) 意大利 SPIDER(Space Inspection Device for Extravehicular Repairs) 项目 [98]。SPIDER 项目是一个由意大利航天局 (ISA) 主导的在空间机器人领域长久的战略性项目。项目中设计了用于轨道附近执行检查和修理任务并且具有 7 个旋转自由度的高度自治自由漂浮空间机器人，如图 1.20 所示。

1.3.4 日本空间机器人计划

日本在空间机器人领域的研究工作始于 20 世纪 80 年代，是首先倡导在轨自主服务技术的国家之一 [99]，并在这个领域取得了重大成就，主要项目如下所述。

(1) MFD (Manipulator Flight Demonstration) 项目 [100]。MFD 是日本首个与空间机器人相关的试验项目。它作为 NASA 肯尼迪航天中心 (KSC)STS-85 其中的一个任务，于 1997 年从“发现号”航天飞机上成功发射并进行在轨实验。MFD 整个系统主要由空间的机载设备和地面的操控系统构成，如图 1.21 所示，该项目主要是用于评价和估计空间环境对材料性能退化的影响、收集宇宙尘埃、评

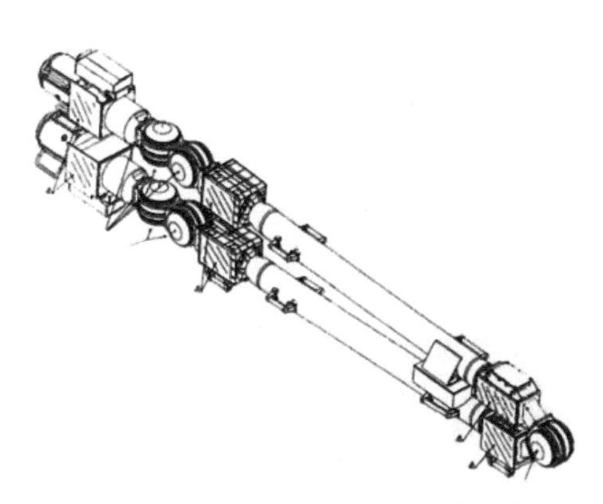

图 1.19 折叠状态下的 ERA[96,97]

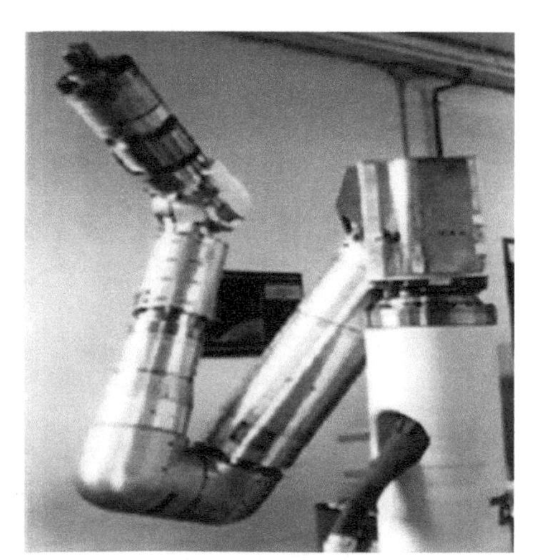

图 1.20 SPIDER 系统 [98]

定在空间微小重力条件下机械臂系统的各种性能、评定机械臂控制系统的人机接口性能以及验证机械臂对轨道替换单元的调试装卸、门的开关性能等。

(2) ETS-Ⅶ (Engineering Test Satellite Ⅶ) 项目 [101]。1997 年 11 月 28 号，日本宇航局成功发射世界上第一颗使用了机械臂系统的卫星。ETS-Ⅶ 由质量为 2.5 t 的追踪星和质量为 0.4 t 的目标星组成，其中机械臂机构安装在追踪星上，长度为 2 m，有 6 个旋转自由度，在末端执行机构上和第一个关节上配置有摄像设备，如图 1.22 所示。ETS-Ⅶ 的主要任务是验证自主交会对接和空间机器人实验等在轨关键技术 [102-104]。

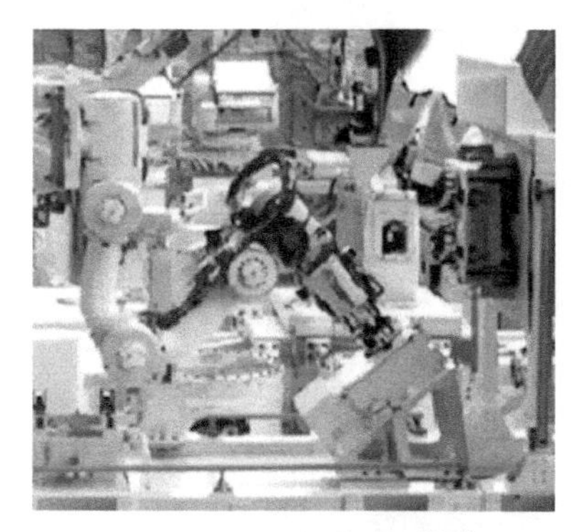

图 1.21 MFD 系统 [100]

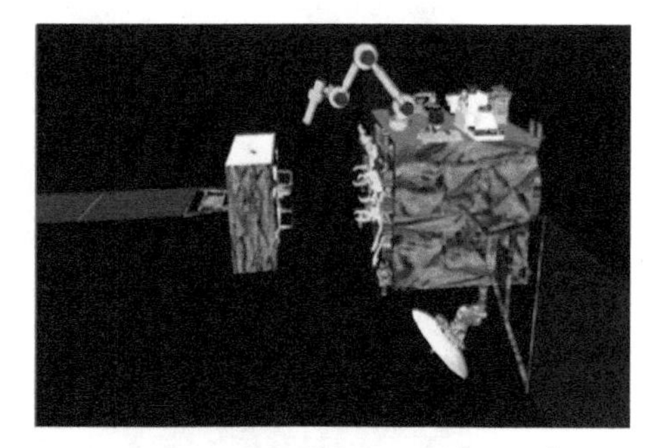

图 1.22 日本的 ETS-Ⅶ[102-104]

(3) OMS (Orbital Maintenance System) 项目 [105]。日本通信研究实验室 (CRL) 在 2004 年提出了在轨执行监控测量、修理和清除等任务的轨道维护项目

OMS，并且为其开发了一套可以实现各种图像处理功能的机械臂模块。该项目的首要任务是能够自主识别并实现与目标航天器的交会对接，如图 1.23 所示。

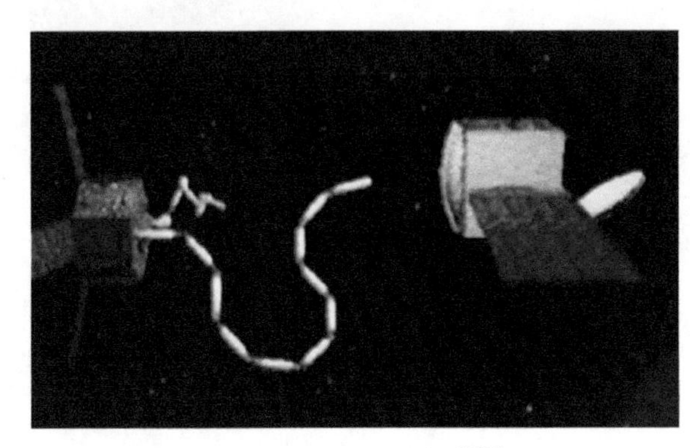

图 1.23 OMS 系统 [105]

(4) JEMRMS (Japanese Experiment Module Remote Manipulator System, JEMRMS) 项目 [106]。JEMRMS 是日本宇航局为国际空间站中日本实验舱段设计的遥操作机器人系统。该系统主要由主臂杆 (MA) 和小臂杆 (SFA) 构成，其中主臂杆 (MA) 安装在舱段上，它有 9.8 m 长、420 kg 重、6 个自由度，主要用于传递、取回及停泊有效载荷 [5]。小臂杆初始时放在外部设备上备用，使用时就安装在主臂杆终端上，它有 1.6 m 长、1100 kg 重，也是 6 个自由度，主要用来完成一些比较精细的工作如天线安装等，整个系统如图 1.24 所示。

图 1.24 日本的 JEMRMS[5]

1.3.5 我国空间机器人计划

由以上可以看出，国外航天发达国家和地区已经在空间机器人技术上开展了很多理论研究与实践。我国在空间机器人技术方面的探索研究工作起步比较晚，直到 20 世纪 80 年代末才开始了空间机器人的相关项目。到目前为止，国内的一些研究所和高校已经针对空间机器人技术展开了许多基础性研究工作，在一些关键技术上也取得了突破 [107]，其中“舱外自由移动空间机器人的地面模拟演示系统”(EMR 系统) 是影响力比较大的。EMR 系统包括重力抵消系统、可以实现走动和操控运动的机构及可以模拟舱内外环境的机器人作业平台 [108]，整个系统在地面上的本体重力采取吊丝配重的方法进行补偿，机器人系统为一个 5 自由度对称结构，尾部的夹钳结构抓手为末端执行机构，如图 1.25 所示。EMR 系统主要的地面演示任务有行走、搬运、更换零件、抓取物体及其他舱外的工作任务 [108]。

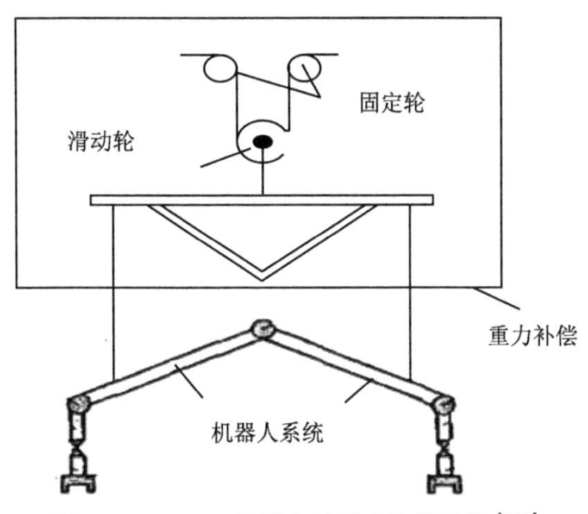

图 1.25 EMR 机器人及重力补偿系统 [108]

近年来，在众多空间需求的引导下，比如空间站建设、在轨维护、空间碎片清除、月球/火星/小行星探测、空间太阳能电站建设等，我国空间机器人及空间人工智能技术也在蓬勃发展，并在在轨服务、空间组装与生产、月球与深空勘探等方面取得了一系列成绩。嫦娥三号的成功发射实现了“玉兔”号月球车对月面的勘探计划，火星表面巡视监测机器人也在积极地进行研制，一系列航天器的在轨能源补给关键技术也获得了重大突破。

1.4 本书主要内容

第 1 章，绪论。本章介绍空间机器人技术研究的意义、研究动态以及几个著名的空间机器人研究计划。

第 2 章，空间机器人动力学建模。该章采用 Jourdain 速度变分原理和单向递推组集方法介绍空间机器人动力学模型的建立方法。

第 3 章，基于点云技术的空间非合作目标智能识别。由该章开始至第 9 章，介绍空间机器人抓捕空间非合作目标之前的动力学与控制问题。该章介绍基于点云技术的空间非合作目标智能识别技术，通过构建卫星点云数据集以及完成监督训练让神经网络具备识别点云数据中特定结构的能力。

第 4 章，空间非合作目标运动观测技术。对非合作目标进行抓捕，必须对其进行实时运动观测，即实时获取它的运动学信息。该章介绍两种基于视觉的空间非合作目标的运动观测技术，分别利用目标的彩色图和深度图实现目标的实时运动观测。

第 5 章，空间非合作目标运动预测技术。如果能够预测目标的运动状态，空间机器人将能够提前规划运动轨迹以接近目标，这将有利于目标的捕获。该章介绍一种空间非合作目标的运动预测技术，其可根据目标当前时刻和以往时间的运动学信息估计出目标往后时间的运动学信息。

第 6 章，空间非合作目标近距离交会技术。当空间机器人与目标相距几百米并且已经估计得到目标的运动状态后，机器人需要规划路径以接近目标，然后实施抓捕操作。该章介绍一种近距离交会的路径规划与控制方法。

第 7 章，空间大质量非合作目标姿态演化机理。失效航天器等空间非合作目标在太空运行一段时间之后会表现为单轴旋转、周期运动等稳定运动状态。若能够知道非合作目标的动力学演化机理，将有利于机器人做持续的跟进操作。该章对空间非合作目标的动力学演化机理进行研究，给出一个动力学演化判断准则。

第 8 章，空间大质量非合作目标抓捕前主动消旋策略 1。当空间非合作目标质量较大和旋转角速度较高时，直接采用机械臂进行抓捕有可能导致机械臂的损伤，因此有必要在抓捕前先进行消旋处理，将目标旋转角速度降低到可以抓捕的范围内。该章介绍一种使用柔性机构对目标进行主动消旋的控制策略，利用柔性机构与目标的间歇摩擦接触来降低目标的旋转角速度。

第 9 章，空间大质量非合作目标抓捕前主动消旋策略 2。该章介绍另一种主动消旋策略，该策略通过构建过阻尼控制器来实现消旋过程中空间机器人末端执行器与目标的接触保持，进而产生持续的消旋力。这样空间机器人可以实现对大惯性空间非合作目标的快速消旋。

第 10 章，空间机器人无扰路径规划控制技术。由该章开始至第 12 章，介绍空间机器人抓捕空间非合作目标过程中的动力学与控制问题。该章介绍空间机器人的无扰路径规划控制技术。当空间机器人与目标保持相对静止并且开始操作机械臂进行抓捕时，机械臂的运动会引起机器人本体位形发生改变，有可能导致机器人与目标相撞。该章给出一种无扰路径规划控制技术，以保证机械臂末端执行器到达抓捕点时机器人本体的姿态不发生改变。

第 11 章，空间非合作目标抓捕策略 1。该章介绍一种抓捕控制策略，分别使用刚性机器人和柔性机器人抓捕空间非合作漂浮目标，内容包括碰撞分析和抓捕控制策略设计。

第 12 章，空间非合作目标抓捕策略 2。该章介绍另一种抓捕控制策略，设计了一种新颖的接触碰撞控制方法，以使得机械臂末端执行器和目标接触后不分开，进而确保抓捕任务顺利执行。

第 13 章，空间非合作目标惯性参数辨识技术。由该章开始至第 15 章，介绍空间机器人抓捕空间非合作目标之后的动力学与控制问题。空间机器人抓住非合作目标后，卫星组合体的位形会发生剧烈改变，因此需要采取控制措施对卫星组合体的姿态进行快速稳定，而姿态控制律的设计则要求知道非合作目标的惯量等参数。该章给出一种空间非合作目标惯性参数的辨识方法。

第 14 章，空间非合作目标抓捕后阶段主动消旋策略 1。在消旋过程中，目标的运动测量误差和组合体系统上柔性附件的振动会增加姿态稳定的难度。该章给出一种针对非合作目标的消旋策略，在对目标的消旋轨迹进行规划后，实现了空间机器人的本体姿态和末端执行器运动的协同控制。

第 15 章，空间非合作目标抓捕后阶段主动消旋策略 2。该章给出另一种消旋控制策略。为了使空间机器人在消旋过程中满足位姿和运动约束，需要对其运动轨迹进行优化。该章通过将消旋问题转化为多目标多约束优化问题，得到了空间机器人的最优消旋轨迹集，基于混合控制方案实现了空间机器人的消旋轨迹追踪和柔性附件的残余振动抑制。

第 16 章，空间机器人关节柔性和关节摩擦建模问题。由该章开始至第 18 章，介绍空间机器人动力学的三个专题：关节柔性和关节摩擦，容错控制，追逃博弈。该章介绍关节柔性和关节摩擦。

第 17 章，空间机器人容错控制问题。空间机器人的故障有可能引起严重后果，而主动容错控制则能够对故障进行有效补偿。该章介绍一种基于变结构控制方法的空间机器人的容错控制设计方法。

第 18 章，空间非合作目标追逃博弈问题。追逃博弈本质上是一个双边控制的连续动态对抗问题，博弈双方具有相互冲突的目标，追踪星旨在接近逃逸星，而逃逸星则努力摆脱接近。该章基于微分对策理论介绍追逃博弈控制设计问题。

参 考 文 献

[1] 马欧. 空间机器人技术研究现状与展望 [J]. 中国自动化学会通讯, 2016, 37(3): 12-15.

[2] Wagner-Bartak C G J. Shuttle remote manipulator system: Canadarm – a robot arm in space[J]. Space Solar Power Review, 1982, 4(1): 131-142.

[3] Nokleby S B. Singularity analysis of the Canadarm2[J]. Mechanism & Machine Theory, 2007, 42(4): 442-454.

[4] Abramovici A. The Special Purpose Dexterous Manipulator (SPDM) systems engineering effort – a successful exercise in cheaper, faster and (hopefully) better systems engineering[J]. Journal of Reducing Space Mission Cost, 1998, 1(2): 177-199.

[5] Abiko S, Yoshida K, Sato Y, et al. Performance improvement of JEMRMS in light of vibration dynamics[J]. Journal of Voice, 2005, 11(3): 332-337.

[6] Friend R B. Orbital Express program summary and mission overview [C]. Proceedings of the Society of Photo-Optical Instrumentation Engineers (SPIE), Orlando, Florida, 2008.

[7] 陈罗婧, 郝金华, 袁春柱, 等. "凤凰" 计划关键技术及其启示 [J]. 航天器工程, 2013, 22(5): 119-128.

[8] 梁斌, 杜晓东, 李成, 等. 空间机器人非合作航天器在轨服务研究进展 [J]. 机器人, 2012, 34(2): 242-256.

[9] Lanzerotti L J. Assessment of options for extending the life of the Hubble Space Telescope: Final Report[R], Tech. Rep., National Research Council of the National Academies, 2005.

[10] 翟光, 仇越, 梁斌, 等. 在轨捕获技术发展综述 [J]. 机器人, 2008, 30(5): 467-480.

[11] Space Telescope Science Institute. Hubble space telescope primer for cycle 15[R]. Baltimofe, MD, USA, 2005 (http://guaix.fis.ucm.es/~agpaz/Instrumentacion_Espacio_2010/Espacio_i.Docs/HST/hst_c15_primer.pdf).

[12] Oda M. Space robot experiment on NASDA's ETS-VII satellite [C]. IEEE International Conference on Robotics and Automation. Piscataway, NJ, USA, 1999.

[13] Shoemaker J, Wright M. Orbital express space operations architecture program[C]. Proceedings of the SPIE, Bellingham, WA, USA, 2003.

[14] 高翔宇. 航天器轨道交会鲁棒和最优控制设计 [D]. 哈尔滨工业大学博士学位论文, 2014.

[15] 黄秀韦. 非合作目标情形下的航天器交会参数辨识与控制器设计 [D]. 哈尔滨工业大学硕士学位论文, 2015.

[16] Wang Q, Zhou B, Duan G R. Robust gain scheduled control of spacecraft rendezvous system subject to input saturation[J]. Aerospace Science and Technology, 2015: 442-450.

[17] He Y, Liang B, Du X D. Measurement of relative pose between two non-cooperative spacecrafts based on graph cut theory[C]. IEEE International Conference on Control Automation Robotics & Vision, Marina Bay Sands, Singapore, 2014.

[18] Gao X H, L B, Qiu Y. A PSO algorithm of multiple impulses guidance and control for GEO space robot[C]. IEEE International Conference on Control Automation Robotics & Vision, Marina Bay Sands, Singapore, 2014.

[19] Gao X H, Liang B, Pan L, et al. A monocular structured light vision method for pose determination of large non-cooperative satellites[J]. International Journal of Control Automation & Systems, 2016, 14(6): 1535-1549.

[20] Wu S, Mou F L, Ma O. Contact dynamics and control of a space manipulator capturing

a rotating object[C]. AIAA Guidance, Navigation, and Control Conference, Grapevine, Texas, USA, 2017.

[21] Xu W F, Peng J Q, Liang B, et al. Hybrid modeling and analysis method for dynamic coupling of space robots[J]. IEEE Transactions on Aerospace & Electronic Systems, 2016, 52(1): 85-98.

[22] Zhang B, Liang B, Wang X Q, et al. Manipulability measure of dual-arm space robot and its application to design an optimal configuration[J]. Acta Astronautica, 2016, 128: 322-329.

[23] Yang T F, Yan S Z, Ma W, et al. Joint dynamic analysis of space manipulator with planetary gear train transmission[J]. Robotica, 2016, 34(5): 1042-1058.

[24] 余章卫. 六自由度空间机器人动力学建模与控制研究 [D]. 上海交通大学博士学位论文, 2018.

[25] 刘晓峰. 空间机器人多体动力学及捕获目标研究 [D]. 上海交通大学博士学位论文, 2016.

[26] 王靖森. 空间机器人动力学建模与参数辨识研究 [D]. 上海交通大学硕士学位论文, 2016.

[27] Liu X F, Li H Q, Chen Y J, et al. Dynamics and control of capture of a floating rigid body by a spacecraft robotic arm[J]. Multibody System Dynamics, 2015, 33: 315-332.

[28] Liu X F, Li H Q, Wang J S, et al. Dynamics analysis of flexible space robot with joint friction[J]. Aerospace Science and Technology, 2015, 47: 164-176.

[29] Yu Z W, Liu X F, Cai G P. Dynamics modeling and control of a 6-DOF space robot with flexible panels for capturing a free floating target[J]. Acta Astronautica, 2016, 128: 560-572.

[30] Hu Q, Zhang Y, Zhang J R, et al. Formation control of multi-robots for on-orbit assembly of large solar sails[J]. Acta Astronautica, 2016, 123: 446-454.

[31] Hu Q, Zhang J R. Dynamics and trajectory planning for reconfigurable space multibody robots[J]. Journal of Mechanical Design, 2015, 137(9): 092304.

[32] 莫洋. 大型空间机械臂动力学建模与稳定控制策略 [D]. 北京理工大学硕士学位论文, 2016.

[33] 潘正伟. 空间非合作目标捕获机构设计及动力学分析 [D]. 南京航空航天大学硕士学位论文, 2017.

[34] 田志祥. 自由漂浮空间机器人多体动力学及目标捕获研究 [D]. 南京航空航天大学博士学位论文, 2012.

[35] Huang Z, Lu Y, Wen H, et al. Ground-based experiment of capturing space debris based on artificial potential field[J]. Acta Astronautica, 2018, 152: 235-241.

[36] 陈辉, 文浩, 金栋平, 等. 用弹性绳系系统进行空间捕捉的最优控制 [J]. 宇航学报, 2009, 2: 550-555.

[37] 王东科. 空间绳系机器人目标抓捕及抓捕后稳定控制方法研究 [D]. 西北工业大学博士学位论文, 2015.

[38] 王明. 空间机器人目标抓捕后姿态接管控制研究 [D]. 西北工业大学博士学位论文, 2015.

[39] 薛爽霜. 双臂空间机器人捕获翻滚目标后参数辨识和控制技术研究 [D]. 西北工业大学硕士学位论文, 2016.

[40] Wang M M, Luo J J, Yuan J P, et al. Detumbling strategy and coordination control

of kinematically redundant space robot after capturing a tumbling target[J]. Nonlinear Dynamics, 2018, 92(3): 1023-1043.

[41] 温玉芹. 空间机械臂非线性传动关节的位置控制策略研究 [D]. 北京邮电大学硕士学位论文, 2015.

[42] 陈智链. 空间机械臂在轨运行碰撞干涉分析方法研究 [D]. 北京邮电大学硕士学位论文, 2015.

[43] Liu Y Q, Tan C L, Sun H X, et al. Multi-objective trajectory optimization for space manipulator with multi-constraints[D]. IEEE International Conference on Mechatronics and Automation, Beijing, China, 2015.

[44] Chu M, Zhang Y H, Chen G, et al. Effects of joint controller on analytical modal analysis of rotational flexible manipulator[J]. Chinese Journal of Mechanical Engineering, 2015, 28(3): 460-469.

[45] Gao X, Wang Y F, Sun H X, et al. Research on construction method of operational reliability control model for space manipulator based on particle filter[J]. Mathematical Problems in Engineering, 2015, 2015: 1-11.

[46] 董楸煌. 漂浮基单、双臂空间机器人捕获目标过程接触碰撞动力学分析与镇定控制 [D]. 福州大学博士学位论文, 2014.

[47] 李茂涛. 驱动力矩受限情况下漂浮基空间机器人系统的轨迹跟踪控制研究 [D]. 福州大学硕士学位论文, 2014.

[48] Dong Q H, Chen L. Impact dynamics analysis of free-floating space manipulator capturing satellite on orbit and robust adaptive compound control algorithm design for suppressing motion[J]. Applied Mathematics and Mechanics (English Edition), 2014, 35(4): 413-422.

[49] Yu X Y, Chen L. Modeling and observer-based augmented adaptive control of flexible-joint free-floating space manipulators[J]. Acta Astronautica, 2015, 108: 146-155.

[50] Dong Q H, Chen L. Impact effect analysis of dual-arm space robot capturing a non-cooperative target and force/position robust stabilization control for closed-chain hybrid system[J]. Journal of Mechanical Engineering, 2015, 51(9): 37-44.

[51] Flores-Abad A, Ma O, Pham K, et al. A review of space robotics technologies for on-orbit servicing[J]. Progress in Aerospace Sciences, 2014, 68: 1-26.

[52] 戴振东. 空间机器人的若干前沿领域: 研究进展和关键技术 [J]. 载人航天, 2016, 22(1): 9-15.

[53] Steven S M, Curless B, Diebe J, et al. A comparison and evaluation of multi-view stereo reconstruction algorithms[C]. Proceedings of the IEEE Computer Society Conference on Computer Vision and Pattern Recognition, Washington, USA, 2006, 1: 519-528.

[54] Strecha C, von Hansen W, van Gool L, et al. On benchmarking camera calibration and multi-view stereo for high resolution image[C]. Proceeding of the IEEE Conference on Computer Vision and Pattern Recognition, Anchorage, USA, 2008: 1-8.

[55] Furukawa Y, Hernández C. Multi-View Stereo: A Tutorial[M]. Citeseer, 2015.

[56] 刘全, 翟建伟, 章宗长, 等. 深度强化学习综述 [J]. 计算机学报, 2017, 40: 1-28.

[57] 李晨溪, 曹雷, 张永亮, 等. 基于知识的深度强化学习研究综述 [J]. 系统工程与电子技术, 2017, 30(11): 2604-2613.

[58] Mahler J, Liang J, Niyaz S, et al. Dex-Net 2.0: Deep learning to plan robust grasps with synthetic point clouds and analytic grasp metrics[J]. https://arxiv.org/pdf/1703.09312.pdf.

[59] Levine S, Abbeel P. Learning neural network policies with guided policy search under unknown dynamics[C]. Proceedings of Advances in Neural Information Processing Systems, Montréal, Canada, 2014: 1071-1079.

[60] Levine S, Wagener N, Abbeel P. Learning contact-rich manipulation skills with guided policy search[C]. Proceeding of the IEEE International Conference on Robotics and Automation, Seattle, USA, 2015: 156-163.

[61] Levine S, Finn C, Darrell T, et al. End-to-end training of deep visuomotor policies[J]. The Journal of Machine Learning Research, 2016, 17(1): 1334-1373.

[62] Andary J F, Spidaliere P D. The development test flight of the flight telerobotic servicer: design description and lessons learned[J]. IEEE Transactions on Robotics & Automation, 2002, 9(5): 664-674.

[63] David L A. Flight-ready robotic servicing for Hubble space telescope: a white paper[R]. Space Systems Laboratory, University of Maryland College Park, MD, 2004.

[64] Parrish J C. Ranger telerobotic flight experiment: a teleservicing system for on-orbit spacecraft // Telemanipulator and Telepresence Technologies III[C]. International Society for Optics and Photonics, Boston, United States, 1996.

[65] Staritz P J, Skaff S, Urmson C, et al. Skyworker: a robot for assembly, inspection and maintenance of large scale orbital facilities[C]. IEEE International Conference on Robotics and Automation, Seoul, Korea, 2001.

[66] Alenius L, Gupta V. Modeling an AERCam: A case study in modeling with concurrent constraint languages[C]. Proceedings of the CP'97 Workshop on Modeling and Computation in the Concurrent Constraint Languages, 1998.

[67] https://spaceflight.nasa.gov/station/assembly/sprint/.

[68] Williams T, Tanygin S. On-orbit engineering test of the AERCam sprint robotic camera vehicle [C]. Proceedings of the AAS/AIAA Space Flight Mechanics Meeting, Monterey, CA, 1998.

[69] Pedersen L, Kortenkamp D, Wettergreen D, et al. A survey of space robotics [C]. Citeseer, 2003.

[70] Lovchik C S, Diftler M A. The Robonaut hand: a dexterous robot hand for space[C]. IEEE International Conference on Robotics and Automation, Detroit, Michigan, 1999.

[71] Akin D, Bowden M. Human-robotic hybrids for deep space EVA: The SCOUT Concept[C]. AIAA Space 2003 Conference & Exposition, 2003.

[72] 林来兴. 美国 “轨道快车” 计划中的自主空间交会对接技术 [J]. 国际太空, 2005, (2): 23-27.

[73] Whelan D A, Adler E A, Wilson S B, et al. DARPA orbital express program: effecting a revolution in space-based systems[C]. Small Payloads in Space. International Society

for Optics and Photonics, 2000.

[74] Friend R B. Orbital Express program summary and mission overview[C]. Proceedings SPIE, 2008, 2(3): 6958-6969.

[75] 闫海江, 范庆玲, 康志宇, 等. DARPA 地球静止轨道机器人项目综述 [J]. 机器人, 2016, 38(5): 632-640.

[76] Wu E C, Hwang J C, Chladek J T. Fault-tolerant joint development for the space shuttle remote manipulator system: Analysis and experiment[J]. IEEE Transactions on Robotics and Automation, 1993, 9(5): 675-684.

[77] King D. Space servicing: past, present and future[C]. Proceedings of the 6th International Symposium on Artificial Intelligence and Robotics & Automation in Space: i-SAIRAS, Quebec, Canada, 2001.

[78] Gibbs G, Sachdev S. Canada and the international space station program: overview and status[J]. Acta Astronautica, 2002, 51(1-9): 591-600.

[79] Stieber M E, Hunter D G, Abramovici A. Overview of the mobile servicing system for the international space station[C]. European Space Agency-publications-ESA SP, 1999, 440: 37-42.

[80] Coleshill E, Oshinowo L, Rembala R, et al. Dextre: improving maintenance operations on the international space station[J]. Acta Astronautica, 2009, 64(9-10): 869-874.

[81] Kong X, Gosselin C M. A dependent-screw suppression approach to the singularity analysis of a 7-DOF redundant manipulator: Canadarm2[J]. Transactions-Canadian Society for Mechanical Engineering, 2005, 29(4): 593-604.

[82] Xu W, Zhang J, Qian H, et al. Identifying the singularity conditions of Canadarm2 based on elementary Jacobian transformation[C]. Intelligent Robots and Systems (IROS), 2013 IEEE/RSJ International Conference on, Tokyo, Japan, 2013.

[83] Ma O, Wang J, Misra S, et al. On the validation of SPDM task verification facility[J]. Journal of Field Robotics, 2004, 21(5): 219-235.

[84] Hwang J, Wu E, Bell A, et al. Design of a SPDM-like robotic manipulator system for Space Station on orbit replaceable unit ground testing-an overview of the system architecture[C]. Proceedings of the IEEE International Conference on Robotics and Automation, San Diego, CA, USA, 1994.

[85] Bassett D, Abramovici A. Special purpose dexterous manipulator (SPDM) requirements verification[J]. European Space Agency-publications-ESA SP, 1999, 440: 43-48.

[86] Hirzinger G, Brunner B, Dietrich J, et al. ROTEX-the first remotely controlled robot in space[C]. Proceedings of the IEEE International Conference on Robotics and Automation, San Diego, CA, USA, 1994.

[87] Settelmeyer E, Lehrl E, Oesterlin W, et al. The Experimental Servicing Satellite- ESS[C]. International Symposium on Space Technology and Science, Omiya, Japan, 1998.

[88] Landzettel K, Brunner B, Hirzinger G. The telerobotic concepts for ESS[C]. IARP Workshop on Space Robotics, Montreal, 1994.

[89] Landzettel K, Albu-Schäffer A, Brunner B, et al. ROKVISS verification of advanced light

weight robotic joints and telepresence concepts for future space missions[C]. Proceedings of the 9th ESA Workshop on Advanced Space Technologies for Robotics and Automation, Noordwijk, The Netherlands, 2006.

[90] Albu-Schäffer A, Bertleff W, Rebele D, et al. ROKVISS-robotics component verification on ISS current experimental results on parameter identification[C]. IEEE International Conference on Robotics and Automation, Orlando, Florida, 2006.

[91] Schäfer B, Landzettel K, Albu-Schäffer A, et al. ROKVISS: Orbital testbed for teleoresence experiments, novel robotic components and dynamics models verification[C]. Proceedings of the 8th ESA Workshop on Advanced Space Technologies for Robotics and Automation (ASTRA), Noordwijk, The Netherlands, 2004.

[92] Cusumano F, Lampariello R, Hirzinger G. Development of tele-operation control for a free-floating robot during the grasping of a tumbling target[C]. International Conference on Intelligent Manipulation and Grasping, 2004.

[93] Martin E, Dupuis E, Piedboeuf J C, et al. The TECSAS mission from a Canadian perspective[C]. Proceedings of the 8th International Symposium on Artificial Intelligence and Robotics and Automation in Space (i-SAIRAS), Munich, Germany, 2005.

[94] Rupp T, Boge T, Kiehling R, et al. Flight dynamics challenges of the german on-orbit servicing mission DEOS[C]. The 21st International Symposium on Space Flight Dynamics, German Aerospace Agency Toulouse, France, 2009.

[95] Visentin G, Brown D L. Robotics for geostationary satellite servicing[J]. Robotics and Autonomous Systems, 1998, 23(1-2): 45-51.

[96] Boumans R, Heemskerk C. The European robotic arm for the international space station[J]. Robotics and Autonomous Systems, 1998, 23(1-2): 17-27.

[97] Mennenga G. European robotic arm: Europe′s grip on the International Space Station[J]. Air & Space Europe, 1999, 1(4): 62-63.

[98] Mugnuolo R, Di Pippo S, Magnani PG, et al. The SPIDER manipulation system (SMS) The Italian approach to space automation[J]. Robotics and Autonomous Systems, 1998, 23(1-2): 79-88.

[99] 王平. 空间自主在轨服务航天器近距离操作运动规划研究 [D]. 哈尔滨工业大学博士学位论文, 2010.

[100] Nagatomo M, Wada K. On the results of the manipulator flight demonstration (MFD)[J]. JASMA, 1998, 15:86-92.

[101] Yoshida K. Engineering test satellite VII flight experiments for space robot dynamics and control: theories on laboratory test beds ten years ago, now in orbit[J]. The International Journal of Robotics Research, 2003, 22(5): 321-335.

[102] Oda M, Kibe K, Yamagata F. ETS-VII, space robot in-orbit experiment satellite[C]. Proceedings of the IEEE International Conference on Robotics and Automation, Minneapolis, Minnesota, IEEE, 1996.

[103] Yoshida K, Hashizume K, Abiko S. Zero reaction maneuver: Flight validation with ETS-Ⅶ space robot and extension to kinematically redundant arm[C]. Proceedings of

the IEEE International Conference on Robotics and Automation, Seoul, Korea, 2001.

[104] Oda M. Experiences and lessons learned from the ETS-VII robot satellite[C]. Proceedings of the IEEE International Conference on Robotics and Automation, San Francisco, CA, 2000.

[105] Kimura S, Mineno H, Yamamoto H, et al. Preliminary experiments on technologies for satellite orbital maintenance using Micro-LabSat 1[J]. Advanced Robotics, 2004, 18(2): 117-138.

[106] Matsueda T, Kuraoka K, Goma K, et al. JEMRMS system design and development status[C]. Proceedings of the IEEE Telesystems Conference, Atlanta, GA, USA, 1991.

[107] 郭琦, 洪炳镕. 空间机器人运动控制方法 [M]. 北京: 中国宇航出版社, 2010.

[108] 黄南龙, 梁斌. EMR 系统机器人运动学和工作空间的分析 [J]. 空间控制技术与应用, 2000, (3): 1-6.

第 2 章　空间机器人动力学建模

2.1　引　　言

空间机器人是一种由基座航天器与自由度机械臂构成的开环串联链式无根多体动力学系统。由于机械臂的操作运动和基座航天器的漂浮运动间存在着强烈的耦合，因此空间机器人动力学方程相对固定基座机器人动力学方程具有更强的非线性和时变性。目前主要有三种比较常用的方法来建立空间机器人系统的动力学方程 [1]：基于分析力学理论的 Lagrange 方法，基于矢量力学理论的 Newton-Euler 方法，以及基于分析力学和矢量力学理论的凯恩 (Kane) 方法 [2]。针对同一个空间机器人多体系统，通过这三种方法建立动力学模型时所选取的广义坐标和建立出的动力学方程形式可能不尽相同，但是它们所描述的系统特性及响应计算的结果是一样的。

基于分析力学理论的 Lagrange 方法是获取空间机器人系统的动力学模型的基本途径之一，该方法从能量的角度出发，首先利用选取的广义坐标分别将系统的动能和势能表示出来，然后求取系统非保守主动力的广义力项，最后将它们代入第二类 Lagrange 方程进而获得系统的动力学方程 [3,4]。该动力学方程的表达式一般为微分–代数方程，微分形式的方程表示的是广义坐标及其导数与广义力之间的关系，代数形式的方程表示的是多体之间的约束关系。它的优点是动力学方程的形式相对简洁，缺点是广义坐标的选择有一定难度。

Newton-Euler 法所得到的整个空间机器人系统的动力学方程其实是由多个单物体的方程联立而获得的 [5]。具体来讲，用 Newton-Euler 方法获取系统动力学方程的主要步骤是：根据牛顿第二定律得到物体质心的平移方程，再根据欧拉定理获取物体质心的转动方程，从而得到单个物体的总的方程，最后根据系统内各物体间的相互运动关系，写出系统总的动力学方程。Newton-Euler 方法的优点之一是方程建立较为容易，不需要写动能、势能等，优点之二是模型具有递推的形式，可扩展性好；它的缺点是由于约束反力的引入使得模型在理论分析上不如 Lagrange 方法导出的封闭形式的模型方便。有关该方法的详细介绍可参见 R. E. Roberson[6]、熊有伦 [7]、霍伟 [5] 等的专著。

Kane 方法是通过用广义速度 (包括速度和角速度) 来表示系统的运动关系，并直接利用达朗贝尔原理得到系统的动力学方程，方程的个数与系统自由度的个数是一样的。同时，动力学方程不但物理意义明确，而且还可以避免内力项，进而达到了简化方程的目的 [8]。后续，Kane 基于该方法对多体系统动力学建模的问题开展了很多相关的研究工作 [9-11]。

在实际工程应用中，空间机器人本质上是强非线性的、刚柔耦合的动力学系统。它们的柔性主要来源于机械臂臂杆、机械臂关节以及安装在基座航天器上的柔性附件 (如帆板、天线等)。当考虑这些质量轻、刚度小、尺寸大的部件的柔性时，系统的动力学问题变得更加复杂，这就需要引入合适的柔性建模方法。常用的柔性结构变形的描述方法包括假设模态法、有限元法、集中质量法及有限段法等，各方法的具体形式有大量的文献和专著进行说明 [12-17]。

本章采用柔性多体系统动力学理论对空间机器人动力学建模问题进行研究。鉴于空间机器人机械臂的弹性变形为小变形，且后续的章节需要在本章所建动力学模型的基础上进行主动控制设计，因此我们采用浮动坐标系和假设模态法来描述机械臂的弹性变形。本章结构如下：首先采用单向递推组集多体动力学建模方法建立柔性空间机器人系统的动力学模型，并给出详细的推导过程；然后进行数值仿真，通过与 ADAMS 软件的结果对比来验证所建动力学模型的正确性。对于刚性空间机器人的情况，本章的建模方法仍然适用，此时只需要对本章所给出的运动学方程和动力学方程进行简化，忽略掉方程中与柔性相关的项，即可得到刚性空间机器人的运动学方程与动力学方程。

2.2 空间机器人系统描述

柔性空间机器人是一种始终处于自由漂浮或自由飞行状态的航天器。从结构特点来看,柔性空间机器人同刚性空间机器人一样是一种典型的无根链式系统,其结构简图与结构拓扑图如图 2.1 和图 2.2 所示。图 2.1 中物体 Base 为柔性空间机器人基座航天器，物体 Link1 和 Link2 为机械臂柔性杆件，物体 Link3 和 Link4 为机械臂刚性臂杆，物体 Lv1 和 Lv2 为无质量物体 (哑物体)，这两个哑物体的主要作用是分别实现转轴 Axis1 与 Axis2 汇交于一点和转轴 Axis5 与 Axis6 汇交于一点。图 2.1 中，转轴 Axis1～Axis6 代表机械臂各臂杆之间的转动转轴。坐标系 O-XYZ 为绝对惯性参考坐标系，点 O 是该坐标系原点。坐标系 $\underline{O}$-$\underline{XYZ}$ 为物体 Base 的连体坐标系，其原点 $\underline{O}$ 与物体 Base 的质心重合。坐标系 O_1-$X_1Y_1Z_1$ 和坐标系 O_2-$X_2Y_2Z_2$ 分别为物体 Link1 和 Link2 的连体坐标系，其中原点 O_1 和 O_2 分别与物体 Link1 和 Link2 质心重合。图 2.2 中，坐标系 $\vec{e}_{\mathrm{Lv1}}$ 和 $\vec{e}_{\mathrm{Lv2}}$ 分别为物体 Lv1 和 Lv2 的连体坐标系，其坐标原点分别为坐标原点 O_{Lv1} 和 O_{Lv2}。点 O_{Lv1} 为 Axis1 与 Axis2 的汇交点，点 O_{Lv2} 为 Axis5 与 Axis6 的汇交点。为描述空间机器人相对惯性坐标系 O-XYZ 的运动，引入具有 3 个平动自由度和 3 个转

动自由度的虚铰 H_1 来表述物体 Base 的运动状态。关节 $H_i(2,\ \cdots,\ 7)$ 代表机械臂的相对转动关节，而轴线 Axis1~Axis6 代表机械臂转动关节 $H_2 \sim H_7$ 的轴线。

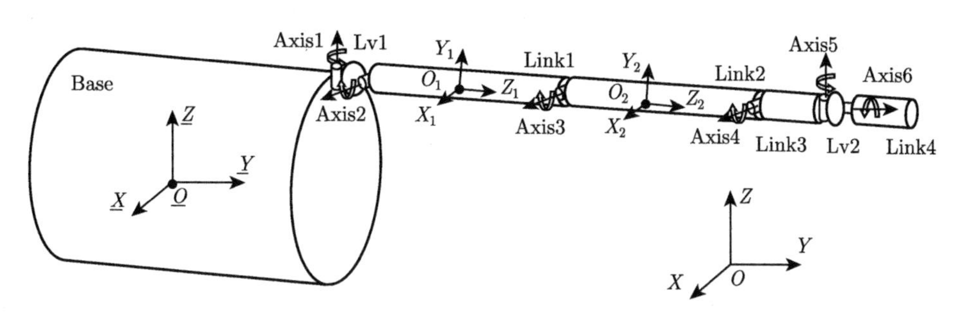

图 2.1 柔性空间机器人结构简图

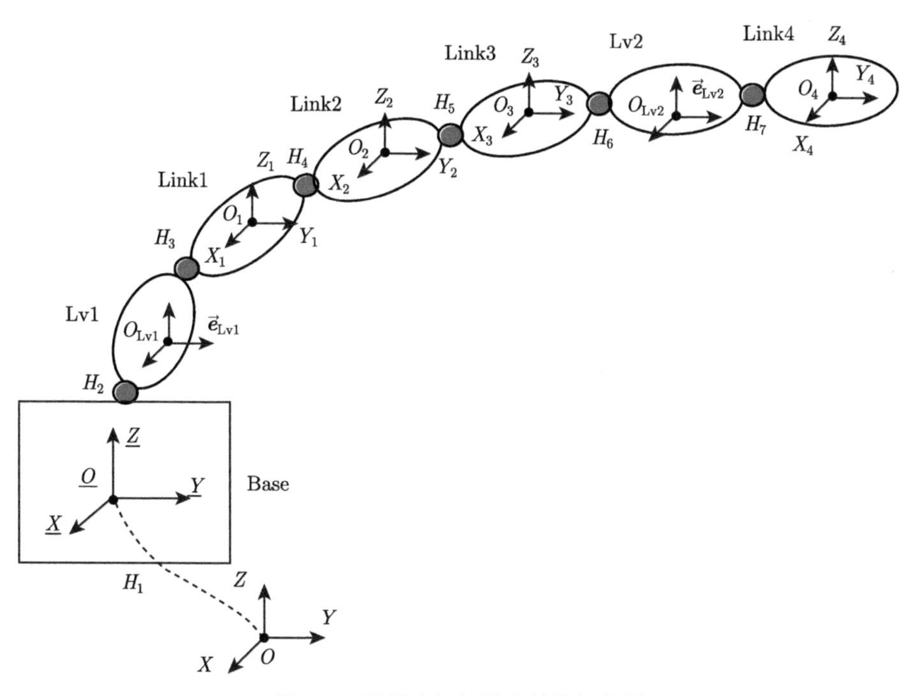

图 2.2 柔性空间机器人结构拓扑图

2.3 单体动力学方程

对于单个柔性物体 B (如图 2.3 所示)，利用集中质量有限元的方法将其分割成 l 个单元，则第 k 个节点的广义质量阵表述为 [18]

$$\boldsymbol{M}^k = \begin{bmatrix} \boldsymbol{m}^k & \boldsymbol{0} \\ \boldsymbol{0} & \boldsymbol{J}^k \end{bmatrix} \in \Re^{6\times 6}, \quad k = 1, \cdots, l_n \tag{2-1}$$

式中，$\boldsymbol{m}^k \in \Re^{3\times 3}$ 和 $\boldsymbol{J}^k \in \Re^{3\times 3}$ 分别是第 k 个节点的平动质量阵和转动惯性阵；l_n 是柔性体的节点数量。

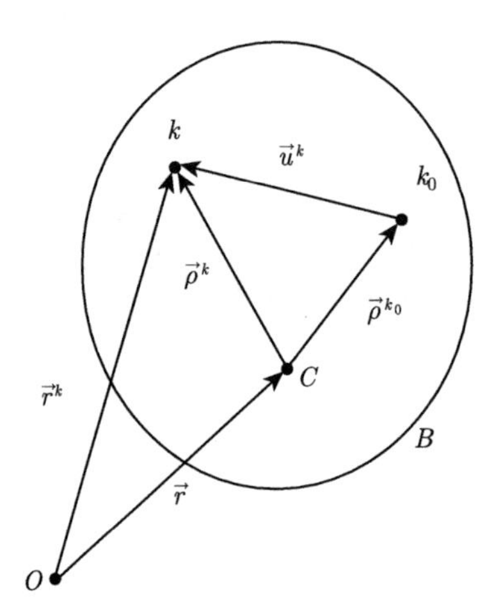

图 2.3 单柔性体变形描述

如图 2.3 所示，在物体 B 变形前的质心 C 处建立一浮动坐标系 $\vec{\boldsymbol{e}}$，质心 C 与节点 k 的绝对位置矢量分别记为 $\vec{r}$ 和 $\vec{r}^k$，矢量 $\vec{\rho}^{k_0}$ 和 $\vec{\rho}^k$ 分别为节点 k 变形前与变形后的相对质心 C 的位置矢量。令 $\vec{u}^k$ 和 $\vec{\varphi}^k$ 分别代表节点 k 的平动变形矢量和转动变形矢量，它们可以表示为 [18]

$$\vec{u}^k = \vec{\boldsymbol{\Phi}}^k \boldsymbol{x} \tag{2-2}$$

$$\vec{\varphi}^k = \vec{\boldsymbol{\Psi}}^k \boldsymbol{x} \tag{2-3}$$

式中，$\boldsymbol{x}$ 是物体 B 的模态坐标阵，$\vec{\boldsymbol{\Phi}}^k$ 与 $\vec{\boldsymbol{\Psi}}^k$ 分别为节点 k 的平移模态矢量阵与转动模态矢量阵。如果物体 B 保留 s 阶模态，则有 $\vec{\boldsymbol{\Phi}}^k = [\vec{\phi}_1^k, \cdots, \vec{\phi}_s^k]$，$\vec{\boldsymbol{\Psi}}^k = [\vec{\psi}_1^k, \cdots, \vec{\psi}_s^k]$ 和 $\boldsymbol{x} = [x_1, \cdots, x_s]^{\mathrm{T}}$。$\vec{\boldsymbol{\Phi}}^k$ 和 $\vec{\boldsymbol{\Psi}}^k$ 在惯性参考基下的坐标阵

分别为

$$\boldsymbol{\Phi}^k = [\boldsymbol{\phi}_1^k, \cdots, \boldsymbol{\phi}_s^k], \quad \boldsymbol{\Psi}^k = [\boldsymbol{\psi}_1^k, \cdots, \boldsymbol{\psi}_s^k] \tag{2-4}$$

$\vec{\boldsymbol{\Phi}}^k$ 和 $\vec{\boldsymbol{\Psi}}^k$ 在浮动坐标系下的坐标阵为

$$\boldsymbol{\Phi}'^k = [\boldsymbol{\phi}'^{\kappa}_1, \cdots, \boldsymbol{\phi}'^{\kappa}_s], \quad \boldsymbol{\Psi}'^k = [\boldsymbol{\psi}'^k_1, \cdots, \boldsymbol{\psi}'^k_s] \tag{2-5}$$

其中，$\boldsymbol{\Phi}'^k$ 和 $\boldsymbol{\Psi}'^k$ 为常值阵，它们与 $\boldsymbol{\Phi}^k$ 和 $\boldsymbol{\Psi}^k$ 的关系为

$$\boldsymbol{\Phi}^k = \boldsymbol{A}\boldsymbol{\Phi}'^k, \quad \boldsymbol{\Psi}^k = \boldsymbol{A}\boldsymbol{\Psi}'^k \tag{2-6}$$

其中，$\boldsymbol{A}$ 为浮动坐标系 $\vec{\boldsymbol{e}}$ 相对于惯性参考坐标系的方向余弦阵。

由图 2.3 可知，节点 k 的位置矢量为

$$\vec{r}^{\,k} = \vec{r} + \vec{\rho}^{\,k} = \vec{r} + \vec{\rho}_0^{\,k} + \vec{u}^{\,k} \tag{2-7}$$

上式分别对时间求一阶和二阶导数可得

$$\dot{\vec{r}}^{\,k} = \dot{\vec{r}} + \dot{\vec{\rho}}^{\,k} = \dot{\vec{r}} + \vec{\omega} \times \vec{\rho}^{\,k} + \vec{v}_r^{\,k} \tag{2-8}$$

$$\ddot{\vec{r}}^{\,k} = \ddot{\vec{r}} + \ddot{\vec{\rho}}^{\,k} = \ddot{\vec{r}} + \dot{\vec{\omega}} \times \vec{\rho}^{\,k} + \vec{a}_r^{\,k} + 2\vec{\omega} \times \vec{v}_r^{\,k} + \vec{\omega} \times (\vec{\omega} \times \vec{\rho}^{\,k}) \tag{2-9}$$

其中，$\vec{\omega}$ 为浮动基 $\vec{\boldsymbol{e}}$ 相对于惯性参考基的角速度；$\vec{v}_r^{\,k}$ 和 $\vec{a}_r^{\,k}$ 分别为节点 k 相对浮动基的平动速度矢量和加速度矢量，在惯性参考基下两者的坐标阵为

$$\boldsymbol{v}_r^k = \boldsymbol{\Phi}^k\dot{\boldsymbol{x}}, \quad \boldsymbol{a}_r^k = \boldsymbol{\Phi}^k\ddot{\boldsymbol{x}} \tag{2-10}$$

考虑到式 (2-10)，节点 k 的绝对位置矢量、速度矢量和加速度矢量在惯性参考基下的坐标阵为

$$\boldsymbol{r}^k = \boldsymbol{r} + \boldsymbol{\rho}^k = \boldsymbol{r} + \boldsymbol{\rho}_0^k + \boldsymbol{\Phi}^k\boldsymbol{x} \tag{2-11}$$

$$\dot{\boldsymbol{r}}^k = \dot{\boldsymbol{r}} + \dot{\boldsymbol{\rho}}^k = \dot{\boldsymbol{r}} - \tilde{\boldsymbol{\rho}}^k\boldsymbol{\omega}_+\boldsymbol{\Phi}^k\dot{\boldsymbol{x}} \tag{2-12}$$

$$\ddot{\boldsymbol{r}}^k = \ddot{\boldsymbol{r}} + \ddot{\boldsymbol{\rho}}^k = \ddot{\boldsymbol{r}} - \tilde{\boldsymbol{\rho}}^k\dot{\boldsymbol{\omega}} + \boldsymbol{\Phi}^k\ddot{\boldsymbol{x}} + \boldsymbol{\varpi}^k \tag{2-13}$$

式中，$\boldsymbol{\varpi}^k = 2\tilde{\boldsymbol{\omega}}\boldsymbol{\Phi}^k\dot{\boldsymbol{x}} + \tilde{\boldsymbol{\omega}}\tilde{\boldsymbol{\omega}}\boldsymbol{\rho}_i^k \in \Re^{3\times1}$；$\tilde{\boldsymbol{\omega}}$ 和 $\tilde{\boldsymbol{\rho}}^k$ 分别为 $\vec{\omega}$ 和 $\vec{\rho}^{\,k}$ 的坐标方阵。

将式 (2-12) 和式 (2-13) 写成矩阵式，可得

$$\dot{\boldsymbol{r}}^k = \boldsymbol{R}^k\boldsymbol{v}_B \tag{2-14}$$

$$\ddot{\boldsymbol{r}}^k = \boldsymbol{R}^k\dot{\boldsymbol{v}}_B + \boldsymbol{\varpi}^k \tag{2-15}$$

式中，

$$\boldsymbol{R}^k = [\boldsymbol{I}_3 \quad -\tilde{\boldsymbol{\rho}}^k \quad \boldsymbol{\Phi}^k] \in \Re^{3\times(6+s)} \tag{2-16}$$

$$\boldsymbol{v}_B = [\dot{\boldsymbol{r}}^{\mathrm{T}} \ \ \boldsymbol{\omega}^{\mathrm{T}} \ \ \dot{\boldsymbol{x}}^{\mathrm{T}}]^{\mathrm{T}} \in \Re^{(6+s)\times 1} \tag{2-17}$$

式中，$\boldsymbol{v}_B$ 为单柔性体 B 的位形速度。

节点 k 的绝对角速度与绝对角加速度矢量为

$$\vec{\omega}^k = \vec{\omega} + \vec{\omega}_r^k \tag{2-18}$$

$$\dot{\vec{\omega}}^k = \dot{\vec{\omega}} + \vec{\alpha}_r^k + \vec{\omega} \times \vec{\omega}_r^k \tag{2-19}$$

其中，$\vec{\omega}_r^k$ 和 $\vec{\alpha}_r^k$ 分别为节点 k 相对浮动基 $\vec{\boldsymbol{e}}$ 的角速度矢量和角加速度矢量，它们在惯性参考基下的坐标阵为

$$\boldsymbol{\omega}_r^k = \boldsymbol{\Psi}^k \dot{\boldsymbol{x}}, \quad \boldsymbol{\alpha}_r^k = \boldsymbol{\Psi}^k \ddot{\boldsymbol{x}} \tag{2-20}$$

考虑到式 (2-10)，$\vec{\omega}^k$ 和 $\dot{\vec{\omega}}^k$ 在惯性参考基下的坐标阵可以表达为

$$\boldsymbol{\omega}^k = \boldsymbol{\omega} + \boldsymbol{\Psi}^k \dot{\boldsymbol{x}} \tag{2-21}$$

$$\dot{\boldsymbol{\omega}}^k = \dot{\boldsymbol{\omega}} + \boldsymbol{\Psi}^k \ddot{\boldsymbol{x}} + \tilde{\boldsymbol{\omega}} \boldsymbol{\Psi}^k \dot{\boldsymbol{x}} \tag{2-22}$$

将式 (2-21) 和式 (2-22) 改写成矩阵形式，可得

$$\boldsymbol{\omega}^k = \boldsymbol{D}^k \boldsymbol{v}_B \tag{2-23}$$

$$\dot{\boldsymbol{\omega}}^k = \boldsymbol{D}^k \dot{\boldsymbol{v}}_B + \boldsymbol{\tau}^k \tag{2-24}$$

式中，

$$\boldsymbol{D}^k = [\ \boldsymbol{0} \quad \boldsymbol{I}_3 \quad \boldsymbol{\Psi}^k\ ] \in \Re^{3\times(6+s)} \tag{2-25}$$

$$\boldsymbol{\tau}^k = \tilde{\boldsymbol{\omega}} \boldsymbol{\Psi}^k \dot{\boldsymbol{x}} \in \Re^{3\times 1} \tag{2-26}$$

由式 (2-14)、式 (2-15)、式 (2-23) 和式 (2-24) 可得，节点 k 的绝对速度为

$$\boldsymbol{v}^k = \boldsymbol{\Pi}^k \boldsymbol{v}_B \tag{2-27}$$

$$\dot{\boldsymbol{v}}^k = \boldsymbol{\Pi}^k \dot{\boldsymbol{v}}_B + \begin{bmatrix} \boldsymbol{\varpi}^k \\ \boldsymbol{\tau}^k \end{bmatrix} \tag{2-28}$$

式中，

$$\boldsymbol{v}^k = [\ \dot{\boldsymbol{r}}^{k\mathrm{T}} \quad \boldsymbol{\omega}^{k\mathrm{T}}\ ]^{\mathrm{T}} \in \Re^{6\times 1} \tag{2-29}$$

$$\boldsymbol{\Pi}^k = \begin{bmatrix} \boldsymbol{R}^k \\ \boldsymbol{D}^k \end{bmatrix} \in \Re^{6\times(6+s)} \tag{2-30}$$

式 (2-27) 和式 (2-28) 为单柔体的运动学关系。下面将利用单柔体运动学关系推导单柔体动力学方程。

根据 Jourdain 速度变分原理，单柔体 B 的动力学方程可以表达为

$$\sum_{k=1}^{l_n} \delta \boldsymbol{v}^{k\mathrm{T}} \cdot \left(\begin{bmatrix} \boldsymbol{m}^k & \mathbf{0} \\ \mathbf{0} & \boldsymbol{J}^k \end{bmatrix} \dot{\boldsymbol{v}}^k + \begin{bmatrix} \boldsymbol{F}^k \\ \boldsymbol{T}^k \end{bmatrix} \right) - \delta \dot{\boldsymbol{\varepsilon}}^{k\mathrm{T}} \boldsymbol{\sigma}^k = 0 \tag{2-31}$$

式中，$\boldsymbol{F}^k$ 和 $\boldsymbol{T}^k$ 分别为作用在物体 B 的节点 k 上的合外力和合外力矩，$\boldsymbol{\varepsilon}^k$ 与 $\boldsymbol{\sigma}^k$ 分别为节点 k 的应变与应力。由结构动力学可知，物体 B 各节点应力所做总的虚功率可表示为

$$\sum_{k=1}^{l_n} \delta \dot{\boldsymbol{\varepsilon}}^{k\mathrm{T}} \boldsymbol{\sigma}^k = \delta \dot{\boldsymbol{x}}^{\mathrm{T}} (\boldsymbol{C}_x \dot{\boldsymbol{x}} + \boldsymbol{K}_x \boldsymbol{x}) \tag{2-32}$$

式中，$\boldsymbol{C}_x \in \Re^{s\times s}$ 与 $\boldsymbol{K}_x \in \Re^{s\times s}$ 分别为物体 B 的模态阻尼阵与模态刚度阵。

将式 (2-32) 代入式 (2-31)，经整理可得

$$\delta \boldsymbol{v}_B^{\mathrm{T}} (-\boldsymbol{M} \dot{\boldsymbol{v}}_B - \boldsymbol{f}^\omega + \boldsymbol{f}^o - \boldsymbol{f}^u) = 0 \tag{2-33}$$

式中，

$$\boldsymbol{M} = \sum_{k=1}^{l_n} \boldsymbol{\Pi}^{k\mathrm{T}} \boldsymbol{M}^k \boldsymbol{\Pi}^k \in \Re^{(6+s)\times(6+s)} \tag{2-34}$$

$$\boldsymbol{f}^\omega = \sum_{k=1}^{l_n} \boldsymbol{\Pi}_i^{k\mathrm{T}} \boldsymbol{M}_i^k \begin{bmatrix} \boldsymbol{\varpi}_i^k \\ \boldsymbol{\tau}_i^k \end{bmatrix} \in \Re^{(6+s)\times 1} \tag{2-35}$$

$$\boldsymbol{f}^o = \sum_{k=1}^{l_n} \boldsymbol{\Pi}^{k\mathrm{T}} \begin{bmatrix} \boldsymbol{F}^k \\ \boldsymbol{T}^k \end{bmatrix} \in \Re^{(6+s)\times 1} \tag{2-36}$$

$$\boldsymbol{f}^u = \begin{bmatrix} \mathbf{0}^{\mathrm{T}} & \mathbf{0}^{\mathrm{T}} & (\boldsymbol{C}_x \dot{\boldsymbol{x}} + \boldsymbol{K}_x \boldsymbol{x})^{\mathrm{T}} \end{bmatrix}^{\mathrm{T}} \in \Re^{(6+s)\times 1} \tag{2-37}$$

式中，$\boldsymbol{M}$ 为物体 B 的广义质量阵，$\boldsymbol{M}\dot{\boldsymbol{v}}_B$ 和 $\boldsymbol{f}^\omega$ 分别是作用于物体 B 上的广义加速度与广义速度惯性力列阵；$\boldsymbol{f}^o$ 和 $\boldsymbol{f}^u$ 分别为作用于物体 B 的广义外力列阵与广义变形力列阵。

2.4 系统运动学方程

2.3 节推导了单柔性体的动力学方程，接下来本小节将推导邻接柔性物体的运动学递推关系，然后在此基础之上建立空间机器人系统的运动学方程。如图 2.4

所示，物体 B_j 和物体 B_i 代表一对由标准关节连接的邻接柔性物体。基 $\vec{\boldsymbol{e}}$ 为惯性参考基，B_j 为 B_i 的内接物体，即 $j = L(i)$。过物体 B_i 和 B_j 未变形前的质心 C_i 和 C_j 建立浮动坐标系 $\vec{\boldsymbol{e}}_i$ 与 $\vec{\boldsymbol{e}}_j$。两物体由关节 H_i 相连接，点 P_{i0} 和 Q_{i0} 为物体 B_i 和 B_j 未变形前关节 i 的安装铰点位置，点 P_i 和 Q_i 为物体 B_i 和 B_j 变形后关节 i 的安装铰点位置。过关节 i 的铰点 P_{i0} 和 Q_{i0} 建立物体 B_i 和 B_j 的局部坐标系 $\vec{\boldsymbol{e}}_i^{P_{i0}}$ 和 $\vec{\boldsymbol{e}}_j^{Q_{i0}}$，令其分别平行于浮动坐标系 $\vec{\boldsymbol{e}}_i$ 与 $\vec{\boldsymbol{e}}_j$。过物体 B_i 和 B_j 变形后关节 i 的铰点 P_i 和 Q_i 分别建立这两个物体的局部坐标系 $\vec{\boldsymbol{e}}_i^{P_i}$ 和 $\vec{\boldsymbol{e}}_j^{Q_i}$。过铰点 P_i 和 Q_i 分别建立关节 i 的局部坐标系 $\vec{\boldsymbol{e}}_i^{h_0}$ 和 $\vec{\boldsymbol{e}}_i^{h}$，其中局部坐标系 $\vec{\boldsymbol{e}}_i^{h_0}$ 为关节 i 的本地基，局部坐标系 $\vec{\boldsymbol{e}}_i^{h}$ 为关节 i 的动基。图 2.4 中，矢量 $\vec{h}_i$ 描述关节 i 的相对平动。

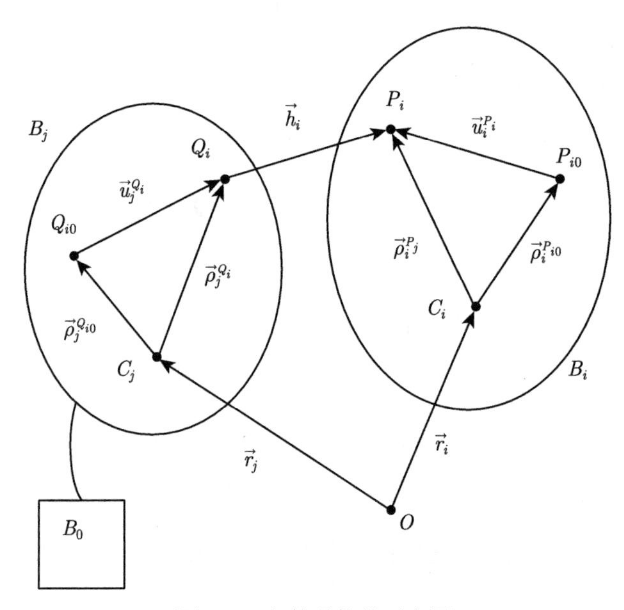

图 2.4　邻接柔性体示意图

如果关节 i 具有平动自由度，则关节 i 的铰点 P_i 和铰点 Q_i 相对位置向量 $\vec{h}_i$ 在局部坐标系 $\vec{\boldsymbol{e}}_i^{h_0}$ 下的坐标阵可以表示为

$$\boldsymbol{h}_i' = \boldsymbol{H}_i'^{h\mathrm{T}} \boldsymbol{q}_i \tag{2-38}$$

式中，$\boldsymbol{q}_i$ 是关节 i 的关节坐标阵；$\boldsymbol{H}_i'^{h\mathrm{T}}$ 是与关节平动方向有关的矩阵。当关节 i 的类型确定时，$\boldsymbol{H}_i'^{h\mathrm{T}}$ 有明确的表达式 [18]。矢量 $\vec{h}_i$ 在局部坐标系 $\vec{\boldsymbol{e}}_i^{h_0}$ 下的速度和加速度坐标阵分别可以表示为

$$\mathring{\boldsymbol{h}}_i=\boldsymbol{v}'_{ri}=\boldsymbol{H}'^{h\mathrm{T}}_i\dot{\boldsymbol{q}}_i,\quad \mathring{\mathring{\boldsymbol{h}}}_i=\mathring{\boldsymbol{v}}'_{ri}=\boldsymbol{H}'^{h\mathrm{T}}_i\ddot{\boldsymbol{q}}_i \tag{2-39}$$

如果关节 i 具有旋转自由度，关节 i 的动基 $\vec{\boldsymbol{e}}_i^h$ 相对关节 i 的本地基 $\vec{\boldsymbol{e}}_i^{h_0}$ 的角速度和角加速度在本地基 $\vec{\boldsymbol{e}}_i^{h_0}$ 下的坐标阵分别可以表示为

$$\boldsymbol{\omega}'_{ri}=\boldsymbol{H}'^{\Omega\mathrm{T}}_i\dot{\boldsymbol{q}}_i,\quad \mathring{\boldsymbol{\omega}}'_{ri}=\boldsymbol{H}'^{\Omega\mathrm{T}}_i\ddot{\boldsymbol{q}}_i+\boldsymbol{\eta}'_i \tag{2-40}$$

式中，矩阵 $\boldsymbol{H}'^{\Omega\mathrm{T}}_i$ 中的元素是关于关节坐标 $\boldsymbol{q}_i$ 中描述转动的坐标的函数；向量 $\boldsymbol{\eta}'_i=\dot{\boldsymbol{H}}'^{\Omega\mathrm{T}}_i\dot{\boldsymbol{q}}_i$ 中的元素是关于关节坐标 $\boldsymbol{q}_i$ 和关节坐标导数 $\dot{\boldsymbol{q}}_i$ 的函数。当关节 i 的类型确定时，$\boldsymbol{H}'^{\Omega\mathrm{T}}_i$ 和 $\boldsymbol{\eta}'_i$ 都有明确的表达式 [18]。

式 (2-38) 和式 (2-39) 在惯性参考基下的表达式分别为

$$\boldsymbol{v}_{ri}=\boldsymbol{H}^{h\mathrm{T}}_i\dot{\boldsymbol{q}}_i,\quad \mathring{\boldsymbol{v}}_{ri}=\boldsymbol{H}^{h\mathrm{T}}_i\ddot{\boldsymbol{q}}_i \tag{2-41}$$

$$\boldsymbol{\omega}_{ri}=\boldsymbol{H}^{\Omega\mathrm{T}}_i\dot{\boldsymbol{q}}_i,\quad \mathring{\boldsymbol{\omega}}_{ri}=\boldsymbol{H}^{\Omega\mathrm{T}}_i\ddot{\boldsymbol{q}}_i+\boldsymbol{\eta}_i \tag{2-42}$$

式中，$\boldsymbol{H}^{h\mathrm{T}}_i=\boldsymbol{A}^{h_0}_i\boldsymbol{H}'^{h\mathrm{T}}_i$，$\boldsymbol{H}^{\Omega\mathrm{T}}_i=\boldsymbol{A}^{h_0}_iH'^{\Omega\mathrm{T}}_i$，$\boldsymbol{\eta}_i=\boldsymbol{A}^{h_0}_i\boldsymbol{\eta}'_i$，$\boldsymbol{A}^{h_0}_i$ 为关节 i 的本地基 $\vec{\boldsymbol{e}}_i^{h_0}$ 相对绝对参考系的方向余弦阵。

如图 2.4 所示，物体 B_i 浮动基原点的位置矢量在惯性参考基的坐标阵可以表达为

$$\boldsymbol{r}_i=\boldsymbol{r}_j+\boldsymbol{\rho}_j^{Q_i}+\boldsymbol{h}_i-\boldsymbol{\rho}_i^{P_i} \tag{2-43}$$

式中，$\boldsymbol{r}_i$ 和 $\boldsymbol{r}_j$ 为浮动基 $\vec{\boldsymbol{e}}_i$ 和 $\vec{\boldsymbol{e}}_j$ 的原点位置矢量在惯性参考基的坐标阵，$\boldsymbol{\rho}_i^{P_i}$ 和 $\boldsymbol{\rho}_j^{Q_i}$ 分别为铰点 P_i 和 Q_i 相对浮动基原点 C_i 和 C_j 的位置矢量在惯性参考坐标系的坐标阵，$\boldsymbol{h}_i$ 是矢量 $\vec{h}_i$ 在惯性参考坐标系的坐标阵。

考虑到式 (2-18) 和式 (2-41)，对上式求一阶导数可得

$$\begin{aligned}\dot{\boldsymbol{r}}_i=&\dot{\boldsymbol{r}}_j+(-\tilde{\boldsymbol{\rho}}_j^{Q_i}-\tilde{\boldsymbol{h}}_i+\tilde{\boldsymbol{\rho}}_i^{P_i})\boldsymbol{\omega}_j+(\boldsymbol{\Phi}_j^{Q_i}-\tilde{\boldsymbol{h}}_i\boldsymbol{\Psi}_j^{Q_i}+\tilde{\boldsymbol{\rho}}_i^{P}\boldsymbol{\Psi}_j^{Q_i})\dot{\boldsymbol{x}}_j\\&+(\boldsymbol{H}^{h\mathrm{T}}_i+\tilde{\boldsymbol{\rho}}_i^{P_i}\boldsymbol{H}^{\Omega\mathrm{T}}_i)\dot{\boldsymbol{q}}_i+(-\boldsymbol{\Phi}_i^{P_i}-\tilde{\boldsymbol{\rho}}_i^{P_i}\boldsymbol{\Psi}_i^{P_i})\dot{\boldsymbol{x}}_i\end{aligned} \tag{2-44}$$

式中，$\boldsymbol{\omega}_j$ 是物体 B_j 浮动基角速度在惯性参考坐标系下的坐标列阵；$\boldsymbol{\Phi}_j^{Q_i}$ 和 $\boldsymbol{\Phi}_i^{P_i}$ 分别为铰点 Q_i 和 P_i 在惯性参考基下的平动模态阵；$\boldsymbol{\Psi}_j^{Q_i}$ 和 $\boldsymbol{\Psi}_i^{P_i}$ 分别为铰点 Q_i 和 P_i 在惯性参考基下的转动模态阵；$\dot{\boldsymbol{x}}_i$ 和 $\dot{\boldsymbol{x}}_j$ 分别为 B_i 和 B_j 的模态坐标的速度列阵。

令物体 B_i 浮动基角速度矢量在惯性参考坐标系下的坐标列阵为 $\boldsymbol{\omega}_i$，根据角速度叠加原理，浮动基 $\vec{\boldsymbol{e}}_i$ 与 $\vec{\boldsymbol{e}}_j$ 的角速度满足如下关系：

$$\boldsymbol{\omega}_i=\boldsymbol{\omega}_j+\boldsymbol{\omega}_{rj}^{Q_i}+\boldsymbol{\omega}_{rj}-\boldsymbol{\omega}_{ri}^{P_i} \tag{2-45}$$

式中，$\boldsymbol{\omega}_{rj}$ 代表由关节 i 引起的相对运动，$\boldsymbol{\omega}_{rj}^{Q_i}$ 和 $\boldsymbol{\omega}_{ri}^{P_i}$ 分别为铰点 Q_i 和 P_i 由变形引起的角速度，它们的具体表达式如下：

$$\boldsymbol{\omega}_{rj}^{Q_i}=\boldsymbol{\Psi}_j^{Q_i}\dot{\boldsymbol{x}}_j,\quad \boldsymbol{\omega}_{ri}^{P_i}=\boldsymbol{\Psi}_i^{P_i}\dot{\boldsymbol{x}}_i \tag{2-46}$$

考虑到式 (2-41) 和式 (2-46)，式 (2-45) 可以写为

$$\boldsymbol{\omega}_i=\boldsymbol{\omega}_j+\boldsymbol{\Psi}_j^{Q_i}\dot{\boldsymbol{x}}_j+\boldsymbol{H}_i^{\Omega\mathrm{T}}\dot{\boldsymbol{q}}_i-\boldsymbol{\Psi}_i^{P_i}\dot{\boldsymbol{x}}_i \tag{2-47}$$

在惯性参考基下，定义两邻接物体的广义速度列阵如下：

$$\boldsymbol{v}_k=[\dot{\boldsymbol{r}}_k^{\mathrm{T}},\boldsymbol{\omega}_k^{\mathrm{T}},\dot{\boldsymbol{x}}_k^{\mathrm{T}}]^{\mathrm{T}},\quad k=i,\ j \tag{2-48}$$

令描述两个物体状态的广义变量为

$$\boldsymbol{y}_k=[\boldsymbol{q}_k^{\mathrm{T}},\ \boldsymbol{x}_k]^{\mathrm{T}},\quad k=i,\ j \tag{2-49}$$

其中，$\boldsymbol{q}_k^{\mathrm{T}}(k=i,j)$ 代表物体 B_k 内接铰的关节坐标，$\boldsymbol{x}_k$ 代表描述物体 B_k 弹性变形的模态坐标。

考虑到式 (2-44) 和式 (2-46)，邻接物体 B_i 和 B_j 的速度递推关系为

$$\boldsymbol{v}_i=\boldsymbol{T}_{ij}\boldsymbol{v}_j+\boldsymbol{U}_i\dot{\boldsymbol{y}}_i,\quad j=\boldsymbol{L}(i),\quad i=1\sim N \tag{2-50}$$

其中，

$$\boldsymbol{T}_{ij}=\begin{bmatrix}\boldsymbol{I}_3 & -\tilde{\boldsymbol{\rho}}_j^{Q_i}-\tilde{\boldsymbol{h}}_i+\tilde{\boldsymbol{\rho}}_i^{P_i} & \boldsymbol{\Phi}_j^{Q_i}-\tilde{\boldsymbol{h}}_i\boldsymbol{\Psi}_j^{Q_i}+\tilde{\boldsymbol{\rho}}_i^{P_i}\boldsymbol{\Psi}_j^{Q_i}\\ \boldsymbol{0} & \boldsymbol{I}_3 & \boldsymbol{\Psi}_j^{Q_i}\\ \boldsymbol{0} & \boldsymbol{0} & \boldsymbol{0}\end{bmatrix}\in\Re^{(6+s_i)\times(6+s_j)} \tag{2-51a}$$

$$\boldsymbol{U}_i=\begin{bmatrix}\boldsymbol{H}_i^{h\mathrm{T}}+\tilde{\boldsymbol{\rho}}_i^{P_i}\boldsymbol{H}_i^{\Omega\mathrm{T}} & -\boldsymbol{\Phi}_i^{P_i}-\tilde{\boldsymbol{\rho}}_i^{P_i}\boldsymbol{\Psi}_i^{P_i}\\ \boldsymbol{H}_i^{\Omega\mathrm{T}} & -\boldsymbol{\Psi}_i^{P_i}\\ \boldsymbol{0} & \boldsymbol{I}_{s_i}\end{bmatrix}\in\Re^{(6+s_i)\times(\delta_i+s_i)} \tag{2-51b}$$

式中，s_i 和 s_j 分别代表物体 B_i 和 B_j 截取的模态数量。

对式 (2-47) 求一阶导数，并考虑到式 (2-40)，整理可得

$$\dot{\boldsymbol{\omega}}_i=\dot{\boldsymbol{\omega}}_j+\boldsymbol{\Psi}_j^{Q_i}\ddot{\boldsymbol{x}}_j+\boldsymbol{H}^{\Omega\mathrm{T}}\ddot{\boldsymbol{q}}_i-\boldsymbol{\Psi}_i^{P_i}\ddot{\boldsymbol{x}}_i+\boldsymbol{\beta}_{i2} \tag{2-52}$$

式中，

$$\boldsymbol{\beta}_{i2} = \tilde{\boldsymbol{\omega}}_j \boldsymbol{\omega}_{rj}^{Q_i} + \tilde{\boldsymbol{\omega}}_j^{Q_i} \boldsymbol{\omega}_{ri} - \tilde{\boldsymbol{\omega}}_i \boldsymbol{\omega}_{ri}^{P_i} + \boldsymbol{\eta}_i \tag{2-53}$$

式中，$\boldsymbol{\eta}_i = \boldsymbol{A}^{h0}\boldsymbol{\eta}'_i$，$\boldsymbol{A}^{h0}$ 是关节 H_i 的本地基 $\vec{\boldsymbol{e}}_i^{h_0}$ 相对于惯性参考基的方向余弦阵。

对式 (2-44) 求导，并考虑到式 (2-13)、式 (2-41) 和式 (2-53)，经整理得到

$$\begin{aligned}\ddot{\boldsymbol{r}}_i =& \ddot{\boldsymbol{r}}_j + (-\tilde{\boldsymbol{\rho}}_j^{Q_i} - \tilde{\boldsymbol{h}}_i + \tilde{\boldsymbol{\rho}}_i^{P_i})\dot{\boldsymbol{\omega}}_j + (\boldsymbol{\Phi}_j^{Q_i} - \tilde{\boldsymbol{h}}_i \boldsymbol{\Psi}_j^{Q_i} + \tilde{\boldsymbol{\rho}}_i^{P_i}\boldsymbol{\Psi}_j^{Q_i})\ddot{\boldsymbol{x}}_j + (\boldsymbol{H}_i^{h\mathrm{T}} \\ &+ \tilde{\boldsymbol{\rho}}_i^{P_i}\boldsymbol{H}_i^{\Omega\mathrm{T}})\ddot{\boldsymbol{q}}_i + (-\boldsymbol{\Phi}_i^{P_i} - \tilde{\boldsymbol{\rho}}_i^{P_i}\boldsymbol{\Psi}_i^{P_i})\ddot{\boldsymbol{x}}_i + \boldsymbol{\beta}_{i1}\end{aligned} \tag{2-54}$$

式中，

$$\begin{aligned}\boldsymbol{\beta}_{i1} =& \tilde{\boldsymbol{\omega}}_j \tilde{\boldsymbol{\omega}}_j \boldsymbol{\rho}_j^{Q_i} + \tilde{\boldsymbol{\omega}}_j^{Q_i}\tilde{\boldsymbol{\omega}}_j^{Q_i}\boldsymbol{h}_i - \tilde{\boldsymbol{\omega}}_i\tilde{\boldsymbol{\omega}}_i\boldsymbol{\rho}_i^{P_i} + 2(\tilde{\boldsymbol{\omega}}_j \boldsymbol{v}_{ri}^{Q_i} + \tilde{\boldsymbol{\omega}}_j^{Q_i}\boldsymbol{v}_{ri} - \tilde{\boldsymbol{\omega}}_i \boldsymbol{v}_{ri}^{P_i}) \\ &- \tilde{\boldsymbol{h}}_i \tilde{\boldsymbol{\omega}}_j \boldsymbol{\omega}_{rj}^{Q_i} + \tilde{\boldsymbol{\rho}}_i^{P_i}\boldsymbol{\beta}_{i2}\end{aligned} \tag{2-55}$$

其中，

$$\boldsymbol{v}_{ri}^{P_i} = \boldsymbol{\Phi}_i^{P_i}\dot{\boldsymbol{x}}_i, \quad \boldsymbol{v}_{ri}^{Q_i} = \boldsymbol{\Phi}_j^{Q_i}\dot{\boldsymbol{x}}_j \tag{2-56}$$

根据式 (2-50)、式 (2-52) 和式 (2-54)，邻接物体 B_i 和 B_j 的加速度递推关系为

$$\dot{\boldsymbol{v}}_i = \boldsymbol{T}_{ij}\dot{\boldsymbol{v}}_j + \boldsymbol{U}_i \ddot{\boldsymbol{y}}_i + \boldsymbol{\beta}_i, \quad j = \boldsymbol{L}(i), \quad i = 1 \sim N \tag{2-57}$$

其中，

$$\boldsymbol{\beta}_i = [\ \boldsymbol{\beta}_{i1}^{\mathrm{T}} \quad \boldsymbol{\beta}_{i2}^{\mathrm{T}} \quad \boldsymbol{0}^{\mathrm{T}}\ ]^{\mathrm{T}} \in \Re^{(6+s_i)\times 1} \tag{2-58}$$

以上推导了邻接柔性体的位形速度和加速度递推关系。类似地，若系统中包含有 N 个物体，则系统中各物体位形速度和加速度分别为

$$\begin{cases} \boldsymbol{v}_i = \displaystyle\sum_{k:B_k \leqslant B_i} \boldsymbol{G}_{ik}\dot{\boldsymbol{y}}_k \\ \dot{\boldsymbol{v}}_i = \displaystyle\sum_{k:B_k \leqslant B_i} \boldsymbol{G}_{ik}\ddot{\boldsymbol{y}}_k + \boldsymbol{g}_{ik} \end{cases} \quad (i = 1, \cdots, N; k \neq 0) \tag{2-59}$$

式中，

$$\boldsymbol{G}_{ik} = \begin{cases} \boldsymbol{T}_{ij}\boldsymbol{G}_{jk}, & B_k < B_i \\ \boldsymbol{U}_i, & B_k = B_i \\ \boldsymbol{0}, & B_k \neq B_i \end{cases} \quad (i,\ k = 1, \cdots, N) \tag{2-60a}$$

$$\boldsymbol{g}_{ik} = \begin{cases} \boldsymbol{T}_{ij}\boldsymbol{g}_{jk}, & B_k < B_i \\ \boldsymbol{\beta}_i, & B_k = B_i \\ \boldsymbol{0}, & B_k \neq B_i \end{cases} \quad (i,\ k = 1, \cdots, N) \tag{2-60b}$$

式中，“$B_k < B_i$”代表 B_k 在根物体到 B_i 的路径上；“$B_k = B_i$”代表 B_k 和 B_i 是同一个物体；“$B_k \neq B_i$”代表 B_k 不在根物体到 B_i 的路径上。对式 (2-59) 所示的多体系中 N 个物体的位形速度和加速度进行组集可以分别得到系统绝对坐标速度、加速度列阵和系统广义坐标速度、加速度列阵的递推关系式为

$$\begin{cases} \boldsymbol{v} = \boldsymbol{G}\dot{y} \\ \dot{\boldsymbol{v}} = \boldsymbol{G}\ddot{y} + \boldsymbol{g}\widehat{\boldsymbol{I}}_N \end{cases} \tag{2-61}$$

其中，$\boldsymbol{v} = [\boldsymbol{v}_1^{\mathrm{T}}, \cdots, \boldsymbol{v}_N^{\mathrm{T}}]^{\mathrm{T}}$；$\widehat{\boldsymbol{I}}_N \in \Re^{N\times 1}$ 为 N 维列阵，其元素都为 1；$\boldsymbol{G}$ 和 $\boldsymbol{g}$ 的表达式为

$$\boldsymbol{G} = \begin{bmatrix} \boldsymbol{G}_{11} & \cdots & \boldsymbol{G}_{1N} \\ \vdots & & \vdots \\ \boldsymbol{G}_{N1} & \cdots & \boldsymbol{G}_{NN} \end{bmatrix}, \quad \boldsymbol{g} = \begin{bmatrix} \boldsymbol{g}_{11} & \cdots & \boldsymbol{g}_{1N} \\ \vdots & & \vdots \\ \boldsymbol{g}_{N1} & \cdots & \boldsymbol{g}_{NN} \end{bmatrix} \tag{2-62}$$

2.5 系统动力学方程

本小节将建立系统的动力学方程。根据 Jourdain 速度变分原理并考虑到式 (2-33)，可得速度变分形式的系统动力学方程为

$$\sum_{i=1}^{N} \Delta\boldsymbol{v}_i^{\mathrm{T}}(-\boldsymbol{M}_i\dot{\boldsymbol{v}}_i - \boldsymbol{f}_i^{\omega} + \boldsymbol{f}_i^{o} - \boldsymbol{f}_i^{u}) + \Delta P = 0 \tag{2-63}$$

式中，$\boldsymbol{M}_i$ 为物体 B_i 的广义质量阵，$\boldsymbol{M}_i\dot{\boldsymbol{v}}_i$ 为作用于物体 B_i 上的广义加速度惯性力，$\boldsymbol{f}_i^{\omega}$ 为作用于物体 B_i 上的广义速度惯性力，$\boldsymbol{f}_i^{o}$ 为作用于物体 B_i 上的广义外力列阵，$\boldsymbol{f}_i^{u}$ 为作用于物体 B_i 上的广义变形力列阵，ΔP 为系统中的力元和非理想约束力的虚功率之和。如果第 i 个为刚体，则有 $\boldsymbol{f}_i^{u} = \boldsymbol{0}$。令 $\boldsymbol{f}_i = -\boldsymbol{f}_i^{\omega} + \boldsymbol{f}_i^{o} - \boldsymbol{f}_i^{u}$，则式 (2-63) 可以改写为

$$\sum_{i=1}^{N} \Delta\boldsymbol{v}_i^{\mathrm{T}}(-\boldsymbol{M}_i\dot{\boldsymbol{v}}_i + \boldsymbol{f}_i) + \Delta P = 0 \tag{2-64}$$

将式 (2-64) 改写成矩阵形式得

$$\Delta\boldsymbol{v}^{\mathrm{T}}(-\boldsymbol{M}\dot{\boldsymbol{v}} + \boldsymbol{f}) + \Delta P = 0 \tag{2-65}$$

式中，$\boldsymbol{M} = \mathrm{diag}\,[\boldsymbol{M}_1, \cdots, \boldsymbol{M}_N]$ 和 $\boldsymbol{f} = [\boldsymbol{f}_1^{\mathrm{T}}, \cdots, \boldsymbol{f}_N^{\mathrm{T}}]^{\mathrm{T}}$ 分别为系统的广义质量矩阵和广义力列阵，$\Delta P = \Delta\boldsymbol{y}^{\mathrm{T}}(\widehat{\boldsymbol{f}}_e^{ey} + \widehat{\boldsymbol{f}}_{nc}^{ey})$ 为柔性空间机器人系统中力元对应

的广义力 $\widehat{\boldsymbol{f}}_e^{ey}$(在本书中其为关节驱动力矩) 和非理想约束力对应的 $\widehat{\boldsymbol{f}}_{nc}^{ey}$(在本书中其为关节摩擦力) 所做的虚功率之和。

将式 (2-61) 代入式 (2-65) 并考虑到 $\Delta P = \Delta \boldsymbol{y}^{\mathrm{T}}(\widehat{\boldsymbol{f}}_e^{ey} + \widehat{\boldsymbol{f}}_{nc}^{ey})$，则可得用系统广义坐标形式所描述的系统动力学方程为

$$(\Delta \dot{\boldsymbol{y}})^{\mathrm{T}}(-\boldsymbol{Z}\ddot{\boldsymbol{y}} + \boldsymbol{z} + \widehat{\boldsymbol{f}}^{ey}) = 0 \tag{2-66}$$

式中，$\boldsymbol{Z} = \boldsymbol{G}^{\mathrm{T}}\boldsymbol{M}\boldsymbol{G}$，$\boldsymbol{z} = \boldsymbol{G}^{\mathrm{T}}(\boldsymbol{f} - \boldsymbol{M}\boldsymbol{g}\widehat{\boldsymbol{I}}_N)$，$\widehat{\boldsymbol{f}}^{ey} = \widehat{\boldsymbol{f}}_e^{ey} + \widehat{\boldsymbol{f}}_{nc}^{ey}$。

考虑到 $\boldsymbol{y}$ 为系统独立的广义坐标，因此最终可得系统的动力学方程为

$$-\boldsymbol{Z}\ddot{\boldsymbol{y}} + \boldsymbol{z} + \widehat{\boldsymbol{f}}^{ey} = \boldsymbol{0} \tag{2-67}$$

2.6 数值仿真

2.6.1 刚性空间机器人

本小节使用 MATLAB 编写刚性空间机器人动力学程序进行数值仿真研究，并将计算结果与商业软件 ADAMS 的结果进行对比，以验证采用本章理论在对刚性空间机器人进行建模时的有效性。仿真算例中，刚性空间机器人质量参数如表 2.1 所示，机械臂各臂杆长度为 0.4m，各关节安装铰点位置如表 2.2 所示。刚性空间机器人初始构型如图 2.5 所示，机械臂各关节初始角度为 [0°, −15°, −30°, −45°, 0°, 0°]。仿真过程中，机器人机械臂各关节施加控制力为 $\boldsymbol{f}_e^{ey} = [1\mathrm{N/m}, 4\mathrm{N/m}, 1\mathrm{N/m}, 1\mathrm{N/m}, 1\mathrm{N/m}, 0.01\mathrm{N/m}]^{\mathrm{T}}$，在此控制力作用下，机器人系统产生运动。数值仿真的计算结果如图 2.6 ~ 图 2.9 所示，其中图 2.6 与图 2.7 分别为机器人基座 B_1 质心位置与质心速度变化的时间历程曲线，图 2.8 与图 2.9 分别为机械臂各关节转动角度与角速度的时间历程曲线。由图 2.6 ~ 图 2.9 的计算结果可知，使用本章理论所建动力学模型得出的计算结果曲线与 ADAMS 软件得出的计算结果曲线十分吻合，这证明了本章所建空间机器人动力学模型的正确性。

表 2.1 空间机器人质量参数

物体	质量/kg	$I_{xx}/(\mathrm{kg\cdot m^2})$	$I_{yy}/(\mathrm{kg\cdot m^2})$	$I_{zz}/(\mathrm{kg\cdot m^2})$
B_1	4019.2	428.715	428.715	428.715
B_3	3.946	7.892×10^{-4}	5.300×10^{-2}	5.300×10^{-2}
B_4	3.946	7.892×10^{-4}	5.300×10^{-2}	5.300×10^{-2}
B_5	3.946	7.892×10^{-4}	5.300×10^{-2}	5.300×10^{-2}
B_7	3.946	7.892×10^{-3}	5.300×10^{-2}	5.300×10^{-2}

表 2.2　关节铰点安装位置

铰点	ρ'^{Q}_{j}	ρ'^{P}_{i}
H_1	(0,0,0)	(0,0,0)
H_2	(0,0,0.4)	(0,0,0)
H_3	(0,0,0)	(0,0,0)
H_4	(0.4,0,0)	(0,0,0)
H_5	(0.4,0,0)	(0,0,0)
H_6	(0.4,0,0)	(0,0,0)
H_7	(0,0,0)	(0,0,0)

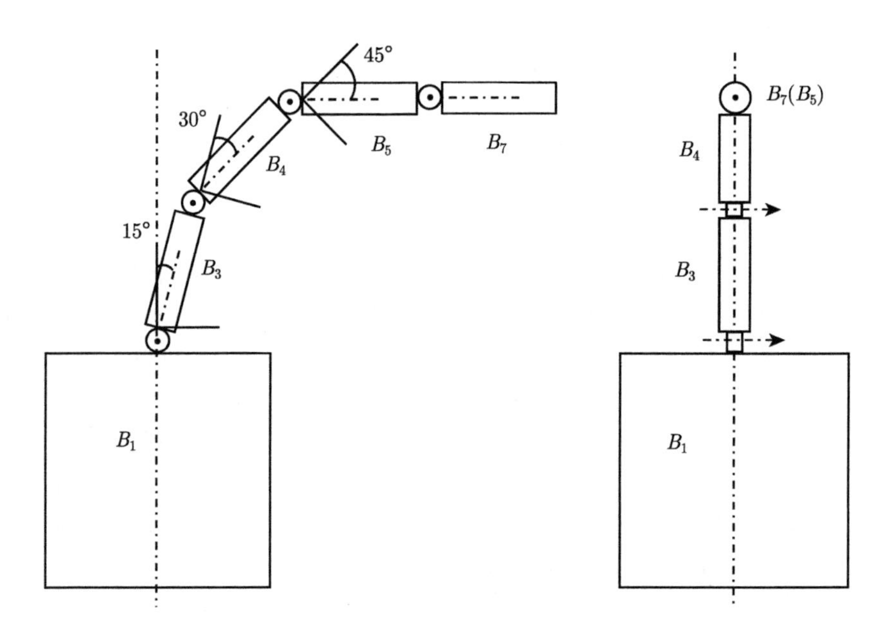

图 2.5　刚性空间机器人初始构型

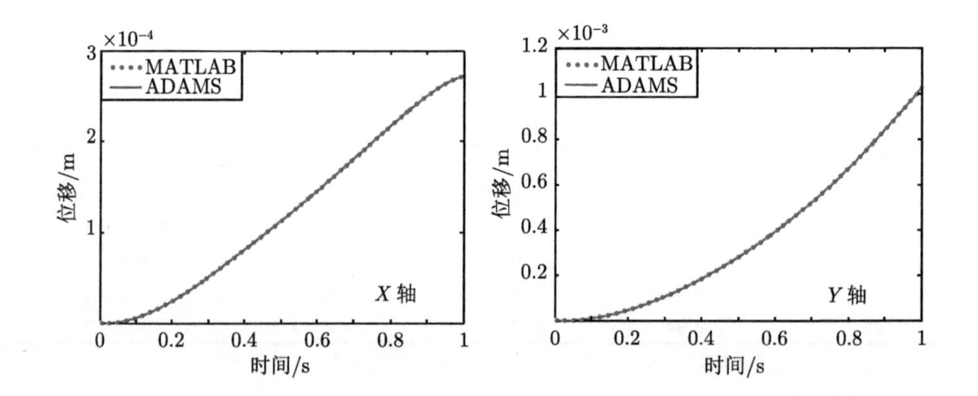

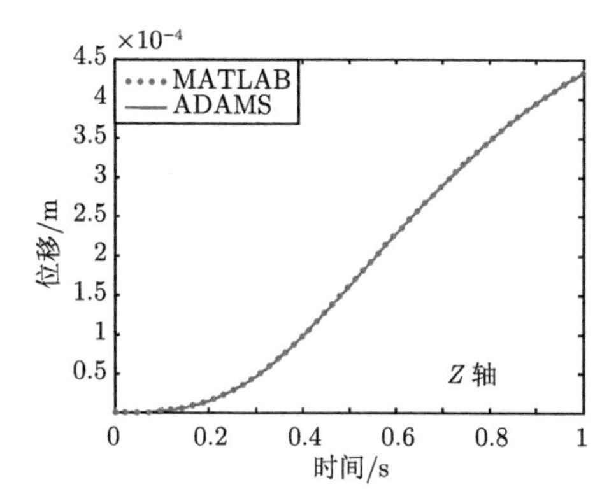

图 2.6 刚性空间机器人基座 B_1 质心位置变化

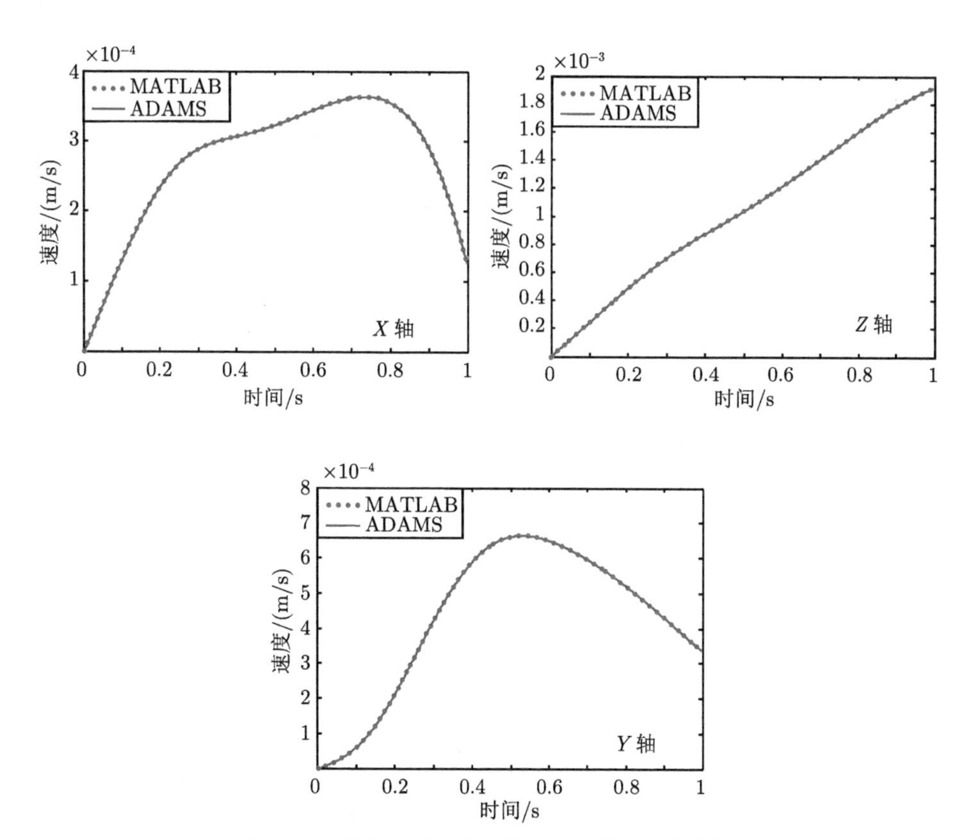

图 2.7 刚性空间机器人基座 B_1 质心速度变化

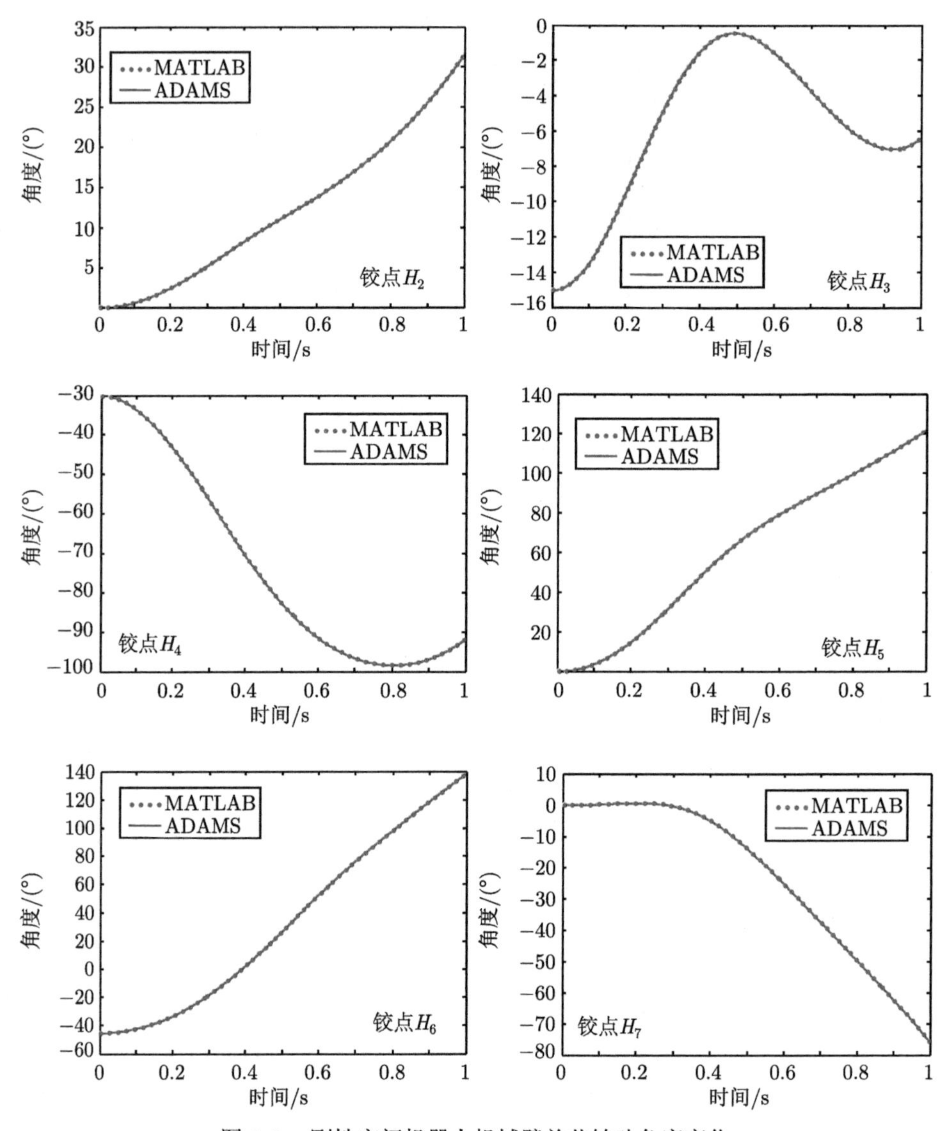

图 2.8　刚性空间机器人机械臂关节转动角度变化

2.6.2　柔性空间机器人

本小节进行数值仿真，以验证本章所建立的动力学模型的正确性。本章所采用的柔性空间机器人结构模型如图 2.1 所示。柔性空间机器人物理参数如表 2.3 所示，机械臂柔性臂杆 Link1 为长度 6.4m 的圆柱体，柔性臂杆 Link2 为长度 7m 的圆柱体，刚性臂杆 Link3 为长度 0.5m 的圆柱体，刚性臂杆 Link4 为长度

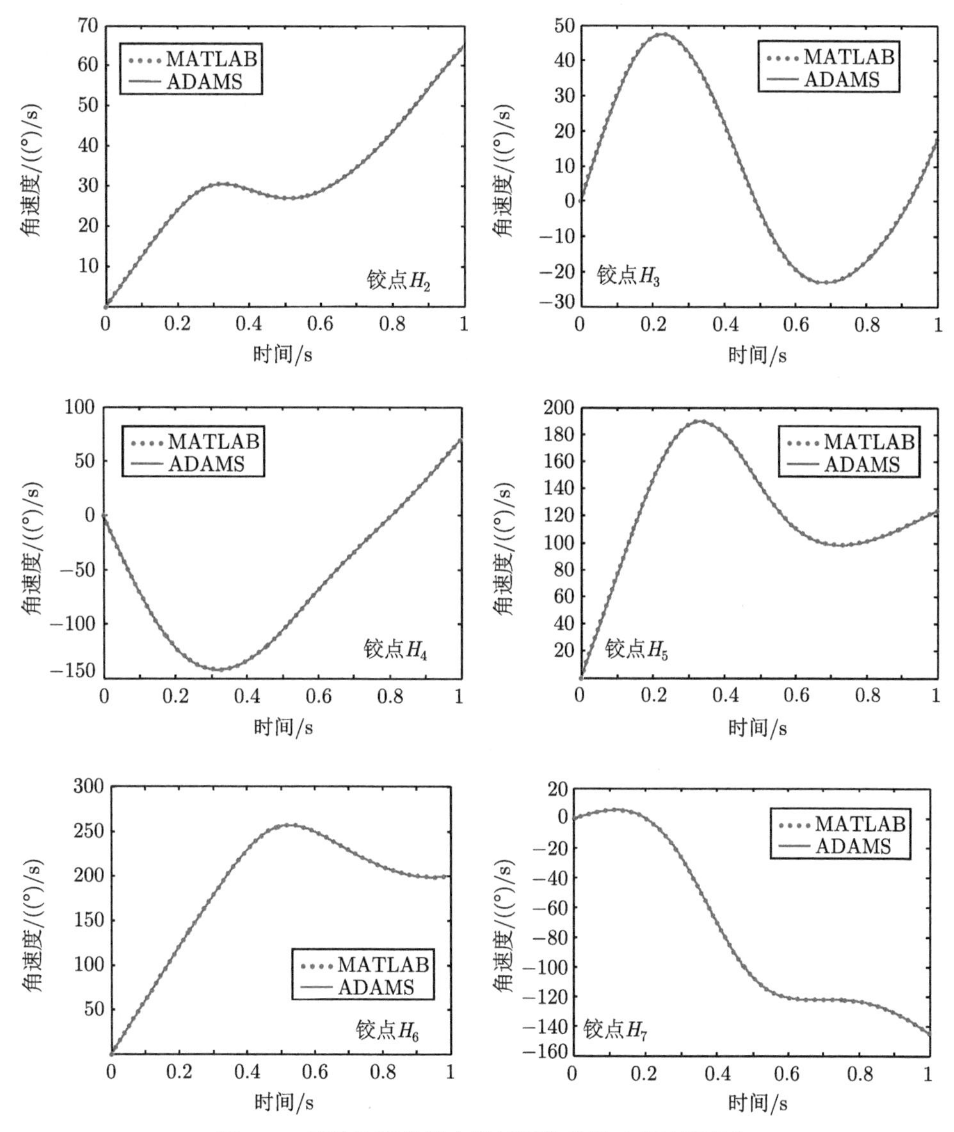

图 2.9 刚性空间机器人机械臂关节转动角速度变化

0.6m 的圆柱体。本书采用悬臂梁的模态函数作为柔性臂杆 Link1 和 Link2 的模态函数，并截取前两阶模态来描述柔性臂杆的弹性变形。柔性臂杆 Link1 的前两阶固有频率分别为 5.909Hz 和 5.909Hz，柔性臂杆 Link2 的前两阶固有频率分别为 5.492Hz 和 5.492Hz。柔性空间机器人关节安装铰点位置如表 2.4 所示。空间机器人初始构型如图 2.1 所示，机械臂各关节初始角度为 [0°, 0° ,0°, 0°, 0°, 0°]。仿真过程中，在空间机器人机械臂各关节所施加的驱动力矩通过下式计算得到

$$\boldsymbol{T} = \boldsymbol{k} \cdot t \quad (\text{N} \cdot \text{m}) \tag{2-68}$$

其中，$\boldsymbol{k}$=[200 40 40 5 3 2]^{T}，t 代表时间。数值仿真计算的结果如图 2.10 ~ 图 2.13 所示，其中图 2.10 和图 2.11 分别为柔性空间机器人基座 Base 质心位置与质心速度变化的时间历程曲线，图 2.12 和图 2.13 分别为机械臂各个关节转动角度与角速度的时间历程曲线。由图 2.10 ~ 图 2.13 的计算结果可以看出，本章所建立的动力学模型能够取得和 ADAMS 软件相同的计算结果，这验证了本章所建柔性空间机器人动力学模型的正确性。

表 2.3　柔性空间机器人物理参数

物体	质量/kg	I_{xx}/(kg·m^2)	I_{yy}/(kg·m^2)	I_{zz}/(kg·m^2)	EI/(N·m^2)	GJ/(N·m^2)	EA/N
Base1	2.03×10^5	1.017×10^6	9.822×10^6	9.822×10^6			
Link1	138	0.399	471.82	471.82	4.04×10^6	2.040×10^6	2.8×10^9
Link2	85.06	0.4	348.01	348.01	2.81×10^6	1.417×10^6	1.2×10^9
Link3	8	0.2	0.76	0.76			
Link4	41	0.2	5.02	5.02			

表 2.4　关节铰点安装位置

铰点	ρ'^{Q}_{j}	ρ'^{P}_{i}
H_1	(0,0,0)	(0,0,0)
H_2	(0,0,0)	(0,12,1)
H_3	(−3.2,0,0)	(0,0,0)
H_4	(3.5,0,0)	(−3.2,0,0)
H_5	(3.5,0,0)	(−0.25,0,0)
H_6	(0.25,0,0)	(0,0,0)
H_7	(0,0,0)	(−0.3,0,0)

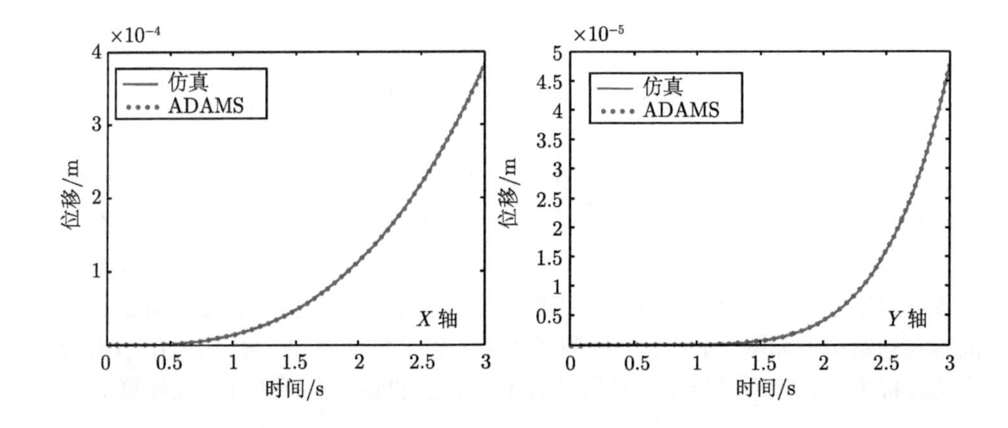

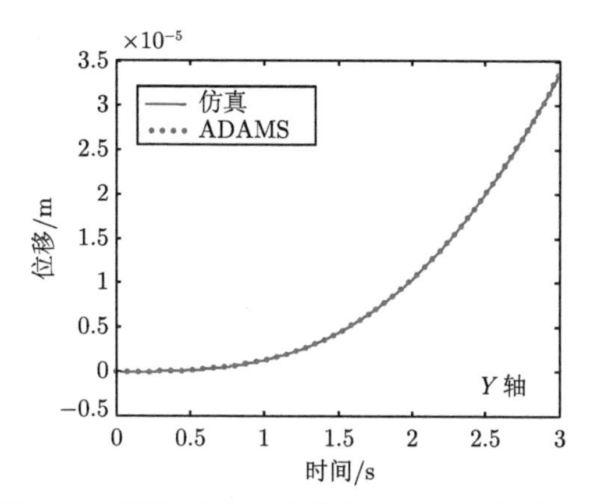

图 2.10 柔性空间机器人基座 Base 质心位置变化

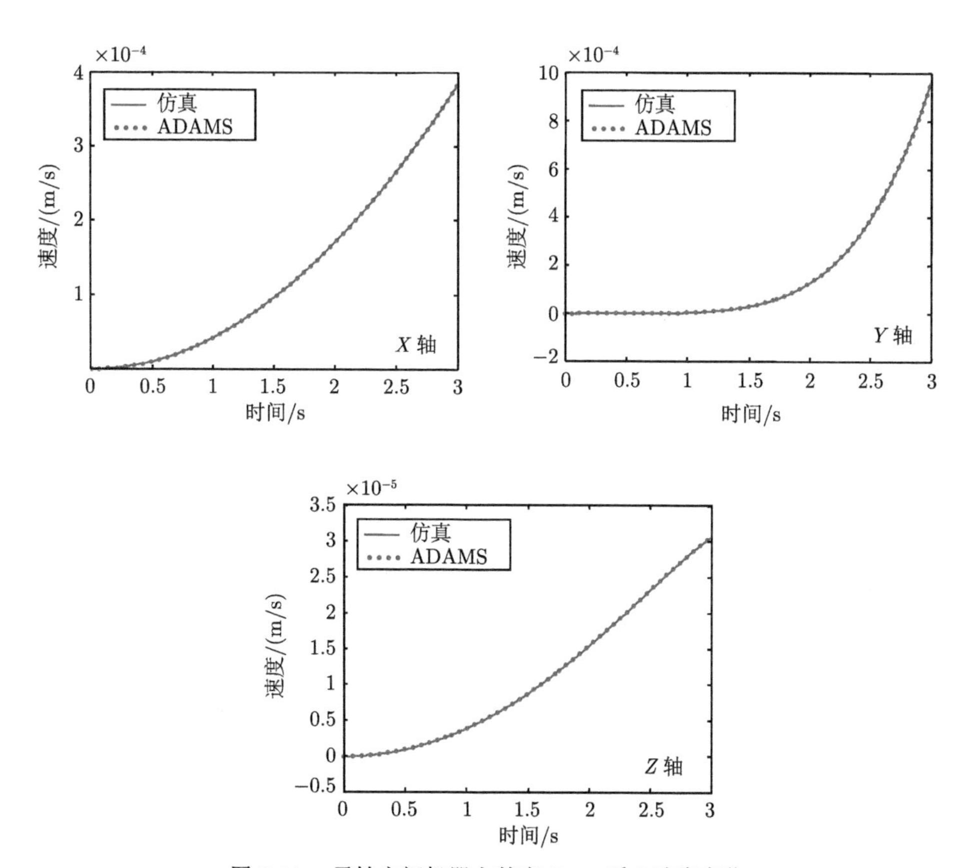

图 2.11 柔性空间机器人基座 Base 质心速度变化

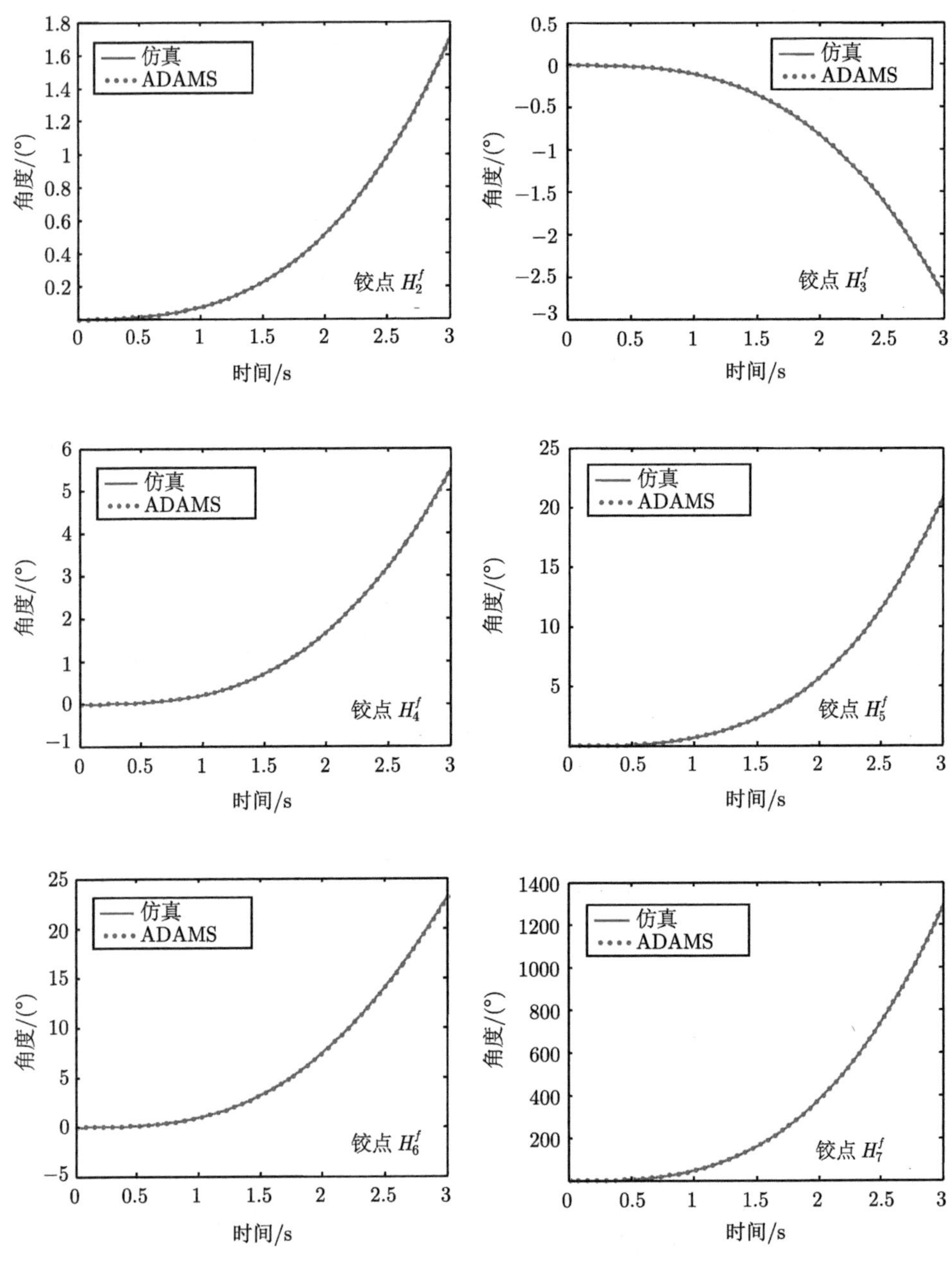

图 2.12　柔性空间机器人机械臂关节转动角度变化

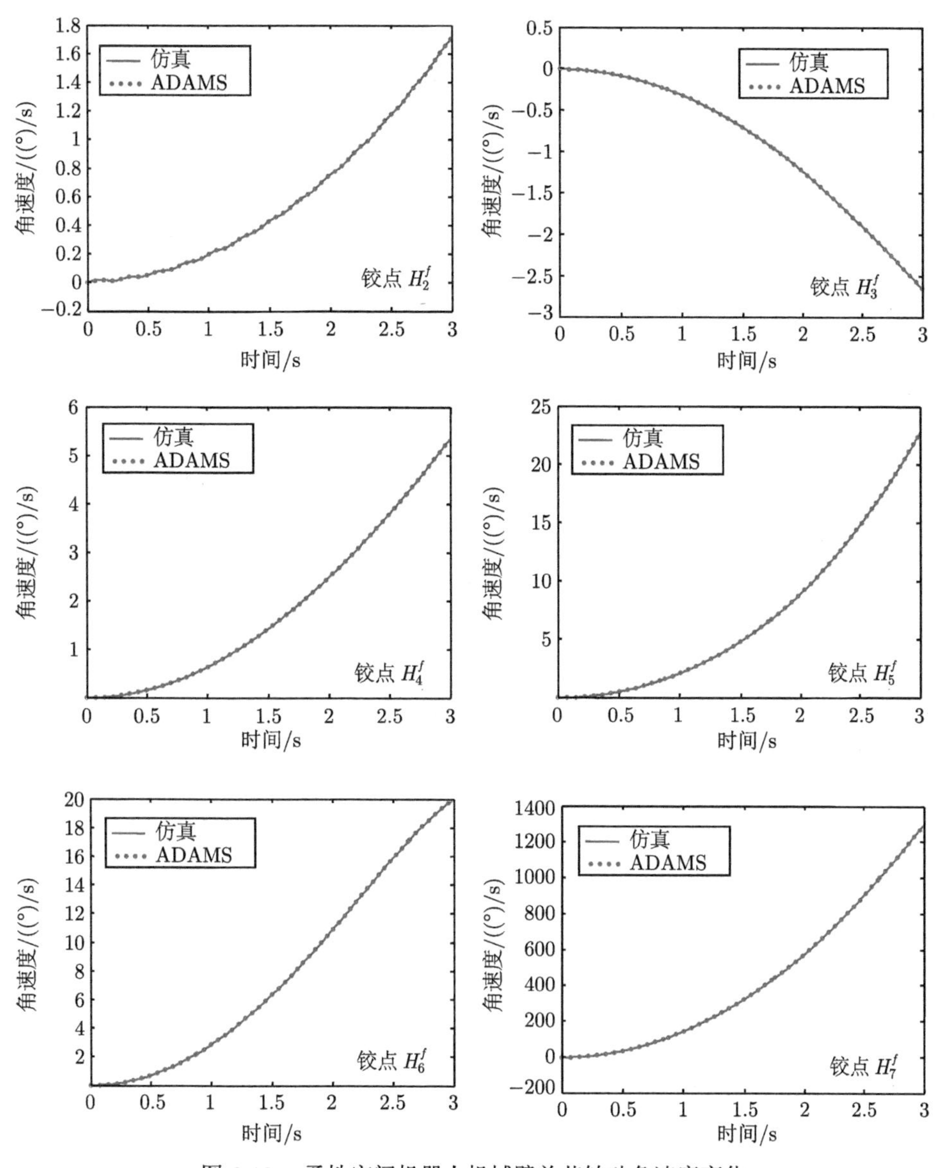

图 2.13 柔性空间机器人机械臂关节转动角速度变化

2.7 本章小结

本章对柔性空间机器人的动力学建模问题进行了研究，采用单向递推组集方法和 Jourdain 速度变分原理建立起了系统的运动学方程与动力学方程。为验证所建模型的正确性，本章分别以刚性空间机器人和柔性空间机器人为对象进行了数值仿真研究，并将仿真结果与软件 ADAMS 的结果进行了对比。对比结果证明了本章所建立的动力学模型的正确性，这为后续章节的空间机器人相关问题的研究奠定了理论基础。

参 考 文 献

[1] Shrivastava S K, Modi V J. Satellite attitude dynamics and control in the presence of environmental torques: A brief survey [J]. Journal of Guidance, Control, and Dynamics, 1983, 6(6): 461-471.

[2] 殷志锋, 葛新锋. 基于 Kane 方法的双臂空间机器人动力学分析 [J]. 机械科学与技术, 2012, 31(8): 1344-1348.

[3] Dhaouadi R, Hatab A A. Dynamic modelling of differential-drive mobile robots using Lagrange and Newton-Euler methodologies: a unified framework [J]. Advances in Robotics & Automation, 2013, 2(2): 1-7.

[4] Shibli M. Unified modeling approach of kinematics, dynamics and control of a free-flying space robot interacting with a target satellite [J]. Intelligent Control and Automation, 2011, 2(1): 8-17.

[5] 霍伟. 机器人动力学与控制 [M]. 北京: 高等教育出版社, 2005.

[6] Roberson R E, Schwertassek R. Dynamics of Multibody Systems [M]. Berlin: Springer Science & Business Media, 2012.

[7] 熊有伦. 机器人学 [M]. 北京: 机械工业出版社, 1993.

[8] 潘冬. 空间柔性机械臂动力学建模分析及在轨抓捕控制 [D]. 哈尔滨工业大学博士学位论文, 2014.

[9] Kane T R, Likins P W, Levinson D A. Spacecraft Dynamics [M]. New York: McGraw-Hill, 1983.

[10] Kane T R, Levinson D A. Dynamics, Theory and Applications [M]. New York: McGraw-Hill, 1985.

[11] Kane T R, Levinson D A. Formulation of equations of motion for complex spacecraft [J]. Journal of Guidance, Control, and Dynamics, 1980, 3(2): 99-112.

[12] Wang Y, Huston R L. A lumped parameter method in the nonlinear analysis of flexible multibody systems [J]. Computers & Structures, 1994, 50(3): 421-432.

[13] Sun C, He W, Hong J. Neural network control of a flexible robotic manipulator using the lumped spring-mass model [J]. IEEE Transactions on Systems, Man, and Cybernetics: Systems, 2017, 47(8): 1863-1874.

[14] Benson D J, Hallquist J O. A simple rigid body algorithm for structural dynamics programs [J]. International Journal for Numerical Methods in Engineering, 1986, 22(3): 723-749.

[15] Belytschko T, Hsieh B J. Non-linear transient finite element analysis with convected coordinates [J]. International Journal for Numerical Methods in Engineering, 1973, 7(3):

255-271.

[16] Tokhi M O, Mohamed Z, Azad A K M. Finite difference and finite element approaches to dynamic modelling of a flexible manipulator [J]. Proceedings of the Institution of Mechanical Engineers, Part I: Journal of Systems and Control Engineering, 1997, 211(2): 145-156.

[17] Gamarra-Rosado V O, Yuhara E A O. Dynamic modeling and simulation of a flexible robotic manipulator [J]. Robotica, 1999, 17(5): 523-528.

[18] 洪嘉振. 计算多体系统动力学. 北京: 高等教育出版社, 1999.

抓捕前：智能识别、运动观测、运动预测、近距离交会、姿态演化、主动消旋

第 3 章　基于点云技术的空间非合作目标智能识别

3.1　引　　言

使用空间机器人开展非合作卫星在轨服务是未来一项十分重要的空间任务。为确保任务的顺利开展，空间机器人首先需要完成对非合作卫星的抓捕。相对合作卫星抓捕，由于非合作卫星不能向服务航天器主动发送运动学信息，且无先验的几何信息和专门的抓取结构，这给抓捕操作带来了极大的挑战。为完成该类目标的抓捕操作，空间机器人首先需要利用传感器数据完成对卫星整体及卫星上的可抓取结构的识别，然后操作机械臂完成抓捕操作。可以说，识别卫星以及卫星上的可抓取结构是非合作目标捕获任务得以完成的重要前提。

到目前为止，关于卫星识别问题的研究主要集中在如何利用卫星典型结构的局部特征或局部特征之间的关系来识别出卫星整体和其具体型号。相关研究包括，Wang 等 [1] 在解决 TSS-1 卫星的识别问题时提出将图像数据中卫星边界和形心关系，例如边界长度、图形面积、形心到边界的最大和最小距离等作为卫星特征并利用这些特征通过搭建和训练人工神经网络来实现对 TSS-1 卫星的识别。Du 等 [2] 提出使用图像特征索引 (eigen-indexing) 来描述卫星局部结构之间的关系，并根据在线获取图像特征索引与数据集卫星图像特征索引的匹配程度完成对卫星具体型号的识别。Meng 等 [3] 提出使用核局部保持映射 (kernel locality preserving projection，KLPP) 来对由不变矩 (moment invariants)、傅里叶描述子 (Fourier descriptor)、区域协方差 (region covariance) 和方向梯度直方图 (histogram of oriented gradient) 四类特征构成的卫星图像特征向量进行降维操作，进而获得特征流形 (the submanifold of the feature)。并在此基础上，采用 k-近邻法 (k-nearest neighbor method，kNN) 来实现对 BUAA-SID 1.0 数据集中卫星图像数据的分类和识别。为了进一步提高图像数据中卫星的识别精度，Ding 等 [4] 提出使用卫星图像的放射不变矩 (affine moment invariant，AMI) 和多尺度自卷积 (multi-scale auto-convolution，MSA) 来描述卫星，并利用 k-近邻分类器 (k-nearest neighbor classifier) 来进行卫星识别训练。Zhao 等 [5] 提出一种基于稀疏编码的统计隐含语义分析方法 (sparse coding based probabilistic latent semantic analysis，SC-pLSA) 来提取卫星特征。不同于上述的工作，Zhang 等 [6] 没有采用特征提取 + 训练的方式来解决识别问题，而是直接采用数据集训练的方式，对卫星的识别问题进行深入研究。实验结果表明，他们所采用的同胚流形分析 (homeomorphic manifold analysis，HMA) 法和高斯过程回归 (Gaussian process regression) 法能够在 BUAA-SID 数据集上获得非常好的训练效果。除了以上基于可见光图像的卫星识别问题研究外，Liu 等 [7] 对基于使用雷达高分辨距离像 (high resolution range profile，HRRP)[8] 的卫星识别问题进行了研究，并提出通过使用小波降噪法 (the wavelet denoising method) 来提高卫星 HRRP 数据特征的质量和稳定性，进而提高卫星的识别率。另外，Han 等 [9] 提出通过融合红外可见光图像 (visible and infrared image) 的 Zernike 不变矩 (Zernike invariant moments) 来解决卫星的识别问题。

从以上文献调研的结果可以看出，现有的工作已经取得了不错的成果，但仍有些缺陷。例如，现有的工作几乎都是利用可见光图像作为对象来研究卫星识别问题。尽管这种数据包含许多卫星的结构特征，但其很容易受到光线条件的影响。在太空复杂的光线条件下，图像会因为过曝或曝光不足损失很多细节特征，这会导致卫星识别准确率的下降。除此之外，鲜有科研人员对卫星子结构的识别问题进行研究。事实上，卫星子结构识别问题对于很多在轨任务来说是非常重要的。例如，对于抓捕任务，通过识别卫星的子结构，空间机械臂可以决定潜在抓捕区域的位置，例如载荷连接装置、尾喷管或其他位置。另外，通过对卫星大尺度结构例如太阳能帆板、天线等进行识别，空间机器人可以规划机械臂的无碰撞抓捕路径，从而避免任务风险。由此可见，卫星子结构识别问题是一个非常值得深入研究的工程问题。考虑到由深度相机获得的点云数据不易受光照条件的影响，因此选择点云数据进行卫星结构的识别在工程上更具可行性。虽然点云数据能够提高识别的稳定性和精度，但其数据结构相对图像来说是过于复杂的，其自身的无序性、稀疏性使得传统的基于人类先验规则的识别和分割算法很难取得较高计算精度。近年来，为解决这一问题，研究学者提出一系列基于深度学习的点云识别算法。尽管这类算法在很多结构的识别问题中取得了不错的效果，但这类算法是否可以解决卫星结构的识别问题是有疑问的。另外，在众多算法中哪类方法更适合解决卫星结构识别问题也是一个值得探讨的问题。在本章，我们对上述两个问题进行了深入的研究，并为此构建了由卫星点云数据构成的数据集。通过训练发现，最新提出的以 PointNet[10]、PointNet++[11]、SPLATNet[12] 和 SO-Net[13] 为代表的点云识别深度神经网络能够比较好地解决完整卫星结构数据和非完整卫星结构数据的识别问题。通过对比四种深度神经网络训练结果，我们可以很直观地了解它们的区别和优缺点。这些分析结果对于解决实际工程问题是十分有价值的。

本章主要内容安排如下：3.2 节主要介绍本书所采用的 3 维点云分割算法。3.3

节介绍卫星 3 维点云模型的创建过程。3.4 节将展示并分析分割训练的结果。3.5 节给出结论。

3.2 点云分割识别算法比较

与 2 维可见光图像数据相比，3 维点云数据在刻画物体表面结构细节方面具有明显的优势。同时，3 维点云数据的精度不易受太空环境复杂光照条件的影响。这些优势让 3 维点云数据成为解决卫星结构分割识别问题的首选。然而，点云数据自身的无序性、稀疏性特点也给分割识别算法的开发设置了不小的难度。在早期的研究中，学者们提出了多种基于人类规则的算法 [14-18]。遗憾的是，这些算法的分割识别精度还远达不到工程应用的水平。近年来，随着机器学习算法的迅速发展，国内外学者提出了多种基于神经网络的点云分割识别算法，例如 PointNet[10]、PointNet++[11]、SPLATNet[12] 和 SO-Net[13] 等。这些算法在多个公开点云数据集上都取得了非常高的分割识别精度。这使得我们有理由相信上述算法是可以用于解决卫星结构的分割识别问题的。然而，选择哪种算法值得深入研究和分析。为了选出更优的选项，本小节将对 PointNet、PointNet++、SPLATNet 和 SO-Net 算法的基本原理进行介绍。希望借此为后续算法性能比较奠定理论基础。

3.2.1 PointNet 算法和 PointNet++ 算法

PointNet++ 算法是 2017 年由 Charles 等在 PointNet 算法的基础上提出的改进算法，其相对 PointNet 算法能够更好地解决点云数据的智能分割和识别问题。在介绍 PointNet++ 算法之前，我们将首先对 PointNet 算法进行介绍。

与很多用于解决图像数据分割识别问题的机器学习算法类似，PointNet 算法 (如图 3.1 所示) 也是一种基于多层神经网络的机器学习算法。不同的是，PointNet 算法的输入为 $n\times3$ 的点云矩阵。为了实现在一个相同视角下提取点云特征，PointNet 的开发者设计了一个 T-Net 网络，经过学习之后该网络可以生成一个 3×3 的位姿变换矩阵。输入的点云数据在与该矩阵相乘后可以实现空间上的对齐，即将点云旋转到正面。之后，点云数据在经过 1 个多层感知器 (MLP) 的操作后被映射到 64 维的空间上。接着，PointNet 算法会对得到的 64 维空间点云进行特征变换，变换操作同样是通过乘以 1 个 T-Net 网络生成 64×64 2 维矩阵完成的。对于分类识别问题，经过特征变换后的数据会经过 1 个多层感知器 (MLP) 完成升维操作，进而将原点云数据映射到 1024 维的空间上。此时，原始 $n\times3$ 点云矩阵已经被转化成了 $n\times1024$ 的点云矩阵。该点云矩阵经过最大池化操作后便得到了一个 1024 维的列向量。在 PointNet 算法中，该列向量被称为点云的全局特征向量。最后，全局特征向量经过 1 个多层感知器 (MLP) 操作输出输入点云的分数。对于分割识别问题，全局特征向量经过特征变换后得到 64 维点云数据进行拼接。拼接后的数据在经过 1 个多层感知器后会输出每个点对应不同所属类型的概率，进而实现对点云的分割识别。

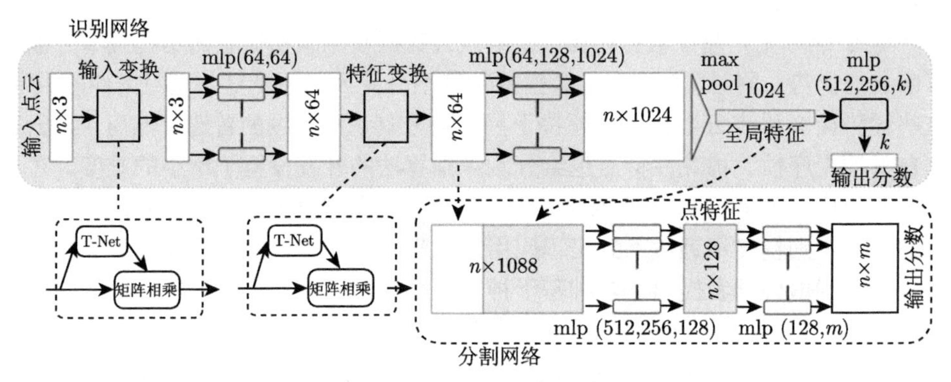

图 3.1 PointNet 网络示意图

虽然 PointNet 算法在公开数据集的测试过程中取得了不错的分割识别效果，但其在处理存在疏密变化的点云时由于很难有效地提取点云的局部结构特征，所以训练结果并不能令人满意。为了克服这一缺点，其开发者在原算法上进行了改进并将新算法命名为 PointNet++。PointNet++ 算法也是一种基于神经网络的点云识别算法，其网络结构如图 3.2 所示。对比 PointNet 算法和 PointNet++ 算法的网络结构可知，在点云特征的提取部分 PointNet++ 算法在 PointNet 基础之上增加了分组采样操作。这使得 PointNet++ 算法相对 PointNet 算法具备更好的点云局部特征提取能力。与 PointNet 算法一样，被提取的点云特征既可以用于分割识别也可以用于分类识别。对于分割识别，其对应的神经网络会在对点云特征进行两次差值 +unit PointNet 操作后输出每个点对应不同类别的概率。利用这一信息，我们便可完成对点云的分割识别。对于分类识别，被提取的点云特征会被传入一个 PointNet 网络和一个多层感知器中。最终，多层感知器会输出点云对应的分数。利用该分数我们便可判断出点云所对应的类别。

从上面对 PointNet++ 的介绍我们可以了解到，PointNet++ 与 PointNet 最大的不同是在网络中引入分组采样操作，该操作确保神经网络可以从具有稀疏变化的点云中提取出有效的结构特征。在 PointNet++ 算法中，其作者采用两种分组方法，它们分别是多尺度分组 (MSG) 方法和多分辨率分组 (MRG) 方法 (如图 3.3 所示)。两种分组方式的介绍详见参考文献 [12]。

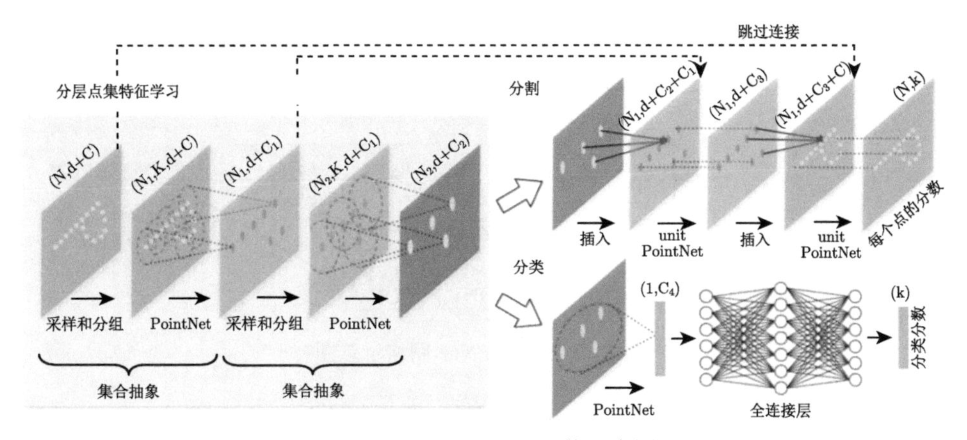

图 3.2 PointNet++ 网络示意图

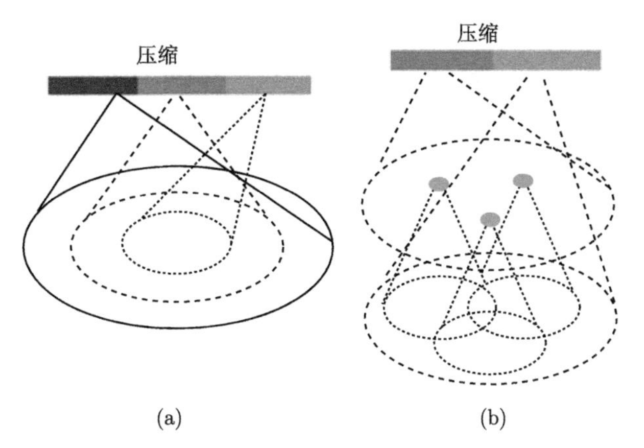

图 3.3 PointNet++ 分组方式 (a) 多尺度分组; (b) 多分辨率分组

3.2.2 SPLATNet 算法

SPLATNet 算法是 2018 年由 Hang Su 提出的一种适用于点云和点云 + 图像的分割识别问题的神经网络算法，其由 $\text{SPLATNet}_{\text{3D}}$ 网络和 $\text{SPLATNet}_{\text{2D-3D}}$ 网络构成。由于本章的研究对象为点云，因此本小节仅对适应于点云分割识别问题的 $\text{SPLATNet}_{\text{3D}}$ 网络进行介绍。

$\text{SPLATNet}_{\text{3D}}$ 网络 (如图 3.4 所示) 由三个 1×1 卷积层 (1×1 CONV) 和 T 个不同尺度的双边卷积层 (BCL) [19] 组成，其中 T 为该网络的一个超参数。在使用 $\text{SPLATNet}_{\text{3D}}$ 网络进行分割识别时，点云数据会首先经过一个 1×1 卷积层，然后再依次通过 T 个双边卷积层。通过双边卷积层的操作，$\text{SPLATNet}_{\text{3D}}$ 网络便可以提取到不同尺度下点云数据的结构特征向量。接着，这些结构特征向量会通过两个卷积层。经过两次卷积操作后，每个点对应的不同类别的概率便可被获得。利用这一信息，我们便可完成对点云的分割识别。

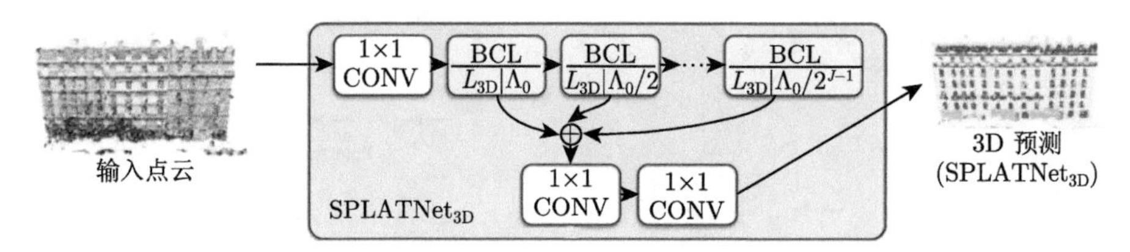

图 3.4 SPLATNet 网络示意图

与 PointNet 和 PointNet++ 算法相比，SPLATNet 算法最大的不同是利用双边卷积来提取点云结构特征的过程中引入的双边卷积操作。相对于传统的卷积操作，双边卷积具备更好的特征提取能力。如图 3.5 所示，双边卷积操作是由分散 (splat)、卷积 (convolve) 和切片 (slice) 三个子操作构成的。这三个子操作的具体过程如下：① 分散: 将点投影到晶格 (permutohedral lattice) 空间中，再通过重心差值 (barcentric interpolation) 将晶格空间中的点的特征投影到所在晶格的三个定点上。把原本稀疏又不均匀的点云数据重新进行了排布，在保证其特征维度基本不变的情况下，将其映射到规则排布的晶格顶点上。② 卷积: 把晶格顶点的特征进行卷积运算。③ 切片: 该操作是分散的逆操作，即通过中心插值将经卷积操作后的晶格顶点映射到原始点云空间。利用上述操作，双边卷积便可从点云数据中提取出有效的特征信息。

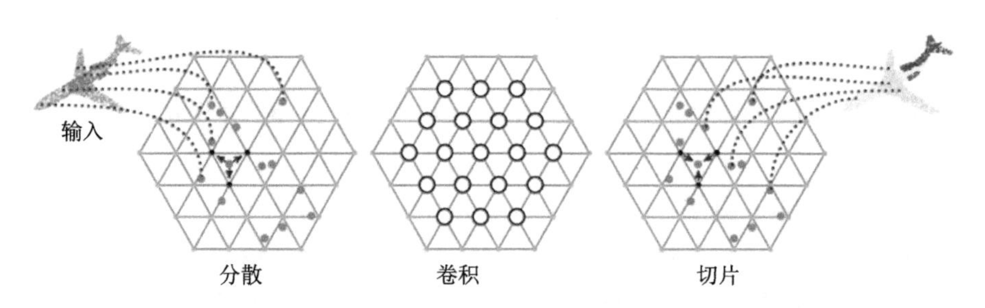

图 3.5 双边卷积层结构示意图

3.2.3 SO-Net 算法

SO-Net 算法是 2018 年由 Li 提出的一个基于自组织映射 [20](self-organizing map，SOM) 的点云分割/分类识别神经网络算法，其网络结构如图 3.6 所示。在分割/分类识别点云过程中，该算法首先利用自组织映射将点云映射到一个 M 维列向量上。该向量的元素被称为 SOM 节点，其可以被理解为点云的中心点。接着，网络会以点云中每个 p_i 为对象，利用 KNN 算法中的搜索算法从 M 维 SOM 节点向量中找到 k 个距离该点最近的节点 s_{ij} $(j=1, \cdots, k)$。然后，利用 s_{ij} 对原点云中的点 p_i 进行如下正则化操作：

$$p_{ij} = p_i - s_{ij} \quad (j = 1, \cdots, k) \tag{3-1}$$

利用上式，点云中的每个点可生成 k 个新点。随后，新生成的点云会依次通过一个多层感知器和一个 M 最大池化层。最终，SO-Net 将从点云数据提取到一个 $M\times384$ 维的节点特征矩阵，该矩阵依次通过一个多层感知器和一个最大池化层后会转为一个 1×1024 维的全局特征向量。对于点云的分类识别，全局特征向量在经过 1 个多层感知器后转变为一个 1×40 维的分类评分向量。对于点云的分割识别，SO-Net 网络会对正则化后的点云数据、节点特征和全局特征向量进行拼接操作，进而得到用于完成分割识别任务的输入矩阵。接着，该矩阵会依次通过一个多层感知器、一个平均池化层和一个多层感知器。最终，SO-Net 网络会输出每个点云对应的评数。利用这一信息，我们便可完成对点云的分割识别。

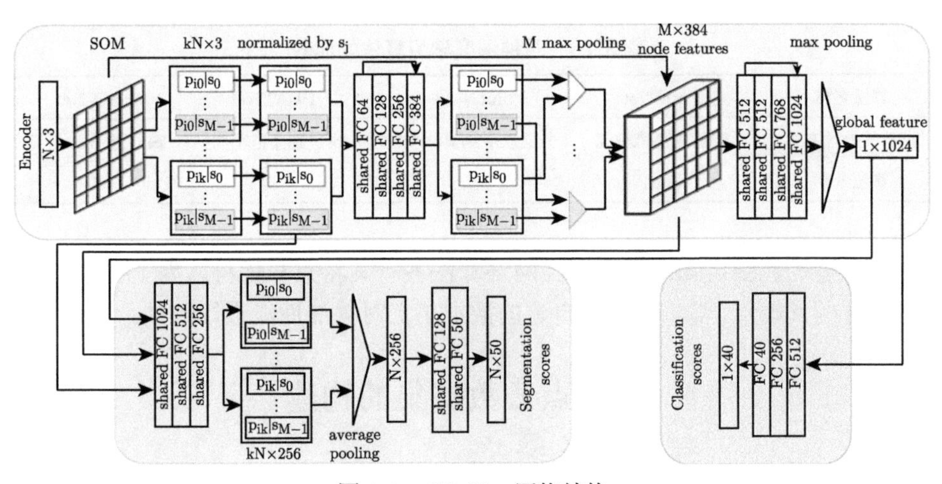

图 3.6 SO-Net 网络结构

3.2.4 算法比较

以上的各个深度学习算法均可以实现直接输入点云数据，输出点云分割结果的效果。算法的大致结构也类似，均是对点云数据进行处理得到全局特征向量，之后将全局特征向量进行拼接，经过进一步处理得到点云分割结果。但是各个算法得到全局特征向量的方式不同。

PointNet 算法首先将原始点云数据旋转对齐，之后将对齐后的点云通过多层感知器并再次对齐，进而将每点特征进行升维。最后算法通过最大池化操作得到全局特征向量。此算法结构简单，效率最高。

PointNet++ 算法首先将原始点云进行分组，并利用 PointNet 算法中特征提取的部分提取子集的全局特征向量，作为整个点云的局部特征向量。接着算法再将局部特征向量进行分组并提取其全局特征向量作为最终的全局特征向量。此算法相较于 PointNet 算法新增了分组和分层提取特征向量的部分，结构较为简单，效率高。

SPLATNet 算法将原始点云依次通过不同的 BCL 层，将原始点云映射到不同尺度的晶格空间中，并分别提取不同尺度晶格空间中点云的特征向量。最后算法将得到的各特征向量进行拼接，并最终得到全局特征向量。相对其他算法，此算法因需频繁通过 BCL 层进行映射操作，所以效率一般。

SO-Net 算法将原始点云映射到 SOM 节点上，再通过多层感知器并进行最大池化操作得到每个 SOM 节点上的特征向量。之后算法将各 SOM 节点上的特征向量通过多层感知器并进行最大池化操作得到全局特征向量。算法具体区别见表 3.1。

表 3.1 四种深度学习算法的比较

算法名称	PointNet	PointNet++	SPLATNet	SO-Net
点云的处理方式	映射到高维空间	分层映射到高维空间	映射到晶格空间	映射到 SOM 节点
算法效率	最高	高	一般	中

从上述的介绍可知，四种神经网络算法各有其特点和优势。为了更好地比较评估算法的优缺点，3.4 节会在自建的数据集上对算法性能进行测试。

3.3 点云数据集的构建

在真实的太空任务中，服务卫星会使用两种不同的点云数据进行目标卫星结构的分割识别，它们分别是经过 3 维重建之后的完整卫星点云数据和激光传感器实时获得的非完整卫星点云数据。为评估 3.2 节所介绍的机器学习算法对上述两类数据的分割识别性能，我们需要分别构建两类数据对应的训练数据集。

一般来说，利用真实数据构建数据集是最为常见的手段。然而对于卫星结构识别分割问题来说，由于获得在轨卫星真实数据的成本过于高昂，因此本章采用人工手段来构建训练点云数据集。为了保证人工构建的点云数据更贴近真实数据，我们分析了如图 3.7 所示的“地球之眼”一号卫星、“日出”卫星、“普罗巴”五号、“依巴谷”卫星、“哨兵”二号、“哨兵”一号、欧洲环境卫星、“陆地卫星”四号、

“陆地卫星”一号等真实卫星的结构，又考虑到在非合作卫星抓捕任务中高刚度的卫星发动机喷管可作为抓取结构，因此，在本章构建的点云数据中包括卫星主体、太阳能帆板和尾喷管三种卫星结构。

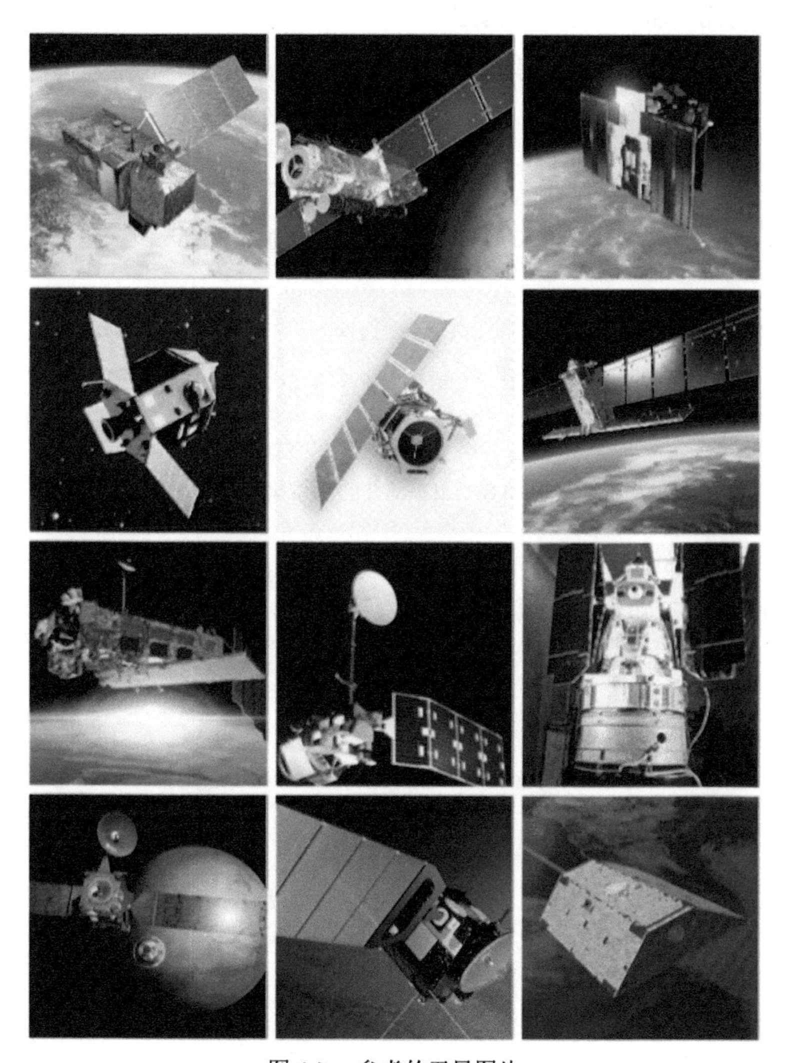

图 3.7 参考的卫星图片

在数据集的构建过程中，除了需要解决数据的真实性问题，还需解决数据的快速生成问题。以著名的 ShapeNet[21] 数据集为例，其每种类物体所对应数据集都包含有几百 ~ 几千不等的点云数据。对于卫星结构的分割识别问题来说，如果采用每个卫星单独创建点云数据的方式来构建数据集，那么数据集的构建过程将是极其麻烦的。为了能够快速成批量地生成点云数据，我们提出采用卫星组件 3 维建模 + 点云抽取 + 点云拼接的总体方案来构建卫星点云数据集。下面两小节将分别介绍卫星完整数据集和卫星非完整数据集的具体构建方式。

3.3.1　卫星完整点云数据集的构建

我们将卫星完整点云数据集构建流程主要分为三部分：3 维建模、点云转换和点云拼接。接下来将详细介绍各个部分的具体操作。

(1) 卫星部件 3 维建模。根据图 3.7 所示卫星各个部件的形状，我们使用 Inventor 软件分别构建 6 种尾喷管、11 种太阳能帆板和 13 种卫星主体 3 维模型 (样例如图 3.8 所示), 并将卫星部件 3 维模型以 obj 格式[①]保存。

图 3.8　卫星部件的 3 维模型

(2) 卫星部件 3 维模型的点云转换。我们首先提取卫星部件 obj 文件中构成部件表面所有的三角形面片顶点信息。之后，利用上述顶点坐标生成带噪声的点云数据，并打上标签。最后生成卫星部件的点云模型 (样例如图 3.9 所示)。

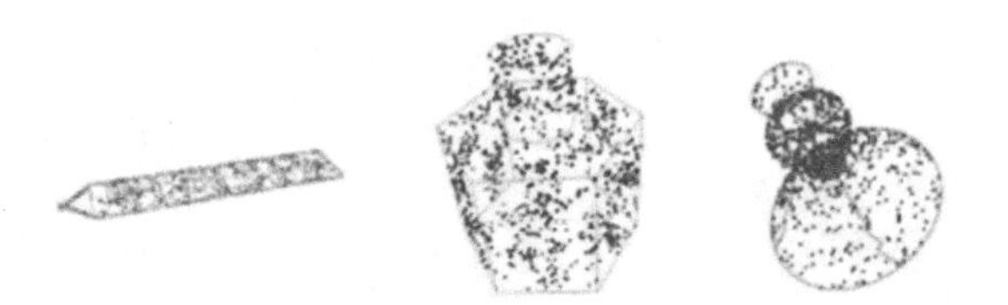

图 3.9　卫星部件的点云模型

(3) 部件的点云拼接。为了构建卫星完整的点云数据，本章首先以卫星主体为基础，通过其他部件相对卫星主体的位姿关系计算点云拼接所需位姿变换矩阵。接着，利用位姿变换矩阵将其他部件点云变换到卫星主体点云坐标下，进而完成点云的拼接操作。在拼接过程中，为了增加数据的多样性，我们还对尾喷管点云

① obj 格式是 Alias 公司为 3D 建模和动画软件 “Advanced Visualizer” 开发的一种标准文件格式，在格式中 3D 模型表面被离散成若干个三角形面片。obj 标准文件主要包含 4 种数据，分别以以下字母作为每行的开头：v、vt、vn 和 f。v 行数据为三角形面片顶点坐标，vt 行数据表示三角形面片的纹理信息，vn 行数据是三角形面片的法向量，f 行数据为构成三角形面片顶点的信息索引。

进行了适当变长或缩短操作。卫星完整点云数据构建流程如图 3.10 所示，按照此过程我们生成了 5263 个不同的完整卫星点云数据，样例如图 3.11 所示。

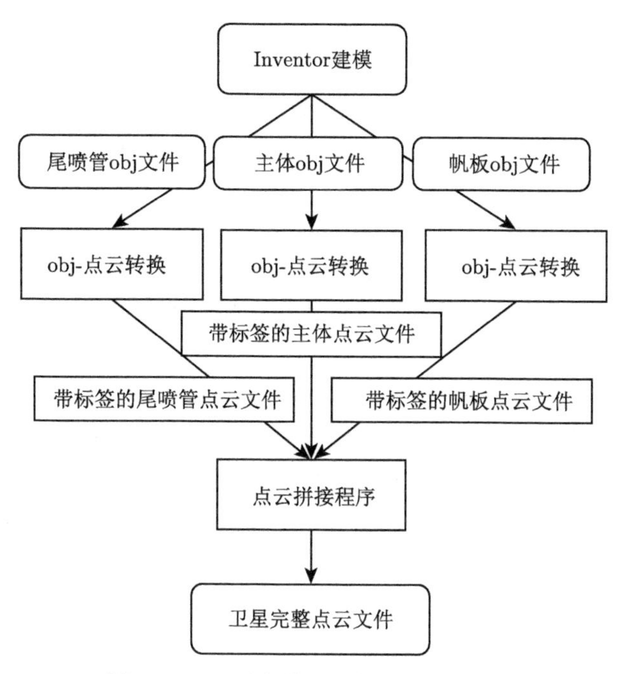

图 3.10 卫星完整点云数据构建流程图

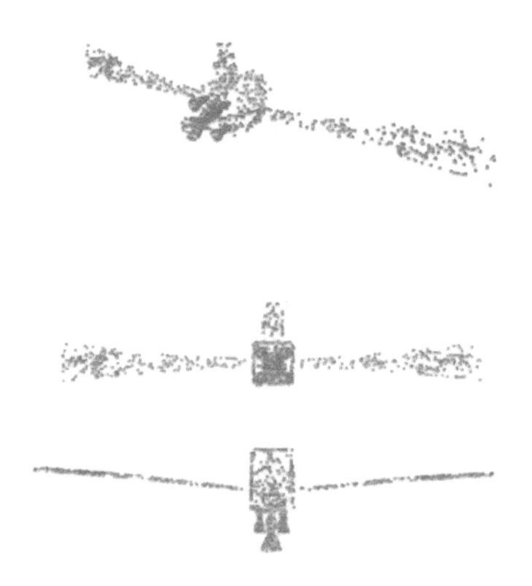

图 3.11 卫星 3 维点云模型示例

3.3.2　卫星非完整点云数据集的构建

根据激光传感器获取非完整点云数据的原理①，我们将构建卫星非完整数据集的流程分为四个部分：3 维建模、标记面片、拼接模型和模拟激光拍摄。接下来将详细介绍各个部分的具体操作。

(1) 卫星部件 3 维建模。与完整点云数据构建流程相同，我们首先使用 Inventor 软件分别构建 6 种尾喷管、11 种太阳能帆板和 13 种卫星主体 3 维模型并以 obj 文件格式保存。

(2) 标记三角形面片。在计算机图形学中，通常使用三角形面片作为物体表面的最小单位。所以我们构建的卫星表面模型也同样由三角形面片构成。但是为了能得到带标签的非完整点云数据，我们将已构建的卫星部件 obj 文件中的每个三角形面片打上标签。

(3) 拼接得到卫星表面模型。与完整卫星点云数据集的拼接过程类似，本节以卫星主体表面模型为基础，通过其他部件相对卫星主体的位姿关系计算三角形面片拼接所需位姿变换矩阵。接着，利用位姿变换矩阵将其他部位三角形面片变换到卫星主体表面模型的坐标下，得到每个三角形面片均有标签的卫星表面模型。

(4) 模拟激光拍摄获得点云数据。在此部分里，我们首先在 3 维空间中选取一个点 $P(x_0, y_0, z_0)$ 作为激光传感器拍摄点。之后，假设传感器发射的一束光线，其方向向量为 $\vec{L}(a, b, c)$，此束光线的方程为

$$\frac{x - x_0}{a} = \frac{y - y_0}{b} = \frac{z - z_0}{c} = t \tag{3-2}$$

当此光束与表示部件表面的三角形面片相交时，两者的交点便是卫星部件的点云点，其计算过程如下。对于每个三角形面片，假设其顶点分别为 $T_1(x_1, y_1, z_1)$，$T_2(x_2, y_2, z_2)$ 和 $T_3(x_3, y_3, z_3)$，它们所在平面方程为

$$Ax + By + Cz + D = 0 \tag{3-3}$$

式中，

$$A = y_1z_2 - y_1z_3 - y_2z_1 + y_2z_3 + y_3z_1 - y_3z_2$$

$$B = -x_1z_2 + x_1z_3 + x_2z_1 - x_2z_3 - x_3z_1 + x_3z_2$$

$$C = x_1y_2 - x_1y_3 - x_2y_1 + x_2y_3 + x_3y_1 - x_3y_2$$

$$D = -x_1y_2z_3 + x_1y_3z_2 + x_2y_1z_3 - x_2y_3z_1 - x_3y_1z_2 + x_3y_2z_1$$

① 激光传感器发射 N 束光线，经物体表面反射后重新被相机接收，相机通过计算每束光的飞行时间，最终得到 N 个物体表面点的 3 维坐标。

由式 (3-2) 和式 (3-3) 可解得光线与三角形面片所在平面的交点 $Q(x_4, y_4, z_4)$ 的坐标为 (光线与平面相交示意图见图 3.12) $x_4 = x_0 - \dfrac{a(D+Ax_0+By_0+Cz_0)}{Aa+Bb+Cc}$，$y_4 = y_0 - \dfrac{b(D+Ax_0+By_0+Cz_0)}{Aa+Bb+Cc}$，$z_4 = z_0 - \dfrac{c(D+Ax_0+By_0+Cz_0)}{Aa+Bb+Cc}$ 。

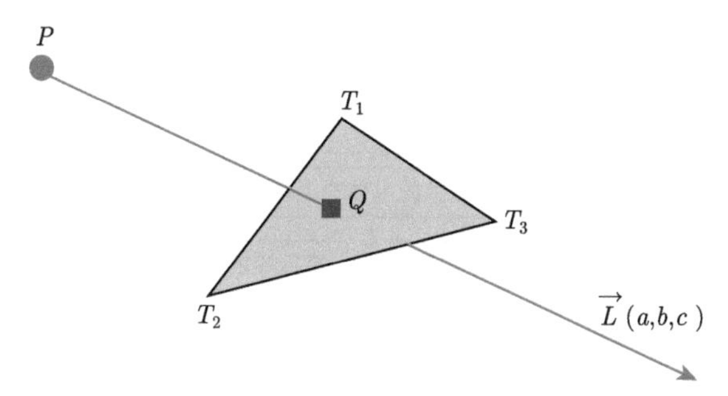

图 3.12 光线–三角形面片相交示意图

在获得 Q 的坐标之后，我们需要判断 Q 是否在三角形面片内部。如果 Q 点在三角形面片内部，则将此点打上此三角面的标签并暂时保留，反之则舍去。在本章，利用面积判别法来判别点 Q 是否在三角形面片内 (示意图见图 3.13)，若 $S_{\Delta T_1T_2Q} + S_{\Delta T_1T_3Q} + S_{\Delta T_3T_2Q} > S_{\Delta T_1T_2T_3}$，则点 Q 在三角形面片内部。在遍历所有的三角形面片后，选取与点 P 距离最近的一个点作为卫星表面点保留。最后，遍历 N 束光线得到此卫星的非完整点云数据。

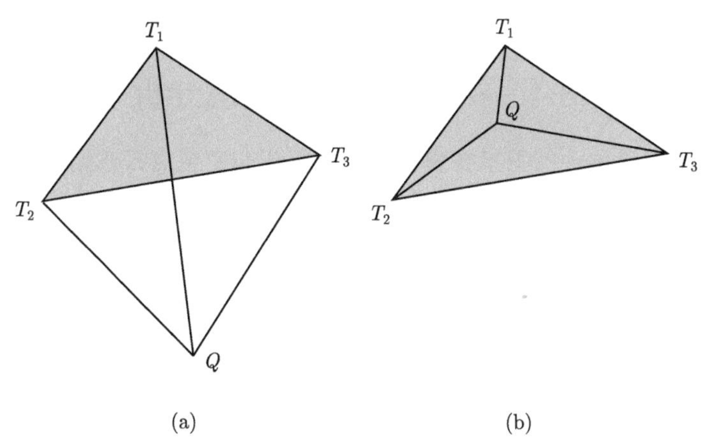

图 3.13 面积判别法示意图 (a) 外部 (b) 内部

卫星非完整点云数据生成流程如图 3.14 所示，按照此过程我们可以获得 5263

个带标签的卫星非完整点云。

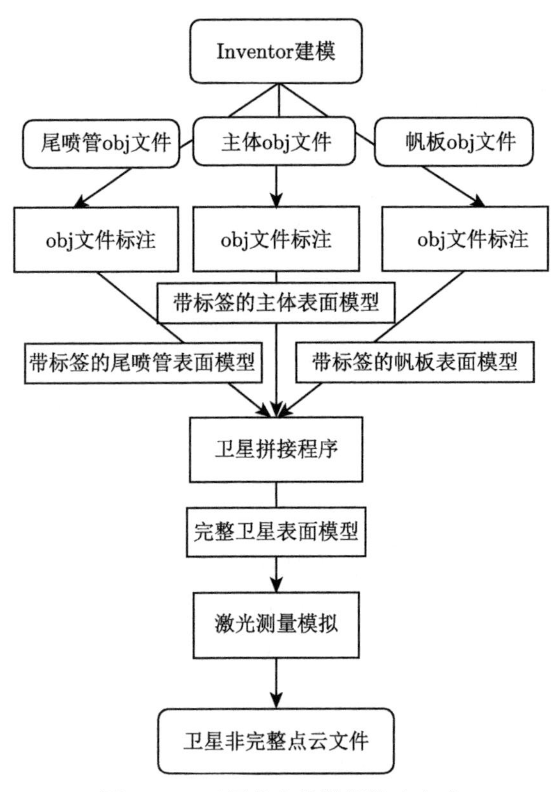

图 3.14　卫星非完整数据构建方式

3.4　各点云算法的性能分析

本章将使用已构建的卫星完整点云数据集和非完整点云数据集分别对 PointNet 算法、PointNet++ 算法、SPLATNet 算法和 SO-Net 算法进行训练和性能测试。为保证测试的公平性，各算法的网络结构以及超参数都与其所在文章保持一致。在训练和测试过程中，完整点云数据集和非完整点云数据集都被划分成三个子集，分别为训练集、交叉验证集与测试集。测试集、交叉验证集和测试集所包含点云的数量分别是 3835、586 和 842。下面将从算法的分割准确率和分割实际效果两个方面来比较各深度学习算法的性能。

3.4.1　分割准确率

本小节将比较各个深度学习算法的分割准确率。我们首先将在训练集上训练各深度学习网络，并在训练过程中在交叉验证集上进行同步测试，调整神经网络的超参数。之后利用训练后的深度学习网络对测试集上的卫星点云数据进行分割测试。然后，利用下式求得深度学习算法在测试集上每簇卫星点云的分割准确率：

$$P = \frac{N_r}{N_t} \tag{3-4}$$

式中，N_r 是分割识别正确的点云数量，N_t 是此卫星点云簇点的总数。然后，计算在测试集上的点云分割准确率的平均值，将其作为算法的分割准确率。最后得到各个算法的分割准确率，如表 3.2 所示。

由表 3.2 数据可知，在卫星完整数据集上，SO-Net 算法准确率最低为 96.1%，SPLATNet 算法与 PointNet 算法的分割准确率相同，均为 98.2%，而 PointNet++ 算法的分割准确率最高，达到了 99.2%。而在非完整数据集上，SO-Net 算法的准确率只有 87.2%，SPLATNet 算法的分割准确率为 97.6% 略优于 PointNet 算法的 95.7%，PointNet++ 算法准确率为最高的 99.6%。

表 3.2　点云分割识别准确率平均值

	PointNet	PointNet++	SPLATNet	SO-Net
完整数据集	98.2%	99.2%	98.2%	96.1%
非完整数据集	95.7%	99.6%	97.6%	87.2%

综上所述，在两种数据集上 PointNet++ 算法的分割准确率均是最高的。所以从分割准确率的角度而言，PointNet++ 算法在四种算法中为卫星点云分割识别最佳算法。

3.4.2 分割实际效果

分割准确率不能作为衡量算法优劣的唯一指标，因为可能会出现准确率较高，但分割结果却很差的情况。在本小节中，我们将使用 Meshlab 软件对各个算法在测试集上的点云分割结果进行可视化，借此来检验算法分割的实际效果。

图 3.15 ~ 图 3.20 展示了各深度算法在完整数据集与非完整数据集上的分割效果，每幅图从左到右依次为：PointNet、PointNet++、SPLATNet、SO-Net，其中红圈部分为点云分割错误处。

由各图所示的分割实际效果可见，SO-Net 算法因为其算法特性，容易出现一个 SOM 节点分类错误从而导致点云分类片状错误。此种错误往往发生在尾喷管与主体之间，对后续的抓捕任务可能会产生影响。而 PointNet 算法与 SPLATNet 算法在各部分连接处 (如主体-帆板) 和结构边缘 (如尾喷管的边缘) 会出现个别点的分类错误。PointNet++ 算法的整体效果最好，并且在各部分连接处与精细结构的边缘都取得了很好的分割效果。从实际的分割效果来讲，PointNet++ 算法为四种算法中的最佳算法。

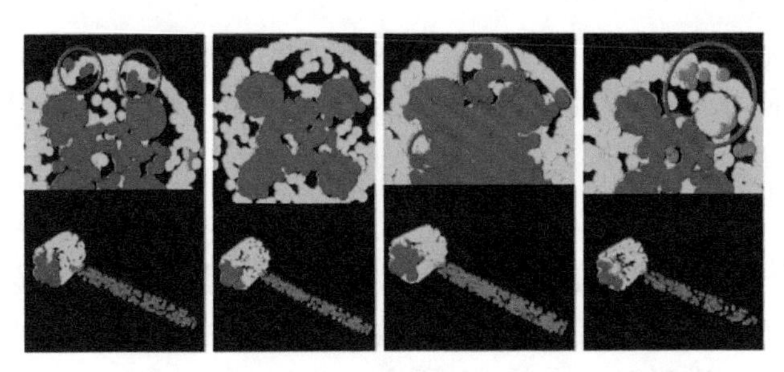

图 3.15　单翼卫星完整模型的分割识别结果

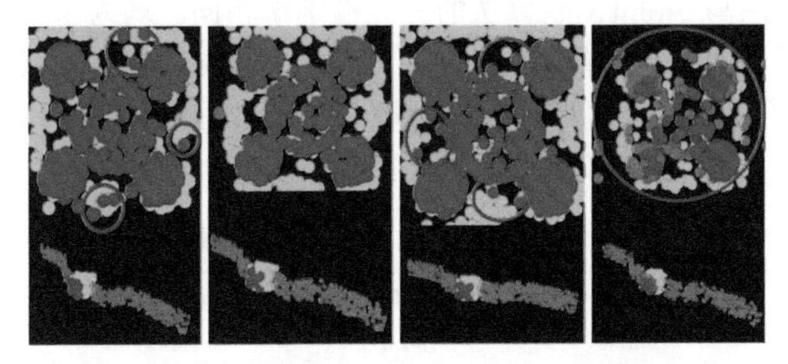

图 3.16　双翼卫星完整模型的分割识别结果

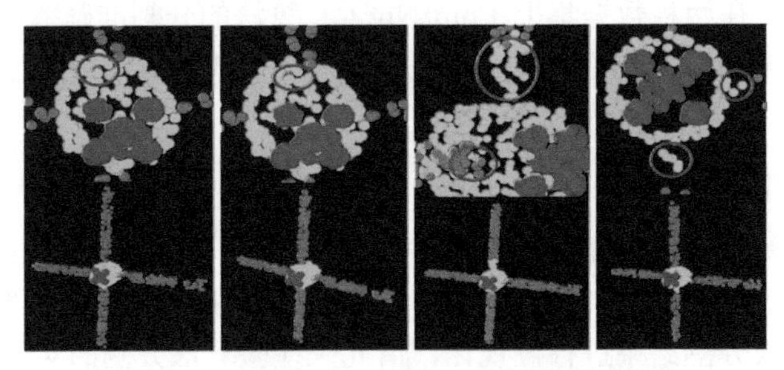

图 3.17　四翼卫星完整模型的分割识别结果

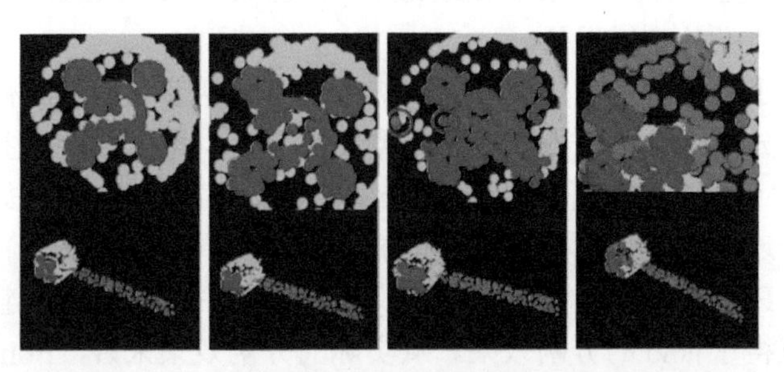

图 3.18　单翼卫星非完整模型的分割识别结果

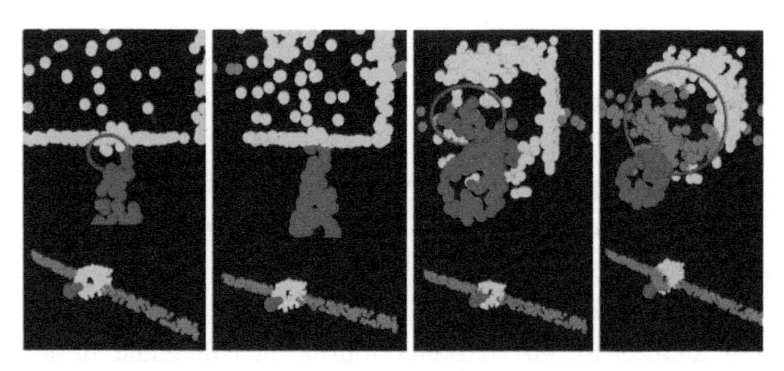

图 3.19 双翼卫星非完整模型的分割识别结果

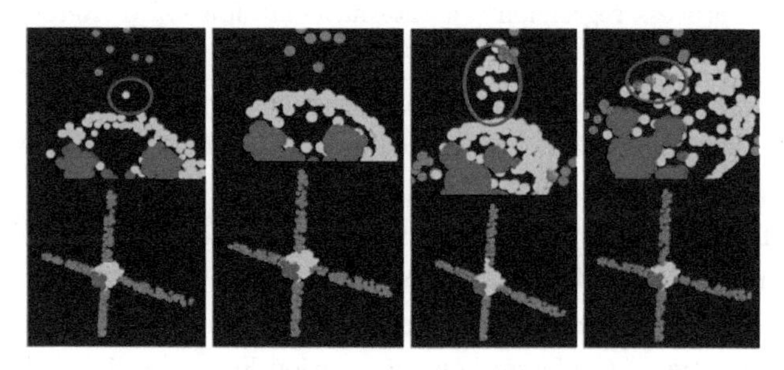

图 3.20 四翼卫星非完整模型的分割识别结果

3.5 本 章 小 结

本章以点云数据为对象，对应用神经网络算法解决非合作卫星捕获任务中的卫星结构识别与分割问题进行了研究。首先，为研究测试神经网络算法性能，我们首先给出了一种点云数据集快速构建算法，并基于 NASA 在线数据构造了卫星完整点云数据集和非完整点云数据集。在此基础之上，通过研究发现经过训练后，基于神经网络的 PointNet 算法、PointNet++ 算法、SPLATNet 算法与 SO-Net 算法在两种数据集上取得了非常好的识别分割效果。相较而言，PointNet++ 算法的性能更优，卫星点云表面结构分割识别准确率达到了 99% 以上。当前本章所使用的卫星点云数据集为人工创建，对于真实卫星点云数据的表面分割识别问题仍待后续进一步研究。

参 考 文 献

[1] Wang Z, Barraco I, Rovazzotti M, et al. Recognition for TSS-1 satellite body by hybrid neural networks[J]. Nonlinear Image Processing VI, 1995, 2424: 544-555.

[2] Du X, Ma J, Qasem M, et al. Eigen indexing in satellite recognition[J]. Proceedings of SPIE - The International Society for Optical Engineering, 1999, 3718: 397-405.

[3] Meng G, Jiang Z, Liu Z, et al. Full-viewpoint 3D space object recognition based on kernel locality preserving projections[J]. Chinese Journal of Aeronautics, 2010, 23(5): 563-572.

[4] Ding H, Li X, Zhao H. An approach for autonomous space object identification based on normalized AMI and illumination invariant MSA[J]. Acta Astronautica, 2013, 84(MAR.-APR.): 173-181.

[5] Zhao D, Lu M, Zhang X, et al. Satellite recognition via sparse coding based probabilistic latent semantic analysis[J]. International Journal of Humanoid Robotics, 2014, 11(2): 1455-1477.

[6] Zhang H, Zhang C, Jiang Z, et al. Vision-based satellite recognition and pose estimation using gaussian process regression [J]. International Journal of Aerospace Engineering, 2019: 5921246.

[7] Liu X, Gao M, Fu X. Satellite recognition base on wavelet denoising in HRRP feature extraction[C]. 2007 2nd IEEE Conference on Industrial Electronics and Applications, Arbin, China, 2007: 2530-2533.

[8] Du L, Liu H W, Bao Z, et al. Radar automatic target recognition based on feature extraction for complex HRRP[J]. Ence in China, 2008, 51(8): 1138-1153.

[9] Pan H, Xiao G, Jing Z. Feature-based image fusion scheme for satellite recognition[C]. 2010 13th International Conference on Information Fusion. Edinburgh, UK, 2010: 1-6.

[10] Qi C R, Yi L, Su H, et al. PointNet: deep learning on point sets for 3D classification and segmentation[C]. 2017 IEEE Conference on Computer Vision and Pattern Recognition (CVPR). Honolulu, HI, USA, 2017: 77-85

[11] Qi C R, Yi L, Su H, et al. PointNet++: Deep hierarchical feature learning on point sets in a metric space[C].Advances in Neural Information Processing Systems 30. Long Beach, CA, USA, 2017: 5099-5108.

[12] Su H, Jampani V, Sun D, et al. SPLATNet: Sparse lattice networks for point cloud processing[C]. 2018 IEEE/CVF Conference on Computer Vision and Pattern Recognition. Salt Lake City, UT, USA, 2018: 2530-2539.

[13] Li J, Chen B M, Lee G H. SO-Net: Self-organizing network for point cloud analysis[C]. 2018 IEEE/CVF Conference on Computer Vision and Pattern Recognition. Salt Lake City, UT, USA, 2018: 9397-9406.

[14] Aubry M, Schlickewei U, Cremers D. The wave kernel signature: A quantum mechanical approach to shape analysis[C]. 2011 IEEE International Conference on Computer Vision Workshops (ICCV Workshops). Barcelona, Spain, 2011: 1626-1633.

[15] Bronstein M M, Kokkinos I. Scale-invariant heat kernel signatures for non-rigid shape recognition[C]. 2010 IEEE Computer Society Conference on Computer Vision and Pattern Recognition, San Francisco, CA, USA, 2010: 1704-1711.

[16] Ling H , Jacobs D W . Shape classification using the inner-distance[J]. IEEE Transactions on Pattern Analysis & Machine Intelligence, 2007, 29(2): 286-299.

[17] Rusu R B, Blodow N, Beetz M. Fast point feature histograms (FPFH) for 3D regis-

tration[C]. 2009 IEEE International Conference on Robotics and Automation. Kobe, Japan, 2009: 3212-3217.

[18] Rusu R B, Blodow N, Marton Z C, et al. Aligning point cloud views using persistent feature histograms[C]. 2008 IEEE/RSJ International Conference on Intelligent Robots and Systems, Nice, France, 2008: 3384-3391.

[19] Jampani V, Kiefel M, Gehler P V. Learning sparse high dimensional filters: image filtering, dense CRFS and bilateral neural networks[C]. 2016 IEEE Conference on Computer Vision and Pattern Recognition (CVPR), Las Vegas, USA, 2016: 4452-4461.

[20] Kohonen T. The self-organizing map[J]. Proceedings of the IEEE, 1990, 78(9): 1464-1480.

[21] Chang A X, Funkhouser T, Guibas L, et al. Shapenet: An information-rich 3D model repository[J]. arXiv preprint arXiv: 1512.03012, 2015.

第 4 章　空间非合作目标运动观测技术

4.1 引　　言

随着航天技术的发展，在轨服务正在得到各个航天大国的普遍关注。许多在轨服务任务，如空间站的组装、燃料的加注、航天器的维护等，都把空间目标的运动观测作为必须解决的首要问题。在空间目标的运动观测中，非合作目标无法帮助服务航天器获取其位置、姿态等运动状态信息。因此，为了实现对非合作目标的运动观测，服务航天器需要采用激光、雷达和相机等传感器获得目标的图像数据，然后利用目标的图像数据对其进行位姿估计，进而获得目标的运动状态信息。基于视觉的运动观测技术以相机作为传感器，具有成本低、便于携带和安装、非接触等特点，非常适用于服务航天器的在轨任务。因此，研究基于视觉的非合作目标运动观测技术具有重要的工程应用价值。

按照所采用图像数据的类型，基于视觉的非合作目标的运动观测技术主要分为两类：采用灰度图像的运动观测技术和采用深度图像的运动观测技术。针对采用灰度图像的非合作目标运动观测问题，目前学者们已经开展了相关研究并取得了一些成果。例如，Wen 等 [1] 以目标灰度图像中圆、线和点特征作为观测标志物，并使用 P3P 算法计算目标的相对位姿，从而实现了目标位姿的实时测量。Song 和 Cao[2] 以目标上的太阳能帆板三角形支架为观测对象，基于滑动窗口 Hough 变换识别三角形上的特征点，并结合 P4P 算法进行相对位姿求解，但该算法受误差影响较大。Regoli 等 [3] 利用 PMD 相机获取的振幅和深度信息，进行交会对接过程的相对位姿估计。D'Amico[4] 利用被动空间驻留物体的已知 3 维模型和在主动航天器上收集的单个低分辨率 2 维图像来进行位姿估计。尽管该方法无须预先获得目标的位姿信息，且位姿估计精度满足任务要求，但仍需要预先得到目标的 3 维模型信息，对于更一般的非合作目标位姿观测场景不适用。Li 等 [5] 将非合作自由翻滚目标上的线和点作为观测特征，根据双目视觉原理，对目标坐标系和世界坐标系的相对姿态进行求解。Shtark 和 Gurfil[6] 利用双目视觉原理提取目标图像中的点特征，设计了三种不同的滤波器对相对位姿和速度进行估计，并对它们的性能进行了比较。He 等 [7] 提出一种基于图割法和边缘信息的相对位姿测量算法，该方法提取目标上圆的边缘并将边缘进行椭圆拟合，之后通过拟合双目相机的椭圆参数获得非合作目标的相对位置和姿态，实验验证其精度高于使用 Canny

算法获取边缘进行位姿计算的精度。Dong 和 Zhu[8] 使用光流法跟踪目标上的特征点，并根据扩展卡尔曼滤波实现目标姿态的实时估计。

值得指出的是，目前针对空间非合作目标运动观测的研究主要是将目标图像与已有模板库进行匹配，或者利用目标上的点、圆、矩形特征进行相对位姿计算。基于模板库的匹配计算需要预先知道目标的 3 维结构信息以及建立大量具有代表性的卫星模型库，需要消耗较多资源和时间，因此在实际操作中是不可取的。基于目标特征的相对位姿计算需要提取目标上的强几何特征，当目标上的特征部分或全部缺失时，基于特征的相对位姿计算精度将大大降低。可以说，目前已有的运动观测技术存在对弱纹理目标的鲁棒性差的问题。

对于采用深度图像的非合作目标运动观测问题，很多学者首先将深度图像转换为目标的 3 维点云，然后利用点云信息实现目标的运动观测并取得了一些成果。例如，Opromolla 等 [9] 提出了一种模板匹配方法，该方法将目标的当前帧点云与模板点云进行配准以实现目标的运动观测。此外，Opromolla 等 [10] 还提出一种结合迭代最近点方法 [11] 和自定义的 3 维模板匹配技术的目标实时运动观测方法。Liu 等 [12] 利用全局最优搜索方法对目标当前帧点云与模板点云进行配准，以实现目标的快速运动观测。Woods 等 [13] 和 Rhodes 等 [14] 利用一种面向的、独特的、可重复聚焦的视点特征直方图 (oriented, unique, and repeatable clustered viewpoint feature histograms, OUR-CVFH) 来配准目标的当前帧点云和模板点云，进而解算目标的位姿。Martínez 等 [15] 和 Zhang 等 [16] 采用目标点云的几何特性实现目标的运动观测。值得注意的是，这些研究的对象都是表面没有包覆 “多层隔热材料”(multi-layer insulation, MLI) 的非合作目标。事实上，为了抵御太空辐射和改善航天器热环境，很多航天器表面都包覆有 MLI，如图 4.1 所示。当 TOF(time of flight，飞行时间法) 相机获取表面包覆 MLI(简称带包覆) 的非合作目标的深度图

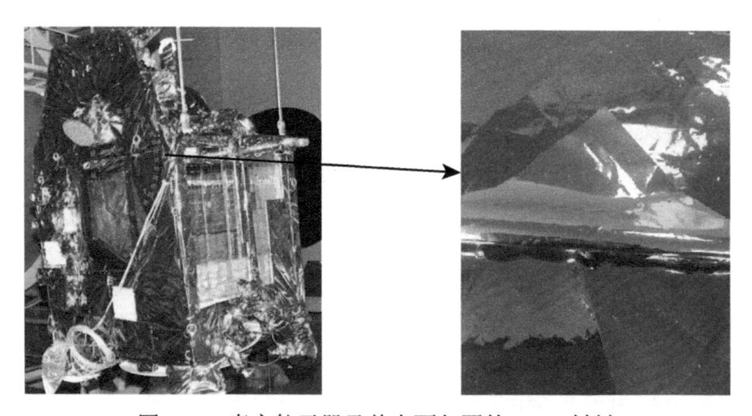

图 4.1 真实航天器及其表面包覆的 MLI 材料

像数据时，包覆材料 MLI 会在目标的深度图像数据中引入大量非系统误差，这给目标的运动观测带来了极大挑战。对于表面包覆 MLI 的非合作目标的位姿估计，也有学者对其进行了研究 [17,18]，但相关的研究文献较少，且研究对象都是已知 CAD 模型的目标。

由上述可知，在对非合作目标运动观测技术的研究中，基于灰度图像和深度图像的现有技术都有待进一步发展。针对基于灰度图像的运动观测技术，本章利用视觉 LSD-SLAM[19](Large-scale Direct Monocular Simultaneous Location and Mapping) 技术解决现有运动观测技术对弱纹理目标的鲁棒性差的问题 [20]。针对基于深度图像的运动观测技术，本章采用 3 维点云的直接配准方法实现带包覆非合作目标的运动观测 [21]。

本章内容安排如下。首先 4.2 节介绍基于灰度图像的运动观测技术，然后 4.3 节介绍基于深度图像的运动观测技术，最后在 4.4 节陈述结论。

4.2 基于灰度图像的运动观测技术

近年来，逐渐成熟的视觉 SLAM[22,23](Simultaneous Location and Mapping，实时定位与地图构建) 方法为解决空间非合作目标的运动观测问题提供了新的途径。视觉 SLAM 方法最早被提出用于解决移动机器人的定位问题，该方法以相机作为唯一传感器，根据相机拍摄的序列图像，对相机与目标的相对位姿进行实时跟踪。一般来讲，视觉 SLAM 目前主要分为特征法和直接法，其中特征法会从图像中选取具有代表性的特征如角点、边缘等，这些特征在相机视角发生较小变化后会保持不变。当相机运动时，特征法首先对前后两个时刻相机图像中观察到的特征进行匹配操作，匹配成功的两个特征便组成一组匹配特征对。然后，该类方法会根据匹配特征对的关系来估计两个时刻相机的相对位姿。与特征法不同，直接法 SLAM 是根据相机运动时构建前后两个时刻图像上像素点的光度误差函数，并通过最小化光度误差来对相机位姿进行估计。由于直接使用图像强度进行计算，因此直接法 SLAM 不依赖于场景中特征数目的多少，在遮挡场景、弱纹理场景等复杂条件下的鲁棒性较好。

LSD-SLAM 方法是一种性能优良的直接法类 SLAM 方法，其将被用于解决非合作目标的运动观测问题。本节将对该方法的基本原理与步骤进行详细介绍。

4.2.1 直接法的基本原理

直接法是一种通过最小化光度误差来实现目标位姿估计的方法。由此可见，建立光度误差与相对位姿的关系是该方法首先要解决的核心问题之一。一般来讲，对于不同视角下相机所拍摄的两张图片，光度误差指的是第一幅图像中某一点的像素强度值和它通过相对位姿关系映射到第二幅图像对应位置的像素强度值的差值。在第一幅图像中，每个像素点都可以在第二幅图中找到对应的位置，并计算获得一个光度误差。下面，本小节将介绍如何通过光度误差来估计相机运动的基本原理。

当场景不动时，相机在 t_i 和 t_j 两个时刻获得两张图像，这两张图像上的像素点及其投影位置关系如图 4.2 所示。平面坐标系 O_i-u_iv_i 和 O_j-u_jv_j 分别为两张图像的像素坐标系，且分别建立在图像 P_i 和 P_j 平面上；空间坐标系 C_i-$x_iy_iz_i$ 和 C_j-$x_jy_jz_j$ 分别为在 t_i 和 t_j 两个时刻的相机坐标系，其中 $x_iC_iy_i$ 平面平行于图像 P_i 所在平面，$x_jC_jy_j$ 平面平行于 P_j 所在平面；$\boldsymbol{H}_{ji} \in \boldsymbol{R}^{4\times4}$ 为相机两个位置位姿坐标系之间的转换矩阵。$\boldsymbol{\mu}_{ik} = (u_{ik}, v_{ik})^{\mathrm{T}} \in \boldsymbol{R}^{2\times1}$ 为空间点 p_k 在 P_i 中投影的像素点 (即第 k 个像素点) 在坐标系 O_i-u_iv_i 中的坐标列阵，$\boldsymbol{\mu}_{jk} = (u_{jk}, v_{jk})^{\mathrm{T}} \in \boldsymbol{R}^{2\times1}$ 为 P_i 中第 k 个像素点在 P_j 中对应的投影点在像素坐标系 O_j-u_jv_j 中的坐标列阵。

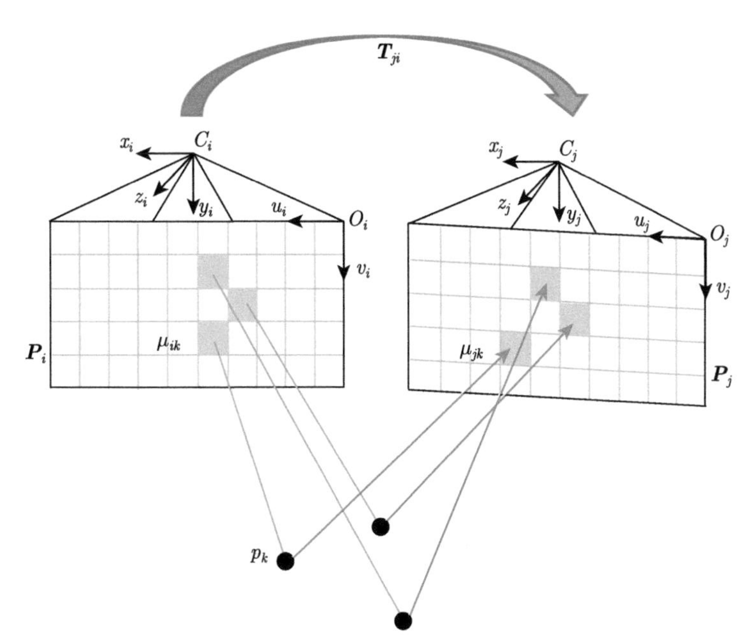

图 4.2 相机在位置 i 和 j 的像素点及其投影位置关系示意图

假设 $\boldsymbol{x}_i = [x_{ik}, y_{ik}, z_{ik}]^{\mathrm{T}}$ 和 $\boldsymbol{x}_j = [x_{jk}, y_{jk}, z_{jk}]^{\mathrm{T}}$ 分别为空间点 p_k 在 C_i-$x_iy_iz_i$ 坐标系和 C_j-$x_jy_jz_j$ 坐标系中的坐标列阵；d_k 是 P_i 上第 k 个像素点的深度 [24]，即空间点 p_k 在坐标系 C_i-$x_iy_iz_i$ 的 z 坐标值，则有如下表达式：

$$\boldsymbol{x}_i = [x_{ik}, y_{ik}, z_{ik}]^{\mathrm{T}} = d_k\boldsymbol{K}^{-1}[u_k, v_k, 1]^{\mathrm{T}} \tag{4-1}$$

其中，$\boldsymbol{K}\in\boldsymbol{R}^{3\times 3}$ 为相机参数矩阵，$\boldsymbol{K}^{-1}$ 为 $\boldsymbol{K}$ 的逆矩阵，表达式如下：

$$\boldsymbol{K}=\begin{bmatrix} f_x & 0 & c_x \\ 0 & f_y & c_y \\ 0 & 0 & 1 \end{bmatrix} \Leftrightarrow \boldsymbol{K}^{-1}=\begin{bmatrix} \dfrac{1}{f_x} & 0 & \dfrac{-c_x}{f_x} \\ 0 & \dfrac{1}{f_y} & \dfrac{-c_y}{f_y} \\ 0 & 0 & 1 \end{bmatrix} \tag{4-2}$$

其中，f_x 和 f_y 分别表示在图像 u 和 v 方向以像素为单位的焦距；(c_x, c_y) 为相机基准点的图像坐标。基准点是 C_i 和 C_j 垂直于各自图像平面的交点在两个像素坐标系中的坐标，且对于相机两个不同位置 C_i 和 C_j，它们的 c_x 和 c_y 是相同的。

相机在 t_i 和 t_j 两个时刻之间的相对位姿变换矩阵 $\boldsymbol{H}_{ji}$ 可以表达为 [25]

$$\boldsymbol{H}_{ji}=\begin{bmatrix} \boldsymbol{R}_{ji} & \boldsymbol{T}_{ji} \\ \boldsymbol{0}^{\mathrm{T}} & 1 \end{bmatrix} \tag{4-3}$$

其中，$\boldsymbol{0}\in\boldsymbol{R}^{3\times 1}$ 为一个元素均为 0 的 3 维列阵，$\boldsymbol{R}_{ji}\in\boldsymbol{R}^{3\times 3}$ 和 $\boldsymbol{T}_{ji}\in\boldsymbol{R}^{3\times 1}$ 分别表示相机从 t_i 时刻到 t_j 时刻的旋转变换矩阵和平移变换列阵。利用方程 (4-3)，空间点 p_k 在两个相机坐标系中的坐标 x_i 和 x_j 的关系可以表达为

$$\boldsymbol{x}_j=(x_{jk},y_{jk},z_{jk})^{\mathrm{T}}=\boldsymbol{R}_{ji}\boldsymbol{x}_i+\boldsymbol{T}_{ji} \tag{4-4}$$

再根据 $\boldsymbol{x}_j$ 计算得到像素坐标 μ_{jk}，有 [26]

$$\begin{cases} u_{jk}=(x_{jk}/z_{jk})f'_x+c'_x \\ v_{jk}=(y_{jk}/z_{jk})f'_y+c'_y \end{cases} \tag{4-5}$$

定义 I_{ik} 和 I_{jk} 分别为 P_i 上第 k 个像素点及其在 P_j 上对应点的强度值，光度误差为 r_k，有

$$r_k=I_{ik}(\boldsymbol{\mu}_{ik})-I_{jk}(\boldsymbol{\mu}_{jk}) \tag{4-6}$$

$\boldsymbol{H}_{ji}$ 可以通过求解如下最优化问题获得

$$\boldsymbol{H}_{ji}=\arg\min_{T}\sum_{k}\|r_k\|^2 \tag{4-7}$$

当所有光度误差的平方和取最小值时，所得到的 $\boldsymbol{H}_{ji}$ 即为所估计的相对位姿变换矩阵。该最优化问题可以采用梯度类迭代算法 Gauss-Newton 法或 Levenberg-Marquardt 法进行求解。

4.2.2 LSD-SLAM 方法的基本原理

LSD-SLAM 方法利用图像中像素梯度变化较明显的像素，通过最小化像素之间的光度误差来进行位姿估计、深度恢复和构建半稠密 3 维地图。图 4.3 为 LSD-SLAM 算法的计算流程图。由图 4.3 可看出，该算法主要有三个模块：相机位姿跟踪、深度图估计和全局地图优化。首先，相机位姿跟踪模块对传入的序列图像不断进行位姿计算；然后，深度图估计模块根据每幅图像的相对位姿计算结果，在独立的线程生成和增强关键帧，并构建和完善场景的局部 3 维地图；最后，地图优化模块对所有关键帧图像序列进行筛选，并在独立的线程使用优化算法对全局三维地图做更加细致和精确的优化。以下我们分别对这三个模块进行简单介绍。

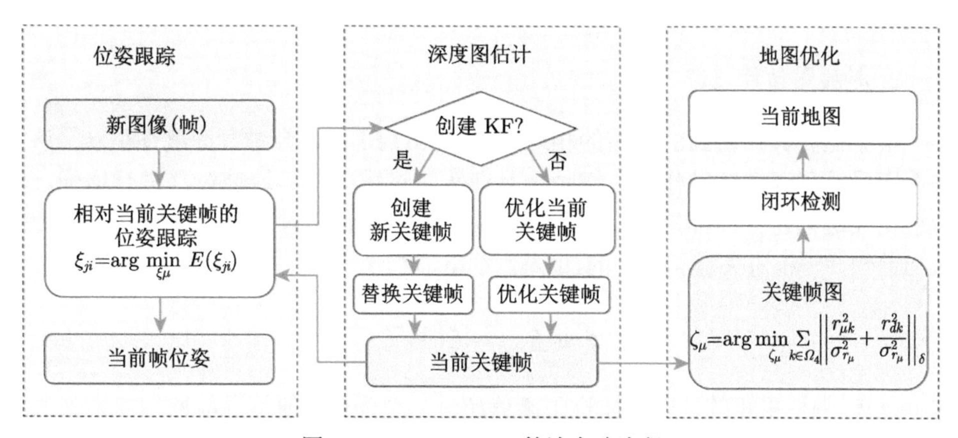

图 4.3 LSD-SLAM 算法大致流程

1. 相机位姿跟踪

LSD-SLAM 算法通常处理实时传入的相机图像，或者处理大规模连续图像序列。在长时间连续图像序列中的单张图像一般称为帧。当序列图像中的帧不断传入时，对每个当前帧 P_j^c，以它上一帧相对最近的关键帧 P_i^k 的相对位姿变换矩阵 $\boldsymbol{H}_{j-1,i}$ 作为 P_j^c 相对 P_i^k 位姿计算的初值，通过最小化 P_j^c 和 P_i^k 两帧之间的归一化光度误差 [27]，计算得到 P_j^c 相对 P_i^k 的相对位姿 $\boldsymbol{H}_{ji}$，有

$$E(\boldsymbol{\xi}_{ji})=\sum_{\mu_{ik}\in\Omega_i}\left\|\frac{r_{\mu k}^2}{\sigma_{r_{\mu k}}^2}\right\|_\delta \tag{4-8}$$

$$r_{\mu k}=I_{ik}(\boldsymbol{\mu}_{ik})-I_{jk}(\boldsymbol{\mu}_{jk}(\boldsymbol{\mu}_{ik},d_{ik},\boldsymbol{\xi}_{ji})) \tag{4-9}$$

其中, E 为归一化光度误差函数, Ω_i 为第 i 帧图像上所有图像梯度变化充分大的区域的像素点的集合; μ_{ik} 为关键帧 P_i^k 图像上第 k 个像素点的像素坐标, μ_{jk} 为其在当前帧 P_j^c 图像上对应的像素坐标; d_{ik} 为关键帧 P_i^k 图像上第 k 个像素点的深度, $\boldsymbol{\xi}_{ji}$ 为李代数表示的 P_j^c 和 P_i^k 的变换矩阵 $\boldsymbol{H}_{ji}$[28]; 由 μ_{ik}、d_{ik} 和 $\boldsymbol{\xi}_{ji}$, 使用 4.2.1 节的思路确定 μ_{ik} 在 P_j^c 的对应像素坐标 μ_{jk}; $\|\cdot\|_\delta$ 为 Huber 范数, $r_{\mu k}$ 为光度误差, $\sigma^2_{r_{\mu k}}$ 为误差 $r_{\mu k}$ 的方差。则求解 $\boldsymbol{\xi}_{ji}$ 的优化问题可以表示为

$$\boldsymbol{\xi}_{ji}^* = \arg\min_{\xi_{ji}} E(\boldsymbol{\xi}_{ji}) \tag{4-10}$$

当归一化光度误差函数取最小值时，$\boldsymbol{\xi}_{ji}^*$ 即为所估计的相对位姿变换。此优化问题一般采用重加权的 Gauss-Newton 法 [19](Re-weighted Gauss-Newton) 来对其求解。

2. 深度图估计

根据位姿计算得到的每帧的相对位姿，LSD-SLAM 会进行深度图估计。该算法选取最具代表性的帧作为关键帧，且在跟踪过程中由其他帧对其进行增强，然后根据关键帧建立局部地图，使地图更加完善。在计算过程中，该算法首先计算出当前帧 P_j^c 相对关键帧 P_i^k 的加权距离 $\mathrm{dist}(\boldsymbol{\xi}_{ji})$，其表达式为

$$\mathrm{dist}(\boldsymbol{\xi}_{ji}) = \boldsymbol{\xi}_{ji}^{\mathrm{T}} \boldsymbol{W} \boldsymbol{\xi}_{ji} \tag{4-11}$$

其中，$\boldsymbol{W}$ 为权重矩阵。如果加权距离值超过某个阈值，便将当前帧创建为新的关键帧。P_j^c 成为新关键帧后，便替换原来的关键帧成为最近的关键帧，原来的关键帧被加入到关键帧图中，并进入后端优化线程做进一步优化。根据 P_j 和 P_i 的相对位姿关系把前一个关键帧得到的深度图投影到当前帧，作为当前帧的初始深度图。当距离值没有超过阈值时，P_j^c 不作为关键帧，通过 P_j^c 与当前最近关键帧 P_i^k 的相对位姿关系，得到当前帧 P_j^c 的深度 d_j 和方差 σ_j^2，使用 EKF[29] 对关键帧的深度 d_i 和方差 V_i 进行更新：

$$\begin{cases} d'_i(\boldsymbol{\mu}_j) \leftarrow \dfrac{V_i(\boldsymbol{\mu}_j) d_j(\boldsymbol{\mu}_j) + \sigma_j^2 d_i(\boldsymbol{\mu}_j)}{V_i(\boldsymbol{\mu}_j) + \sigma_j^2} \\[2ex] V'_i(\boldsymbol{\mu}_j) \leftarrow \dfrac{V_i(\boldsymbol{\mu}_j) \sigma_j^2}{V_i(\boldsymbol{\mu}_j) + \sigma_j^2} \end{cases} \tag{4-12}$$

更新后的深度图再与原深度图进行融合，从而使得关键帧上的深度图更加完整、平滑。

3. 全局地图优化

由于单目视觉的尺度不确定性，像素点的深度无法精确获取，只能通过相机运动到不同位置来估计得到，而相机长期运动后误差会不断累积，从而导致场景尺度无法保持一致，即所获得的场景深度会发生剧烈变化。在新的关键帧产生之前，序列中新传入的每一帧都会相对当前关键帧进行位姿计算，这些帧组成一个与当前关键帧对应的集合。然而，位姿计算只能尽量使集合内的帧的尺度保持一致，却无法保证不同集合之间的尺度一致性。因此，对于加入到关键帧图中的关键帧，LSD-SLAM 会通过最小化归一化光度误差以及归一化场景深度的联合误差函数来优化两个关键帧 P_i^k 和 P_j^k 之间的相对位姿，表达式如下：

$$\varsigma_{ji} = \arg\min_{\varsigma_{ji}} \sum_{\boldsymbol{\mu}_{ik}\in\Omega_i} \left\| \frac{r_{\mu k}^2}{\sigma_{r_{\mu k}}^2} + \frac{r_{dk}^2}{\sigma_{r_{dk}}^2} \right\|_\delta \tag{4-13}$$

$$r_{\mu k} = I_{ik}(\boldsymbol{\mu}_{ik}) - I_{jk}(\boldsymbol{\mu}_{jk}(\boldsymbol{\mu}_{ik}, d_{ik}, \varsigma_{ji})) \tag{4-14}$$

$$r_{dk} = z_{jk} - d_{jk}(\boldsymbol{\mu}_{jk}) \tag{4-15}$$

其中，r_{dk} 为空间点 p_k 在 P_j 相机坐标系的 z 坐标值 Z_{jk} 与其在 P_j^k 对应的图像点的像素坐标 $\boldsymbol{\mu}_{jk}$ 的深度值 d_{jk} 的差，$\boldsymbol{\sigma}_{r_{dk}}^2$ 为误差 r_{dk} 的方差，ς_{ji} 为李代数表示的 P_j^k 相对 P_i^k 之间的相对位姿。最后，随着图像序列的不断输入，LSD-SLAM 算法将在后端根据关键帧之间的相对位姿关系 ς_{ji} 进行回环检测 [30]，以对相机运动过程中产生的累积误差做进一步消除。

需要指出的是，在我们的数值仿真部分没有检测到回环，因此也并未触发 LSD-SLAM 的后端优化模块。

4.2.3 数值仿真

本小节利用数值仿真验证所提方法的有效性。仿真采用 POV-Ray 软件模拟卫星运动，并且生成时序卫星图像。在 POV-Ray 软件中，我们创建卫星模型如图 4.4 所示。图中，坐标系 O-XYZ 建立在卫星正表面中心处，卫星模型主体 X、Y 和 Z 三个方向的长度分别为 10、10 和 8(注明：本节采用无量纲单位)。对接环以点 O 为圆心，内、外半径分别为 2 和 3，对接环垂直于卫星正表面的高度为 1。A、B 和 C 分别为卫星表面不同尺寸的元器件，其中 A 在 X、Y 和 Z 三个方向的长度分别为 1、1 和 1.5，B 在 X、Y 和 Z 三个方向的长度分别为 0.6、1 和 0.6，C 在 X、Y 和 Z 三个方向的长度分别为 1.6、0.5 和 0.2。此外，POV-Ray 软件所使用的相机模型为针孔相机模型，因此在对仿真模型进行照片提取之前需要对相机进行标定，且标定后的相机参数为 f_x=479mm、f_y=479mm、c_x=319 和 c_y=219。

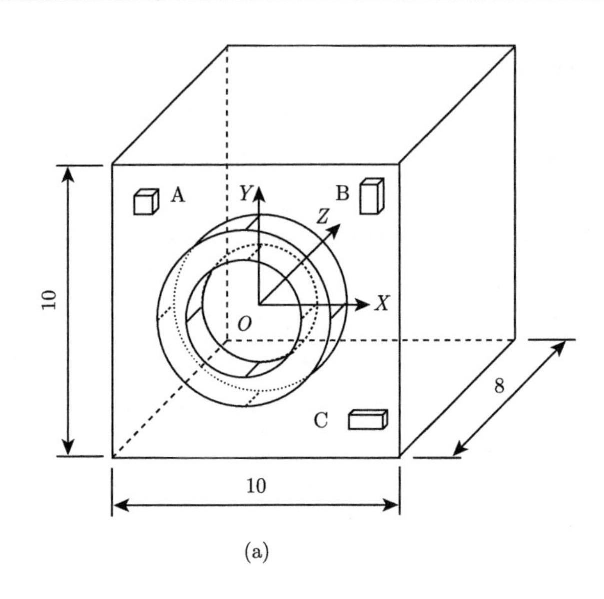

(a)

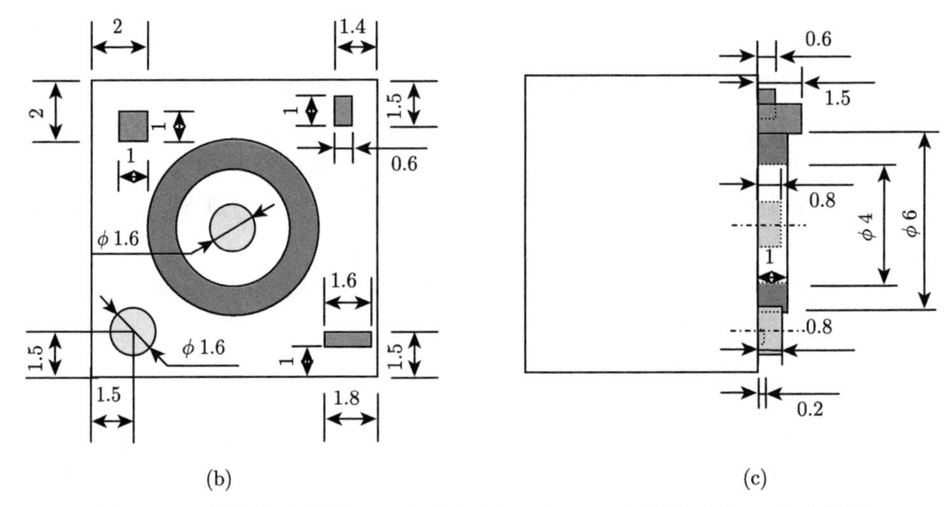

(b)　　(c)

图 4.4　卫星模型示意图：(a) 立体视图，(b) Z 方向视图，(c) X 方向视图

为了验证本节所提方法具有很高的观测鲁棒性，我们考虑了三种不同表面纹理特征的卫星模型 (如图 4.5 所示)，它们分别具有以下特征：图 4.5(a) 表面无纹理且具有较少元件，图 4.5(b) 表面具有粗糙纹理和较少元件，图 4.5(c) 表面具有粗糙纹理和较多元件。其中图 4.5(c) 比图 4.5(b) 所增加的元件为：位于正表面中心的圆柱体，其半径和高度分别为 0.5 和 1.8；位于正面左下角的圆柱体，其半径和高度均为 0.8。此外，所有 POV-Ray 软件所生成的图像均被保存为 jpg 格式且分辨率为 640×480。

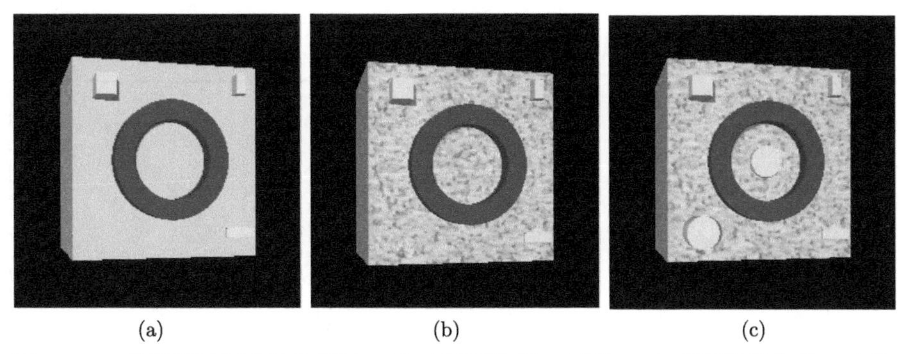

图 4.5 三种不同卫星模型示意图：(a) 表面无纹理 3 元件，(b) 表面粗糙纹理 3 元件，(c) 表面粗糙纹理 5 元件

仿真实验中，首先假定卫星绕 Z 轴作匀速旋转，其旋转角度分别为 90°、180°、360°、450°，且相机成像速度为 10 帧/(°)。然后，利用 POV-Ray 软件得到不同角度下的序列图像集。将相机参数和序列图像集作为输入信息，使用 LSD-SLAM 算法计算得到卫星模型旋转角的估计值，并将所得结果与理论值进行比较。在图 4.6 中，随着帧数的增加，旋转角的理论值相应增加，其角度值与帧数的关系由虚线“理论值”表示；随着帧数的增加，旋转角的计算值也相应增长，其角度值与帧数的关系由实线“计算值”表示。图 4.6~ 图 4.8 分别表示第一种工况，即 10 帧/(°) 的转动速度下，三种不同模型旋转角度与帧数的变化曲线。三种模型 (a), (b) 和 (c) 分别对应于 no textures_3 components、rough textures_3 components 和 rough textures_5 components 三种情况。计算结果的均方根 (RMS) 误差、绝对误差和相对误差如表 4.1 所示。由图 4.6~ 图 4.8 和表 4.1 可知，LSD-SLAM 方法能较精确估计航天器的旋转角度。

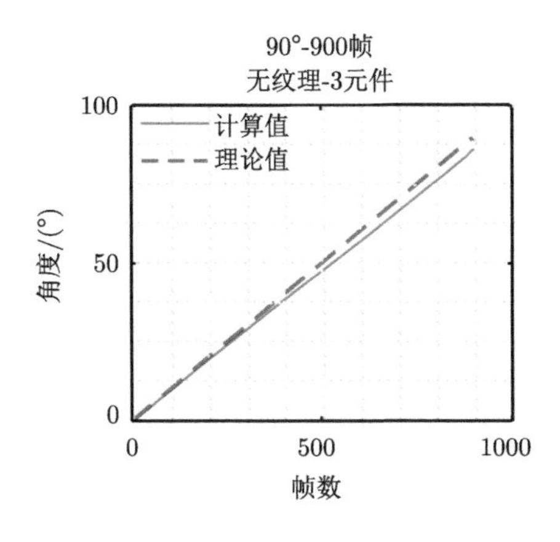

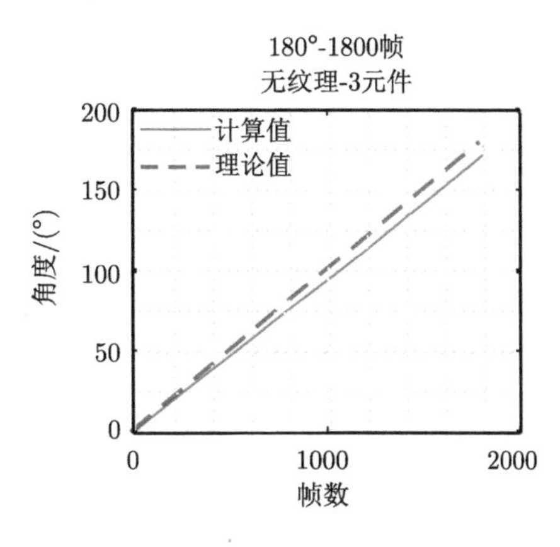

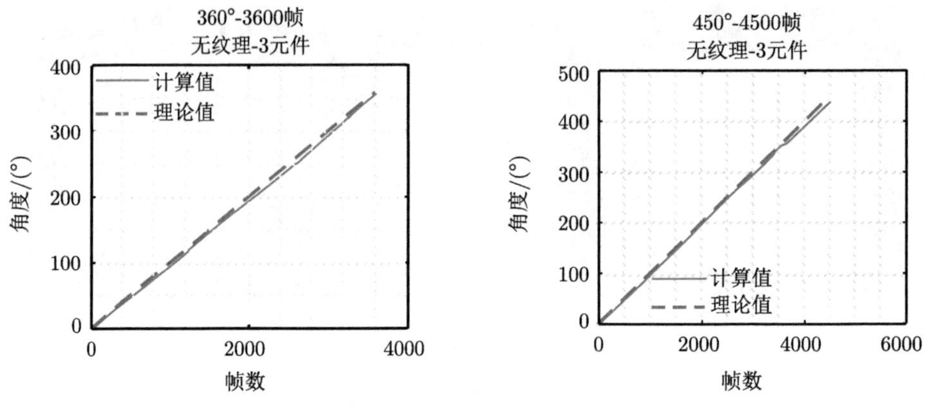

图 4.6　不同旋转角度下对模型 (a) 的角度估计 (10 帧/(°))

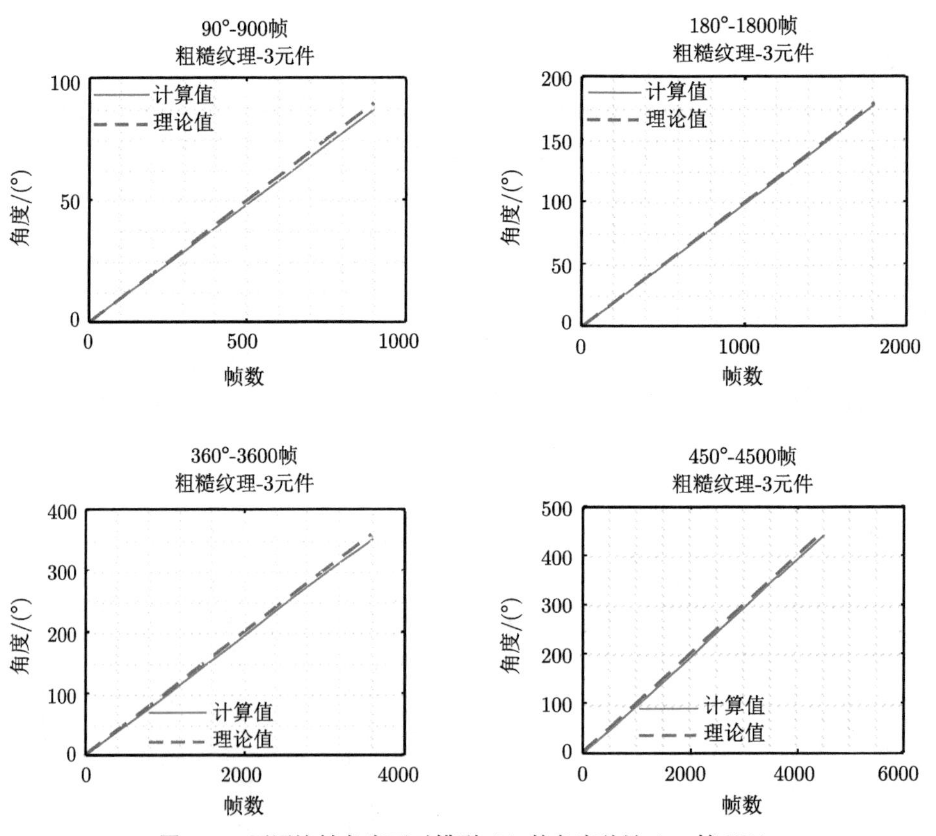

图 4.7　不同旋转角度下对模型 (b) 的角度估计 (10 帧/(°))

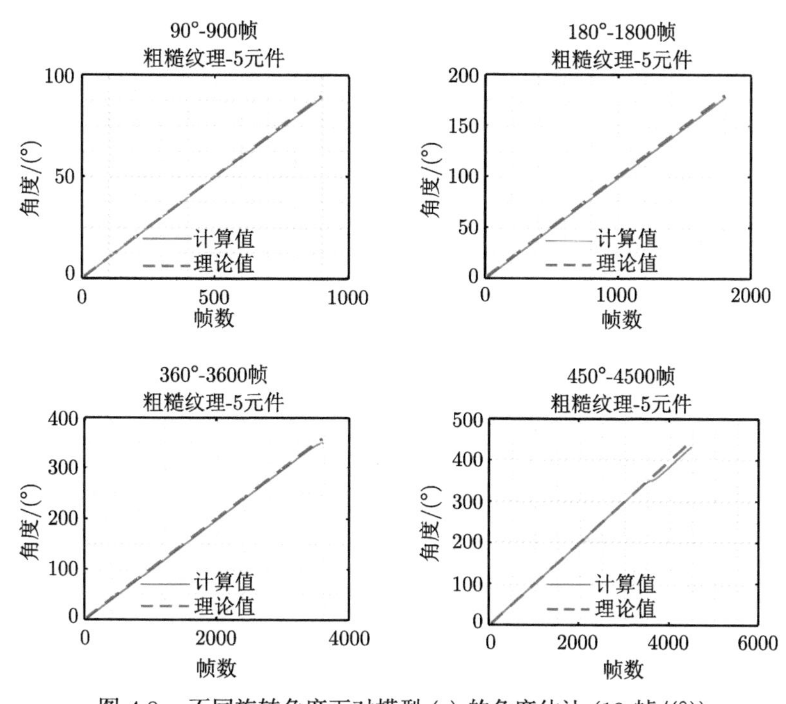

图 4.8 不同旋转角度下对模型 (c) 的角度估计 (10 帧/(°))

表 4.1 不同旋转角度下三种模型的计算与误差结果 (10 帧/(°))

模型 (a)-无纹理-3 元件				
理论角度/(°)	计算角度/(°)	RMS 误差/(°)	绝对误差/(°)	相对误差/%
90	86.35	2.42	3.65	4.06
180	171.83	5.28	8.17	4.54
360	357.64	4.48	2.36	0.66
450	439.84	4.21	10.16	2.26
模型 (b)-粗糙纹理-3 元件				
理论角度/(°)	计算角度/(°)	RMS 误差/(°)	绝对误差/(°)	相对误差/%
90	87.17	1.77	2.83	3.14
180	177.99	1.18	2.01	1.12
360	351.59	4.59	8.41	2.34
450	443.01	4.22	6.99	1.55
模型 (c)-粗糙纹理-5 元件				
理论角度/(°)	计算角度/(°)	RMS 误差/(°)	绝对误差/(°)	相对误差/%
90	89.40	0.29	0.60	0.67
180	178.94	0.63	1.06	0.59
360	350.62	1.37	9.38	2.61
450	434.34	6.69	15.66	3.48

考虑第二种工况，即相机成像速度不固定的情况。分别考虑相机 20 帧/(°)、30 帧/(°)、40 帧/(°) 的成像速度，卫星旋转角度为 90°。图 4.9～图 4.11 分别表示了在这些条件下三种不同类型各自的角度变化曲线，且误差结果见表 4.2。由图 4.9～图 4.11 和表 4.2 可知，本节方法能够有效估计卫星的姿态。

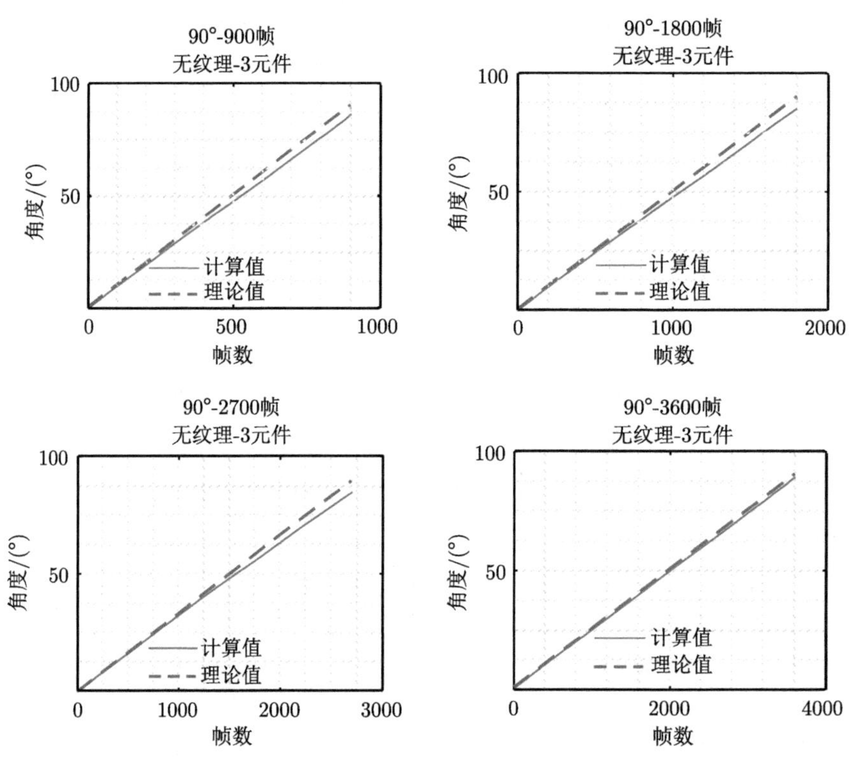

图 4.9　不同成像速度下模型 (a) 的角度估计 (旋转角度为 90°)

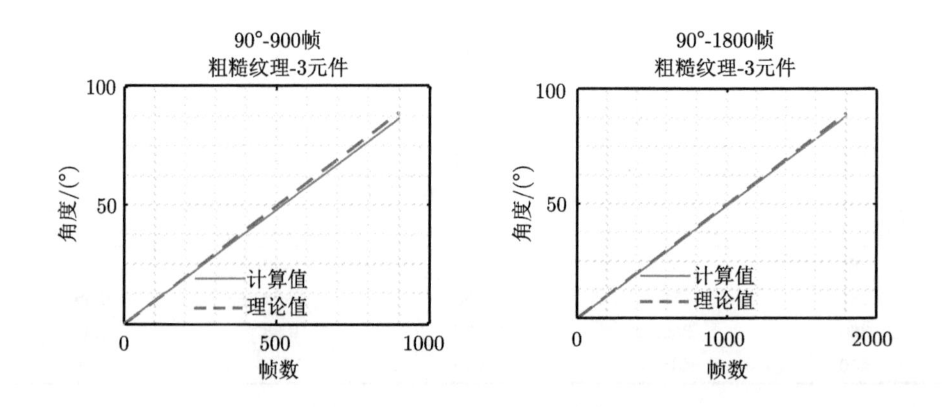

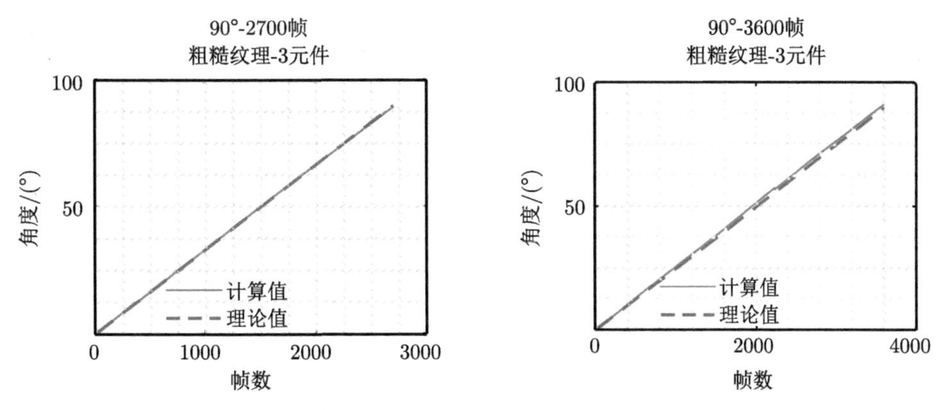

图 4.10 不同成像速度下模型 (b) 的角度估计 (旋转角度为 90°)

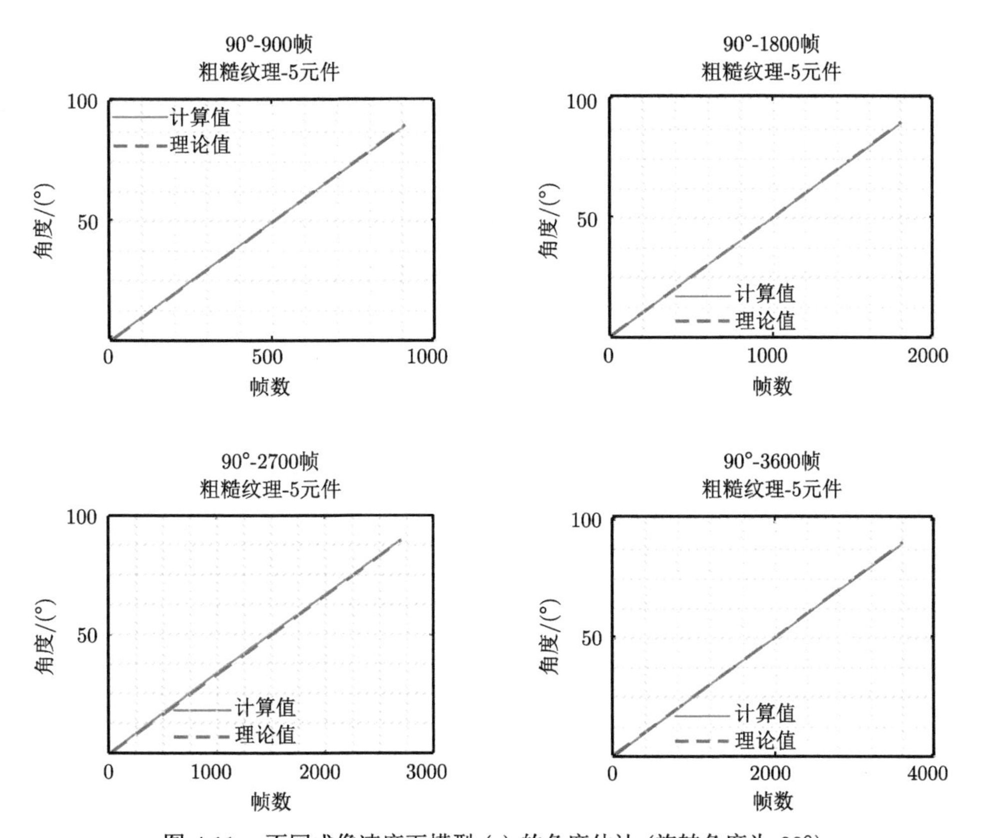

图 4.11 不同成像速度下模型 (c) 的角度估计 (旋转角度为 90°)

根据以上仿真结果，在上述所有情况中，模型的角度误差均在一个较合理的范围，因此说明本节算法可以对非合作目标进行比较精确的位姿估计。

表 4.2　不同相机成像速度下三种模型的计算与误差结果 (旋转角度 90°)

模型 (a)-无纹理-3 元件				
帧数	计算角度/(°)	RMS 误差/(°)	绝对误差/(°)	相对误差/%
900	86.35	2.43	3.65	4.06
1800	85.26	2.46	4.74	5.27
2700	85.05	2.39	4.95	5.50
3600	88.95	0.71	1.05	1.17
模型 (b)-粗糙纹理-3 元件				
帧数	计算角度/(°)	RMS 误差/(°)	绝对误差/(°)	相对误差/%
900	87.17	1.77	2.83	3.14
1800	88.92	0.49	1.08	1.20
2700	89.42	0.17	0.58	0.64
3600	91.50	1.37	1.50	1.67
模型 (c)-粗糙纹理-5 元件				
帧数	计算角度/(°)	RMS 误差/(°)	绝对误差/(°)	相对误差/%
900	89.40	0.29	0.60	0.66
1800	89.71	0.23	0.29	0.33
2700	90.06	0.50	0.06	0.06
3600	90.04	0.52	0.04	0.04

4.3　基于深度图像的运动观测技术

本节对近距离交会对接过程中跟踪星与带包覆非合作目标之间的相对位姿估计问题进行研究，并根据 TOF 相机所获取的带包覆非合作目标的点云数据特点提出一种精确的位姿估计方案。该方案基于 3 维点云的直接配准方法，并采用一种对应点滤波方法对 3 维点云的直接配准过程进行优化。该做法可以尽量减小包覆材料 MLI 的非系统误差对位姿估计结果的不利影响，进而获得高精度的位姿估计结果。下面，本小节将首先介绍参考坐标系以及跟踪星与非合作目标之间的相对位姿参数，然后详细描述带包覆非合作目标的位姿估计方案。

4.3.1　坐标系的定义和相对位姿参数

在本小节的位姿估计中考虑一个跟踪星和一个非合作目标，其中跟踪星的前端安装一个 TOF 相机。由于 TOF 相机与跟踪星固连，跟踪星的连体坐标系与 TOF 相机的相机坐标系可以通过一个已知且恒定的变换矩阵进行相互转换，因此跟踪星与非合作目标之间的相对位姿可以用 TOF 相机与非合作目标之间的相对位姿来表示。本小节假设非合作目标保持不动，TOF 相机绕着非合作目标进行匀速旋转运动，TOF 相机和非合作目标之间的相对位姿如图 4.12 所示。图中，运动初始时刻相机的连体坐标系为 O_S^1-$x_S^1y_S^1z_S^1$，坐标系原点 O_S^1 位于相机光心，z_S^1

轴指向相机视线方向，x_S^1 轴与 y_S^1 轴分别与 TOF 相机图像坐标系的 x 轴和 y 轴相互平行；坐标系 O_S^i-$x_S^i y_S^i z_S^i$ 表示 TOF 相机绕着非合作目标运动过程中获取第 i 帧 3 维点云 P_i 时的相机坐标系；O_C-$x_C y_C z_C$ 表示非合作目标的连体坐标系；O_T-$x_T y_T z_T$ 表示第一帧 3 维点云 P_1 的质心坐标系，且 x_T、y_T 和 z_T 的方向分别与坐标轴 x_S^1、y_S^1 和 z_S^1 的方向保持一致；O_S^i-$x_S^i y_S^i z_S^i$ 相对 O_S^1-$x_S^1 y_S^1 z_S^1$ 的变换矩阵为 $\boldsymbol{H}_{i1}$。

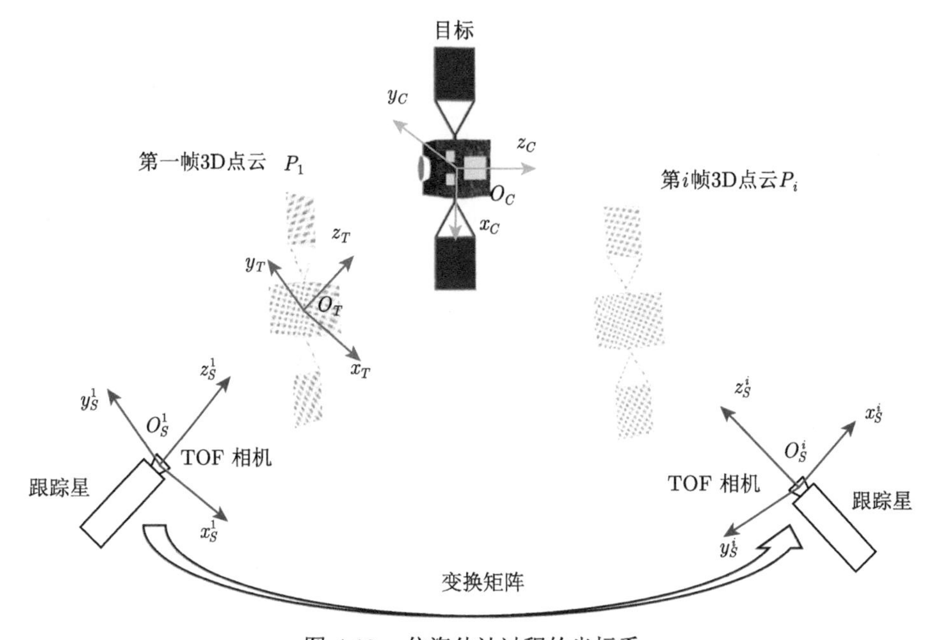

图 4.12 位姿估计过程的坐标系

为了求解 TOF 相机与非合作目标之间的相对位姿，需要确定计算过程中的基准坐标系。由于非合作目标的信息是完全未知的，因此非合作目标的连体坐标系 O_C-$x_C y_C z_C$ 也是未知的，这导致无法将非合作目标的质心坐标系作为位姿估计过程中的基准坐标系。本小节使用 O_T-$x_T y_T z_T$ 作为基准坐标系，则相机的运动可以通过 O_S^i-$x_S^i y_S^i z_S^i$ 关于 O_T-$x_T y_T z_T$ 的变换矩阵 $\boldsymbol{H}_i$ 来表示。$\boldsymbol{H}_i$ 即为相对位姿参数且由 6 个位姿参数定义，包括 3 个旋转分量和 3 个平移分量。类似于方程 (4-3)，$\boldsymbol{H}_i$ 的表达式可以写为

$$\boldsymbol{H}_i = \begin{bmatrix} \boldsymbol{R}_i & \boldsymbol{T}_i \\ \boldsymbol{0}^{\mathrm{T}} & 1 \end{bmatrix} \tag{4-16}$$

其中，$\boldsymbol{0}$ 为一个元素均为 0 的 3 维列阵，旋转矩阵 $\boldsymbol{R}_i$ 和平移矩阵 $\boldsymbol{T}_i$ 的表达式

分别为

$$\boldsymbol{R}_i=\begin{bmatrix}1 & 0 & 0\\0 & \cos\alpha_i & -\sin\alpha_i\\0 & \sin\alpha_i & \cos\alpha_i\end{bmatrix}\begin{bmatrix}\cos\beta_i & 0 & \sin\beta_i\\0 & 1 & 0\\-\sin\beta_i & 0 & \cos\beta_i\end{bmatrix}\begin{bmatrix}\cos\gamma_i & -\sin\gamma_i & 0\\\sin\gamma_i & \cos\gamma_i & 0\\0 & 0 & 1\end{bmatrix} \tag{4-17}$$

$$\boldsymbol{T}_i=\begin{bmatrix}\Delta x_i & \Delta y_i & \Delta z_i\end{bmatrix}^{\mathrm{T}} \tag{4-18}$$

其中，α_i、β_i 和 γ_i 分别表示依次绕 x_T 轴、y_T 轴和 z_T 轴旋转的滚转角、俯仰角、偏航角，Δx_i、Δy_i 和 Δz_i 分别表示沿 x_T 轴、y_T 轴和 z_T 轴的三个平移分量。

当 TOF 相机获取非合作目标的第一帧 3 维点云 P_i 时，将 P_i 作为基准 3 维点云 B，$\boldsymbol{H}_1$ 可以表示为

$$\boldsymbol{H}_1=\begin{bmatrix}1 & 0 & 0 & \Delta x_1\\0 & 1 & 0 & \Delta y_1\\0 & 0 & 1 & \Delta z_1\\0 & 0 & 0 & 1\end{bmatrix} \tag{4-19}$$

其中，Δx_1、Δy_1 和 Δz_1 为初始时刻 TOF 相机与非合作目标之间的相对位置，且本章假设 Δx_1、Δy_1 和 Δz_1 是已知的。本小节假设 $\boldsymbol{H}_1$ 是已知且固定不变的，其中参数值不会影响位姿估计的性能，因此为了简化，本章假设 Δx_1、Δy_1 和 Δz_1 均为 0。

假设 TOF 相机获取非合作目标的第 i 帧 3 维点云为 P_i。非合作目标的位姿估计过程可以描述如下：首先，TOF 相机绕非合作目标运动过程中获取目标的第 i 帧 3 维点云 P_i，然后将 3 维点云 P_i 放置到基准坐标系 O_T-$x_Ty_Tz_T$(由 P_1 确定)中，最后在基准坐标系上运用点云配准方法配准 P_i 和 B 以获取该时刻相机坐标系 O_S^i-$x_S^iy_S^iz_S^i$ 相对于基准坐标系 O_T-$x_Ty_Tz_T$ 的运动变换 $\boldsymbol{H}_i$，其具体表达式为

$$\boldsymbol{H}_i=\boldsymbol{H}_{i1}\boldsymbol{H}_1 \tag{4-20}$$

4.3.2 位姿估计方案

本章所设计位姿估计方案的流程图如图 4.13 所示。图中，TOF 相机首先获取非合作目标的深度图，由此深度图生成的 3 维点云 P_i 作为位姿估计方案的唯一输入；然后判断 P_i 是否是第一帧点云，如果是第一帧点云则将其设置为基准点云 B；为了减缓点云配准过程中的累积误差，需要设置并不断更新关键帧 [31]，且设置 B 为第一个关键帧点云 K_1；当获取当前帧点云 P_i 和关键帧点云 K_1 后，

必须对两个点云进行点云处理，包括异常点移除 [18]、降采样 [32]，获得处理后的 3 维点云 P'_i 和 K'_1，以提高点云配准的精度；之后，利用 ICP 方法和对应点中值滤波方法对 P'_i 和 K'_1 进行点云配准，并得到 P_i 相对 K_1 的变换矩阵 $\boldsymbol{H}_{iK1}$，进而可得 P_i 相对基准点云的变换矩阵 $\boldsymbol{H}_i= \boldsymbol{H}_{iK1}\ \boldsymbol{H}_{K1}$，即实现当前时刻目标与相机的相对位姿估计；当变换矩阵 $\boldsymbol{H}_{iK1}$ 满足关键帧阈值时，将 P_i 更新为关键帧 K_2，进而求取下一时刻点云相对 K_2 的变换矩阵；以此类推，即可实现每个时刻目标与相机的相对位姿估计。以下我们将详细介绍位姿估计方案中的具体内容。

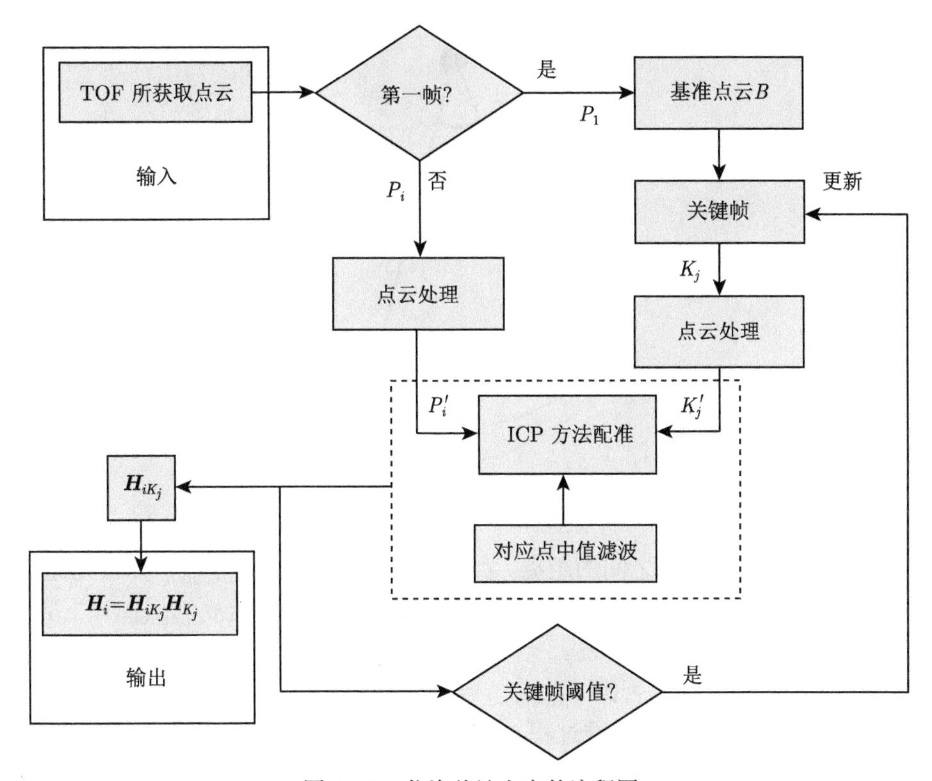

图 4.13 位姿估计方案的流程图

对于图 4.13 中的点云处理过程，传统的 ICP 方法在异常点移除操作之后进行一次降采样操作，而本章方案在异常点移除操作前后均进行一次降采样操作，这样设置可以在保证算法精度的同时有效降低算法处理时间。异常点滤除操作步骤如下：首先计算点云中每个点与其 k 个邻近点的距离，然后计算所有距离的均值 μ 和均方差 σ，最后将距离超过 $\mu \pm \alpha \cdot \sigma$ 的点移除。其中 α 值取决于 k 值的选取。降采样操作的步骤如下：首先在点云中创建许多边长为 l 的体素，使得这些体素包含着点云中的所有点，然后用每个体素中所有点的质心代替该体素中的所有点即可实现点云的降采样。

对于图 4.13 中的关键帧阈值，本小节设置关键帧阈值的平移分量和旋转分量分别为 $\tau_{\text{threshold}}$ 和 $\theta_{\text{threshold}}$。当相机绕着目标旋转 $\theta_{\text{threshold}}$ 时，如图 4.14 所示，相机的平移距离可以表示为

$$\tau = 2r\sin\frac{\theta_{\text{threshold}}}{2} \tag{4-21}$$

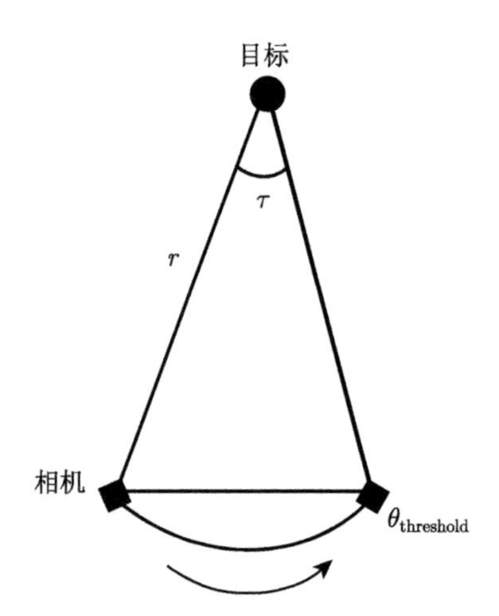

图 4.14　目标和相机之间的相对运动

其中，r 代表目标和相机之间的距离。如果 $\tau_{\text{threshold}} < \tau$，$\tau_{\text{threshold}}$ 会在关键帧的选取中起决定作用，否则 $\theta_{\text{threshold}}$ 会起决定作用。比如，当 $\theta_{\text{threshold}} = 1.5°$ 时，由方程 (4-21) 可得 $\tau = 0.1702\text{m}$。当 $\tau_{\text{threshold}}$ 小于 0.1702m 时，$\tau_{\text{threshold}}$ 在关键帧的选取中起决定作用，否则 $\theta_{\text{threshold}}$ 会起决定作用。

对于图 4.13 中的点云配准过程，我们采用 ICP 方法对 P'_i 和 K'_1 进行配准，即最小化如下目标函数：

$$E = \sum_{k=1}^{K}\left\|\boldsymbol{R}_{K'_1}^{P'_i} p_{K'_1}^{k} + \boldsymbol{T}_{K'_1}^{P'_i} - p_{P'_i}^{k}\right\|_2^2 \tag{4-22}$$

其中，$\|\cdot\|_2$ 表示二范数，$\boldsymbol{R}_{K'_1}^{P'_i}$ 和 $\boldsymbol{T}_{K'_1}^{P'_i}$ 分别表示 P'_i 和 K'_1 之间的旋转矩阵和平移列阵，$\left\{p_{K'_1}^{k}, p_{P'_i}^{k}\right\}_{k=1,\cdots,K}$ 表示 P'_i 和 K'_1 配准过程中产生的对应点对。在 ICP 方法对两个点云进行配准的过程中，我们使用一个对应点中值滤波方法 [33]

滤除此配准过程中产生的较差对应点对。具体来说，首先计算对应点对之间的距离 $d_k(k=1,\cdots,K)$，即

$$d_k = \left\| \boldsymbol{R}_{K_1'}^{P_i'} p_{K_1'}^k + \boldsymbol{T}_{K_1'}^{P_i'} - p_{P_i'}^k \right\|_2^2 \tag{4-23}$$

然后可以得到距离 $d_k(k=1,\cdots,K)$ 的中值距离 d_{median}。最后，遍历所有的对应点对，如果某个对应点对中对应点之间的距离 d_k 大于 d_{median}，则将该对应点对进行滤除，以提高两个点云配准的精度。

当 P_i' 和 K_1' 的配准完成后，可以由式 (4-22) 得到 $\boldsymbol{R}_{K_1'}^{P_i'}$ 和 $\boldsymbol{T}_{K_1'}^{P_i'}$，则 P_i 相对 K_1 的变换矩阵 $\boldsymbol{H}_{iK_1}$ 可表示为

$$\boldsymbol{H}_{iK_1} = \begin{bmatrix} \boldsymbol{R}_{K_1'}^{P_i'} & \boldsymbol{T}_{K_1'}^{P_i'} \\ \boldsymbol{0} & 1 \end{bmatrix} \tag{4-24}$$

进而可得 P_i 相对基准点云 B 的变换矩阵 $\boldsymbol{H}_i$：

$$\boldsymbol{H}_i = \boldsymbol{H}_{iK_1} \boldsymbol{H}_{K_1} \tag{4-25}$$

对于图 4.13 中的关键帧更新，我们首先将变换矩阵 $\boldsymbol{H}_{iK_1}$ 的旋转分量和平移分量表示为

$$\theta_{iK_1} = \left\| \left(\boldsymbol{R}_{K_1'}^{P_i'} \right)_{\text{toAngleAxisd}} \right\|_2 \tag{4-26}$$

$$\tau_{iK_1} = \left\| \boldsymbol{T}_{K_1'}^{P_i'} \right\|_2 \tag{4-27}$$

其中，$(\cdot)_{\text{toAngleAxisd}}$ 可以实现旋转矩阵转换成轴角。当 $\boldsymbol{H}_{iK_1}$ 满足关键帧阈值，即 $\theta_{iK_1} > \theta_{\text{threshold}}$ 或者 $\tau_{iK_1} > \tau_{\text{threshold}}$ 时，当前帧点云 P_i 即被设置为新的关键帧 K_2，即 $K_2 = P_i$ 和 $\boldsymbol{H}_{K_2} = \boldsymbol{H}_i$。

值得注意的是，这里的对应点中值滤波方法处理的是 ICP 方法在对两个点云进行配准过程中产生的最近邻对应点对集。当 TOF 相机获取的点云较为优秀时，ICP 方法得到的最近邻对应点对基本都是正确的，这保证了 ICP 方法对这类点云的处理是行之有效的。然而，针对本章的研究对象，TOF 相机获取的数据含有大量的非系统噪声，且目前还没有有效的解决方案能够消除这些非系统噪声。这些非系统噪声导致一些最近邻对应点对是误匹配点对，进而严重影响点云配准的精度，因此必须尽量减少误匹配点对的数量。本章采用对应点中值滤波方法对 ICP 方法中产生的最近邻对应点对集进行处理，这将有效减少最近邻对应点对中误匹配点对的数量，从而有效地提高点云配准的精度。后续的实验证明了此方案的有效性。

4.3.3 数值仿真

为了验证本章所提位姿估计方案的性能，本小节利用半物理仿真系统进行了半物理实验研究。该实验在微波暗室中进行，以消除 TOF 相机的信噪比失真所带来的干扰，并方便滤除 TOF 所获取深度图的环境数据。本小节首先简单介绍实验设置，然后评估所提位姿估计方案的性能。考虑到不同的关键帧阈值会对位姿估计结果的精度产生较大影响，本实验使用一组关键帧阈值以比较不同的关键帧阈值对位姿估计结果的影响。

1. 实验设置

根据最大轴原理，不受控的航天器在运动一段时间后会进行单轴旋转运动。因此一个单轴旋转的非合作目标可以在一定程度上代表非合作目标的在轨运动情况。在本实验中，实验对象设置为一个单轴旋转的非合作目标。该目标被固定在一个旋转台上，利用旋转台为目标提供单轴旋转运动。

由于太阳能帆板会吸收 TOF 相机发出的红外光信号，TOF 相机基本探测不到太阳能帆板的距离信息，因此本实验的目标上没有安装太阳能帆板。假设目标是一个立方体，当 TOF 相机的视线与带包覆目标的某个表面的外法线之间的角度大于 135° 时，由于 MLI 对 TOF 相机光信号的反射特性是镜面反射，TOF 相机无法获得该表面的深度信息，因此可以将实验对象设置为一个带包覆平板。本小节只给出实验场景的示意图，如图 4.15 所示。图中，左边的黑色物体表示 TOF 相机，右边为带包覆目标；目标模型除了平板外，还有一个尾喷口和一个圆环凸起，且尾喷口的材料为吸波材料。

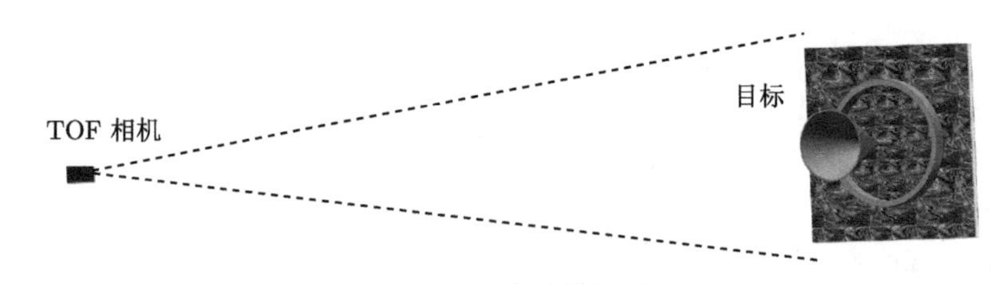

图 4.15　实验模拟图

本实验所采用的 TOF 相机为商业相机 DME660 模组，该相机的性能参数和其他实验参数列于表 4.3。本实验所使用的计算机配置为 4 核 3.60GHz 的 CPU，3GB 的 RAM。编程语言为 C++ 且使用 PCL(Point Cloud Library) 库。

在实验中，相机不动而目标绕着 y_C 轴进行单轴旋转。为了观察 MLI 对 TOF 相机所获得的数据的影响，目标在 TOF 相机获取前 30 帧图像的过程中保持不动。然后旋转台驱动目标绕 y_C 轴进行匀速旋转，且当目标旋转 12° 的时候停止运

表 4.3　实验参数的设置

参数	符号	值
目标与相机之间的距离	r	6.5m
外点滤除操作中的系数	α	0.1
外点滤除操作中的最近点数量	k	50
降采样操作中的体素边长 (外点移除操作之前)	l	0.02
降采样操作中的体素边长 (外点移除操作之后)	l	0.1
目标模型上的平板的尺寸		2m×2m×0.01m
旋转台的平移精度		5mm
旋转台的旋转精度		$10''(1^\circ = 3600'')$
DME660 的帧率		2fps
DME660 的分辨率		320×240
DME660 的水平视场角		16°
DME660 的垂直视场角		12°
对应点中值滤波操作中的系数 “Factor”①		0.95

动。使用 TOF 相机获得的目标深度图和由该深度图转化的点云图分别如图 4.16 所示。在图 4.16 中，圆孔的产生是因为尾喷口的材料为吸波材料，TOF 相机无法得到尾喷口的深度信息。由图 4.16 可知，由于 MLI 在 TOF 相机获取的数据中引入非系统误差，所以 TOF 相机得到的 3 维点云中包含很多噪声。

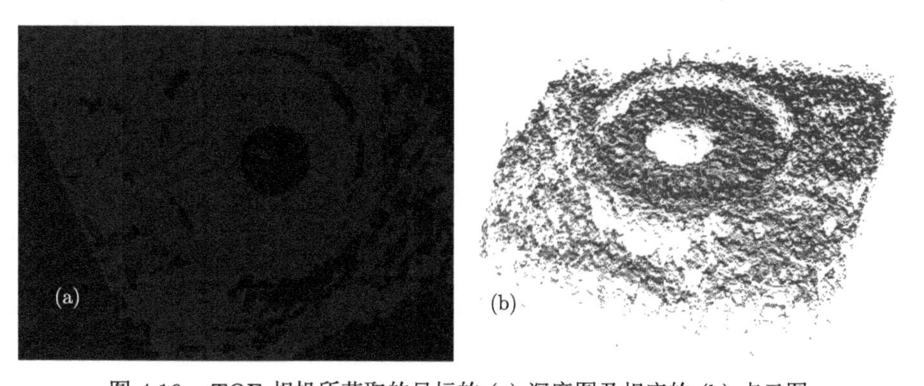

图 4.16　TOF 相机所获取的目标的 (a) 深度图及相应的 (b) 点云图

2. 位姿估计结果

本小节评估了本章所提位姿估计方案的性能,并将其与传统 ICP 方案和 GICP 方案 [34] 的性能进行对比。在位姿估计过程中，关键帧阈值的旋转分量 $\theta_{\text{threshold}}$ 和平移分量 $\tau_{\text{threshold}}$ 分别设置为 1.5° 和 0.4m。本小节采用变换矩阵 $\boldsymbol{H}_i$ 的 6 个位姿参数 (3 个平移分量和 3 个旋转分量) 来评估以上三种方案的性能，且位姿参数的误差可以表示为

① https://github.com/ethz-asl/libpointmatcher。

$$e_m = |m_{\text{exp}} - m_{\text{real}}| \quad (m = \alpha, \beta, \gamma, \Delta x, \Delta y, \Delta z) \tag{4-28}$$

其中，m_{exp} 表示实验结果，m_{real} 表示运动参数的真实值。此外，本节还采用了三种性能指标：fitness score、对应点数量和运行时间，以评估和分析三种位姿估计方案的性能。fitness score 表示两个点云的配准完成后，两个点云中的对应点对之间的平均距离。平均距离越小，则位姿估计方案的性能越好。对应点数量表示在本章位姿估计方案和传统 ICP 方案中产生的对应点对的数量，对应点对的数量越大，则位姿估计方案的性能越好。由于 GICP 方案采用的是一种面对面的匹配方法，因此该方案不存在对应点对。运行时间表示的是位姿估计方案对每一帧点云所对应的目标位姿进行估计所用的时间。

利用三种位姿估计方案对目标点云进行处理，可以得到三种位姿估计方案所得的结果及相应的误差 e_m $(m = \alpha, \beta, \gamma, \Delta x, \Delta y, \Delta z)$，如图 4.17 和图 4.18 所示，其中所提方案、ICP 方案和 GICP 方案分别表示本章所提位姿估计方案、传统 ICP 方案和 GICP 方案所得的位姿估计结果。真实值表示旋转台运动的真实参数，即代表位姿估计结果的真实值。本小节的其余部分将使用同样的表示方法。如图 4.17 和图 4.18 所示，我们可以观察到：

(1) 在 TOF 相机获取前 30 帧图像的过程中，虽然目标保持不动，但位姿估计结果却不是 0。原因可能是 MLI 不是平整的粘贴在目标表面上，且 MLI 具有高比表面积的特点，故当其受到环境干扰时会产生轻微振动。此外，三种位姿估计方案对前 30 帧点云的位姿估计结果基本相同。

(2) 当目标开始运动时，随着累积误差的影响，三种位姿估计方案所得位姿估计结果的误差都会变大，但本章所提位姿估计方案的性能明显优于其他两种方案，且平移误差保持在 5cm 以内，姿态误差保持在 0.5° 以内。值得注意的是，所提方案可以有效减小运动坐标 (俯仰角坐标、X 和 Z 方向的平移坐标) 的误差累计，而对非运动坐标 (滚转角坐标、偏航角坐标和 Y 方向的平移坐标) 的误差累计影响不大。

(3) 当目标旋转 12° 时，目标停止运动，TOF 相机获取目标的第 78 帧图像。在 TOF 相机获取 78 帧图像后，虽然目标保持不动，但此时位姿估计结果却有微小振荡，即位姿估计结果在小幅度变化，这与前 30 帧图像的情况相一致。

三种位姿估计方案在位姿估计过程中得到的 fitness score 如图 4.19 所示。观察该图可知，本章所提方案与其他两种方案得到的每两帧点云之间匹配效果基本相同。但由图 4.17 和图 4.18 可知，本章所提方案能有效减小运动坐标的误差累计，这说明所提方案能够有效减小误匹配点的数量，从而使点云配准更有可能达到全局最优解，而不是局部最优解。

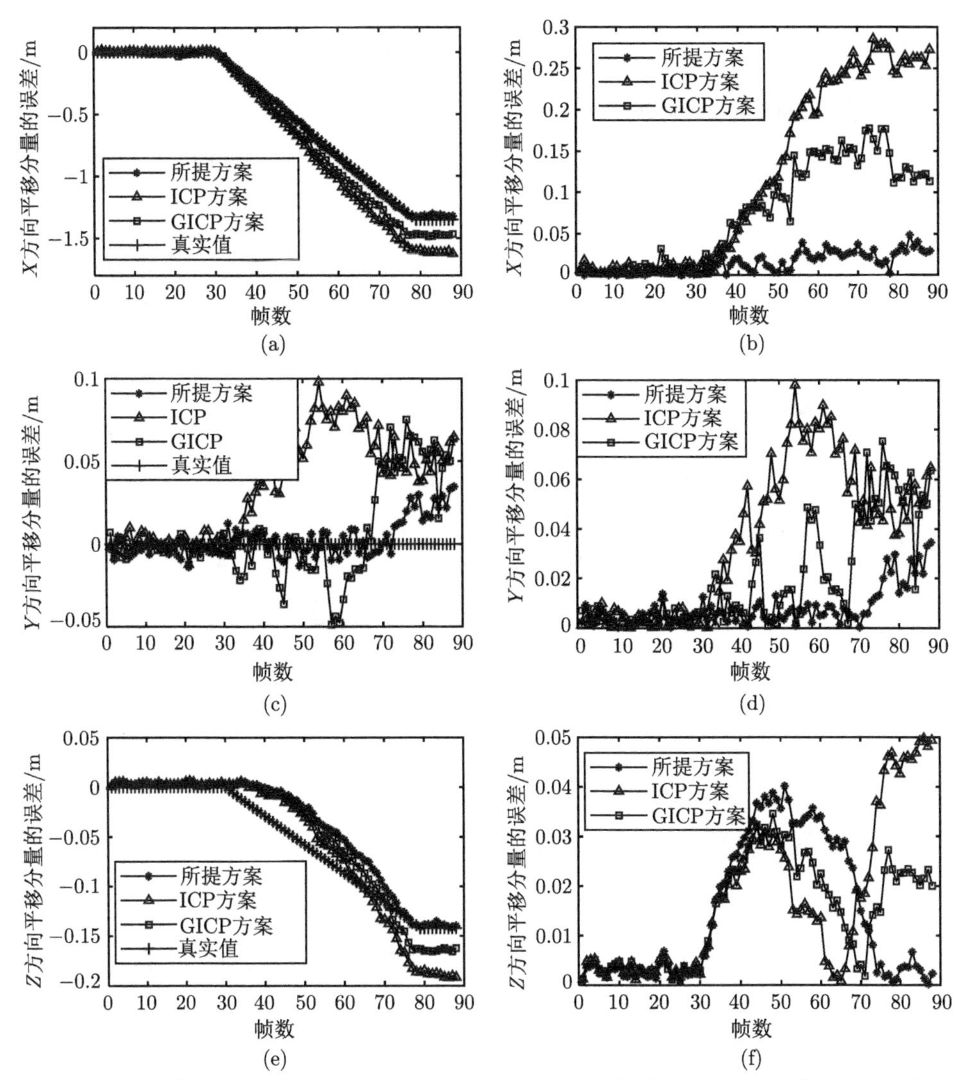

图 4.17 平移估计结果及其误差：(a) X 方向的平移估计结果；(b) X 方向的平移估计结果误差；(c) Y 方向的平移估计结果；(d) Y 方向的平移估计结果误差；(e) Z 方向的平移估计结果；(f) Z 方向的平移估计结果误差

本章所提方案与传统 ICP 方案所得到的匹配点数量如图 4.20 所示。由图 4.20 可知，本章所提方案得到的匹配点数量大概是传统 ICP 方案得到的匹配点数量的一半，这是因为所提方案仅利用传统 ICP 方案所用匹配点中的较好的一半，从而有效减少了误匹配点并提高了点云的配准精度。

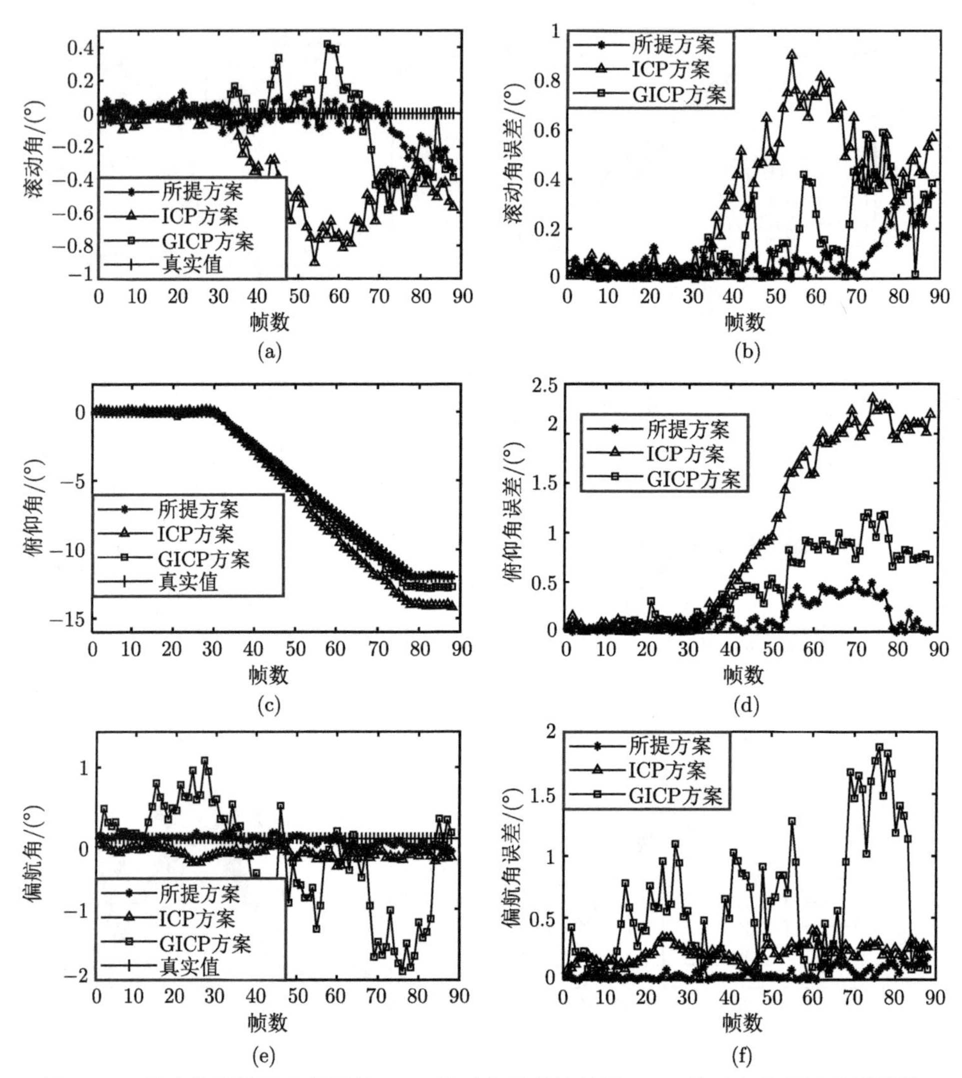

图 4.18　姿态估计结果及其误差：(a) 滚动角的估计结果；(b) 滚动角的估计结果误差；(c) 俯仰角的估计结果；(d) 俯仰角的估计结果误差；(e) 偏航角的估计结果；(f) 偏航角的估计结果误差

为了达到实时性运行效果，位姿估计方案的运行时间越小越好。三种位姿估计方案的运行时间如图 4.21 所示。由图 4.21 可知，本章所提方案的运行时间大概为传统 ICP 方案的运行时间的一半，且远小于 GICP 方案的运行时间。这是因为所提方案中的点云处理中进行了两次降采样操作。所提方案的处理时间保持在 0.25s 以内，这意味着所提方案的运行速度可以达到 4Hz，满足实时性要求。

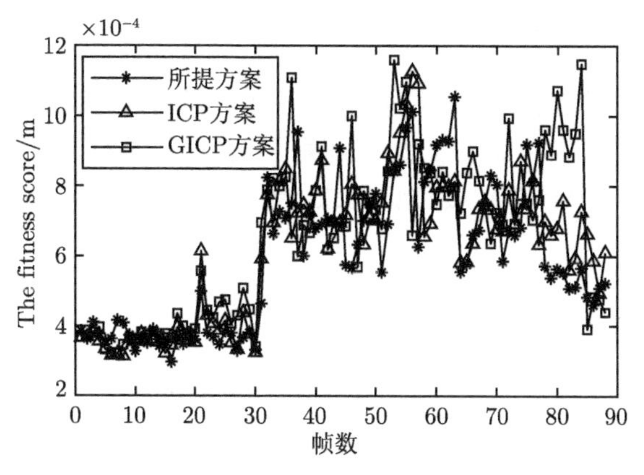

图 4.19 3 维点云的 fitness score

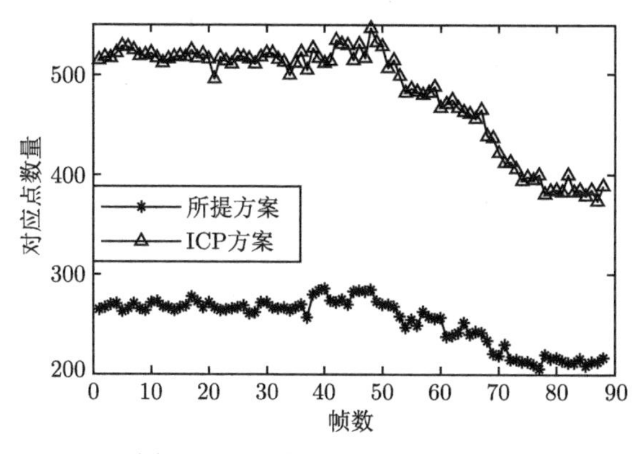

图 4.20 3 维点云的匹配点数量

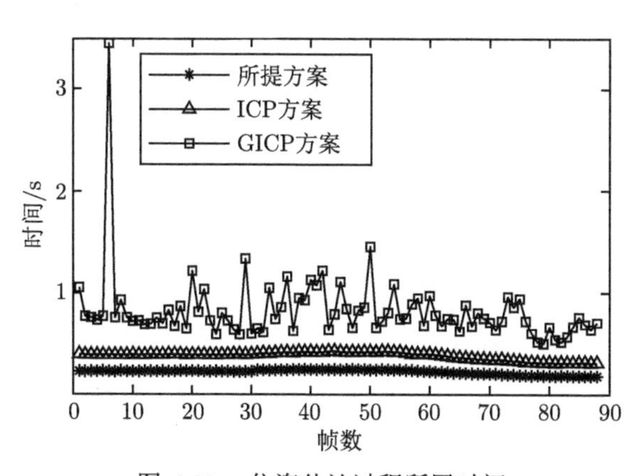

图 4.21 位姿估计过程所用时间

3. 关键帧阈值的影响

本小节对不同关键帧阈值对位姿估计精度的影响进行讨论。根据我们的经验，我们所选取的 $\tau_{\text{threshold}}$ 和 $\theta_{\text{threshold}}$ 值都列于表 4.4。本小节使用均方误差 (mean square error, MSE) 来评估位姿估计结果的精度，MSE 的表达式为

$$\text{MSE}_m = \frac{\sum_{i=1}^{n}(m_{\text{exp}}^i - m_{\text{real}}^i)^2}{n} \quad (m = \alpha, \beta, \gamma, \Delta x, \Delta y, \Delta z) \tag{4-29}$$

其中，m_{exp}^i 和 m_{real}^i 分别表示第 i 帧点云对应的位姿估计结果和真实结果，n 表示实验中所获得的目标点云的数量且在本实验中该值为 88。

表 4.4　关键帧阈值的设置

参数	符号	值
关键帧阈值的平移分量	$\tau_{\text{threshold}}$	0.08m 0.09m 0.1m 0.2m 0.3m 0.4m 0.5m
关键帧阈值的旋转分量	$\theta_{\text{threshold}}$	1.3° 1.4° 1.5° 1.6° 1.7°
与关键帧阈值的旋转分量所对应的相机平移距离，参见图 4.14	τ	0.1475m 0.1588m 0.1702m 0.1815m 0.1929m

使用不同的关键帧阈值处理 TOF 相机所获得的目标点云，可以得到所有关键帧阈值所对应的位姿估计结果的 EMS，如图 4.22 所示，其中 1.3、1.4、1.5、1.6 和 1.7 分别表示 $\theta_{\text{threshold}}$ 的值为 1.3°、1.4°、1.5°、1.6° 和 1.7°。

由图 4.22 可知，当 $\tau_{\text{threshold}}$ 小于 0.2m 时，位姿估计结果的精度不受 $\theta_{\text{threshold}}$ 的影响；当 $\tau_{\text{threshold}}$ 不小于 0.2m 时，位姿估计结果的精度不受 $\tau_{\text{threshold}}$ 的影响。这是因为与表 4.4 中 $\theta_{\text{threshold}}$ 对应的 τ 小于 0.2m，因此当 $\tau_{\text{threshold}}$ 小于 0.2m 时，$\tau_{\text{threshold}}$ 在关键帧的选取中起决定作用，否则 $\theta_{\text{threshold}}$ 起决定作用。此外，当

$\tau_{\text{threshold}}$ 不小于 0.2m 且 $\theta_{\text{threshold}}$ 在 1.4° 和 1.6° 之间时，位姿估计结果的精度最高。因此，我们在之前的实验中将 $\tau_{\text{threshold}}$ 和 $\theta_{\text{threshold}}$ 分别设置为 0.4m 和 1.5°。

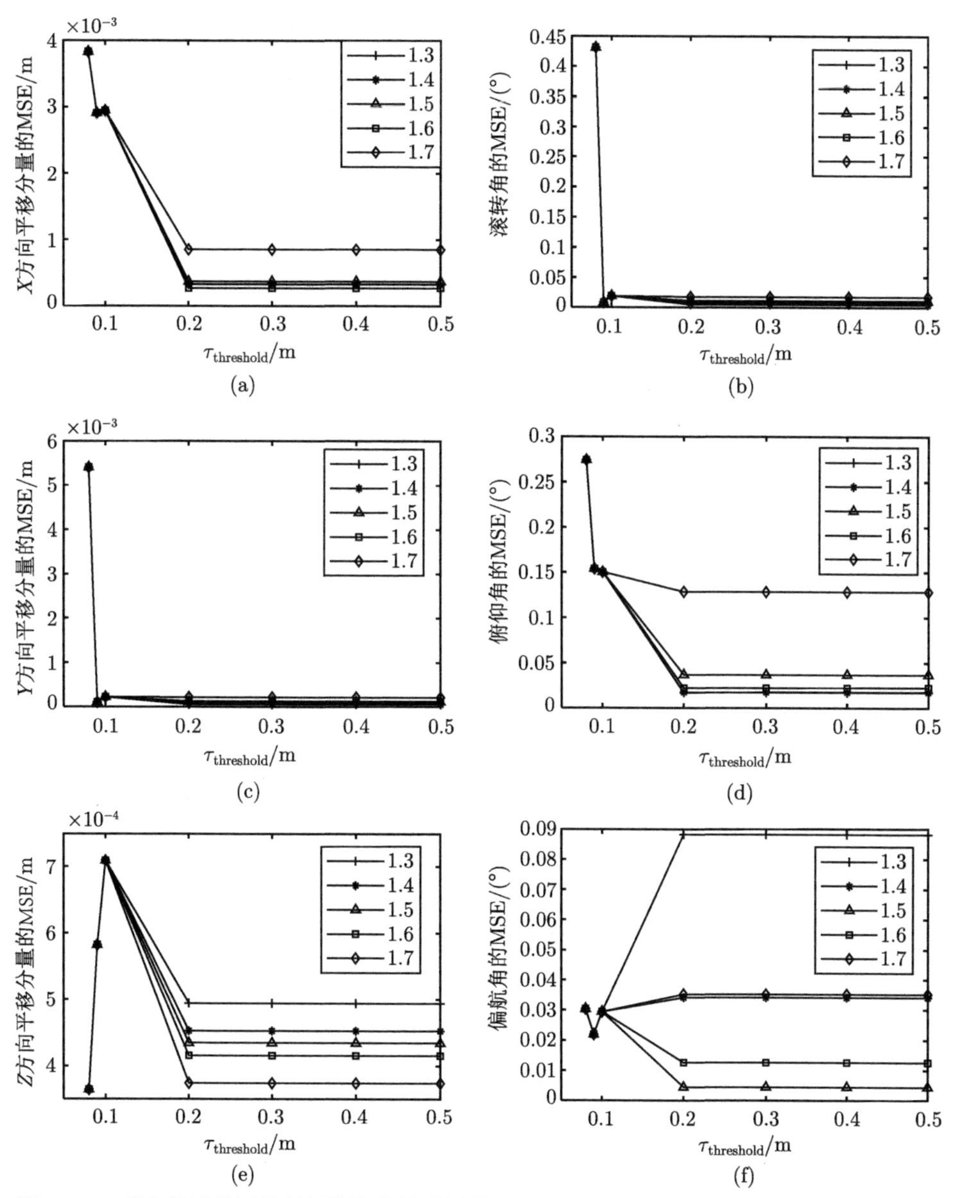

图 4.22　所有关键帧阈值所得位姿估计结果的 EMS：(a) X 方向的平移估计结果的 EMS；(b) 滚动角估计结果的 EMS；(c) Y 方向的平移估计结果的 EMS；(d) 俯仰角估计结果的 EMS；(e) Z 方向的平移估计结果的 EMS；(f) 偏航角估计结果的 EMS

4.4 本章小结

本章分别对基于灰度图像和基于深度图像的非合作目标运动观测技术进行研究。在基于灰度图像的运动观测技术研究中，我们对 LSD-SLAM 方法进行详细阐述，并利用仿真实验验证了 LSD-SLAM 方法在短期跟踪和近距离观测中可以实现对具有复杂纹理的目标进行高精度的运动观测。在基于深度图像的运动观测技术中，考虑了针对表面包覆 MLI 的非合作目标的运动观测问题，并针对该问题提出了一种有效的运动观测方案，最后通过仿真实验验证了所提运动观测方案的有效性和先进性。

本章中未尽之处还可详见本课题组已发表文章 [20] 和 [21]。

参考文献

[1] Wen Z M, Wang Y J, Luo J, et al. Robust, fast and accurate vision-based localization of a cooperative target used for space robotic arm [J]. Acta Astronaut, 2017, 136: 101-114.

[2] Song J Z, Cao C X. Pose self-measurement of non-cooperative spacecraft based on solar panel triangle structure [J]. Journal of Robotics, 2015: 472461.

[3] Regoli L, Ravandoor K, Schmidt M, et al. On-line robust pose estimation for rendezvous and docking in space using photonic mixer devices [J]. Acta Astronaut, 2014, 96: 159-165.

[4] D'Amico S. Pose estimation of an uncooperative spacecraft from actual space imagery [J]. International Journal of Space Science and Engineering, 2014, 2(2): 171-189.

[5] Li R H, Zhou Y, Chen F, et al. Parallel vision-based pose estimation for non-cooperative spacecraft [J]. Advances in Mechanical Engineering, 2015, 7(7): 1-9.

[6] Shtark T, Gurfil P. Tracking a non-cooperative target using real-time stereo vision-based control: An experimental study [J]. Sensors, 2017, 17(4): 735.

[7] He Y, Liang B, Du X D, et al. Measurement of relative pose between two non-cooperative spacecrafts based on graph cut theory[C]. International Conference on Control Automation Robotics & Vision, Marina Bay Sands, Singapore, 2014.

[8] Dong G, Zhu Z H. Vision-based pose and motion estimation of non-cooperative target for space robotic manipulators [C]. AIAA Space Conference and Exposition, San Diego, USA, 2014.

[9] Opromolla R, Fasano G, Rufino G, et al. A model-based 3D template matching technique for pose acquisition of an uncooperative space object [J]. Sensors, 2015, 15(3): 6360-6382.

[10] Opromolla R, Fasano G, Rufino G, et al. Uncooperative pose estimation with a lidar-based system [J]. Acta Astronaut., 2015, 110: 287-297.

[11] Besl P, McKay N. A method of registration of 3-D shapes [J]. IEEE Transcations on Pattern Analysis and Machine Intelligence, 1992, 14(2): 239-256.

[12] Liu L, Zhao G, Bo Y. Point cloud based relative pose estimation of a satellite in close range [J]. Sensors, 2016, 16(6): 1-18.

[13] Woods J O, Christian J A. Lidar-based relative navigation with respect to non-cooperative objects [J]. Acta Astronaut, 2016, 126: 298-311.

[14] Rhodes A, Kim E, Christian J A, et al. LIDAR-based relative navigation of non-cooperative objects using point cloud descriptors [C]. AIAA/AAS Astrodynamics Specialist Conference, Long Beach, California, 2016.

[15] Martínez H G, Giorgi G, Eissfeller B. Pose estimation and tracking of non-cooperative rocket bodies using time-of-flight cameras[J]. Acta Astronaut, 2017, 139: 165-175.

[16] Zhang L M, Zhu F, Hao YM, et al. Rectangular-structure-based pose estimation method for non-cooperative rendezvous [J]. Applied Optics, 2018, 57(21): 6164-6173.

[17] Klionovska K, Benninghoff H. Initial pose estimation using PMD sensor during the rendezvous phase in on-orbit servicing missions [C]. 27th AAS/AIAA Space Flight Mechanics Meeting, San Antonio, Texas, 2017.

[18] Ventura J, Fleischner A, Walter U. Pose tracking of a noncooperative spacecraft during docking maneuvers using a time-of-flight sensor [C]. AIAA Guidance, Navigation, and Control Conference, San Diego, California, 2016.

[19] Engel J, Schöps T, Cremers D. LSD-SLAM: Large-scale direct monocular slam [C]. European Conference on Computer Vision, Zurich, Swizerland, 2014.

[20] Lei T, Liu X F, Cai G P, et al. Pose estimation of a non-cooperative target based on monocular visual SLAM [J]. International Journal of Aerospace Engineering, 2019, 2: 1-14.

[21] Wang Q S, Lei T, Liu X F, et al. Pose estimation of non-cooperative target coated with MLI [J]. IEEE Access, 2019, 7: 153958-153968.

[22] Durrant-Whyte H, Bailey T. Simultaneous localization and mapping: Part I [J]. IEEE Robotics & Automation Magazine, 2006, 13(2): 99-108.

[23] Bailey T, Durrant-Whyte H. Simultaneous localization and mapping: Part II [J]. IEEE Robotics & Automation Magazine, 2006, 13(2): 108-117.

[24] Liu H M, Zhang G F, Bao H J. A review of simultaneous localization and mapping method based on monocular vision [J]. Journal of Computer Aided Design & Computer Graphics, 2016, 28(6): 855-866.

[25] Hartley R, Zisserman A. Multiple View Geometry in Computer Vision (Second Edition) [M]. Cambridge: Cambridge University Press, 2003.

[26] Newcome R A, Lovegrove S J, Davison A J. DTAM: Dense tracking and mapping in real-time [C]. IEEE International Conference on Computer Vision, Barcelona, Spain, 2011.

[27] Engel J, Sturm J, Cremers D. Semi-dense visual odometry for a monocular camera [C]. IEEE International Conference on Computer Vision, Sydney, Australia, 2013.

[28] Barfoot T D. State Estimation for Robotics: Matrix Lie Groups [M]. Cambridge: Cambridge University Press, 2017.

[29] Huang G Q, Mourikis A I, Roumeliotis S I. Analysis and improvement of the consistency of extended kalman filter based slam [C]. IEEE International Conference on Robotics and Automation, Pasadena, USA, 2008.

[30] Glover A, Maddern W, Warren M, et al. Open fabmap: an open source toolbox for appearance-based loop closure detection [C]. IEEE International Conference on Robotics and Automation, Minnesota, USA, 2012.

[31] Zhang Z Y. Iterative point matching for registration of free-form curves and surfaces [J]. International Journal of Computer Vision, 1994, 13(2): 119-152.

[32] Foix S, Alenya G, Torras C. Lock-in time-of-flight (ToF) cameras: A survey [J]. IEEE Sensors Journal, 2011, 11(9): 1917-1926.

[33] Pomerleau F, Colas F, Siegwart R, et al. Comparing ICP variants on real-world data sets [J]. Autonomous Robots, 2013, 34(3): 133-148.

[34] Segal A V, Haehnel D, Thrun S. Generalized-ICP [C]. Proceedings of 2009 Robotics: Science and Systems, Seattle, USA, 2009.

第 5 章 空间非合作目标运动预测技术

5.1 引　　言

空间物体的在轨捕获是诸如对接、停泊、加油、维修、升级、运输、抢救和清除等在轨服务 (on-orbit servicing, OOS) 任务的前提，此处的空间物体是指发生故障卫星，或更一般地说，是空间碎片，在本章中，两者都将被称为“目标”。当前和过去的所有 OOS 任务都只着重于捕获一个合作目标，该目标在其轨道上平稳移动而无须迅速改变姿态 [1-4]，其稳定的姿态大幅度降低了捕获难度。实际上，当目标卫星发生故障时，其姿态控制系统可能会失效，这将导致存储在控制力矩陀螺或动量轮中的角动量将开始向其主体迁移，进而造成其开始自由翻滚。已有的地面观测结果证实了这一现象 [5]。自由翻滚卫星作为一类典型的非合作目标，由于其无法调整姿态来帮助空间机器人捕获，且姿态运动过于复杂，因此对其的捕获操作会面临巨大风险。迄今为止，尚未有空间机器人通过自主控制完成针对该类目标的在轨服务任务 [1,3,4]。可以说，空间机器人抓捕自由翻滚目标仍然是一个开放研究领域，面临许多技术挑战，并且多年来一直是航天领域的研究热点。

为了捕获空间中不受控的目标，须先通过某些方法获得目标的运动状态 (姿态、速度和角速度)。运动预测技术根据对目标的位姿 (位置和姿态) 观察数据来预测目标的运动状态。此外，运动预测还具有如下意义：① 可实现过滤观测数据的噪声，从而提供高精度的位姿测量数据，② 可作为运动观测的备份，在观测失效的情况提供目标位姿信息，③ 可预测目标未来的运动，从而为追踪星接近目标设计出更加直接、优良的轨迹 [6-13]，见图 5.1。因此，对自由翻滚目标运动预测技术的研究是很有必要的。

获得自由翻滚目标的位姿运动数据是预测其未来运动状态的前提。考虑到后者是本章节的研究重点，因此在本章的研究中我们直接假定目标卫星的位姿观测数据 (含未知水平的噪声) 已经获得，并在此基础上研究如何根据此观测数据预测自由翻滚目标在未来的位姿运动状态。不受控目标卫星的运动，首先需要观测其位姿运动。对于具有人工标志的合作目标，其位姿估计为 PNP 问题，文献 [14]、[15] 中提出了相关的算法。对于非合作目标的位姿测量，常用的手段为双目立体视觉 [16] 和激光雷达 [17,18]。本章不对空间中目标卫星的运动观测做深入研究，而直接假定目标卫星的位姿观测数据 (含未知水平的噪声) 已经获得，在此基础上研究如何根据此观测数据预测太空中不受控目标卫星的位姿运动。

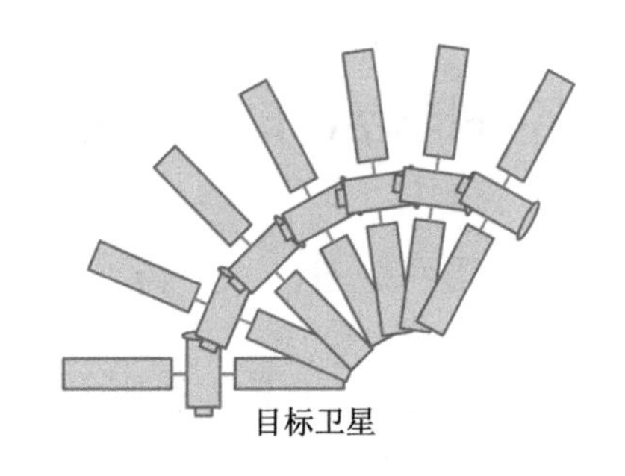

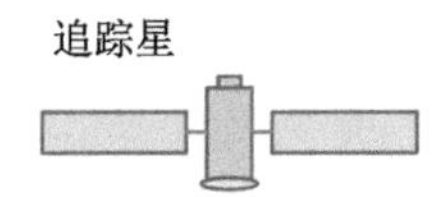

图 5.1　运动预测在近距离交会中的意义

迄今为止，已有大量关于“不受控非合作空间目标运动预测”的研究文献，其中所采用的主流方法为 Kalman 滤波 [19-34]。Kalman 滤波器可以对关于目标卫星的位姿运动观测数据进行滤波处理，从而得到更加精确的运动状态 (位姿、速度和角速度) 估计值；此外，它还可以估计出该不受控目标卫星的惯量参数 (包括惯量矩阵的相对值，及其质心的相对位置)。将上述参数 (运动状态和惯量参数) 的估计值代入目标卫星的运动微分方程，可得到该微分方程的具体解，即得到了目标卫星的位姿运动演变规律，达到运动预测的目的。容易理解的是：上述参数估计值的精度越高，则运动预测的精度也越高。因此，运动预测的关键问题是目标卫星动力学参数 (运动状态和惯量参数) 的高精度识别。

Aghili 与 Parsa[35] 提出了一个高效且对观测噪声水平自适应的扩展 Kalman 滤波器 (extended Kalman filter, EKF)，用以估计圆形轨道上自由运动目标的运动状态和惯量参数。Tweddle 等 [36] 利用惯性比率的自然对数来对自由漂浮① 目标卫星的惯量矩阵进行参数化，得到了一种新的惯量参数识别方法。Benninghoff 和 Boge[37] 利用动量矩守恒定理提出了一种自由漂浮目标卫星的动力学参数识别方法。Ma 等 [38] 提出了一种常值状态扩展 Kalman 滤波器 (constant state extended Kalman filter)，用于估计自由漂浮目标卫星的动力学参数。与常用方法 (例如 EKF) 相比，该方法在测量采样间隔较大或状态的先验估计不可用时显示出良好的性能。然而，由于该方法基于轴对称刚体的姿态四元数微分方程的解析解，因此只能应用于轴对称型的目标卫星。

① 将目标卫星的质心运动简化为匀速直线运动。

在 Pesce 等 [39] 的研究中，比较了经典的扩展以及迭代扩展 Kalman 滤波器的两种方法。然而，他们的仿真中仅考虑了近圆轨道 (偏心率为 0.05) 的情形，且直接将仿真时间设置为 100 s，而没有研究所提 Kalman 滤波器何时能够得到足够精确估计值的问题，他们的 100 次仿真 (仅考虑了三轴旋转) 中，也确实有相当部分的算例没有得到足够精确的估计结果，见图 5.2，图中表明位置误差可能高达 90 cm 左右。Lichter 和 Dubowsky[40-42] 使用无损 Kalman 滤波器 (unscented Kalman filter, UKF) 识别了自由漂浮目标的运动状态和惯量参数，他们的仿真结果见图 5.3，图中纵轴为收敛时间，横轴上的角度表示目标卫星的角动量与最大惯量轴的夹角，即 0° 对应目标卫星绕其最大惯量主轴单轴旋转的情形，90° 则对应绕最小惯量主轴单轴旋转的情形，其余则对应多轴旋转的情形。由图可知，当目标卫星的角动量方向与其最大 (或最小) 惯量主轴方向重合时 (目标作单轴旋转)，UKF 无法得到收敛的估计结果；在其余情况下，所得估计值随时间逐渐收敛到真实值，但所需收敛时间从数十秒到一千秒不等。值得注意的是，他们并没有提出一个收敛准则用以判断所得估计值何时足够精确；他们人工比较估计值与真实值的差别，从而判断出估计值何时收敛到精确水准。

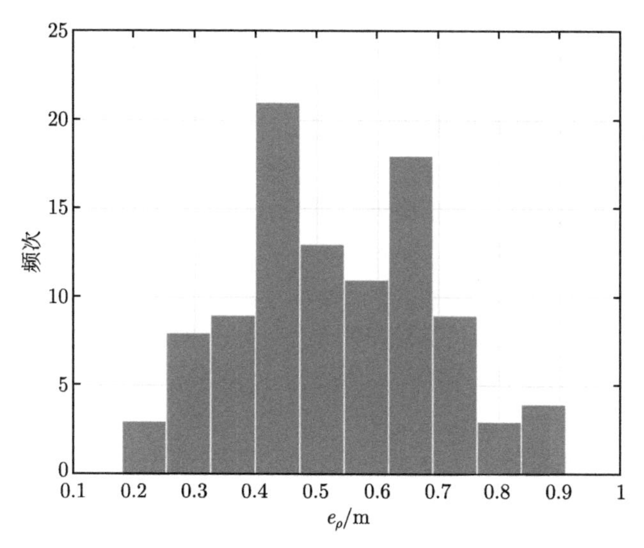

图 5.2　相对位置误差统计分析结果 [39]

在追踪星与目标卫星的近距离交会或者追踪星 (带机械臂) 抓捕目标卫星的任务中，若使用运动预测结果来指导追踪星的运动，则要求运动预测结果是足够精确的，否则既无法实现任务，也可能导致两航天器间的危险碰撞。因此，运动预测的精度至关重要。从这个角度来看，目前关于运动预测的研究中尚有如下三方面的不足之处。

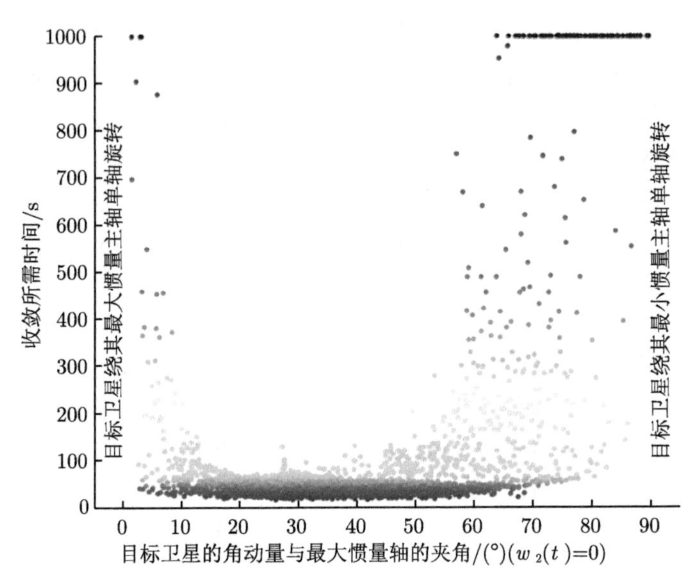

图 5.3　目标卫星各种旋转工况下 Kalman 滤波器所得估计值的收敛情况 [42]

(1) 仅考虑了匀速直线、圆轨道和近圆轨道这三类目标卫星的质心运动形式，没有考虑更具一般性的椭圆轨道的情形，即现有研究中的动力学模型尚有值得改进之处，改进后可以进一步提高预测精度。

(2) 缺乏实用的收敛判据用以判断 Kalman 滤波器所得估计结果何时收敛到足够精确的程度。尽管 Kalman 滤波器所得估计结果一般都会逐渐收敛到真实值附近，但估计结果收敛到真实值附近所需的时间却是未知的。由于收敛判据的缺失，为了保证运动预测结果具有足够精度，通常需要过量的观测时间；这样很可能会浪费时间和资源。

(3) 如文献 [40]~[42] 的仿真结果所揭示，直接使用 Kalman 滤波器估计目标卫星的动力学参数可能 (概率较小) 会遇到估计结果不收敛的情形，这样会导致运动预测的精度不高甚至失效。

针对第一点，本章将 Tschauner-Hempel 方程引入运动预测中，因此本章的运动预测方法适用于椭圆轨道、圆轨道 (偏心率设为 0) 或者直线轨道 (半径无穷大) 上目标卫星的运动预测。对于第二点，本章从新的角度 (精确运动预测结果所具有的特征) 出发，并结合文献中已有的收敛判据，提出了一个实用的收敛判据。该判据能够及时判断出 UKF 所得估计结果何时足以提供足够精确的运动预测结果。至于第三点，本章将文献 [43], [44] 中的“目标卫星惯量矩阵参数的初步估计方法”整合到本章的 UKF 算法中，这有助于提高 UKF 所得估计结果的收敛概率。本章仿真结果表明，整合后的运动预测算法总能得到足够精度的运动预测结果，解决了传统运动预测方法在某些情况下失效的问题。

本章的内容安排如下。首先在 5.2 节中，介绍了运动预测的基本假设和基本理论，从而使运动预测中的核心问题变得显而易见；然后在 5.3 节中，提出了解决运动预测中核心问题的方法 (即目标的运动状态和惯量参数的估计方法)；接着，5.4 节将以大量仿真证明本方法的有效性；最后，结论在 5.5 节中陈述。

5.2 运动预测的基本假设及基本理论

本小节首先介绍本研究的主要假设，然后在这些假设下建立空间中不受控目标的动力学方程，最后给出这些方程的解。该解描述了目标在任意时刻的位姿运动，因此可以根据该解预测目标的位姿运动。

本章研究了空间中不受控目标的运动预测。本研究的主要假设如下：① 目标卫星被简化为刚体；② 对于目标所受的各种外力，仅考虑来自地球的重力，忽略其余外力 (例如，来自其他天体的万有引力、重力梯度力矩、地磁力矩、太阳辐射光压和空气阻力)。由于这些被忽略的外力相对较小，因此它们在一定时间段内不会对目标的运动产生明显的影响。因此，这种简化在一定程度上是合理的。在这些假设下，空间不受控目标的动力学方程的建立过程如下文所述。

5.2.1 目标卫星的质心运动方程

运动预测中，描述目标卫星运动的参考系一般选为航天器局部轨道坐标系。其常见定义如下：如图 5.4 所示，点 O 是地球的中心，假设某个质点 O_L 在某椭圆轨道上自由运动 (即仅在地球万有引力的作用下自由运动)，且目标卫星在该轨道附近运动，P 是该轨道的近地点，x_w 轴通过点 P，坐标系 Σ_w (x_w-O-y_w) 可视为惯性系。对于 “航天器局部轨道坐标系”Σ_L，其 x_L 轴与 $\boldsymbol{r}=\overrightarrow{OO_L}$ 平行，z_L

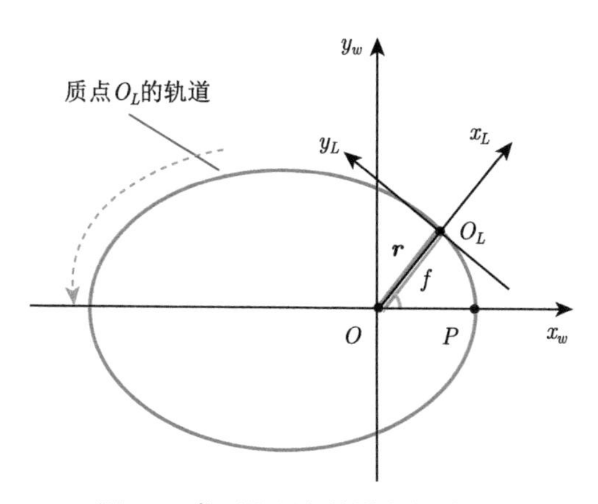

图 5.4 航天器局部轨道坐标系 Σ_L

轴沿质点相对 O 的动量矩的方向，y_L 轴由右手定则确定。角 f 是质点 O_L 的真近点角，它是 x_w 轴和 x_L 轴间的夹角。

目标卫星的质心相对 Σ_L 的动力学方程 [43] 为

$$\begin{cases} \ddot{x}_c = 2\dot{y}_c\dot{f} + y_c\ddot{f} + x_c\dot{f}^2 - \dfrac{\mu(r+x_c)}{[(r+x_c)^2+y_c^2+z_c^2]^{3/2}} + \dfrac{\mu}{r^2} \\ \ddot{y}_c = -2\dot{x}_c\dot{f} - x_c\ddot{f} + y_c\dot{f}^2 - \dfrac{\mu y_c}{[(r+x_c)^2+y_c^2+z_c^2]^{3/2}} \\ \ddot{z}_c = -\dfrac{\mu z_c}{[(r+x_c)^2+y_c^2+z_c^2]^{3/2}} \end{cases} \tag{5-1}$$

式中，$[x_c, y_c, z_c]^{\mathrm{T}}$ 是目标质心 C 相对 Σ_L 的位置矢量 $\boldsymbol{r}_c^L$ 的坐标阵，r 为质点 O_L 与地心 O 间的距离，$\mu = 3.986032\times10^{14}\ \mathrm{m^3/s^2}$ 是重力常数。这里的正体上标 “T” 代表矩阵或向量的转置，本章一律使用这种表达方式。在运动预测中，质点 O_L 的真近点角 f 是已知量，$(r, \dot{f}, \ddot{f})$ 也是已知量，它们与 f 的关系见文献 [43]。因此，一旦知道了 C 的位置 $\boldsymbol{r}_c^L(t_i)$ 和速度 $\boldsymbol{v}_c^L(t_i)$ (t_i 可以是任何时刻)，则可通过数值积分方法求解上述方程。也就是说，一旦估计出某个时刻 (任意时刻) 质心 C 的位置和速度，就可根据方程 (5-1) 的数值解预测目标卫星的质心运动。将质心运动的预测结果表示为

$$\boldsymbol{r}_c^L(t) = \boldsymbol{r}_c^L(\boldsymbol{x}_{\mathrm{tran}}(t_i), t) \tag{5-2}$$

式中，

$$\boldsymbol{x}_{\mathrm{tran}}(t_i) = [\boldsymbol{r}_c^L(t_i)^{\mathrm{T}}, \boldsymbol{v}_c^L(t_i)^{\mathrm{T}}, {\boldsymbol{\rho}_{cb}^{b_c}}^{\mathrm{T}}]^{\mathrm{T}} \tag{5-3}$$

为预测目标卫星质心运动的参数，$\boldsymbol{\rho}_{cb}^{b_c}$ 表示目标卫星质心相对其本体坐标系 Σ_{b_c} 的位置，见图 5.5。

5.2.2 目标卫星的姿态运动方程

第 4 章中已经建立了不受控目标卫星姿态运动的动力学方程，为了本章的叙述方便，将这些方程作简要介绍。设 Σ_{b_c} 表示目标卫星质心处的连体基，其姿态可以任意选择。将目标卫星相对于 Σ_{b_c} 的惯量张量记作 $\boldsymbol{I}^{b_c}$，对其进行如下归一化操作：

$$\bar{\boldsymbol{I}}^{b_c} = \frac{1}{I_{xx}}\boldsymbol{I}^{b_c} = \frac{1}{I_{xx}^{bc}}\begin{bmatrix} I_{xx} & -I_{xy} & -I_{zx} \\ -I_{xy} & I_{yy} & -I_{yz} \\ -I_{zx} & -I_{yz} & I_{zz} \end{bmatrix} = \begin{bmatrix} 1 & d & e \\ d & b & f \\ e & f & c \end{bmatrix} \tag{5-4}$$

且引入惯量矩阵参数 $\boldsymbol{p}_{\text{lin}} = [b, c, d, e, f]^{\text{T}}$ 表示归一化惯性张量 $\bar{\boldsymbol{I}}^{b_c}$ 的元素。将 $\bar{\boldsymbol{I}}^{b_c}$ 代入远目标卫星的姿态运动动力学方程可得

$$\bar{\boldsymbol{I}}^{b_c}\dot{\boldsymbol{\omega}}^{b_c} + \boldsymbol{\omega}^{b_c} \times \bar{\boldsymbol{I}}^{b_c}\boldsymbol{\omega}^{b_c} = \boldsymbol{0} \tag{5-5}$$

而目标卫星姿态运动的运动学方程为

$$\dot{\boldsymbol{q}}_{b_c} = \frac{1}{2}\begin{bmatrix} 0 & -\omega_x^{b_c} & -\omega_y^{b_c} & -\omega_z^{b_c} \\ \omega_x^{b_c} & 0 & \omega_z^{b_c} & -\omega_y^{b_c} \\ \omega_y^{b_c} & -\omega_z^{b_c} & 0 & \omega_x^{b_c} \\ \omega_z^{b_c} & \omega_y^{b_c} & -\omega_x^{b_c} & 0 \end{bmatrix}\boldsymbol{q}_{b_c} = \frac{1}{2}[\Omega(\boldsymbol{\omega}^{b_c})]\boldsymbol{q}_{b_c} \tag{5-6}$$

式中，$\boldsymbol{q}_{b_c}$ 表示 Σ_{b_c} 相对于 Σ_w 的姿态四元数。由文献 [44] 可知，在获得目标卫星的动力学参数 ($\boldsymbol{q}_{b_c}$、$\boldsymbol{\omega}^{b_c}$ 以及 $\boldsymbol{p}_{\text{lin}}$) 后，即可得到目标卫星的姿态运动解：

$$\boldsymbol{A}^{wb_c}(t) = \boldsymbol{A}^{wb_c}(\boldsymbol{x}_{\text{rot}}(t_i), t) \tag{5-7}$$

式中，$\boldsymbol{A}^{wb_c}$ 表示 Σ_{b_c} 到 Σ_w 的方向余弦矩阵，

$$\boldsymbol{x}_{\text{rot}}(t_i) = [\boldsymbol{q}_{b_c}(t_i)^{\text{T}}, \boldsymbol{\omega}^{b_c}(t_i)^{\text{T}}, \boldsymbol{p}_{\text{lin}}^{\text{T}}]_{12\times 1}^{\text{T}} \tag{5-8}$$

表示预测目标卫星姿态运动的参数，这里 t_i 可以是任何时刻。

由上述理论可知：① 预测不受控目标卫星位姿运动的关键是估计出目标卫星的动力学参数 $\boldsymbol{x}_{\text{tran}}$ 和 $\boldsymbol{x}_{\text{rot}}$，一旦得到精确的估计结果，代入方程 (5-2) 和方程 (5-7) 即可预测其位姿运动；② 精确的运动预测需要精确的 $\boldsymbol{x}_{\text{tran}}$ 和 $\boldsymbol{x}_{\text{rot}}$ 估计结果。下面介绍估计 $\boldsymbol{x}_{\text{tran}}$ 和 $\boldsymbol{x}_{\text{rot}}$ 的方法。

5.3 动力学参数的估计

在本节中，首先引入 UKF 来估计目标卫星的动力学参数 $\boldsymbol{x}_{\text{tran}}$ 和 $\boldsymbol{x}_{\text{rot}}$；然后提出了一种估计观测数据噪声水平的方法，将噪声水平估计值提供给 UKF，则可使得本运动预测方法具有噪声水平自适应性；最后，通过最优化方法提高对 $\boldsymbol{x}_{\text{tran}}$ 和 $\boldsymbol{x}_{\text{rot}}$ 的估计精度。

5.3.1 UKF

UKF 使用姿态观测数据以及精确的动力学模型来估计目标的运动状态和惯量参数。这里的运动状态包括位姿、速度和角速度，而惯量参数包括惯量张量参数 $\boldsymbol{p}_{\text{lin}}$ 和 $\boldsymbol{\rho}_{cb}^{b_c}$(表示质心 C 在目标上的相对位置，见图 5.5)。也即说，目标卫星的动力学参数 $\boldsymbol{x}_{\text{tran}}$ 和 $\boldsymbol{x}_{\text{rot}}$ 可由 UKF 估算。为了实施 UKF，在本小节中建立“状态更新方程”和“测量方程”。下面首先描述本文中使用的观测数据，以构建测量方程。

1. 观测数据

对目标卫星进行位姿观测时，无法直接观测其质心 C。基于视觉的观测一般观测目标卫星表面某个连体基 Σ_b 的位置和姿态，质心 C 相对 Σ_b 的位置矢量是未知的 (其可由 UKF 估计，本小节后续部分将会介绍具体方法)。如图 5.5 所示，$\boldsymbol{r}_b^L$ 是点 B 相对于 Σ_L 的位置向量，$\boldsymbol{r}_c^L$ 是质心 C 相对于 Σ_L 的位置向量；坐标系 Σ_{b_c} 是另一个平行于 Σ_b 的连体基，其原点位于 C 处；$\boldsymbol{\rho}_{cb}^{b_c}$ 是点 B 相对于 Σ_{b_c} 的位置矢量，可表示质心 C 在目标上的相对位置。本章所用的观测数据指的是 Σ_b 的位置测量值 $\hat{\boldsymbol{r}}_b^L$ 以及 Σ_b 的姿态测量值 $\hat{\boldsymbol{q}}_b$，本章在矢量上方加一个 “∧” 符号表示该矢量的测量值或估计值。值得注意的是，四元数 $\boldsymbol{q}_b$ 表示 Σ_b 相对于惯性系 Σ_w(见图 5.4) 的姿态。选择 Σ_w 作为 Σ_b 姿态的参考系能够简化后面的数学推导，且由于 Σ_L 相对于 Σ_w 的姿态是已知的，故可根据目标卫星相对 Σ_L 的姿态算出相对 Σ_w 的姿态 $\boldsymbol{q}_b$。由于 Σ_{b_c} 平行于 Σ_b，故 $\boldsymbol{q}_b$ 同时也表示 Σ_{b_c} 相对于 Σ_w 的姿态。

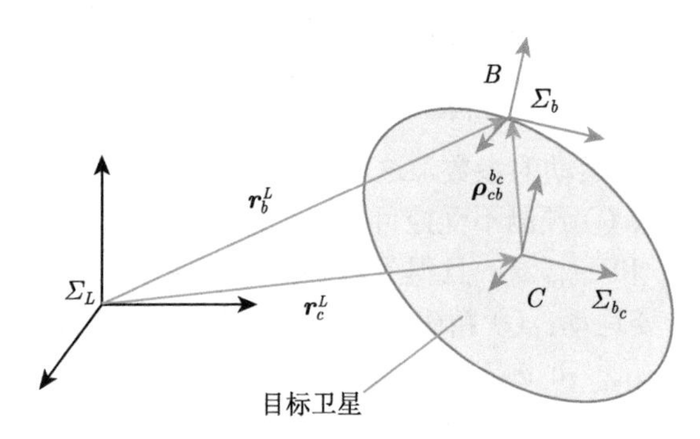

图 5.5　目标在 Σ_L 中的位姿

2. 状态更新方程和测量方程

为了使用 UKF，本节建立状态更新方程和测量方程。由于目标的姿态动力学方程 (5-5) 和方程 (5-6) 与质心动力学方程 (5-1) 是独立的，因此本章采用两个独立的 UKF——旋转 UKF 和平移 UKF 来估算目标的运动状态和惯量参数 [42]。这样有助于减小 UKF 算法中协方差矩阵的维数，从而降低计算量。

1) **旋转 UKF**

旋转 UKF 的状态矢量 $\boldsymbol{x}_{\rm rot}$ 和观测矢量 $\boldsymbol{y}_{\rm rot}$ 分别表示为

$$\begin{cases} \boldsymbol{x}_{\rm rot} = \begin{bmatrix} \boldsymbol{q}_{b_c} \\ \boldsymbol{\omega}^{b_c} \\ \boldsymbol{p}_{\rm lin} \end{bmatrix} \\ \boldsymbol{y}_{\rm rot} = \hat{\boldsymbol{q}}_b \end{cases} \tag{5-9}$$

根据姿态动力学方程 (5-5) 和方程 (5-6)，$\boldsymbol{x}_{\mathrm{rot}}$ 的微分方程可以表示为

$$\dot{\boldsymbol{x}}_{\mathrm{rot}}=\boldsymbol{f}_{\mathrm{rot}}(\boldsymbol{x}_{\mathrm{rot}})=\begin{bmatrix}[\Omega(\boldsymbol{\omega}^{b_c})]\boldsymbol{q}_{b_c}/2\\ -(\bar{\boldsymbol{I}}^{b_c})^{-1}\boldsymbol{\omega}^{b_c}\times\bar{\boldsymbol{I}}^{b_c}\boldsymbol{\omega}^{b_c}\\ \boldsymbol{0}_{5\times1}\end{bmatrix} \tag{5-10}$$

故旋转 UKF 的状态更新方程可写作：

$$\boldsymbol{x}_{\mathrm{rot},k+1}=\boldsymbol{F}_{\mathrm{rot}}(\boldsymbol{x}_{\mathrm{rot},k})\oplus\boldsymbol{v}_{\mathrm{rot}} \tag{5-11}$$

式中，$\boldsymbol{v}_{\mathrm{rot}}$ 表示旋转 UKF 的 11 维过程噪声；运算符 “$\oplus$”(作用于状态向量) 的定义见文献 [42]；下标 k 和 $k+1$ 分别表示时间步 t_k 和 t_{k+1}；$\boldsymbol{F}_{\mathrm{rot}}(\boldsymbol{x}_{\mathrm{rot},k})=\boldsymbol{x}_{\mathrm{rot},k}+\int_{t_k}^{t_{k+1}}\boldsymbol{f}_{\mathrm{rot}}(\boldsymbol{x}_{\mathrm{rot}})\mathrm{d}t$，这里的积分是通过数值方法计算的。由于 Σ_{b_c} 平行于 Σ_b，因此旋转 UKF 的测量方程可写为

$$\boldsymbol{y}_{\mathrm{rot},k}=\hat{\boldsymbol{q}}_{b,k}=\boldsymbol{q}_{b,k}\oplus\boldsymbol{w}_{\mathrm{rot}}=\boldsymbol{q}_{b_c,k}\oplus\boldsymbol{w}_{\mathrm{rot}}=\boldsymbol{H}_{\mathrm{rot}}(\boldsymbol{x}_{\mathrm{rot},k})\oplus\boldsymbol{w}_{\mathrm{rot}} \tag{5-12}$$

式中，$\boldsymbol{H}_{\mathrm{rot}}(\boldsymbol{x}_{\mathrm{rot},k})=\boldsymbol{q}_{b_c,k}$，$\boldsymbol{w}_{\mathrm{rot}}$ 表示姿态观测噪声。假设 $\boldsymbol{v}_{\mathrm{rot}}$ 和 $\boldsymbol{w}_{\mathrm{rot}}$ 的均值为零且：$E[\boldsymbol{v}_{\mathrm{rot}}(t_i)\boldsymbol{v}_{\mathrm{rot}}(t_j)^{\mathrm{T}}]=\delta_{ij}\boldsymbol{Q}_{\mathrm{rot}}(t_i), E[\boldsymbol{w}_{\mathrm{rot}}(t_i)\boldsymbol{w}_{\mathrm{rot}}(t_j)^{\mathrm{T}}]=\delta_{ij}\boldsymbol{R}_{\mathrm{rot}}(t_i), E[\boldsymbol{v}_{\mathrm{rot}}(t_i)\boldsymbol{w}_{\mathrm{rot}}(t_j)^{\mathrm{T}}]=\boldsymbol{0},\quad \forall i,\ j$, 其中 $E[\cdot]$ 表示数学期望。

2) **平移 UKF**

平移 UKF 的状态矢量 $\boldsymbol{x}_{\mathrm{tran}}$ 和观测矢量 $\boldsymbol{y}_{\mathrm{tran}}$ 分别表示为

$$\begin{cases}\boldsymbol{x}_{\mathrm{tran}}=\begin{bmatrix}\boldsymbol{r}_c^L\\ \boldsymbol{v}_c^L\\ \boldsymbol{\rho}_{cb}^{b_c}\end{bmatrix}\\ \boldsymbol{y}_{\mathrm{tran}}=\hat{\boldsymbol{r}}_b^L\end{cases} \tag{5-13}$$

根据质心运动的动力学方程 (5-1)，$\boldsymbol{x}_{\mathrm{tran}}$ 的微分方程可以表示为

$$\dot{\boldsymbol{x}}_{\mathrm{tran}}=\boldsymbol{f}_{\mathrm{tran}}(\boldsymbol{x}_{\mathrm{tran}})=\begin{bmatrix}\boldsymbol{v}_c^L\\ \boldsymbol{f}_{v,\mathrm{tran}}(\boldsymbol{x}_{\mathrm{tran}})\\ \boldsymbol{0}_{3\times1}\end{bmatrix} \tag{5-14}$$

式中，

$$
\boldsymbol{f}_{v,\mathrm{tran}}(\boldsymbol{x}_{\mathrm{tran}}) = \begin{bmatrix} 2\dot{y}_c\dot{f} + y_c\ddot{f} + x_c\dot{f}^2 - \dfrac{\mu(r+x_c)}{[(r+x_c)^2+y_c^2+z_c^2]^{3/2}} + \dfrac{\mu}{r^2} \\ -2\dot{x}_c\dot{f} - x_c\ddot{f} + y_c\dot{f}^2 - \dfrac{\mu y_c}{[(r+x_c)^2+y_c^2+z_c^2]^{3/2}} \\ -\dfrac{\mu z_c}{[(r+x_c)^2+y_c^2+z_c^2]^{3/2}} \end{bmatrix}
$$

故平移 UKF 的状态更新方程可写作：

$$
\boldsymbol{x}_{\mathrm{tran},k+1} = \boldsymbol{F}_{\mathrm{tran}}(\boldsymbol{x}_{\mathrm{tran},k}) + \boldsymbol{v}_{\mathrm{tran}} \tag{5-15}
$$

式中，$\boldsymbol{v}_{\mathrm{tran}}$ 表示平移 UKF 的 9 维过程噪声；$\boldsymbol{F}_{\mathrm{tran}}(\boldsymbol{x}_{\mathrm{tran},k}) = \boldsymbol{x}_{\mathrm{tran},k} + \int_{t_k}^{t_{k+1}} \boldsymbol{f}_{\mathrm{tran}}(\boldsymbol{x}_{\mathrm{tran}})\mathrm{d}t$，这里的积分也是通过数值方法计算的。平移 UKF 的测量方程可写为

$$
\boldsymbol{y}_{\mathrm{tran},k} = \hat{\boldsymbol{r}}_{b,k}^{L} = \boldsymbol{H}_{\mathrm{tran}}(\boldsymbol{x}_{\mathrm{tran},k}) + \boldsymbol{w}_{\mathrm{tran}} \tag{5-16}
$$

式中，$\boldsymbol{w}_{\mathrm{tran}}$ 表示位置观测噪声，$\boldsymbol{H}_{\mathrm{tran}}(\boldsymbol{x}_{\mathrm{tran},k}) = \boldsymbol{r}_{b,k}^{L} = \boldsymbol{r}_{c,k}^{L} + \boldsymbol{A}^{Lb_c}(t_k)\boldsymbol{\rho}_{cb}^{b_c}$，而 $\boldsymbol{A}^{Lb_c} = \boldsymbol{A}^{Lw}\boldsymbol{A}^{wb_c}$ 是已知的：根据旋转 UKF 对其状态矢量 $\boldsymbol{x}_{\mathrm{rot}}$(其中包含 $\boldsymbol{q}_{b_c}$) 的后验估计值可计算 $\boldsymbol{A}^{wb_c}$，$\boldsymbol{A}^{Lw}$ 表示 Σ_w 到 Σ_L 的方向余弦矩阵，也为已知量。因此每一个时间步中，都需要先执行旋转 UKF，得到 $\boldsymbol{q}_{b_c}$ 的后验估计值后，才能执行平移 UKF。类似地，假设 $\boldsymbol{v}_{\mathrm{tran}}$ 和 $\boldsymbol{w}_{\mathrm{tran}}$ 的均值为零且：

$$
\begin{aligned}
E[\boldsymbol{v}_{\mathrm{tran}}(t_i)\boldsymbol{v}_{\mathrm{tran}}(t_j)^{\mathrm{T}}] = \delta_{ij}\boldsymbol{Q}_{\mathrm{tran}}(t_i),\ & E[\boldsymbol{w}_{\mathrm{tran}}(t_i)\boldsymbol{w}_{\mathrm{tran}}(t_j)^{\mathrm{T}}] \\
&= \delta_{ij}\boldsymbol{R}_{\mathrm{tran}}(t_i),\ E[\boldsymbol{v}_{\mathrm{tran}}(t_i)\boldsymbol{w}_{\mathrm{tran}}(t_j)^{\mathrm{T}}] = \boldsymbol{0},\quad \forall i,\ j
\end{aligned}
$$

将状态更新方程和测量方程代入 UKF，即可根据观测数据实时估计目标卫星的动力学参数 $\boldsymbol{x}_{\mathrm{tran}}$ 和 $\boldsymbol{x}_{\mathrm{rot}}$。实施旋转 UKF 的详细过程见文献 [42]，至于平移 UKF，本章使用标准 UKF[45]。

在旋转 UKF 的初始化中，需要用到初始时刻状态向量 $\boldsymbol{x}_{\mathrm{rot}} = [\boldsymbol{q}_{b_c}^{\mathrm{T}}, \boldsymbol{\omega}^{b_c\mathrm{T}}, \boldsymbol{p}_{\mathrm{lin}}^{\mathrm{T}}]^{\mathrm{T}}$ 的估计值。实践中，惯量矩阵参数 $\boldsymbol{p}_{\mathrm{lin}}$ 和 $\boldsymbol{\omega}^{b_c}$ 的估计值在初始时刻是未知的。我们发现：① $\boldsymbol{\omega}^{b_c}$ 可以初始化为 $\boldsymbol{0}_{3\times1}$，② 但若任意指定 $\boldsymbol{p}_{\mathrm{lin}}$ 的初始估计值，则旋转 UKF 的计算结果可能会不收敛，文献 [42] 中也反映了这个问题，见图 5.3。基于文献 [44] 所得惯量矩阵参数的初步估计值用于这里 $\boldsymbol{p}_{\mathrm{lin}}$ 的初始化，可以提高 UKF 所得估计结果的收敛概率。本章的大量仿真将表明，将前述惯量矩阵参数初步估计方法整合到 UKF 中后，总能得到足够精度的运动预测结果。如此解决了

传统运动预测方法在某些情况下失效的问题。本章的 UKF 改进了 $\boldsymbol{p}_{\text{lin}}$ 的估计，故将文献 [44] 中 $\boldsymbol{p}_{\text{lin}}$ 的估计方法称作“初步估计”。

5.3.2 观测数据中噪声标准差的估计方法

本小节将介绍观测数据中噪声标准差的估计方法。一旦估计了标准差，将此估计值提供给平移 UKF 和旋转 UKF，则可使得本运动预测方法具有噪声水平自适应性。

通过数字 Butterworth 滤波器对姿态观测数据 $\hat{\boldsymbol{q}}_b$ 进行滤波后，滤波结果的中间部分非常接近 $\boldsymbol{q}_b$ 的精确值，见图 5.6。因此，可将 $\hat{\boldsymbol{q}}_b$ 的标准差估计为

$$\hat{\sigma}_{\text{rot}} = \sqrt{\frac{1}{3(n-1)}(|d\boldsymbol{p}_k|^2 + |d\boldsymbol{p}_{k+1}|^2 + \cdots + |d\boldsymbol{p}_n|^2)} \tag{5-17}$$

式中，$d\boldsymbol{p}_j = \hat{\boldsymbol{q}}_b(t_j) \ominus \boldsymbol{q}_{b,fil}(t_j)$, $(j = k+1,\ k+2,\ \cdots,\ n)$，$t_j \in [0.1t_f,\ 0.9t_f]$；$\boldsymbol{q}_{b,fil}$ 表示 $\hat{\boldsymbol{q}}_b$ 的滤波值；而运算符号“$\ominus$”表示四元数间的减法，具体运算规则见文献 [42]。

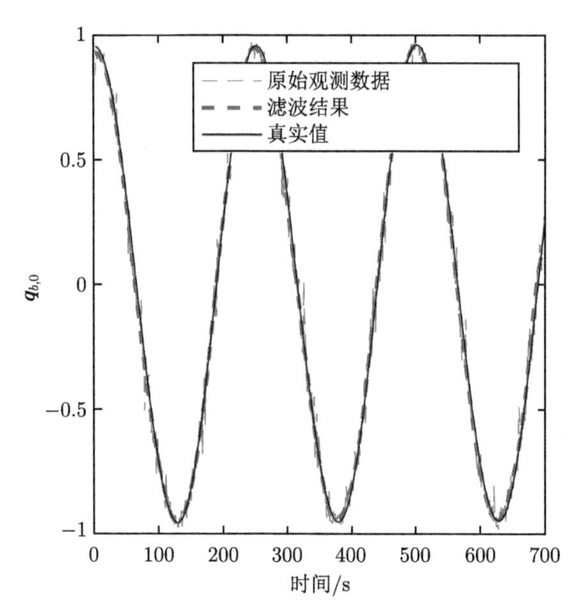

图 5.6 姿态观测数据的滤波结果 ($k_\omega = 0.05$ 且$\sigma_{\text{rot}} = 8°$)

应当注意，上述方法适用于观测数据的噪声水平几乎是时不变的情况。类似地，位置观测数据的 $\hat{\boldsymbol{r}}_b^L$ 的标准差σ_{tran} 也可由此方法估计。在对 $\hat{\boldsymbol{q}}_b$ 滤波时，滤

波参数设置为 $Wp = (5/T_0)/(F_s/2)$ 和 $Ws = 2\times Wp$；至于 $\hat{\boldsymbol{r}}_b^L$，滤波参数为 $Wp = (9/T_0)/(F_s/2)$ 和 $Ws = 2\times Wp$。

综上，通过 UKF 估计目标的动力学参数 $\boldsymbol{x}_{\text{tran}}(t_i)$ 和 $\boldsymbol{x}_{\text{rot}}(t_i)$ 的过程总结如下。

(1) 估计角速度周期 T_0，见文献 [43]，则可确定使用 Butterworth 时的滤波参数；

(2) 估计观测数据的噪声水平 $(\sigma_{\text{rot}}, \sigma_{\text{tran}})$，见本节；

(3) 计算惯量矩阵参数的初步估计值 $\hat{\boldsymbol{p}}_{\text{lin},0}$，见文献 [44]；

(4) 将 $\boldsymbol{x}_{\text{rot}}$ 中的 $\boldsymbol{p}_{\text{lin}}$ 初始化为 $\hat{\boldsymbol{p}}_{\text{lin},0}$，则可使用 UKF 估计 $\boldsymbol{x}_{\text{tran}}(t_i)$ 和 $\boldsymbol{x}_{\text{rot}}(t_i)$，见 5.3.1 节。

现在可以根据估计的 $\boldsymbol{x}_{\text{tran}}$ 和 $\boldsymbol{x}_{\text{rot}}$ 来预测目标的位姿运动。这里的步骤 (4) 中，很关键的一点是确定 UKF 所得估计值何时收敛到足够精确的范围，如此方能确保所得预测结果是可信的，这将在 5.4.1 节中讨论。

5.3.3　最优化方法提高 $\boldsymbol{x}_{\text{rot}}$ 和 $\boldsymbol{x}_{\text{tran}}$ 的估计精度

UKF 的估计结果随时间收敛到精确值，因此可以通过延长观测时间来提高 $\boldsymbol{x}_{\text{rot}}$ 和 $\boldsymbol{x}_{\text{tran}}$ 的估计精度。另一种方法为最优化方法，此方法不需要增加观测时间。通过求解如下最优化问题，可提高 $\boldsymbol{x}_{\text{rot}}$ 的估计精度。

$$\begin{cases} \hat{\boldsymbol{x}}_{\text{rot}} = \arg\min\limits_{\boldsymbol{x}_{\text{rot}}} E_{\text{rot}}(\boldsymbol{x}_{\text{rot}}) \\ E_{\text{rot}}(\boldsymbol{x}_{\text{rot}}) = \dfrac{1}{N-1}\displaystyle\sum_{j=1}^{N} \|\phi(\boldsymbol{x}_{\text{rot}}, t_j)\|^2 \end{cases} \tag{5-18}$$

式中，$\phi(\boldsymbol{x}_{\text{rot}}, t_j)$ 表示 Σ_b 的姿态观测值与 $\boldsymbol{x}_{\text{rot}}$ 所得姿态预测值间的欧拉有限转动角的模。此最优化问题意味着搜索 $\boldsymbol{x}_{\text{rot}}$ 的全局最优解 $\hat{\boldsymbol{x}}_{\text{rot}}$ 以使 $E_{\text{rot}}(\boldsymbol{x}_{\text{rot}})$ 达到最小值，即由 $\hat{\boldsymbol{x}}_{\text{rot}}$ 预测的姿态运动与观测到的姿态运动 (在观测时间段内) 吻合最好。类似地，可将用于辨识 $\boldsymbol{x}_{\text{tran}}$ 的最优化问题构建为

$$\begin{cases} \hat{\boldsymbol{x}}_{\text{tran}} = \arg\min\limits_{\boldsymbol{x}_{\text{tran}}} E_{\text{tran}}(\boldsymbol{x}_{\text{tran}}) \\ E_{\text{tran}}(\boldsymbol{x}_{\text{tran}}) = \dfrac{1}{N-1}\displaystyle\sum_{j=1}^{N} \left\|\hat{\boldsymbol{r}}_b^L(t_j) - \boldsymbol{r}_b^L(\boldsymbol{x}_{\text{tran}}, t_j)\right\|^2 \end{cases} \tag{5-19}$$

式中，$\boldsymbol{r}_b^L(\boldsymbol{x}_{\text{tran}}, t_j)$ 表示 $\boldsymbol{x}_{\text{tran}}$ 试用值所预测的 B 相对 Σ_L 的位置运动。

可通过内点法 (IPM)[46] 或单纯形法 [47] 求解以上两个最优化问题。IPM 是 MATLAB 中函数 “fmincon” 的默认算法，而单纯形法与函数 “fminsearch” 相对

应。通过单纯形法或 IPM 最小化目标函数时，需要一个初始搜索点。一般地，若此搜索点接近全局最优解，那么找到全局最优解的成功率将会很高。在本章中，最小化 E_{tran} 和 E_{rot} 的初始搜索点分别是 UKF 估计的 $\boldsymbol{x}_{\text{tran}}$ 和 $\boldsymbol{x}_{\text{rot}}$。

根据我们的经验：

① 单纯形方法比 IPM 的鲁棒性更好。此外，最小化 E_{rot} 的计算量要比最小化 E_{tran} 的计算量大得多。因此我们建议：(a) 将单纯形法和 IPM 分别用于最小化 E_{tran} 以获得两个估计值，然后将与 E_{tran} 较小值对应的估计值用作 $\boldsymbol{x}_{\text{tran}}$ 的最佳估计；(b) 仅将单纯形法应用于最小化 E_{rot}(否则计算代价过高)。② 当最小化 E_{rot} 时，最好相信 $\boldsymbol{x}_{\text{rot}}$ 中 $\boldsymbol{q}_b$ 的估计值 (即不再对其寻优搜索)。这种选择的优点是：(a) 由于最优化问题的维数从 12 减少到 8，因此降低了计算成本；(b) 这种选择有助于增强 $\boldsymbol{x}_{\text{rot}}$ 估计的鲁棒性，我们发现：有时单纯形法反而会降低 $\boldsymbol{q}_b$ 的估计精度，且可能会降低到比较低的程度，此现象可能是数值计算的误差造成的。

5.4 数值仿真

为了检验本章所提方法的有效性，设计了如下数值仿真实验。如图 5.7 所示，坐标系 Σ_{b_0} 表示主轴坐标系。假设 Σ_L 原点 O_L 所在椭圆轨道的半长轴 $a=2R$，偏心率 $e=0.4359$；观测的初始时刻 O_L 刚好经过近地点；惯量矩阵的相对值 $\bar{\boldsymbol{I}}^{b_0}=\text{diag}(1, 0.8, 0.52)$；$\Sigma_{b_0}$ 到 Σ_{b_c} 的欧拉有限转动角 $\boldsymbol{p}_{0c}=[1\ 2\ 2]^{\text{T}}$，矢量 $\boldsymbol{\rho}_{cb}^{b_c}=[0.5\ 0.2\ 0.3]^{\text{T}}$。假设目标卫星的初始条件为

$$
\begin{cases}
\boldsymbol{r}_c^L(t_0)=[1,\ 1,\ 1]^{\text{T}} \\
\boldsymbol{v}_c^L(t_0)=[0.3,\ 0.4,\ 0.5]^{\text{T}} \\
\boldsymbol{q}_{b_0}(t_0)=[-0.2956,\ 0.2553,\ 0.5106,\ 0.7660]^{\text{T}} \\
\boldsymbol{\omega}^{b_0}(t_0)=[0.05,\ 0.05k_\omega,\ 0.05k_\omega]^{\text{T}}
\end{cases}
\tag{5-20}
$$

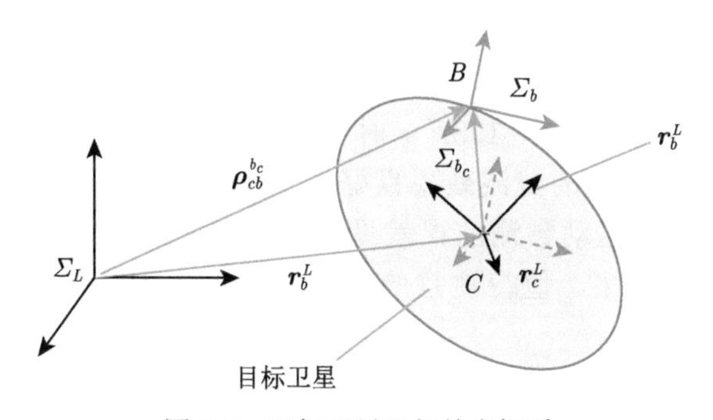

图 5.7 目标卫星及相关坐标系

式中，k_ω 为无量纲常数，其值越小，目标的旋转运动越接近于单轴旋转，且 $k_\omega=0$ 时目标刚好作单轴旋转。本章考虑如下八种角速度初始情况：$k_\omega \in \{0, 0.01, 0.035, 0.05, 0.1, 0.3, 0.5, 0.8\}$。这些情况包括了单轴旋转及大部分的翻滚情况。此外，考虑了四种噪声水平，以验证本方法对噪声水平的自适应能力。此四种情况表示为 $[\sigma_{\text{tran}}, \sigma_{\text{rot}}]=[5\text{ mm}, 1°]$、$[10\text{ mm}, 2°]$、$[15\text{ mm}, 3°]$ 及 $[20\text{ mm}, 4°]$(分别记作 S、M、L 和 XL)。

5.4.1　收敛准则

本章使用 UKF 对目标的位姿观测数据滤波，并在观测中断后预测目标往后一段时间内的位姿运动。在 $[\sigma_{\text{tran}}, \sigma_{\text{rot}}]=[20\text{ mm}, 4°]$ 且 $k_\omega=0.8$ 的情况下，姿态数据的观测值及相应的滤波结果见图 5.8。

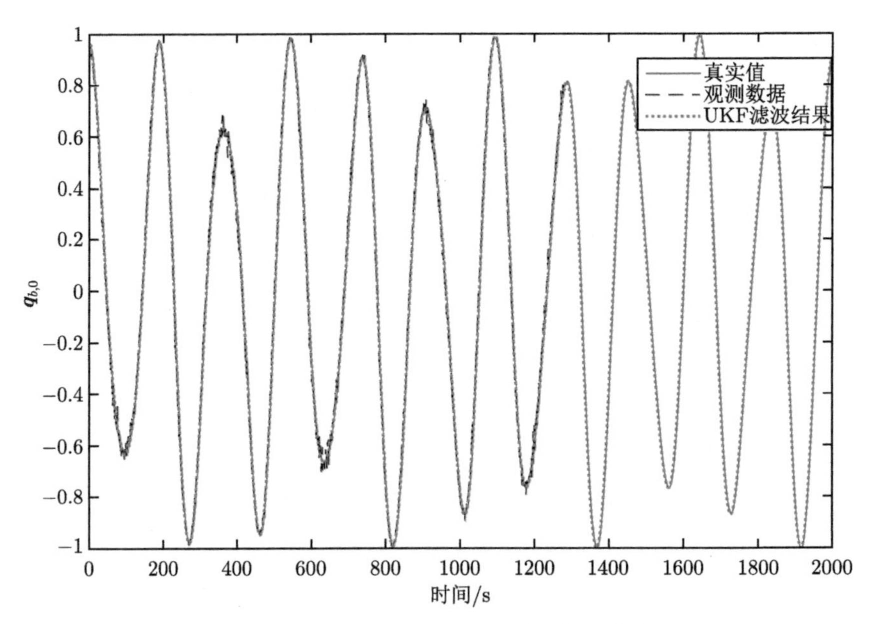

图 5.8　姿态观测数据及 UKF 所得的滤波结果

此算例中，观测在 $t=1282$ s 时中断。如图 5.8 所示：① 在观测持续期间，UKF 对观测结果的滤波效果良好；② 观测中断后，目标的姿态运动可由预测结果来估计。运动预测的误差见图 5.9。如图 5.9 所示，运动预测的误差小于观测噪声的水平。值得注意的是，图 5.9 中的初始时刻为观测中断的时刻。

UKF 是实时滤波器，故可根据含噪声的位姿观测数据实时精确地估算目标的位姿、速度和角速度，且能提供高频的位姿输出数据，解决了太空中视觉观测设备位姿观测数据“含噪声”和“输出频率不高 (通常 1 Hz)”的问题。下面关于角速度的精确滤波结果清楚地说明了此功能。ω^b 的原始数据及其 UKF 滤波结果见图 5.10。注意，本章假定无法直接观察到目标的角速度，此处原始数据指的是根据姿态观测数据的微商估计所得的角速度估计值。如图 5.10 所示，① 在观测过程中，ω^b 的滤波结果比原始数据更准确；② 观测结束后，可根据预测结果准确估计目标的角速度。

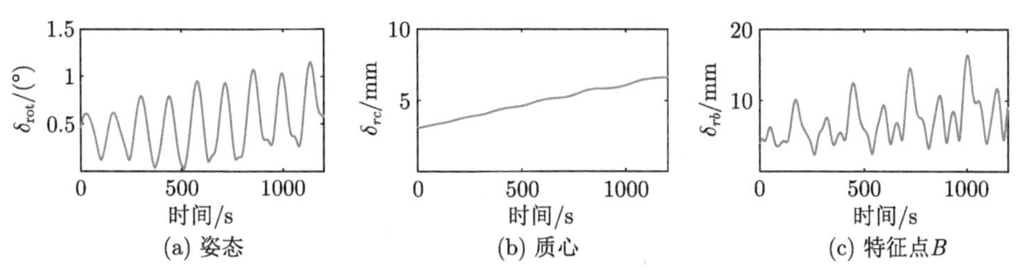

图 5.9 运动预测结果的误差

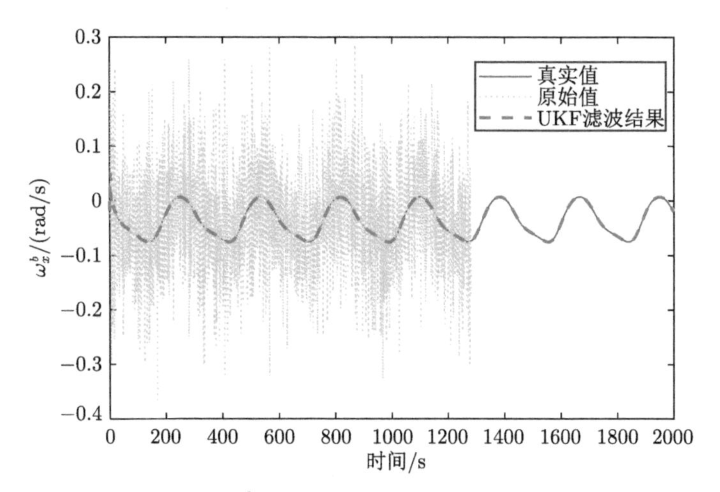

图 5.10 ω^b 的原始数据及其 UKF 滤波结果

此外，还可通过 UKF 辨识目标卫星的惯性参数，结果如图 5.11 所示。值得注意的是，在通过 UKF 估算 $\boldsymbol{p}_{\rm lin}$ 之前，已经通过文献 [44] 中的方法对 $\boldsymbol{p}_{\rm lin}$ 进行了初步估计，这里 UKF 进一步提高了对 $\boldsymbol{p}_{\rm lin}$ 的辨识精度。

如前所述，在使用 UKF 时，很关键的一点是给出收敛判据，用于判断 UKF 所得估计值是否已经收敛到足够精确的范围，如此方能确保所得预测结果是可信的。

在 Kalman 滤波中，状态协方差矩阵 $\boldsymbol{P}_{\rm rot}$ 表示所得状态向量 $\boldsymbol{x}_{\rm rot}$ 估计值的精度。在 Aghili[2] 的研究中，收敛判据为 $||\ \boldsymbol{P}_{\rm rot}(t_i)||$ 下降到某个阈值。若采用该收敛准则，则可设计如下运动预测算法。

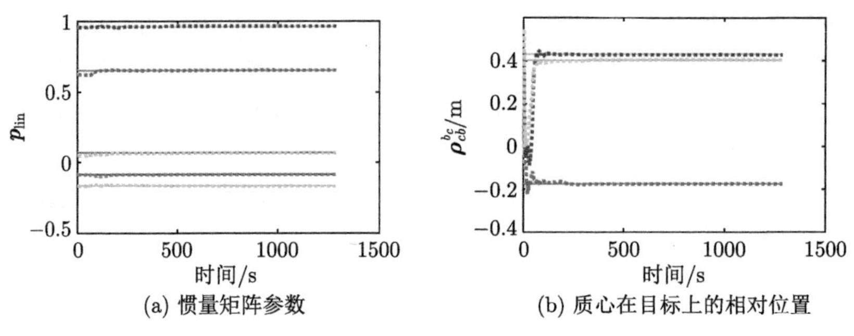

(a) 惯量矩阵参数　　(b) 质心在目标上的相对位置

图 5.11　目标卫星惯量参数的估计结果

观测1200 s，根据[0, 1200 s]上的观测数据计算惯量矩阵参数$\boldsymbol{p}_{\text{lin}}$的初步估计值；

根据上述初步估计值对$\boldsymbol{x}_{\text{rot}}(t_0)$中的$\boldsymbol{p}_{\text{lin}}$初始化；

FOR　t_i = 0, 1, 2, …, 5000

　　使用UKF估计$\boldsymbol{x}_{\text{rot}}(t_i)$&$\boldsymbol{P}_{\text{rot}}(t_i)$；

　　IF　$\|\boldsymbol{P}_{\text{rot}}(t_i)\| < 9.7\times10^{-5}$ %阈值设置为9.7×10^{-5}

　　　　$t_f = t_i$; %认为UKF所得估计值在t_f时刻收敛

　　　　计算预测的运动；

　　　　BREAK; %跳出FOR循环

　　END IF

END FOR

值得注意的是，这里第一步的观测时长凭经验选取为 1200 s，用于计算 $\boldsymbol{p}_{\text{lin}}$ 的初步估计值。对上述算法进行 100 次仿真后，仿真结果的统计分析见图 5.12、图 5.13 和图 5.14。在图 5.12 中，变量 $e_{\text{rot}}(t)$ 表示姿态运动预测值在时间区间 [0, t] 上的最大误差：

$$e_{\text{rot}}(t) = \max_{\tau\in[0,\ t]} \delta_{\text{rot}}(\tau) \tag{5-21}$$

类似地，$e_{rc}(t)$ 和 $e_{rb}(t)$ 分别表示质心运动预测值和特征点运动预测值在时间区间 [0, t] 上的最大误差，这里的零时刻为运动预测开始的时刻，即观测中断的时刻。

在$\sigma_{\text{rot}} = 2°$ 的情况下，e_{rot}(200 s) 的频数分布直方图见图 5.12。如图所示，在 $k_\omega = 0.01$ 的情况下 (目标的姿态运动接近于单轴旋转)，预测误差始终小于 1°；在 $k_\omega = 0.5$ 的情况下 (目标的姿态运动是典型的翻滚运动)，预测误差可能达到 3.5°。该结果表明，在 $k_\omega = 0.01$ 的情况下，阈值 9.7×10^{-5} 足够严格，但在 $k_\omega = 0.5$ 的情况下该阈值过于宽松。实际上，不同 k_ω 对应的合适阈值是不同的。如图 5.13 所示，$\|\boldsymbol{P}_{\text{rot}}(t)\|$ 在 $k_\omega = 0.01$ 或 0.5 这两种情况下分别收敛到大约

100×10^{-6} 和 1.6×10^{-6}。鉴于目标卫星的姿态运动可能接近于单轴旋转，也有可能是典型的姿态翻滚运动，故很难选择适用于所有情况的阈值。

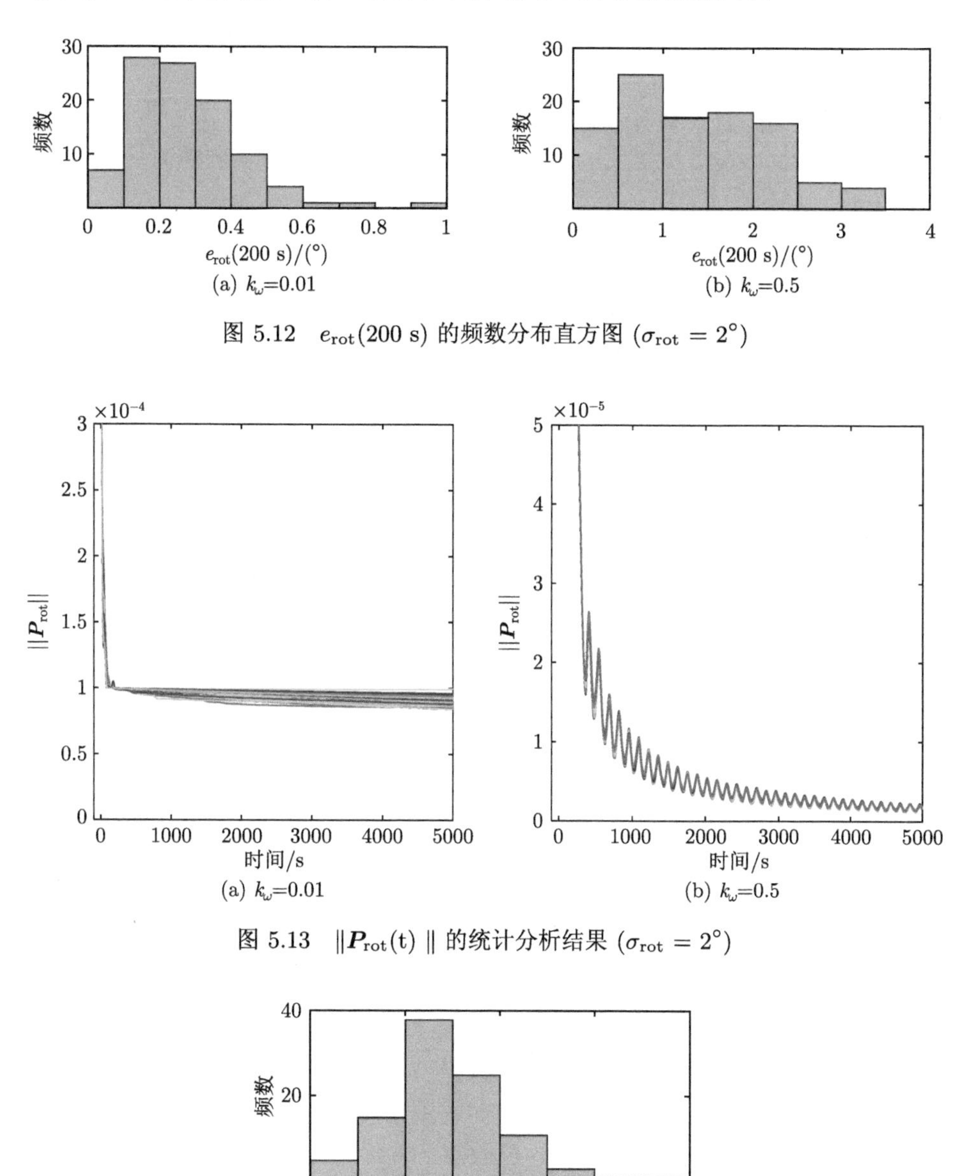

图 5.12 $e_{\rm rot}(200\ {\rm s})$ 的频数分布直方图 ($\sigma_{\rm rot} = 2°$)

图 5.13 $\|\boldsymbol{P}_{\rm rot}({\rm t})\|$ 的统计分析结果 ($\sigma_{\rm rot} = 2°$)

图 5.14 UKF 得到收敛估计结果的时刻 t_f 的频数分布直方图 ($\sigma_{\rm rot} = 2°$ 且 $k_\omega = 0.01$)

此外，应用上述算法时，等待 UKF 估计结果收敛可能会花费很长时间。如

图 5.14 所示，有时需要几千秒才能得到收敛的估计结果。

综上，文献 [2] 中的收敛判据在实践中至少存在两个障碍：① 不存在适用于各种 k_ω 的阈值，② 收敛所需时间过长。因此，本章提出了如下运动预测算法 (最终版本)。

```
根据[0, 700 s]上的观测数据计算姿态观测噪声水平σ_rot;
T_ob = max(800*(σ_rot/σ_0)^0.7, 700); %T_ob为初步估计p_lin所需的观测时长，σ_0=
     2°
WHILE UKF不收敛
    根据[0,T_ob]上的观测数据计算p_lin的初步估计值和(σ_rot,σ_tran)的估计
         值;
    根据p_lin的初步估计值对x_rot中的p_lin初始化;
    应用UKF估计[0,T_ob]上的x_tran(t_i)、x_rot(t_i)和P_rot(t_i);
    计算[0, T_ob]上的姿态运动预测结果;
    计算E_rot; %即[0, T_ob]上的姿态运动的预测结果和观测结果的平均偏差
    IF   E_rot/(3σ_rot^2) < 1.1且|| P_rot(T_ob) || < 1e-4 % 本文所提收敛准则
         判定UKF所得估计结果收敛;
         BREAK; %跳出WHILE循环
   END IF
   T_ob = 1.2*T_ob; % 在下一次运动预测的计算中所用观测数据为[0,
        1.2*T_ob], 将之前的观测数据重新利用, 新增观测时长20%,
        "20%"是根据经验选择的
END WHILE
```

通过最优化方法改进 $\boldsymbol{x}_{\mathrm{rot}}(T_{ob})$ 和 $\boldsymbol{x}_{\mathrm{tran}}(T_{ob})$ 的估计精度。

本算法中有四个关键点值得注意：① 首先，以 [0, 700 s] 内的观测数据来估计噪声水平σ_{rot}。700 s 是根据经验选择的，如此可以确保估计的σ_{rot} 足够准确。② 由于初步估计 $\boldsymbol{p}_{\mathrm{lin}}$ 所需的观测时长 T_{ob} 与噪声水平σ_{rot} 有关，因此根据经验将 T_{ob} 初始化为 $\max(800\times(\sigma_{\mathrm{rot}}/\sigma_0)^{0.7}, 700)$。③ 如果预测的姿态运动完全精确，则 E_{rot} 的期望值为 $3\sigma_{\mathrm{rot}}^2$，因此将判定条件 “$(E_{\mathrm{rot}}/(\sigma_{\mathrm{rot}}^2) < 1.1$” 加入了新的收敛准则，“1.1” 是根据经验选择的。满足此判定条件意味着预测的运动接近于精确值。因此，本章最终设计的收敛准则为 $E_{\mathrm{rot}}/(\sigma_{\mathrm{rot}}^2) < 1.1$ 且 $\|\boldsymbol{P}_{\mathrm{rot}}(t_i)\| < 1\times10^{-4}$。④ 无须单独判断 Translational UKF 何时收敛，根据我们的经验，当 Rotational UKF 收敛时，Translational UKF 也已收敛。

5.4.2 仿真结果

在本小节中，将进行大量数值模拟以验证我们的运动预测算法。仿真结果表明，本算法能够准确预测目标卫星的位姿运动。

假设噪声水平为 [10 mm, 2°]。$k_\omega = 0.01$ 的情况下，运动预测误差的频数分

布直方图如图 5.15 所示；$k_\omega = 0.5$ 时运动预测误差的频数分布直方图如图 5.16 所示。在 $k_\omega = 0.01$ 的情况下，目标的姿态运动非常接近于单轴旋转；而在 $k_\omega = 0.5$ 的情况下，目标的姿态运动是典型的翻滚运动。如这两个图所示，在时间区间 [0, 200 s] 上：① 姿态预测结果的最大误差 $e_{\mathrm{rot}}(200\ \mathrm{s})$ 不超过 1.2°；② 特征点 B 运动预测结果的最大误差 $e_{rb}(200\ \mathrm{s})$ 不超过 16 mm；③ 关于质心运动预测的最大误差 $e_{rc}(200\ \mathrm{s})$，在 $k_\omega = 0.01$ 的情况下最大可达 60 mm，而在 $k_\omega = 0.5$ 的情况下则不超过 9mm。换句话说，本算法可以精确预测目标的姿态运动，以及其上特征点 B 的运动；但当目标的姿态运动非常接近单轴旋转时，质心运动的预测不够精确。

如果目标处于自由单轴旋转的状态，则其质心必定在旋转轴上。此时无法通过视觉观测数据估算质心在旋转轴上的相对位置 [10]，因为质心在旋转轴上的相对位置不会影响目标物体的单轴旋转运动。故可推测：在目标物体的旋转接近于单轴旋转的情况下，质心运动预测的误差较大，图 5.15 和图 5.16 验证了此推测。

目标上特征点的运动由质心的运动和姿态运动共同确定。如果质心运动的预测误差 $e_{rc}(t)$ 较大，则特征点 B 运动的预测误差 $e_{rb}(t)$ 也将较大。然而，在上述仿真中，即使 $e_{rc}(t)$ 大，$e_{rb}(t)$ 也很小，见图 5.15，此结果易于令人困惑。为此我们作如下解释：即使目标处于单轴旋转的状态，尽管其质心的位置未知，但若能确定其旋转轴的方向、角速度以及 B 相对于旋转轴的位置，即可预测 B 的运动：绕旋转轴的匀速圆周运动。

此外，上述仿真还验证了本运动预测算法中最优化方法 (最后一步) 的效果。如图 5.15 和图 5.16 所示，通过此最优化步骤确实提高了预测运动的精度。因此在后文中，若无特殊说明，则预测运动是指通过最优化方法预测的运动。

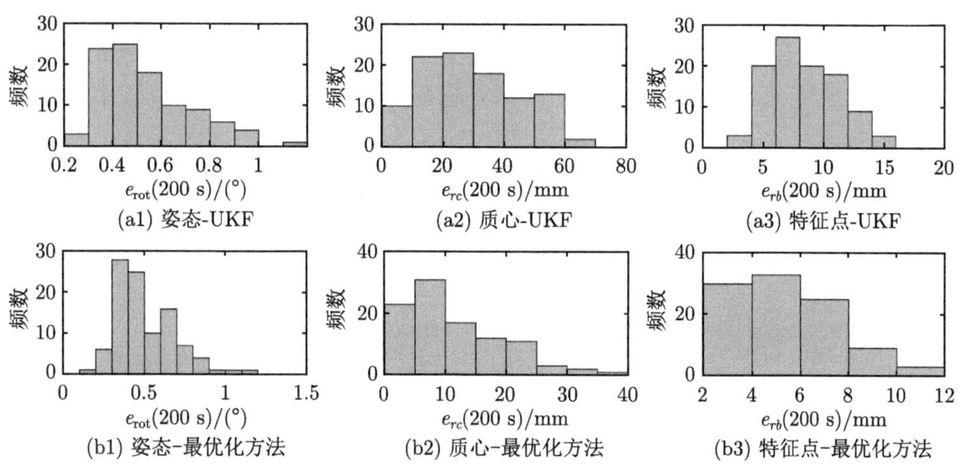

图 5.15 运动预测误差的统计分析结果 ($[\sigma_{\mathrm{tran}}, \sigma_{\mathrm{rot}}]=[10\ \mathrm{mm}, 2°]$ 且 $\mathrm{k}_\omega= 0.01$)

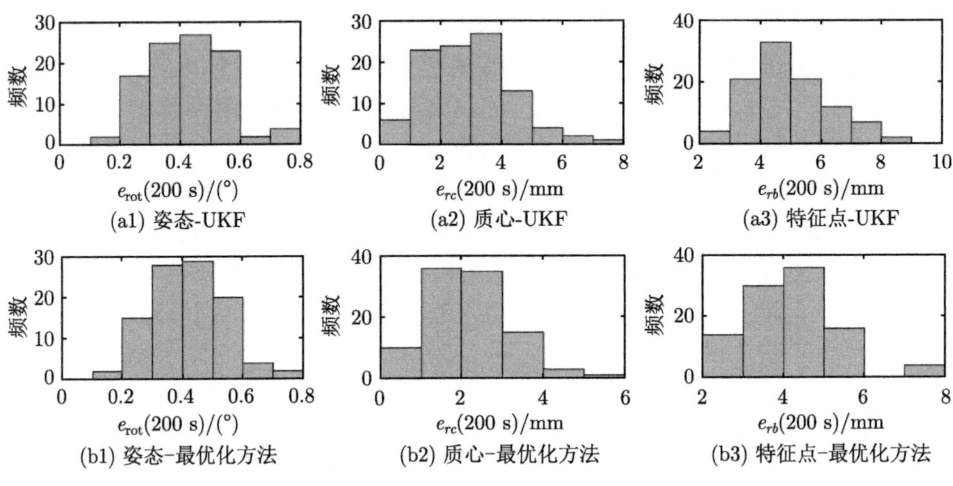

图 5.16　运动预测误差的统计分析结果 ($[\sigma_{\mathrm{tran}}, \sigma_{\mathrm{rot}}]$=[10 mm, 2°] 且 $k_\omega = 0.5$)

应当指出，在空间机器人执行抓捕目标卫星的任务中，末端执行器必须到达目标上的捕获点 (如被抓手柄、太阳帆板的支架等用于抓捕操作的位置)。“捕获点” 位于目标卫星的表面某处，可视为特征点。此外，由于末端执行器无法接触目标的质心，因此捕获点不可能是质心。在目标卫星的运动预测结果的指导下，只有当姿态运动和特征点位置的预测精度达到一定水平时，末端执行器才能到达捕获点。因此在抓捕任务中，特征点位置和姿态运动的预测精度至关重要，而质心运动的预测精度并不那么重要。综上，尽管本运动预测算法在某些情况下无法准确预测质心的运动，但由于预测的姿态和特征点位置是精确的，因此本算法是实用的。

假设 $k_\omega = 0.01$，在$\sigma_{\mathrm{rot}} = 2^\circ$ 或$\sigma_{\mathrm{rot}} = 4^\circ$ 的情况下，UKF 收敛所需时间的统计结果如图 5.17 所示。与图 5.14(使用文献中已有的收敛准则) 相比，在本运动预测算法中应用了新设计的收敛准则后，减少了 UKF 估计结果收敛到精确值附近所需的时间。其原因是，本运动预测算法在初次 (初次给定 “初步估计 $\boldsymbol{p}_{\mathrm{lin}}$ 所

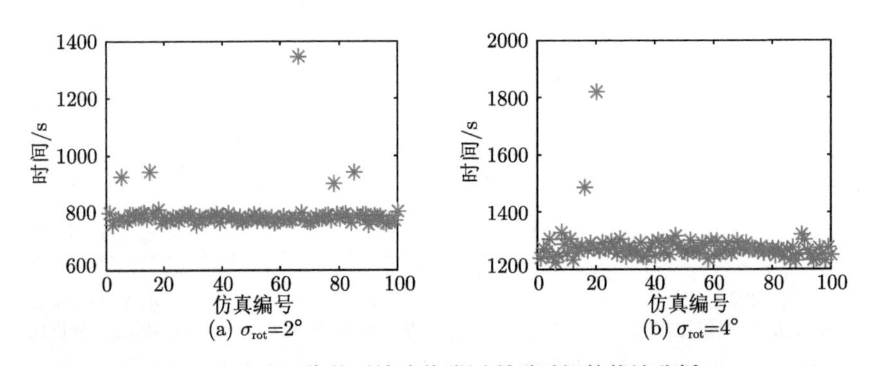

图 5.17　UKF 估计结果收敛到精确值附近所需时间的统计分析 ($k_\omega = 0.01$)

需的观测时长 T_{ob}”) 不收敛的情况下，采取了增加 T_{ob} 重新计算 $\boldsymbol{p}_{\text{lin}}$ 初步估计值的策略，重新计算的初步估计值的精度更高，从而加速了 UKF 所得估计结果的收敛速度。

容易理解的是，利用目标卫星动力学参数 $\boldsymbol{x}_{\text{tran}}$ 和 $\boldsymbol{x}_{\text{rot}}$ 的辨识结果预测目标卫星的位姿运动时，预测误差随时间逐渐增加，即如图 5.9 所展示的那样。所以在 (任意) 某种情况下，本算法所得预测结果只是在一段有限时间范围内才是有效的，超过这个时间范围，则预测结果的误差过大，因而失去意义。现将本运动预测算法在任意某种情况下的“有效时间长度” t_{val} 定义如下：在此种情况下，本运动算法所得预测结果在 $[0,\ t_{\text{val}}]$ 上是有效的：若$\tau\in[0,\ t_{\text{val}}]$，则预测误差$\delta_{rb}(\tau)$ 不会超过 20 mm。这里使用$\delta_{rb}(\tau)$ 确定 t_{val} 的原因是：① 如前所述，$\delta_{rb}(\tau)$ 的精度在目标卫星的抓捕任务中至关重要；② 如果$\delta_{rb}(\tau)$ 小，则$\delta_{\text{rot}}(\tau)$ 也一般很小。

从理论上讲，只有完成了任意某种情况下的无限次仿真计算后，才能确定该情况下的运动预测算法的 t_{val}。由于不可能无限次地进行仿真，故为了确定某种情况下本算法的 t_{val}，本章在该种情况进行一百次仿真计算，对其预测误差进行统计分析，从而大致确定该情况下本算法的 t_{val}。例如，在 [10 mm, 2°] 且 $k_\omega = 0.01$ 的情况下，进行 100 次运动预测的仿真，预测误差的统计结果如图 5.18 所示。如图所示，在该情况的这 100 个仿真算例中，即使在误差最大的算例中，e_{rb}(508 s) 也不超过 20 mm。因此，在这种情况下本运动预测算法的 t_{val} 是 508 s。一般来说 [48]，若位置误差小于 20 mm 且姿态误差小于 2°，则可顺利实现交会对接或目标卫星的捕获。因此，这里以 20 mm 为标准确定本运动预测算法的有效时长。表 5.1 中列出了每种情况下本运动预测算法的 t_{val}。在此表中，除前文所提四种 (S、M、L 和 XL) 噪声水平情况之外，又添加了一个 “Add” 情况，它表示 $[\sigma_{\text{tran}}, \sigma_{\text{rot}}] = [1.7°, 8.5\ \text{mm}]$ 的噪声水平。在这种情况下，初步估计 $\boldsymbol{p}_{\text{lin}}$ 所需的观测时长 T_{ob}(见 5.4.1 节末尾) 约为最小值 700s。如表 5.1 所示，本运动预测算法在这些情况下均有效，其中包括五种噪声水平和八种 k_ω(k_ω 表示目标姿态运动与单轴旋转之间的差异程度) 的任意组合。总体而言：① 由于在所有这些情况下本运动预测算法的有效时长都能达到数百秒，故本算法可提供长期的有效预

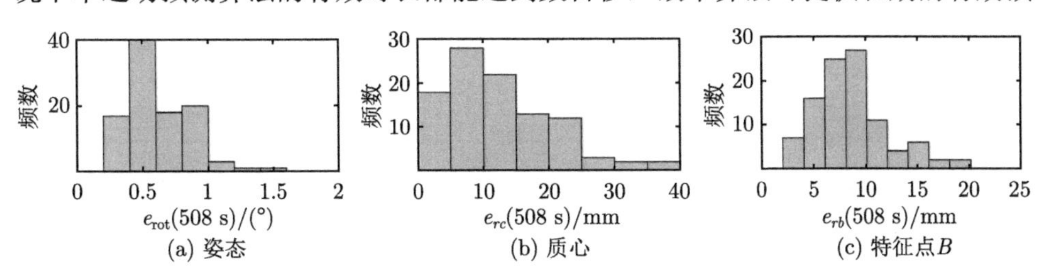

图 5.18 运动预测误差的统计分析结果 ($[\sigma_{\text{tran}}, \sigma_{\text{rot}}]$=[10 mm, 2°] 且 k_ω= 0.01)

测；② 值得说明的是，在目标卫星接近单轴旋转的情况下，文献 [40]~[42] 中的方法无法识别目标的动力学参数，虽然本算法在这种情况下的有效时长较短，但终究可以预测出目标卫星的位姿运动，且有效时长达二百多秒。

表 5.1　本运动预测算法在多种情况下的有效时长 t_{val}　　(单位：s)

噪声水平	k_ω							
	0	0.01	0.035	0.05	0.1	0.3	0.5	0.8
S	877	763	962	1073	1439	2102	2111	2013
Add	249	429	501	536	882	1158	1054	986
M	614	508	479	644	800	694	1131	899
L	229	586	502	534	540	1079	1113	1136
XL	281	280	334	328	461	850	387	819

上面的仿真仅考虑了 40 种情况，为了进一步验证本算法在各种情况下的有效性，设计如下仿真：

$$\begin{cases} \sigma_{\mathrm{tran}} = 0.005(1+3n_1) \ \ (\mathrm{m}) \\ \sigma_{\mathrm{rot}} = (1+3n_1)\pi/180 \ \ (\mathrm{rad}) \\ k_\omega = 0.8n_2 \end{cases} \tag{5-22}$$

式中，n_1 和 n_2 均为 [0, 1] 上均匀分布的随机数，且它们互相对立。故上述仿真条件的含义为 k_ω 是 [0, 0.8] 上均匀分布的随机数，σ_{tran} 和 σ_{rot} 分别为 [0.005，0.02] 和 [π/180, 4π/180] 上均匀分布的随机数。应当注意的是，由于位置测量的精度与姿态测量的精度有关，此处的σ_{tran} 设置为与σ_{rot} 成比例。通过上述方式随机生成了 500 个仿真条件，然后分别在这些条件下测试了本运动预测算法，所得预测误差的统计分析结果如图 5.19 所示。如图所示，这些仿真中的预测结果在数百秒内都是有效的。

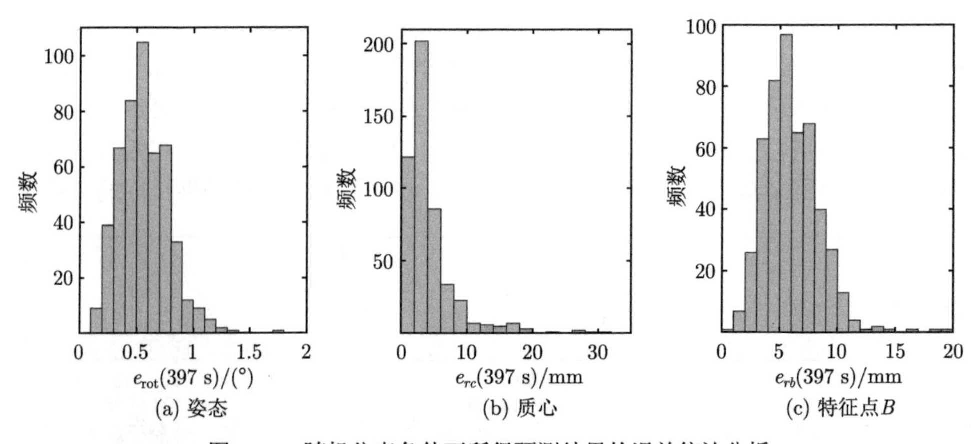

图 5.19　随机仿真条件下所得预测结果的误差统计分析

5.5 本章小结

本章研究了不受控空间目标的运动预测问题。在建立目标卫星的动力学模型时，考虑了来自地球的万有引力。与大多数其他运动预测的研究相比，本模型更接近于实际情况。本章在不受控目标卫星惯量矩阵参数的初步估计方法和无损 Kalman 滤波器 (UKF) 的基础上，提出了一种估计目标卫星运动状态和惯量参数的方法。将这些估计结果代入目标卫星的动力学模型 (即动力学方程)，可得到方程的解，该解描述了目标在任意时刻的运动。如此达到了运动预测的目的。此外，用于求解上述动力学方程 (也即计算运动预测结果) 的常见方法是数值积分，而本章采用了半解析解，减少了在计算预测运动时引入的数值计算误差。

在本运动预测算法中：① 使用了 UKF 来估计目标的运动状态和惯量参数。UKF 是实时滤波器，故可根据含噪声的位姿观测数据实时精确地估算目标的位姿、速度和角速度，且能提供高频的位姿输出数据，解决了太空中视觉观测设备所得位姿观测数据含噪声和输出频率不高的问题。② 直接使用 UKF 可能会在某些极端情况 (目标的姿态运动接近单轴旋转) 下无法估计目标卫星的动力学参数。针对此难点，本章使用文献 [44] 中所提出的方法获得目标卫星惯量矩阵参数初步估计结果来对 $\boldsymbol{p}_{\text{lin}}$ 进行初始化，进而提高了 UKF 收敛的概率。本章的仿真结果表明，本算法在这种极端情况下也可预测出目标卫星的位姿运动，且有效时长达二百多秒。③ 使用 UKF 需要了解观测数据的噪声水平。为此本章提出了一种估计观测数据噪声水平的方法，因此本运动预测算法具有噪声水平自适应性。仿真结果表明，如果噪声水平 $[\sigma_{\text{tran}}, \sigma_{\text{rot}}]$ 不超过 [20 mm, 4°]，那么本算法都是有效的。④ 此外，本章设计了一种实用的收敛准则来确定 UKF 的估计结果何时收敛到足够准确的程度，如此可以确保所得的运动预测结果是可信的。⑤ 最后，本章还通过最优化方法进一步提高了运动预测的精度。总体而言，本运动预测算法可以提供长期有效的运动预测结果，预测结果的有效时间长度达到数百秒；在目标的姿态运动属于典型翻滚运动的情况下，本方法的精度更高。

本章中未尽之处还可详见本课题组已发表文章 [49]。

参 考 文 献

[1] Ma Z, Ma O, Shashikanth B N. Optimal approach to and alignment with a rotating rigid body for capture[J]. The Journal of the Astronautical Sciences, 2007, 55(4): 407-419.

[2] Aghili F. A prediction and motion-planning scheme for visually guided robotic capturing of free-floating tumbling objects with uncertain dynamics[J]. IEEE Transactions on Robotics, 2012, 28(3): 634-649.

[3] Flores-Abad A, Ma O, Pham K, et al. A review of space robotics technologies for on-orbit servicing[J]. Progress in Aerospace Sciences, 2014, 68: 1-26.

[4] Flores-Abad A, Wei Z, Ma O, et al. Optimal control of space robots for capturing a tumbling object with uncertainties[J]. Journal of Guidance, Control, and Dynamics, 2014, 37(6): 2014-2017.

[5] Kawamoto S, Nishida S, Kibe S. Research on a space debris removal system[J]. NAL Res. Prog. (Nat. Aerosp. Lab. Jpn.), 2003: 84-87.

[6] Sharma R, Herve J, Cucka P. Dynamic robot manipulation using visual tracking[C]. Proceedings 1992 IEEE International Conference on Robotics and Automation, 1992, 2: 1844-1849.

[7] Croft E A, Fenton R G, Benhabib B. Optimal rendezvous-point selection for robotic interception of moving objects[J]. IEEE Transactions on Systems, Man, and Cybernetics, Part B (Cybernetics), 1998, 28(2): 192-204.

[8] Mehrandezh M, Sela M N, Fenton R G, et al. Robotic interception of moving objects using ideal proportional navigation guidance technique[J]. Robotics and Autonomous Systems 1999, 28(4): 295-310.

[9] Aghili F. A prediction and motion-planning scheme for visually guided robotic capturing of free-floating tumbling objects with uncertain dynamics[J]. IEEE Transactions on Robotics, 2012, 28(3): 634-649.

[10] Hillenbrand U, Lampariello R. Motion and parameter estimation of a free-floating space object from range data for motion prediction[C]. 8th International Symposium on Artificial Intelligence, Robotics and Automation in Space, 2005.

[11] Lampariello R. Motion planning for the on-orbit grasping of a non-cooperative target satellite with collision avoidance[C]. International Symposium on Artificial Intelligence, Robotics and Automation in Space, 2010: 636-643.

[12] Flores-Abad A, Wei Z, Ma O, et al. Optimal control of space robots for capturing a tumbling object with uncertainties[J]. Journal of Guidance, Control, and Dynamics, 2014, 37(6): 2014-2017.

[13] Lampariello R, Hirzinger G. Generating feasible trajectories for autonomous on-orbit grasping of spinning debris in a useful time[C]. 2013 IEEE/RSJ International Conference on Intelligent Robots and Systems, 2013: 5652-5659.

[14] Fischler M A, Bolles R C. Random Sample Consensus: A Paradigm for Model Fitting with Applications to Image Analysis and Automated Cartography[M]. Association for Computing Machinery, 1981: 381-395.

[15] Gao X S, Hou X R, Tang J L, et al. Complete solution classification for the perspective-three-point problem[J]. IEEE Transactions on Pattern Analysis and Machine Intelligence, 2003, 25(8): 930-943.

[16] Zou X, Zou H, Lu J. Virtual manipulator-based binocular stereo vision positioning system and errors modelling[J]. Machine Vision and Applications, 2012, 23(1): 43-63.

[17] Opromolla R, Fasano G, Rufino G, et al. Uncooperative pose estimation with a LIDAR-based system[J]. Acta Astronautica, 2015, 110: 287-297.

[18] Woods J O, Christian J A. Lidar-based relative navigation with respect to non-

cooperative objects[J]. Acta Astronautica, 2016, 126: 298-311.

[19] Tamer B. A new approach to linear filtering and prediction problems[J]. In Control Theory: Twenty-Five Seminal Papers (1932-1981), IEEE, 2001: 167-179.

[20] Haykin S S. Kalman Filtering and Neural Networks[M]. John Wiley & Sons, Inc., 2001.

[21] Jafarzadeh S, Lascu C, Fadali M S. State estimation of induction motor drives using the unscented kalman filter[J]. IEEE Transactions on Industrial Electronics, 2012, 59 (11): 4207-4216.

[22] Kandepu R, Imsland L, Foss B A. Constrained state estimation using the unscented Kalman filter[C]. 2008 16th Mediterranean Conference on Control and Automation, 2008: 1453-1458.

[23] Li L, Xia Y. Stochastic stability of the unscented Kalman filter with intermittent observations[J]. Automatica, 2012, 48(5): 978-981.

[24] Choi E J, Yoon J C, Lee B S, et al. Onboard orbit determination using GPS observations based on the unscented Kalman filter[J]. Advances in Space Research, 2010, 46(11): 1440-1450.

[25] Leffens E J, Markley F L, Shuster M D. Kalman filtering for spacecraft attitude estimation[J]. Journal of Guidance, Control, and Dynamics, 1982, 5(5): 417-429.

[26] Julier S J, Uhlmann J K. Unscented filtering and nonlinear estimation[J]. Proceedings of the IEEE, 2004, 92(3): 401-422.

[27] Zhao H, Wang Z. Motion measurement using inertial sensors, ultrasonic sensors, and magnetometers with extended Kalman filter for data fusion[J]. IEEE Sensors Journal, 2012, 12(5): 943-953.

[28] Sabatini A M. Quaternion-based extended Kalman filter for determining orientation by inertial and magnetic sensing[J]. IEEE Transactions on Biomedical Engineering, 2006, 53(7): 1346-1356.

[29] Ljung L. Asymptotic behavior of the extended Kalman filter as a parameter estimator for linear systems[J]. IEEE Transactions on Automatic Control, 1979, 24(1): 36-50.

[30] Kim Y K, Sul S K, Park M K. Speed sensorless vector control of induction motor using extended Kalman filter[J]. IEEE Transactions on Industry Applications, 1994, 30(5): 1225-1233.

[31] Bolognani S, Tubiana L, Zigliotto M. Extended Kalman filter tuning in sensorless PMSM drives[J]. IEEE Transactions on Industry Applications, 2003, 39(6): 1741-1747.

[32] Marins J L, Xiaoping Y, Bachmann E R, et al. An extended Kalman filter for quaternion-based orientation estimation using MARG sensors[C]. Proceedings 2001 IEEE/RSJ International Conference on Intelligent Robots and Systems. Expanding the Societal Role of Robotics in the the Next Millennium (Cat. No.01CH37180), 2001, 4: 2003-2011.

[33] Taek S, Speyer J. A stochastic analysis of a modified gain extended Kalman filter with applications to estimation with bearings only measurements[J]. IEEE Transactions on Automatic Control, 1985, 30(10): 940-949.

[34] Pham D T, Roubaud M C, Verron J. A singular evolutive extended Kalman filter for

data assimilation in oceanography[J]. Journal of Marine Systems, 1998, 16(3): 323-340.

[35] Aghili F, Parsa K. An adaptive vision system for guidance of a robotic manipulator to capture a tumbling satellite with unknown dynamics[C]. 2008 IEEE/RSJ International Conference on Intelligent Robots and Systems, 2008: 3064-3071.

[36] Tweddle B E, Saenz-Otero A. Relative computer vision-based navigation for small inspection spacecraft[J]. Journal of Guidance, Control, and Dynamics, 2014, 38(5): 969-978.

[37] Benninghoff H, Boge T. Rendezvous involving a non-cooperative, tumbling target-estimation of moments of inertia and center of mass of an unknown target[C]. 25th International Symposium on Space Flight Dynamics, 2015.

[38] Ma C, Dai H, Yuan J. Estimation of inertial characteristics of tumbling spacecraft using constant state filter[J]. Advances in Space Research, 2017, 60(3): 513-530.

[39] Pesce V, Lavagna M, Bevilacqua R. Stereovision-based pose and inertia estimation of unknown and uncooperative space objects[J]. Advances in Space Research, 2017, 59(1): 236-251.

[40] Lichter M, Dubowsky S. Estimation of state, shape, and inertial parameters of space objects from sequences of range images[C]. Intelligent Robots and Computer Vision XXI: Algorithms, Techniques, and Active Vision. International Society for Optics and Photonics, 2003, 5267: 194-205.

[41] Lichter M D, Dubowsky S. State, shape, and parameter estimation of space objects from range images[C]. IEEE International Conference on Robotics and Automation, 2004. Proceedings. ICRA ′04, 2004, 3: 2974-2979.

[42] Lichter M D. Shape, motion, and inertial parameter estimation of space objects using teams of cooperative vision sensors[D]. Massachusetts Institute of Technology, 2005.

[43] Zhou B Z, Liu X F, Cai G P, et al. Motion prediction of an uncontrolled space target[J]. Advances in Space Research, 2019, 63(1): 496-511.

[44] Zhou B Z, Cai G P, Liu Y M, et al. Motion prediction of a non-cooperative space target[J]. Advances in Space Research, 2018, 61(1): 207-222.

[45] Wan E A, Rudolph V D M. The Unscented Kalman Filter[M]. John Wiley & Sons, Inc., 2001: 221-280.

[46] Byrd R H, Hribar M E, Nocedal J. An interior point algorithm for large scale nonlinear programming[J]. SIAM Journal on Optimization, 1999, 9(4): 877-900.

[47] Lagarias J C, Reeds J A, Wright M H, et al. Convergence properties of the Nelder-Mead simplex method in low dimensions[J]. SIAM Journal on Optimization, 1998, 9(1): 112-147.

[48] Zhou B Z, Liu X F, Cai G P. Motion-planning and pose-tracking based rendezvous and docking with a tumbling target[J]. Advances in Space Research, 2019.

[49] Zhou B Z, Liu X F, Cai G P, et al. Motion prediction of an uncontrolled space target [J]. Advances in Space Research, 2019, 63(1): 496-511.

第 6 章　空间非合作目标近距离交会技术

6.1　引　　言

随着航天技术的飞速发展，航天器结构日渐复杂。在此情况下，通过在轨服务保证航天器在复杂空间环境中持久而稳定的运行愈加重要 [1]。在轨服务任务中，待服务的卫星一般称为 “目标卫星”；给目标卫星进行在轨服务的卫星则称为 “服务卫星” 或 “追踪星”。追踪星从地面发射后，逐渐靠近目标卫星并与之联结，可以给目标卫星提供检测 (inspect)[2]、重新定位 (relocate)[3]、燃料补给 (refueling)[4]、在轨修复 (restore)[5]、在轨升级 (augment)[6,7] 和在轨组装 [8](assemble) 等服务，进而达到延长目标卫星寿命的目的 [9-14]。为完成上述任务，追踪星首先需要与目标卫星进行交会对接 (rendezvous and docking, RVD)。交会对接尤其是与非合作目标卫星的交会对接是一项非常复杂的航天任务，其中涉及许多关键技术亟待解决。本章对追踪星与非合作翻滚目标卫星的近距离交会 (距离目标数百米到与目标对接) 问题进行研究，提出了一种基于运动规划和位姿跟踪控制的策略。

在追踪星与非合作翻滚目标的近距离交会阶段，追踪星需要同时精确跟踪时变的相对位置、姿态运动轨迹 (相对目标)[15]。因此，位姿 (位置和姿态) 跟踪在此阶段中至关重要 [16,17]。在关于位姿跟踪控制的早期研究中，研究人员考虑了目标卫星沿圆形轨道运动的情况。Bevilacqua 等 [18] 提出了一种基于混合线性二次调节器/人工势函数的新型控制算法用于控制航天器进行自主近距离交会。Cairano 等 [19] 将模型预测控制方法应用于解决航天器在轨道平面内的近距离交会问题。但是，由于上述两篇文献中的目标卫星动力学方程都是基于 Clohessy-Wiltshire-Hill 线性方程式 [20]，因此上述两种方法均不适用于椭圆轨道上的目标。考虑到目标卫星可能在椭圆轨道上的情况，在大多数后来的研究中都采用了 Tschauner-Hempel 方程。Palacios 等 [21] 提出了一种基于 Riccati 的具有避障功能的位姿跟踪控制器，用于在椭圆参考轨道附近飞行的航天器编队的近距离操作。Zhang 和 Duan[22] 提出了一种基于 θ-D 非线性最优控制技术的综合相对位置和姿态控制策略。Singla 等 [23] 提出了一种无速度自适应控制律，以解决测量噪声下的航天器交会和对接问题。考虑到滑模技术的鲁棒性，Chen 和 Geng[24] 提出了一种基于二阶滑模算法的超扭曲控制器，从理论上推导了闭环系统的有限时间收敛性。Huang 和 Jia[25,26] 研究了存在参数不确定性和外部干扰的非合作目标飞船飞行任务的固定时间相对位置跟踪和姿态同步控制问题。但是，上述六项研究的动力学模型中并未包含由于地球扁度引起的 J_2 摄动加速度 (通常是地球同步地球轨道以下卫星上最大的扰动加速度)，因此它们的方法是不完善的。

考虑到目标卫星不受控制的常见情况，部分研究者研究了追踪星的位姿跟踪控制问题，并获得了很多有益的结果。Hu 等 [27] 提出了一种跟踪控制方案，该方案可确保目标星和追踪星之间的相对位置跟踪以及姿态同步。Jiang 等 [28] 研究了在存在外部扰动和推进器故障的情况下，追踪星与自由翻滚目标卫星交会对接的固定时间容错控制问题。Sun 等 [29] 研究了追踪星与 (具有参数不确定性的) 未知翻滚目标近距离交会中的位姿跟踪控制问题。针对自由漂浮目标卫星的抓捕问题，Welsh 等 [30] 开发了一种新颖的自适应控制策略来实现姿态同步和相对位置跟踪。Sun 和 Zheng[31] 研究了追踪星接近空间目标的位姿跟踪控制问题，所提的控制律即使在存在外部干扰和系统参数不确定的情况下依然适用。Sun 和 Zheng[32] 针对翻滚目标的情形提出了一种自适应相对位姿控制策略；在他们的策略中，两个航天器之间的相对位置矢量需要指向目标的对接端口，且它们的姿态必须同步。Sanyal 等 [33] 提出了一种追踪星的制导和控制方案。然而，由于上述七项研究中的目标卫星均不受控制，因此这些位姿跟踪控制方法并不适用于目标受控的情形。

综上，适用于受控目标卫星情形的位姿跟踪控制方法具有更广阔的应用范围。目前已有部分学者注意到了此问题。Filipe 等 [34] 使用双四元数并基于现有的姿态跟踪控制器，开发了一种不需要相对线速度或角速度测量数据的位姿跟踪控制器。Wang 等 [35] 基于滑模控制方法实现了追踪星在有限时间内对期望的时变位姿轨迹的跟踪控制问题。Wang 和 Sun[36] 解决了目标-追踪星航天器编队飞行中的位姿跟踪控制问题，并提出了鲁棒的自适应终端滑模控制律，以确保在存在模型不确定性和外部干扰的情况下，相对运动跟踪误差仍能在有限的时间内收敛。Filipe 和 Tsiotras[37,38] 提出了一种非线性自适应位姿跟踪控制器，用于追踪星和目标卫星之间的近距离交会操作。他们的控制器不需要追踪星的质量和惯性矩阵信息，并考虑了重力加速度、重力梯度扭矩、J_2 摄动加速度以及恒定但未知的干扰力和力矩。但是，以上五项研究中的方法也尚有不足之处。在数值计算中，两个相近数值的减法计算是一个病态问题。例如，$1000000001.234 - 1000000000 = 1.234$。若计算时取 9 个有效数字，则计算过程为：$1.00000000\text{e}9 - 1.00000000\text{e}9 = 0$。因此，两个相近数值的减法需要更多有效数字，否则结果的相对误差会很大。在上述五项研究中，所建立的动力学方程和所提出的控制律中均包含两个相近数值的减法计算，故而这些方法在数值计算的实践中比较困难，需要有效数字的位数很多。

在设计了位姿跟踪控制器后，部分学者利用位姿跟踪控制器控制追踪星直接跟踪目标上对接口的位置和姿态。Xia 和 Huo[39] 提出了一种鲁棒的自适应神经网络控制策略，并考虑了追踪星控制输入的上限约束。Lee 等 [40] 提出了一种几乎全局渐近收敛的位姿跟踪控制方法，用于将刚性航天器自动固定在小行星上。Lee 和 Vukovich[41] 研究了两个航天器的自主交会和对接的相对位姿跟踪控制问题，基于终端滑模，提出了鲁棒的自适应终端滑模控制器，以确保尽管存在未知干扰和惯性矩不确定性，但使用有限的控制输入可以保证相对运动跟踪误差的有限时间收敛。文献 [42] 中展示了一种具有分散防撞方案的航天器编队飞行位姿跟踪控制方案。Sun 和 Huo[43,44] 研究了具有模型不确定性和外部干扰的非合作航天器交会的相对位置跟踪和姿态同步。Sun 等 [45] 提出了一种六自由度相对运动控制方法，用于航天器的自主交会和接近操作，该操作受输入饱和、运动学耦合、参数不确定性以及干扰的影响。文献 [46] 中讨论了航天器自主交会对接的高精度协调控制问题。文献 [47] 中研究了追踪航天器接近空间目标的位姿跟踪控制问题，且这些控制方案在存在外部干扰和系统参数不确定的情况下是鲁棒的。

然而，在近距离交会中，追踪星的运动还需要满足一些重要的运动约束 [48]，即进场约束和视场约束，如图 6.1 所示。一方面，为了避免与目标发生碰撞，追踪星应该以安全的方向朝目标的对接口靠拢；另一方面，追踪星在运动过程中始终需要保持合适的姿态，以保证其上的相机能够以良好的视角观测目标卫星 (特别是非合作目标的情况)。

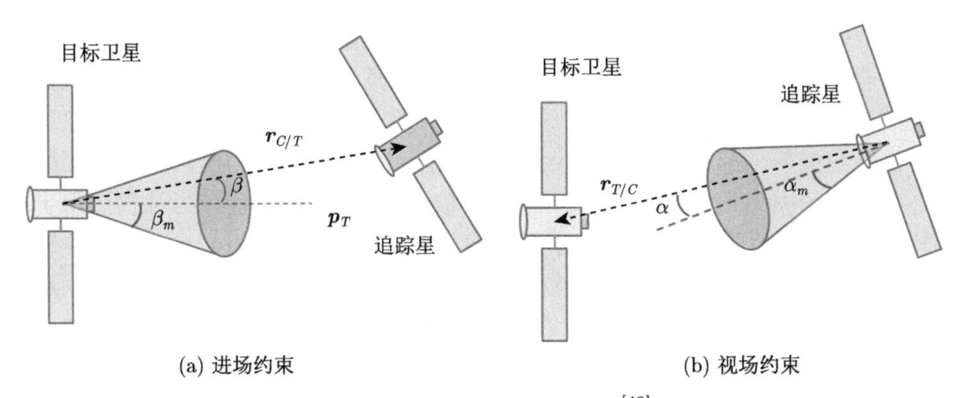

(a) 进场约束　　(b) 视场约束

图 6.1　进场约束和视场约束 [48]

在上一段所提到的文献中，所设计的控制器使得追踪星的位置跟踪目标卫星上对接口的位置，姿态则跟踪目标卫星的姿态。但我们认为这样的控制目标略有些不足。首先，视场约束并不意味着跟踪目标的姿态，相反，在某些情况下，跟踪目标的姿态会违反视场约束。例如，参见图 6.2，在追踪器上的相机光轴沿其对接轴的情况下，若要求追踪星跟踪目标卫星的姿态，则当追踪器在 P_1 时，可以观察到目标；而当追踪星在 P_2 时，则无法观察到目标。其次，若以此方式控制追踪星的位姿，由于跟踪过程不受约束，故在缩小跟踪误差的过程中，追踪星的运动可能会违反前述约束。

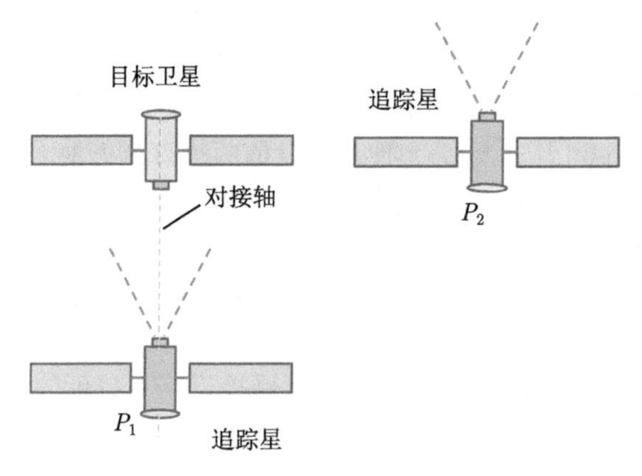

图 6.2　追踪星相对目标卫星的两种位姿

为了避免追踪星与目标间的碰撞，一些学者研究了近距离交会阶段中追踪星的位置运动控制问题。在文献 [49] 中，要求两航天器间的距离大于危险区域的半径，然而一旦追踪星或目标上具有太阳帆板，危险区域就会比较大，两航天器在这样的约束下无法对接。在文献 [50] 中，进场约束简化为$\beta_m = \pi/2$ 的情形，β_m 见图 6.1 (a)，然而当目标的形状比较复杂时 (如国际空间站，见图 6.3)，这种约束不大合适。Li 和 Zhu 在文献 [51] 中使用模型预测控制提出了一种用于航天器交会的位置控制器，受控追踪器严格遵守接近路径约束，然而他们的方法仅适用于姿态稳定或单轴旋转的目标。Leomanni 等 [52] 提出了一种用于低推力推进的、高计算效率的模型预测控制方法；研究中考虑了进场约束，但该方法仅适用于近圆轨道上运行的目标卫星，且忽略了太空中的微小干扰力。Breger 等 [53] 为近距离交会对接提出了一种在线生成燃料优化的安全轨迹的方法，该方法可确保避免发生大范围异常系统行为的碰撞。在文献 [54]~[56] 中，追踪星不仅严格遵守进场约束，而且具有避障能力，其中文献 [56] 中的轨迹还是燃料最优的。

在近距离交会阶段，追踪星所需要精确跟踪的不仅包括合适的位置轨迹以满足进场约束，还包括合适的姿态轨迹以满足视场约束。考虑到这两个约束条件的存在，追踪星的控制可视为一个富有挑战性的 “六自由度约束控制问题”。大部分已有的文献仅部分解决了此问题，如在文献 [50]~[56] 中仅考虑了进场约束，在文献 [57], [58] 中仅考虑了视场约束。尽作者所知，仅有两篇文献 [48], [59] 解决了该问题。这两篇文献中的控制器都能保证追踪星以合适的姿态到达目标卫星的对接口，且整个过程中追踪星的运动不违反前述两个运动约束。值得注意的是，在这两篇文献中进场约束被处理成要求追踪星始终处于一个无限延伸的锥形区域中，见图 6.1 (a)。这种处理方式至少具有如下两点不妥之处。

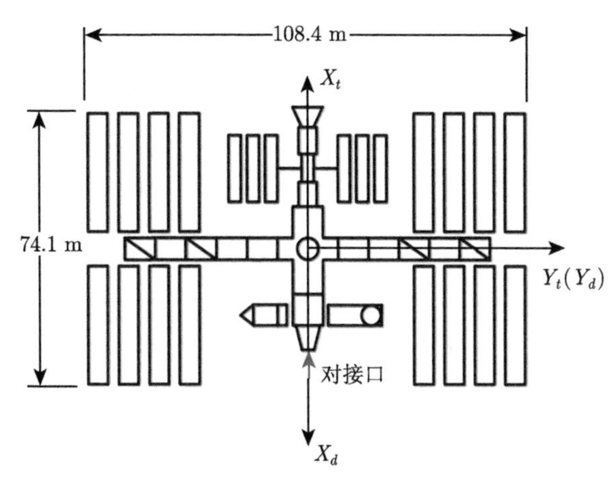

图 6.3　国际空间站的尺寸信息和对接轴 [54]

(1) 为了应用他们的方法，要求追踪星的初始位置在进场约束的锥形区域内。实际上，在两航天器的间距大到一定程度的情况下，两航天器不可能发生碰撞，这种情况下不必要求追踪星处于此锥形区域中。在近距离交会的起始时刻，两航天器的间距一般可以保证两航天器不会发生碰撞。即此时本来不必考虑进场约束，但为了使用他们的方法，须先控制追踪星进入进场约束的锥形区域内；这就给实际操作带来了一些麻烦。

(2) 这样可能会导致追踪星接近目标时的轨迹过于复杂，从而造成需要更大的控制力才能控制追踪星跟踪此轨迹。如图 6.4 所示，在目标卫星以匀速 ω 作单轴旋转且对接轴与旋转轴垂直的情况下，(目标卫星上固连的进场约束锥形区域也会绕目标卫星旋转)，由于追踪星一方面需要始终保持在进场约束的锥形区域内，另一方面需要不断靠近目标卫星的对接口，故其靠近轨迹将类似于“阿基米德螺线”。若追踪星按此方式向目标靠近，当它与目标的间距 r 较大时，由于绕目标旋转所需加速度 $r\omega^2$ 较大，故此时需要较大的控制力才能让追踪星按此方式运动。推广而言，只要目标的姿态在不断变化，无论是单轴旋转还是一般的翻滚运动，追踪星按此方式靠近目标都会需要很大的控制力，此现象在文献 [15] 中的仿真部分有所体现。

既然上述将追踪星的控制视为一个六自由度约束控制问题的思路的确难以妥善实现，本章采用另一种策略来解决与翻滚目标近距离交会阶段中追踪星的位姿控制问题。该方法基于“运动规划”和“位姿跟踪控制”。首先，本章提出了一种运动规划方法，根据目标卫星的运动为追踪星实时规划当前的期望位姿运动。若追踪星沿着此期望运动轨迹而移动，它会以合适的姿态安全到达目标卫星的对接口，且整个过程中不违反任何约束。然后，本章设计了一个 “位姿跟踪控制器” 以帮助追踪星跟踪此期望运动轨迹，使其按期望的方式靠近目标的对接口。值得注意的是，期望运动具有如下特点：① 其初始位置和速度与追踪星的初始条件相近，② 其线速度、角速度、加速度和角加速度都是连续的。因此，期望运动是易于跟踪的，即跟踪误差会比较小。只要跟踪误差足够小，追踪星几乎就可以按期望的方式安全到达目标卫星的对接口，且其实际运动也能满足所有的运动约束。此外，与现有文献 [48], [59] 不同，在本章中，即使追踪星相对于目标的方向在开始时是任意的，本方法也总能直接使用。值得注意的是，Filipe 与 Tsiotras 曾在文献 [38] 的仿真中使用本思路。然而，他们的方法还不够完美：① 他们仅考虑了姿态稳定目标的情形；② 他们的运动规划方法不具有较强的一般性；③ 他们所规划的运动中，速度不连续，因此不易跟踪。本章避免了这些问题，改善了他们的方法。

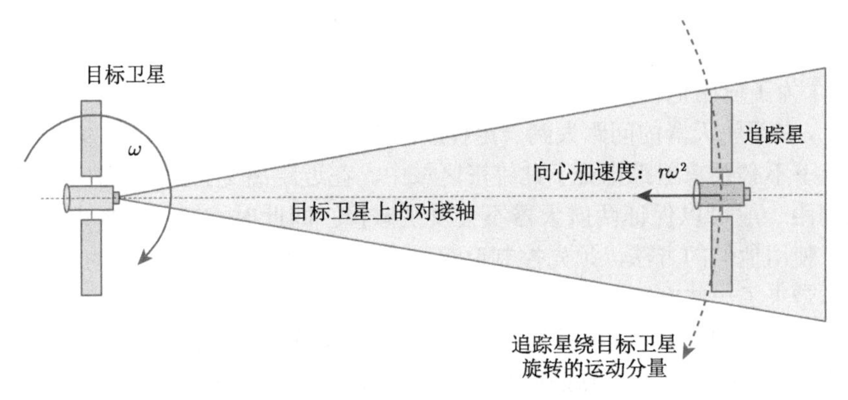

图 6.4　追踪星与旋转目标的近距离交会

本章的结构如下。首先在 6.2 节介绍追踪星与翻滚目标近距离交会中的动力学模型；然后在 6.3 节中利用非奇异终端滑模控制方法设计 NTSM 位姿跟踪控制器；接着在 6.4 节中介绍文献 [60] 中的控制方法，由此建立了 ASM 和 ASM-up 位姿跟踪控制器；6.5 节中介绍期望位姿运动的规划方法；然后在 6.6 节中利用 “临界阻尼弹簧振子的自由运动规律” 改进上述规划方法，使所得加速度和角加速度均连续，且急动度 (加速度的导数) 在一定范围内；最后的 6.7 节是数值仿真，验证本章所提的基于运动规划和位姿跟踪控制的近距离交会策略的优越性和有效性。

6.2 动力学模型

本章将目标卫星与追踪星视作刚体，且在动力学模型中考虑了 J_2 摄动项、重力梯度力矩以及未知有界的干扰。假设目标的质心在椭圆轨道上自由运动，姿态运动为翻滚运动。追踪星需要跟踪后续 6.5 节或 6.6 节中规划的期望位姿运动轨迹，以便逐渐到达目标上的对接口。本章定义了期望坐标系 Σ_D，其位姿运动即前述的期望位姿运动。本节介绍追踪星相对 Σ_D 的运动学和动力学，这在后面设计位姿跟踪控制器中是必要的知识。

6.2.1 质心运动微分方程

为了描述追踪星的运动，首先介绍如下参考系。如图 6.5 所示，坐标系 Σ_N 为建立在地球中心的惯性系，其 x 轴指向春分点，z 轴沿地球的自转轴。建立在目标质心 T 处的坐标系 Σ_H 为 Euler-Hill 系，其 x 轴沿目标卫星相对 Σ_N 的位置矢量，z 轴沿目标卫星的轨道角动量方向。追踪星的连体基 Σ_C 建立在其质心处。Σ_D 称为期望坐标系，其位姿运动即追踪星连体基 Σ_C 所需跟踪的期望位姿运动。期望位姿运动见后续 6.5 节或 6.6 节，它可表示为关于时间的已知函数。Σ_D 相对 Σ_H 的位置矢量为$\boldsymbol{\rho}_D$，Σ_C 相对 Σ_H 的位置矢量为$\boldsymbol{\rho}_C$，$\boldsymbol{\rho}_r$ 表示 Σ_C 相对 Σ_D 的位置矢量。

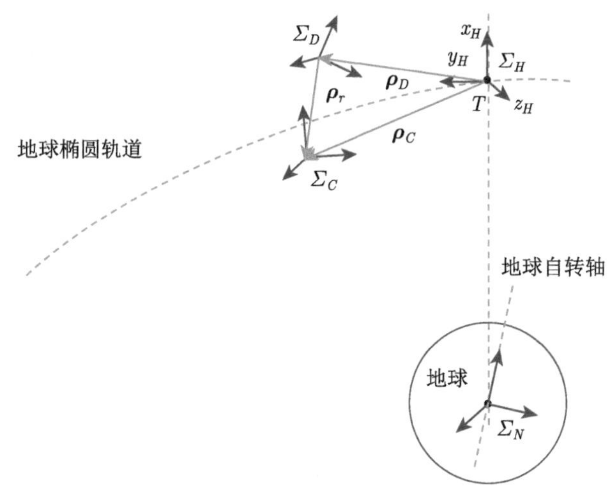

图 6.5 本章中所用的几个坐标系

若目标卫星的质心运动为自由运动，追踪星相对 Σ_H 的质心运动方程 [47] 为

$$\boldsymbol{a}_C^H = \boldsymbol{f}_\rho(\boldsymbol{\rho}_C^H, \boldsymbol{v}_C^H, t) + \frac{\boldsymbol{F}_C^H(t)}{m_C} + \Delta\boldsymbol{a}_{J_2}^H(\boldsymbol{\rho}_C^H, t) + \Delta\boldsymbol{a}_\rho^H(t) \tag{6-1}$$

式中，$\boldsymbol{\rho}_C^H=[x_C,y_C,z_C]^{\mathrm{T}}$ 为$\boldsymbol{\rho}_C$ 在 Σ_H 中的坐标阵 (本章使用正体上标 “T” 表示转置，带上标 “H” 的矢量表示该矢量在 Σ_H 中的坐标阵，注意 $\boldsymbol{v}^{\mathrm{T}}$ 表示 $\boldsymbol{v}$ 在 Σ_T 中的坐标阵而不是 $\boldsymbol{v}$ 的转置 $\boldsymbol{v}^{\mathrm{T}}$)，$\boldsymbol{v}_C^H=\dfrac{{}^H\mathrm{d}}{\mathrm{d}t}\left(\boldsymbol{\rho}_C^H\right)=[\dot{x}_C,\dot{y}_C,\dot{z}_C]^{\mathrm{T}}$ 表示坐标阵 $\boldsymbol{\rho}_C^H$ 的时间导数，$\boldsymbol{a}_C^H=\dfrac{{}^H\mathrm{d}^2}{\mathrm{d}t^2}\left(\boldsymbol{\rho}_C^H\right)=[\ddot{x}_C,\ddot{y}_C,\ddot{z}_C]^{\mathrm{T}}$，$\boldsymbol{F}_C^H$ 为控制力，m_C 为追踪星的质量，$\Delta\boldsymbol{a}_{J_2}^H$ 表示 J_2 摄动项引起的相对加速度 (见文献 [15])，$\Delta\boldsymbol{a}_\rho^H$ 表示其余所有未知干扰引起的加速度，而 $\boldsymbol{f}_\rho(\boldsymbol{\rho}_C^H,\boldsymbol{v}_C^H,t)$ 的表达式为

$$\boldsymbol{f}_\rho(\boldsymbol{\rho}_C^H,\boldsymbol{v}_C^H,t)=\begin{bmatrix}2\dot{y}_C\dot{f}+y_C\ddot{f}+x_C\dot{f}^2-\dfrac{\mu(r_T+x_C)}{[(r_T+x_C)^2+y_C^2+z_C^2]^{3/2}}+\dfrac{\mu}{r_T^2}\\ -2\dot{x}_C\dot{f}-x_C\ddot{f}+y_C\dot{f}^2-\dfrac{\mu y_C}{[(r_T+x_C)^2+y_C^2+z_C^2]^{3/2}}\\ -\dfrac{\mu z_C}{[(r_T+x_C)^2+y_C^2+z_C^2]^{3/2}}\end{bmatrix}\tag{6-2}$$

式中，r_T 为目标卫星与地心间的距离，f 为目标卫星的真近点角，$\mu=3.986032\times10^{14}\ \mathrm{m^3/s^2}$ 为引力常数。假设目标卫星的运动是已知的，即变量 r_T、f、$\dot{f}$ 和 $\ddot{f}$ 是已知的，计算过程见文献 [61]。如图 6.5 所示，$\rho_r=\rho_C-\rho_D$，故 $\boldsymbol{a}_r^H=\boldsymbol{a}_C^H-\boldsymbol{a}_D^H$，此处 $\boldsymbol{a}_r^H=\dfrac{{}^H\mathrm{d}^2}{\mathrm{d}t^2}\left(\boldsymbol{\rho}_r^H\right)$，$\boldsymbol{a}_D^H=\dfrac{{}^H\mathrm{d}^2}{\mathrm{d}t^2}\left(\boldsymbol{\rho}_D^H\right)$。因此，追踪星相对 Σ_D 的质心运动微分方程可写作：

$$\boldsymbol{a}_r^H=\boldsymbol{G}_\rho(\boldsymbol{\rho}_r^H,\boldsymbol{v}_r^H,t)+\frac{\boldsymbol{F}_C^H(t)}{m_C}+\Delta\boldsymbol{a}_\rho^H(t)\tag{6-3}$$

式中，

$$\begin{cases}\boldsymbol{G}_\rho(\boldsymbol{\rho}_r^H,\boldsymbol{v}_r^H,t)=\boldsymbol{f}_\rho(\boldsymbol{\rho}_C^H,\boldsymbol{v}_C^H,t)+\Delta\boldsymbol{a}_{J_2}^H(t)-\boldsymbol{a}_D^H(t)\\ \boldsymbol{\rho}_C^H=\boldsymbol{\rho}_r^H+\boldsymbol{\rho}_D^H(t),\ \ \boldsymbol{v}_C^H=\boldsymbol{v}_r^H+\boldsymbol{v}_D^H(t)\end{cases}\tag{6-4}$$

这里 $\boldsymbol{\rho}_D^H(t)$、$\boldsymbol{v}_D^H(t)$ 和 $\boldsymbol{a}_D^H(t)$ 表示追踪星期望的质心运动 (已知量)。

6.2.2 姿态运动微分方程

Σ_C 相对 Σ_D 的旋转矢量和角速度分别记作 $\boldsymbol{\Theta}_r=\theta_r\boldsymbol{p}_r$ 与ω_r。此处单位矢量 $\boldsymbol{p}_r$ 为旋转轴，$\theta_r=\|\boldsymbol{\Theta}_r\|\in[0,\pi]$ 为旋转角。运动学方程为 [41]

$$\dot{\boldsymbol{\Theta}}_r=\boldsymbol{A}(\boldsymbol{\Theta}_r)\boldsymbol{\omega}_r^C\tag{6-5}$$

式中，$\boldsymbol{A}(\boldsymbol{\Theta}_r)=\boldsymbol{I}_3+\dfrac{1}{2}\tilde{\boldsymbol{\Theta}}_r+f_\theta(\theta_r)(\tilde{\boldsymbol{\Theta}}_r)^2$，此处 $\tilde{\boldsymbol{\Theta}}_r$ 表示 $\boldsymbol{\Theta}_r$ 的叉积矩阵，以及 f_θ 为

$$f_\theta(\theta_r)=\begin{cases}\dfrac{1}{\theta_r^2}-\dfrac{1+\cos\theta_r}{2\theta_r\sin\theta_r} & (\theta_r\neq 0,\pi)\\ 1/12 & (\theta_r=0)\end{cases}\tag{6-6}$$

因此，$\lim\limits_{\theta_r\to 0^+}f_\theta(\theta_r)=1/12$，且运动学方程 (6-5) 的唯一奇点 [15] 为 $\theta_r=\pi$。

Σ_C 相对惯性坐标系 Σ_N 的角速度记作ω_C。追踪星的欧拉动力学方程为

$$\boldsymbol{J}_C\dot{\boldsymbol{\omega}}_C^C=-\tilde{\boldsymbol{\omega}}_C^C\boldsymbol{J}_C\boldsymbol{\omega}_C^C+\boldsymbol{M}_C^C(t)+\boldsymbol{M}_g^C(t)+\boldsymbol{d}_\omega^C(t)\tag{6-7}$$

式中，$\boldsymbol{J}_C$ 为追踪星的惯量矩阵，$\boldsymbol{M}_C^C$ 为控制力矩，$\boldsymbol{d}_\omega^C$ 表示未知的干扰力矩，以及 $\boldsymbol{M}_g^C=\dfrac{3\mu}{r_C^5}\boldsymbol{r}_C^C\times\boldsymbol{J}_C\boldsymbol{r}_C^C$ 为重力梯度力矩。同时，由 ω_r 为 Σ_C 相对 Σ_D 的角速度，可知 $\boldsymbol{\omega}_r^C=\boldsymbol{\omega}_C^C-\boldsymbol{A}^{CD}\boldsymbol{\omega}_D^D$，此处 ω_D 为 Σ_D 相对 Σ_N 的角速度，$\boldsymbol{A}^{CD}$ 为 Σ_D 到 Σ_C 的方向余弦矩阵。因此，追踪星相对 Σ_D 的姿态运动微分方程可写作

$$\begin{cases}\dot{\boldsymbol{\Theta}}_r=\boldsymbol{A}(\boldsymbol{\Theta}_r)\boldsymbol{\omega}_r^C\\ \dot{\boldsymbol{\omega}}_r^C=\boldsymbol{G}_\omega(\boldsymbol{\Theta}_r,\boldsymbol{\omega}_r^C,t)+\boldsymbol{J}_C^{-1}[\boldsymbol{M}_C^C(t)+\boldsymbol{d}_\omega^C(t)]\end{cases}\tag{6-8}$$

式中，$\dot{\boldsymbol{\omega}}_r^C=\dfrac{{}^C\mathrm{d}}{\mathrm{d}t}\left(\boldsymbol{\omega}_r^C\right)$ 表示坐标阵 $\boldsymbol{\omega}_r^C$ 的导数，$\boldsymbol{G}_\omega(\boldsymbol{\Theta}_r,\boldsymbol{\omega}_r^C,t)$ 为

$$\boldsymbol{G}_\omega(\boldsymbol{\Theta}_r,\boldsymbol{\omega}_r^C,t)=\boldsymbol{J}_C^{-1}[-\tilde{\boldsymbol{\omega}}_C^C\boldsymbol{J}_C\boldsymbol{\omega}_C^C+\boldsymbol{M}_g^C(t)]-\boldsymbol{A}^{CD}\dot{\boldsymbol{\omega}}_D^D+\tilde{\boldsymbol{\omega}}_r^C(\boldsymbol{A}^{CD}\boldsymbol{\omega}_D^D)\tag{6-9}$$

此处 $\boldsymbol{\omega}_C^C=\boldsymbol{A}^{CD}\boldsymbol{\omega}_D^D+\boldsymbol{\omega}_r^C$，以及参数 $\boldsymbol{\omega}_D^D(t)$ 和 $\dot{\boldsymbol{\omega}}_D^D(t)$ 表示追踪星期望的姿态运动 (已知)。

6.3　非奇异终端滑模控制器的设计

滑模控制因其对系统参数与外界干扰的鲁棒性而著名 [62]。使用滑模控制器时，首先控制器逐渐将系统状态约束到滑模面附近；然后，由于系统在滑模面上的运动完全不受内部参数不确定性和外部扰动的影响，故系统状态逐渐收敛到零。非奇异终端滑模 (non-singular terminal sliding mode, NTSM) 控制器 [63,64] 克服了终端滑模控制的奇异问题。而且，系统状态到达滑模面的时间与在滑模面内到达平衡点的时间都是有限的。本节设计一个 NTSM 控制器，以便追踪星 Σ_C 的

位姿能够在有限时间内实现对 Σ_D 的跟踪。在控制器的设计中，以参数 $(d^C_{\omega,i,\max},\ \Delta a^H_{\rho,j,\max})$ 表示未知干扰的上界，即

$$\begin{cases} \left|d^C_{\omega,i}\right| \leqslant d^C_{\omega,i,\max}, & i=1,\ 2,\ 3 \\ \left|\Delta a^H_{\rho,j}\right| \leqslant \Delta a^H_{\rho,j,\max}, & j=1,\ 2,\ 3 \end{cases} \tag{6-10}$$

NTSM 滑模面定义为

$$\boldsymbol{s}(t) = \boldsymbol{x}_d + \boldsymbol{B}\boldsymbol{x}_v^{p/q} \tag{6-11}$$

式中，$\boldsymbol{x}_d = [\boldsymbol{\Theta}_r^{\mathrm{T}},\ \boldsymbol{\rho}_r^{H,\mathrm{T}}]^{\mathrm{T}}$；正定矩阵 $\boldsymbol{B} = \mathrm{diag}(b_1,\ b_2,\ b_3,\ b_4,\ b_5,\ b_6)$；$\boldsymbol{x}_v^{p/q}$ 的幂指数 p/q 表示各个元素的幂指数，即 $\boldsymbol{x}_v^{p/q} = [\omega_{r,x}^{p/q}\ \omega_{r,y}^{p/q}\ \omega_{r,z}^{p/q}\ v_{r,x}^{p/q}\ v_{r,y}^{p/q}\ v_{r,z}^{p/q}]^{\mathrm{T}}$。这里 $[\omega_{r,x},\ \omega_{r,y},\ \omega_{r,z}]^{\mathrm{T}} = \boldsymbol{\omega}_r^C$ 且 $[v_{r,x},\ v_{r,y},\ v_{r,z}]^{\mathrm{T}} = \boldsymbol{v}_r^H$。为了避免终端滑模的奇异点 [63,64]，正奇数 q 和 p 满足 $1 < p/q < 2$。

标准 NTSM 滑模面要求 $\dot{\boldsymbol{x}}_d = \boldsymbol{x}_v$，如此，系统在 NTSM 滑模面 $(\boldsymbol{s}(t) = \boldsymbol{0})$ 上的运动具有如下特点：所有的系统状态变量在有限时间内收敛至零 [63,64]。值得注意的是，对于本章定义的 NTSM 滑模面，见方程 (6-11)，$\dot{\boldsymbol{x}}_d \neq \boldsymbol{x}_v$。然而，系统在本滑模面上的运动也具有上述特点，证明见文献 [15]。

$\boldsymbol{s}(t)$ 对时间求导可得

$$\dot{\boldsymbol{s}}(t) = \begin{bmatrix} \dot{\boldsymbol{\Theta}}_r \\ \boldsymbol{v}_r^H \end{bmatrix} + \boldsymbol{B}\boldsymbol{G}(\boldsymbol{\omega}_r^C, \boldsymbol{v}_r^H) \begin{bmatrix} \dot{\boldsymbol{\omega}}_r^C \\ \boldsymbol{a}_r^H \end{bmatrix} \tag{6-12}$$

式中，$\boldsymbol{G}(\boldsymbol{\omega}_r^C, \boldsymbol{v}_r^H) = \dfrac{p}{q}\mathrm{diag}(\omega_{r,x}^{(p-q)/q}, \cdots,\ v_{r,z}^{(p-q)/q})$。将方程 (6-3) 和方程 (6-8) 代入方程 (6-12)，则有

$$\dot{\boldsymbol{s}}(t) = \begin{bmatrix} \boldsymbol{A}(\boldsymbol{\Theta}_r)\boldsymbol{\omega}_r^C \\ \boldsymbol{v}_r^H \end{bmatrix} + \boldsymbol{B}\boldsymbol{G} \begin{bmatrix} \boldsymbol{G}_\omega + \boldsymbol{J}_C^{-1}[\boldsymbol{M}_C^C(t) + \boldsymbol{d}_\omega^C(t)] \\ \boldsymbol{G}_\rho + \boldsymbol{F}_C^H(t)/m_C + \Delta\boldsymbol{a}_\rho^H(t) \end{bmatrix} \tag{6-13}$$

令 $[\boldsymbol{B}_{G1}, \boldsymbol{B}_{G2}] = \boldsymbol{B}\boldsymbol{G}$，其中 $\boldsymbol{B}_{G1}, \boldsymbol{B}_{G2} \in \boldsymbol{R}^{6\times 3}$。这样方程 (6-13) 可化为

$$\begin{aligned} \dot{\boldsymbol{s}}(t) = & \begin{bmatrix} \boldsymbol{A}(\boldsymbol{\Theta}_r)\boldsymbol{\omega}_r^C \\ \boldsymbol{v}_r^H \end{bmatrix} + \boldsymbol{B}_{G1}\boldsymbol{G}_\omega + \boldsymbol{B}_{G2}\boldsymbol{G}_\rho + \left[\boldsymbol{B}_{G1}\boldsymbol{J}_C^{-1}\ \ \frac{\boldsymbol{B}_{G2}}{m_C}\right] \begin{bmatrix} \boldsymbol{M}_C^C(t) \\ \boldsymbol{F}_C^H(t) \end{bmatrix} \\ & + [\boldsymbol{B}_{G1}\boldsymbol{J}_C^{-1}\ \ \boldsymbol{B}_{G2}] \begin{bmatrix} \boldsymbol{d}_\omega^C(t) \\ \Delta\boldsymbol{a}_\rho^H(t) \end{bmatrix} \end{aligned} \tag{6-14}$$

为由方程 (6-3) 与方程 (6-8) 描述的系统设计如下控制律：

$$\boldsymbol{\Gamma}_c = \boldsymbol{\Gamma}_{c,eq} + \boldsymbol{\Gamma}_{c,n} \quad \left(= \begin{bmatrix} \boldsymbol{M}_C^C(t) \\ \boldsymbol{F}_C^H(t) \end{bmatrix} \right) \tag{6-15}$$

式中，

$$\begin{cases} \boldsymbol{\Gamma}_{c,eq} = -\begin{bmatrix} \boldsymbol{B}_{G1}\boldsymbol{J}_C^{-1} & \dfrac{\boldsymbol{B}_{G2}}{m_C} \end{bmatrix}^{-1} \left(\begin{bmatrix} \boldsymbol{A}(\boldsymbol{\Theta}_r)\boldsymbol{\omega}_r^C \\ \boldsymbol{v}_r^H \end{bmatrix} + \boldsymbol{B}_{G1}\boldsymbol{G}_\omega + \boldsymbol{B}_{G2}\boldsymbol{G}_\rho \right) \\ \boldsymbol{\Gamma}_{c,n} = -\begin{bmatrix} \boldsymbol{B}_{G1}\boldsymbol{J}_C^{-1} & \dfrac{\boldsymbol{B}_{G2}}{m_C} \end{bmatrix}^{-1} \mathrm{diag}(\boldsymbol{D}(t)+\boldsymbol{\eta})\mathrm{sgn}(\boldsymbol{s}) \\ \boldsymbol{D}(t) = [D_1(t),\ \cdots,\ D_6(t)]^{\mathrm{T}} = \mathrm{abs}\left(\begin{bmatrix} \boldsymbol{B}_{G1}\boldsymbol{J}_C^{-1} & \boldsymbol{B}_{G2} \end{bmatrix} \right) \begin{bmatrix} \boldsymbol{d}_{\omega,\max}^C \\ \Delta\boldsymbol{a}_{\rho,\max}^H \end{bmatrix} \end{cases} \tag{6-16}$$

此处$\eta = [\eta_1,\ \cdots,\ \eta_6]^{\mathrm{T}}$ $(\eta_i > 0,\ i = 1,\ 2,\ \cdots,\ 6)$，$\mathrm{sgn}(\boldsymbol{s}) = [\mathrm{sgn}(s_1),\ \cdots,\ \mathrm{sgn}(s_6)]^{\mathrm{T}}$为符号函数列阵，$\boldsymbol{d}_{\omega,\max}^C = [d_{\omega,1,\max}^C, d_{\omega,2,\max}^C, d_{\omega,3,\max}^C]^{\mathrm{T}}$ 与 $\Delta\boldsymbol{a}_{\rho,\max}^H = [\Delta a_{\rho,1,\max}^H, \Delta a_{\rho,2,\max}^H, \Delta a_{\rho,3,\max}^H]^{\mathrm{T}}$ 见方程 (6-10)，以及函数 $\mathrm{abs}(\boldsymbol{A})$ 定义为

$$\mathrm{abs}(\boldsymbol{A}) = \begin{bmatrix} |A_{11}| & \cdots & |A_{1n}| \\ \vdots & & \vdots \\ |A_{m1}| & \cdots & |A_{mn}| \end{bmatrix}$$

定理 1 对于由方程 (6-3) 与方程 (6-8) 描述的系统，以及方程 (6-11) 定义的滑模面，若按方程 (6-15) 设计控制律，则系统状态矢量 $\boldsymbol{x}_d$ 与 $\boldsymbol{x}_v$ 会在有限时间内到达滑模面 $(\boldsymbol{s}(t) = \boldsymbol{0})$。然后系统状态矢量 $\boldsymbol{x}_d$ 与 $\boldsymbol{x}_v$ 会在有限时间内收敛至零。

证明 考虑如下的 Lyapunov 函数:

$$V = \frac{1}{2}\boldsymbol{s}^{\mathrm{T}}\boldsymbol{s} \tag{6-17}$$

V 对时间求导，得

$$\dot{V} = \boldsymbol{s}^{\mathrm{T}}\dot{\boldsymbol{s}} \tag{6-18}$$

将方程 (6-14) 代入上式，得到

$$\begin{aligned} \dot{V} =& \boldsymbol{s}^{\mathrm{T}} \left(\begin{bmatrix} \boldsymbol{A}(\boldsymbol{\Theta}_r)\boldsymbol{\omega}_r^C \\ \boldsymbol{v}_r^H \end{bmatrix} + \boldsymbol{B}_{G1}\boldsymbol{G}_\omega + \boldsymbol{B}_{G2}\boldsymbol{G}_\rho + \begin{bmatrix} \boldsymbol{B}_{G1}\boldsymbol{J}_C^{-1} & \dfrac{\boldsymbol{B}_{G2}}{m_C} \end{bmatrix} \begin{bmatrix} \boldsymbol{M}_C^C(t) \\ \boldsymbol{F}_C^H(t) \end{bmatrix} \right. \\ & \left. + [\boldsymbol{B}_{G1}\boldsymbol{J}_C^{-1}\ \ \boldsymbol{B}_{G2}] \begin{bmatrix} \boldsymbol{d}_\omega^C(t) \\ \Delta\boldsymbol{a}_\rho^H(t) \end{bmatrix} \right) \end{aligned} \tag{6-19}$$

将控制律 (6-15) 与式 (6-16) 代入上式，得到

$$\dot{V} = \boldsymbol{s}^{\mathrm{T}}\left(\left[\boldsymbol{B}_{G1}\boldsymbol{J}_C^{-1}\ \ \boldsymbol{B}_{G2}\right]\left[\begin{array}{c}\boldsymbol{d}_{\omega}^{C}(t)\\ \Delta\boldsymbol{a}_{\rho}^{H}(t)\end{array}\right] - \mathrm{diag}(\boldsymbol{D}(t)+\boldsymbol{\eta})\mathrm{sgn}(\boldsymbol{s})\right) \tag{6-20}$$

令 $\left[\boldsymbol{B}_{G1}\boldsymbol{J}_C^{-1}\ \ \boldsymbol{B}_{G2}\right]\left[\begin{array}{c}\boldsymbol{d}_{\omega}^{C}(t)\\ \Delta\boldsymbol{a}_{\rho}^{H}(t)\end{array}\right] = [d_1, \cdots, d_6]^{\mathrm{T}}$，则有

$$\dot{V} = \sum_{i=1}^{6}\left(-(D_i+\eta_i)\left|s_i\right| + d_i s_i\right) \leqslant \sum_{i=1}^{6}\left(-(D_i-d_i)-\eta_i\right)\left|s_i\right| \tag{6-21}$$

由方程 (6-10) 和式 (6-16) 知，$D_i(t) > d_i(t)$，因此，

$$\dot{V} \leqslant \sum_{i=1}^{6} -\eta_i\left|s_i\right| \leqslant 0 \tag{6-22}$$

因此，系统的运动轨迹最终会到达滑模面 $\boldsymbol{s}(t) = \boldsymbol{0}_{6\times 1}$。由文献 [15] 知，到达滑模面所需的时间不超过 $2\sqrt{6V_0}/\eta_j$，此处 V_0 为 V 的初值，且 j 的可能取值为 1, 2, $\cdots$, 6。如同之前提过的，在 (有限时间内) 到达 NTSM 滑模面后，系统的状态矢量 $\boldsymbol{x}_d$ 与 $\boldsymbol{x}_v$ 也会在有限时间内收敛至零。因此，若采用本 NTSM 位姿跟踪控制器，则跟踪误差会在有限时间内收敛至零。

6.4　基于非线性干扰观测器的自适应滑模控制方法

为了提高控制精度，以及应对追踪星的惯量参数 (质量和惯性矩阵) 具有不确定性的情形，本节新设计了两个位姿跟踪控制器。针对非线性不确定系统的控制，文献 [60] 提出了一种基于非线性干扰观测器的边界层自适应滑模控制方法 (adaptive sliding mode control, ASM)。考虑到系统参数存在不确定性和外部干扰上界未知的情况，他们设计了基于干扰观测器的边界层自适应滑模控制器，以消除传统滑模控制中的“抖振”现象，提高控制精度，使跟踪误差趋近于零。由于该 ASM 控制方法适用于非线性不确定系统，故可应用于本章的位姿跟踪控制。本节首先介绍了他们的控制方法，然后通过在本位姿跟踪控制问题中应用这种方法而获得一个 ASM 位姿跟踪控制器，最后通过结合 ASM 控制器和无损 Kalman 滤波器 (UKF) 获得更新的控制器，记作 ASM-up。

6.4.1　自适应滑模控制方法

本小节介绍文献 [60] 中的控制方法，以便根据该方法设计位姿跟踪控制器。该方法介绍如下。考虑如下的不确定非线性系统：

$$\dot{\boldsymbol{x}} = \boldsymbol{G}(\boldsymbol{x},t) + \boldsymbol{F}(\boldsymbol{x})\boldsymbol{u} + \boldsymbol{D}(t,\boldsymbol{x},\boldsymbol{u}) \tag{6-23}$$

其中 $\boldsymbol{x}\in \boldsymbol{R}^n$ 为系统状态向量，$\boldsymbol{u}\in \boldsymbol{R}^n$ 为控制输入向量，$\boldsymbol{G}(\boldsymbol{x},t) \in \boldsymbol{R}^n$ 为系统状态函数向量，$\boldsymbol{F}(\boldsymbol{x})\in \boldsymbol{R}^{n\times n}$ 为系统控制增益函数矩阵，$\boldsymbol{D}(t, \boldsymbol{x}, \boldsymbol{u}) \in \boldsymbol{R}^n$ 为系统的不确定性项。为了使得此系统的状态向量 $\boldsymbol{x}(t)$ 跟踪有界参考信号 $\boldsymbol{x}_d(t)$，他们首先设计了如下切换函数σ：

$$\boldsymbol{\sigma} = \boldsymbol{C}(\boldsymbol{x} - \boldsymbol{x}_d) \tag{6-24}$$

其中，$\boldsymbol{C} = \begin{bmatrix} c_{11} & c_{12} & \cdots & c_{1n} \\ c_{21} & c_{22} & \cdots & c_{2n} \\ \vdots & \vdots & & \vdots \\ c_{n1} & c_{n2} & \cdots & c_{nn} \end{bmatrix}$，$c_{ij} > 0$ 使 "$c_{in}s^{n-1} + c_{i,n-1}s^{n-2} + \cdots + c_{i1}$"Hurwitz 稳定，且 $(\boldsymbol{CF}(\boldsymbol{x}))^{-1}$ 存在。然后设计如下的非线性干扰观测器 (nonlinear disturbance observer, NDO)：

$$\begin{cases} \hat{\boldsymbol{D}}(t, \boldsymbol{x}, \boldsymbol{u}) = \boldsymbol{z} + \boldsymbol{Q}(\boldsymbol{x}) \\ \dot{\boldsymbol{z}} = -\boldsymbol{L}(\boldsymbol{x})\boldsymbol{z} - \boldsymbol{L}(\boldsymbol{x})(\boldsymbol{Q}(\boldsymbol{x}) + \boldsymbol{G}(\boldsymbol{x}, t) + \boldsymbol{Q}(\boldsymbol{x})\boldsymbol{u}) \end{cases} \tag{6-25}$$

其中 $\hat{\boldsymbol{D}}(t, \boldsymbol{x}, \boldsymbol{u}) \in \boldsymbol{R}^n$ 为 NDO 的输出，$\boldsymbol{z}$ 为 NDO 的内部状态向量，$\boldsymbol{Q}(\boldsymbol{x}) = [Q_1(\boldsymbol{x}),\ \cdots,\ Q_n(\boldsymbol{x})]^{\mathrm{T}} \in \boldsymbol{R}^n$ 为待设计的非线性函数向量，而 $\boldsymbol{L}(\boldsymbol{x}) = \dfrac{\partial \boldsymbol{Q}(\boldsymbol{x})}{\partial \boldsymbol{x}}$。为简化设计，$\boldsymbol{L}(\boldsymbol{x})$ 一般设计为对角阵的形式，即 $\boldsymbol{L}(\boldsymbol{x}) = \mathrm{diag}(L_1(\boldsymbol{x}),\ L_2(\boldsymbol{x}),\ \cdots,\ L_n(\boldsymbol{x}))$, $L_i(\boldsymbol{x}) > 0$, $i = 1, 2, \cdots, n$。此观测器结构简单，运算量小，不需要假设复合干扰 $\boldsymbol{D}(t, \boldsymbol{x}, \boldsymbol{u})$ 的变化非常慢，放宽了对 $\boldsymbol{D}(t, \boldsymbol{x}, \boldsymbol{u})$ 变化率的限制，且可获得高精度的干扰 $\boldsymbol{D}(t, \boldsymbol{x}, \boldsymbol{u})$ 估计值。最后设计了如下的控制律：

$$\boldsymbol{u} = -(\boldsymbol{CF}(\boldsymbol{x}))^{-1}[\boldsymbol{CG}(\boldsymbol{x}, t) - \boldsymbol{C}\dot{\boldsymbol{x}}_d + \boldsymbol{C}\hat{\boldsymbol{D}} + k\boldsymbol{\sigma} + \|\boldsymbol{C}\|\,\hat{\beta}_d\boldsymbol{\phi}(\hat{\lambda}, \boldsymbol{\sigma})] \tag{6-26}$$

式中，$\boldsymbol{\phi}(\hat{\lambda}, \boldsymbol{\sigma}) = [\phi(\hat{\lambda}, \sigma_1),\ \cdots,\ \phi(\hat{\lambda}, \sigma_n)]^{\mathrm{T}}$，$k > 0$，且 $\phi(\hat{\lambda}, \sigma_i) = \dfrac{1 - \exp(-\hat{\lambda}\sigma_i)}{1 + \exp(-\hat{\lambda}\sigma_i)}$。

为了使得系统稳定，参数 $\hat{\beta}_d$ 和 $\hat{\lambda}$ 的自适应律为

$$\begin{cases} \dot{\hat{\beta}}_d = \eta_1\boldsymbol{\phi}(\hat{\lambda}, \boldsymbol{\sigma})^{\mathrm{T}}((\boldsymbol{CF}(\boldsymbol{x}))^{-1})^{\mathrm{T}}\left(\dfrac{\partial \boldsymbol{x}}{\partial \boldsymbol{u}}\right)^{\mathrm{T}}\boldsymbol{C}^{\mathrm{T}}\boldsymbol{\sigma} \\ \dot{\hat{\lambda}} = \eta_2\hat{\beta}_d\boldsymbol{\varphi}(\hat{\lambda}, \boldsymbol{\sigma})^{\mathrm{T}}((\boldsymbol{CF}(\boldsymbol{x}))^{-1})^{\mathrm{T}}\left(\dfrac{\partial \boldsymbol{x}}{\partial \boldsymbol{u}}\right)^{\mathrm{T}}\boldsymbol{C}^{\mathrm{T}}\boldsymbol{\sigma} \end{cases} \tag{6-27}$$

这里，$\boldsymbol{\varphi}(\hat{\lambda}, \boldsymbol{\sigma}) = [\varphi(\hat{\lambda}, \sigma_1),\ \cdots,\ \varphi(\hat{\lambda}, \sigma_n)]^{\mathrm{T}}$，$\varphi(\hat{\lambda}, \sigma_i) = \dfrac{\sigma_i\exp(-\hat{\lambda}\sigma_i)}{(1 + \exp(-\hat{\lambda}\sigma_i))^2}$；$\eta_1$ 和 η_2 为大于零的设计参数；在实际应用中，当采样时间较小时可用 $\dfrac{\Delta \boldsymbol{x}}{\Delta \boldsymbol{u}}$ 代替 $\dfrac{\partial \boldsymbol{x}}{\partial \boldsymbol{u}}$。

6.4.2 ASM 位姿运动跟踪控制器

既然前述的 ASM 控制方法适用于非线性不确定系统，且本章的位姿跟踪控制问题中的动力学模型也属于非线性不确定系统，故该方法也可应用于本问题，然后得到一个 ASM 位姿跟踪控制器。

首先介绍位置运动跟踪控制器。由方程 (6-3) 可知位置运动跟踪控制器的输入矢量 $\boldsymbol{u}_{\text{tran}} = \boldsymbol{F}_C^H \in \boldsymbol{R}^3$，故状态矢量选为 $\boldsymbol{x}_{\text{tran}} = \boldsymbol{v}_r^H \in \boldsymbol{R}^3$。对比方程 (6-3) 和方程 (6-10)，易知 $\boldsymbol{F}_{\text{tran}} = 1/m_C$，$\boldsymbol{G}_{\text{tran}} = \boldsymbol{G}_\rho(\boldsymbol{\rho}_r^H, \boldsymbol{v}_r^H, t)$，这里 $\boldsymbol{F}_{\text{tran}}$ 和 $\boldsymbol{G}_{\text{tran}}$ 分别对应方程 (6-10) 中的函数 $\boldsymbol{F}$ 和 $\boldsymbol{G}$。值得注意的是，为了使得追踪星跟踪期望的位置运动，不能简单地将 $\boldsymbol{x}_{\text{tran}}(= \boldsymbol{v}_r^H)$ 的期望值 $\boldsymbol{x}_{d,\text{tran}}$ 设为零。因为这样只能保证 $\boldsymbol{v}_r^H$ 收敛至零，而不能保证 $\boldsymbol{\rho}_r^H$ 收敛至零。为了达到控制目标，可将状态矢量期望值的导数 (加速度) 设置为

$$\dot{\boldsymbol{x}}_{d,\text{tran}} = -2\omega_n \boldsymbol{v}_r^H - \omega_n^2 \boldsymbol{\rho}_r^H \tag{6-28}$$

式中，ω_n 为正常数，而 $\dot{\boldsymbol{x}}_{d,\text{tran}}$ 表示 $\boldsymbol{a}_r^H$ 的期望值。故上述方程意味着 $\boldsymbol{\rho}_r^H$ 的期望值将按自由临界阻尼弹簧振子的运动规律趋于零点。将上述 $\boldsymbol{F}_{\text{tran}}$、$\boldsymbol{G}_{\text{tran}}$、$\boldsymbol{x}_{d,\text{tran}}$ 和 $\dot{\boldsymbol{x}}_{d,\text{tran}}$ 代入 ASM 控制律 (6-11)，可得到跟踪期望位置运动的控制律：

$$\boldsymbol{F}_C^H = -m_C \boldsymbol{C}^{-1} \boldsymbol{C}_{Fdt} - m_C \hat{\boldsymbol{D}}_{\text{tran}} \tag{6-29}$$

式中，$\boldsymbol{C}_{Fdt} = \boldsymbol{C}\boldsymbol{G}_\rho - \boldsymbol{C}\dot{\boldsymbol{x}}_{d,\text{tran}} + k\boldsymbol{\sigma}_{\text{tran}} + \|\boldsymbol{C}\|\,\hat{\beta}_d \boldsymbol{\phi}(\hat{\lambda}, \boldsymbol{\sigma}_{\text{tran}})$；$\boldsymbol{\sigma}_{\text{tran}} = \boldsymbol{C}(\boldsymbol{v}_r^H - \boldsymbol{x}_{d,\text{tran}})$；而 $\hat{\boldsymbol{D}}_{\text{tran}}$ 为位置跟踪控制器中干扰观测器的输出，见方程 (6-25)。

下面介绍姿态运动跟踪控制器。类似于前面将 ASM 控制器应用于位置运动控制的处理方法，对比方程 (6-8) 和方程 (6-10)，可知姿态运动跟踪控制器的输入矢量 $\boldsymbol{u}_{\text{rot}} = \boldsymbol{M}_C^C$，状态矢量 $\boldsymbol{x}_{\text{rot}} = \boldsymbol{\omega}_r^C$，$\boldsymbol{F}_{\text{rot}} = \boldsymbol{J}_C^{-1}$，$\boldsymbol{G}_{\text{rot}} = \boldsymbol{G}_\omega(\boldsymbol{\Theta}_r, \boldsymbol{\omega}_r^C, t)$，以及状态矢量期望值 $\boldsymbol{x}_{d,\text{rot}}$ 的导数应设为

$$\dot{\boldsymbol{x}}_{d,\text{rot}} = -2\omega_n \boldsymbol{\omega}_r^C - \omega_n^2 \boldsymbol{\Theta}_r \tag{6-30}$$

将上述 $\boldsymbol{F}_{\text{rot}}$、$\boldsymbol{G}_{\text{rot}}$、$\boldsymbol{x}_{d,\text{rot}}$ 和 $\dot{\boldsymbol{x}}_{d,\text{rot}}$ 代入 ASM 控制律 (6-11)，可得到跟踪期望姿态运动的控制律：

$$\boldsymbol{M}_C^C = \tilde{\boldsymbol{\omega}}_C^C \boldsymbol{J}_C \boldsymbol{\omega}_C^C - \boldsymbol{M}_g^C - \boldsymbol{J}_C \boldsymbol{C}^{-1} \boldsymbol{C}_{Fdr} - \boldsymbol{J}_C \hat{\boldsymbol{D}}_{\text{rot}} \tag{6-31}$$

式中，$\boldsymbol{C}_{Fdr} = \boldsymbol{C}[\tilde{\boldsymbol{\omega}}_r^C(\boldsymbol{A}^{CD}\boldsymbol{\omega}_D^D) - \boldsymbol{A}^{CD}\dot{\boldsymbol{\omega}}_D^D] - \boldsymbol{C}\dot{\boldsymbol{x}}_{d,\text{rot}} + k\boldsymbol{\sigma}_{\text{rot}} + \|\boldsymbol{C}\|\,\hat{\beta}_d \boldsymbol{\phi}(\hat{\lambda}, \boldsymbol{\sigma}_{\text{rot}})$；$\hat{\boldsymbol{D}}_{\text{rot}}$ 为姿态跟踪控制器中干扰观测器的输出，见方程 (6-25)；以及 $\boldsymbol{\sigma}_{\text{rot}} = \boldsymbol{C}(\boldsymbol{\omega}_r^C - \boldsymbol{x}_{d,\text{rot}})$。

6.4.3 对 ASM 控制器的改良

方程 (6-10) 中系统不确定性项 $\boldsymbol{D}(t,\boldsymbol{x},\boldsymbol{u})$ 主要包括两方面：追踪星惯量参数不确定带来的干扰和太空中的未知干扰力和力矩。因此，即使追踪星的惯量参数具有一定的不确定性，6.4.2 节的 ASM 位姿跟踪控制器也是有效的。然而，若此惯量参数不确定性过大，则跟踪误差也会较大。本节利用无损 Kalman 滤波器 (UKF) 可以估计追踪星的惯量参数的特性，通过结合前述的 ASM 控制器和 UKF 对 ASM 进行改良，获得了更新的控制器，记作 ASM-up。

方程 (6-10) 中系统不确定性项 $\boldsymbol{D}(t,\boldsymbol{x},\boldsymbol{u})$ 主要包括两方面：追踪星惯量参数不确定带来的干扰和太空中的未知干扰力和力矩。本章利用 UKF 估计追踪星的惯量参数，该估计值逐渐收敛于真实值，如此可从 $\hat{\boldsymbol{D}}(t,\boldsymbol{x},\boldsymbol{u})$ 中逐步去掉惯量参数不确定性带来的干扰，最终达到提高位姿跟踪精度的目的。

UKF 利用对系统的观测值、系统输入以及动力学模型估计系统状态矢量和系统参数，是一种成熟的方法，因此正文中对此不做过多介绍，详见文献 [65]。假设在使用 UKF 更新追踪星的惯量参数之前，这些参数记作 ($\hat{m}_C$, $\hat{\boldsymbol{J}}_C$)，干扰力观测器输出记作 $\hat{\boldsymbol{D}}_{\text{tran}}$ 和 $\hat{\boldsymbol{D}}_{\text{rot}}$。在使用 UKF 获取惯量参数的更高精度估计值 ($\hat{m}'_C$, $\hat{\boldsymbol{J}}'_C$) 后，将干扰力观测器输出的更新值记为 $\hat{\boldsymbol{D}}'_{\text{tran}}$ 和 $\hat{\boldsymbol{D}}'_{\text{rot}}$。为了确保当前时刻控制器的实际输出值不变，根据方程 (6-29) 和方程 (6-31) 可建立如下方程：

$$\begin{cases} -\hat{m}'_C\boldsymbol{C}^{-1}\boldsymbol{C}_{Fdt}-\hat{m}'_C\hat{\boldsymbol{D}}'_{\text{tran}}=-\hat{m}_C\boldsymbol{C}^{-1}\boldsymbol{C}_{Fdt}-\hat{m}_C\hat{\boldsymbol{D}}_{\text{tran}} \\ \tilde{\boldsymbol{\omega}}_C^C\hat{\boldsymbol{J}}'_C\boldsymbol{\omega}_C^C-\boldsymbol{M}_g^C-\hat{\boldsymbol{J}}'_C\boldsymbol{C}^{-1}\boldsymbol{C}_{Fdr}-\hat{\boldsymbol{J}}'_C\hat{\boldsymbol{D}}'_{\text{rot}}=\tilde{\boldsymbol{\omega}}_C^C\hat{\boldsymbol{J}}_C\boldsymbol{\omega}_C^C-\boldsymbol{M}_g^C \\ \qquad -\hat{\boldsymbol{J}}_C\boldsymbol{C}^{-1}\boldsymbol{C}_{Fdr}-\hat{\boldsymbol{J}}_C\hat{\boldsymbol{D}}_{\text{rot}} \end{cases} \tag{6-32}$$

由此可得

$$\begin{cases} \hat{\boldsymbol{D}}'_{\text{tran}}=[(\hat{m}_C-\hat{m}'_C)\boldsymbol{C}^{-1}\boldsymbol{C}_{Fdt}+\hat{m}_C\hat{\boldsymbol{D}}_{\text{tran}}]/\hat{m}'_C \\ \hat{\boldsymbol{D}}'_{\text{rot}}=(\hat{\boldsymbol{J}}'_C)^{-1}(\tilde{\boldsymbol{\omega}}_C^C\hat{\boldsymbol{J}}'_C\boldsymbol{\omega}_C^C-\hat{\boldsymbol{J}}'_C\boldsymbol{C}^{-1}\boldsymbol{C}_{Fdr}-\tilde{\boldsymbol{\omega}}_C^C\hat{\boldsymbol{J}}_C\boldsymbol{\omega}_C^C \\ \qquad +\hat{\boldsymbol{J}}_C\boldsymbol{C}^{-1}\boldsymbol{C}_{Fdr}+\hat{\boldsymbol{J}}_C\hat{\boldsymbol{D}}_{\text{rot}}) \end{cases} \tag{6-33}$$

由于惯量参数估计值 ($\hat{m}'_C$, $\hat{\boldsymbol{J}}'_C$) 的精度更高，故追踪星惯量参数不确定性带来的干扰被逐渐从 $\hat{\boldsymbol{D}}_{\text{tran}}$ 和 $\hat{\boldsymbol{D}}_{\text{rot}}$ 中剔除。因此，得到的干扰估计的更新值 $\hat{\boldsymbol{D}}'_{\text{tran}}$ 和 $\hat{\boldsymbol{D}}'_{\text{rot}}$ 更加接近于太空中未知的干扰力和力矩。由方程 (6-25) 知 $\hat{\boldsymbol{D}}=\boldsymbol{z}+\boldsymbol{Q}(\boldsymbol{x})$，故更新了 $\hat{\boldsymbol{D}}_{\text{tran}}$ 和 $\hat{\boldsymbol{D}}_{\text{rot}}$ 后，也应将 z_{tran} 更新为 $\boldsymbol{z}'_{\text{tran}}=\hat{\boldsymbol{D}}'_{\text{tran}}-\boldsymbol{Q}(\boldsymbol{x}_{\text{tran}})$，将 $\boldsymbol{z}_{\text{rot}}$ 更新为 $\boldsymbol{z}'_{\text{rot}}=\hat{\boldsymbol{D}}'_{\text{rot}}-\boldsymbol{Q}(\boldsymbol{x}_{\text{rot}})$。到下一时刻，同样可以使用 UKF 利用新获取的观测值和控制输入更新追踪星的惯量参数估计值，此时的估计值精度进一

步提高，利用式 (6-33) 可从 $\hat{\boldsymbol{D}}_{\text{tran}}$ 和 $\hat{\boldsymbol{D}}_{\text{rot}}$ 中进一步去掉惯量参数不确定性带来的干扰。如此，随着 UKF 对追踪星惯量参数估计值精度的逐步提高，可以逐步从 $\hat{\boldsymbol{D}}_{\text{tran}}$ 和 $\hat{\boldsymbol{D}}_{\text{rot}}$ 中去掉惯量参数不确定性带来的干扰，最终实现控制精度的提高。

6.5　期望位姿运动的规划

6.5.1　期望质心运动的规划

本节规划追踪星在与翻滚目标近距离交会中的质心运动，至于姿态运动的规划，见 6.5.2 节。不失一般性，假定目标的对接轴在其连体基 Σ_T 的 y 轴上。追踪星需要调整至合适的位姿才可与目标卫星对接。本章将追踪星的连体基 Σ_C 建立在其质心处，其姿态则按如下方式选择：对接时 $\Sigma_C x_C y_C z_C$ 刚好与 $\Sigma_T x_T y_T z_T$ 平行，如图 6.6 所示。图中，球形表示目标卫星的危险区域[①]，F 为目标上的对接口，SF 为对接走廊，而 S 为对接走廊的入口。TF 的长度为 r_f，TS 的为 r_s。

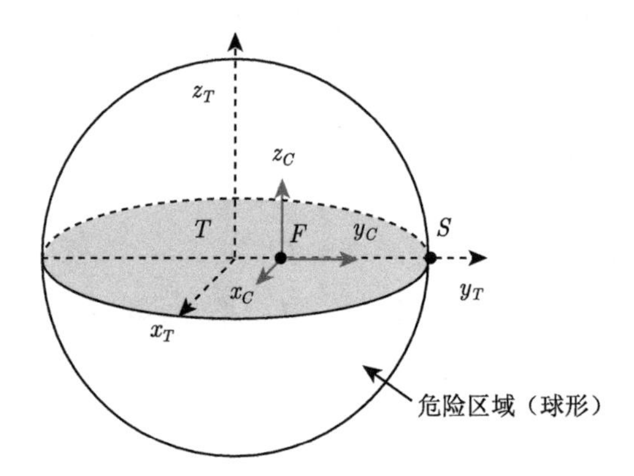

图 6.6　对接时追踪星连体基 Σ_C 相对目标卫星的位姿

本章规划的质心运动可分为如下五个阶段：① Σ_D 大体上向 T 点的方向前进，直到两者距离为 $K_{rs}rs(k_{rs}=2.5)$，此时 Σ_D 的位置记作 D_1，即 TD_1 的长度为 $k_{rs}r_s$，($k_{rs}=2.5>1$，即本阶段中 Σ_D 始终在危险区域之外)，② Σ_D 从 D_1 到 S，③ Σ_D 在 S 处停留一段时间τ_3，④ Σ_D 沿对接走廊 SF 的运动，⑤ Σ_D 在 F 处停留一段时间τ_5。每一阶段的详细描述如下。

阶段 1　在阶段 1 和 2 的规划中，首先确定当前期望速度 $\boldsymbol{v}_D$ 的最佳值 $\boldsymbol{v}_{\text{opt}}$，然后根据 $\boldsymbol{v}_{\text{opt}}$ 与 $\boldsymbol{v}_D$ 之差计算期望加速度 $\boldsymbol{a}_D$，以使得 $\boldsymbol{v}_D$ 迅速收敛于 $\boldsymbol{v}_{\text{opt}}$。具体地

① 若追踪星的质心在危险区域以外，则追踪星不会与目标碰撞。

$$\boldsymbol{a}_D = \begin{cases} a_{\mathrm{m}} \dfrac{\Delta \boldsymbol{v}}{\Delta v} & \left(k_a \sqrt{\Delta v} > a_{\mathrm{m}}\right) \\ k_a \sqrt{\Delta v} \dfrac{\Delta \boldsymbol{v}}{\Delta v} & \left(k_a \sqrt{\Delta v} \leqslant a_{\mathrm{m}}\right) \end{cases} \tag{6-34}$$

式中，$\Delta \boldsymbol{v} = \boldsymbol{v}_{\mathrm{opt}} - \boldsymbol{v}_D$，$a_{\mathrm{m}}$ 表示运动规划中的最大加速度，而 k_a 为运动规划中的参数。可见按此式规划 $\boldsymbol{a}_D$ 后，$\boldsymbol{v}_D$ 将迅速收敛于 $\boldsymbol{v}_{\mathrm{opt}}$。故规划阶段 1 和 2 的关键在于确定 $\boldsymbol{v}_{\mathrm{opt}}$，使得 Σ_D 的位置运动合适。由于阶段 1 和 2 中的任务不同，故其 $\boldsymbol{v}_{\mathrm{opt}}$ 也不同，分别叙述如下。在阶段 1 中，由于两航天器间的距离大于 r_s，故二者不会发生碰撞。故令 $\boldsymbol{v}_{\mathrm{opt}}$ 的方向为 D(Σ_D 的原点) 指向 T，其大小为 v_{m}，即

$$\boldsymbol{v}_{\mathrm{opt}}^H = -v_{\mathrm{m}} \frac{\boldsymbol{\rho}_D^H}{\rho_D} \tag{6-35}$$

然后通过方程 (6-34) 可计算期望加速度 $\boldsymbol{a}_D^H$。然后对 $\boldsymbol{a}_D^H$ 积分，可计算 D 相对 Σ_H 的运动参数 ($\boldsymbol{\rho}_D^H$、$\boldsymbol{v}_D^H$ 及 $\boldsymbol{a}_D^H$)。

阶段 2 在本阶段末，追踪星应该以零速度到达 S，且在到达前不应进入危险区域。令 $\boldsymbol{\rho}_D^T = [x_D^T, y_D^T, z_D^T]^{\mathrm{T}}$ 表示 D 相对 Σ_T 的位置矢量，注意这里的斜体上标 “T” 表示该矢量相对 Σ_T 的坐标阵，而正体上标 “T” 则表示转置。如图 6.7 所示，若 $y_D^{\mathrm{T}} < r_s$，则 $\boldsymbol{v}_{\mathrm{opt}}$ 的方向沿危险区域的切线 DP①，否则沿 DS。计算 $\boldsymbol{v}_{\mathrm{opt}}$ 方向 $\boldsymbol{e}_v^{\mathrm{T}}$ 的具体过程见文献 [15]。

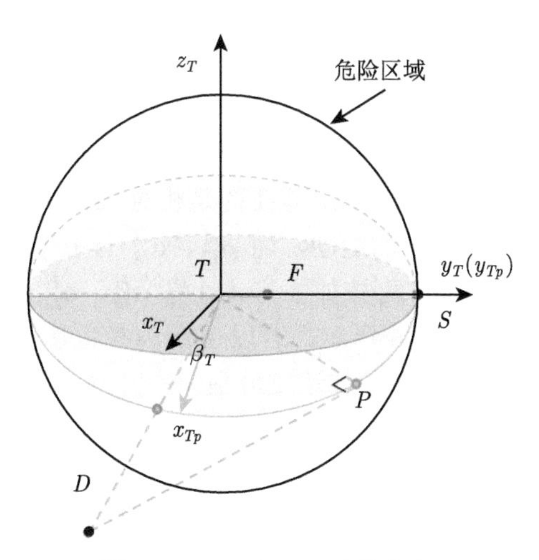

图 6.7 $\boldsymbol{v}_{\mathrm{opt}}$ 在 Σ_T 中的方向

① 点 D、T 及 S 确定一个平面 x_{Tp}-T-y_{Tp}。此平面与危险区域的交集为一个圆平面区域。DP 即此圆的切线。

$\boldsymbol{v}_{\text{opt}}$ 的大小为

$$v_{\text{opt}} = \begin{cases} v_{\text{m}'} & \left(k_v\sqrt{|DS|} > v_{\text{m}'}\right) \\ k_v\sqrt{|DS|} & \left(k_v\sqrt{|DS|} \leqslant v_{\text{m}'}\right) \end{cases} \tag{6-36}$$

式中，$v_{\text{m}'}$ 表示追踪星接近目标后 (进入阶段 2 后) 所允许的最大速率 (相对 $\varSigma_T$)，而 k_v 为运动规划中的参数。目前为止，$\varSigma_D$ 相对 $\varSigma_T$ 的 $\boldsymbol{v}_{\text{opt}}$ 已经求得为 $\boldsymbol{v}_{\text{opt}}^{\text{T}} = v_{\text{opt}}\boldsymbol{e}_v^{\text{T}}$。然后，可通过将 $\boldsymbol{v}_{\text{opt}}^{\text{T}}$ 代入方程 (6-34) 而获得 $\boldsymbol{a}_D^{\text{T}}$，即 $\dfrac{{}^{\text{T}}\text{d}^2}{\text{d}t^2}\left(\boldsymbol{\rho}_D^{\text{T}}\right)$。这之后可通过积分计算 $\boldsymbol{\rho}_D^{\text{T}}$ 与 $\boldsymbol{v}_D^{\text{T}}$。

阶段 3 追踪星在 S 处位置保持 (相对 $\varSigma_T$)，故 $\boldsymbol{\rho}_D^{\text{T}} = [0, r_s, 0]^{\text{T}}$，$\boldsymbol{v}_D^{\text{T}} = \boldsymbol{a}_D^{\text{T}} = \boldsymbol{0}$。

阶段 4 追踪星相对 $\varSigma_T$ 沿对接走廊 SF 运动，$\boldsymbol{v}_D^{\text{T}}$ 的初始值和终止值为零。因此，$\boldsymbol{v}_D^{\text{T}}$ 的大小可规划为

$$v_D = \begin{cases} a_{\text{m}}\tau & (0 \leqslant \tau \leqslant \tau_{sf}) \\ v_{\text{m}'} & (\tau_{sf} < \tau < \tau_f - \tau_{sf}) \\ a_{\text{m}}(\tau_f - \tau) & (\tau_f - \tau_{sf} \leqslant \tau \leqslant \tau_f) \end{cases} \tag{6-37}$$

式中，$\tau = t - t_{s4}$，t_{s4} 为阶段 4 的初始时刻，$\tau_{sf} = v_{\text{m}'}/a_{\text{m}}$，且 $\tau_f = (r_s - r_f)/v_{\text{m}'} + \tau_{sf}$。然后可根据方程 (6-37) 计算 $\boldsymbol{\rho}_D^{\text{T}}$ 与 $\boldsymbol{a}_D^{\text{T}}$。

阶段 5 与阶段 3 类似，$\boldsymbol{\rho}_D^{\text{T}} = [0, r_f, 0]^{\text{T}}$，$\boldsymbol{v}_D^{\text{T}} = \boldsymbol{a}_D^{\text{T}} = \boldsymbol{0}$。

值得注意的是，在阶段 2~5 中，所获得 $\varSigma_D$ 的运动参数 ($\boldsymbol{\rho}_D^{\text{T}}$、$\boldsymbol{v}_D^{\text{T}}$ 及 $\boldsymbol{a}_D^{\text{T}}$) 是相对 $\varSigma_T$ 的，然而位姿跟踪控制器所需要的是相对 $\varSigma_H$ 的 $\boldsymbol{\rho}_D^H$、$\boldsymbol{v}_D^H$ 与 $\boldsymbol{a}_D^H$。$\boldsymbol{\rho}_D^{\text{T}}$、$\boldsymbol{v}_D^{\text{T}}$ 及 $\boldsymbol{a}_D^{\text{T}}$ 表示 D 点相对 $\varSigma_T$ 的运动，而 $\boldsymbol{\rho}_D^H$、$\boldsymbol{v}_D^H$ 与 $\boldsymbol{a}_D^H$ 则是 D 点相对 $\varSigma_H$ 的运动。根据相对运动的原理，可按如下方式计算 $\boldsymbol{\rho}_D^H$、$\boldsymbol{v}_D^H$ 与 $\boldsymbol{a}_D^H$。首先需要知道 $\varSigma_T$ 相对 $\varSigma_H$ 的运动。如图 6.5 所示，若以 $\varSigma_H$ 为参考基，$\varSigma_T$ 绕其原点 T(也是 $\varSigma_H$ 的原点) 旋转，且角速度和角加速度分别为

$$\begin{cases} \boldsymbol{\omega}_{T/H}^H = \boldsymbol{A}^{HT}\boldsymbol{\omega}_{T/N}^T - \boldsymbol{\omega}_{H/N}^H \\ \dot{\boldsymbol{\omega}}_{T/H}^H = \boldsymbol{A}^{HT}\dot{\boldsymbol{\omega}}_{T/N}^T - \dot{\boldsymbol{\omega}}_{H/N}^H \end{cases} \tag{6-38}$$

式中，$\boldsymbol{\omega}_{T/N}^T$、$\dot{\boldsymbol{\omega}}_{T/N}^T$ 分别为目标卫星相对 $\varSigma_N$ 的角速度和角加速度 (已知量)，$\boldsymbol{A}^{HT}$ 为 $\varSigma_T$ 到 $\varSigma_H$ 的方向余弦矩阵，$\boldsymbol{\omega}_{H/N}^H$ 和 $\dot{\boldsymbol{\omega}}_{H/N}^H$ 分别表示 $\varSigma_H$ 相对 $\varSigma_N$ 的角速度和角加速度，后三个参数的计算过程参考文献 [61]。根据相对运动的原理，D 相

对 Σ_H 的运动参数可按下式计算：

$$\begin{cases} \boldsymbol{\rho}_D^H = \boldsymbol{A}^{HT}\boldsymbol{\rho}_D^T \\ \boldsymbol{v}_D^H = \boldsymbol{v}_{\text{rel}}^H + \boldsymbol{v}_e^H \\ \boldsymbol{a}_D^H = \boldsymbol{A}^{HT}\boldsymbol{a}_D^T + \dot{\boldsymbol{\omega}}_{T/H}^H \times \boldsymbol{\rho}_D^H + 2\boldsymbol{\omega}_{T/H}^H \times \boldsymbol{v}_{\text{rel}}^H + \boldsymbol{\omega}_{T/H}^H \times \boldsymbol{v}_e^H \end{cases} \tag{6-39}$$

式中，$\boldsymbol{v}_{\text{rel}}^H = \boldsymbol{A}^{HT}\boldsymbol{v}_D^T$，$\boldsymbol{v}_e^H = \boldsymbol{\omega}_{T/H}^H \times \boldsymbol{\rho}_D^H$。

6.5.2 期望姿态运动的规划

本节规划期望的姿态运动。若追踪星沿着期望的运动而移动，则其上相机的光轴会始终准确指向目标卫星，且能以合适的相对位姿与目标卫星对接，见图 6.6。值得注意的是，追踪星上相机的光轴应该沿着 Σ_C 的 y 轴负向，这样对接时追踪星上的相机光轴正好对准目标 T，见图 6.6。本节所规划的姿态运动可分为如下三个阶段。

阶段 1 在 6.5.1 节中质心运动的 1、2 阶段，采用统一的姿态规划方法，故姿态运动阶段 1 的时间范围对应于质心运动 1 和 2 阶段的时间范围。在本阶段，所规划的姿态运动可保证追踪星上相机的光轴始终刚好指向目标 T。

阶段 2 阶段 1 结束时，Σ_D 到达 S 点，然后在此停留一段时间。按阶段 1 的规划，相机光轴 (y_D 轴负向) 始终指向 T 点，故 Σ_D 刚到 S 点时 y_D 轴必然沿着 TS 方向，即 y_D 轴与 y_T 轴平行，如图 6.8 所示。因此在本阶段，可规划 Σ_D 绕 Σ_T 的 y 轴旋转，直到 Σ_D 与 Σ_T 平行，见图 6.8。此为单轴旋转，其角速度可按方程 (6-37) 规划。这里规划的最大角速度记作 ω_{m}，规划的角加速度记作α_{m}。它们分别对应于方程 (6-37) 中的 $v_{\text{m}'}$ 与 a_{m}。

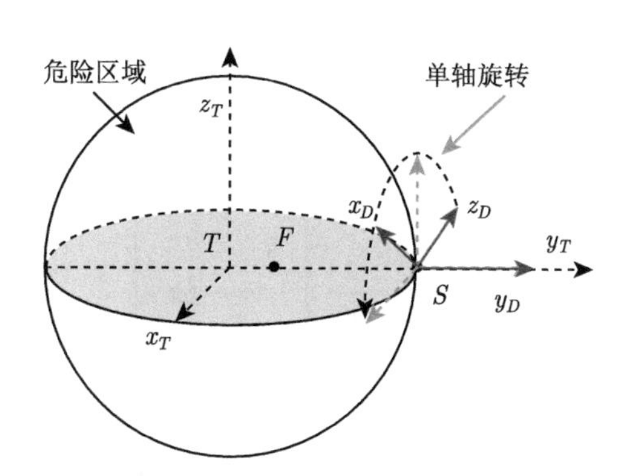

图 6.8 Σ_D 刚到达 S 时的位姿

阶段 3 阶段 2 结束时，Σ_D 平行于 Σ_T，此后 (本阶段) 让 Σ_D 与 Σ_T 保持平行即可。在姿态运动的阶段 3，D 停留在线段 FS 上，见图 6.8。因此，本节所规划的运动可以保证追踪星上相机的光轴始终正好指向目标，且追踪星以合适的姿态与目标对接。

如上，姿态运动的阶段 2 和 3 已经说明，而阶段 1 尚需进一步说明，其细节如下。目标的质心 T 在 Σ_H 的原点。如图 6.9 所示，为了保证相机光轴始终精确指向目标 T，坐标系 Σ_D 的 y_D 轴应始终沿着ρ_D 的方向。故 $\mathrm{d}t$ 的时间间隔内，y_D 轴转过的角度 $\mathrm{d}\theta$ 如图 6.9 所示。$\mathrm{d}\theta$ 也表示 Σ_D 相对 Σ_H 在 $\mathrm{d}t$ 内转过的角度，其方向为 $\boldsymbol{\rho}_D^H \times \boldsymbol{v}_D^H$，大小为

$$\mathrm{d}\theta = \frac{v_D \mathrm{d}t \sin\gamma}{\rho_D + v_D \mathrm{d}t \cos\gamma} \tag{6-40}$$

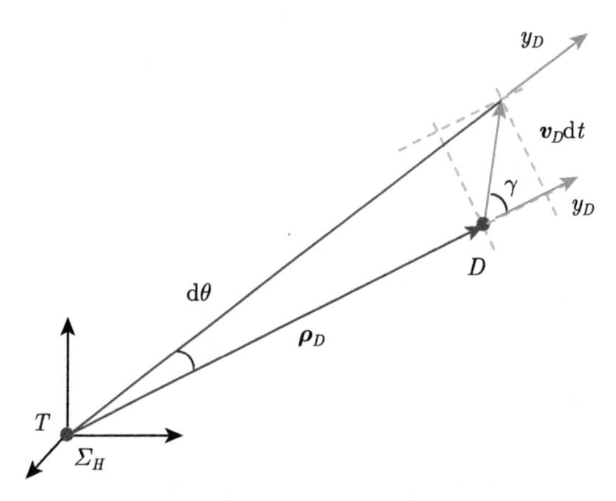

图 6.9　姿态运动与质心运动的关系

式中，v_D 为 $\boldsymbol{v}_D^H$ 的模，γ 为 $\boldsymbol{\rho}_D^H$ 与 $\boldsymbol{v}_D^H$ 间的夹角。因此，$\dot{\theta}$ 等于：

$$\dot{\theta} = v_D \sin\gamma / \rho_D \tag{6-41}$$

这即为 Σ_D 相对 Σ_H 角速度 $\omega_{D/H}$ 的模。结合其方向 $\boldsymbol{\rho}_D^H \times \boldsymbol{v}_D^H$，可求得 $\omega_{D/H}$ 等于：

$$\boldsymbol{\omega}_{D/H}^H = \frac{1}{\rho_D^2}\begin{bmatrix} y\dot{z} - \dot{y}z \\ z\dot{x} - \dot{z}x \\ x\dot{y} - \dot{x}y \end{bmatrix} \tag{6-42}$$

式中，$[x, y, z]^{\mathrm{T}} = \boldsymbol{\rho}_D^H$，$[\dot{x}, \dot{y}, \dot{z}]^{\mathrm{T}} = \boldsymbol{v}_D^H$，$\rho_D^2 = x^2 + y^2 + z^2$。然后可得到 Σ_D 相对 Σ_H 的角加速度：

$$\dot{\boldsymbol{\omega}}_{D/H}^H = \frac{{}^H\mathrm{d}}{\mathrm{d}t}\left(\boldsymbol{\omega}_{D/H}^H\right) = \frac{-2(x\dot{x} + y\dot{y} + z\dot{z})}{\rho_D^2}\boldsymbol{\omega}_{D/H}^H + \frac{1}{\rho_D^2}\begin{bmatrix} y\ddot{z} - \ddot{y}z \\ z\ddot{x} - \ddot{z}x \\ x\ddot{y} - \ddot{x}y \end{bmatrix} \tag{6-43}$$

目前为止，可通过积分计算 Σ_D 相对 Σ_H 的旋转运动参数 $\boldsymbol{\Theta}_{D/H}$、$\boldsymbol{\omega}_{D/H}^H$ 及 $\dot{\boldsymbol{\omega}}_{D/H}^H$。此处 $\boldsymbol{\Theta}_{D/H}$ 为 Σ_D 相对 Σ_H 的旋转矢量。然而位姿跟踪控制器所需要的是 Σ_D 相对 Σ_N 的旋转运动参数 $(\boldsymbol{\omega}_D^D, \dot{\boldsymbol{\omega}}_D^D)$。这些参数可由下式计算：

$$\begin{cases} \boldsymbol{\omega}_D^D = \boldsymbol{\omega}_{D/H}^D + \boldsymbol{\omega}_{H/N}^D \\ \dot{\boldsymbol{\omega}}_D^D = \boldsymbol{A}^{DH}\dot{\boldsymbol{\omega}}_{D/H}^H + \boldsymbol{\omega}_{H/N}^D \times \boldsymbol{\omega}_{D/H}^D + \boldsymbol{A}^{DH}\dot{\boldsymbol{\omega}}_{H/N}^H \end{cases} \tag{6-44}$$

式中，$\boldsymbol{A}^{DH}$ 为 Σ_H 到 Σ_D 的方向余弦矩阵，$\boldsymbol{\omega}_{D/H}^D = \boldsymbol{A}^{DH}\boldsymbol{\omega}_{D/H}^H$，$\boldsymbol{\omega}_{H/N}^D = \boldsymbol{A}^{DH}\boldsymbol{\omega}_{H/N}^H$。

6.6 改进的运动规划

对于上述规划的期望位姿运动，质心运动的阶段 1、2 和 4 中的加速度不连续，姿态运动阶段 2 中的角加速度也不连续。这些不连续处的急动度 (加速度的导数) 无穷大。汽车工程师用急动度作为评判乘客不舒适程度的指标。例如，汽车突然加速、突然刹车或者遭受撞击时，乘客会感到不舒服，甚至是疼痛。汽车的急动度越大，乘客越不舒服。因此，6.5 节的规划方法还可进一步改进。本小节利用临界阻尼弹簧振子的自由运动规律改进上述规划方法，使所得加速度和角加速度均连续，且急动度在一定范围内。下面首先介绍临界阻尼弹簧振子的自由运动规律。

6.6.1 临界阻尼弹簧振子的自由运动规律

设某临界阻尼弹簧振子的平衡点在 $x = x_f$ 处，则其自由运动微分方程为

$$\ddot{x} = -2\omega_n\dot{x} - \omega_n^2(x - x_f) \tag{6-45}$$

式中，x 为振子的位置坐标，ω_n 为该系统的固有频率。方程 (6-45) 的解为

$$\begin{cases} x(t) = x_f + \mathrm{e}^{-\omega_n t}[x_0 + (\omega_n x_0 + \dot{x}_0)t] \\ \dot{x}(t) = \mathrm{e}^{-\omega_n t}[\dot{x}_0 - (\omega_n x_0 + \dot{x}_0)\omega_n t] \\ \ddot{x}(t) = \omega_n \mathrm{e}^{-\omega_n t}[(\omega_n x_0 + \dot{x}_0)\omega_n t - (2\dot{x}_0 + \omega_n x_0)] \\ \dddot{x}(t) = \omega_n^2 \mathrm{e}^{-\omega_n t}[(3\dot{x}_0 + 2\omega_n x_0) - (\omega_n x_0 + \dot{x}_0)\omega_n t] \end{cases} \tag{6-46}$$

式中，x_0、$\dot{x}_0$ 分别为振子的初始位置和初始速度。

平动阶段 4 的直线运动，转动阶段 2 的单轴旋转均为 1 维运动，故首先介绍如下 1 维运动规划的例子。规划点 A 的运动 $y_A(t)$，使其位置收敛于 B 点处，见图 6.10。

图 6.10　1 维运动的规划

点 A 的运动规划可分为如下两部分。第一部分：让点 A 的速度 v_A 收敛于最佳速度 v_{opt}。v_{opt} 的大小为 v_{m}，方向指向 B 点，即

$$v_{\mathrm{opt}} = v_{\mathrm{m}}(y_B - y_A)/\left|y_B - y_A\right| \tag{6-47}$$

参考方程 (6-45)，可将本阶段的运动规划为

$$j_A = -2\omega_n a_A - \omega_n^2(v_A - v_{\mathrm{opt}}) \tag{6-48}$$

式中，$v_A = \dot{y}_A$，$a_A = \ddot{y}_A$，而 $j_A = \dddot{y}_A$。则 v_A 将以临界阻尼弹簧振子的自由运动规律收敛于 v_{opt}。结合初始条件，对 j_A 积分可得到 $a_A(t)$、$v_A(t)$ 和 $y_A(t)$。

按上述规划，A、B 的间距逐渐缩小，缩小到 $y_B - y_A = 2v_A/\omega_n$ 时，进入第二部分，此时可参考方程 (6-45) 将点 A 的最佳加速度 a_{opt} 设计为

$$a_{\mathrm{opt}} = -2\omega_n v_A - \omega_n^2(y_A - y_B) \tag{6-49}$$

如此在第二部分中，A 运动到点 B 处的运动规律将满足临界阻尼弹簧振子的自由运动规律。易知只要 A、B 的间距达到一定值，则第一部分结束时 v_A 将已非常接近于 v_{opt}，a_A 会很接近零。故本章按上述距离 $(2v_A/\omega_n)$ 确定第一、二部分的分界点，使得在第二部分刚开始时的 a_{opt} 也为零。为了让 a_A 迅速收敛到 a_{opt}，将点 A 的急动度规划为

$$j_A = \begin{cases} j_{\mathrm{m}}\Delta a/\left|\Delta a\right| & (k_j\left|\Delta a\right| \geqslant j_{\mathrm{m}}) \\ k_j\Delta a & (k_j\left|\Delta a\right| < j_{\mathrm{m}}) \end{cases} \tag{6-50}$$

式中，$\Delta a = a_{\mathrm{opt}} - a_A$，$j_{\mathrm{m}}$ 与 k_j 为常值参数。对 j_A 积分可得到 $a_A(t)$、$v_A(t)$ 和 $y_A(t)$，且这样可以确保 $y_A(t)$、$v_A(t)$ 和 $a_A(t)$ 在整个过程中连续。值得注意的是，这里没有直接按式 (6-45) 规划点 A 的加速度 a_A，而是分为两个阶段规划，有两方面的原因：① a_A 的初始值很可能不等于式 (6-45) 的计算结果，② 若 A、B 的初始间距过大，则如此规划的 a_A 会在开始一段时间内过大，超出允许的范围。

设点 A 的初始速度 v_0 不超过 v_{m}，其加速度的初始值为零，且 (第二部分中) 点 A 的加速度 a_A 与 a_{opt} 的差别足够小。根据式 (6-46)，容易证明：① 整个过程中的速度不超过 v_{m}；② 第一部分中加速度与急动度最大值分别为 $\omega_n(v_{\mathrm{opt}} - v_0)/e$ 和 $\omega_n^2(v_{\mathrm{opt}} - v_0)$，$v_{\mathrm{opt}}$ 见方程 (6-47)；③ 第二部分中加速度与急动度最大值分别

为 $\omega_n v_{2,0}/e$ 和 $\omega_n^2 v_{2,0}$，这里 $v_{2,0}(\leqslant v_{\mathrm{m}})$ 表示第二部分刚开始时点 A 的速度。因此，按本方法规划得到的运动中，加速度 $a_A(t)$ 和急动度 $j_A(t)$ 的最大值可分别表示为

$$\begin{cases} a_{\mathrm{m}} = \max(\omega_n(v_{\mathrm{opt}} - v_0)/e,\ \omega_n v_{\mathrm{m}}/e) \\ j_{\mathrm{m}} = \max(\omega_n^2(v_{\mathrm{opt}} - v_0),\ \omega_n^2 v_{\mathrm{m}}) \end{cases} \tag{6-51}$$

因此，① 若按本方法规划点 A 的运动，则所得的 $y_A(t)$、$v_A(t)$ 和 $a_A(t)$ 均连续有界，急动度 $j_A(t)$ 也在一定范围内；② 若分别设定 $v_A(t)$、$a_A(t)$ 和 $j_A(t)$ 的最大幅值，则由上式可确定出合适的ω_n。

6.6.2 改进后期望质心运动的规划

本节介绍改进后期望质心运动的规划。如前所述，对于 6.5.1 节中规划的质心运动，仅阶段 1、2 和 4 中加速度不连续，故只需对这三个阶段进行改进。

阶段 1 本阶段中没有必要保留 6.6.1 节中 1 维运动规划例子的第二部分，可以直规划点 D 的速度 $\boldsymbol{v}_D$ 收敛于式 (6-35) 设计的最佳速度 $\boldsymbol{v}_{\mathrm{opt}}^H$。即根据式 (6-48)，将点 D 的急动度规划为

$$\boldsymbol{j}_D^H = -2\omega_n \boldsymbol{a}_D^H - \omega_n^2(\boldsymbol{v}_D^H - \boldsymbol{v}_{\mathrm{opt}}^H) \tag{6-52}$$

阶段 2 在本阶段，追踪星应该以零速度到达 S，需全部保留 6.6.1 节中 1 维运动规划例子的两部分。具体地，对于本阶段的前期，沿用式 (6-36) 设计的最佳速度为 $\boldsymbol{v}_{\mathrm{opt}}^T = v_{\mathrm{m}'}\boldsymbol{e}_v^T$。根据式 (6-48)，可将点 D 的急动度 $\boldsymbol{j}_D$ 规划为

$$\boldsymbol{j}_D^T = -2\omega_n \boldsymbol{a}_D^T - \omega_n^2(\boldsymbol{v}_D^T - \boldsymbol{v}_{\mathrm{opt}}^T) \tag{6-53}$$

如此可让 $\boldsymbol{v}_D$ 收敛于最佳速度 $\boldsymbol{v}_{\mathrm{opt}}$。本阶段中所规划的轨迹大致如图 6.11 所示。点 D 沿 D_1P 和弧线 PS 逐渐向 S 靠拢，当 $DS = \left|\boldsymbol{\rho}_D^T - \boldsymbol{\rho}_S^T\right| = 2v_{\mathrm{m}'}\ /\ \omega_n$ 时[①]，进入本阶段的第二部分，此时点 D 的位置记作 D_2。在本章所选参数的情况下，线段 D_2S 距离危险区域中心 T 的距离至少为 $0.993r_s$。此后，可让 D 以临界阻尼弹簧振子的自由运动规律收敛于 S 点，(如此 D 进入危险区域的深度最大约为 $0.007r_s$，可忽略不计)，即根据式 (6-50) 将点 D 的急动度规划为

$$\boldsymbol{j}_D^T = \begin{cases} j_{\mathrm{m}}\Delta\boldsymbol{a}_D^T/\left|\Delta\boldsymbol{a}_D^T\right| & (k_j\left|\Delta\boldsymbol{a}_D^T\right| \geqslant j_{\mathrm{m}}) \\ k_j\Delta\boldsymbol{a}_D^T & (k_j\left|\Delta\boldsymbol{a}_D^T\right| < j_{\mathrm{m}}) \end{cases} \tag{6-54}$$

式中，$\Delta\boldsymbol{a}_D^T = \boldsymbol{a}_{\mathrm{opt}}^T - \boldsymbol{a}_D^T$，而 $\boldsymbol{a}_{\mathrm{opt}}^T = -2\omega_n\boldsymbol{v}_D^T - \omega_n^2(\boldsymbol{\rho}_D^T - \boldsymbol{\rho}_S^T)$。

① 这是进入“第二阶段后期”的标志。第二阶段开始时，DS 间距离至少为 $1.5r_s$，足够使得 D 的速度收敛至 $v_{\mathrm{m}'}$ 附近，故将标志简化为此处的表达式，使得刚进入“第二阶段后期”时，$\boldsymbol{a}_{\mathrm{opt}}$ 接近于零，与 6.6.1 节中的规划基本保持一致。

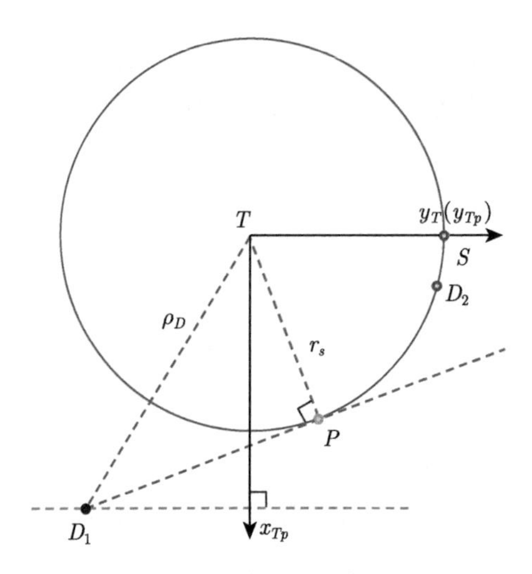

图 6.11　质心运动阶段 2

值得注意的是：本阶段中ω_n 的确定方法与 6.6.1 节末尾所示略有区别，这里分别确定两部分中的ω_n。第一部分中， ω_n 定为 $\min(ea_{\mathrm{m}}/\left|\boldsymbol{v}_{\mathrm{opt},0}^T-\boldsymbol{v}_{D,0}^T\right|,\sqrt{j_{\mathrm{m}}/\left|\boldsymbol{v}_{\mathrm{opt},0}^T-\boldsymbol{v}_{D,0}^T\right|})$，此处 $\boldsymbol{v}_{\mathrm{opt},0}^T$ 和 $\boldsymbol{v}_{D,0}^T$ 分别表示 $\boldsymbol{v}_{\mathrm{opt}}^T$ 和 $\boldsymbol{v}_D^T$ 在此阶段的初始值；第二部分中，ω_n 定为 $\min(ea_{\mathrm{m}}/v_{\mathrm{m}'},\sqrt{j_{\mathrm{m}}/v_{\mathrm{m}'}})$。此外，前述进入第二部分时，所用标志的表达式中的$\omega_n$ 取第二部分中的值。由 6.6.1 节可知，这样可以让两个部分中的加速度与急动度都达到本章设置的最大值。

阶段 4　本阶段中追踪星沿对接走廊 (直线)SF 运动，故 D 相对 Σ_T 的运动为 1 维运动。因此，可直接按 6.6.1 节中的方法规划 D 相对 Σ_T 的运动，其中最大速度为 $v_{\mathrm{m}'}$。

6.6.3　改进后期望姿态运动的规划

本节介绍改进后期望姿态运动的规划。如前所述，对于 6.5.2 节中规划的姿态运动，仅阶段 2 中角加速度不连续，故只需对这一个阶段进行改进。

阶段 2　如前所述，本阶段中，Σ_D 相对 Σ_T 的转动是 1 维转动，故该转动可直接按 6.6.1 节中的方法规划，其中最大角速度、最大角加速度、最大角急动度和最大参数 k_j 分别记作ω_{m}、α_{m}、$j_{\omega,\mathrm{m}}$ 和 k_{j_ω}。

6.7　数 值 仿 真

本节为数值仿真，以验证本章所提的三个位姿跟踪控制器的有效性，并验证本章所提的基于运动规划和位姿跟踪控制的近距离交会策略的有效性。假设目标卫星在 Molniya 轨道上运行，轨道参数见表 6.1。

表 6.1 目标卫星的轨道参数 [48]

轨道参数	数值
半长轴/km	26553.937
偏心率	0.729677
轨道倾角/(°)	63.4
近地点幅角/(°)	−90
升交点赤经/(°)	0

追踪星的质量为 $m_C = 15$ kg，在其连体基 Σ_C 中的惯量矩阵 $\boldsymbol{J}_C = \mathrm{diag}(3.0514\mathrm{kg{\cdot}m^2}, 2.6628\mathrm{kg{\cdot}m^2}, 2.1879\mathrm{kg{\cdot}m^2})$。目标卫星在其连体基 Σ_T 中的惯量矩阵为 $\mathrm{diag}(3.85\mathrm{kg{\cdot}m^2}, 4.36\mathrm{kg{\cdot}m^2}, 4.90\mathrm{kg{\cdot}m^2})$。初始时，目标卫星在其轨道上的近地点处。追踪星质心运动的初始条件为

$$\left\{\begin{array}{l}\boldsymbol{\rho}_C^H(t_0) = [200,\ 140,\ -250]^{\mathrm{T}}\ \ (\mathrm{m}) \\ \boldsymbol{v}_C^H(t_0) = [0.1,\ 0.2,\ 0.3]^{\mathrm{T}}\quad (\mathrm{m/s})\end{array}\right. \tag{6-55}$$

至于姿态运动的初始条件，在初始时，追踪星的姿态与最佳姿态间的旋转角为 35°，且角速度 $\boldsymbol{\omega}_C^C(t_0)$ =[0.25(°)/s, 0.25(°)/s, 0.25(°)/s]^{T}。此处“最佳姿态”指的是追踪星的某个合适姿态，这样追踪星上的相机光轴刚好指向目标卫星。

在本章所提的近距离交会策略中，首先根据目标卫星的运动实时规划出追踪星当前所需的期望位姿运动，然后使用位姿跟踪控制器控制追踪星跟踪此期望位姿运动。运动规划的方法及参数设置见 6.5 节。本章提出了三个位姿跟踪控制器，即 NTSM、ASM 和 ASM-up 控制器。NTSM 控制器的参数为 $p = 17$、$q = 15$、$\boldsymbol{B} = \boldsymbol{I}_6$ 及$\eta = [1\ 1\ 1\ 1\ 1\ 1]^{\mathrm{T}}$。使用滑模控制器时常见的抖振现象可通过将控制率 (6-16) 中的符号函数替换为连续的饱和函数 (见下式) 来解决。

$$\mathrm{sat}(s_i, \varepsilon) = \left\{\begin{array}{ll} s_i/\varepsilon, & |s_i| < \varepsilon \\ \mathrm{sgn}(s_i), & |s_i| \geqslant \varepsilon \end{array}\right. \tag{6-56}$$

本章将式中的 ε 设为 10。ASM 和 ASM-up 控制器的参数设置为：$\boldsymbol{C} = [4,\ 1,\ 2;\ 3,\ 4,\ 3;\ 2,\ 2,\ 4]$、$k$ =10、$\eta_1 = \eta_2$ =2、ω_n =0.1、$\hat{\lambda}(t_0) = \hat{\beta}_d(t_0) = 1$、$\boldsymbol{z}_{\mathrm{tran}}(t_0) = \boldsymbol{z}_{\mathrm{rot}}(t_0) = \boldsymbol{x}_{d,\mathrm{tran}}(t_0) = \boldsymbol{x}_{d,\mathrm{rot}}(t_0)$= [0, 0, 0]^{T}。$\boldsymbol{Q}(\boldsymbol{x})$ 与 $\boldsymbol{L}(\boldsymbol{x})$ 按下式给出：

$$\left\{\begin{array}{l}\boldsymbol{Q}(\boldsymbol{x}) = [x_1 + x_1^3/3,\ x_2 + x_2^3/3,\ x_3 + x_3^3/3]^{\mathrm{T}} \\ \boldsymbol{L}(\boldsymbol{x}) = \mathrm{diag}(1 + x_1^2,\ 1 + x_2^2,\ 1 + x_3^2)\end{array}\right. \tag{6-57}$$

式中，$\boldsymbol{x}=[x_1,\ x_2,\ x_3]^{\mathrm{T}}$。使用 ASM-up 控制器时，需要利用 UKF 估计追踪星的惯量参数。这时需要用到对追踪星的位姿观测数据，本章通过在此位姿精确数据上增加 2 cm 和 2° 的白噪声来模拟生成此观测数据。控制时，采样周期统一选择为 0.05 s，控制输入的上限为 $\left|F_{C,i}^{H}\right|\leqslant m_C\times 2\ \mathrm{m/s^2}$ 及 $\left|M_{C,i}^{C}\right|\leqslant 1\mathrm{N\cdot m}$。

式 (6-3) 与式 (6-8) 中未知扰动为

$$\begin{cases}\Delta\boldsymbol{a}_{\rho}^{H}(t)=10^{-4}+10^{-4}[\sin(t_1)+\sin(t_2),-\sin(t_1)-\sin(t_2),\cos(t_1)+\cos(t_2)]^{\mathrm{T}}\\ \qquad(\mathrm{m/s^2})\\ \boldsymbol{d}_{\omega}^{C}(t)=10^{-5}+10^{-5}[\sin(t_1)+\sin(t_2),\ -\sin(t_1)-\sin(t_2),\ \cos(t_1)+\cos(t_2)]^{\mathrm{T}}\\ \qquad(\mathrm{N\cdot m})\end{cases} \tag{6-58}$$

式中，$t_1=\pi t/125$，$t_2=\pi t/200$。因此，干扰的上界为 $\Delta\boldsymbol{a}_{\rho,\max}^{H}=3\times10^{-4}[1\ 1\ 1]^{\mathrm{T}}\ \mathrm{m/s^2}$ 及 $\boldsymbol{d}_{\omega,\max}^{C}=3\times10^{-5}[1\ 1\ 1]^{\mathrm{T}}\ \mathrm{N\cdot m}$。

6.7.1　不受控翻滚目标的情形

在轨服务任务中，目标卫星不受控且作翻滚运动是很常见的。本节即考虑此情形。目标的质心在其轨道上自由运行。至于其姿态运动，考虑重力梯度力矩和微小干扰力矩 $\boldsymbol{d}_{\omega,T}^{\mathrm{T}}=\boldsymbol{d}_{\omega}^{C}$。其姿态运动的初始条件为

$$\begin{cases}\boldsymbol{\Theta}_{T/N}(t_0)=[0,0,0]^{\mathrm{T}}\\ \boldsymbol{\omega}_{T/N}^{T}(t_0)=[0.025\mathrm{rad/s},0.025\mathrm{rad/s},0.05\mathrm{rad/s}]^{\mathrm{T}}\end{cases} \tag{6-59}$$

式中，$\boldsymbol{\Theta}_{T/N}(t_0)$、$\boldsymbol{\omega}_{T/N}^{T}(t_0)$ 分别为 Σ_T 相对 Σ_N 的欧拉旋转矢量和角速度的初始值。为了论证本方法中运动规划的必要性，下面展示两个对比仿真。

1. 仿真一：追踪星直接跟踪目标卫星上的对接口

在文献 [39]~[47] 中，追踪星的位姿控制目标为直接跟踪目标卫星上的对接口，本节对此进行仿真。在本仿真中，使用 6.3 节中的 NTSM 控制器作为追踪星生成控制律，使其质心跟踪目标卫星的对接口，其姿态则跟踪目标卫星的姿态，即本仿真中不使用运动规划。位置和姿态的跟踪误差见图 6.12。如图所示，位置和姿态的跟踪误差最终都收敛到零附近，这意味着追踪星最终以合适的姿态到达了目标卫星的对接口。

然而，追踪星直接跟踪目标卫星上的对接口的方式无法保证：在整个过程中，追踪星的运动不违反任何约束。首先，注意到追踪星从初始位置 (距离目标约 348 m) 到对接口所用的时间约为 326 s，故追踪星的平均速度大于 1 m/s。这是

由于本方式没有约束追踪星的速度，所以使用本方式跟踪对接口的位置时，有必要另外对追踪星的速度进行约束。其次，视线角$\alpha(t)$ 的仿真结果见图 6.13。由图可知$\alpha(t)$ 在整个过程中有时能达到 170°。然而α 最大值的合理值约为 40°[48]。因此，在这个算例中，追踪星的位姿运动违反了“视场约束”；即在整个过程中，追踪星有时无法观察到目标卫星。

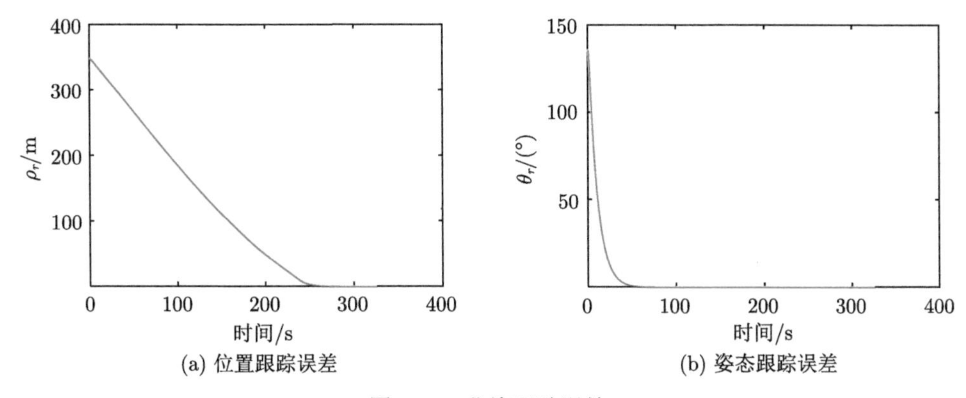

(a) 位置跟踪误差 (b) 姿态跟踪误差

图 6.12 位姿跟踪误差

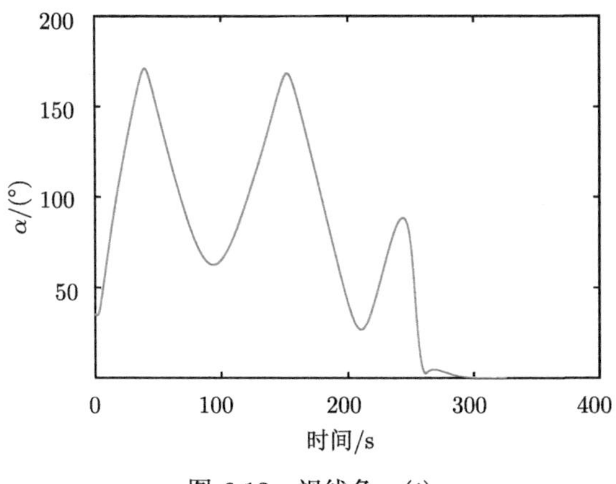

图 6.13 视线角 $\alpha(t)$

最后，为了清楚展示追踪星相对目标卫星的质心运动，当它足够接近目标时，其在目标连体基 Σ_T 中的轨迹见图 6.14。图中，球形区域即危险区域，球面上标出的那点为对接走廊的入口点 S，对接走廊在通过 S 和危险区域中心 T 的直线上。如图所示，追踪星没有沿对接走廊接近对接口。因此，追踪星可能会与目标发生碰撞。

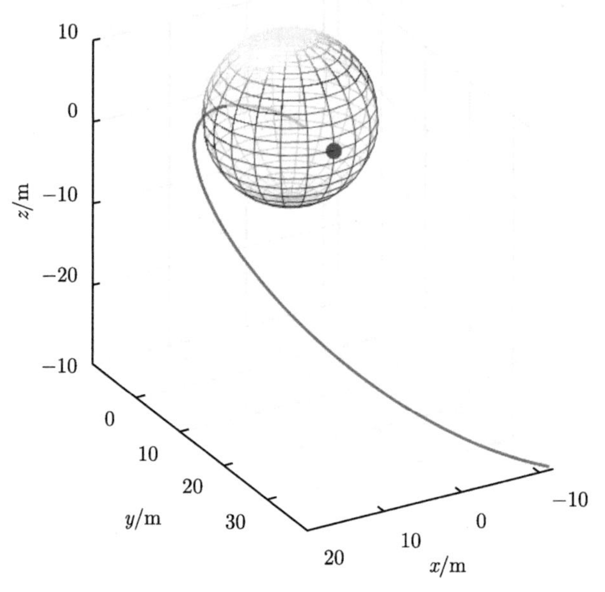

图 6.14 追踪星在 Σ_T 中轨迹

总之，若在近距离交会阶段中以此方式控制追踪星，则追踪星的速度可能会过大，且可能会同时违反进场约束与视场约束。出现这样结果并不意外。在这种方式中，追踪星直接跟踪对接口 F 的位姿，却不约束减小跟踪误差的方式，且通常情况下位置跟踪误差的初始值 (追踪星距离 F 的初始距离) 高达数百米。因此，在减小跟踪误差的过程中，追踪星的运动可能会违反某些约束。本仿真也说明了：仅仅使用位姿跟踪控制无法妥善处理与翻滚目标近距离交会中追踪星的位姿控制问题。

2. 仿真二：追踪星跟踪期望的位姿运动

在追踪星与翻滚目标的近距离交会中，本章所提的策略是控制追踪星使其跟踪 6.5 节中规划的期望位姿运动。本小节和 6.7.2 节中，期望位姿运动是根据 6.5 节中的“方法 1”来规划的，所用的位姿跟踪控制器为 NTSM 控制器。追踪星在 Σ_H 中的质心运动见图 6.15。如 6.5.1 节中的说明，本章所规划的质心运动分为 5 个阶段。此处图中以 4 条竖直的虚线将这 5 个阶段分开。如图所示：① 阶段 1 中，追踪星几乎做匀速直线运动 (相对近似于惯性系的参考系 Σ_H)；② 阶段 2 中，追踪星的速度不断改变以逐渐跟踪走廊入口点 S 的运动 (绕 T 旋转)；③ 阶段 3 中，追踪星跟踪 S 点的运动，故其位置不断改变；④ 阶段 4 中，追踪星沿对接走廊向 F 点移动，故位置幅值逐渐下降；⑤ 阶段 5 中，追踪星跟踪 F 点的

运动 (绕 T 旋转)，故其位置不断改变。

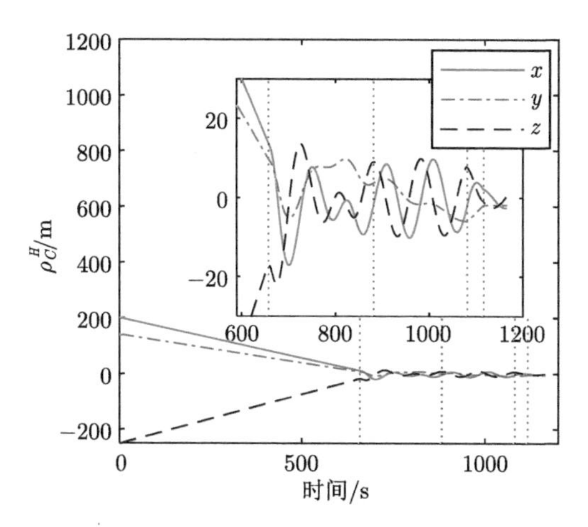

图 6.15 追踪星相对 Σ_H 的质心运动

当追踪星足够接近目标时，其在目标连体基 Σ_T 中的质心运动轨迹见图 6.16。如图所示，追踪星在到达 S 点之前，始终在危险区域以外 (在危险区域内轨迹的颜色较淡)；然后它沿着对接走廊向对接口 F 移动。如此避免了两航天器间的碰撞，可让追踪星安全到达目标卫星的对接口处。值得注意的是，在到达 S 点之前，追踪星的轨迹看似比较复杂。其实，如图 6.15 所示，在到达 S 点之前，追踪星在 Σ_H 中的轨迹接近于直线。此处的轨迹在目标的连体基 Σ_T 中显示。由于目标在翻滚，故轨迹看起来比较复杂。

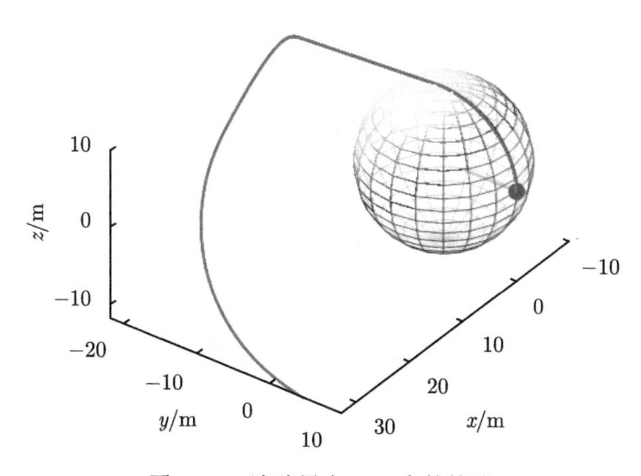

图 6.16 追踪星在 Σ_T 中的轨迹

控制输入见图 6.17。控制力直接与图 6.15 中的质心运动相关。如图 6.17 (a) 所示，控制力也按图 6.15 中的质心运动那样分为 5 个阶段。在期望的质心运动的阶段 1、2 和 4 的开始处，以及阶段 4 的末端处，加速度突变，故控制力也突变。如 6.5.2 节中所示，规划的姿态运动分为 3 个阶段。在图 6.17 (b) 中以两条竖直虚线将此 3 个阶段分开。在期望的姿态运动的 1、2 阶段的开始处，以及阶段 2 的末端处，角加速度突变，故控制力矩也突变。

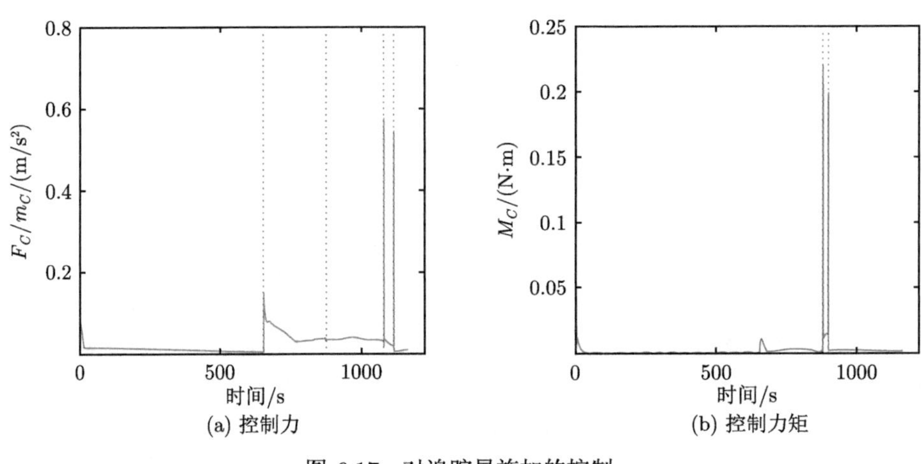

(a) 控制力　　(b) 控制力矩

图 6.17　对追踪星施加的控制

位置和姿态的跟踪误差见图 6.18，图中的画中画展示了误差的具体范围。本图中的两幅子图也分别按图 6.17 的两幅子图那样分为几个部分。如图所示，跟

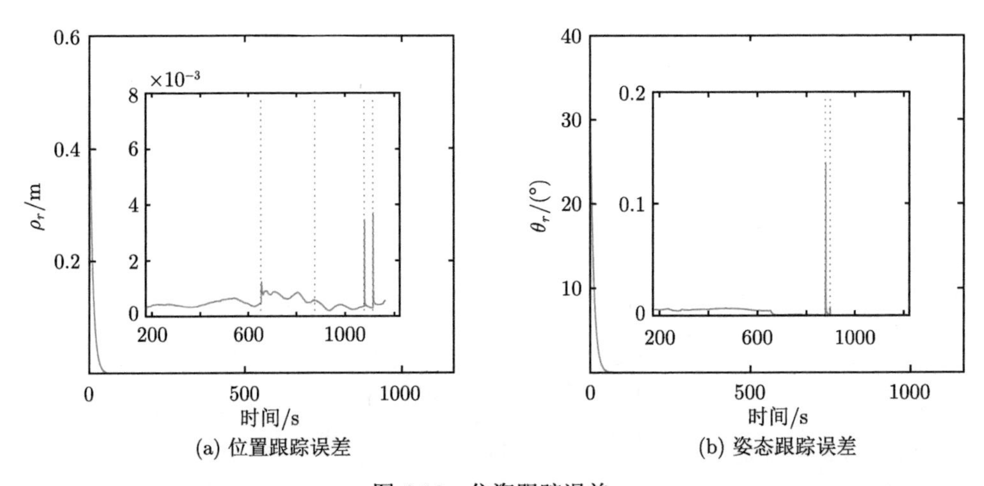

(a) 位置跟踪误差　　(b) 姿态跟踪误差

图 6.18　位姿跟踪误差

踪误差在数十秒内迅速减小，然后位置误差小于 4 mm，姿态误差小于 0.15°。同时注意到，在控制输入突变的地方，跟踪误差出现了小凸起。尽管如此，由于跟踪误差很小，实现了对期望运动的良好跟踪，故可保证追踪星以合适姿态到达目标卫星上的对接口。

值得注意的是，本章在规划期望的质心运动时，考虑了追踪星实际的初始位置和速度，故位置跟踪误差的初始值不大 (不超过 60 cm)。且由于本小节采用了确保跟踪误差在有限时间内收敛为零的 NTSM 位姿跟踪控制器，故位置跟踪误差在质心运动的阶段 1 的早期即收敛至 4 mm 以内。在阶段 1，追踪星与目标间的距离大于 $2.5r_s$(25 m)。由于在间距大于 r_s 的情况下，追踪星就不会与目标发生碰撞，故阶段 1 中位置跟踪误差即使高达 1 m 也是可以接受的。因此，再结合图 6.16 中的结果，可说明本方法避免了追踪星与目标卫星间的碰撞。

视线角$\alpha(t)$ 的仿真结果见图 6.19。如图所示，视线角迅速收敛到 1° 以内。如图 6.1 (b) 所示，α 表示追踪星上相机的光轴 $\boldsymbol{c}_b$ 与目标卫星所在方向 $\boldsymbol{r}_{T/C}$ 之间的夹角。因此，一旦α 小于一定值 (如 40°)，追踪星就可以观察目标并测其位姿。在本章中，对追踪星施加控制后，α 迅速降到 1° 以内，这意味着追踪星上的相机几乎刚好对准目标卫星。因此，追踪星可以很好地观察目标，即本方法使得追踪星的运动很好地满足了“视场约束”。注意到$\alpha(t)$ 不收敛至零，原因如下。如图 6.20 所示，目标卫星在 T 处，假设 $t=t_1$ 时追踪星的期望位姿在 C_1 处，$t=t_2$ 时追踪星的期望位姿在 C_2 处，图中箭头表示追踪星上相机光轴的期望方向。若姿态误差为零且位置误差为δ，则① $t=t_1$ 时，追踪星可能在 C_1'，则其视线角为α_1；② $t=t_2$ 时，追踪星可能在 C_2'，则其视线角为α_2；显然$\alpha_2>\alpha_1$。因此，如

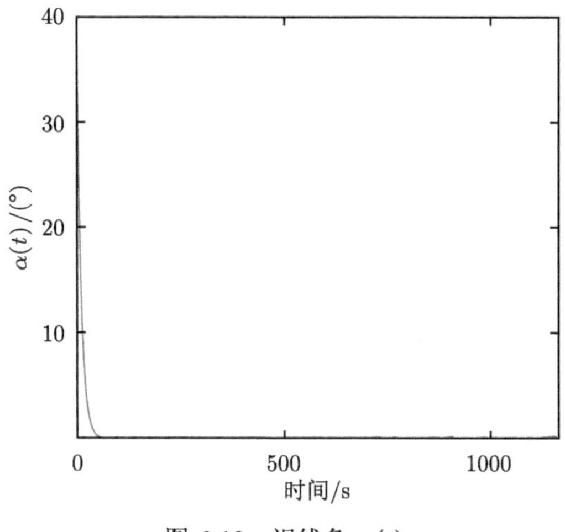

图 6.19 视线角 $\alpha(t)$

图 6.19 和图 6.20 所示，当追踪星接近目标时，$\alpha(t)$ 有时稍微变大。尽管如此，$\alpha(t)$ 在 1° 以内，这确保了追踪星对目标卫星的良好观测。

综上，一方面，本章为追踪星规划的期望位姿运动具有许多优点：避免两航天器间的碰撞、确保良好的视线角及速度合理；另一方面，对追踪星施加控制后，它可对期望位姿运动进行良好的跟踪。因此，若在追踪星与翻滚目标的近距离交会中使用本策略，则没有必要再对追踪星的运动进行约束。作为对比，若追踪星直接跟踪目标卫星上对接口的位姿，则需要约束追踪星的运动，否则追踪星的运动会违反“进场约束”和“视场约束”，且其速度可能会过大。因此，在采用本章所提的基于“运动规划”和“位姿跟踪控制”的近距离交会策略后，① 确保了追踪星以合适姿态安全到达目标卫星上的对接口，② 追踪星始终具有合适的姿态以确保对目标的良好观测，③ 追踪星的实际速度合理 (与期望速度很接近)。总的来说，将本策略用于近距离交会，则如文献 [53] 中那样具有挑战性的约束控制问题得以避免，即简化了位姿跟踪控制器的设计。

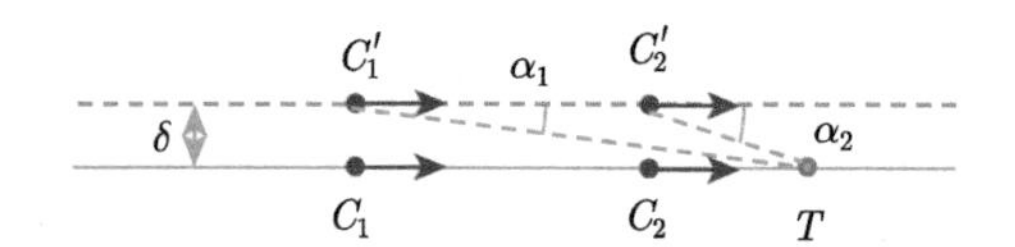

图 6.20 追踪星的期望、实际位姿

6.7.2 受控翻滚目标的情形

本节考虑了目标卫星受控且翻滚的情形，该情况下目标的翻滚运动更具一般性。本节中目标卫星的位姿运动与文献 [48] 中的完全一致。质心运动已于 6.7 节开始处描述，姿态运动如下：

$$\begin{cases} \boldsymbol{\Theta}_{T/N}(t_0) = [0,0,0]^{\mathrm{T}}, \ \boldsymbol{\omega}_{T/N}^{T}(t_0) = [0,0,0]^{\mathrm{T}} \\ \dot{\boldsymbol{\omega}}_{T/N}^{T}(t) = 0.01 \times [-0.45\sin(0.1t),\ \cos(0.2t),\ 0.5\cos(0.1t)]^{\mathrm{T}} \ \ (\mathrm{rad/s^2}) \end{cases} \tag{6-60}$$

控制输入见图 6.21。如图所示，F_C/m_C 与 M_C 的最大值分别约为 0.6 $\mathrm{m/s^2}$ 和 0.25 N · m。而在文献 [48] 中，这些值分别高达约 3.5 $\mathrm{m/s^2}$ 与 1.5 N · m。值得注意的是，本节中追踪星的惯量参数及目标卫星的位姿运动都与该文献中的一致。因此，本章大大降低了近距离交会中控制追踪星所需输入的幅值。本章取得此进步的原因如下。在该文献的方法中，即使当追踪星距离目标较远 (如数百米) 的时候，追踪星也始终被限制在固连于目标上的一个锥形区域中，见图 6.4。若目标卫星的姿态做旋转运动，由于追踪星一方面需要始终保持在进场约束的锥形区域内，另一方面需要不断靠近目标卫星的对接口，故其靠近轨迹将类似于阿基米德螺线。若追踪星按此方式向目标靠近，当它与目标的间距 r 较大时，由于绕目标旋转所需加速度 $r\omega^2$ 较大，故此时需要较大的控制力才能让追踪星按此方式运动。而在本章的近距离交会策略中，由于在两航天器间距大于 r_s (10 m) 的情况下，追踪星不会与目标发生碰撞，故而我们认为在质心运动的阶段 1 中 (两航天器间距大于 $2.5r_s$) 无须让追踪星保持在此进场约束锥形区域中。因此在本章中，一方面，追踪星在阶段 1 中几乎做匀速直线运动，故此阶段所需控制输入甚小；另一方面，这之后追踪星逐渐进入此锥形区域，由于此时两个航天器间距小于 $2.5r_s$，故此时所需的控制输入也不至于过大。

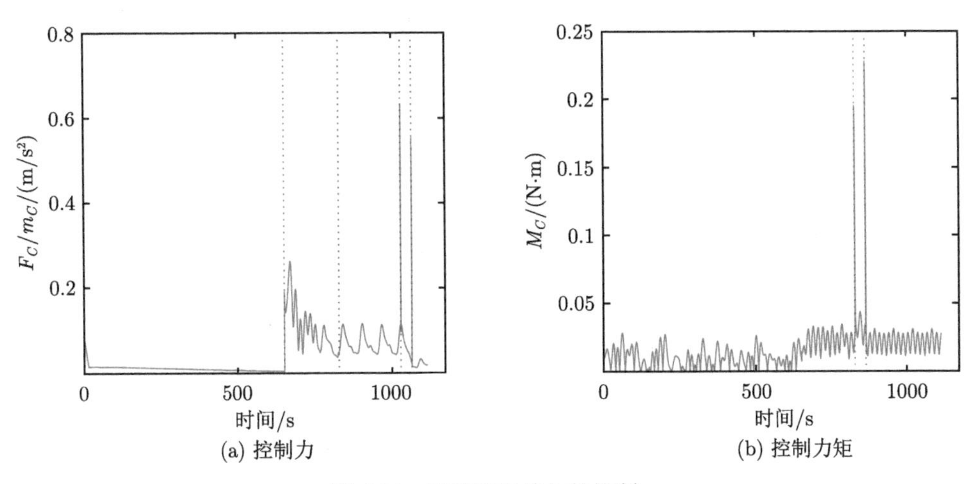

(a) 控制力　(b) 控制力矩

图 6.21　对追踪星施加的控制

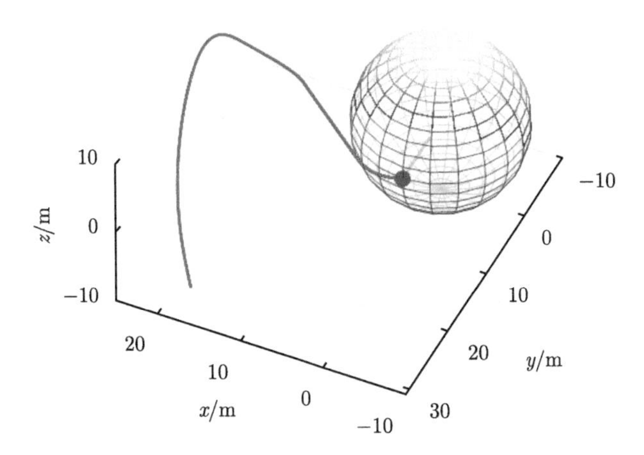

图 6.22　追踪星在 Σ_T 中的轨迹

虽然本章所需控制输入的幅值较低，但仍然可以实现控制目的。当追踪星足够接近目标时，其在目标连体基 Σ_T 中的质心运动轨迹见图 6.22。如图所示，追踪星在到达 S 点之前，始终在危险区域以外；然后它沿着对接走廊接近向对接口 F 移动。同样地，这里的轨迹看似很复杂的原因是参考系为翻滚的坐标系 Σ_T。

位置和姿态的跟踪误差见图 6.23。如图所示，跟踪误差在数十秒内迅速减小，然后位置误差小于 4 mm，姿态误差小于 0.15°。即跟踪误差非常小，故可保证追踪星以合适的姿态安全到达目标卫星上的对接口。

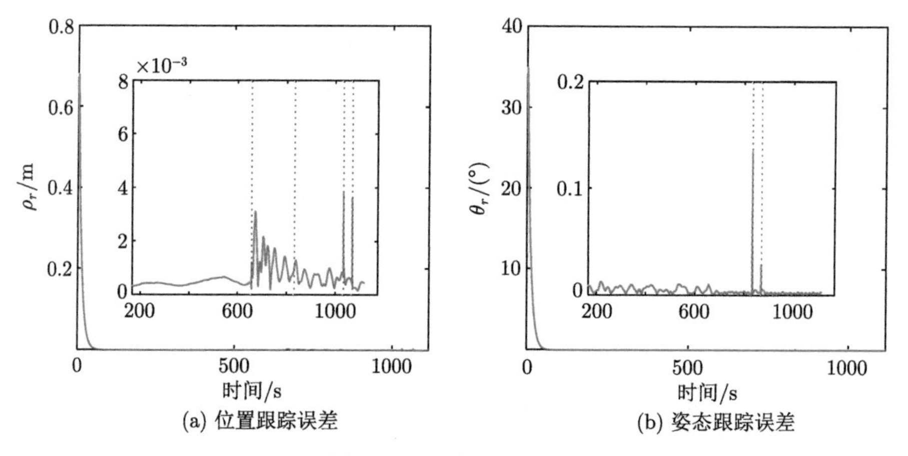

图 6.23 位姿跟踪误差

视线角$\alpha(t)$ 的仿真结果见图 6.24。如图所示，$\alpha(t)$ 迅速收敛到 1° 以内。这意味着即使在目标卫星受控翻滚的情况下，本策略也可确保追踪星对目标卫星的良好观测。

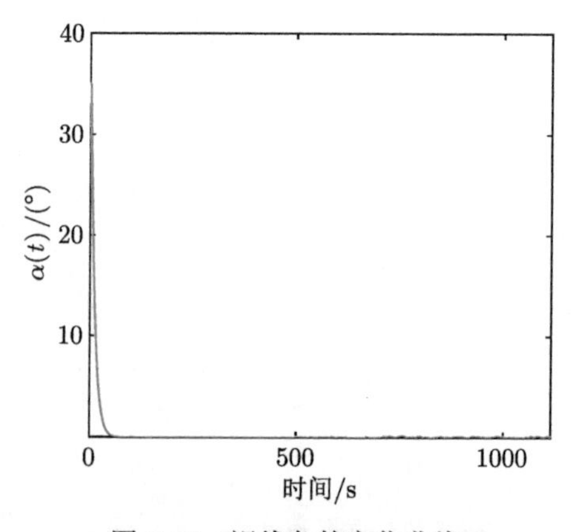

图 6.24 视线角的变化曲线

综上，在追踪星与翻滚目标的近距离交会中，即使在目标受控且翻滚的情形下，使用本近距离交会策略也可确保：① 追踪星以合适姿态安全到达对接口，② 追踪星始终具有合适的姿态以确保对目标的良好观测，③ 且所需控制输入的幅值较低。

6.7.3 改进后的运动规划方法

如 6.6 节所述，对于前述 6.7.1 节和 6.7.2 节中所采用的期望位姿运动 (根据 6.5 节中的方法 1 规划)，质心运动的阶段 1、2 和 4 中的加速度不连续，姿态运动阶段 2 中的角加速度也不连续，还可进一步改进。本章在 6.6 节利用临界阻尼弹簧振子的自由运动规律改进了 6.5 节中的规划方法，使所得加速度和角加速度均连续，且急动度 (加速度的导数) 在一定范围内，该方法称为方法 2。本节通过仿真说明如此可降低位姿跟踪误差，即所规划的期望位姿运动更加易于跟踪。

在不受控翻滚目标的情形下 (目标卫星的运动规律见 6.7.1 节)，分别采用方法 1、2 为追踪星规划所需的期望位姿运动，(仍采用 NTSM 位姿跟踪控制器)，比较两种规划方法对应的位姿跟踪误差，见图 6.25，图中 “plan1” 对应于方法 1，而 “plan2” 则对应于方法 2。由图可知，采用改进版方法 2 后，位姿跟踪误差的 “凸起现象” 得到了良好的改善。究其原因，方法 1 中规划的加速度和角加速度均不连续，导致不连续处的位姿跟踪误差突然增加；新规划方法所得加速度和角加速度均连续，且急动度 (加速度的导数) 在一定范围内，故而大大改善了上述 “凸起现象”。

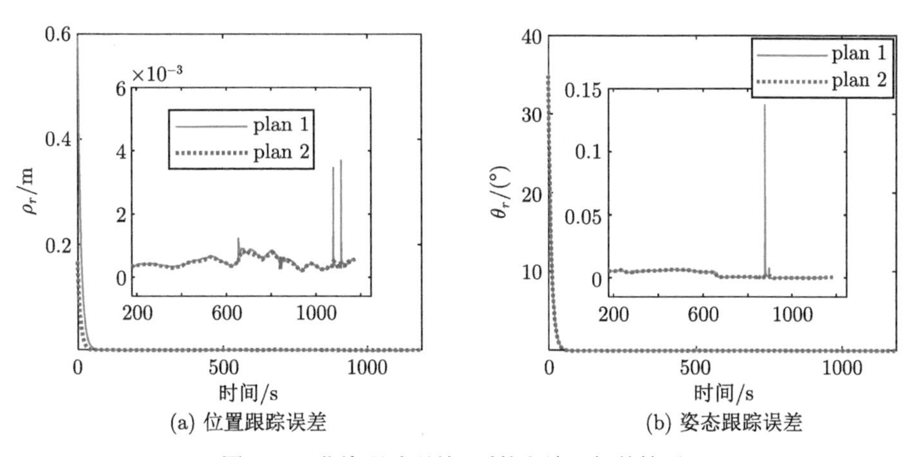

(a) 位置跟踪误差 (b) 姿态跟踪误差

图 6.25 位姿跟踪误差 (受控翻滚目标的情形)

对于受控翻滚目标的情形 (目标卫星的运动规律见 6.7.2 节)，采用方法 2 后，位姿跟踪误差的 “凸起现象” 也得到了良好的改善，见图 6.26。

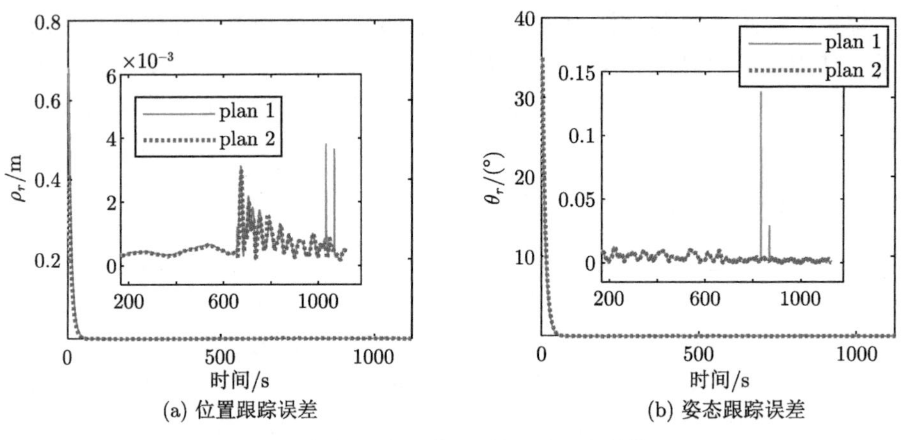

(a) 位置跟踪误差　　(b) 姿态跟踪误差

图 6.26　位姿跟踪误差 (受控翻滚目标的情形)

6.7.4　对三种位姿跟踪控制算法的比较

为了提高位姿跟踪控制的精度，以及应对追踪星惯量参数具有一定不确定性的情形，本章在 6.4 节中提出了 ASM 和 ASM-up 控制器。其中 ASM-up 控制器中包含无损 Kalman 滤波器 (UKF)，由此可以估计追踪星的惯量参数，故 ASM-up 控制器在目标卫星惯量参数未知的情形下更加能够表现出其控制精度高的特点。本节对本章所提的三种位姿跟踪控制器 (NTSM、ASM 和 ASM-up 控制器) 进行仿真，比较它们的控制精度。

本章以质量 m_C 和惯量矩阵 $\boldsymbol{J}_C$ 表示追踪星惯量参数的精确值，它们的初估计值分别记作 $m_{C,es0}$ 和 $\boldsymbol{J}_{C,es0}$。令 $m_{C,es0}=k_{er}m_C$，且 $\boldsymbol{J}_{C,es0}=k_{er}\boldsymbol{J}_C$。在目标卫星处于受控翻滚运动状态的情形下 (运动规律见 6.7.2 节)，考虑了如下六种惯量参数初步估计值的情况：$k_{er}\in\{0.5, 0.7, 1, 1.2, 1.5, 2\}$。由于追踪星为己方航天器，故其惯量参数的初估计值不会过于离谱，所以上述六种情况是合理的。

在 $k_{er}=1$ 的情况下，追踪星的惯量参数初估计值完全准确，本章所提的三种位姿跟踪控制器 (NTSM、ASM 和 ASM-up) 的位姿跟踪误差见图 6.27，由图可知。

(1) 位姿跟踪误差在数十秒内即可稳定，之后位置跟踪误差保持在 3.1 mm 以内，姿态跟踪误差保持在 0.013° 以内，故这三个控制器的控制精度都很高。

(2) 三个控制器按控制精度从高到低的排序为 ASM-up、ASM、NTSM，且前两个控制器的控制精度远高于 NTSM 的，可见 ASM 控制器中基于非线性干扰力观测器的边界层自适应技术提高控制精度的效果十分明显。

(3) 三个控制器按位姿跟踪误差收敛速度从高到低的排序为 ASM-up、NTSM、ASM。

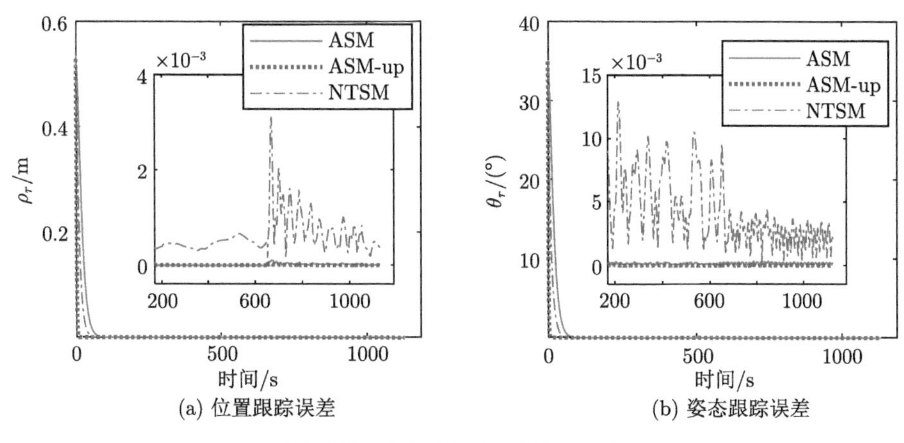

(a) 位置跟踪误差　(b) 姿态跟踪误差

图 6.27　位姿跟踪误差 ($k_{er}=1$)

在 k_{er} 取值分别为 1.2、1.5、0.7、2 和 0.5 的情况下，本章三个控制器的位姿跟踪误差逐渐增加，见图 6.28~ 图 6.32，图中的"画中画"展示了部分细节。由图可知：对于这三个控制器，若其对应的位置或姿态跟踪误差能够收敛至零附近，则所需时间依然在数十秒内。值得注意的是，此时追踪星尚处于质心运动的第一阶段，距离目标卫星至少 $2.5r_s$(25 m)。如前所述，① 即使这期间的位置跟踪误差高达 1000 mm，也不会造成追踪星与目标卫星间的碰撞；② 即使这期间的姿态跟踪误差高达 40°，也能确保追踪星的相机能够观测到目标卫星；③ 然而在此之后，追踪星逐渐靠拢目标卫星，若位姿跟踪误差过大，则会影响后续的对接，故后期的位姿跟踪误差必须在允许范围内 (位置误差 20 mm，姿态误差 2° [15])。因此，为了研究本策略的可行性，本章对图 6.28~图 6.32 中 200 s① 之后的位姿跟踪误差最大值进行分析，分析结果见表 6.2。

表 6.2　本章三种控制器在多种情况下的位姿跟踪误差最大值

控制器		k_{er}					
		1	1.2	1.5	0.7	2	0.5
NTSM	位置/mm	3	12	300	400	400	1000
	姿态/(°)	0.01	0.3	0.6	1	1	3
ASM	位置/mm	0.1	2	4	5	6	13
	姿态/(°)	4×10^{-4}	7×10^{-3}	0.01	0.02	0.02	0.04
ASM-up	位置/mm	0.04	0.04	0.04	0.05	0.04	0.04
	姿态/(°)	2×10^{-4}	4×10^{-4}	4×10^{-4}	4×10^{-4}	4×10^{-4}	3×10^{-4}

① 质心第一阶段的结束时刻在 600 s 之后，所以这里选择分析 200 s 后位姿跟踪误差的最大值是足够保守的。

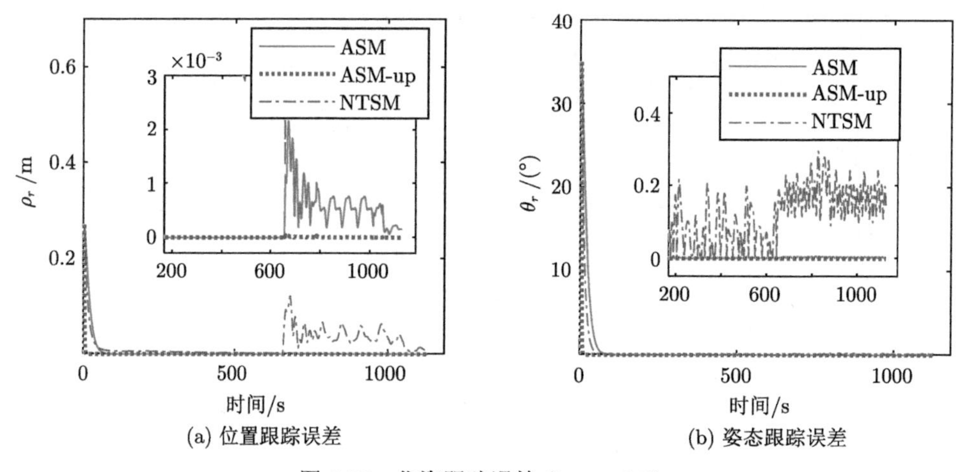

(a) 位置跟踪误差　　(b) 姿态跟踪误差

图 6.28　位姿跟踪误差 ($k_{er} = 1.2$)

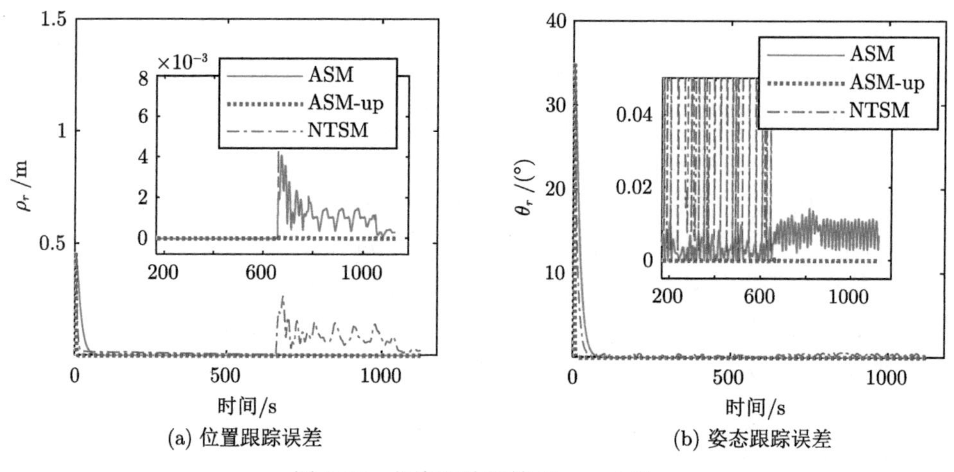

(a) 位置跟踪误差　　(b) 姿态跟踪误差

图 6.29　位姿跟踪误差 ($k_{er} = 1.5$)

如表 6.2 所示，表格中的单元共含有上下两行共两个数据，上面一个数据为位置跟踪误差的最大值 (200 s 后)，下面一个为姿态跟踪误差的最大值 (200 s 后)。由表可知：

(1) 在追踪星惯量参数不确定的情况下，三个控制器按控制精度从高到低的排序依然是 ASM-up、ASM、NTSM。

(2) 对于 NTSM 控制器，即使分别在 $k_{er} = 2$ 和 0.5 的情况下，姿态跟踪误差也不过分别为 1° 和 3°，但在 $k_{er} = 1.5$ 的情况下，位置跟踪误差就能达到 300 mm，而在 $k_{er} = 0.5$ 的情况下，位置跟踪误差更是高达 1000 mm。

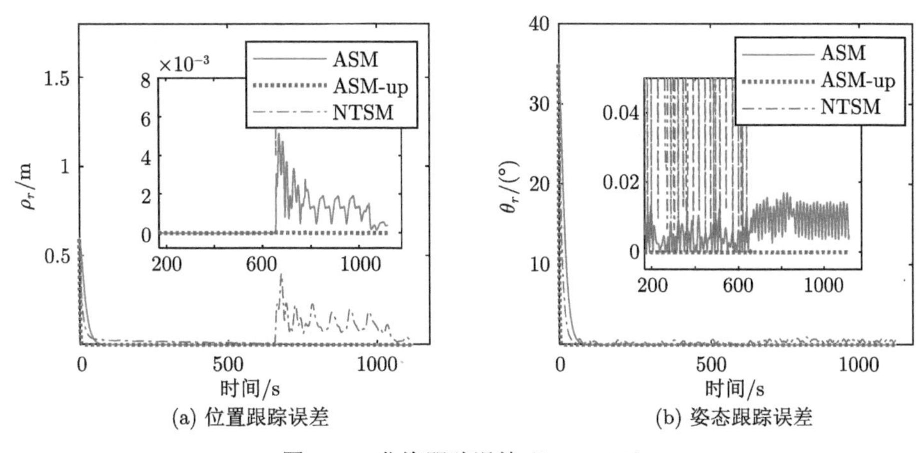

(a) 位置跟踪误差　(b) 姿态跟踪误差

图 6.30　位姿跟踪误差 ($k_{er} = 0.7$)

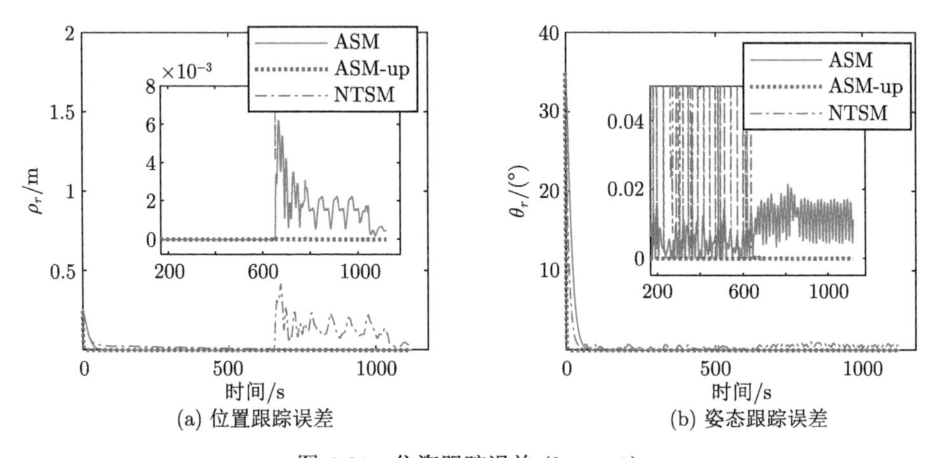

(a) 位置跟踪误差　(b) 姿态跟踪误差

图 6.31　位姿跟踪误差 ($k_{er} = 2$)

(3) 对于 ASM 控制器，在上述 5 种情况下，姿态跟踪误差始终很小 (0.04° 以内)，虽然位置跟踪误差逐渐增加，但即使分别在 $k_{er} = 2$ 和 0.5 的情况下，误差也不过分别为 6 mm 和 13 mm。此结果表明，ASM 中的基于非线性干扰力观测器的边界层自适应技术确实能够在一定程度上应对追踪星惯量参数不确定的情形。

(4) 对于 ASM-up 控制器，由于它利用 UKF 估计了追踪星的惯量参数 (见图 6.33 和图 6.34)，故追踪星惯量参数初估计值的误差程度对控制精度影响甚小。在上述 5 种情况下，其位置跟踪误差保持在 0.05 mm 以内，姿态跟踪误差保持在 4×10^{-4}(°) 以内。

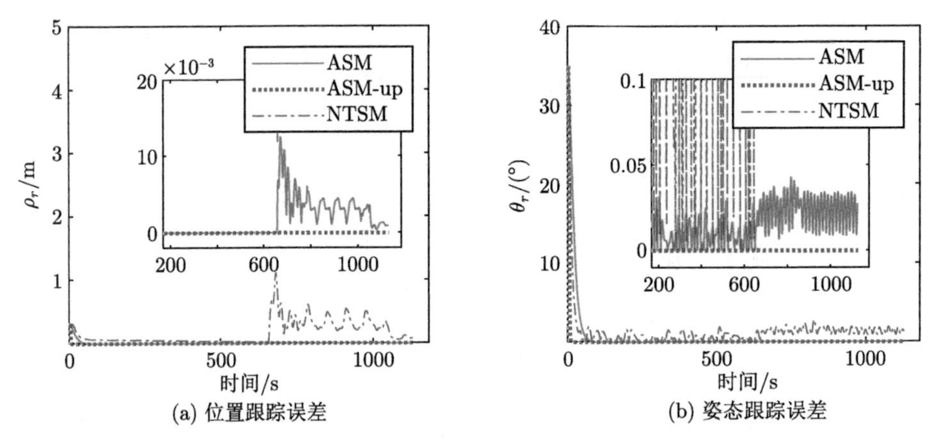

(a) 位置跟踪误差　　(b) 姿态跟踪误差

图 6.32　位姿跟踪误差 ($k_{er} = 0.5$)

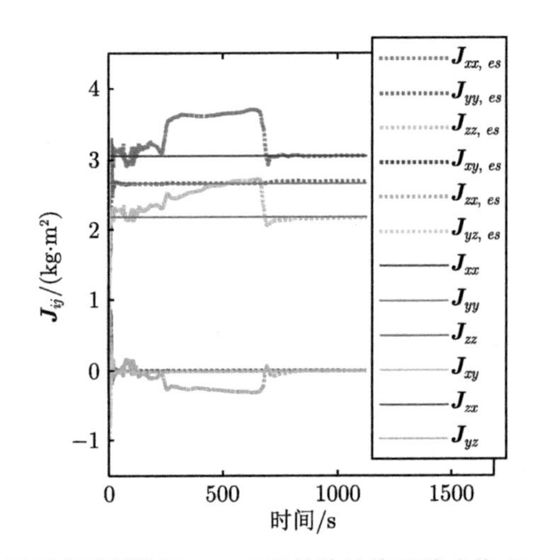

图 6.33　追踪星惯量矩阵 J_C 元素的估计值及精确值 ($k_{er} = 0.5$)

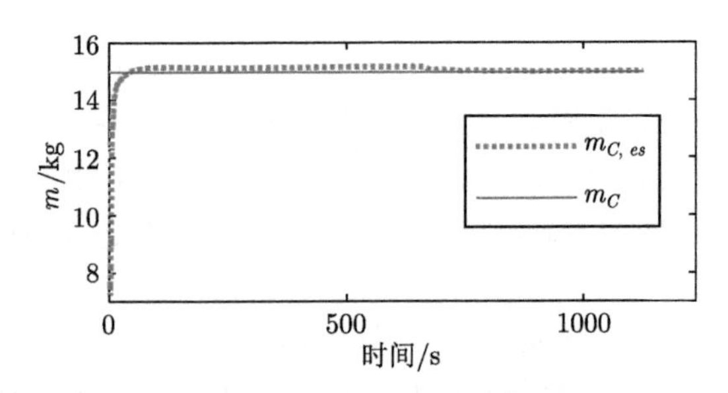

图 6.34　追踪星质量 m_C 的估计值及精确值 ($k_{er} = 0.5$)

6.7.5 Monte Carlo 仿真

为了验证本章运动规划 + 位姿跟踪控制的近距离交会策略在各种初始条件下的有效性，设计了以下仿真。令 $\boldsymbol{\rho}_C^H(t_0)$(追踪星的初始位置向量) 的元素为均匀分布在 [15 m, 200 m] 上的随机数，让 $\boldsymbol{v}_C^H(t_0)$(追踪星的初始速度向量) 的元素为均匀分布在 [−0.3 m/s, 0.3 m/s] 上的随机数；至于姿态运动的初始条件，追踪星的初始姿态与最佳姿态间的旋转角为均匀分布在 [10°, 40°] 上的随机数，且角速度 $\boldsymbol{\omega}_C^C(t_0)$ 的元素为均匀分布在 [−0.25(°)/s, 0.25(°)/s] 上的随机数。此处最佳姿态指的是追踪星的某个合适姿态，这样追踪星上的相机光轴刚好指向目标卫星。

分别在目标卫星处于不受控翻滚运动状态和姿态受控翻滚运动状态的情形下 (目标卫星的运动规律分别见 6.7.1 节和 6.7.2 节)，按上述方式随机生成 1000 组近距离交会的仿真条件；然后在各组条件下使用本章的近距离交会策略，运动规划方法选为 6.6 节中改进后的方法，位姿跟踪控制器选为 6.3 节中的 NTSM 控制器；得到仿真结果后，对其进行统计分析。可见本节的仿真具有如下特点。

(1) 本节的仿真考虑了几乎所有的追踪星相对于目标卫星的初始方向，以及所有在合理范围内的追踪星的初速度、初始角速度和初始姿态；即本小节的仿真考虑了几乎所有在合理范围内的初始条件。

(2) 此外，由于本节所采用的位姿跟踪控制器为 NTSM 控制器，由 6.7.4 节可知，该控制器的精度在本章所提三个控制器中是最低的；故只要 NTSM 的控制精度足够高，则换成另外两个控制器也是可行的。

在追踪星到达 S 点 (对接走廊的入口，见图 6.6) 之前，追踪星进入球形危险区域的最大深度用 d_m 表示，其频次分布直方图如图 6.35 和图 6.36 所示。如图所示，目标卫星不受控的情形下，d_m 不超过 0.5 mm；受控的情形下，d_m 不超过 20 mm。值得注意的是，危险区域的半径为 10 m，远大于 20 mm。因此，将本策略应用于追踪星与翻滚目标的近距离交会时，可认为追踪星在到达 S 点之前几乎没有进入危险区域，因此追踪星在该阶段不会与目标碰撞。目标卫星受控翻滚的情形下，d_m 较大，我们的解释如下。比较图 6.18 和图 6.23 可知，目标卫星受控翻滚的情形下，跟踪 S 点 (质心运动的第二阶段末，追踪星到达 S 点) 的位置跟踪误差更大，故受控情形下的 d_m 较大。

追踪星到达 S 点后，它沿着对接走廊 SF 接近目标。如果在此阶段中的位姿跟踪误差过大，则追踪星难以与目标卫星进行后续的对接，甚至可能与目标卫星发生碰撞。因此本章对此阶段的最大位姿跟踪误差进行分析。分别以 $\rho_{r,m}$ 和 $\theta_{r,m}$ 表示它们，其频次分布直方图如图 6.37 和图 6.38 所示。如图 6.37 所示，在

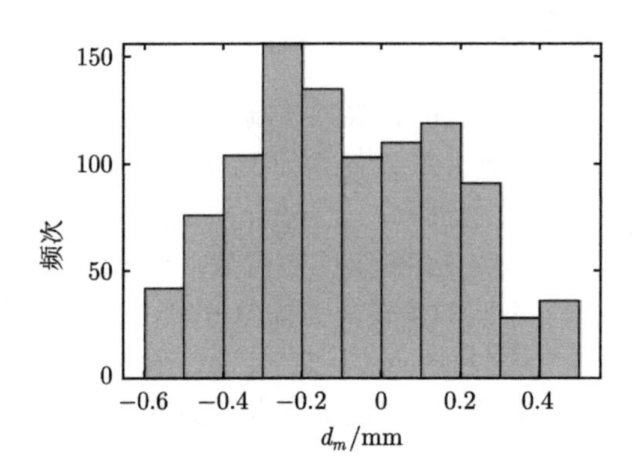

图 6.35　d_m 的频次分布直方图 (不受控目标卫星)

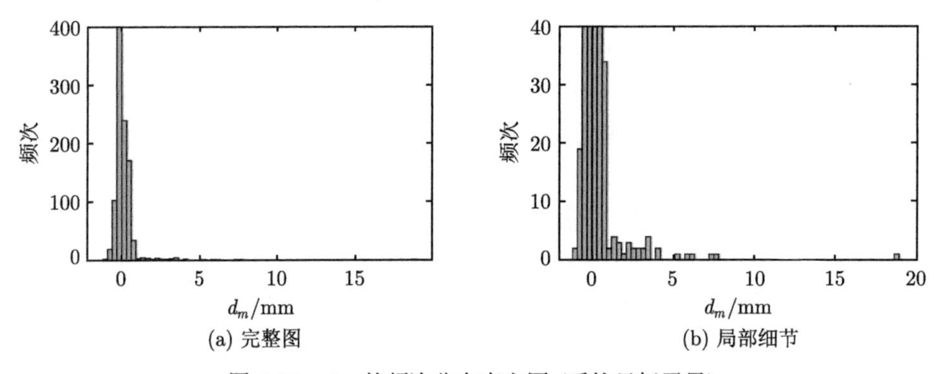

图 6.36　d_m 的频次分布直方图 (受控目标卫星)

目标卫星不控制的情形下，$\rho_{r,m}$ 主要分布在 [0.7 mm, 1.1 mm] 上，$\theta_{r,m}$ 主要分布在 $[1\times10^{-3}(°), 2.5\times10^{-3}(°)]$ 上；如图 6.38 所示，在目标卫星受控翻滚的情形下，$\rho_{r,m}$ 主要分布在 [1 mm, 1.7 mm] 上，$\theta_{r,m}$ 主要分布在 $[4\times10^{-3}(°), 6.5\times10^{-3}(°)]$ 上。这样的跟踪误差在近距离交会中是可以接受的。因为一般来说 [15]，若位置跟踪误差小于 20 mm 且姿态跟踪误差小于 2°，则随后的对接操作可以顺利地执行。因此，本策略下，追踪星的位姿控制精度是足够的，本策略在追踪星靠近目标后能够为后续的对接或抓捕操作创造足够精确的相对位姿条件。这里的相对位姿条件指的是对接或执行抓捕操作前，两航天器间相对位姿需要满足的约束条件。

如前所述，本节将追踪星的初始姿态设置为一定范围内的随机数，以使 (目标卫星相对于追踪星的方向与追踪星上相机光轴之间的初始角度)$\alpha(t_0)$ 为在 [10°, 40°] 上均匀分布的随机数。并且角速度初始值 $\boldsymbol{\omega}_C^C(t_0)$ 的元素均为 [−0.25(°)/s, 0.25(°)/s] 上均匀分布的随机数。即使追踪星受到合理的控制，$\alpha(t)$ 也可能由于惯性而在开始的一段时间内增大。如果$\alpha(t)$ 增加到某个值 (如 40°)，则追踪星将无法观察到目标。本章将$\alpha(t)$ 相对其初值的增加量的最大值用 δ_α 表示，其频次分布直方图如图 6.39 和图 6.40 所示。如图所示，无论目标卫星是否受控，δ_α 都小于 0.1°。因此，一旦$\alpha(t_0)$ 小于 39.9°，则$\alpha(t)$ 将不大于 40°。也就是说，一旦$\alpha(t_0)$ 小于某个值，追踪星的姿态将始终处于合理的范围内，从而确保追踪星的运动始终满足视场约束，追踪星可以始终观测到目标卫星。

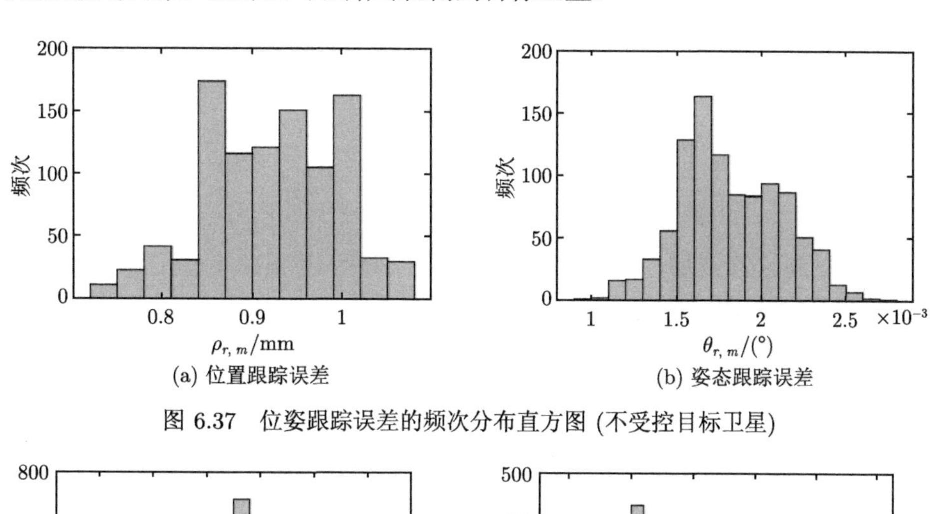

(a) 位置跟踪误差 (b) 姿态跟踪误差

图 6.37 位姿跟踪误差的频次分布直方图 (不受控目标卫星)

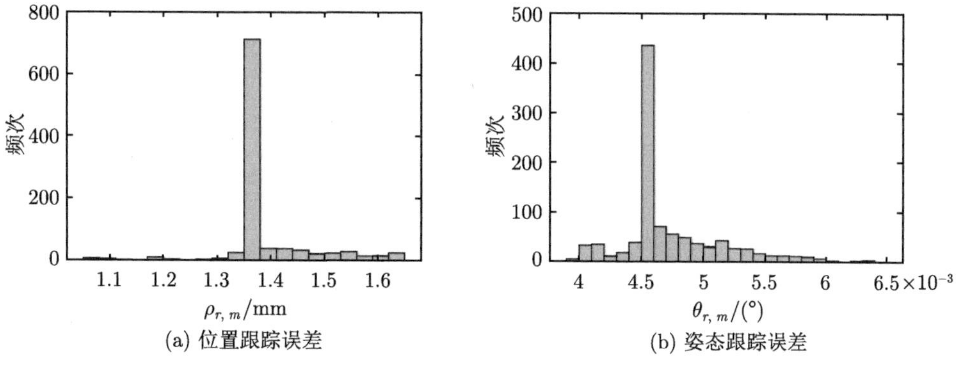

(a) 位置跟踪误差 (b) 姿态跟踪误差

图 6.38 位姿跟踪误差的频次分布直方图 (受控目标卫星)

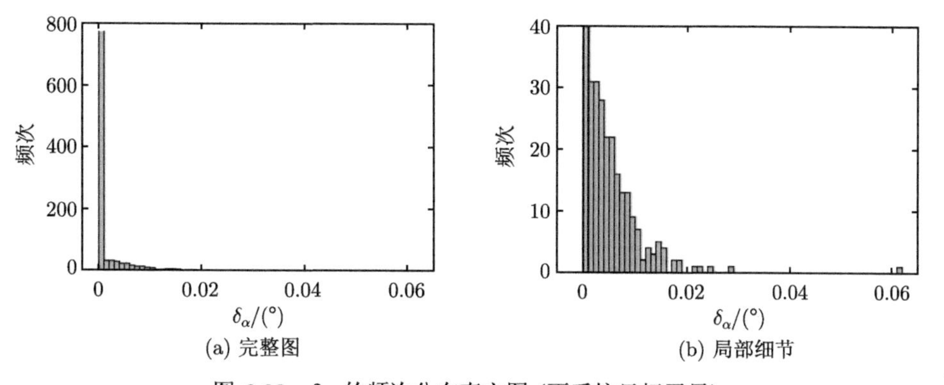

(a) 完整图 (b) 局部细节

图 6.39 δ_α 的频次分布直方图 (不受控目标卫星)

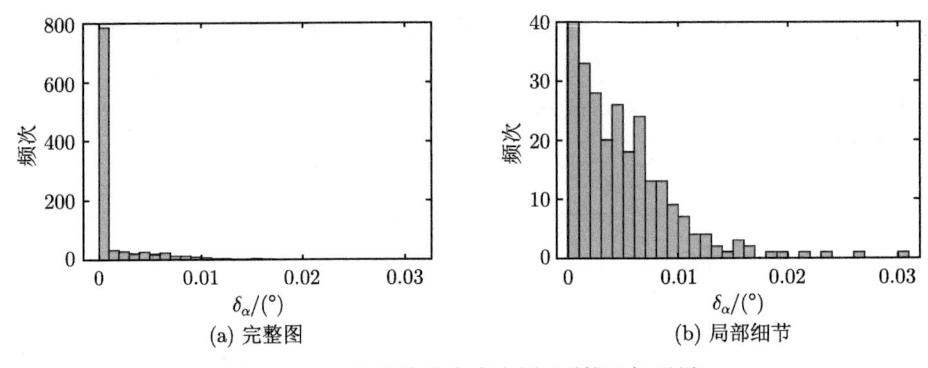

(a) 完整图 (b) 局部细节

图 6.40 δ_α 的频次分布直方图 (受控目标卫星)

追踪星到达 S 点后，$\alpha(t)$ 的最大值由α_{sm} 表示，其频次分布直方图如图 6.41 和图 6.42 所示。如图所示，无论目标卫星是否受控，α_{sm} 主要分布在 $[0.2°, 0.5°]$。这意味着追踪星上相机的光轴几乎准确指向目标，这样的视角非常有利。综上，本章所提的近距离交会策略可以确保追踪星始终保持适当的姿态以观察目标 (满足“视场约束”)。

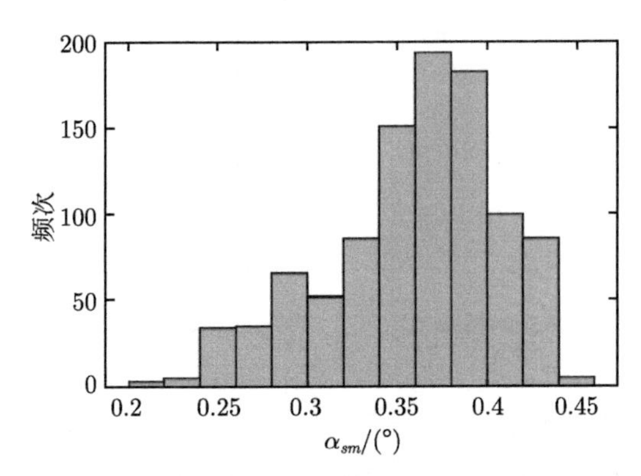

图 6.41 α_{sm} 的频次分布直方图 (不受控目标卫星)

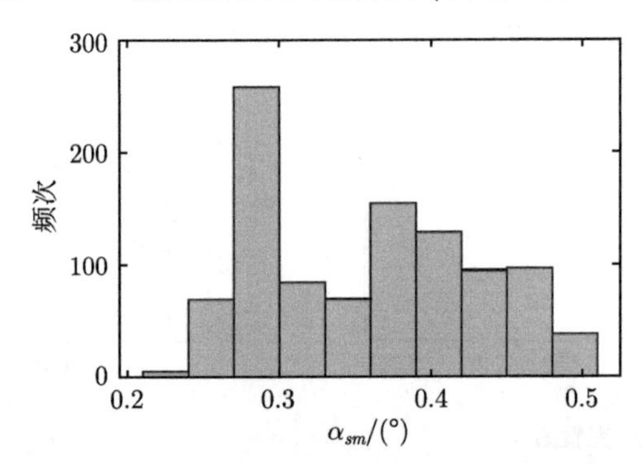

图 6.42 α_{sm} 的频次分布直方图 (受控目标卫星)

(1) 追踪星在到达 S 点之前几乎没有进入危险区域，因此追踪星在该阶段不会与目标碰撞。

(2) 追踪星的位姿控制精度是足够的，本策略在追踪星靠近目标后能够为后续的对接或抓捕操作创造足够精确的相对位姿条件。

(3) 追踪星始终保持适当的姿态以观察目标 (满足视场约束)，且追踪星到达 S 点后将以非常有利的视角 (接近 $0°$) 观测目标卫星。

6.8 本章小结

针对追踪星与翻滚目标卫星的近距离交会问题，本章提出了一种基于运动规划和位姿跟踪控制的近距离交会策略。首先根据目标卫星的运动情况实时规划出追踪星当前所需的期望位姿运动，然后利用位姿跟踪控制器使得追踪星跟踪此期望位姿运动。本章通过大量数值仿真验证了本策略的有效性和优势，仿真结果表明。

(1) 追踪星在到达目标卫星的对接走廊入口 S 点之前几乎没有进入危险区域，因此追踪星在该阶段不会与目标碰撞。

(2) 追踪星的位姿控制精度是足够的，本策略在追踪星靠近目标后能够为后续的对接或抓捕操作创造足够精确的相对位姿条件。

(3) 追踪星始终保持适当的姿态以观察目标 (满足视场约束)，且追踪星到达 S 点后将以非常有利的视角 (接近 $0°$) 观测目标卫星。

(4) 文献 [48], [59] 中的方法要求追踪星的初始位置满足进场约束，这给实际应用带来了障碍。而在使用本章方法时，追踪星相对目标卫星的初始方向可以是任意的，避免了这个障碍。

(5) 此外，在目标卫星姿态翻滚的情形下，使用文献 [48], [59] 中的方法控制追踪星所需输入的幅值较高，本策略大大降低了所需输入的幅值。

本章中未尽之处可详见本课题组所发表的文章 [66] 和 [67]。

参 考 文 献

[1] 王伟林. 椭圆轨道目标交会任务设计与制导控制技术 [D]. 国防科学技术大学硕士学位论文, 2012.

[2] 李九人. 空间交会的仅测角相对导航与自主控制方法研究 [D]. 国防科学技术大学博士学位论文, 2011.

[3] Sullivan B R. Technical and economic feasibility of telerobotic on-orbit satellite servicing[D]. University of Maryland, 2005.

[4] 张大伟. 航天器自主交会对接制导与控制方法研究 [D]. 哈尔滨工业大学博士学位论文, 2010.

[5] Woffinden D C, Geller D K. Optimal orbital rendezvous maneuvering for angles-only navigation[J]. Journal of Guidance, Control, and Dynamics, 2009, 32(4): 1382-1387.

[6] Lanzerotti L J. Assessment of Options for Extending the Life of the Hubble Space Telescope: Final Report[M]. Washington, D.C.: National Academies Press, 2005.

[7] Hastings D E, Joppin C. On-orbit upgrade and repair: The hubble space telescope example[J]. Journal of Spacecraft and Rockets, 2006, 43(3): 614-625.

[8] Isakowitz S J. International reference guide to space launch systems[R]. NASA STI/Recon Technical Report A, January 01, 1991, 1991, 9151425.

[9] Tafazoli M. A study of on-orbit spacecraft failures[J]. Acta Astronautica, 2009, 64(2): 195-205.

[10] Ellery A, Kreisel J, Sommer B. The case for robotic on-orbit servicing of spacecraft: Spacecraft reliability is a myth[J]. Acta Astronautica, 2008, 63(5): 632-648.

[11] Hirzinger G, Landzettel K, Brunner B, et al. DLR's robotics technologies for on-orbit servicing[J]. Advanced Robotics, 2004, 18(2): 139-174.

[12] Pan H, Kapila V. Adaptive nonlinear control for spacecraft formation flying with coupled translational and attitude dynamics[C]. Proceedings of the 40th IEEE Conference on Decision and Control (Cat. No.01CH37228), 4-7 Dec. 2001, 3: 2057-2062.

[13] Kristiansen R, Nicklasson P J. Spacecraft formation flying: A review and new results on state feedback control[J]. Acta Astronautica, 2009, 65(11): 1537-1552.

[14] Kristiansen R, Nicklasson P J, Gravdahl J T. Spacecraft coordination control in 6DOF: Integrator backstepping vs passivity-based control[J]. Automatica, 2008, 44(11): 2896-2901.

[15] Zhou B Z, Liu X F, Cai G P. Motion-planning and pose-tracking based rendezvous and docking with a tumbling target[J]. Advances in Space Research, 2019.

[16] Philip N K, Ananthasayanam M R. Relative position and attitude estimation and control schemes for the final phase of an autonomous docking mission of spacecraft[J]. Acta Astronautica, 2003, 52(7): 511-522.

[17] Lee D, Cochran John E, No Tae S. Robust position and attitude control for spacecraft formation flying[J]. Journal of Aerospace Engineering, 2012, 25(3): 436-447.

[18] Bevilacqua R, Lehmann T, Romano M. Development and experimentation of LQR/APF guidance and control for autonomous proximity maneuvers of multiple spacecraft[J]. Acta Astronautica, 2011, 68(7): 1260-1275.

[19] Di Cairano S, Park H, Kolmanovsky I. Model predictive control approach for guidance of spacecraft rendezvous and proximity maneuvering[J]. International Journal of Robust and Nonlinear Control, 2012, 22(12): 1398-1427.

[20] Clohessy W H. Terminal guidance system for satellite rendezvous[J]. Journal of the Aerospace Sciences, 1960, 27(9): 653-658.

[21] Palacios L, Ceriotti M, Radice G. Close proximity formation flying via linear quadratic tracking controller and artificial potential function[J]. Advances in Space Research, 2015, 56(10): 2167-2176.

[22] Zhang F, Duan G R. Integrated relative position and attitude control of spacecraft in proximity operation missions[J]. International Journal of Automation and Computing,

August 01, 2012, 9(4): 342-351.

[23] Singla P, Subbarao K, Junkins J L. Adaptive output feedback control for spacecraft rendezvous and docking under measurement uncertainty[J]. Journal of Guidance, Control, and Dynamics, 2006, 29(4): 892-902.

[24] Chen B, Geng Y. Super twisting controller for on-orbit servicing to non-cooperative target[J]. Chinese Journal of Aeronautics, 2015, 28(1): 285-293.

[25] Huang Y, Jia Y. Adaptive fixed-time relative position tracking and attitude synchronization control for non-cooperative target spacecraft fly-around mission[J]. Journal of the Franklin Institute, 2017, 354(18): 8461-8489.

[26] Huang Y, Jia Y. Robust adaptive fixed-time tracking control of 6-DOF spacecraft fly-around mission for noncooperative target[J]. International Journal of Robust and Nonlinear Control, 2018, 28(6): 2598-2618.

[27] Hu Q, Shao X, Chen W H. Robust fault-tolerant tracking control for spacecraft proximity operations using time-varying sliding mode[J]. IEEE Transactions on Aerospace and Electronic Systems, 2018, 54(1): 2-17.

[28] Jiang B, Hu Q, Friswell M I. Fixed-time rendezvous control of spacecraft with a tumbling target under loss of actuator effectiveness[J]. IEEE Transactions on Aerospace and Electronic Systems, 2016, 52(4): 1576-1586.

[29] Sun L, Huo W, Jiao Z. Adaptive nonlinear robust relative pose control of spacecraft autonomous rendezvous and proximity operations[J]. ISA Transactions, 2017, 67: 47-55.

[30] Welsh S, Subbarao K. Adaptive synchronization and control of free flying robots for capture of dynamic free-floating spacecrafts[C]. AIAA/AAS Astrodynamics Specialist Conference and Exhibit, Providence, Rhode Island, 2004: 5298.

[31] Sun L, Zheng Z. Adaptive relative pose control of spacecraft with model couplings and uncertainties[J]. Acta Astronautica, 2018, 143(1): 29-36.

[32] Sun L, Zheng Z. Adaptive relative pose control for autonomous spacecraft rendezvous and proximity operations with thrust misalignment and model uncertainties[J]. Advances in Space Research, 2017, 59(7): 1861-1871.

[33] Sanyal A, Holguin L, Viswanathan S P. Guidance and control for spacecraft autonomous chasing and close proximity maneuvers[J]. IFAC Proceedings Volumes, 2012, 45(13): 753-758.

[34] Filipe N, Valverde A, Tsiotras P. Pose tracking without linearand angular-velocity feedback using dual quaternions[J]. IEEE Transactions on Aerospace and Electronic Systems, 2016, 52(1): 411-422.

[35] Wang J, Liang H, Sun Z, et al. Finite-time control for spacecraft formation with dual-number-based description[J]. Journal of Guidance, Control, and Dynamics, 2012, 35 (3): 950-962.

[36] Wang J, Sun Z. 6-DOF robust adaptive terminal sliding mode control for spacecraft formation flying[J]. Acta Astronautica, 2012, 73: 76-87.

[37] Filipe N, Tsiotras P. Adaptive model-independent tracking of rigid body position and

attitude motion with mass and inertia matrix identification using dual quaternions[C]. In AIAA Guidance, Navigation, and Control (GNC) Conference, 2013.

[38] Filipe N, Tsiotras P. Adaptive position and attitude-tracking controller for satellite proximity operations using dual quaternions[J]. Journal of Guidance, Control, and Dynamics, 2015, 38(4): 566-577.

[39] Xia K, Huo W. Robust adaptive backstepping neural networks control for spacecraft rendezvous and docking with input saturation[J]. ISA Transactions, 2016, 62: 249-257.

[40] Lee D, Sanyal A K, Butcher E A, et al. Almost global asymptotic tracking control for spacecraft body-fixed hovering over an asteroid[J]. Aerospace Science and Technology, 2014, 38: 105-115.

[41] Lee D, Vukovich G. Robust adaptive terminal sliding mode control on SE(3) for autonomous spacecraft rendezvous and docking[J]. Nonlinear Dynamics, March 01, 2016, 83(4): 2263-2279.

[42] Lee D, Sanyal A K, Butcher E A. Asymptotic tracking control for spacecraft formation flying with decentralized collision avoidance[J]. Journal of Guidance, Control, and Dynamics, 2015, 38(4): 587-600.

[43] Sun L, Huo W. Robust adaptive control of spacecraft proximity maneuvers under dynamic coupling and uncertainty[J]. Advances in Space Research, 2015, 56(10): 2206-2217.

[44] Sun L, Huo W. Robust adaptive relative position tracking and attitude synchronization for spacecraft rendezvous[J]. Aerospace Science and Technology, 2015, 41: 28-35.

[45] Sun L, Huo W, Jiao Z. Adaptive backstepping control of spacecraft rendezvous and proximity operations with input saturation and full-state constraint[J]. IEEE Transactions on Industrial Electronics, 2017, 64(1): 480-492.

[46] Gao W, Zhu X, Zhou M, et al. ADRC law of spacecraft rendezvous and docking in final approach phase[J]. Cybernetics and Systems, 2016, 47(3): 236-248.

[47] Lee D, Bang H, Butcher E A, et al. Nonlinear output tracking and disturbance rejection for autonomous close-range rendezvous and docking of spacecraft[J]. Transactions of the Japan Society for Aeronautical and Space Sciences, 2014, 57(4): 225-237.

[48] Dong H, Hu Q, Akella M R. Dual-quaternion-based spacecraft autonomous rendezvous and docking under six-degree-of-freedom motion constraints[J]. Journal of Guidance Control and Dynamics, 2017, 41(1): 1-13.

[49] Li Q, Yuan J, Wang H. Sliding mode control for autonomous spacecraft rendezvous with collision avoidance[J]. Acta Astronautica, 2018, 151(1): 743-751.

[50] Li Q, Yuan J, Zhang B, et al. Model predictive control for autonomous rendezvous and docking with a tumbling target[J]. Aerospace Science and Technology, 2017, 69: 700-711.

[51] Li P, Zhu Z H. Model predictive control for spacecraft rendezvous in elliptical orbit[J]. Acta Astronautica, 2018, 146: 339-348.

[52] Leomanni M, Rogers E, Gabriel S B. Explicit model predictive control approach for low-

thrust spacecraft proximity operations[J]. Journal of Guidance, Control, and Dynamics, 2014, 37(6): 1780-1790.

[53] Breger L, How J P. Safe trajectories for autonomous rendezvous of spacecraft[J]. Journal of Guidance, Control, and Dynamics, 2008, 31(5): 1478-1489.

[54] Dong H, Hu Q, Akella M R. Safety control for spacecraft autonomous rendezvous and docking under motion constraints[J]. Journal of Guidance, Control, and Dynamics, 2017, 40(7): 1680-1692.

[55] Weiss A, Baldwin M, Erwin R S, et al. Model predictive control for spacecraft rendezvous and docking: Strategies for handling constraints and case studies[J]. IEEE Transactions on Control Systems Technology, 2015, 23(4): 1638-1647.

[56] Richards A, Schouwenaars T, How J P, et al. Spacecraft trajectory planning with avoidance constraints using mixed-integer linear programming[J]. Journal of Guidance, Control, and Dynamics, 2002, 25(4): 755-764.

[57] Garcia I, How J P. Trajectory optimization for satellite reconfiguration maneuvers with position and attitude constraints[C]. Proceedings of the 2005, American Control Conference, 2005, 2: 889-894.

[58] Ventura J, Ciarcià M, Romano M, et al. Fast and near-optimal guidance for docking to uncontrolled spacecraft[J]. Journal of Guidance, Control, and Dynamics, 2016, 40(12): 3138-3154.

[59] Lee U, Mesbahi M. Dual quaternion based spacecraft rendezvous with rotational and translational field of view constraints[C]. AIAA/AAS Astrodynamics Specialist Conference, American Institute of Aeronautics and Astronautics, 2014.

[60] 于靖, 陈谋, 姜长生. 基于干扰观测器的非线性不确定系统自适应滑模控制 [J]. 控制理论与应用, 2014, 31(8): 993-999.

[61] Zhou B Z, Liu X F, Cai G P, et al. Motion prediction of an uncontrolled space target[J]. Advances in Space Research, 2019, 63(1): 496-511.

[62] Man Z, Yu X H. Terminal sliding mode control of MIMO linear systems[J]. IEEE Transactions on Circuits and Systems I: Fundamental Theory and Applications, 1997, 44(11): 1065-1070.

[63] Feng Y, Yu X, Man Z. Non-singular terminal sliding mode control of rigid manipulators[J]. Automatica, 2002, 38(12): 2159-2167.

[64] 冯勇, 鲍晟, 余星火. 非奇异终端滑模控制系统的设计方法 [J]. 控制与决策, 2002(02): 66-70.

[65] Zhou B Z, Liu X F, Cai G P. Robust adaptive position and attitude-tracking controller for satellite proximity operations[J]. Acta Astronautica, 2020, 167: 135-145.

[66] Zhou B Z, Liu X F, Cai G P. Motion-planning and pose-tracking based rendezvous and docking with a tumbling target [J]. Advances in Space Research, 2020, 65(4): 1139-1157.

[67] Zhou B Z, Liu X F, Cai G P. Robust adaptive position and attitude-tracking controller for satellite proximity operations [J]. Acta Astronautica, 2020, 167: 135-145.

第 7 章　空间大质量非合作目标姿态演化机理

7.1 引　　言

航天器的姿态演化机理是航天器动力学领域的重要问题。过去的研究表明，存在能量耗散且不进行主动姿态稳定的单体航天器绕着最小惯量轴的转动是不稳定的，并且会在扰动作用下演化到绕着最大惯量轴转动，即最大轴原理 [1]。一个典型的例子是美国于 1958 年发射的 Explorer I 卫星，在 4 根柔性天线的能量耗散作用下，卫星的自转轴由最小惯量轴最终转换为最大惯量轴 [2]。然而，对于多体航天器，柔性附件振动或液体晃动等扰动的存在还可能导致航天器出现周期转动甚至混沌，从而导致航天器无法准确预测自身的姿态演化并进行相应的机动。因此，理解混沌现象在航天器姿态演化过程中的作用机制非常重要。

目前，科研工作者已经对多体航天器的姿态演化机理进行了初步探索。对于刚体航天器，Cochran[3]、Or[4]、Neishtadt 等 [5]、Meehan 等 [6,7] 和 Zhou 等 [8] 研究了其在质量分布不对称、转子振荡、液体晃动、黏性阻尼和摩擦等内部扰动作用下的姿态演化机理。Tong 等 [9]、Iñarrea 等 [10,11]、Liu 等 [12] 和 Aslanov 等 [13] 研究了其在太阳光压、大气阻尼、重力梯度和地磁场等外部周期扰动作用下的姿态演化机理。对于柔性航天器，Miller 等 [14] 分析了刚性子部件振荡、柔性附件振动和动量轮存在黏性阻尼等因素对航天器姿态演化的影响。Chegini 等 [15,16] 基于柔性航天器的动力学模型开发了预测混沌层宽度的理论工具并研究了柔性帆板振动模态对混沌层宽度的影响。

本章对具有能量耗散的双充液航天器在动量轮周期扰动作用下的姿态演化机理进行研究。首先基于哈密顿力学推导了双充液航天器的运动方程并对其无量纲化，然后利用 Melnikov 方法得到了预测该航天器出现混沌运动的解析判据，并通过数值仿真验证了该判据的准确性。此外，本章还对航天器最大轴演化、周期演化和混沌演化等演化类型的产生条件进行了梳理和总结，其结果将有助于指导航天器的结构设计，避免混沌运动的产生。

7.2 航天器的运动方程及无量纲化

本节以一个自由漂浮的双充液航天器为研究对象，在哈密顿力学框架下推导了其无量纲化的运动方程。

7.2.1 模型描述

如图 7.1 所示，本章研究的航天器系统由中心刚体 B_1、充满球形贮箱的液体燃料 B_2 和 B_3 以及转子 B_4 组成。航天器的连体坐标系 xyz 固定在系统质心 C_s 上。动量轮的转动轴与连体坐标系的 y 轴平行。定义物体 $B_i\ (i=1,\cdots,4)$ 的质量为 m_i，质心位于 C_i 处，位置向量 (从 C_s 到 C_i) 为 $\vec{\rho}_i$ 相对于自身质心的转动惯量为 $\boldsymbol{J}_i$。特别地，对于两个球形充液，其转动惯量可表示为 $\boldsymbol{J}_2=J_2\boldsymbol{E}_3$ 和 $\boldsymbol{J}_3=J_3\boldsymbol{E}_3$，其中 $\boldsymbol{E}_3$ 代表 3×3 的单位阵。定义中心刚体 B_1 的角速度为 $\boldsymbol{\omega}_1$，而 $B_i\ (i=2,3,4)$ 与 B_1 间的相对角速度分别为 $\boldsymbol{\omega}_i$，因此 $B_i\ (i=2,3,4)$ 在连体坐标系下的角速度可写为 $\boldsymbol{\omega}_1+\boldsymbol{\omega}_i$。值得注意的是，各部件的运动不会改变系统质心的位置。

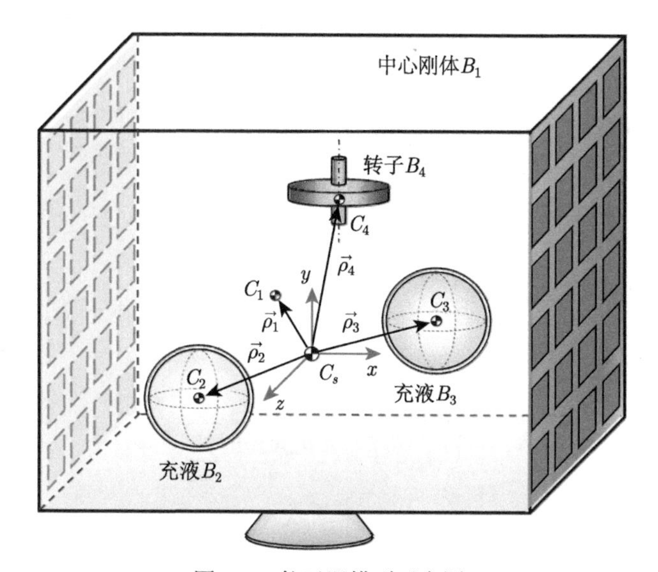

图 7.1 航天器模型示意图

由于太空环境非常复杂，航天器的姿态演化将会受到重力梯度、大气阻尼等多种因素的影响。为了简化问题，本章给出了以下物理假设。

假设 1：航天器位于地球高轨；

假设 2：航天器是快速自旋的；

假设 3：转子的转动是周期性的。

假设 1 意味着大气阻尼可以忽略；假设 2 使得重力梯度对航天器姿态运动的影响可忽略；假设 3 使得转子为航天器的运动带来了一个周期性的内部扰动。因此，本章研究的航天器不受外力矩作用而只受内部转子的扰动。

7.2.2　航天器的运动方程

本节利用哈密顿函数推导了航天器系统的运动方程。根据模型描述，航天器系统的动能可表示为

$$T=\frac{1}{2}\boldsymbol{\omega}_1^{\mathrm{T}}\left(\boldsymbol{J}_1-\sum_{i=1}^{4}m_i\tilde{\boldsymbol{\rho}}_i\tilde{\boldsymbol{\rho}}_i\right)\boldsymbol{\omega}_1+\frac{1}{2}\sum_{i=2}^{4}(\boldsymbol{\omega}_1+\boldsymbol{\omega}_i)^{\mathrm{T}}\boldsymbol{J}_i(\boldsymbol{\omega}_1+\boldsymbol{\omega}_i) \tag{7-1}$$

其中符号 “~” 代表向量的反对称矩阵。基于前面的假设，重力梯度和大气阻尼等外力矩被忽略，从而航天器系统的势能可表示为 $V=0$。假设 x 轴、y 轴和 z 轴是系统的惯性主轴，则系统的角动量在连体坐标系下可表示为

$$\boldsymbol{J}_s=\sum_{i=1}^{4}\boldsymbol{J}_i-m_i\tilde{\boldsymbol{\rho}}_i\tilde{\boldsymbol{\rho}}_i=\mathrm{diag}(J_{s1},\ J_{s2},\ J_{s3}) \tag{7-2}$$

然后，系统的哈密顿量可以写为

$$H=\frac{1}{2}\boldsymbol{\omega}_1^{\mathrm{T}}\boldsymbol{J}_s\boldsymbol{\omega}_1+\frac{1}{2}\sum_{i=2}^{4}\boldsymbol{\omega}_1^{\mathrm{T}}\boldsymbol{J}_i\boldsymbol{\omega}_i+\boldsymbol{\omega}_i^{\mathrm{T}}\boldsymbol{J}_i(\boldsymbol{\omega}_1+\boldsymbol{\omega}_i) \tag{7-3}$$

定义系统的角动量向量为 $\boldsymbol{h}_s=[\ h_{s1}\quad h_{s2}\quad h_{s3}\ ]^{\mathrm{T}}$，由于 $\boldsymbol{h}_s$ 与 $\boldsymbol{\omega}_1$ 的分量之间正则共轭，因此有

$$\boldsymbol{h}_s=\left(\frac{\partial\,\mathrm{H}}{\partial\,\boldsymbol{\omega}_1}\right)^{\mathrm{T}}=\boldsymbol{J}_s\boldsymbol{\omega}_1+\sum_{i=2}^{4}\boldsymbol{J}_i\boldsymbol{\omega}_i \tag{7-4}$$

而 $\boldsymbol{\omega}_1$ 可以显式地表达为

$$\boldsymbol{\omega}_1=\boldsymbol{J}_s^{-1}\left(\boldsymbol{h}_s-\sum_{i=2}^{4}\boldsymbol{J}_i\boldsymbol{\omega}_i\right) \tag{7-5}$$

将 $\boldsymbol{h}_s$ 对时间求导可得

$$\dot{\boldsymbol{h}}_s+\tilde{\boldsymbol{\omega}}_1\boldsymbol{h}_s=\boldsymbol{M}_e \tag{7-6}$$

其中，$\boldsymbol{M}_e$ 表示外力矩 (这里有 $\boldsymbol{M}_e=\boldsymbol{0}$)。由于 $\tilde{\boldsymbol{\omega}}_1\boldsymbol{h}_s=-\tilde{\boldsymbol{h}}_s\boldsymbol{\omega}_1$，式 (7-6) 可简化为

$$\dot{\boldsymbol{h}}_s=\tilde{\boldsymbol{h}}_s\boldsymbol{J}_s^{-1}\left(\boldsymbol{h}_s-\sum_{i=2}^{4}\boldsymbol{J}_i\boldsymbol{\omega}_i\right) \tag{7-7}$$

另外，液体的角动量可表示为

$$\boldsymbol{h}_i = \boldsymbol{J}_i(\boldsymbol{\omega}_1 + \boldsymbol{\omega}_i), \quad i = 2, 3 \tag{7-8}$$

且其对时间的导数为

$$\dot{\boldsymbol{h}}_i = \boldsymbol{J}_i(\dot{\boldsymbol{\omega}}_1 + \dot{\boldsymbol{\omega}}_i) = \boldsymbol{M}_i, \quad i = 2, 3 \tag{7-9}$$

其中，$\boldsymbol{M}_i = -c_i\boldsymbol{\omega}_i$ 是液体 B_i 受到的阻尼力矩，而 c_i 是相应的黏性阻尼系数，之后可以得到

$$\dot{\boldsymbol{\omega}}_i = -\dot{\boldsymbol{\omega}}_1 - c_i\boldsymbol{J}_i^{-1}\boldsymbol{\omega}_i, \quad i = 2, 3 \tag{7-10}$$

将式 (7-5) 对时间的导数代入式 (7-10) 可得

$$\begin{aligned}\begin{bmatrix} \dot{\boldsymbol{\omega}}_2 \\ \dot{\boldsymbol{\omega}}_3 \end{bmatrix} &= \begin{bmatrix} \boldsymbol{J}_s - \boldsymbol{J}_2 & -\boldsymbol{J}_3 \\ -\boldsymbol{J}_2 & \boldsymbol{J}_s - \boldsymbol{J}_3 \end{bmatrix}^{-1} \cdot \begin{bmatrix} -\dot{\boldsymbol{h}}_s + \boldsymbol{J}_4\dot{\boldsymbol{\omega}}_4 - c_2\boldsymbol{J}_s\boldsymbol{J}_2^{-1}\boldsymbol{\omega}_2 \\ -\dot{\boldsymbol{h}}_s + \boldsymbol{J}_4\dot{\boldsymbol{\omega}}_4 - c_3\boldsymbol{J}_s\boldsymbol{J}_3^{-1}\boldsymbol{\omega}_3 \end{bmatrix} \\ &= \begin{bmatrix} (\boldsymbol{J}_s - \boldsymbol{J}_2 - \boldsymbol{J}_3)^{-1}\left(-\dot{\boldsymbol{h}}_s + \boldsymbol{J}_4\dot{\boldsymbol{\omega}}_4 - c_2(\boldsymbol{J}_s - \boldsymbol{J}_3)\boldsymbol{J}_2^{-1}\boldsymbol{\omega}_2 - c_3\boldsymbol{\omega}_3\right) \\ (\boldsymbol{J}_s - \boldsymbol{J}_2 - \boldsymbol{J}_3)^{-1}\left(-\dot{\boldsymbol{h}}_s + \boldsymbol{J}_4\dot{\boldsymbol{\omega}}_4 - c_2\boldsymbol{\omega}_2 - c_3(\boldsymbol{J}_s - \boldsymbol{J}_2)\boldsymbol{J}_3^{-1}\boldsymbol{\omega}_3\right) \end{bmatrix}\end{aligned} \tag{7-11}$$

考虑到假设 4，转子的角速度可表示为

$$\boldsymbol{\omega}_4 = [\ 0 \quad \varpi_0 + \varLambda\sin(\varOmega_1 t) \quad 0\ ]^{\mathrm{T}} \tag{7-12}$$

其中，ϖ_0 是常值项，$\varLambda\sin(\varOmega_1 t)$ 为幅度为 $\varLambda$、频率为 $\varOmega_1$ 的时变项。进而，$\boldsymbol{\omega}_4$ 的时间导数可写为

$$\dot{\boldsymbol{\omega}}_4 = [\ 0 \quad \varLambda\varOmega_1\cos(\varOmega_1 t) \quad 0\ ]^{\mathrm{T}} \tag{7-13}$$

因此，转子力矩是简谐变化的。在实际情况中，这种转矩可能是由于控制系统故障或转子不平衡而产生的；此外，还可以主动产生这种周期性转矩，然后通过调节振幅和频率来稳定姿态轨迹或改变航天器的演化类型。综上，式 (7-7) 以及式 (7-11)~(7-13) 是航天器姿态演化的运动方程。

7.2.3 运动方程的无量纲化

为了便于分析航天器系统在参数空间的动力学行为，式 (7-7) 以及式 (7-11)~(7-13) 需要进一步无量纲化。不失一般性的，假设 $J_{s1} < J_{s3} < J_{s2}$。为了应用 Melnikov 方法，还需要定义一个小扰动参数ε。此外，假设航天器参数的相对尺寸为

$$\boldsymbol{J}_4 = O(\varepsilon), \quad \boldsymbol{J}_2 = O(\sqrt{\varepsilon}), \quad \boldsymbol{J}_3 = O(\sqrt{\varepsilon}), \quad \boldsymbol{\omega}_2 = O(\sqrt{\varepsilon}), \quad \boldsymbol{\omega}_3 = O(\sqrt{\varepsilon}) \tag{7-14}$$

其他参数定义为 $O(1)$。换句话说，相对于整个航天器系统而言，转子和充液的惯量是比较小的，而液体的相对角速度也同样较小。接着，我们定义无量纲时间 $\tau = ht/J_{s3}$，其中 h 是角动量 $\boldsymbol{h}_s$ 的模。因此，任意变量相对于无量纲时间 τ 的导数可表示为

$$(\cdot)' = \frac{\mathrm{d}(\cdot)}{\mathrm{d}\tau} = \frac{J_{s3}}{h}\frac{\mathrm{d}(\cdot)}{\mathrm{d}t} \tag{7-15}$$

其他的无量纲参数被定义如下：

$$\varepsilon = \frac{J_{42}}{J_{s3}}, \quad \hat{\gamma}_1 = \frac{J_{s1}}{J_{s3}}, \quad \hat{\gamma}_2 = \frac{J_{s2}}{J_{s3}}, \quad \hat{\eta}_2 = \frac{\sqrt{\varepsilon}J_2}{J_{42}}, \quad \hat{\eta}_3 = \frac{\sqrt{\varepsilon}J_3}{J_{42}}$$

$$\hat{c}_2 = \frac{c_2}{h}, \quad \hat{c}_3 = \frac{c_3}{h}, \quad \hat{\varpi}_0 = \frac{J_{s3}}{h}\varpi_0, \quad \hat{\varLambda} = \frac{J_{s3}}{h}\varLambda, \quad \hat{\varOmega}_1 = \frac{J_{s3}}{h}\varOmega_1$$

$$\hat{\boldsymbol{h}}_s = \frac{\boldsymbol{h}_s}{h}, \quad \hat{\boldsymbol{\omega}}_1 = \frac{J_{s3}}{h}\boldsymbol{\omega}_1, \quad \hat{\boldsymbol{\omega}}_2 = \frac{J_{s3}}{\sqrt{\varepsilon}h}\boldsymbol{\omega}_2, \quad \hat{\boldsymbol{\omega}}_3 = \frac{J_{s3}}{\sqrt{\varepsilon}h}\boldsymbol{\omega}_3 \tag{7-16}$$

其中，J_{42} 是角动量向量 $\boldsymbol{J}_4$ 在 y 轴的分量，带有“$\wedge$”的变量均为无量纲变量。进而，系统和充液的无量纲惯量矩阵可表示为

$$\hat{\boldsymbol{J}}_s = \frac{\boldsymbol{J}_s}{J_{s3}} = \mathrm{diag}(\hat{\gamma}_1,\, \hat{\gamma}_2,\, 1), \quad \hat{\boldsymbol{J}}_2 = \frac{\boldsymbol{J}_2}{J_{s3}} = \sqrt{\varepsilon}\hat{\eta}_2\boldsymbol{E}_3, \quad \hat{\boldsymbol{J}}_3 = \frac{\boldsymbol{J}_3}{J_{s3}} = \sqrt{\varepsilon}\hat{\eta}_3\boldsymbol{E}_3 \tag{7-17}$$

将式 (7-6) 代入式 (7-7)、式 (7-11)~(7-13)，整理结果可得

$$\hat{\boldsymbol{h}}_s' = \boldsymbol{D}\,\hat{\boldsymbol{h}}_s - \varepsilon\,\boldsymbol{D}(\hat{\eta}_2\hat{\boldsymbol{\omega}}_2 + \hat{\eta}_3\hat{\boldsymbol{\omega}}_3 + \hat{\boldsymbol{\omega}}_4) \tag{7-18}$$

其中，

$$\boldsymbol{D} = \begin{bmatrix} 0 & -\hat{h}_{s3}/\hat{\gamma}_2 & \hat{h}_{s2} \\ \hat{h}_{s3}/\hat{\gamma}_1 & 0 & -\hat{h}_{s1} \\ -\hat{h}_{s2}/\hat{\gamma}_1 & \hat{h}_{s1}/\hat{\gamma}_2 & 0 \end{bmatrix}$$

并且有

$$\begin{aligned} \sqrt{\varepsilon}\hat{\boldsymbol{\omega}}_2' =& (\hat{\boldsymbol{J}}_s - \hat{\boldsymbol{J}}_2 - \hat{\boldsymbol{J}}_3)^{-1}\left(-\hat{\boldsymbol{h}}_s' + \varepsilon\,\hat{\boldsymbol{\omega}}_4' - \sqrt{\varepsilon}\hat{c}_2(\hat{\boldsymbol{J}}_s - \hat{\boldsymbol{J}}_3)\hat{\boldsymbol{J}}_2^{-1}\hat{\boldsymbol{\omega}}_2 - \sqrt{\varepsilon}\hat{c}_3\hat{\boldsymbol{\omega}}_3\right) \\ =& \left(\hat{\boldsymbol{J}}_s - \sqrt{\varepsilon}(\hat{\eta}_2 + \hat{\eta}_3)\boldsymbol{E}_3\right)^{-1} \\ & \times \left(-\hat{\boldsymbol{h}}_s' + \varepsilon\,\hat{\boldsymbol{\omega}}_4' - \hat{c}_2(\hat{\boldsymbol{J}}_s - \sqrt{\varepsilon}\hat{\eta}_3\boldsymbol{E}_3)\hat{\boldsymbol{\omega}}_2/\hat{\eta}_2 - \sqrt{\varepsilon}\hat{c}_3\hat{\boldsymbol{\omega}}_3\right) \end{aligned} \tag{7-19}$$

$$\sqrt{\varepsilon}\hat{\boldsymbol{\omega}}_3' =(\hat{\boldsymbol{J}}_s - \hat{\boldsymbol{J}}_2 - \hat{\boldsymbol{J}}_3)^{-1}\left(-\hat{\boldsymbol{h}}_s' + \varepsilon\,\hat{\boldsymbol{\omega}}_4' - \sqrt{\varepsilon}\hat{c}_2\hat{\boldsymbol{\omega}}_2 - \sqrt{\varepsilon}\hat{c}_3(\hat{\boldsymbol{J}}_s - \hat{\boldsymbol{J}}_2)\hat{\boldsymbol{J}}_3^{-1}\hat{\boldsymbol{\omega}}_3\right)$$
$$= \left(\hat{\boldsymbol{J}}_s - \sqrt{\varepsilon}(\hat{\eta}_2 + \hat{\eta}_3)\boldsymbol{E}_3\right)^{-1}$$
$$\times\left(-\hat{\boldsymbol{h}}_s' + \varepsilon\,\hat{\boldsymbol{\omega}}_4' - \sqrt{\varepsilon}\hat{c}_2\hat{\boldsymbol{\omega}}_2 - \hat{c}_3(\hat{\boldsymbol{J}}_s - \sqrt{\varepsilon}\hat{\eta}_2\boldsymbol{E}_3)\hat{\boldsymbol{\omega}}_3/\hat{\eta}_3\right) \tag{7-20}$$

$$\hat{\boldsymbol{\omega}}_4 = [\ 0 \quad \hat{\omega}_0 + \hat{\Lambda}\sin(\hat{\Omega}_1\tau) \quad 0\ ]^{\mathrm{T}} \tag{7-21}$$

$$\hat{\boldsymbol{\omega}}'_4 = [\ 0 \quad \hat{\Lambda}\hat{\Omega}_1\cos(\hat{\Omega}_1\tau) \quad 0\ ]^{\mathrm{T}} \tag{7-22}$$

现在，航天器系统的运动方程已经被转化为适合 Melnikov 方法的无量纲形式。

7.3 Melnikov 方法的应用

7.3.1 无扰系统的相空间

Melnikov方法是一种在无扰相空间基础上计算受扰系统混沌运动解析解的方法。该方法的应用要求无扰相空间含有成对鞍点之间的异宿轨道或单个鞍点的同宿轨道 [14]。令 $\varepsilon = 0$，我们得到航天器的无扰系统，其运动方程可表示为

$$\hat{\boldsymbol{h}}_s' = \boldsymbol{D}\,\hat{\boldsymbol{h}}_s = \begin{bmatrix} (\hat{\gamma}_2 - 1)\hat{h}_{s2}\hat{h}_{s3}/\hat{\gamma}_2 \\ (1 - \hat{\gamma}_1)\hat{h}_{s1}\hat{h}_{s3}/\hat{\gamma}_1 \\ (\hat{\gamma}_1 - \hat{\gamma}_2)\hat{h}_{s1}\hat{h}_{s2}/(\hat{\gamma}_1\hat{\gamma}_2) \end{bmatrix} \tag{7-23}$$

$$\hat{\boldsymbol{\omega}}_2 = -\hat{\eta}_2\hat{\boldsymbol{J}}_s^{-1}\hat{\boldsymbol{h}}_s'/\hat{c}_2 = \begin{bmatrix} -\hat{\eta}_2\hat{h}_{s1}'/(\hat{c}_2\hat{\gamma}_1) \\ -\hat{\eta}_2\hat{h}_{s2}'/(\hat{c}_2\hat{\gamma}_2) \\ -\hat{\eta}_2\hat{h}_{s3}'/\hat{c}_2 \end{bmatrix} \tag{7-24}$$

$$\hat{\boldsymbol{\omega}}_3 = -\hat{\eta}_3\hat{\boldsymbol{J}}_s^{-1}\hat{\boldsymbol{h}}_s'/\hat{c}_3 = \begin{bmatrix} -\hat{\eta}_3\hat{h}_{s1}'/(\hat{c}_3\hat{\gamma}_1) \\ -\hat{\eta}_3\hat{h}_{s2}'/(\hat{c}_3\hat{\gamma}_2) \\ -\hat{\eta}_3\hat{h}_{s3}'/\hat{c}_3 \end{bmatrix} \tag{7-25}$$

而 $\hat{\boldsymbol{\omega}}_4$ 和 $\hat{\boldsymbol{\omega}}_4'$ 则分别与式 (7-21) 和 (7-22) 相同。显然，只要得到 $\hat{\boldsymbol{h}}_s$ 的解，无扰系统的相空间就能够确定。利用双曲三角函数的相关技术，我们可以得到 $\hat{\boldsymbol{h}}_s$ 沿着异宿轨道的解为

$$\hat{\boldsymbol{h}}_s = \begin{bmatrix} \alpha_1 Q_1\mathrm{sech}(\hat{\Omega}_2\tau) \\ \alpha_2 Q_2\mathrm{sech}(\hat{\Omega}_2\tau) \\ \alpha_3\tanh(\hat{\Omega}_2\tau) \end{bmatrix} \tag{7-26}$$

其中,

$$\begin{aligned}Q_1 &= \sqrt{\hat{\gamma}_1(\hat{\gamma}_2-1)/(\hat{\gamma}_2-\hat{\gamma}_1)}\\ Q_2 &= \sqrt{\hat{\gamma}_2(1-\hat{\gamma}_1)/(\hat{\gamma}_2-\hat{\gamma}_1)}\\ \hat{\Omega}_2 &= \sqrt{(\hat{\gamma}_2-1)(1-\hat{\gamma}_1)/(\hat{\gamma}_1\hat{\gamma}_2)}\end{aligned}$$

另外，$\alpha_i = \pm 1$ 且满足 $\prod_{i=1}^{3}\alpha_i = -1$。这些排列描述了 4 条异宿轨道，可以从图 7.2 中看到。

7.3.2 Melnikov 判据

经典 Melnikov 方法的一般形式主要用于处理如下 2 维系统:

$$\boldsymbol{x}' = \boldsymbol{f}(\boldsymbol{x}) + \varepsilon\boldsymbol{g}(\boldsymbol{x},\tau), \quad \boldsymbol{x} = [\ x_1 \quad x_2\ ] \in P^2 \tag{7-27}$$

其中，$\boldsymbol{f}(\boldsymbol{x})$ 是哈密顿向量场，而 $\varepsilon\boldsymbol{g}(\boldsymbol{x},\tau)$ 是一个周期性的小扰动。显然，这个方法只适用于经庞加莱映射后是平面的系统，而无法直接应用于本章考虑的与 $\hat{\boldsymbol{h}}_s$ 相关的 3 维系统。不过，文献 [17] 介绍了一种能够处理 3 维系统的扩展 Melnikov 方法，相应的 Melnikov 积分可表示为

$$M_{\pm}(\tau_0) = \int_{-\infty}^{+\infty} \nabla\hat{H}_0[\boldsymbol{y}_0(\tau)]\cdot\{\boldsymbol{f}[\boldsymbol{y}_0(\tau)] + \boldsymbol{g}[\boldsymbol{y}_0(\tau),\tau+\tau_0]\}\mathrm{d}\tau \tag{7-28}$$

其中，$\hat{H}_0 = \dfrac{1}{2}\hat{\boldsymbol{h}}_s^{\mathrm{T}}\boldsymbol{J}_s^{-1}\hat{\boldsymbol{h}}_s$ 是无扰系统的无量纲哈密顿量，$\nabla = \partial/\partial\hat{\boldsymbol{h}}_s$ 是一个梯度算子，$\boldsymbol{y}_0(\tau)$ 是无扰系统在异宿轨道的解，而 $\boldsymbol{f}[\boldsymbol{y}_0(\tau)] = \boldsymbol{D}\,\hat{\boldsymbol{h}}_s$ 和 $\boldsymbol{g}[\boldsymbol{y}_0(\tau),\tau+\tau_0] = -\boldsymbol{D}(\hat{\eta}_2\hat{\boldsymbol{\omega}}_2+\hat{\eta}_3\hat{\boldsymbol{\omega}}_3+\hat{\boldsymbol{\omega}}_4)$ 分别表示系统的无扰动部分和扰动部分 (式 (7-18))。注意:

$$\nabla\hat{H}_0\cdot\boldsymbol{f} = \hat{\boldsymbol{h}}_s^{\mathrm{T}}\boldsymbol{J}_s^{-1}\boldsymbol{D}\,\hat{\boldsymbol{h}}_s = [\ \hat{h}_{s1}/\hat{\gamma}_1 \quad \hat{h}_{s2}/\hat{\gamma}_2 \quad 1\ ]\cdot\begin{bmatrix}(\hat{\gamma}_2-1)\hat{h}_{s2}\hat{h}_{s3}/\hat{\gamma}_2\\(1-\hat{\gamma}_1)\hat{h}_{s1}\hat{h}_{s3}/\hat{\gamma}_1\\(\hat{\gamma}_1-\hat{\gamma}_2)\hat{h}_{s1}\hat{h}_{s2}/(\hat{\gamma}_1\hat{\gamma}_2)\end{bmatrix} = 0 \tag{7-29}$$

因此，Melnikov 积分可以简化为

$$\begin{aligned}m_{\pm}(\tau_0) &= \int_{-\infty}^{+\infty}\nabla\hat{H}_0[\boldsymbol{y}_0(\tau)]\cdot\boldsymbol{g}[\boldsymbol{y}_0(\tau),\tau+\tau_0]\mathrm{d}\tau\\ &= -\int_{-\infty}^{+\infty}\hat{\boldsymbol{h}}_s^{\mathrm{T}}\boldsymbol{J}_s^{-1}\boldsymbol{D}(\hat{\eta}_2\hat{\boldsymbol{\omega}}_2+\hat{\eta}_3\hat{\boldsymbol{\omega}}_3+\hat{\boldsymbol{\omega}}_4)\mathrm{d}\tau\end{aligned} \tag{7-30}$$

根据 Melnikov 方法的规定，我们还需要用 τ 替换显式的 $\tau+\tau_0$ 项，因此 $\hat{\boldsymbol{\omega}}_4(\tau)$ 可重写为

$$\hat{\boldsymbol{\omega}}_4(\tau+\tau_0)=\begin{bmatrix}0 & \hat{\varpi}_0+\hat{\varLambda}\sin(\hat{\varOmega}_1\tau)\cos(\hat{\varOmega}_1\tau_0)+\hat{\varLambda}\cos(\hat{\varOmega}_1\tau)\sin(\hat{\varOmega}_1\tau_0) & 0\end{bmatrix}^{\mathrm{T}} \tag{7-31}$$

将式 (7-23)~(7-26) 和 (7-31) 代入式 (7-30)，可得 Melnikov 积分为

$$M_{\pm}(\tau_0)=M_1(\tau_0)+M_2(\tau_0)+M_3(\tau_0) \tag{7-32}$$

其中，

$$M_1(\tau_0)=-\frac{Q_1^2(\hat{\gamma}_2-\hat{\gamma}_1)^2}{\hat{\gamma}_1^2\hat{\gamma}_2^2}\left(\frac{\hat{\eta}_2^2}{\hat{c}_2}+\frac{\hat{\eta}_3^2}{\hat{c}_3}\right)\times\int_{-\infty}^{+\infty}\operatorname{sech}^4(\hat{\varOmega}_2\tau)\mathrm{d}\tau$$

$$M_2(\tau_0)=-\frac{Q_1^2(1-\hat{\gamma}_1)^2+Q_2^2(\hat{\gamma}_2-1)^2}{\hat{\gamma}_1^2\hat{\gamma}_2^2}\left(\frac{\hat{\eta}_2^2}{\hat{c}_2}+\frac{\hat{\eta}_3^2}{\hat{c}_3}\right)\times\int_{-\infty}^{+\infty}\operatorname{sech}^2(\hat{\varOmega}_2\tau)\tanh^2(\hat{\varOmega}_2\tau)\mathrm{d}\tau$$

$$M_3(\tau_0)=\frac{\alpha_1\alpha_3Q_1\hat{\varLambda}(1-\hat{\gamma}_1)\cos(\hat{\varOmega}_1\tau_0)}{\hat{\gamma}_1\hat{\gamma}_2}\times\int_{-\infty}^{+\infty}\operatorname{sech}(\hat{\varOmega}_2\tau)\tanh(\hat{\varOmega}_2\tau)\sin(\hat{\varOmega}_1\tau)\mathrm{d}\tau$$

计算式 (7-32) 中的积分，可得航天器系统的 Melnikov 方程为

$$M_{\pm}(\tau_0)=\frac{2}{3\hat{\varOmega}_2\hat{\gamma}_1^2\hat{\gamma}_2^2}\left[\frac{3\alpha_1\alpha_3\pi(1-\hat{\gamma}_1)\hat{\gamma}_1\hat{\gamma}_2Q_1\hat{\varOmega}_1\hat{\varLambda}}{2\hat{\varOmega}_2}\operatorname{sech}\left(\frac{\pi\hat{\varOmega}_1}{2\hat{\varOmega}_2}\right)\cos(\hat{\varOmega}_1\tau_0)-\varDelta_c\right] \tag{7-33}$$

其中，

$$\varDelta_c=(\hat{\eta}_2^2/\hat{c}_2+\hat{\eta}_3^2/\hat{c}_3)[2(\hat{\gamma}_2-\hat{\gamma}_1)^2Q_1^2Q_2^2+(1-\hat{\gamma}_1)^2Q_1^2+(\hat{\gamma}_2-1)^2Q_2^2]$$

根据 Smale-Birkhoff 定理，Melnikov 方程的横截零点表明 Smale 马蹄和混沌的存在 [7]。由于 Melnikov 方程的余弦项随着 τ_0 变化而常数项 $\varDelta_c>0$，只要余弦项的幅值大于 $\varDelta_c$，横截零点就会出现，也即在参数空间下预测系统出现混沌的 Melnikov 判据为

$$\frac{3\pi(1-\hat{\gamma}_1)\hat{\gamma}_1\hat{\gamma}_2Q_1\hat{\varOmega}_1\hat{\varLambda}}{2\hat{\varOmega}_2}\operatorname{sech}\left(\frac{\pi\hat{\varOmega}_1}{2\hat{\varOmega}_2}\right)>\varDelta_c \tag{7-34}$$

7.4 数 值 仿 真

7.4.1 航天器系统的演化轨迹类型

航天器系统的轨迹可由式 (7-18)~(7-22) 计算得到，且其演化类型受系统无量纲参数 (ε, $\hat{\gamma}_1$, $\hat{\gamma}_2$, $\hat{c}_2$, $\hat{c}_3$, $\hat{\eta}_2$, $\hat{\eta}_3$, $\hat{\varpi}_0$, $\hat{\Lambda}$, $\hat{\Omega}_1$) 控制，其取值如表 7.1 所示。本章使用 MATLAB 软件计算航天器的演化类型，通过基于 Runge-Kutta 方法的变步长微分求解器 ode45 求解航天器的运动方程。在所有仿真中，相对误差和绝对误差均设置为 10^{-9}。考虑到无量纲角动量 $\hat{\boldsymbol{h}}_s$ 的模恒等于 1 且 y 轴是航天器的最大惯量轴，航天器的初始条件设置为

$$\begin{aligned}&\hat{\boldsymbol{h}}_s=[\ \cos(\pi/60)\quad 0\quad \sin(\pi/60)\ ]^{\mathrm{T}},\quad \hat{\boldsymbol{\omega}}_2=[\ -0.02\quad 0\quad 0\ ]^{\mathrm{T}}\\&\hat{\boldsymbol{\omega}}_3=[\ 0\quad 0\quad -0.01\ ]^{\mathrm{T}},\quad \hat{\boldsymbol{\omega}}_4=[\ 0\quad 0.10\quad 0\ ]^{\mathrm{T}}\end{aligned}\tag{7-35}$$

图 7.2 展示了三种不同的演化类型，其对应的系统参数如表 7.1 所示。在每个演化图中，红点代表 $\hat{\boldsymbol{h}}_s$ 的初始位置，两条穿过 $\hat{h}_{s3}$ 轴的红线是由式 (7-26) 给出的异宿轨道，而蓝色曲线则描绘了 $\hat{\boldsymbol{h}}_s$ 在惯量球表面的演化轨迹。

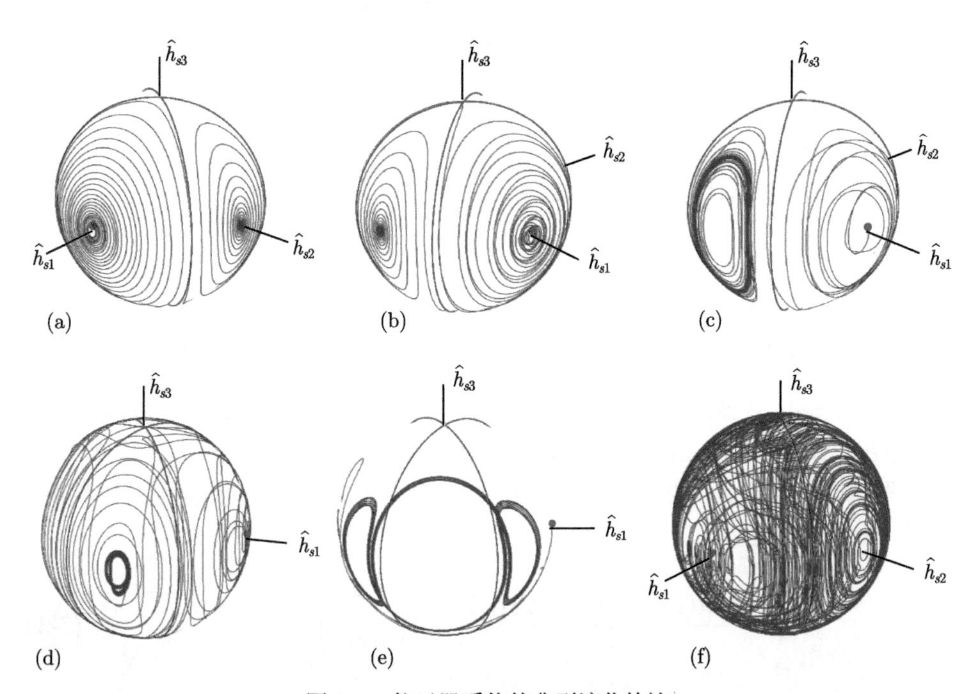

图 7.2　航天器系统的典型演化轨迹

表 7.1 图 7.2 和图 7.3 中的无量纲系统参数设置

参数	(a) PMAS	(b) NMAS	(c) Period-1	(d) Period-2	(e) Period-3	(f) Chaos
ε	0.04	0.04	0.04	0.04	0.04	0.04
$\hat{\gamma}_1$	0.60	0.60	0.90	0.90	0.90	0.90
$\hat{\gamma}_2$	1.40	1.40	1.05	1.05	1.05	1.05
$\hat{c}_2$	0.10	0.10	0.10	0.10	0.10	0.10
$\hat{c}_3$	0.12	0.12	0.12	0.12	0.12	0.12
$\hat{\eta}_2$	0.20	0.20	0.20	0.20	0.20	0.20
$\hat{\eta}_3$	0.16	0.16	0.16	0.16	0.16	0.16
$\hat{\varpi}_0$	0.10	0.10	0.10	0.10	0.10	0.10
$\hat{\Lambda}$	0.30	1.20	0.50	1.00	5.10	2.00
$\hat{\Omega}_1$	0.15	0.15	0.15	0.04	0.15	0.15

如图 7.2 (a) 和 (b) 所示，第一类演化轨迹最终稳定到正最大惯量轴 (positive major axis spin，PMAS) 或负最大惯量轴 (negative major axis spin，NMAS) 上，其中演化轨迹由 $\hat{\boldsymbol{h}}_s$ 的初始点向外螺旋变化并穿过异宿轨道，最终到达最大惯量轴对应的角动量轴 $\hat{h}_{s2}$ 上的稳定点。图 7.2 (c)~(e) 展示了第二类演化轨迹，这类轨迹最终稳定在围绕着 $\hat{h}_{s2}$ 轴的周期 1、周期 2 和周期 3 极限环上，其中蓝色环带即为相应的极限环。需要注意的是，我们在图 7.2 (e) 中只描绘了周期 3 极限环的稳定结构，而忽略了之前的非稳定部分。第三类演化轨迹是如图 7.2 (f) 所示的混沌演化，其轨迹不会稳定到任何稳定结构。事实上，一个混沌轨迹内包含了无穷数量的不稳定周期轨道。

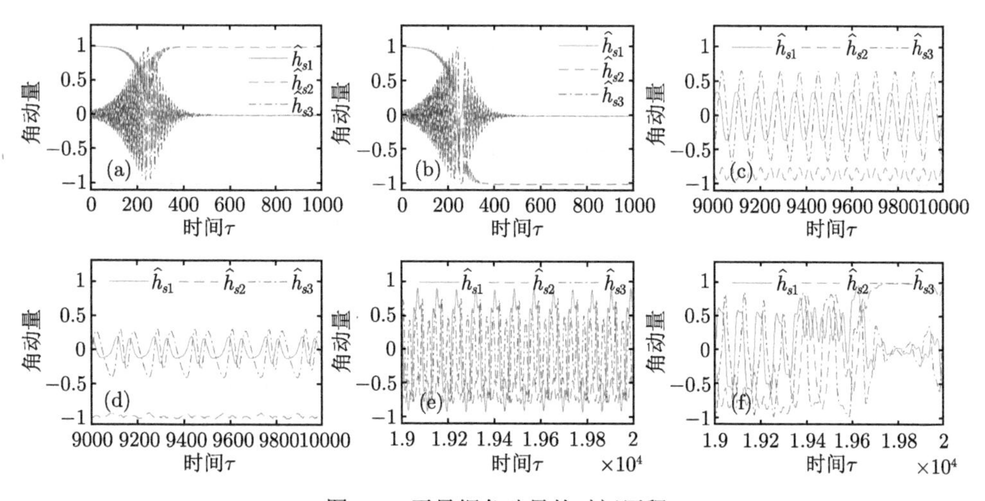

图 7.3 无量纲角动量的时间历程

对应于图 7.2 中演化轨迹的无量纲角动量向量 $\hat{\boldsymbol{h}}_s$ 的时间历程如图 7.3 所示。大量的数值仿真结果表明，第一类演化通常在很短时间内就能稳定到 PMAS 或者 NMAS；对于第二类演化，随着极限环周期数量的增加，稳定到相应极限环的时间越来越长；对于第三类的混沌演化，即使仿真时间非常长，轨迹也不会稳定到任何稳定结构上并且会占满几乎整个动量球的表面。

7.4.2　参数子空间中 Melnikov 判据分析

Melnikov 判据中的无量纲参数 $(\hat{\gamma}_1,\ \hat{\gamma}_2,\ \hat{\eta}_2,\ \hat{\eta}_3,\ \hat{c}_2,\ \hat{c}_3,\ \hat{\Lambda},\ \hat{\Omega}_1)$ 决定了分割混沌和非混沌区域的超曲面。当满足判据和惯量约束 $(0 < \hat{\gamma}_1 < 1 < \hat{\gamma}_2 < 1+\hat{\gamma}_1)$ 时，航天器系统可能会出现混沌动力学行为。通过固定部分上述无量纲参数，本节研究了在由剩下的参数所构成的子空间中的混沌分割曲面，如图 7.4～ 图 7.7 所示，其中混沌区域是被分割曲面包围的部分。图 7.4～ 图 7.7 中的固定参数如表 7.2 所示。根据惯量约束，$\hat{\gamma}_1$ 和 $\hat{\gamma}_2$ 的取值范围分别是 $(\hat{\gamma}_2-1,\ 1)$ 和 $(1,\ 1+\hat{\gamma}_1)$。

从图 7.4 中可以看出，两种情况下的混沌区域均随着 $\hat{\Omega}_1$ 和 $\hat{\gamma}_1$ 的增大不断收缩直至彻底消失，但是随着 $\hat{\Lambda}$ 的增加而不断扩张。此外，对于一个确定的 $\hat{\Lambda}$, 能够引起航天器出现混沌运动的 $\hat{\Omega}_1$ 在 $\hat{\gamma}_2 = 1.05$ 的情况下具有更大的最大值。在图 7.4 所示的两种情况中，混沌区域随着 $\hat{\Omega}_1$ 的增加或者 $\hat{\gamma}_2$ 的减小而收缩。此外，在 $\hat{\gamma}_2$ 具有相同值的情况下，$\hat{\gamma}_1 = 0.60$ 时的混沌区域远大于 $\hat{\gamma}_2 = 1.05$ 时的混沌区域。根据对图 7.4 (a) 和 (b) 的分析可知，减小转子周期转动的幅度或增大其频率 Ω_1 能够有效地避免航天器混沌运动的产生。另外，当航天器的惯量参数接近对称时，混沌运动几乎不可能出现，这是由于当式 (7-26) 中给出的异宿轨道参数 $\hat{\Omega}_2$ 随着 $\hat{\gamma}_1 \to 1$ 或者 $\hat{\gamma}_2 \to 1$ 而趋近于零时，异宿轨道将会消失，从而表明了系统的非混沌特性。

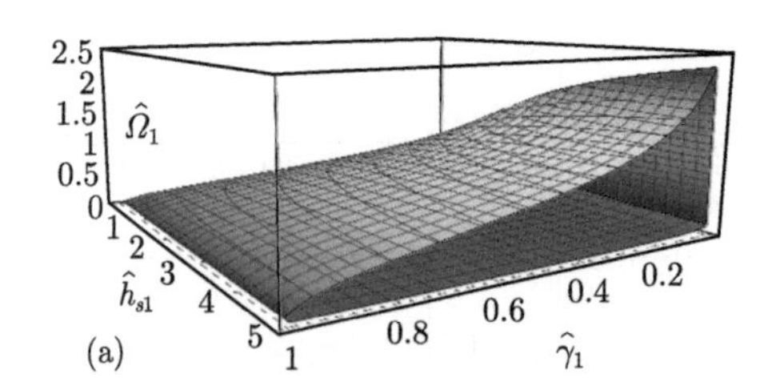

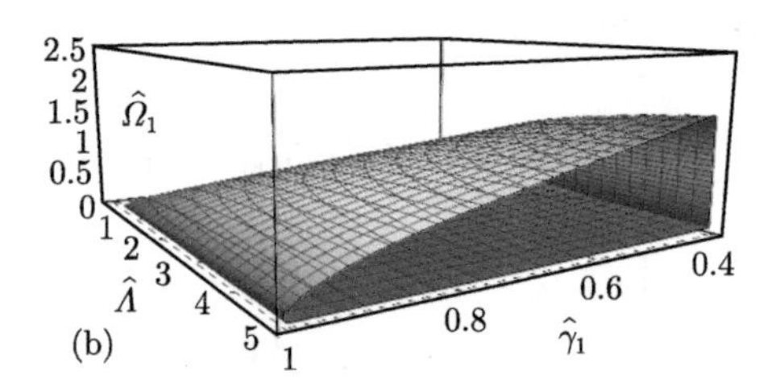

图 7.4　参数子空间 $\hat{\gamma}_1$-$\hat{\Lambda}$-$\hat{\Omega}_1$ 中的混沌区域分割曲面

从图 7.5 所示的两种情况可以看出，混沌区域在无量纲阻尼系数 $\hat{c}_2 \in (0,\ 0.05)$ 时迅速增大，然后逐渐缓慢增加，这表明混沌区域对于小黏性阻尼的变化非常敏感。由于设定 $\hat{c}_i < 0.5\ (i = 2,\ 3)$，因此混沌区域分割曲面在 $\hat{c}_2 = 0.5$ 处垂直下降。比较图 7.5 中的两种情况还可以发现，具有惯性近似对称特性的航天器具有明显更小的混沌区域。

表 7.2 图 7.4～ 图 7.7 中的无量纲参数设置

参数	图 7.4		图 7.5		图 7.6		图 7.7	
	(a)	(b)	(a)	(b)	(a)	(b)	(a)	(b)
$\hat{\gamma}_1$	—	—	0.60	0.90	0.60	0.90	0.60	0.90
$\hat{\gamma}_2$	1.05	1.40	—	—	1.40	1.05	1.40	1.05
$\hat{c}_2$	0.10	0.10	0.10	0.10	—	—	0.10	0.10
$\hat{c}_3$	0.12	0.12	0.12	0.12	0.12	0.12	0.12	0.12
$\hat{\eta}_2$	0.20	0.20	0.20	0.20	0.20	0.20	—	—
$\hat{\eta}_3$	0.16	0.16	0.16	0.16	0.16	0.16	0.16	0.16

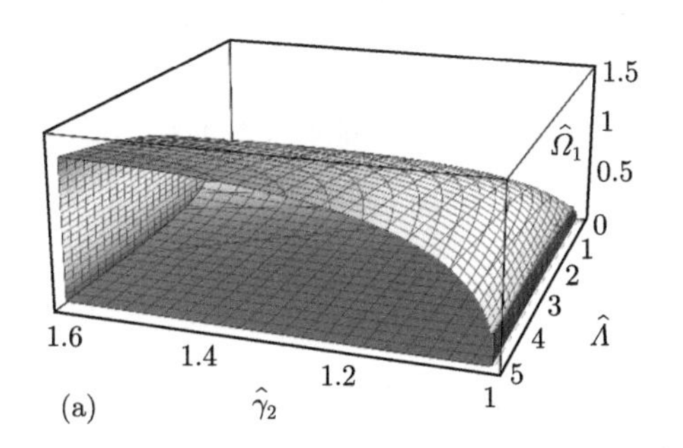

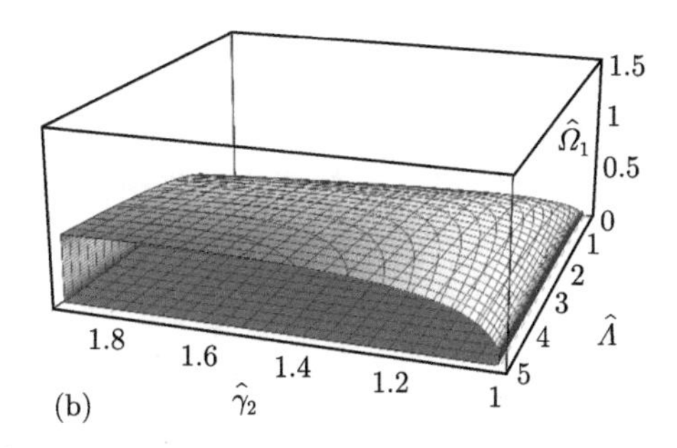

图 7.5 参数子空间 $\hat{\gamma}_2$-$\hat{\Lambda}$-$\hat{\Omega}_1$ 中的混沌区域分割曲面

如图 7.6 所示，混沌区域在两种情况下均随着 $\hat{\eta}_2$ 的增大而单调减小，而在 $\hat{\Omega}_1$ 轴上，混沌区域在增加至一个临界值后逐渐减小至零。由于 $\boldsymbol{J}_2=\sqrt{\varepsilon}\hat{\eta}_2\boldsymbol{J}_s$，上述结果表明增大液体的转动惯量将有助于减小航天器出现混沌运动的可能性。对这两种情况的比较还表明，在情况 (a) 中引起混沌运动的 $\hat{\Omega}_1$ 最大值远大于情况 (b)，而对于参数 $\hat{\eta}_2$，上述结论则正好相反。对于参数 $\hat{c}_3$ 和 $\hat{\eta}_3$ 也能够得到相似的结论。

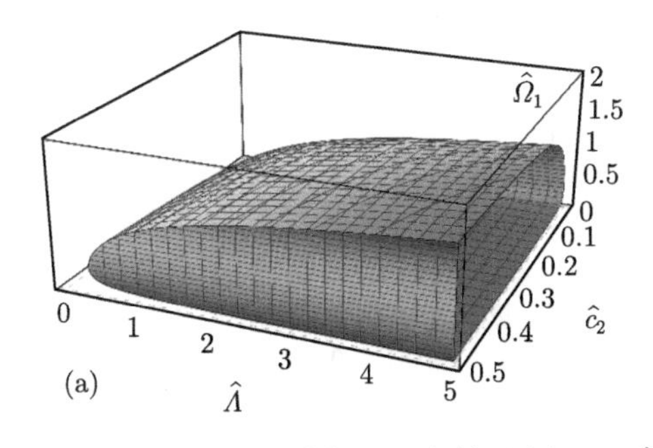

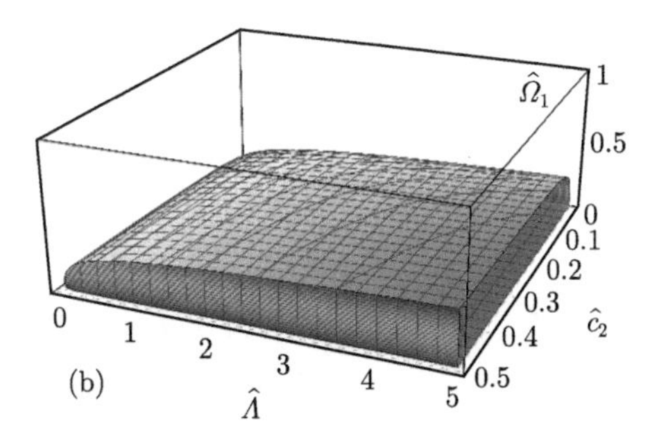

图 7.6 参数子空间 $\hat{c}_2$-$\hat{\Lambda}$-$\hat{\Omega}_1$ 中的混沌区域分割曲面

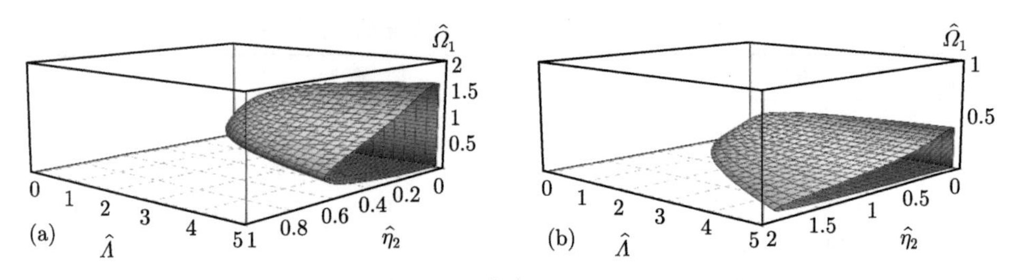

图 7.7　参数子空间 $\hat{\eta}_2$-$\hat{\Lambda}$-$\hat{\Omega}_1$ 中的混沌区域分割曲面

以上结果表明，在不同情况下，系统各参数对航天器发生混沌运动的权重可能会发生显著变化。因此，用解析判据确定所需条件下的关键参数将有助于航天器的设计和控制，而这是数值模拟难以实现的。

在独立地分析了液体参数后，本节还分析了这些参数对混沌区域的综合影响。由式 (7-34) 可知，与液体参数相关的项为 $\hat{\eta}_2^2/\hat{c}_2+\hat{\eta}_3^2/\hat{c}_3$，因此定义：

$$\hat{\eta}_{\mathrm{eq}}=\sqrt{\hat{\eta}_2^2+\hat{\eta}_3^2},\qquad 1/\hat{c}_{\mathrm{eq}}=1/\hat{c}_2+1/\hat{c}_3 \tag{7-36}$$

分别为双充液 B_2 和 B_3 的无量纲等效转动惯量和无量纲等效黏性阻尼系数。图 7.8 (a) 展示了在 $\hat{\eta}_{\mathrm{eq}}$-$\hat{\Lambda}$-$\hat{\Omega}_1$ 参数子空间的 Melnikov 曲线，其中曲线颜色随着 $\hat{\eta}_{\mathrm{eq}}$ 的增加由蓝色逐渐过渡到红色。注意 $\hat{\eta}_2$ 和 $\hat{\eta}_3$ 都在区间 [0,1.4] 内变化，步长为 0.05。图 7.8 (b) 展示了在 $\hat{c}_{\mathrm{eq}}$-$\hat{\Lambda}$-$\hat{\Omega}_1$ 参数子空间的 Melnikov 曲线，其中曲线颜色随着 $\hat{c}_{\mathrm{eq}}$ 的增加由蓝色逐渐过渡到红色。注意 $\hat{c}_2$ 和 $\hat{c}_3$ 都在区间 [0.001,0.5] 内变化，步长为 0.02。从图中可以看出，混沌区域随着 $\hat{\eta}_{\mathrm{eq}}$ 的增加趋近于零而在 $\hat{c}_{\mathrm{eq}}\in[0.001,\,0.01]$ 内迅速增大。这些结果表明通过增大液体惯量的平方和 $J_2^2+J_3^2$ 或者减小液体黏性阻尼系数的倒数和 $1/c_2+1/c_3$，航天器系统出现混沌运动的可能性能够有效地减小。

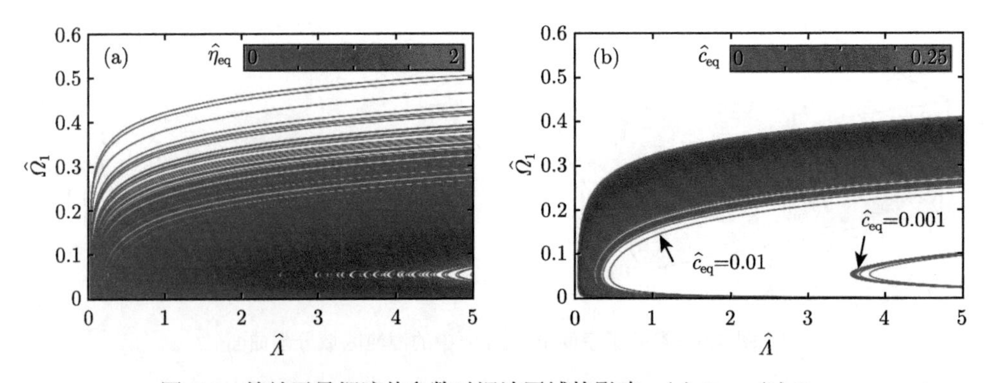

图 7.8　等效无量纲液体参数对混沌区域的影响：(a) $\hat{\eta}_{\mathrm{eq}}$，(b) $\hat{c}_{\mathrm{eq}}$

由于式 (7-34) 中转子的参数和液体的参数是非耦合的，因此我们很容易就能将混沌解析判据推广到多转子和多充液系统。对于这类系统，其解析判据与式 (7-34) 相似，其中涉及液体 B_k $(k=1, 2, \cdots, l)$ 的项将变为 $\sum_{k=1}^{l}\hat{\eta}_k^2/\hat{c}_k$。此时，多充液的无量纲等效参数可定义为

$$\hat{\eta}_{\text{eq}}=\left(\sum_{k=1}^{l}\hat{\eta}_k^2\right)^{1/2},\quad 1/\hat{c}_{\text{eq}}=\sum_{k=1}^{l}1/\hat{c}_k \tag{7-37}$$

并且混沌区域以及 $\hat{\eta}_{\text{eq}}$ 和 $\hat{c}_{\text{eq}}$ 仍有与上述结论相同的关系。因此，液体的无量纲等效参数概念具有很广泛的实用性。

7.4.3 Melnikov 方程的解析和数值结果比较

本章将通过大量数值仿真验证了 Melnikov 判据的有效性。根据稳态结构的类型，航天器系统的轨迹被分类。为了避免枚举过程的巨量时间消耗和轨迹分类过程中的人为错误，本章使用最大 Lyapunov 指数 (largest Lyapunov exponent, LLE) 来自动确定轨迹的类型。当 LLE <0 时，航天器系统的轨迹将衰减到最大轴；当 LLE $=0$ 时，航天器系统将演化到周期性极限环上；当 LLE >0 时，航天器系统将出现混沌运动。

我们使用文献 [18] 提出的小数据集方法来计算不同参数条件下 LLE 的值。该方法直接由 LLE 的定义得到，具有快速、易于实现和鲁棒的优点。在本节中，该方法由 MATLAB 实现，且初始条件与式 (7-35) 相同。此外，图 7.9 中每个子图所对应的系统无量纲参数的默认值为 $\hat{\gamma}_1=0.90$，$\hat{\gamma}_2=1.05$，$\hat{\eta}_2=0.20$，$\hat{\eta}_3=0.16$，$\hat{c}_2=0.10$，$\hat{c}_3=0.12$。最后，我们使用步长为 0.1 的 1.2×10^5 个时间步来计算航天器的演化轨迹，并截取最后的 2000 个时间步用于系统相空间的重构形。

图 7.9 展示了数值仿真结果与 Melnikov 曲线给出的解析结果的比较。在每个子图中，红色 U 形曲线代表 Melnikov 曲线，黑色点 $(\cdot)$ 代表演化到正最大轴 (PMAS) 的轨迹，绿色点 $(\cdot)$ 代表演化到负最大轴 (NMAS) 的轨迹，蓝色圆圈 $(\circ)$ 代表稳定到周期极限环的轨迹，而红色叉 $(\times)$ 则代表航天器出现混沌运动的轨迹。由图可以看出，本章得到的 Melnikov 判据不仅可以很好地估计周期和混沌区域，并将其与最大轴演化的区域分隔，这将有助于避免航天器出现这两类运动。

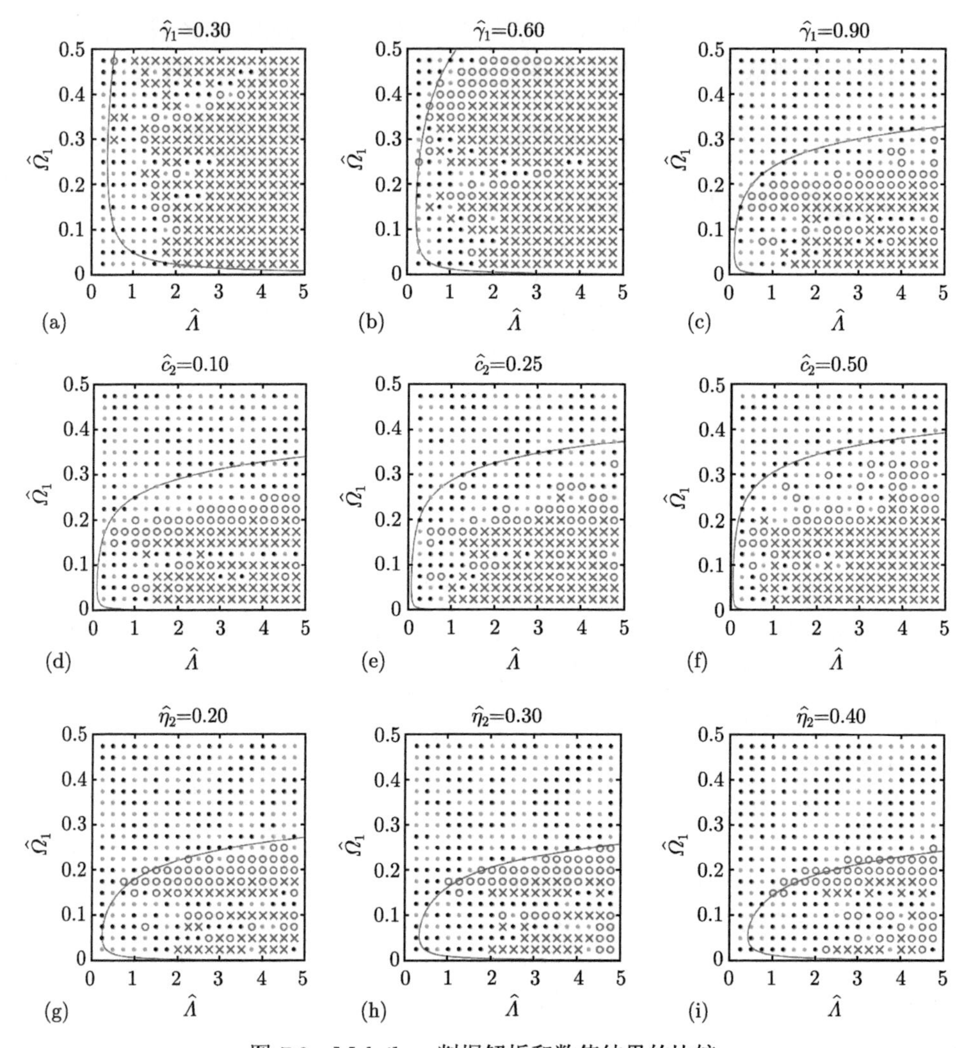

图 7.9　Melnikov 判据解析和数值结果的比较

7.5　本 章 小 结

本章研究了具有内部能量耗散的双液体航天器的姿态演化问题。首先，建立了该航天器的运动方程，研究了其出现最大轴自旋、周期极限环和混沌运动等类型的演化轨迹。然后，利用 Melnikov 方法推导了预测该航天器发生混沌运动的解析判据。接着，详细讨论了系统参数，特别是液体参数对混沌区域的影响。解析和数值结果的比较表明，该准则能够在参数空间中准确地区分系统的混沌和非混沌区域。因此，本书有助于避免航天器潜在的周期和混沌运动。

本章中未尽之处还可详见本课题组已投稿文章 [19]。

参 考 文 献

[1] Hughes P C. Spacecraft Attitude Dynamics [M]. New York: Wiley, 1986.

[2] Bracewell R N, Garriott O K. Rotation of artificial earth satellites [J]. Nature, 1958, 182(4638): 760-762.

[3] Cochran J E. Nonlinear resonances in the attitude motion of dual-spin spacecraft [J]. Journal of Spacecraft and Rockets, 1977, 14(9): 562-572.

[4] Or A C. Chaotic motions of a dual-spin body [J]. Journal of Applied Mechanics, 1998, 65(1): 150-156.

[5] Neishtadt A I, Pivovarov M L. Separatrix crossing in the dynamics of a dual-spin satellite [J]. Journal of Applied Mathematics and Mechanics, 2000, 64(5): 709-714.

[6] Meehan P A, Asokanthan S F. Control of chaotic instability in a dual-Spin spacecraft with dissipation using energy methods [J]. Multibody System Dynamics, 2002, 7(2): 171-188.

[7] Meehan P A, Asokanthan S F. Analysis of chaotic instabilities in a rotating body with internal energy dissipation [J]. International Journal of Bifurcation and Chaos, 2006, 16(1): 1-19.

[8] Zhou L, Chen Y, Chen F. Stability and chaos of a damped satellite partially filled with liquid [J]. Acta Astronautica, 2009, 65(11-12): 1628-1638.

[9] Tong X, Tabarrok B. Bifurcation of self-excited rigid bodies subjected to small perturbation torques [J]. Journal of Guidance, Control, and Dynamics, 1997, 20(1): 605-615.

[10] Iñarrea M, Lanchares V. Chaotic pitch motion of an asymmetric non-rigid spacecraft with viscous drag in circular orbit [J]. International Journal of Non-Linear Mechanics, 2006, 41(1): 86-100.

[11] Iñarrea M. Chaotic pitch motion of a magnetic spacecraft with viscous drag in an elliptical polar orbit [J]. International Journal of Bifurcation and Chaos, 2011, 21(7): 1959-1975.

[12] Liu J, Chen L, Cui N. Solar sail chaotic pitch dynamics and its control in Earth orbits [J]. Nonlinear Dynamics, 2017, 90(3): 1755-1770.

[13] Aslanov V S, Ledkov A S. Chaotic motion of a reentry capsule during descent into the atmosphere [J]. Journal of Guidance, Control, and Dynamics, 2016, 39(8): 1834-1843.

[14] Miller A J, Gray G L. Nonlinear spacecraft dynamics with a flexible appendage, damping, and moving internal submasses [J]. Journal of Guidance, Control, and Dynamics, 2001, 24(3): 605-615.

[15] Chegini M, Sadati H, Salarieh H. Chaos analysis in attitude dynamics of a flexible satellite [J]. Nolinear Dynamics, 2018, 93: 1421-1438.

[16] Chegini M, Sadati H. Chaos analysis in attitude dynamics of a satellite with two flexible panels [J]. International Journal of Non-Linear Mechanics, 2018, 103: 55-67.

[17] Holmes P J, Marsden J E. Horseshoes and Arnold diffusion for Hamiltonian systems on Lie groups [J]. Indiana University Mathematics Journal, 1983, 32(2): 273-309.
[18] Rosenstein M T, Collins J J, De Luca C J. A practical method for calculating largest Lyapunov exponents from small data sets [J]. Physica D, 1993, 65(1-2): 117-134.
[19] Liu Y, Liu X, Cai G, et al. Attitude evolution of a dual-liquid-filled spacecraft with internal energy dissipation [J]. Nonlinear Dynamics, 2020, 99: 2251-2263.

第 8 章　空间大质量非合作目标抓捕前主动消旋策略 1

8.1　引　　言

近年来，失效卫星和火箭末级等大型空间非合作目标的数量快速增长。在残余角动量、重力梯度和磁场阻尼等因素的影响下，这些具有较大质量的空间非合作目标通常进行着复杂的快速翻滚运动，如果直接采用空间机械臂对其抓捕可能会造成机械臂的损伤 [1]。因此，对这类空间非合作目标进行先消旋、再捕获则是一种比较可行的抓捕策略。

目前，空间非合作目标消旋技术是航天领域的研究热点。按照服务卫星与目标是否发生接触，消旋方法主要可分为两类：接触式消旋和非接触式消旋。接触式消旋主要包括空间机器人、触手、捕网、鱼叉和柔性刷等方案，而非接触式消旋主要包括尾流冲击、激光、电磁涡流和离子束等方案 [2]。从本质上来说，这些消旋方法都是通过向目标施加各种形式的外力矩来降低其自旋角动量。相比较而言，接触式消旋方法往往能够提供较大的消旋力矩并且容易开展地面试验，而非接触式消旋方法则能够在安全距离内完成对目标的消旋操作，从而避免服务卫星与目标发生接触碰撞。

对于接触式消旋研究，Nishida 和 Kawamoto[3] 设计了一种刷子式消旋装置来完成对空间目标的消旋任务。同时，他们还提出了一种根据接触力来调整机械臂位姿以降低机械臂载荷的控制方法。Kawamoto 等 [4] 提出利用多次接触产生的脉冲作用力来交替衰减目标的章动角和自旋转速的方案，并给出了脉冲次数的优化过程。Hovell 和 Ulrich[5] 提出了一种基于绳索的消旋方法，该方法将黏弹性绳索的一端连接服务卫星，另一端分为 4 束子绳索固定在非合作目标表面，通过绳索的拉力及变形时的阻尼力来降低目标卫星的翻滚角速度直至其达到姿态稳定。对于非接触式消旋研究，Bennett 和 Schaub[6] 提出了一种基于带电体之间库仑力作用来对目标卫星进行消旋的方法。在该方法中，服务卫星首先利用电子发射装置向目标卫星连续发射电子使其带上负电，然后再通过两个卫星间由电势差引起的库仑静电力做功，进而使目标的自旋角速度不断减小。Nakajima 等 [7] 提出了一种利用推进器燃烧产生的尾流来冲击目标卫星的非接触式消旋方法，并利用 Navier-Stokes 直接模拟蒙特卡罗方法验证了该方案的可行性。

尽管研究人员在空间目标的消旋技术方面已经开展了一些研究工作，但是这些消旋方法都处于理论探索阶段，并且还有许多问题没有解决。例如，在上述研究中，被消旋的目标通常简化为单刚体或简单的刚体系统，而对于带有柔性附件和液体燃料等的具有复杂结构的空间非合作目标，这些消旋方法将无法很好地适用。此外，为了便于计算施加在目标上的消旋力矩，目标的外形通常被考虑为球体或者圆柱体，这并不能广泛适用于实际的空间目标。为了解决这些问题，本章给出了一种利用柔性刷子与空间非合作目标的间歇性接触碰撞的消旋方法。研究中所考虑的空间目标是具有太阳能帆板和残留液体燃料的失效卫星，同时其具有较为复杂的外形。通过建立柔性刷子与空间目标的动力学方程和接触碰撞方程，我们研究了目标卫星上柔性太阳能帆板的振动和液体的晃动对消旋操作的影响。

本章首先基于 Jourdain 速度变分原理建立了消旋系统的动力学模型，并阐述了具有能量耗散的空间目标的姿态演化机理；接着，基于 Hertz 接触理论建立了柔性刷子和空间目标的接触模型；最后，通过数值仿真验证了空间目标的姿态演化以及消旋方法的有效性。

8.2　消旋系统的动力学建模

本节以一个自由漂浮的高动态失效卫星为研究对象，基于 Jourdain 速度变分原理建立了由柔性刷子和空间目标组成的消旋系统的动力学方程，研究了该空间目标的动力学演化机理和主动消旋方法。

8.2.1　模型描述

如图 8.1(a) 所示，空间目标是一个自由漂浮的高动态失效卫星，其结构由中心刚体 B_1、柔性帆板 B_2 和 B_3 以及晃动液体 B_4 组成。两个柔性帆板对称地安装在中心刚体上，且安装点与中心刚体的质心位于同一平面；液体燃料位于航天器本体内部的燃料箱中。基于等效力学模型技术，液体燃料可被等效为一个具有黏性阻尼的空间摆，并与中心刚体通过万向节连接。柔性刷子 B_5 作为末端执行器安装在服务卫星上的空间机械臂末端。图 8.1 (b) 展示了整个消旋系统的组成部分。消旋系统的惯性坐标系和各部件的连体坐标系如图 8.1 (a) 所示，其中 $O\text{-}XYZ$ 是惯性坐标系；$O_i\text{-}x_iy_iz_i$ 分别是物体 B_i ($i = 1, 2, 3$) 的连体坐标系 (或者柔性体的浮动坐标系)，其坐标系原点 O_i 分别与 B_i 的质心重合；$O_4\text{-}x_4y_4z_4$ 是球摆 B_4 的连体坐标系，其坐标系原点 O_4 与悬挂点重合；$O_5\text{-}x_5y_5z_5$ 是柔性刷子 B_5 的连体坐标系，其坐标系原点 O_5 与末端点重合。假设在初始时刻，所有的连体坐标系均与惯性坐标系平行。

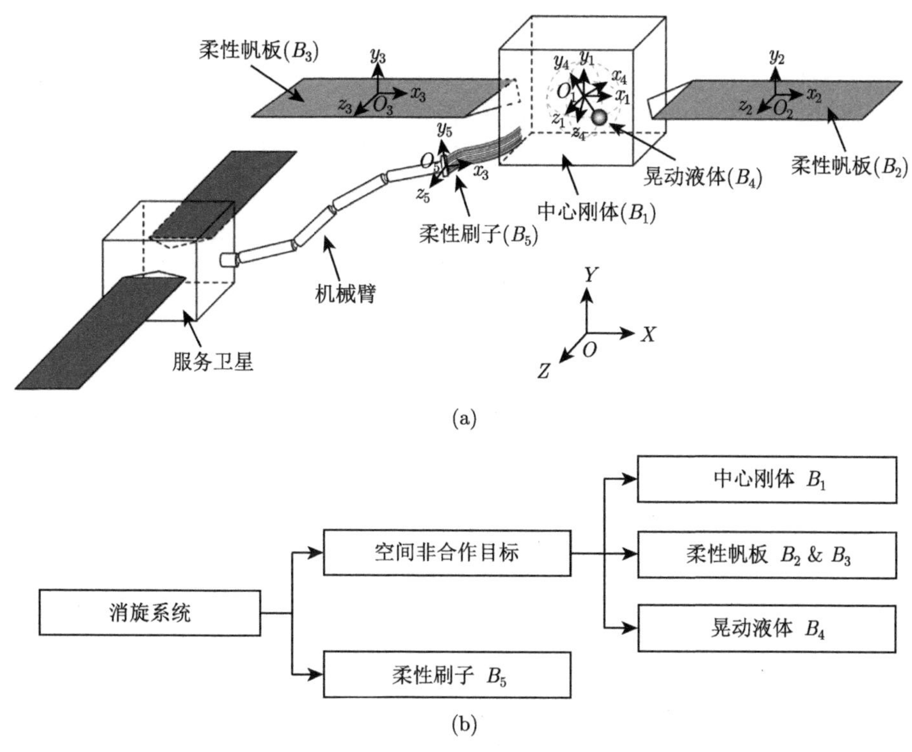

图 8.1 消旋系统：(a) 模型示意图，(b) 系统结构图

单个周期下的消旋操作如图 8.2 所示，当服务卫星到达空间目标的附近时，首先利用推进器调整自身的位置和姿态，然后使空间机械臂上的柔性刷子逐渐靠近并接触空间目标，通过柔性刷子与空间目标本体之间的接触碰撞对其进行消旋。服务卫星能够利用推进装置和机械臂的运动来控制柔性刷子和空间目标的相对距离，使柔性刷子能够持续地对空间目标进行消旋操作。由于消旋机构与空间目标的相对位置直接影响消旋效果，因此本章的消旋系统由消旋机构和空间目标组成，而不考虑服务卫星的本体和空间机械臂。

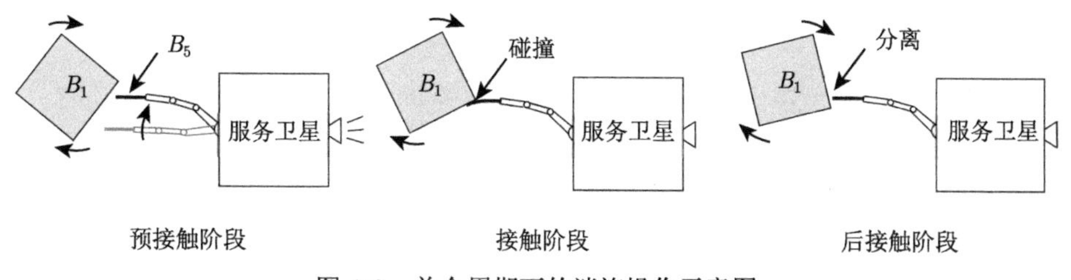

图 8.2 单个周期下的消旋操作示意图

8.2.2 能量耗散航天器的姿态演化

过去的研究表明，柔性帆板的振动和液体的晃动会使航天器的运动变得更加复杂。尽管利用 Routh-Hurwitz 判据或构造 Lyapunov 函数可以得到空间目标姿态运动的稳定条件 [8]，但是这些方法必须针对具体情况列出空间目标的姿态运动方程，因而给出的稳定判据缺乏普遍意义，而从能量角度则可以定性地得到具有普遍意义的稳定条件。对于自由漂浮的空间翻滚目标，由于其不受外力矩等扰动的作用，因此角动量 H 不随时间变化，即

$$\frac{\mathrm{d}H}{\mathrm{d}t}=0 \tag{8-1}$$

空间目标的翻滚运动会导致帆板振动和燃料晃动，从而产生能量损耗，空间目标的总动能 T 逐渐减少并趋向于最小能量状态，在这一过程中有

$$\frac{\mathrm{d}T}{\mathrm{d}t}<0 \tag{8-2}$$

由于角动量守恒，空间目标的动能不会完全失去，而是在达到最小动能状态后不再引起能量的损耗，此时它将绕着某一主惯量轴稳定转动，从而：

$$\frac{\mathrm{d}T_{\min}}{\mathrm{d}t}=0 \tag{8-3}$$

为了进一步说明，定义空间目标的 3 个主轴的惯量分别为 I_1、I_2 和 I_3，并且有 $I_3>I_2>I_1$，对应的角速度分别为 ω_1、ω_2 和 ω_3，空间目标自旋的角动量和动能公式为

$$H^2=I_1^2\omega_1^2+I_2^2\omega_2^2+I_3^2\omega_3^2 \tag{8-4}$$

$$2T=I_1\omega_1^2+I_2\omega_2^2+I_3\omega_3^2 \tag{8-5}$$

结合式 (8-1)、(8-4) 和 (8-5) 可得空间目标动能的范围为

$$\frac{H^2}{2I_3}\leqslant T\leqslant\frac{H^2}{2I_1} \tag{8-6}$$

当空间目标的角速度为 $(0,0,\pm H/I_3)$，即空间目标绕最大惯量轴转动时，动能最小，为 $T_{\min}=H^2/(2I_3)$；当空间目标的角速度为 $(\pm H/I_1,0,0)$，即空间目标绕最小惯量轴转动时，动能最大，为 $T_{\max}=H^2/(2I_1)$。将式 (8-4) 和 (8-5) 改写为

$$\left(\frac{I_1\omega_1}{H}\right)^2+\left(\frac{I_2\omega_2}{H}\right)^2+\left(\frac{I_3\omega_3}{H}\right)^2=1 \tag{8-7}$$

$$\frac{I_3}{I_1}\left(\frac{I_1\omega_1}{H}\right)^2+\frac{I_3}{I_2}\left(\frac{I_2\omega_2}{H}\right)^2+\left(\frac{I_3\omega_3}{H}\right)^2=\frac{2TI_3}{H^2} \tag{8-8}$$

令 $\zeta_1=\dfrac{I_1\omega_1}{H}$，$\zeta_2=\dfrac{I_2\omega_2}{H}$，$\zeta_3=\dfrac{I_3\omega_3}{H}$，则式 (8-7) 和 (8-8) 可进一步表示为

$$\zeta_1^2+\zeta_2^2+\zeta_3^2=1 \tag{8-9}$$

$$\frac{I_3}{I_1}\zeta_1^2+\frac{I_3}{I_2}\zeta_2^2+\zeta_3^2=\frac{2TI_3}{H^2} \tag{8-10}$$

在 $(\zeta_1,\zeta_2,\zeta_3)$ 坐标系下，式 (8-9) 描绘的等角动量轨迹是一个球面，而式 (8-6) 和 (8-10) 描绘的最大等动能轨迹和最小动能轨迹是椭球面，它们在 O-$\zeta_1\zeta_3$ 和 O-$\zeta_2\zeta_3$ 平面上的投影如图 8.3 所示。

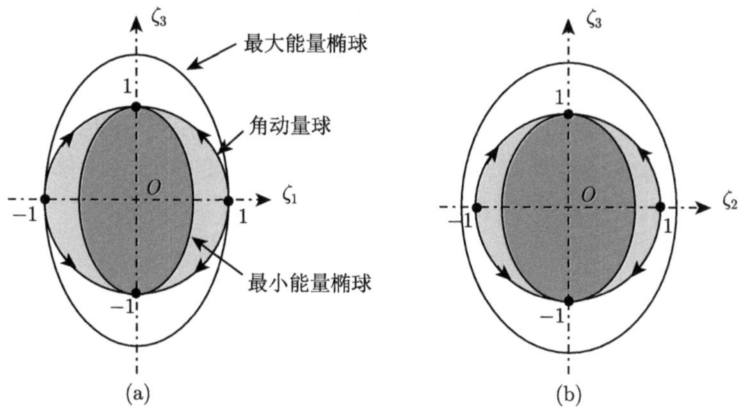

图 8.3 空间目标的动能椭球和动量球的截面：(a) O-$\zeta_1\zeta_3$ 平面，(b) O-$\zeta_2\zeta_3$ 平面

当角动量 H 恒定时，空间目标的任一运动状态均与等角动量球面上的某一点对应。从图 8.3(a) 中可以看出，空间目标的最大动能位于 A 或 A' 点，在这两个点上空间目标的等角动量球和最大能量椭球相切，A 和 A' 点处空间目标的角速度为 $(\pm H/I_1,0,0)$；空间目标的最小动能位于 B 或 B' 点，在这两个点上空间目标的等角动量球和最小能量椭球相切，B 或 B' 点处空间目标的角速度为 $(0,0,\pm H/I_3)$。当存在能量耗散时，因角动量守恒，空间目标的运动状态会沿着角动量球面从某一点逐渐移动到 B 或 B' 点，并在 B 或 B' 点处达到最小能量状态而不再发生能量衰减。因此，B 或 B' 点是空间目标运动状态的稳定平衡点，而 A 或 A' 点不是空间目标运动状态的稳定平衡点。以上分析表明在具有能量耗散的情况下，空间目标绕最大惯量轴的自旋运动是稳定的，也即最大轴原理 [9-11]。

8.2.3 消旋系统的动力学模型

本节基于 Jourdain 速度变分原理首先推导了空间非合作目标的动力学方程，并进而得到了整个消旋系统的动力学方程。空间目标的虚功率方程可表示为 [12]

$$\sum_{i=1}^{N} \Delta P_i^I + \sum_{i=1}^{N} \Delta P_i^a - \sum_{i=1}^{N} \Delta P_i^\varepsilon - \sum_{i=1}^{N} \Delta P_i^c - \Delta P^{ef} = 0 \tag{8-11}$$

其中 $\sum_{i=1}^{N} \Delta P_i^I$、$\sum_{i=1}^{N} \Delta P_i^a$、$\sum_{i=1}^{N} \Delta P_i^\varepsilon$ 和 $\sum_{i=1}^{N} \Delta P_i^c$ 分别是空间目标的惯性力虚功率、外力虚功率、弹性力虚功率和阻尼力虚功率；ΔP^{ef} 是空间目标内的力元所做的虚功率；N 是空间目标的物体数量，这里有 $N = 4$。在空间目标内，定义物体 B_i 的广义坐标为

$$\boldsymbol{y}_i = \begin{cases} [\boldsymbol{r}_i^{\mathrm{T}} \quad \boldsymbol{\theta}_i^{\mathrm{T}}]^{\mathrm{T}}, & \text{刚体} \\ [\boldsymbol{r}_i^{\mathrm{T}} \quad \boldsymbol{\theta}_i^{\mathrm{T}} \quad \boldsymbol{a}_i^{\mathrm{T}}]^{\mathrm{T}}, & \text{柔性体} \end{cases} \tag{8-12}$$

其中，$\boldsymbol{r}_i$ 和 $\boldsymbol{\theta}_i$ 分别是物体 B_i 相对于惯性坐标系的位置向量和姿态向量，$\boldsymbol{a}_i$ 是柔性体 B_i 的模态坐标列阵，上标 “T” 表示向量矩阵的转置。物体 B_i 上的任意一点 (或柔性体上的任意节点)P 的绝对位置向量可表示为

$$\boldsymbol{r}_i^P = \boldsymbol{r}_i + \boldsymbol{\rho}_{i0}^P = \begin{cases} \boldsymbol{r}_i + \boldsymbol{A}_{0i}\boldsymbol{\rho'}_{i0}^P, & \text{刚体} \\ \boldsymbol{r}_i + \boldsymbol{A}_{0i}(\boldsymbol{\rho'}_{i0}^P + \boldsymbol{\Phi'}_i^P \boldsymbol{a}_i), & \text{柔性体} \end{cases} \tag{8-13}$$

其中，$\boldsymbol{A}_{0i}$ 是物体 B_i 的连体坐标系相对于惯性坐标系的方向余弦阵，$\boldsymbol{\rho'}_{i0}^P$ 是点 P 相对于物体 B_i 的连体坐标系的坐标向量，而 $\boldsymbol{\Phi'}_i^P$ 则是柔性体 B_i 相对于自身浮动坐标系的模态矩阵。将式 (8-13) 对时间求导可得

$$\dot{\boldsymbol{r}}_i^P = \boldsymbol{B}_i^P \dot{\boldsymbol{y}}_i \tag{8-14}$$

$$\ddot{\boldsymbol{r}}_i^P = \boldsymbol{B}_i^P \ddot{\boldsymbol{y}}_i + \boldsymbol{w}_i^P \tag{8-15}$$

其中，

$$\boldsymbol{B}_i^P = \begin{cases} (\ \boldsymbol{E}_3 \quad -\boldsymbol{A}_{0i}\boldsymbol{\rho'}_{i0}^P\ ), & \text{刚体} \\ (\ \boldsymbol{E}_3 \quad -\boldsymbol{A}_{0i}\boldsymbol{\rho'}_{i0}^P \quad \boldsymbol{A}_{0i}\boldsymbol{\Phi'}_i^P\ ), & \text{柔性体} \end{cases} \tag{8-16}$$

$$\boldsymbol{w}_i^P = \begin{cases} \tilde{\boldsymbol{\omega}}_i\tilde{\boldsymbol{\omega}}_i\boldsymbol{A}_{0i}\boldsymbol{\rho'}_{i0}^P, & \text{刚体} \\ 2\tilde{\boldsymbol{\omega}}_i\boldsymbol{A}_{0i}\boldsymbol{\Phi'}_i^P\dot{\boldsymbol{a}}_i + \tilde{\boldsymbol{\omega}}_i\tilde{\boldsymbol{\omega}}_i\boldsymbol{A}_{0i}\boldsymbol{\rho'}_{i0}^P, & \text{柔性体} \end{cases} \tag{8-17}$$

其中，$\boldsymbol{E}_3$ 表示一个 3×3 的单位矩阵，$\boldsymbol{\omega}_i$ 是物体 B_i 的绝对角速度，$\dot{\boldsymbol{y}}_i$ 和 $\ddot{\boldsymbol{y}}_i$ 分别是物体 B_i 的广义速度向量和广义加速度向量。符号 “∼” 表示向量的反对称方阵，例如：

$$\tilde{\boldsymbol{\omega}}_i=\begin{bmatrix}0 & -\omega_{i3} & \omega_{i2}\\ \omega_{i3} & 0 & -\omega_{i1}\\ -\omega_{i2} & \omega_{i1} & 0\end{bmatrix},\quad \boldsymbol{\omega}_i=\begin{bmatrix}\omega_{i1}\\ \omega_{i2}\\ \omega_{i3}\end{bmatrix} \tag{8-18}$$

根据速度递推关系，物体 B_i 的绝对角速度可表示为

$$\boldsymbol{\omega}_i=\boldsymbol{\omega}_j+\boldsymbol{\omega}_{ri}=\boldsymbol{\omega}_j+\boldsymbol{H}_i^{\Omega\mathrm{T}}\dot{\boldsymbol{\theta}}_i \tag{8-19}$$

其中，$\boldsymbol{\omega}_j$ 是物体 B_i 的内接物体 B_j 的绝对角速度，$\boldsymbol{\omega}_{ri}$ 是物体 B_i 相对于物体 B_j 的绝对角速度，而 $\boldsymbol{H}_i^{\boldsymbol{\Omega}\mathrm{T}}$ 是由铰的转动向量得到的变换矩阵 [13]。基于以上推导，物体 B_i 的速度变分形式的动力学方程可写为

$$\begin{cases}\displaystyle\sum_{P=1}^{n_P}\delta\dot{\boldsymbol{r}}_i^{P\mathrm{T}}(-m_i^P\ddot{\boldsymbol{r}}_i^P+\boldsymbol{F}_i^P)=0, & \text{刚体}\\ \displaystyle\sum_{P=1}^{n_P}\delta\dot{\boldsymbol{r}}_i^{P\mathrm{T}}(-m_i^P\ddot{\boldsymbol{r}}_i^P+\boldsymbol{F}_i^P)-\delta\dot{\boldsymbol{a}}_i^{\mathrm{T}}(\boldsymbol{C}_i^a\dot{\boldsymbol{a}}_i+\boldsymbol{K}_i^a\boldsymbol{a}_i)=0, & \text{柔性体}\end{cases} \tag{8-20}$$

其中，n_p 和 m_i^P 分别是物体 B_i 上点 P 的总数量和集中质量，$\boldsymbol{F}_i^P$ 是作用在点 P 上的外力，而 $\boldsymbol{C}_i^a$ 和 $\boldsymbol{K}_i^a$ 分别是物体 B_i 的模态阻尼矩阵和模态刚度矩阵。根据式 (8-14)、(8-15) 和 (8-20)，空间目标的动力学方程可表示为

$$\sum_{i=1}^{N}(\Delta\dot{\boldsymbol{y}}_i)^{\mathrm{T}}(-\boldsymbol{M}_i\ddot{\boldsymbol{y}}_i-\boldsymbol{f}_i^w+\boldsymbol{f}_i^o-\boldsymbol{f}_i^u)+\Delta P^{ef}=0 \tag{8-21}$$

其中，$\boldsymbol{M}_i$ 是物体 B_i 的广义质量矩阵，$\boldsymbol{f}_i^w$、$\boldsymbol{f}_i^o$ 和 $\boldsymbol{f}_i^u$ 分别是物体 B_i 的广义惯性力列阵、广义外力列阵和广义变形力列阵，ΔP 是空间目标内的力元所做的虚功率之和。空间目标中的液体燃料在燃料贮箱中的晃动存在黏性阻尼，即物体 B_1 和 B_4 之间存在非理想约束力 $\boldsymbol{f}_s^{ey}$，并且有

$$\boldsymbol{f}_s^{ey}=\boldsymbol{C}_4(\boldsymbol{\omega}_4-\boldsymbol{\omega}_1) \tag{8-22}$$

其中，$\boldsymbol{C}_4$ 是黏性阻尼系数矩阵。因此，空间目标内的力元虚功率可表示为 $\Delta P^{ef}=(\Delta\dot{\boldsymbol{y}})^{\mathrm{T}}\boldsymbol{f}_s^{ey}$，其中 $\boldsymbol{f}_s^{ey}=\begin{bmatrix}0\\ \boldsymbol{f}_4^{ey}\end{bmatrix}$。根据式 (8-22) 并考虑到 $\Delta P^{ef}=(\Delta\dot{\boldsymbol{y}})^{\mathrm{T}}\boldsymbol{f}_s^{ey}$，空间目标的动力学方程可表示为

$$\boldsymbol{Z}_s\ddot{\boldsymbol{y}}_s+\boldsymbol{z}_s+\boldsymbol{f}_s^{ey}=\boldsymbol{0} \tag{8-23}$$

其中，$\boldsymbol{y}_s$ 和 $\boldsymbol{Z}_s$ 分别是空间目标的广义坐标列阵和广义质量矩阵，$\boldsymbol{z}_s = -\boldsymbol{f}_s^w + \boldsymbol{f}_s^o - \boldsymbol{f}_s^u$ 和 $\boldsymbol{f}_s^{ey}$ 分别是空间目标的广义力列阵和广义力元列阵。

相似地，柔性刷子的动力学方程可表示为

$$\boldsymbol{Z}_5\ddot{\boldsymbol{y}}_5 + \boldsymbol{z}_5 + \boldsymbol{f}_5^{ey} = \boldsymbol{0} \tag{8-24}$$

其中，$\boldsymbol{y}_5$ 和 $\boldsymbol{Z}_5$ 分别是柔性刷子的广义坐标列阵和广义质量矩阵，$\boldsymbol{z}_5$ 和 $\boldsymbol{f}_5^{ey}$ 分别是柔性刷子的广义力列阵和广义力元列阵。根据式 (8-23) 和 (8-24)，消旋系统的动力学方程可表示为

$$\boldsymbol{Z}_d\ddot{\boldsymbol{y}}_d + \boldsymbol{z}_d + \boldsymbol{f}_d^{ey} = \boldsymbol{0} \tag{8-25}$$

其中，

$$\ddot{\boldsymbol{y}}_d = \begin{bmatrix} \ddot{\boldsymbol{y}}_s \\ \ddot{\boldsymbol{y}}_5 \end{bmatrix}, \qquad \boldsymbol{Z}_d = \begin{bmatrix} \boldsymbol{Z}_s & \boldsymbol{0} \\ \boldsymbol{0} & \boldsymbol{Z}_5 \end{bmatrix}$$

$$\boldsymbol{z}_d = -\boldsymbol{f}_d^w - \boldsymbol{f}_d^u + \boldsymbol{f}_d^o = -\begin{bmatrix} \boldsymbol{f}_s^w \\ \boldsymbol{f}_5^w \end{bmatrix} - \begin{bmatrix} \boldsymbol{f}_s^u \\ \boldsymbol{0} \end{bmatrix} + \begin{bmatrix} \boldsymbol{f}_s^o \\ \boldsymbol{f}_5^o \end{bmatrix}, \quad \boldsymbol{f}_d^{ey} = \begin{bmatrix} \boldsymbol{f}_s^{ey} \\ \boldsymbol{f}_5^{ey} \end{bmatrix}$$

$\boldsymbol{y}_d$ 和 $\boldsymbol{Z}_d$ 分别是消旋系统的广义坐标列阵和广义质量矩阵，$\boldsymbol{z}_d$ 和 $\boldsymbol{f}_d^{ey}$ 分别是消旋系统的广义力列阵和广义力元列阵。在消旋过程中，消旋机构 B_5 和空间目标的刚性本体 B_1 发生接触碰撞，它们之间的接触力和摩擦力需要通过建立接触模型得到。

8.3 消旋系统的接触模型

在消旋系统中，柔性刷子通过与空间目标发生接触碰撞来降低其自旋角速度，本节将通过建立两者的接触模型来计算相应的接触碰撞力和摩擦力。接触碰撞模型主要包括三个部分：① 对柔性刷子和空间目标进行接触检测；② 当两者接触时，确定接触碰撞面和嵌入深度；③ 利用 Hertz 接触理论计算接触碰撞力。

8.3.1 接触检测

首先，根据柔性刷子和空间目标本体之间的几何和运动关系，检测两者是否发生接触碰撞。如图 8.4 (a) 所示，将物体 B_1 的表面编号为 V_i $(i = 1, 2, \cdots, 6)$，每个面的单位法向量 $\vec{n}_i$ 经过面的中心点 Q_i $(i = 1, 2, \cdots, 6)$ 并指向面外。柔性刷子简化为一个细长悬臂梁，即图中的曲线段 O_5P。当点 P 位于物体 B_1 的表面上或者内部时即认为两者发生了接触碰撞，此时中心点 Q_i 到点 P 的向量 $\vec{l}_i$ 和单

位法向量 $\vec{n}_i$ 的点积满足 [14]：

$$t_i = \frac{\boldsymbol{n}_i^{\mathrm{T}} \boldsymbol{l}_i}{\boldsymbol{n}_i^{\mathrm{T}} \boldsymbol{n}_i} \leqslant 0 \quad (i = 1,\ 2, \cdots,\ 6) \tag{8-26}$$

其中，$\boldsymbol{l}_i$ 和 $\boldsymbol{n}_i$ 分别是向量 $\vec{l}_i$ 和 $\vec{n}_i$ 的坐标列阵。

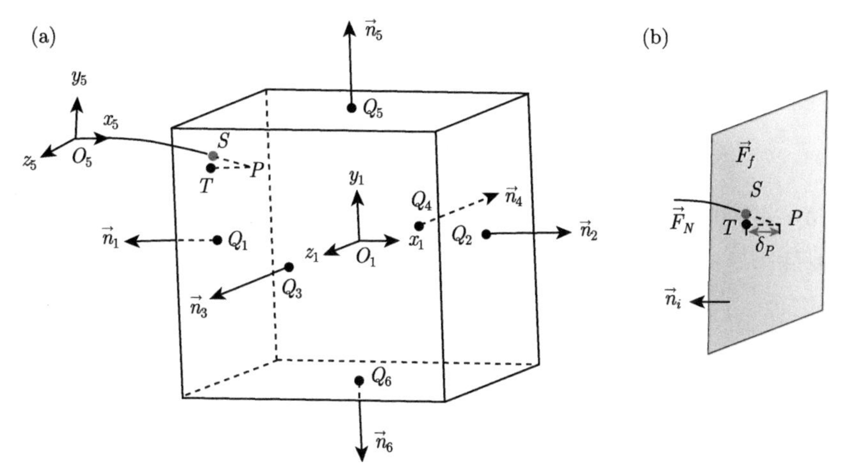

图 8.4 接触模型示意图：(a) 接触检测，(b) Hertz 接触理论

在判定物体 B_1 和物体 B_5 发生接触碰撞后，还需要确定接触面。如图定义点 O_5 到点 P 的向量为 $\vec{c}$，线段 O_5P 和面 V_i 的几何关系可表示为

$$\lambda_i = \frac{\boldsymbol{n}_i^{\mathrm{T}} \boldsymbol{l}_i}{\boldsymbol{n}_i^{\mathrm{T}} \boldsymbol{c}} \quad (i = 1,\ 2, \cdots,\ 6) \tag{8-27}$$

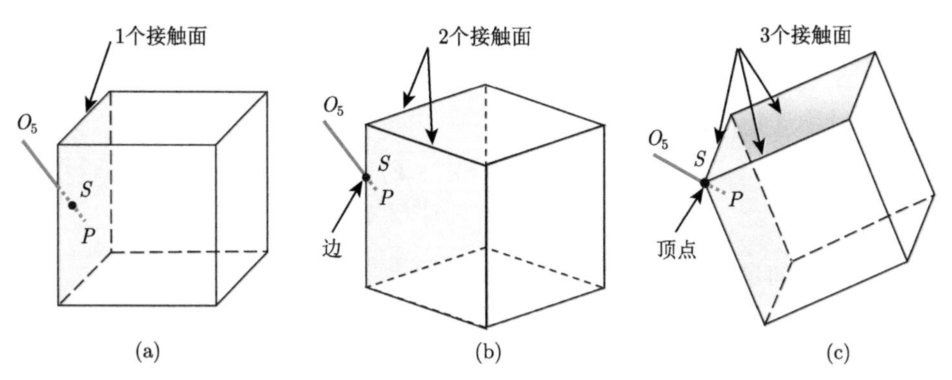

图 8.5 不同情况下的接触面示意图：(a) 1 个接触面，(b) 2 个接触面，(c) 3 个接触面

其中，$\boldsymbol{c}$ 是向量 $\vec{c}$ 的坐标列阵。显然，当 $0 \leqslant \lambda_n \leqslant 1(n \in i)$ 时，线段 O_5P 和面 V_n 接触。值得注意的是，当 O_5P 和 B_1 的边或者顶点接触时，会有不止一个接触面，如图 8.5 所示。此时，我们定义实际的接触面为在上一时刻与 O_5P 接触的面，而非 O_5P 即将进入的面。后续的数值仿真也验证了这种处理的合理性。

8.3.2　Hertz 接触理论

Hertz 接触理论能够在不增加动力学方程维度的情况下获得接触力的时程。如图 8.4 (b) 所示，在 Hertz 接触理论中接触力表示为嵌入深度的非线性幂函数，接触力可以表示为 [15,16]

$$\boldsymbol{F}_N = \frac{4}{3}E^* \cdot R_s^{1/2} \cdot \boldsymbol{\delta}_P^n \tag{8-28}$$

其中，$\boldsymbol{\delta}_P$ 是碰撞深度列阵，n 是指数，通常取 $n = 1.5$；R_s 是物体 B_5 的半径，E^* 是碰撞刚度，表示为

$$\frac{1}{E^*} = \frac{1-\nu_1^2}{E_1} + \frac{1-\nu_5^2}{E_5} \tag{8-29}$$

其中，E_1 和 E_5 分别是目标本体和柔性刷子的杨氏模量，ν_1 和 ν_5 是相应的泊松比。根据库仑摩擦模型，摩擦力可表示为

$$\boldsymbol{F}_f = \mu \boldsymbol{F}_N \tag{8-30}$$

其中，μ 是摩擦系数。在确定了接触面和碰撞深度后，需要进一步确定碰撞力和摩擦力的大小和方向。如图 8.4 (b) 所示，定义点 O_1 和点 O_5 到接触点 S 的向量分别为 $\vec{\rho}_1^M$ 和 $\vec{\rho}_5^M$，则物体 B_1 受到的外力和外力矩可表示为

$$\begin{aligned} &\boldsymbol{F}_1 = \boldsymbol{F}_N + \boldsymbol{F}_f \\ &\boldsymbol{M}_1 = \tilde{\boldsymbol{\rho}}_1^M \boldsymbol{F}_1 = \tilde{\boldsymbol{\rho}}_1^M (\boldsymbol{F}_N + \boldsymbol{F}_f) \end{aligned} \tag{8-31}$$

其中，$\boldsymbol{F}_N$ 和 $\boldsymbol{F}_f$ 是碰撞力和摩擦力列阵，$\boldsymbol{\rho}_1^M$ 是向量 $\vec{\rho}_1^M$ 的坐标列阵。物体 B_5 和物体 B_1 受到的外力互为反作用力，所以物体 B_5 受到的外力和外力矩可表示为

$$\begin{aligned} &\boldsymbol{F}_5 = -\boldsymbol{F}_1 = -\boldsymbol{F}_N - \boldsymbol{F}_f \\ &\boldsymbol{M}_5 = \tilde{\boldsymbol{\rho}}_5^M \boldsymbol{F}_5 = -\tilde{\boldsymbol{\rho}}_5^M (\boldsymbol{F}_N + \boldsymbol{F}_f) \end{aligned} \tag{8-32}$$

其中，$\boldsymbol{\rho}_5^M$ 是向量 $\vec{\rho}_5^M$ 的坐标列阵。

8.4 数值仿真

本节将首先验证了空间目标动力学模型的正确性，然后研究空间目标的动力学演化过程。最后，本节还将分析消旋模型中不同参数对空间目标的消旋效果的影响。消旋系统中各物体的物理参数如表 8.1 所示。

根据式 (8-29) 和表 8.1，可得碰撞刚度 $E^* = 3.1 \times 10^4\ \mathrm{N/m^2}$，摩擦系数假设为 $\mu = 0.10$。在初始时刻，假设惯性坐标系 $O\text{-}XYZ$ 与中心刚体 B_1 和球摆 B_4 的连体坐标系 $O_1\text{-}x_1y_1z_1$ 和 $O_4\text{-}x_4y_4z_4$ 重合，因此点 O_1 和 O_4 的位置坐标都是 $[0\ \mathrm{m}, 0\ \mathrm{m}, 0\ \mathrm{m}]^\mathrm{T}$。球摆的质心到悬挂点的距离为 0.15 m，因此球摆 B_4 的位置坐标为 $[0\ \mathrm{m}, -0.15\ \mathrm{m}, 0\ \mathrm{m}]^\mathrm{T}$。柔性刷子的两个端点 O_5 和 P 的位置坐标分别为 $[-1.05\ \mathrm{m}, 0.1\ \mathrm{m}, 0\ \mathrm{m}]^\mathrm{T}$ 和 $[-0.65\ \mathrm{m}, 0.1\ \mathrm{m}, 0\ \mathrm{m}]^\mathrm{T}$。另外，假设 $B_1 \sim B_5$ 的初始线速度向量都是 $[0\ \mathrm{m/s}, 0\ \mathrm{m/s}, 0\ \mathrm{m/s}]^\mathrm{T}$。由于 $B_1 \sim B_5$ 的初始角速度向量在姿态演化阶段和消旋阶段是不同的，因此它们的具体数值在相应章节说明。

表 8.1 消旋系统的物理参数

部件	参数 (单位)	值
中心刚体 (B_1)	长 (m)× 宽 (m)× 高 (m)	1×1×1
	质量 (kg)	1000
	杨氏模量 E_1 ($\mathrm{N/m^2}$)	6.9×10^{10}
	泊松比 ν_1	0.27
	转动惯量 J_{xx}($\mathrm{kg\cdot m^2}$)	390
	J_{yy}($\mathrm{kg\cdot m^2}$)	505
	J_{zz}($\mathrm{kg\cdot m^2}$)	420
柔性帆板 ($B_2 \sim B_3$)	长 (m)× 宽 (m)× 高 (m)	6.0×1.0×0.025
	质量 (kg)	17.718
	杨氏模量 ($\mathrm{N/m^2}$)	4.45×10^9
	泊松比	0.3
	转动惯量 J_{xx}($\mathrm{kg\cdot m^2}$)	1.4774
	J_{yy}($\mathrm{kg\cdot m^2}$)	54.6305
	J_{zz}($\mathrm{kg\cdot m^2}$)	53.1549
	模态阻尼系数 (1/s)	0.05
晃动液体 (B_4)	质量 (kg)	100
	阻尼系数 ($\mathrm{kg\cdot m^2/s}$)	0.05
柔性刷子 (B_5)	长 (m)× 半径 (m)	0.40×0.01
	质量 (kg)	0.1257
	杨氏模量 E_5 ($\mathrm{N/m^2}$)	2.898×10^7
	泊松比 ν_5	0.27

8.4.1 空间目标的姿态演化仿真

本小节将基于空间目标的动力学模型研究其动力学演化过程，并与 ADAMS 软件的仿真结果对比，验证模型的正确性。根据 8.2.2 节介绍的最大轴原理，在晃动液体和帆板振动的综合影响下，空间目标的翻滚运动会渐进稳定到空间目标的最大惯量轴上，然后保持稳定转动。对于本章建立的空间目标，虽然液体和帆板的运动会使空间目标的系统质心不断变化，但是由于它们的质量远小于目标本体的质量轴，因此空间目标的整体最大惯量轴接近目标本体 B_1 的最大惯量轴 y_1 轴。

假定目标本体和晃动液体的初始角速度分别为 $[15(°)/s, 5(°)/s, 12(°)/s]^T$ 和 $[0(°)/s, 0(°)/s, 0(°)/s]^T$。由于柔性帆板固定安装在目标卫星的本体上，因此它们与目标本体的角速度相同。此外，柔性刷子固定在空间机械臂末端，其初始角速度被假定为 $[0(°)/s,0(°)/s,0(°)/s]^T$。图 8.6 展示了目标本体 B_1 相对于自身连体坐标系 O_1-$x_1y_1z_1$ 的角速度曲线和动能曲线，其中蓝色实线代表本章建立的动力学模型，红色实线代表在 ADAMS 中得到的仿真结果。可以看到，两种曲线几乎完全重合，从而验证了模型的正确性。

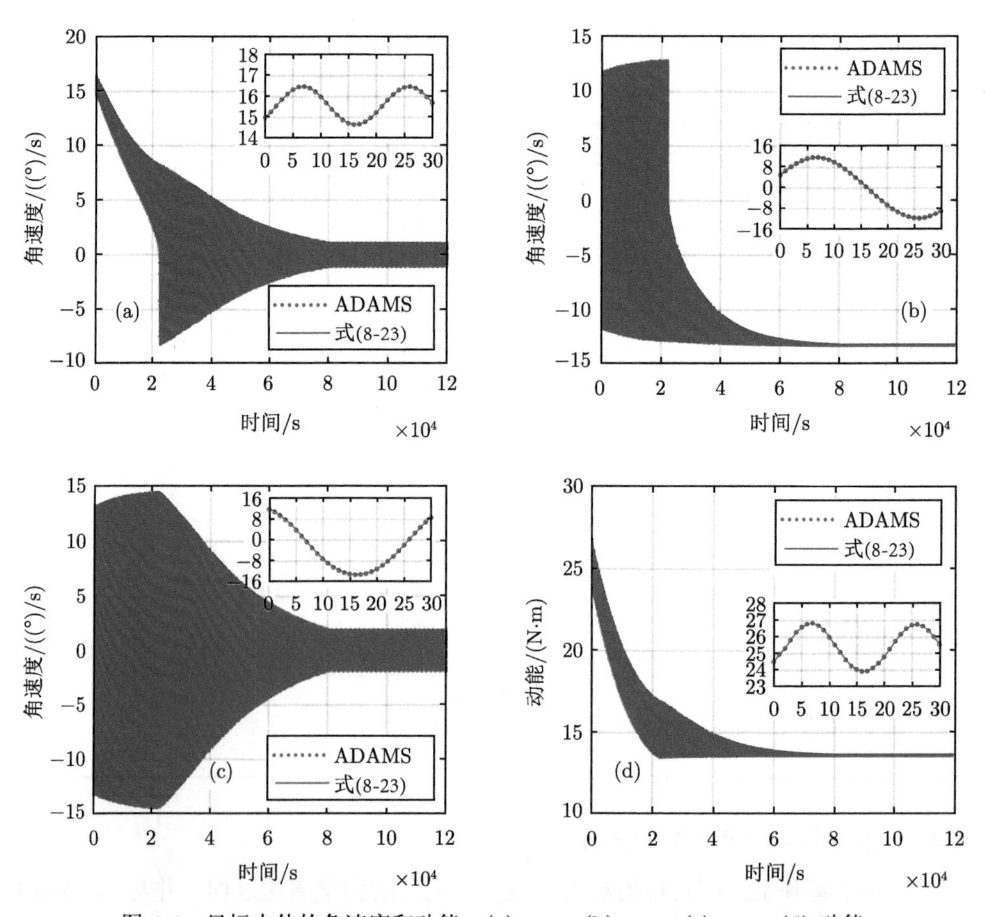

图 8.6 目标本体的角速度和动能：(a) ω_{1x}，(b) ω_{1y}，(c) ω_{1z}，(d) 动能

为了便于描述，定义目标卫星相对于坐标系 $O_1\text{-}x_1y_1z_1$ 的角速度和角动量分别为 $\hat{\boldsymbol{\omega}}_1 = [\ \omega_{1x} \quad \omega_{1y} \quad \omega_{1z}\ ]^{\mathrm{T}}$ 和 $\hat{\boldsymbol{h}} = [\ h_x \quad h_y \quad h_z\ ]^{\mathrm{T}}$。由图 8.6 可以看出，$\omega_{1x}$ 和 ω_{1z} 逐渐减小，而 ω_{1y} 则逐渐增大，并在大约 8×10^4 s 后达到稳定转动状态。由于目标本体和整个目标系统的最大惯量轴之间存在偏差，因此 B_1 在 x_1 轴和 z_1 轴方向的角速度 ω_{1x} 和 ω_{1z} 最终并未衰减到零，而是在小范围内波动。

图 8.7 展示了具有能量耗散的非合作目标的动力学演化轨迹。如图 8.7(a) 和图 8.7(b) 所示，在能量耗散的驱使下，目标的角速度从初始点向外螺旋并穿过分界面，最后达到稳定状态，这与之前的研究结果是吻合的。分界面对应着没有能量耗散的刚性空间目标的角速度向量。图 8.7(c) 展示了目标的角动量逐渐趋于最大轴的演化曲线。由于空间目标在演化过程中不受外力矩的作用，其角动量 $\hat{\boldsymbol{h}}$ 是守恒的。图 8.7(d) 展示了无量纲化后的角动量演化轨迹，其中异宿轨道和双曲鞍点可由单刚体的欧拉运动方程得到。

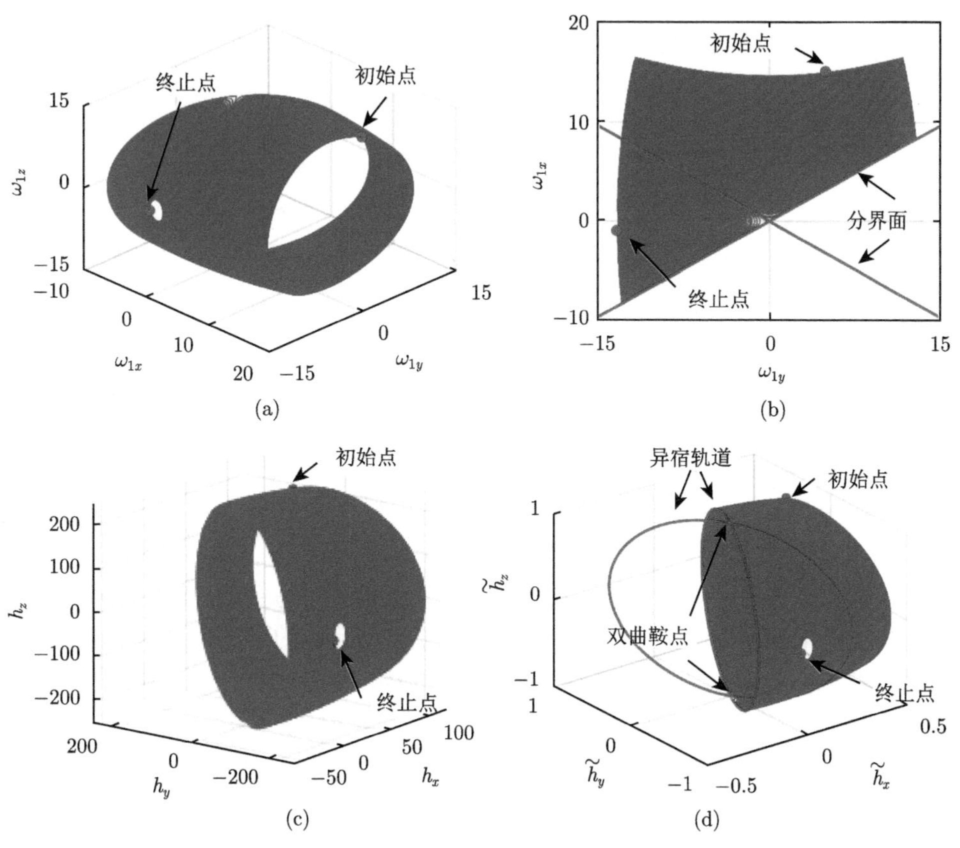

图 8.7 目标卫星的姿态演化：(a) 角速度轨迹，(b) 角速度轨迹的分界面，(c) 角动量轨迹，(d) 无量纲角动量轨迹

8.4.2 空间目标的消旋仿真

本节研究了空间目标在不同情况下的消旋效果。在完成姿态演化后，空间目标由三轴翻滚运动状态转变为近似绕最大惯量轴进行单轴转动的状态。此时，目标沿着最大惯量轴的角速度分量明显大于其他两个轴的分量。因此，空间目标在消旋阶段的初始角速度设为 $[1(°)/\mathrm{s}, 15(°)/\mathrm{s}, 2(°)/\mathrm{s}]^{\mathrm{T}}$。此外，目标本体、球摆和柔性刷子的绝对位置向量分别被设置为 $[0\mathrm{m}, 0\mathrm{m}, 0\mathrm{m}]^{\mathrm{T}}$、$[0\mathrm{m}\ , -0.15\mathrm{m}, 0\mathrm{m}]^{\mathrm{T}}$ 和 $[-1.05\mathrm{m}, 0.1\mathrm{m}, 0\mathrm{m}]^{\mathrm{T}}$。注意在消旋过程中柔性刷子和目标本体的坐标系原点保持相对距离不变。仿真结果如图 8.8 所示，空间目标在 X 轴和 Z 轴方向的位移远大于在 Y 轴方向的位移，而角速度 ω_{1y} 呈现明显的阶梯状下降，并在 300s 内下降了 8.122 (°)/s。同时，ω_{1x} 和 ω_{1z} 则在 $(-2(°)/\mathrm{s}, 2(°)/\mathrm{s})$ 的范围内波动且幅值不断衰减。上述结果表明本章所采用消旋方法不仅能够有效地降低空间目标的角速度，而且不会造成目标出现较大章动。

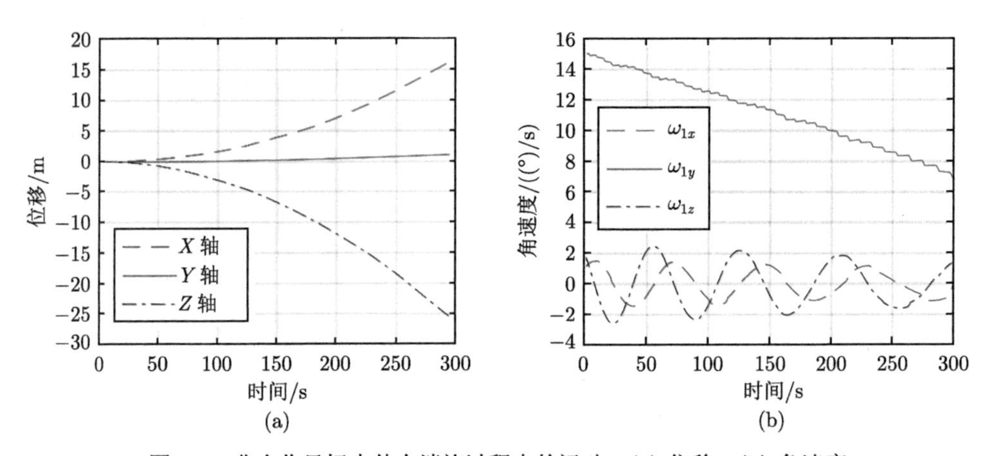

图 8.8　非合作目标本体在消旋过程中的运动：(a) 位移，(b) 角速度

8.4.3 不同运动参数对消旋效果的影响

在消旋系统中，空间目标的初始角速度和柔性刷子与空间目标的相对距离等参数均会影响到实际的消旋效果。本节研究了空间目标的不同角速度和接触位置对消旋效果的影响。图 8.9 展示了具有不同初始角速度的空间目标的消旋效果，具体角速度取值分别为 $[1(°)/\mathrm{s}, 10(°)/\mathrm{s}, 2(°)/\mathrm{s}]^{\mathrm{T}}$、$[1(°)/\mathrm{s}, 15(°)/\mathrm{s}, 2(°)/\mathrm{s}]^{\mathrm{T}}$ 和 $[1(°)/\mathrm{s}, 20(°)/\mathrm{s}, 2(°)/\mathrm{s}]^{\mathrm{T}}$。从图中可以看出在三种情况下，空间目标在 y_1 轴方向的角速度分别下降了 8.265(°)/s、8.122(°)/s 和 7.427(°)/s，也即空间目标的初始角速度越小，消旋效果越明显。同时，空间目标沿 y_1 轴的初始角速度越大，空间目标沿 x_1 轴和 z_1 轴的角速度变化得也越快。

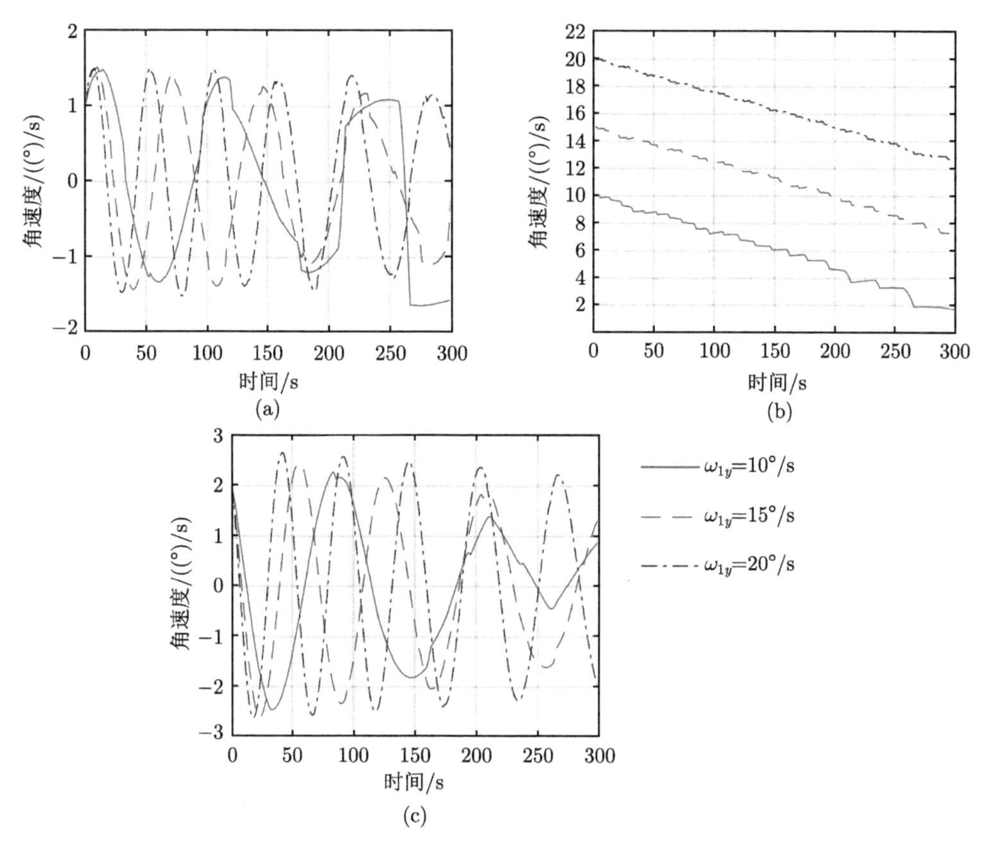

图 8.9 空间目标本体在不同初始角速度下的角速度变化：(a) ω_{1x}，(b) ω_{1y}，(c) ω_{1z}

图 8.10 展示了柔性刷子与空间目标的初始相对距离对消旋效果的影响。柔性刷子的初始位置向量分别为 $[-1.05\text{m}, -0.1\text{m}, 0\text{m}]^{\mathrm{T}}$、$[-1.05\text{m}, 0.1\text{m}, 0\text{m}]^{\mathrm{T}}$ 和

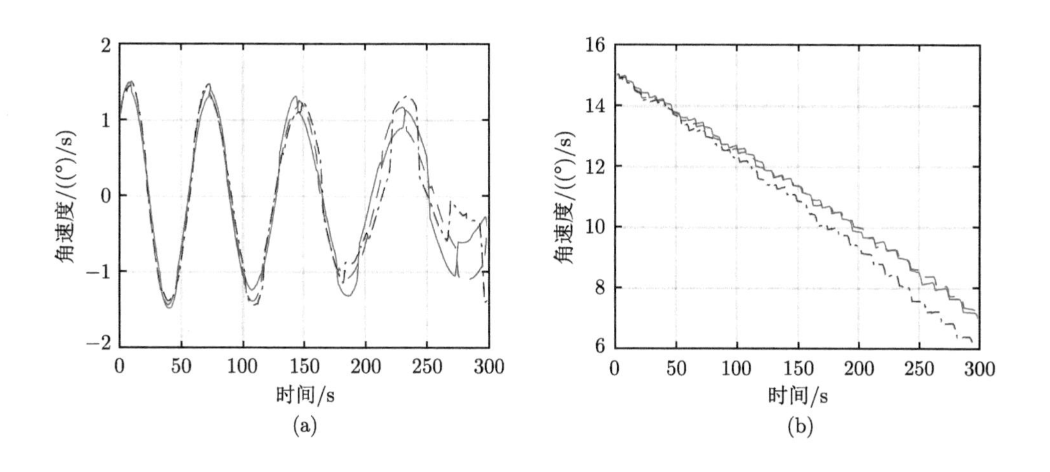

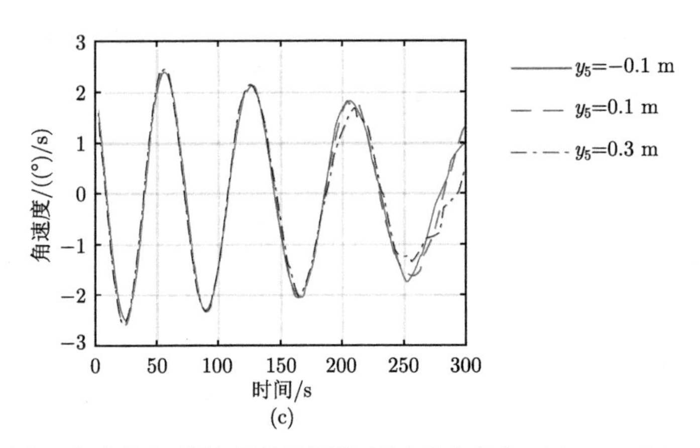

(c)

图 8.10　空间目标本体在不同初始接触位置下的角速度变化：(a) ω_{1x}，(b) ω_{1y}，(c) ω_{1z}

$[-1.05\text{m}, 0.3\text{m}, 0\text{m}]^\text{T}$。从图 8.10 中可以看出，当柔性刷子距离空间目标质心较远时，接触力能够提供的消旋力矩更大，因而消旋效果也相对更好。值得注意的是，较远的相对距离也会使空间目标的章动更加明显。总之，合理调整两者的初始相对距离是非常必要的。

8.5　本 章 小 结

本章对自由漂浮的空间翻滚目标的主动消旋技术进行了研究，基于最大轴原理提出了一种利用消旋机构与空间目标的接触碰撞来降低目标角速度的消旋方法。首先利用 Jourdain 速度变分原理建立了消旋系统的动力学模型，然后采用 Hertz 碰撞理论和计算机图形学方法建立了消旋机构和空间目标的接触碰撞模型，最后通过数值仿真验证了本章所提消旋方法的有效性。数值仿真结果表明，本章提出的消旋方法能够有效地降低空间目标的角速度，并且不会使空间目标出现较大的章动，这些研究成果将有助于空间大质量目标的主动清除，具有重要的科学意义和工程应用价值。

本章中未尽之处还可详见本课题组已投稿文章 [12] 和 [17]。

参 考 文 献

[1] Liou J C, Johnson N L, Hill N M. Controlling the growth of future LEO debris populations with active debris removal [J]. Acta Astronautica, 2010, 66: 648-653.

[2] Jankovic M, Kirchner F. Taxonomy of LEO space debris population for ADR capture methods selection [J]. Astrophysics and Space Science Proceedings, Stardust Final Conference, Springer, Cham, 2018, 52: 129-144.

[3] Nishida S I, Kawamoto S. Strategy for capturing of a tumbling space debris [J]. Acta Astronautica, 2011, 68(1): 113-120.

[4] Kawamoto S, Matsumoto K, Wakabayashi S. Ground experiment of mechanical impulse method for uncontrollable satellite capturing [C]. Proceeding of the 6th International Symposium on Artificial Intelligence and Robotics & Automation in Space (i-SAIRAS), Montreal, Canada, 2001.

[5] Hovell K, Ulrich S. Attitude stabilization of an uncooperative spacecraft in an orbital environment using visco-elastic tethers [C]. AIAA Guidance, Navigation, and Control Conference, AIAA SciTech Forum, San Diego, USA, 2016.

[6] Bennett T, Schaub H. Touchless electrostatic three-dimensional detumbling of large axi-symmetric debris [J]. The Journal of the Astronautical Sciences, 2015, 62(3): 233-253.

[7] Nakajima Y, Mitani S, Tani H, et al. Detumbling space debris via thruster plume impingement [C]. AIAA/AAS Astrodynamics Specialist Conference, AIAA SPACE Forum, Long Beach, USA, 2016.

[8] Hughes P C. Spacecraft Attitude Dynamics [M]. New York: Wiley, 1986.

[9] Rafael L, Bong W. Asymmetric body spinning motion with energy dissipation and constant body-fixed torques [J]. Journal of Guidance, Control, and Dynamics, 1999, 22(2): 322-328.

[10] Miller A J, Gray G L. Nonlinear spacecraft dynamics with a flexible appendage, damping, and moving internal submasses [J]. Journal of Guidance, Control, and Dynamics, 2001, 24(3): 605-615.

[11] Yue B. Study on the chaotic dynamics in attitude maneuver of liquid-filled flexible spacecraft [J]. AIAA Journal, 2011, 49(10): 2090-2099.

[12] Liu Y, Yu Z, Liu X, et al. Active detumbling technology for noncooperative space target with energy dissipation [J]. Advances in Space Research, 2019, 63: 1813-1823.

[13] Shabana A A. Dynamics of Multibody Systems [M]. Cambridge: Cambridge University Press, 2013.

[14] Ericson C. Real-Time Collision Detection [M]. San Francisco: Elsevier, 2005.

[15] Johnson K L. Contact Mechanics [M]. Cambridge: Cambridge University Press, 1984.

[16] Gilardi G, Sharf I. Literature survey of contact dynamics modeling [J]. Mechanism and Machine Theory, 2002, 37(10): 1213-1239.

[17] Liu Y, Yu Z, Liu X, et al. Active detumbling technology for high dynamic non-cooperative space targets [J]. Multibody System Dynamics, 2019, 47(1): 21-41.

第 9 章　空间大质量非合作目标抓捕前主动消旋策略 2

9.1　引　　言

在第 8 章，我们对采用柔性机构进行非合作目标抓取前消旋的策略进行详细研究和讨论。通过数值仿真可以看到，柔性构件利用自身柔性可以阻止碰撞后的分离。这使得柔性机构可以对非合作目标施加持续的消旋力，进而实现对目标的快速消旋。尽管仿真结果证明了基于柔性机构消旋策略的有效性，但也从一定程度上说明了这一策略的不足。观察仿真结果可知，柔性机构作为一种被动消旋结构，其可控性是极低的。为了避免接触后激发目标更复杂的翻滚运动，柔性机构的刚度往往是非常小的，同时柔性机构会处于被动接触的状态。这使得柔性机构产生的消旋力一定是比较小的，且两者之间的分离是一定会发生的。为了将目标的翻滚速度降低到可接受的程度，柔性机构需要进行多次的消旋操作，即多次与目标发生接触。另外，消旋操作完成后，空间机器人需要使用其他机构来完成对目标的抓捕。这一方面提高了操作的复杂程度，另一方面也增加了空间机器人系统的复杂度。

为了克服基于柔性结构消旋策略的缺点，本章将采用基于空间机器人抓捕末端执行器进行消旋操作的策略。与基于柔性机构的消旋操作类似，使用抓捕末端执行器来完成消旋任务同样需要实现接触保持，即避免抓捕末端执行器与目标的分离。但不同的是，抓捕末端执行器的刚度较高，其无法像柔性机构一样利用自身的弹性变量来避免碰撞后的分离。为此，需要设计接触保持控制策略。针对接触保持控制问题，国内外学者开展了不少研究。例如，Yoshida 等 [1,2] 在传统阻抗控制方法的基础上提出了一种阻抗匹配控制方法。该方法在已知目标物体的惯性参数和已知接触力的情况下，可以避免执行机构与目标接触后的分离。在此之后，Nakanishi 和 Yoshida[3] 为了克服传统阻抗控制的缺点，提出了一种改进的阻抗控制方法。虽然该控制方法的有效性得到了实验证明，但 Uyama 等 [4] 指出其并不适合太空任务，并针对性地提出了一种新的阻抗控制方法。这种新方法的核心思想是通过控制机械臂末端与目标物体的相对运动来实现期望的恢复系数。当目标为固定壁面时，物理实验证明了该方法的有效性。为了更好地将该方法应用于太空任务，Uyama 等 [5] 在末端执行器上添加了柔性腕关节以降低控制难度。除此之外，他们还提出了一个混合接触阻抗/位置控制方法 [6]。在该方法中，阻抗的控制被用来实现软接触，而位置控制被用于保持接触点的位置不发生改变。在文献 [7], [8] 中，Stolfi 等也采用在末端执行器中加入柔性腕关节的方式来实现对接触的控制。

在前人工作的基础上，本章针对消旋任务提出了一种用于实现末端执行器与目标接触保持的过阻尼控制策略。在该策略中，空间机器人首先会利用运动跟踪控制方法保持接触过程中末端执行器与接触面相对姿态不变。此时，执行器与目标接触碰撞可看作是对心碰撞。然后，通过控制执行器与目标的相对运动实现将两者接触过程动力学行为转化为过阻尼弹簧质量系统的动力学行为。这样利用过阻尼特性实现两者之间的接触保持。与现有方法相比，该控制策略最大的优势是具有理论完备性。数值仿真证明了本章所提消旋策略的有效性。同时通过与已有方法的控制效果进行对比，我们发现过阻尼控制策略具有非常明显的性能优势。

本章的内容安排如下。首先在 9.2 节，设计针对对心碰撞保持的过阻尼控制方法；然后在 9.3 节，给出适合于消旋操作的过阻尼消旋策略的设计过程。接着，9.4 节将以大量仿真证明本章节控制策略的有效性；最后，结论在 9.5 节中陈述。

9.2　对心接触保持控制器

本小节首先基于 Hertz 接触力模型建立对心碰撞小球接触阶段的动力学模型；然后，对碰撞动力学模型进行合理的线性化处理。经线性化处理后，动力学模型转化为标准的质量–弹簧–阻尼系统。由该系统的解析解可知，当系统阻尼大于临界阻尼时对心碰撞小球的接触距离会始终保持大于零，即接触后小球不再分离；最后，根据质量–弹簧–阻尼系统的物理特性，提出了一种基于过阻尼思想的对心接触保持控制方法，并通过数值仿真验证了其有效性。

如图 9.1 所示，设对心碰撞两球 S_1 和 S_2 的质量分别为 m_1 和 m_2，两球球心的坐标分别为 x_1 和 x_2，使用 Hetze 模型计算接触力，忽略两球的半径可以建立碰撞过程的动力学方程：

$$m_1\ddot{x}_1 = -k_c(x_1 - x_2)^{1.5} - d_c(\dot{x}_1 - \dot{x}_2) \tag{9-1a}$$

$$m_2\ddot{x}_2 = k_c(x_1 - x_2)^{1.5} + d_c(\dot{x}_1 - \dot{x}_2) \tag{9-1b}$$

其中，$x_1 - x_2$ 是碰撞的渗透深度。改写公式 (9-1)，可得

$$m_1m_2\Delta\ddot{x} = -k_c(m_1 + m_2)\Delta x^{1.5} - d_c(m_1 + m_2)\Delta\dot{x} \tag{9-2}$$

其中，$\Delta x = x_1 - x_2$。观察图 9.1 可知，如果 Δx 恒大于 0，那么球 S_1 和球 S_2 会在碰撞发生后一直保持接触。

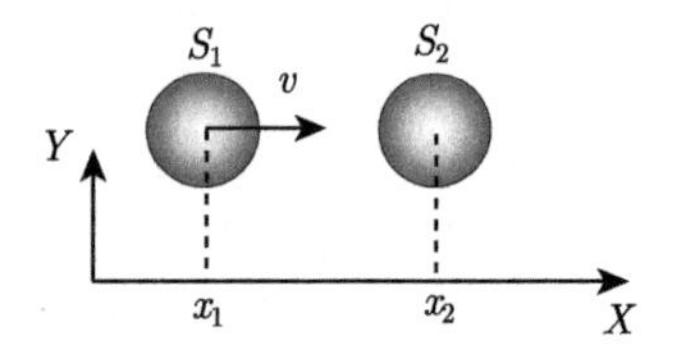

图 9.1 两球碰撞示意图

观察式 (9-2) 可知，球 S_1 和球 S_2 在接触过程中的相对动力学行为等价于一个非线性质量–弹簧–阻尼系统，因此只要获得 Δx 的解析解，便可很容易确定在碰撞发生后 Δx 是否会恒大于 0，即判断两球的接触是否能够保持。然而，由于在式 (9-2) 中，Δx 的幂指数是 1.5，这使得获得 Δx 的解析解是十分困难的。观察式 (9-2) 可知，当 Δx 的幂指数是 1 时，球 S_1 和球 S_2 在接触过程中的相对动力学行为等价于一个线性质量–弹簧–阻尼系统，其表达式为

$$m_1 m_2 \Delta \ddot{x} = -k_c(m_1 + m_2)\Delta x - d_c(m_1 + m_2)\Delta \dot{x} \tag{9-3}$$

上式状态变量 Δx 的解析解是十分容易获得的。那么式 (9-2) 是否可以用式 (9-3) 替代呢？

观察式 (9-2) 可知，项 $k_c(m_1 + m_2)(\Delta x)^{1.5}$ 代表非线性弹簧的抵抗力，其作用效果是阻碍两个物体的接触，即起到让两个接触物体分离的效果。绘制曲线 $y = k_c(m_1 + m_2)(\Delta x)^{1.5}$ 和 $y = k_c(m_1 + m_2)(\Delta x)$，如图 9.2 所示，可得

$$k_c(m_1 + m_2)\Delta x \geqslant k_c(m_1 + m_2)(\Delta x)^{1.5}, \quad 0 \leqslant \Delta x \leqslant 1 \tag{9-4a}$$

$$k_c(m_1 + m_2)\Delta x < k_c(m_1 + m_2)(\Delta x)^{1.5}, \quad \Delta x > 1 \tag{9-4b}$$

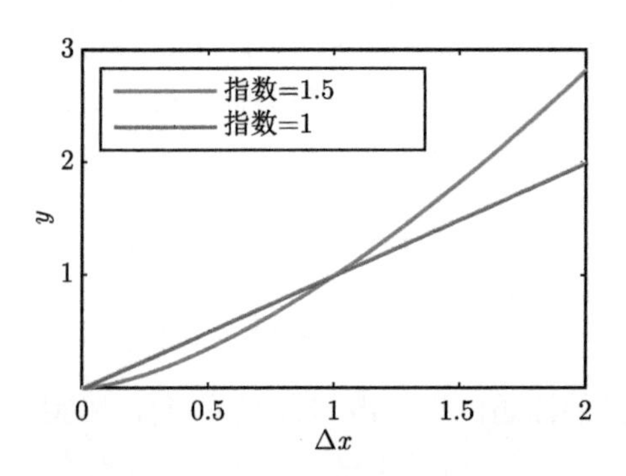

图 9.2 非线性项简化前后的对比图

由于消旋过程中接触物体的刚度较大，因此 Δx 一定会小于 1。由此可知，简化后的线性弹簧力会比非线性弹簧力大，即如果简化后系统的 Δx 恒大于 0，那么简化前系统的 Δx 也会恒大于 0。下面，本小节将对简化后的接触动力方程 (9-3) 进行分析。

如果取弹簧恢复阶段为研究对象，即 $\Delta x = b > 0$ 和 $\Delta \dot{x} = 0$，那么 Δx 有两个解析解，它们的表达式为

$$\Delta x^1 = b\mathrm{e}^{-\frac{t}{2}c}\left(\cos\frac{\sqrt{4k-c^2}t}{2}\right) + \frac{bc\mathrm{e}^{-\frac{t}{2}c}\left(\sin\frac{\sqrt{4k-c^2}t}{2}\right)}{\sqrt{4k-c^2}}, \quad c^2 < 4k \tag{9-5a}$$

$$\Delta x^2 = \frac{b\mathrm{e}^{-\frac{t}{2}(c-\sqrt{c^2-4k})}(c+\sqrt{c^2-4k})}{2\sqrt{c^2-4k}} - \frac{b\mathrm{e}^{-\frac{t}{2}(c+\sqrt{c^2-4k})}(c-\sqrt{c^2-4k})}{2\sqrt{c^2-4k}}, \quad c^2 > 4k \tag{9-5b}$$

其中 $k = k_c(m_1+m_2)\ /\ (m_1m_2)$, $c = d_c(m_1+m_2)\ /\ (m_1m_2)$。上式经简化后，可得

$$\Delta x^1 = \mathrm{e}^{-\frac{t}{2}c}\left(\frac{4k}{4k-c^2}\right)\sin\left(\frac{\sqrt{4k-c^2}t}{2}+\phi\right), \quad c^2 < 4k \tag{9-6a}$$

$$\Delta x^2 = \frac{\left(b\mathrm{e}^{-\frac{t}{2}(c-\sqrt{c^2-4k})} - b\mathrm{e}^{-\frac{t}{2}(c+\sqrt{c^2-4k})}\right)(c+\sqrt{c^2-4k})}{2\sqrt{c^2-4k}} + \frac{2qb\mathrm{e}^{-\frac{t}{2}(c+\sqrt{c^2-4k})}}{2\sqrt{c^2-4k}}, \quad c^2 > 4k \tag{9-6b}$$

其中，$\phi = \arctan\left(\dfrac{\sqrt{4k-c^2}}{c}\right)$。

观察式 (9-6a) 可见，当 $c^2 < 4k$ 时，Δx 会在 $t < 2(\pi-\phi)/\sqrt{4k-c^2}$ 时大于零；当 $c^2 > 4k$ 时，Δx 会恒大于 0，即接触后 S_1 和 S_2 不再分离。考虑到接触物体往往具有较高的刚度，因此有 $c^2 < 4k$，这样在没有外加控制的情况下，S_1 和 S_2 在碰撞后经过一段时间的接触会出现分离。但是，如果能够通过控制改变系统的阻尼使 $c^2 > 4k$，那么接触保持的控制目标便可以实现。受此启发，我们设计一种基于过阻尼思想的对心碰撞接触保持控制方法。在控制方法中，作用于 S_2 上的控制力为

$$u = C(\dot{x}_1 - \dot{x}_2) \tag{9-7}$$

其中，C 为受控阻尼系数。将式 (9-7) 代入式 (9-3) 得

$$\Delta\ddot{x} = \frac{-k_c(m_1+m_2)}{m_1m_2}\Delta x - \frac{(d_c(m_1+m_2)+Cm_1)}{m_1m_2}\Delta\dot{x} \tag{9-8}$$

根据式 (9-6a)，可求得系统的临界阻尼为

$$C_{\text{critical}} = 2m_1m_2\sqrt{k_c(m_1+m_2)/m_1m_2} - d_c(m_1+m_2))/m_1 \tag{9-9}$$

当 $C > C_{\text{critical}}$ 时，Δx 的解会始终大于 0，因此我们提出的基于过阻尼思想的控制方法可以实现接触后的接触保持。

9.3 消旋操作接触保持控制策略

在 9.2 节中，给出一种基于过阻尼思想的对心碰撞接触保持控制方法。尽管其克服了传统接触保持控制方法在理论上不完备的缺点，但其仍然无法直接应用到消旋操作。这是因为在消旋操作中，机械臂末端执行器与目标之间的碰撞类型为非对心碰撞，即接触力不仅会引起碰撞物体线运动状态的改变，还会引起回转动状态的改变。在本小节，为了将基于过阻尼思想的对心碰撞接触保持控制方法应用消旋操作，给出一种基于位置的过阻尼控制策略。在该控制策略中有两个控制器：过阻尼控制器和运动跟踪控制器。控制过程中，运动跟踪控制器的主要任务是保持机械臂末端与目标界面相对姿态为零。这样，机械臂与目标之间接触可以近似认为是对心接触，即接触只改变接触物体的平动不改变转动。这使得过阻尼控制器可以发挥避免碰撞分离的功能。下面，本章将给出该控制策略的实施细节。

如图 9.3 所示，过阻尼控制器可以表达为

$$\boldsymbol{M}_{\text{tip}}\ddot{\boldsymbol{r}}'_{\text{tip}} + \boldsymbol{C}_{\text{tip}}(\dot{\boldsymbol{r}}'_{\text{tip}} - \dot{\boldsymbol{r}}'_{\text{surface}}) = \boldsymbol{F}'_{\text{c}} \tag{9-10}$$

其中 $\dot{\boldsymbol{r}}'_{\text{tip}} - \dot{\boldsymbol{r}}'_{\text{surface}} \in R^3$ 是机械臂末端与接触面相对平动速度在接触面连体基下的投影，$\ddot{\boldsymbol{r}}'_{\text{tip}} \in R^3$ 是机械臂末端平动加速度在接触面连体基下的投影，$\boldsymbol{M}_{\text{tip}} \in R^{3\times3}$ 是机械臂末端的质量阵，$\boldsymbol{C}_{\text{tip}} \in R^{3\times3}$ 是控制阻尼阵，$\boldsymbol{F}'_{\text{c}}$ 是接触力在接触面连体基下的投影。在本章，假设机械臂的末端是一个球，目标的接触面是平面，那么接触力 $\boldsymbol{F}'_c$ 一定垂直于接触面。由此可得，$\boldsymbol{r}'_{\text{tip}}$，$\boldsymbol{r}'_{\text{surface}}$ 和 $\boldsymbol{F}'_{\text{c}}$ 的表达式为 $[x'_{\text{tip}},\ 0,\ 0]^{\text{T}}$，$[x'_{\text{surface}},\ 0,\ 0]^{\text{T}}$ 和 $[f_{\text{c}},\ 0,\ 0]^{\text{T}}$。将它们代入方程 (9-10)，可得

$$m_{\text{tip}}\ddot{x}'_{\text{tip}} + C(\dot{x}'_{\text{tip}} - \dot{x}'_{\text{surface}}) = f_{\text{c}} \tag{9-11}$$

其中，m_{tip} 和 c_{tip} 是机械臂末端物体的质量和控制器的过阻尼系数。对上式积分可得

$$\dot{x}'^{t}_{\text{tip}} = \frac{1}{m_{\text{tip}}}\int (f_{\text{c}} - C(\dot{x}'_{\text{tip}} - \dot{x}'_{\text{surface}}))\text{d}t \tag{9-12}$$

其中，$\dot{x}'^{t}_{\text{tip}}$ 是 t 时刻机械臂末端的期望的平动速度在接触面坐标系的投影。通过对上式积分，可得

$$x'^{t}_{\text{tip}} = \frac{1}{m_{\text{tip}}}\int\int (f_{\text{c}} - C(\dot{x}'_{\text{tip}} - \dot{x}'_{\text{surface}}))\text{d}t \tag{9-13}$$

其中，x'^{t}_{tip} 是 t 时刻机械臂末端在接触面坐标下期望的位置。将 $\dot{x}'^{t}_{\text{tip}}$ 代入式 (9-11)，可得

$$\ddot{x}'^{t}_{\text{tip}} = \frac{1}{m_{\text{tip}}}(f_{\text{c}} - C(\dot{x}'^{t}_{\text{tip}} - \dot{x}'^{t}_{\text{surface}})) \tag{9-14}$$

其中，$\ddot{x}'^{t}_{\text{tip}}$ 是 t 时刻机械臂末端的期望的平动加速度在接触面坐标系的投影。在绝对参考坐标系下，机械臂末端期望的位置、速度和加速度可以表达为

$$\boldsymbol{r}^{\text{T}}_{\text{tip}} = \boldsymbol{A}_{\text{surface}}[x'^{t}_{\text{tip}},\ 0,\ 0]^{\text{T}} + \boldsymbol{r}_{\text{s}} \tag{9-15a}$$

$$\dot{\boldsymbol{r}}^{\text{T}}_{\text{tip}} = \boldsymbol{A}_{\text{surface}}[\dot{x}'^{t}_{\text{tip}},\ 0,\ 0]^{\text{T}} + \dot{\boldsymbol{A}}_{\text{surface}}[x'^{t}_{\text{tip}},\ 0,\ 0]^{\text{T}} \tag{9-15b}$$

$$\dot{\boldsymbol{r}}^{\text{T}}_{\text{tip}} = \boldsymbol{A}_{\text{surface}}[\ddot{x}'^{t}_{\text{tip}},\ 0,\ 0]^{\text{T}} + 2\dot{\boldsymbol{A}}_{\text{surface}}[\dot{x}'^{t}_{\text{tip}},\ 0,\ 0]^{\text{T}} + \ddot{\boldsymbol{A}}_{\text{surface}}[\dot{x}'^{t}_{\text{tip}},\ 0,\ 0]^{\text{T}} \tag{9-15c}$$

其中，$\boldsymbol{A}_{\text{surface}}$ 是接触面坐标系相对绝对坐标系的方向余弦阵，而 $\boldsymbol{r}_{\text{s}}$ 是接触面坐标系原点在绝对坐标系下的位置。

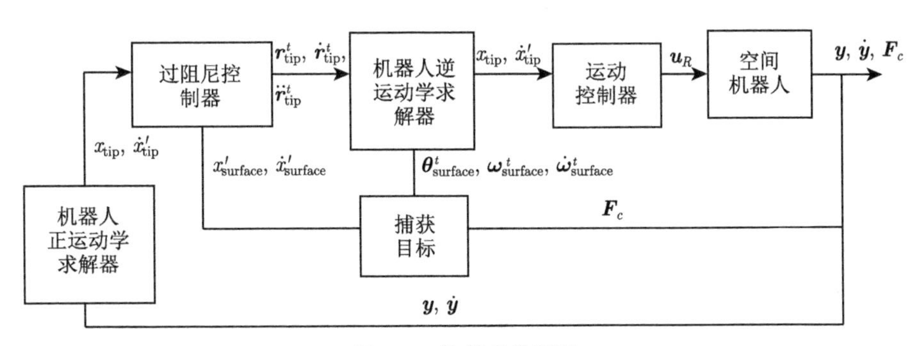

图 9.3 控制系统框图

由前面的介绍可知，在控制过程中机械臂末端 t 时刻期望的姿态、角速度和角加速度分别表示为 $\boldsymbol{\theta}^t_{\text{tip}}$, $\boldsymbol{\omega}^t_{\text{tip}}$ 和 $\dot{\boldsymbol{\omega}}^t_{\text{tip}}$，它们等于 t 时刻期望目标接触面的姿态 $\boldsymbol{\theta}^t_{\text{surface}}$、角速度 $\boldsymbol{\omega}^t_{\text{surface}}$ 和角加速度 $\dot{\boldsymbol{\omega}}^t_{\text{surface}}$。这些信息可以通过激光或视觉测量手段获得。

假定消旋过程中，空间机器人本体的位姿受控且保持不变。令机械臂末端的期望运动为

$$\boldsymbol{q}_d = [\boldsymbol{r}^t_{\text{tip}};\ \boldsymbol{\theta}^t_{\text{surface}}],\quad \dot{\boldsymbol{q}}_d = [\dot{\boldsymbol{r}}^t_{\text{tip}};\ \boldsymbol{\omega}^t_{\text{surface}}],\quad \ddot{\boldsymbol{q}}_d = [\ddot{\boldsymbol{r}}^t_{\text{tip}};\ \dot{\boldsymbol{\omega}}^t_{\text{surface}}] \tag{9-16}$$

通过空间机器人逆运动学解算，可以很容易地获得机械臂各个关节的期望运动状态 $\boldsymbol{y}^t_d$，$\dot{\boldsymbol{y}}^t_d$ 和 $\ddot{y}^t_d$。

至此，我们获得了为实现过阻尼控制需要空间机器人跟踪的期望运动状态。根据 9.3 节的证明可知，只要公式 (9-10) 中，控制阻尼大于公式 (9-9) 中的临界阻尼，那么在消旋过程中机械臂末端将不会与目标发生分离。为了让空间机器人能够跟踪上期望运动，我们设计了一个基于计算力矩方法的运动跟踪控制器，具体的设计过程如下。

根据第 2 章获得的空间机器人动力学方程，空间机器人的状态方程可以表达为

$$\ddot{\boldsymbol{y}} = \boldsymbol{f}(\dot{\boldsymbol{y}}, \boldsymbol{y}) + \boldsymbol{B}\boldsymbol{u}_R \tag{9-17}$$

其中，$\boldsymbol{f}$ 是非线性项，$\boldsymbol{B}$ 为控制位置矩阵，$\boldsymbol{u}_R$ 为控制力。假定系统的约束都为理想约束，且忽略环境外力的影响，$\boldsymbol{u}_R$ 与公式中 $\boldsymbol{f}^{ey}$ 等价。根据公式 (2-67)，可获得 $\boldsymbol{f}$ 和 $\boldsymbol{B}$ 的表达式为

$$\boldsymbol{f}(\dot{\boldsymbol{y}}, \boldsymbol{y}) = -\boldsymbol{Z}^{-1}\boldsymbol{z},\quad \boldsymbol{B} = \boldsymbol{Z}^{-1} \tag{9-18}$$

令 $\boldsymbol{e} = \boldsymbol{y}_d - \boldsymbol{y}$，设计控制律为

$$\boldsymbol{u}_R = \boldsymbol{B}^{-1}\boldsymbol{f}' + \boldsymbol{B}^{-1}\boldsymbol{f}(\dot{\boldsymbol{y}}, \boldsymbol{y}) \tag{9-19}$$

其中,

$$\boldsymbol{f}' = \ddot{\boldsymbol{y}}_d + \boldsymbol{K}_D\dot{\boldsymbol{e}} + \boldsymbol{K}_P\boldsymbol{e} \tag{9-20}$$

其中，正定阵 $\boldsymbol{K}_D$ 和 $\boldsymbol{K}_P$ 分别为微分和比例增益矩阵。将公式 (9-19) 和 (9-20) 代入 (9-17)，得

$$\ddot{e} + \boldsymbol{K}_D\dot{\boldsymbol{e}} + \boldsymbol{K}_P\boldsymbol{e} = \boldsymbol{0} \tag{9-21}$$

基于 Lyapunov 理论，由于 $\boldsymbol{K}_D$ 和 $\boldsymbol{K}_P$ 是正定的，则 $\boldsymbol{e}$ 和 $\dot{\boldsymbol{e}}$ 将会趋近于 $\boldsymbol{0}$，即 $\boldsymbol{y}$ 和 $\dot{\boldsymbol{y}}$ 将会趋近于 $\boldsymbol{y}_d$ 和 $\dot{\boldsymbol{y}}_d$。

9.4 数 值 仿 真

本节将通过数值仿真验证本章所提出控制策略的有效性。

9.4.1 过阻尼控制方法有效性评估

在本小节，小球碰撞 (如图 9.4 所示) 控制仿真将用于验证 9.2 节所提出的过阻尼控制方法的有效性。在所进行的仿真实验中，球 S_1 和球 S_2 的质量 m_1 和

m_2 分别为 1000kg 和 4.6kg。在仿真的起始时刻，S_1 向 S_2 运动，两者的相对速度为 0.1m/s，接触刚度 k_c 和接触阻尼 d_c 分别为 1×10^8N/m 和 100 N/(m/s)。仿真过程中控制力 u 会作用于 S_2 上，其计算公式为 (9-7)。由公式 (9-9)，我们可以算出实现接触保持的临界控制阻尼为 C_{critical} 为 4.2991×10^4 N/(m/s)。为了验证过阻尼控制方法的有效性，开展了三组仿真实验。在这三组实验中，公式 (9-7) 中的控制阻尼的取值分别为 1×10^3, 1×10^5, 1×10^6。具体仿真结果如图 9.5 所示。观察该图可以发现，当 C 小于 C_{critical} 时，S_1 和 S_2 在碰撞后会发生分离。而当

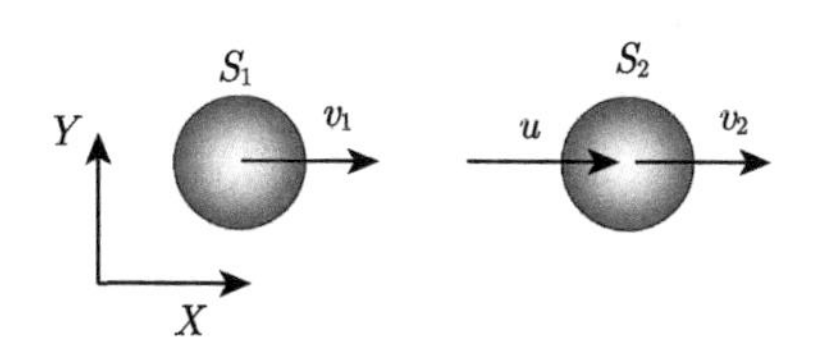

图 9.4 对心碰撞控制示意图

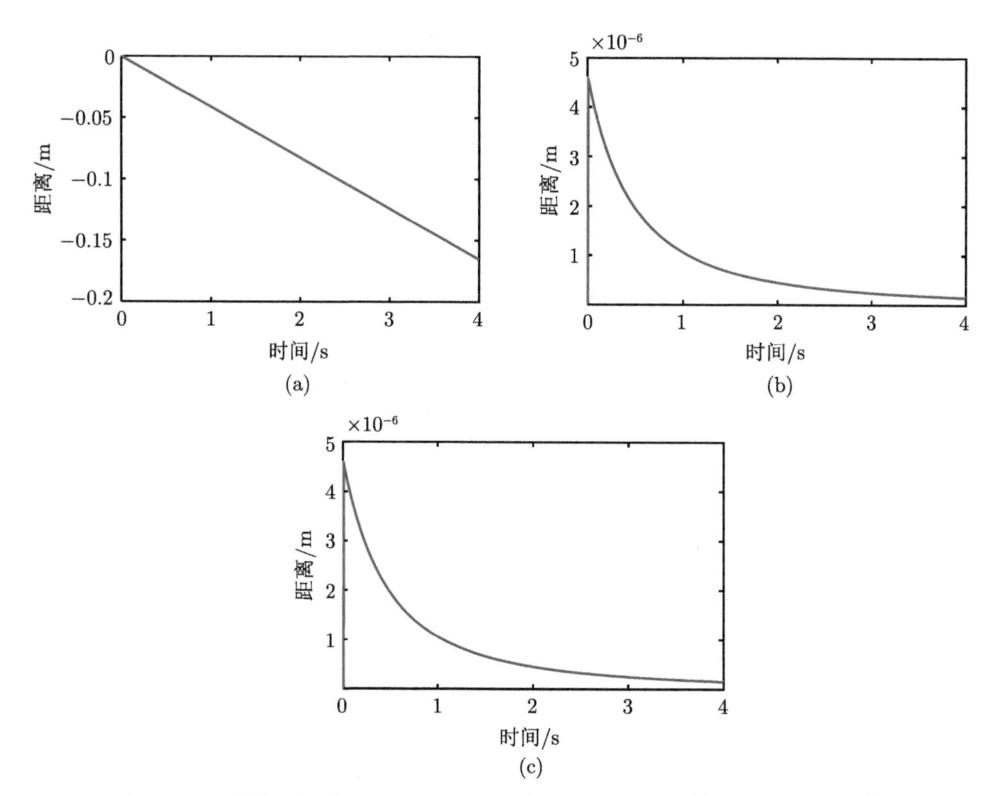

图 9.5 两球相对距离：(a) $C = 1\times10^3$; (b) $C = 1\times10^5$; (c) $C = 1\times10^6$

C 大于 C_{critical} 时，可以阻止 S_1 和 S_2 在碰撞后分离。这进一步证明了过阻尼控制方法可以实现碰撞发生后的接触保持。

9.4.2　消旋操作接触保持策略有效性评估

通过 9.2 节的理论分析和 9.4.1 节的仿真实验，我们验证了过阻尼控制方法能够实现对心碰撞后的接触保持。然而，这种控制方法并不能直接应用于消旋操作，其主要原因是消旋操作过程中的碰撞是极为复杂的非对心碰撞。为在消旋过程实现接触保持，在 9.3 节提出一种新的控制策略。本小节将通过数值仿真实验来验证该策略的有效性。仿真实验所采用的空间机器人和消旋目标如图 9.6 所示，它们的质量参数如表 9.1 所示。空间机器人机械臂连杆 (B_2, B_3, B_4, B_5) 的长度分别为 0.6m，0.6m，0.4m 和 0.2m，其末端执行器的几何尺寸如图 9.7 所示。空间机器人本体和目标卫星都是边长为 1m 的立方体。仿真过程中，末端执行器与目标卫星之间的接触刚度和接触阻尼分别为 1×10^8 和 100。在本小节，将会开展 3 组仿真实验。在这些仿真的初始时刻 (如图 9.8 所示)，空间机器人保持静止，而目标会以相同平动速度 (−0.1m/s) 和不同转动速度 (如表 9.2 所示) 向空间机器人飞来。在控制仿真过程中，机械臂末端执行器会处于锁定状态，即 $B_5\sim B_7$ 可以被认定为是一个刚体，其质量为 4.6kg。考虑到目标 B_8 的质量为 1000kg，根据公式 (9-9)，可以获得临界阻尼 C_{critial} 为 4.2991×10^4 N/(m/s)。在本小节，除了 9.3 节所提出的控制策略将用于消旋操作外，文献 [5] 的控制策略也将被采用。在两个控制策略中控制增益矩阵 $\boldsymbol{K}_P$ 和 $\boldsymbol{K}_D$ 的取值相同，它们分别是 $1000\times\boldsymbol{I}_{12\times12}$ 和 $200\times\boldsymbol{I}_{12\times12}$。两种控制策略的控制结果如图 9.9~ 图 9.20 所示。观察图 9.9、图 9.13 和图 9.17 可知，采用本章所提出的策略，机器人手臂末端和目标之间的相对距离首先会出现急剧上升，这意味着机械臂开始接触目标。然后相对距离会开始下降，这意味着接触力让接触物体出现了分离趋势。随着时间的推移，尽管相对距离会趋于零，但仍然会大于零。这说明机器手臂和目标在碰撞发生后两者的接触得到了保持，即说明本章所提出的控制策略是有效的。观察文献 [5] 策略的控制结果可知，在 0~0.45s 内机械臂末端与目标的相对距离大于 0，即两者保持接触，而在 0.45s 后机械臂末端与目标之间的相对距离小于 0，即两者之间发生的分离。这说明文献 [5] 中的方法不能始终保持机械臂与目标的接触。由图 9.10、图 9.14、图 9.18 可知，在接触过程中接触力改变了目标的平动速度。与文献 [5] 策略相比，采用本章的控制策略对目标的平动速度的改变是较小的。这表明本章的控制策略可以产生较小的接触冲击。如图 9.11、图 9.15、图 9.19 所示，在三组仿真中，接触力作用都起到了减慢目标角速度的效果。不过，对比两种策略的控制效果我们发现，在文献 [5] 策略的控制下，目标的角速度会发生先下降再上升的情况。而在本章策略控制下，角速度仅呈现持续下降趋势。这说明本章控制策略相对文献 [5] 的策略具有更好的消旋性能。另外从图 9.12、图 9.16、图 9.20 可以看出，与文献 [5] 的策略相比，本章策略的控制输出更平滑且更小。这表明后者在实际工程中更具实用价值。

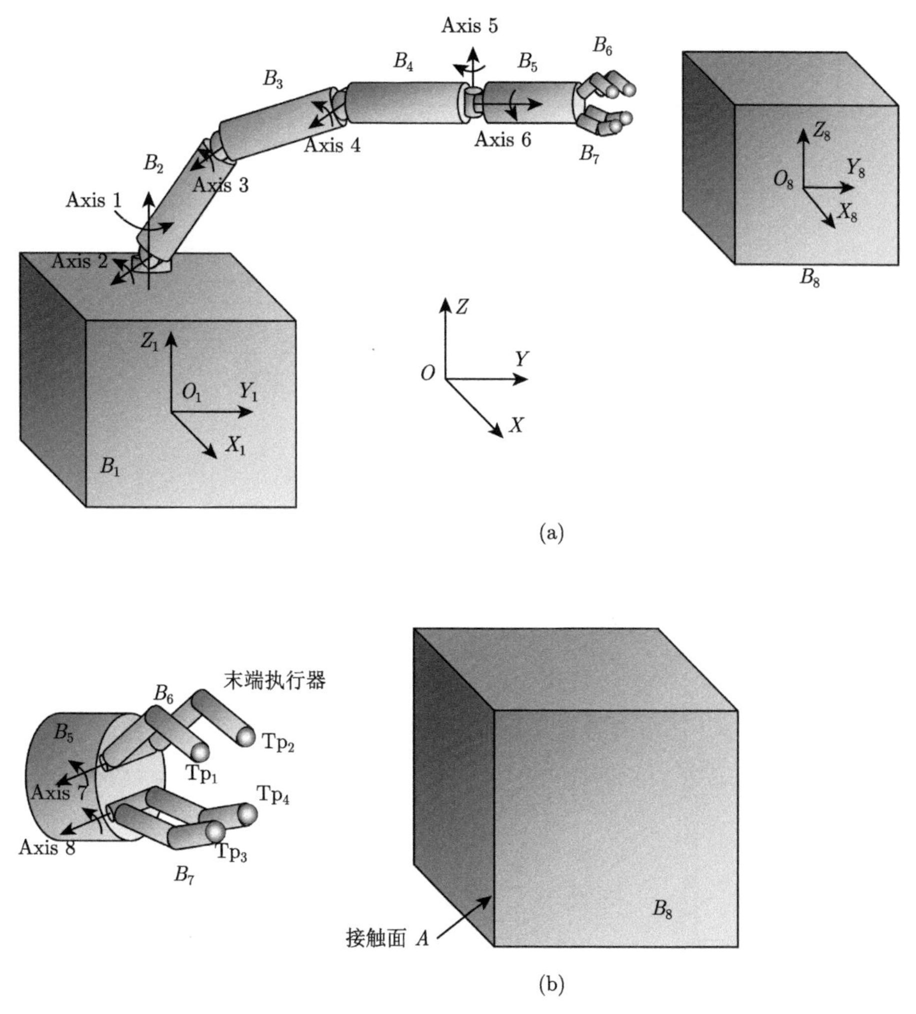

图 9.6 空间机器人与目标卫星：(a) 系统整体示意图；(b) 末端执行器与目标卫星细节示意图

表 9.1　空间机器人与目标物理参数

物体	质量/kg	$I_{xx}/(\mathrm{kg \cdot m^2})$	$I_{yy}/(\mathrm{kg \cdot m^2})$	$I_{zz}/(\mathrm{kg \cdot m^2})$
B_1	2740	456	456	456
B_2	3.5	6.04×10^{-4}	4.6×10^{-2}	4.6×10^{-2}
B_3	3.5	6.04×10^{-4}	4.6×10^{-2}	4.6×10^{-2}
B_4	3	3.5×10^{-4}	3×10^{-2}	3×10^{-2}
B_5	2	3×10^{-4}	2.5×10^{-2}	2.5×10^{-2}
B_6	1.3	1.41×10^{-2}	8.8×10^{-3}	7.9×10^{-3}
B_7	1.3	1.41×10^{-2}	8.8×10^{-3}	7.9×10^{-3}
B_8	1000	150	200	100

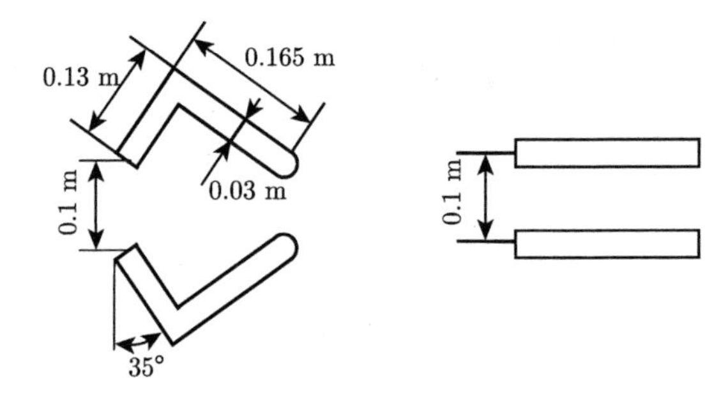

图 9.7　末端执行器结构示意图

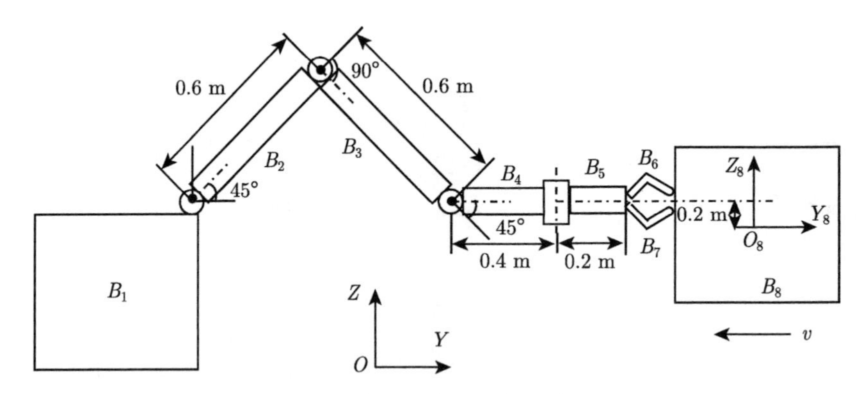

图 9.8　空间机器人与目标初始构型

表 9.2　目标初始角速度

工况	ω_{target}
1	[1rad/s, 0rad/s, 0rad/s]
2	[1rad/s, 0rad/s, 0.5rad/s]
3	[1rad/s, 0.5rad/s, 0.5rad/s]

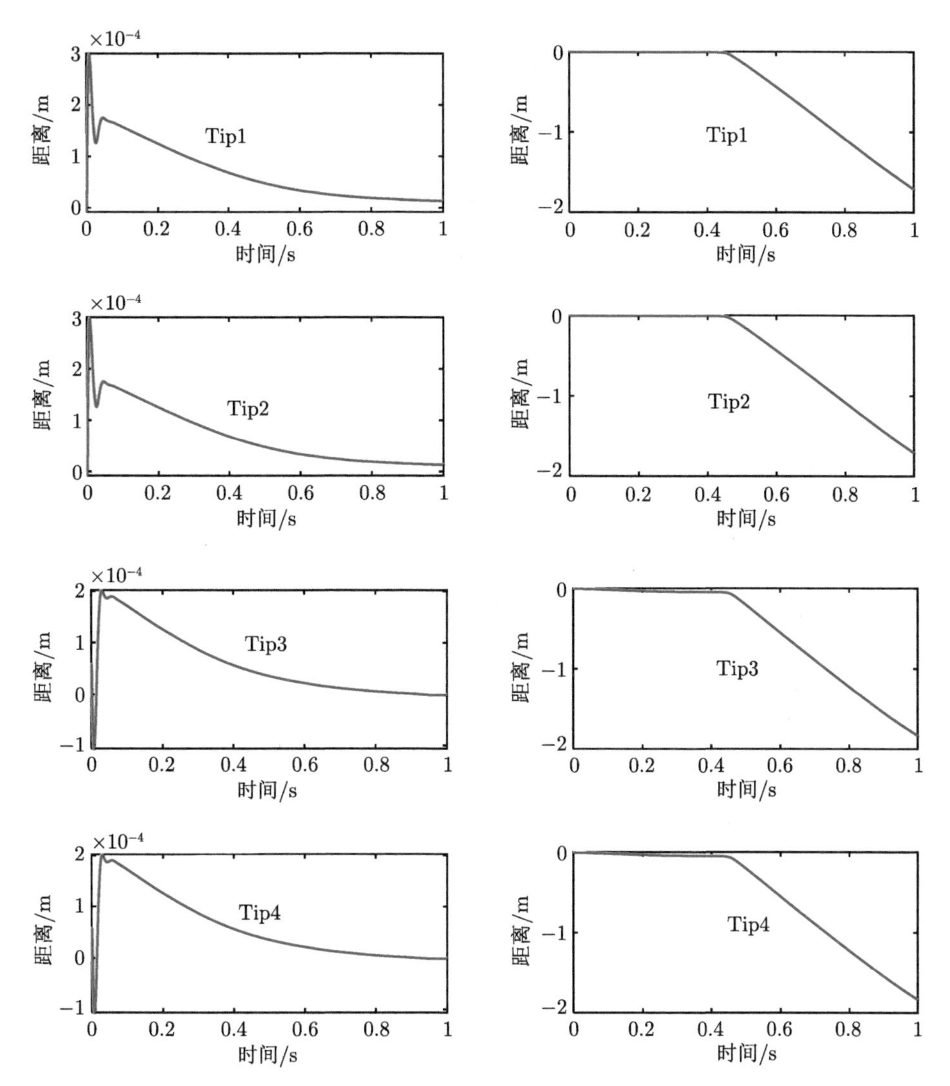

图 9.9 执行器末端与目标之间的相对距离 (ω_{target}= [1rad/s, 0rad/s, 0rad/s])。左侧为本章策略的控制结果; 右侧为文献 [5] 策略的控制结果

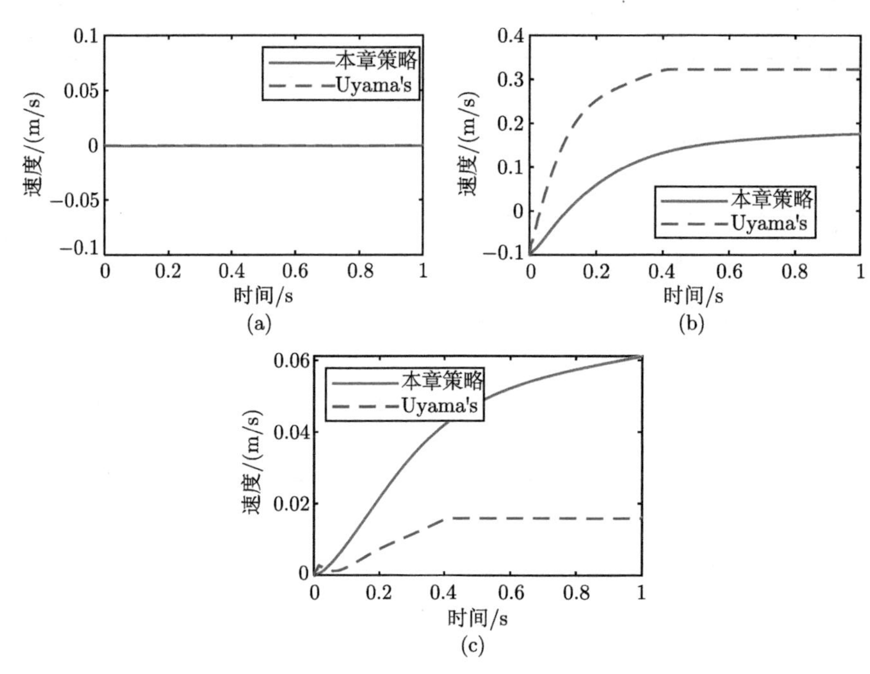

图 9.10　目标的平动速度 (ω_{target}= [1rad/s, 0rad/s, 0rad/s]): (a) X 轴; (b) Y 轴; (c) Z 轴

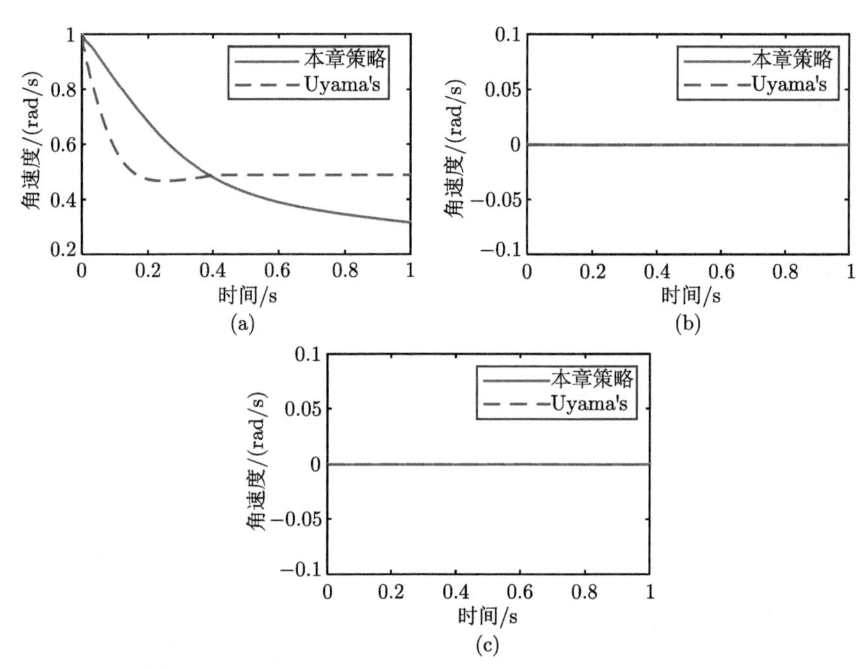

图 9.11　目标的角速度 (ω_{target}= [1rad/s, 0rad/s, 0rad/s]): (a) X 轴; (b) Y 轴; (c) Z 轴

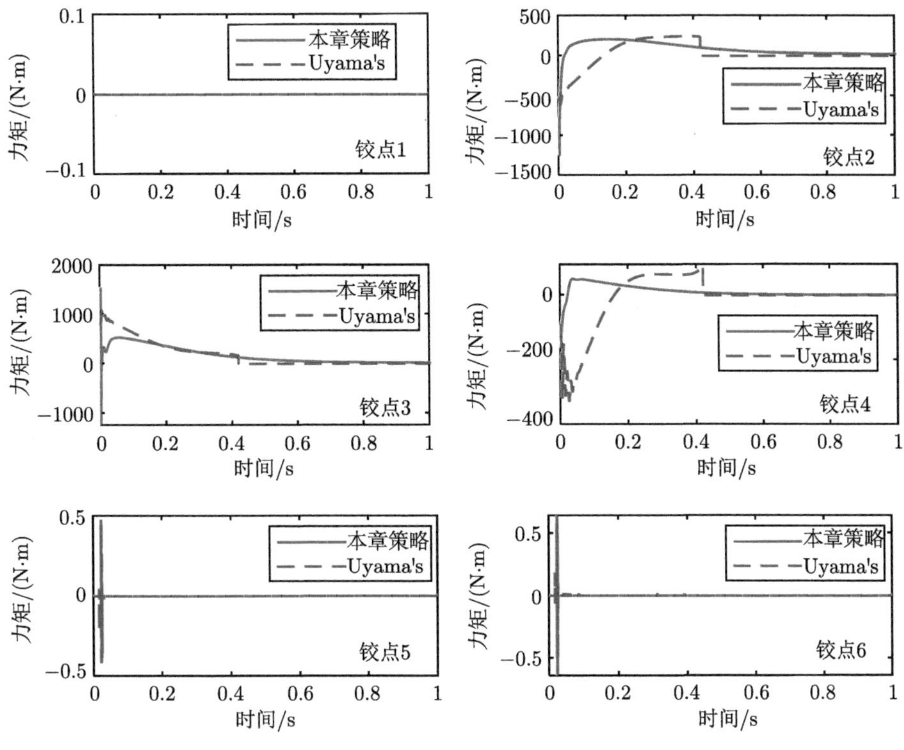

图 9.12 机械臂关节控制力矩 (ω_{target}= [1rad/s, 0rad/s, 0rad/s])

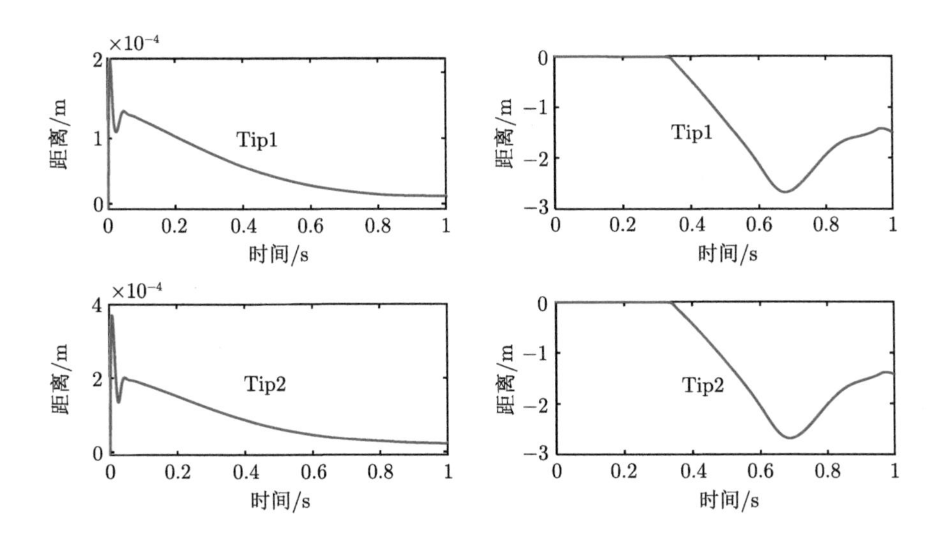

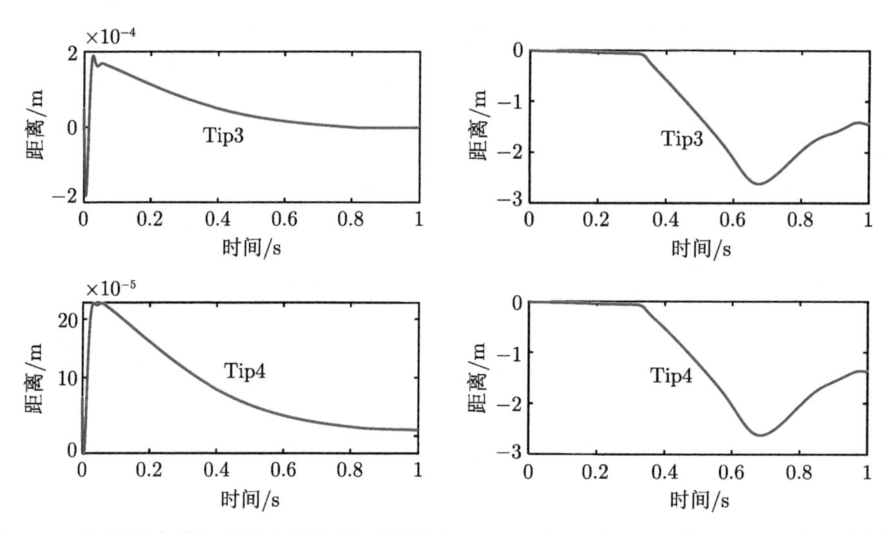

图 9.13　执行器末端与目标之间的相对距离 (ω_{target}= [1rad/s, 0rad/s, 0.5rad/s])。左侧为本章策略的控制结果; 右侧为文献 [5] 策略的控制结果

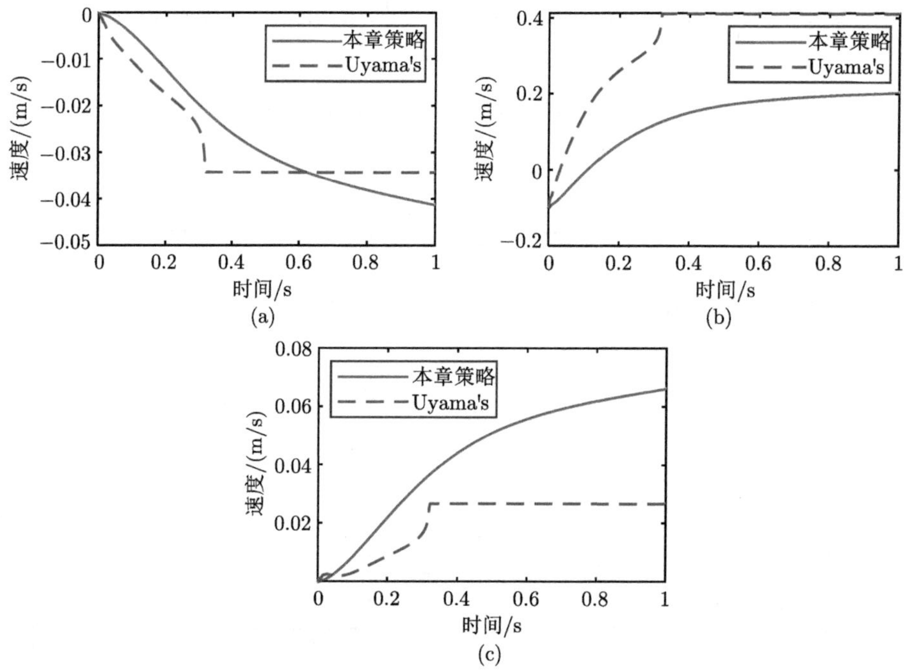

图 9.14　目标的平动速度 (ω_{target}= [1rad/s, 0rad/s, 0.5rad/s]):
(a) X 轴; (b) Y 轴; (c) Z 轴

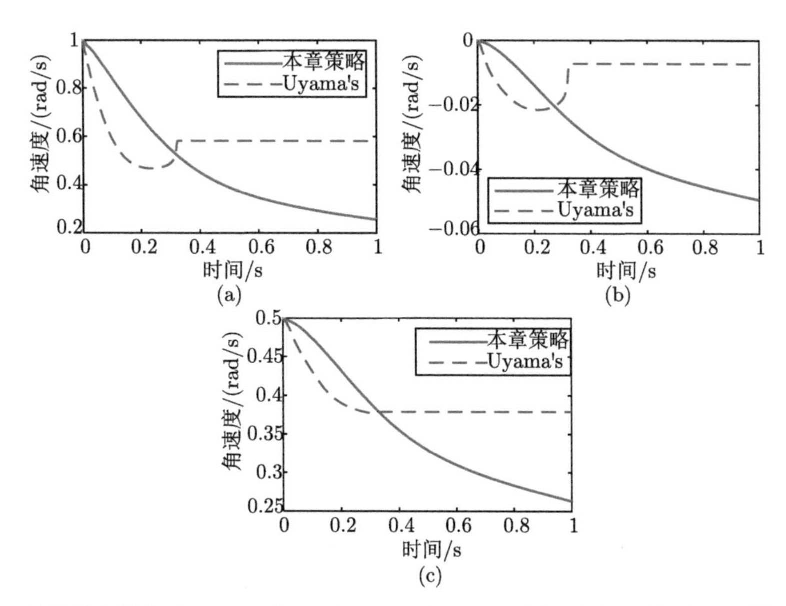

图 9.15 目标的角速度 (ω_{target}= [1rad/s, 0 rad/s, 0.5rad/s]): (a) X 轴; (b) Y 轴; (c) Z 轴

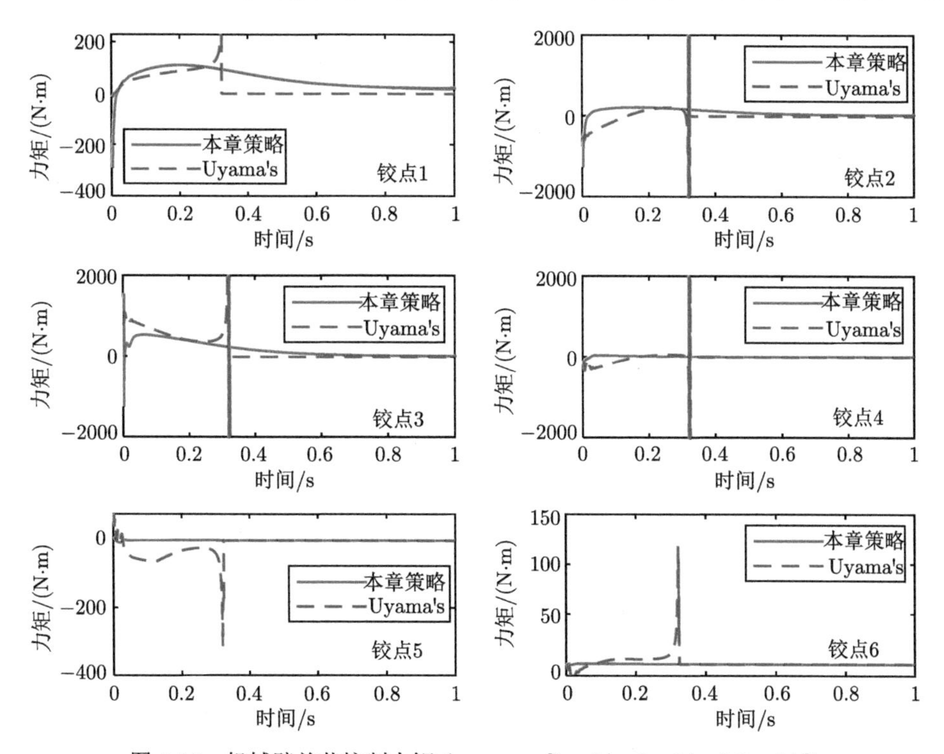

图 9.16 机械臂关节控制力矩 (ω_{target}= [1rad/s, 0rad/s, 0.5rad/s])

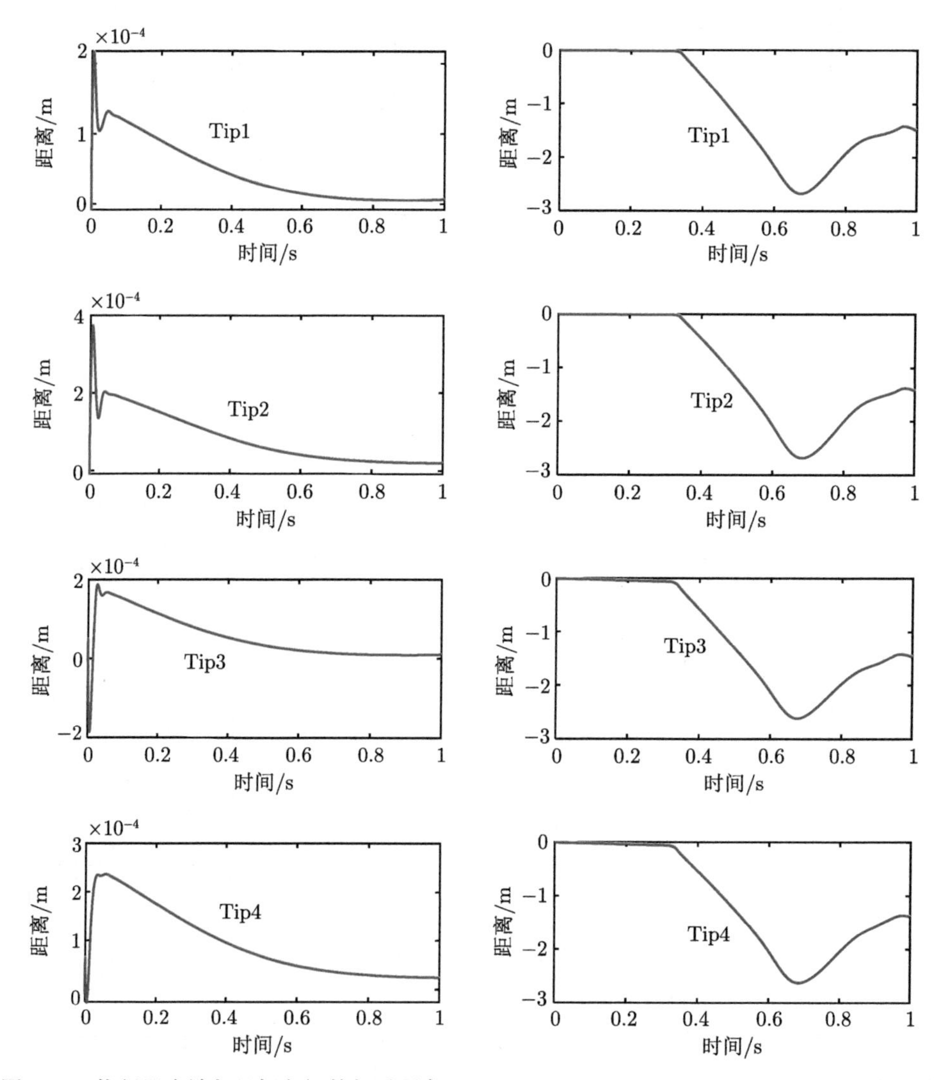

图 9.17 执行器末端与目标之间的相对距离 (ω_{target}= [1rad/s, 0.5rad/s, 0.5rad/s])。左侧为本章策略的控制结果; 右侧为文献 [5] 策略的控制结果

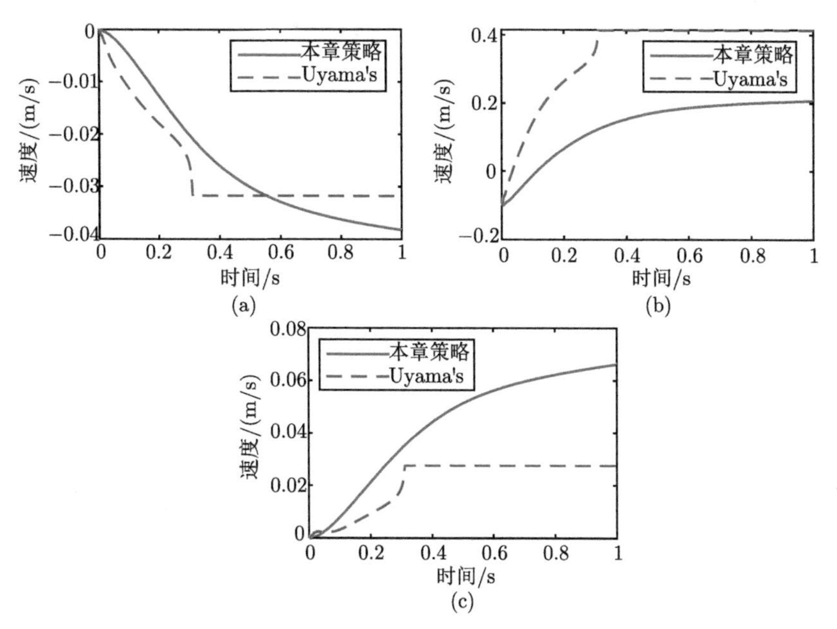

图 9.18 目标的平动速度 (ω_{target}= [1rad/s, 0.5rad/s, 0.5rad/s]): (a) X 轴; (b) Y 轴; (c) Z 轴

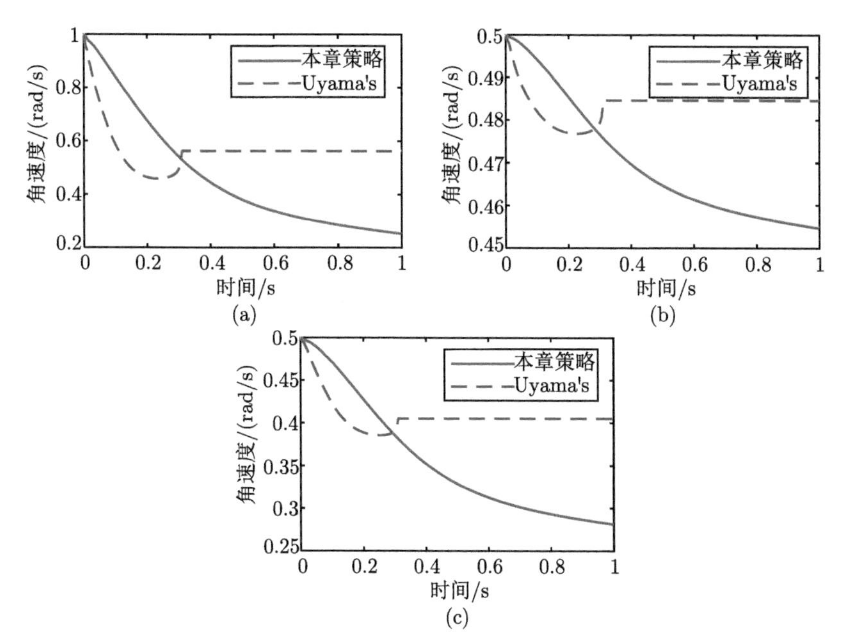

图 9.19 目标的角速度 (ω_{target}= [1rad/s, 0.5rad/s, 0.5rad/s]): (a) X 轴; (b) Y 轴; (c) Z 轴

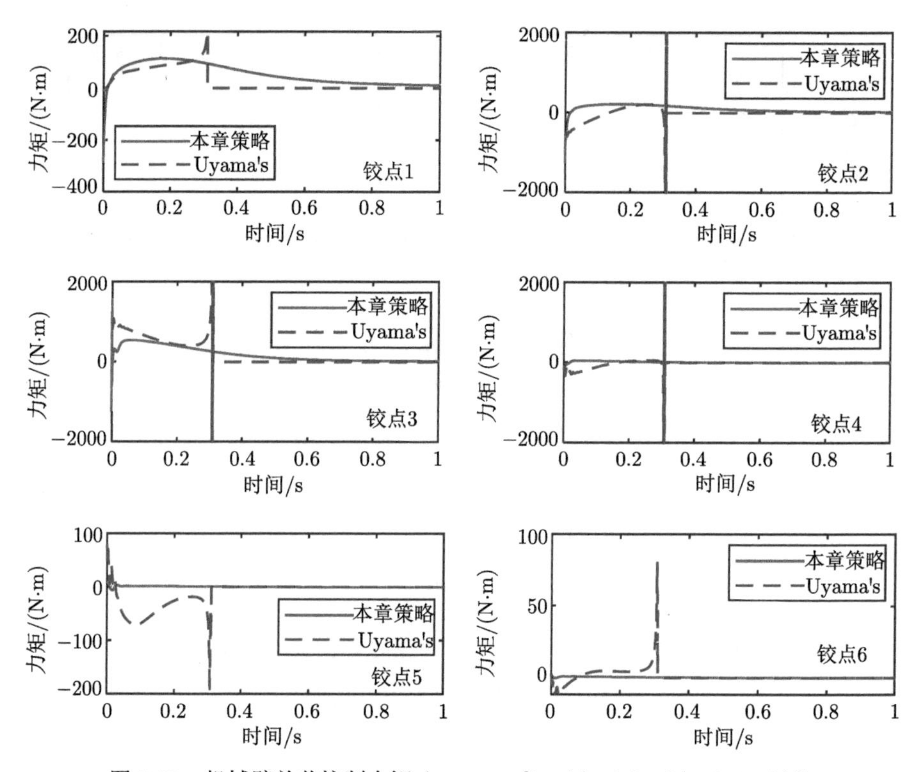

图 9.20　机械臂关节控制力矩 (ω_{target}= [1rad/s, 0.5rad/s, 0.5rad/s])

9.4.3　控制阻尼对控制性能的影响

9.4.2 节的仿真实验证明了当控制阻尼大于临界阻尼时，本章所提出的控制策略是能够实现消旋过程中的接触保持的。在本小节，我们再进行两组仿真实验来讨论控制阻尼对控制性能的影响。在这两组仿真实验中，控制阻尼的取值分别是 1×10^2 和 1×10^4。仿真结果如图 9.21~图 9.23 所示。观察这些仿真结果可知，当控制阻尼小于临界阻尼时，本章所提出的控制策略是无法实现接触保持的。这也进一步说明了控制阻尼的设定对于实现接触保持是极其关键的。

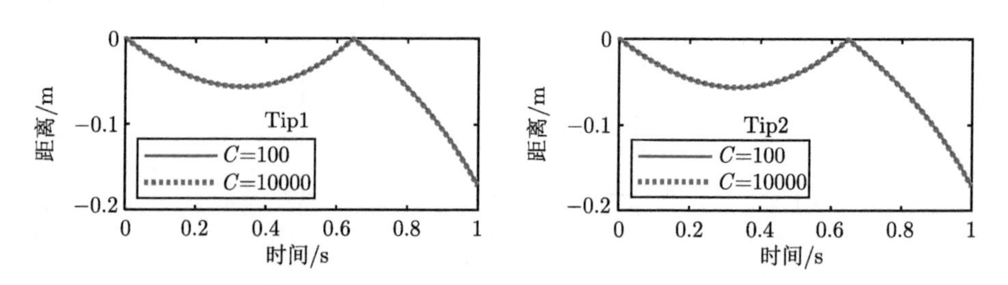

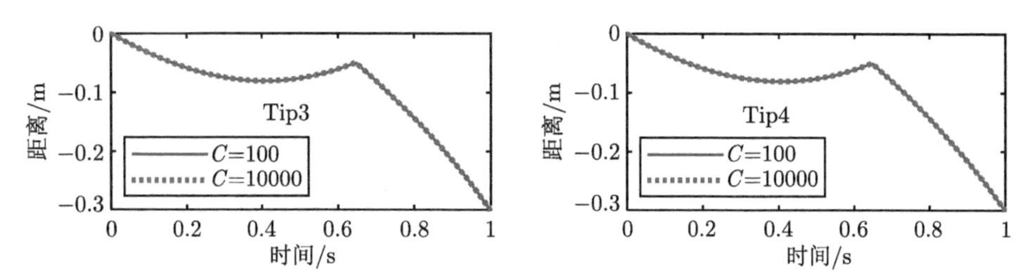

图 9.21 控制阻尼取不同值时执行器末端与目标之间的相对距离 (ω_{target}= [1rad/s, 0.1rad/s, 0.1rad/s])

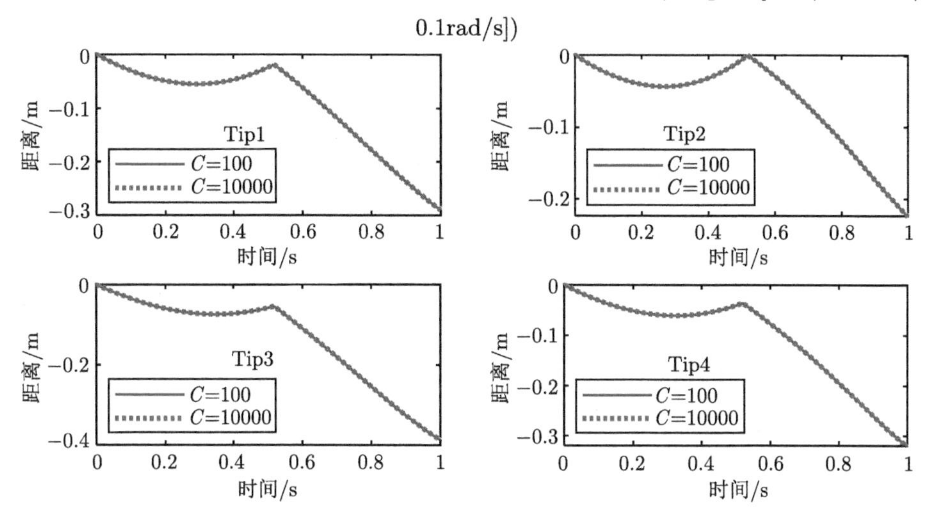

图 9.22 控制阻尼取不同值时执行器末端与目标之间的相对距离 (ω_{target}= [1rad/s, 0rad/s, 0.5rad/s])

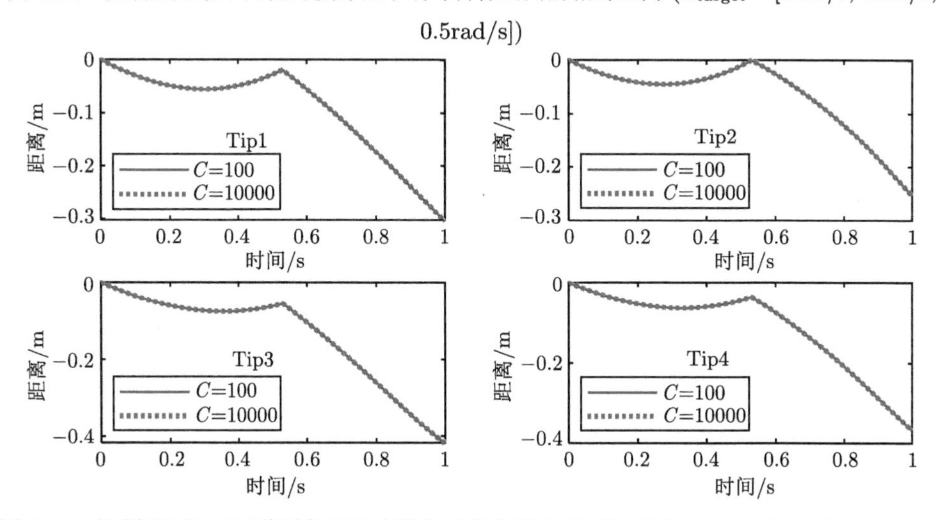

图 9.23 控制阻尼取不同值时执行器末端与目标之间的相对距离 (ω_{target}= [1rad/s, 0.5rad/s, 0.5rad/s])

9.5 本章小结

为实现消旋操作过程中的接触保持，本章对其中涉及的碰撞控制问题进行了研究。为了解决该问题，我们首先对对心碰撞过程中接触保持控制问题进行了研究，并基于接触动力学模型提出了一种过阻尼控制方法。然后，为了将该方法用于消旋操作，我们提出了一种混合控制策略。在控制策略中，我们首先利用运动控制实现非对心碰撞向对心碰撞的转化，然后再利用过阻尼控制方法实现接触保持。在数值仿真部分，过阻尼控制方法的有效性首先得到了验证。然后，多组消旋仿真实验的结果验证了本章混合控制策略的有效性。与文献 [5] 控制策略相比，本章所提的控制策略具有更好的接触保持能力。

本章中未尽之处还可详见本课题组已投稿文章 [9]。

参考文献

[1] Yoshida K, Nakanishi H. Impedance matching in capturing a satellite by a space robot[C]. Proceedings 2003 IEEE/RSJ International Conference on Intelligent Robots and Systems (IROS 2003), Las Vegas, NV, USA, 2003, 4: 3059-3064.

[2] Yoshida K, Nakanishi H, Ueno H, et al. Dynamics, control and impedance matching for robotic capture of a non-cooperative satellite[J]. Advanced Robotics, 2004, 18(2): 175-198.

[3] Nakanishi H, Yoshida K. Impedance control for free-flying space robots-basic equations and applications[C]. 2006 IEEE/RSJ international conference on intelligent robots and systems, Beijing, China, 2006: 3137-3142.

[4] Uyama N, Hirano D, Nakanishi H, et al. Impedance-based contact control of a free-flying space robot with respect to coefficient of restitution[C]. 2011 IEEE/SICE International Symposium on System Integration (SII), Kyoto, Japan, 2011: 1196-1201.

[5] Uyama N, Nakanishi H, Nagaoka K, et al. Impedance-based contact control of a free-flying space robot with a compliant wrist for non-cooperative satellite capture[C]. 2012 IEEE/RSJ International Conference on Intelligent Robots and Systems, Vilamoura-Algarve, Portugal, 2012: 4477-4482.

[6] Uyama N, Narumi T. Hybrid impedance/position control of a free-flying space robot for detumbling a noncooperative satellite[J]. IFAC-PapersOnLine, 2016, 49(17): 230-235.

[7] Stolfi A, Gasbarri P, Sabatini M. A combined impedance-PD approach for controlling a dual-arm space manipulator in the capture of a non-cooperative target[J]. Acta Astronautica, 2017, 139: 243-253.

[8] Stolfi A, Gasbarri P, Sabatini M. A parametric analysis of a controlled deployable space manipulator for capturing a non-cooperative flexible satellite[J]. Acta Astronautica, 2018, 148: 317-326.

[9] Liu X F, Zhang X Y, Chen P R, et al. A collision control strategy for detumbling a non-cooperative spacecraft by a robot arm. Multibody System Dynamics, 2021, 53(3): 225-255.

抓捕中：无扰路径规划控制、抓捕策略

第 10 章　空间机器人无扰路径规划控制技术

10.1　引　　言

由于空间机器人的基座在太空中处于自由漂浮状态，因此基座与机械臂之间存在着很强的动力学耦合。空间机器人在接近目标卫星并且准备操作机械臂进行抓捕、维修等在轨服务时，基座的姿态会因机械臂运动而出现偏转。基座偏转过大不仅会影响遥感通信，还会导致空间机器人上的太阳能帆板等大型结构与目标卫星的大型结构发生碰撞 [1]，造成严重后果。传统方法中，常常采用推进器 [2,3] 或反作用轮 [4,5] 来补偿机械臂运动对基座姿态的扰动，以达到稳定基座姿态的目的。然而这些方法存在着一些弊端：在轨服务卫星携带的推进器燃料非常宝贵，反作用轮对基座姿态的补偿效果十分有限且容易饱和，并且使用这种姿态控制方法会降低控制系统的鲁棒性 [6]。受空间机器人基座与机械臂间的动力学耦合效应的启发，学者们提出通过规划一条无扰路径来消除机械臂运动对基座姿态的影响，即按照规划出的无扰路径完成操作时，不需要对基座施加额外的控制，基座仍然能够保持与初始几乎相同的姿态。针对基座无扰路径规划问题，国内外学者们已经进行了许多研究并取得了不错的研究成果。例如，Yoshida 等 [7] 提出了一种零反作用机动 (ZRM) 的概念，当机械臂采取零反作用机动时，基座的姿态变化几乎为零，不过无冗余的 6 DOF 机械臂能够实现零反作用机动的路径非常有限。此外，Yoshida 等 [8] 还提出了一种针对双臂空间机器人的无扰控制方法。该方法将双臂空间机器人的一条机械臂作为工作臂，而另一条作为平衡臂来补偿工作臂的运动对于基座的扰动。Huang 等 [9]、Chen 和 Qin[10] 又分别对该方法进行了改进，然而使用这种方法不仅控制算法复杂，而且因只有一条机械臂可以执行任务而无法发挥出双臂的优势。另一种被许多学者采用的方法是把无扰路径规划问题看作非线性优化问题，并使用优化方法来进行求解。粒子群优化 (particle swarm optimization, PSO) 算法能够快速和鲁棒地求解非线性优化问题，近年来，开始越来越多地被用于优化空间机器人的路径。Xu 等 [11] 使用时间的多项式的正弦函数来表达单臂空间机器人的各关节转动角度的时间历程，然后使用 PSO 算法来优化这些多项式的系数，优化后得到的路径可以保证机械臂运动后，基座的姿态保持不变或都能到达指定的朝向。Liu 等 [12] 针对抓捕目标后的耦合系统，讨论了一种基于 PSO 算法的最优路径规划方法，通过规划机械臂关节和飞轮的旋转角度时间历程，来镇定耦合系统并最小化基座的姿态偏转。Wang 等 [13] 使用 PSO 算法来优化带有 7 自由度冗余机械臂的空间机器人的路径，以使基座姿态受到的扰动最小。综上所述，现有的双臂空间机器人在抑制基座姿态的扰动时，大多需要将一条机械臂作为平衡臂进行补偿，而无法发挥出双臂的优势；PSO 算法在单臂空间机器人的基座姿态无扰路径规划上虽然已经取得了不错的效果，却没有在双臂空间机器人上得到很好的应用。

本章对双臂空间机器人的无扰路径规划与控制问题进行了研究，并提出了一种规划策略。首先用多项式的系数将各机械臂关节转动的时间历程参数化，并以多项式系数为待优化参数；然后通过正逆混合动力学方程建立出待优化参数与基座姿态变化量的关系；最后通过 PSO 算法对该参数进行优化，获得使基座姿态无扰的机械臂最优运动路径。当空间机器人执行本章策略所规划出的路径时，其两条机械臂不仅可以同时到达同一目标点，而且能让机器人基座的姿态变化最小。

本章的组织结构如下：首先，在 10.2 节中给出了对象双臂空间机器人的主要结构；然后在 10.3 节中讨论了在对双臂空间机器人进行建模和无扰路径规划时所涉及的运动学与动力学问题；接着在 10.4 节中详细介绍了本章所提出的无扰路径规划与控制方法；最后在 10.5 节中考虑双臂空间机器人的起始构型是否对称、两条机械臂是否同时启动等情况，分 4 个工况进行数值仿真，对所提出方法的有效性进行验证。

10.2 双臂空间机器人的结构描述

本章将以如图 10.1 所示的双臂空间机器人为对象对无扰规划问题进行研究。下面，将对该双臂空间机器人的结构进行详细的介绍。

如图 10.1 所示，双臂空间机器人包含一个自由漂浮的基座 B_1 和两条 6-DOF(自由度) 刚性机械臂，两条机械臂分别表示为 Arm-a 和 Arm-b。每条机械臂分别包含 4 个连杆，其中，Arm-a 由刚性连杆 $B_2 \sim B_5$ 组成，Arm-b 由刚性连杆 $B_6 \sim B_9$ 组成。连杆 B_2 和基座 B_1 通过有两个相对旋转自由度的万向节 [14]H_1 相连，铰 H_1 绕轴 Axis 1 和 Axis 2 的关节角分别为 θ_1 和 θ_2。连杆 B_6 和基座 B_1 通过万向节 H_5 相连，铰 H_5 绕轴 Axis 7 和 Axis 8 的关节角分别为 θ_7 和 θ_8。连杆 B_4 和 B_5 之间通过万向节 H_4 相连，θ_5 和 θ_6 是铰 H_4 绕轴 Axis 5 和 Axis 6 的关节角。连杆 B_8 和 B_9 之间则通过万向节 H_8 相连，θ_{11} 和 θ_{12} 是铰 H_8 绕轴 Axis 11 和 Axis 12 的关节角。其余各铰均为旋转铰，θ_3、θ_4、θ_9 和 θ_{10} 为各铰绕轴 Axis 3、Axis 4、Axis 9 和 Axis 10 的关节角。参考基 $O\text{-}XYZ$ 为惯性参考基，其坐标原点为双臂空间机器人系统的质心。参考基 $o_i\text{-}x_iy_iz_i$ 为刚体 B_i $(i = 1 \sim 9)$ 的连体基，点 o_i 为其坐标原点。

本章中，作为研究对象的双臂空间机器人的广义坐标选取为 $\boldsymbol{q} = [q_1, \cdots, q_{18}]^{\mathrm{T}} \in \Re^{18\times 1}$。其中，$q_1 \sim q_3$ 代表基座 B_1 的平动坐标，$q_4 \sim q_6$ 是用来描述基座 B_1 姿态的 X-Y-Z 顺序的欧拉角，$q_7 \sim q_{18}$ 则代表关节角 $\theta_1 \sim \theta_{12}$。

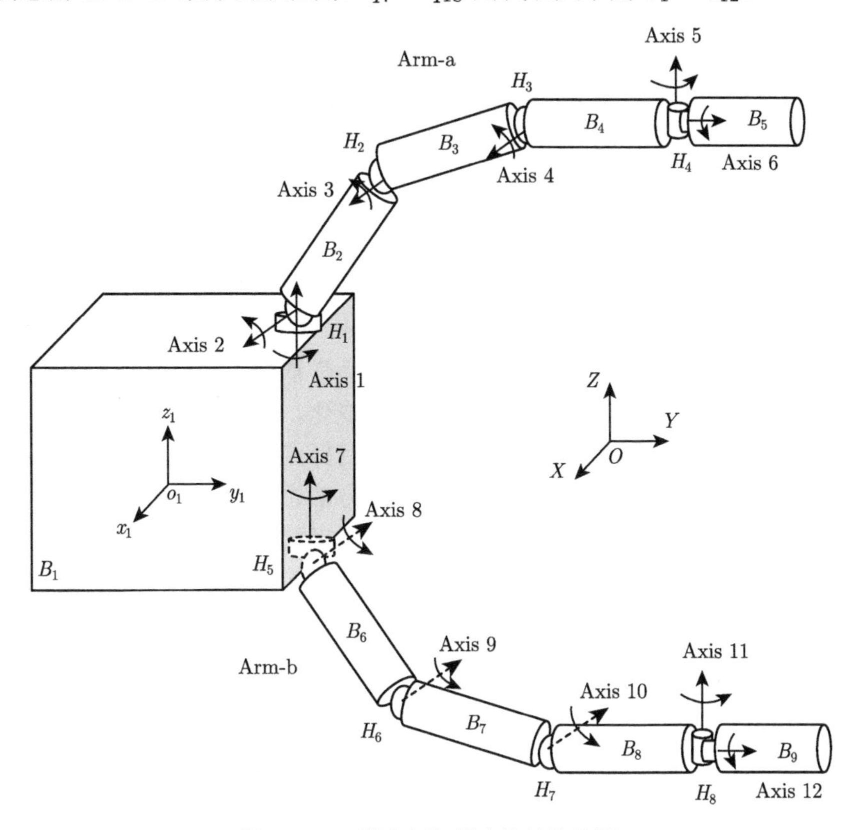

图 10.1　双臂空间机器人的结构简图

10.3　双臂空间机器人的动力学建模

本节将主要介绍与双臂空间机器人建模相关的基础理论。首先在 10.3.1 节中给出双臂空间机器人的动力学方程；然后在 10.3.2 节中讨论了在双臂空间机器人的末端执行器的目标位置和姿态已知时，求解双机械臂各关节的期望角度的逆运动学问题，并给出了其求解方法；接着在 10.3.3 节中基于动力学方程，推导出双臂空间机器人的正–逆混合动力学方程；最后为了对基座在不同时刻下的姿态变化量进行描述，在 10.3.4 节中讨论了基于单位四元数的相对姿态描述方法。

10.3.1　动力学方程

由第 2 章的建模方法，双臂空间机器人的动力学方程可以建立为

$$-\boldsymbol{Z}\ddot{\boldsymbol{q}}+\boldsymbol{z}+\boldsymbol{f}^{ey}=\boldsymbol{0} \tag{10-1}$$

其中，

$$\boldsymbol{Z}=\boldsymbol{G}^{\mathrm{T}}\boldsymbol{M}\boldsymbol{G},\quad \boldsymbol{z}=\boldsymbol{G}^{\mathrm{T}}(-\boldsymbol{f}^{\omega}+\boldsymbol{f}^{o}-\boldsymbol{M}\boldsymbol{g}\hat{\boldsymbol{I}}_n),\quad \boldsymbol{f}^{ey}=\boldsymbol{f}_e^{ey}+\boldsymbol{f}_{nc}^{ey} \tag{10-2}$$

其中，$\boldsymbol{M}=\mathrm{diag}[\boldsymbol{M}_1,\cdots,\boldsymbol{M}_n]\in\Re^{3n\times 3n}$ 为双臂空间机器人系统的质量阵，n 为系统的刚体个数，对于图 10.1 所示的双臂空间机器人取 $n=9$。$\boldsymbol{f}^{\omega}=[\boldsymbol{f}_1^{\omega\mathrm{T}},\cdots,\boldsymbol{f}_n^{\omega\mathrm{T}}]^{\mathrm{T}}$ 和 $\boldsymbol{f}^{o}=[\boldsymbol{f}_1^{o\mathrm{T}},\cdots,\boldsymbol{f}_n^{o\mathrm{T}}]^{\mathrm{T}}$ 分别为施加在系统上的速度惯性力项和外力项。$\boldsymbol{f}_e^{ey}$ 为力元，$\boldsymbol{f}_{nc}^{ey}$ 为非理想约束力。$\hat{\boldsymbol{I}}_n\in\Re^{n\times 1}$ 的各元素均为 1，$\boldsymbol{G}$ 和 $\boldsymbol{g}$ 分别为与速度和加速度有关的递推传递矩阵。各矩阵的详细意义和具体表达式均可参考第 2 章的相关内容。

10.3.2 逆运动学问题

由于空间机器人的基座与机械臂之间的动力学耦合，在机械臂末端执行器伸向目标的过程中，基座的位置与姿态也会产生变化。基座的位置与姿态的变化会很大地影响机械臂末端执行器能否精确地到达目标点。因此，在本小节中将介绍一种双臂空间机器人的逆运动学求解方法。该方法通过目标点在惯性参考基下的位置坐标和末端执行器在终止时刻的姿态，求解出双机械臂的目标关节角。当双臂空间机器人的各个关节转动到使用该方法求解出的目标关节角时，在基座的位姿产生变化的情况下，双机械臂的末端执行器仍能精确地到达目标点。

当空间机器人系统不受外力作用时，系统的质心在惯性参考基中的位置保持不变 [15]。系统质心的位置向量 $\vec{r}_c$ 可以表示为

$$\vec{r}_c=\frac{1}{M_c}\sum_{i=1}^{n}m_i\vec{r}_i \tag{10-3}$$

其中，m_i 为连杆 B_i 的质量，$M_c=\sum\limits_{i=1}^{n}m_i$ 为系统的总质量。$\vec{r}_i$ 为连杆 B_i 质心的位置向量。于是，基座 B_1 的质心的位置向量可以表示为

$$\vec{r}_1=\vec{r}_c-\vec{\rho}_m^{\,a}-\vec{\rho}_m^{\,b} \tag{10-4}$$

其中，

$$\vec{\rho}_m^{\,a}=\frac{(m_2+\cdots+m_{n_a})(\vec{\rho}_1^{\,a}+\vec{\rho}_2^{\,P})}{M_c}+\cdots+\frac{m_{n_a}(\vec{\rho}_{n_a-1}^{\,Q}+\vec{\rho}_{n_a}^{\,P})}{M_c} \tag{10-5a}$$

$$\vec{\rho}_m^{\,b}=\frac{(m_{n_a+1}+\cdots+m_n)(\vec{\rho}_1^{\,b}+\vec{\rho}_{n_a+1}^{\,P})}{M_c}+\cdots+\frac{m_n(\vec{\rho}_{n-1}^{\,Q}+\vec{\rho}_n^{\,P})}{M_c} \tag{10-5b}$$

式中，$\vec{\rho}_1^{\,a}$ 和 $\vec{\rho}_1^{\,b}$ 是由基座质心分别指向连接 Arm-a 和 Arm-b 的关节铰点的向量。$\vec{\rho}_i^{\,P}$ 是由 B_i 的内接关节 H_{i-1} 铰点指向 B_i 的质心的向量，$\vec{\rho}_i^{\,Q}$ 是由 B_i 的

质心指向 B_i 的外接关节 H_i 铰点的向量。另外，$\vec{\rho}_{n_a}^{Q}$ 是由 Arm-a 最末端的连杆 B_{n_a} 的质心指向 Arm-a 的末端执行器的向量，$\vec{\rho}_{n}^{Q}$ 是由 Arm-b 最末端的连杆 B_n 的质心指向 Arm-b 的末端执行器的向量。考虑到双臂的末端执行器的位置向量，有

$$\vec{\rho}_e^{a} = \vec{r}_1 + \vec{\rho}_1^{a} + \sum_{i=2}^{n_a} (\vec{\rho}_i^{P} + \vec{\rho}_i^{Q}) \tag{10-6a}$$

$$\vec{\rho}_e^{b} = \vec{r}_1 + \vec{\rho}_1^{b} + \sum_{i=n_a+1}^{n} (\vec{\rho}_i^{P} + \vec{\rho}_i^{Q}) \tag{10-6b}$$

将方程 (10-4) 代入方程 (10-6)，并考虑到惯性参考基的原点是在系统的质心上，可得

$$\vec{\rho}_e^{a} = \hat{\vec{\rho}}_1^{a} + \sum_{i=2}^{n_a} (\hat{\vec{\rho}}_i^{P} + \hat{\vec{\rho}}_i^{Q}) - \vec{\rho}_m^{b} \tag{10-7a}$$

$$\vec{\rho}_e^{b} = \hat{\vec{\rho}}_1^{b} + \sum_{i=n_a+1}^{n} (\hat{\vec{\rho}}_i^{P} + \hat{\vec{\rho}}_i^{Q}) - \vec{\rho}_m^{a} \tag{10-7b}$$

其中,

$$\hat{\vec{\rho}}_1^{a} = \frac{m_b + m_1}{M_c}\vec{\rho}_1^{a}, \quad \hat{\vec{\rho}}_1^{b} = \frac{m_a + m_1}{M_c}\vec{\rho}_1^{b} \tag{10-8}$$

$$\hat{\vec{\rho}}_i^{P} = \begin{cases} \dfrac{m_b + \sum\limits_{j=1}^{i-1} m_j}{M_c}\vec{\rho}_i^{P}, & 1 \leqslant i \leqslant n_a \\ \dfrac{m_a + m_1}{M_c}\vec{\rho}_i^{P}, & i = n_a + 1 \\ \dfrac{m_a + m_1 + \sum\limits_{j=n_a+1}^{i-1} m_j}{M_c}\vec{\rho}_i^{P}, & i \geqslant n_a + 2 \end{cases} \tag{10-9}$$

$$\hat{\vec{\rho}}_i^{Q} = \begin{cases} \dfrac{m_b + \sum\limits_{j=1}^{i} m_j}{M_c}\vec{\rho}_i^{Q} & 2 \leqslant i \leqslant n_a \\ \dfrac{m_a + m_1 + \sum\limits_{j=n_a+1}^{i} m_j}{M_c}\vec{\rho}_i^{Q} & i \geqslant n_a + 1 \end{cases} \tag{10-10}$$

其中，m_a 是 Arm-a 的总质量，m_b 是 Arm-b 的总质量。向量 $\vec{\hat{\rho}}_1^a$、$\vec{\hat{\rho}}_1^b$、$\vec{\hat{\rho}}_i^P$ 和 $\vec{\hat{\rho}}_i^Q$ 分别与 $\vec{\rho}_1^a$、$\vec{\rho}_1^b$、$\vec{\rho}_i^P$ 和 $\vec{\rho}_i^Q$ 同向，它们被称作虚拟连杆 [16]。易见，由 $\vec{\hat{\rho}}_1^a$、$\vec{\hat{\rho}}_1^b$、$\vec{\hat{\rho}}_i^P$ 和 $\vec{\hat{\rho}}_i^Q$ 所构成的虚拟双机械臂的关节角与 Arm-a 和 Arm-b 的对应关节角是相等的。

$\vec{\rho}_e^a$ 和 $\vec{\rho}_e^b$ 在基座 B_1 的连体基中的坐标阵分别为

$$\boldsymbol{\rho}_e^{1a} = \hat{\boldsymbol{\rho}}_1^{1a} + \sum_{i=2}^{n_a} (\hat{\boldsymbol{\rho}}_i^{1P} + \hat{\boldsymbol{\rho}}_i^{1Q}) - \boldsymbol{\rho}_m^{1b}(\boldsymbol{\theta}_b) \tag{10-11a}$$

$$\boldsymbol{\rho}_e^{1b} = \hat{\boldsymbol{\rho}}_1^{1b} + \sum_{i=n_a+1}^{n} (\hat{\boldsymbol{\rho}}_i^{1P} + \hat{\boldsymbol{\rho}}_i^{1Q}) - \boldsymbol{\rho}_m^{1a}(\boldsymbol{\theta}_a) \tag{10-11b}$$

其中，$\boldsymbol{\theta}_a$ 为 Arm-a 的关节转角列阵，$\boldsymbol{\theta}_b$ 为 Arm-b 的关节转角列阵。$\boldsymbol{\rho}_m^{1a}$ 和 $\boldsymbol{\rho}_m^{1b}$ 可以分别看作为 $\boldsymbol{\theta}_a$ 和 $\boldsymbol{\theta}_b$ 的方程。Arm-a 和 Arm-b 的末端执行器相对于基座 B_1 连体基的姿态可由方向余弦阵分别表示为

$$\boldsymbol{A}_e^{1a} = \boldsymbol{A}_{1n_a} = \boldsymbol{A}_{12}\boldsymbol{A}_{23}\cdots\boldsymbol{A}_{(n_a-1)n_a} \tag{10-12a}$$

$$\boldsymbol{A}_e^{1b} = \boldsymbol{A}_{1n} = \boldsymbol{A}_{1(n_a+1)}\cdots\boldsymbol{A}_{(n-1)n} \tag{10-12b}$$

其中，$\boldsymbol{A}_{ij}$ 为 B_j 连体基关于 B_i 连体基的方向余弦阵。易见，方程 (10-11) 和 (10-12) 是独立于基座 B_1 的位置和姿态的。如果 $\boldsymbol{\rho}_m^{1b}(\boldsymbol{\theta}_b)$ 和 $\boldsymbol{\rho}_m^{1a}(\boldsymbol{\theta}_a)$ 已知，则通过方程 (10-11) 和 (10-12) 分别求解 $\boldsymbol{\theta}_a$ 和 $\boldsymbol{\theta}_b$ 便成为基座固定的机械臂的逆运动学问题，求解该逆运动学问题的一种方法可以参考文献 [17]。于是，我们采用一种迭代方法来求解 $\boldsymbol{\theta}_a$ 和 $\boldsymbol{\theta}_b$，将该方法的求解步骤总结如下。

(1) 令方程 (10-11a) 中的 $\boldsymbol{\rho}_m^{1b}(\boldsymbol{\theta}_b) = \boldsymbol{0}$，然后通过求解由方程 (10-11a) 和 (10-12a) 构成的基座固定机械臂的逆运动学问题来求得 $\boldsymbol{\theta}_a(1)$，将 k 赋值。

(2) 将 $\boldsymbol{\theta}_a(k)$ 代入方程 (10-11b) 中的 $\boldsymbol{\rho}_m^{1a}(\boldsymbol{\theta}_a)$，然后求解由方程 (10-11b) 和 (10-12b) 构成的逆运动学问题以得到 $\boldsymbol{\theta}_b(k)$。

(3) 将 $\boldsymbol{\theta}_b(k)$ 代入方程 (10-11a) 中的 $\boldsymbol{\rho}_m^{1b}(\boldsymbol{\theta}_b)$，然后求解由方程 (10-11a) 和 (10-12a) 构成的逆运动学问题来求得 $\boldsymbol{\theta}_a(k+1)$。

(4) 重复步骤 (2) 和 (3) 直到 $\|\boldsymbol{\theta}_b(k+1) - \boldsymbol{\theta}_b(k)\|$ 小于给定的阈值以满足数值精度。

通过以上步骤求得的 $\boldsymbol{\theta}_a$ 和 $\boldsymbol{\theta}_b$ 可以保证基座处于自由漂浮状态的双臂空间机器人的末端执行器可以准确地到达目标点。

10.3.3 正–逆混合动力学方程

在基座姿态无扰规划的过程中，机械臂路径的优化是通过最小化基座的姿态变化来实现的。因此，需要通过一种方法来求解一组已知机械臂运动路径下基座

姿态的偏转。通过对正–逆混合动力学方程的求解可以达到上述目的。本小节将对双臂空间机器人的正–逆混合动力学方程进行推导。

在对多刚体系统进行控制时，方程 (10-1) 中的力元项 $\boldsymbol{f}_e^{ey}$ 即为施加的控制驱动力 $\boldsymbol{u}$。对于不考虑非理想约束力的多刚体系统，有 $\boldsymbol{f}^{ey}=\boldsymbol{u}$。令 $\boldsymbol{Z}=\begin{bmatrix}\boldsymbol{Z}_{bb} & \boldsymbol{Z}_{bc}\\ \boldsymbol{Z}_{cb} & \boldsymbol{Z}_{cc}\end{bmatrix}$，$\boldsymbol{q}=[\boldsymbol{q}_b^{\mathrm{T}},\ \boldsymbol{q}_c^{\mathrm{T}}]^{\mathrm{T}}$，$\boldsymbol{u}=[\boldsymbol{u}_b^{\mathrm{T}},\ \boldsymbol{u}_c^{\mathrm{T}}]^{\mathrm{T}}$，则方程 (10-1) 可以表示为

$$\begin{bmatrix}\boldsymbol{Z}_{bb} & \boldsymbol{Z}_{bc}\\ \boldsymbol{Z}_{cb} & \boldsymbol{Z}_{cc}\end{bmatrix}\begin{bmatrix}\ddot{\boldsymbol{q}}_b\\ \ddot{\boldsymbol{q}}_c\end{bmatrix}=\boldsymbol{z}+\begin{bmatrix}\boldsymbol{u}_b\\ \boldsymbol{u}_c\end{bmatrix} \tag{10-13}$$

其中，$\boldsymbol{q}_b=[q_1,\ \cdots,\ q_k]^{\mathrm{T}}$ 代表不受控的广义坐标，k 为不受控的广义坐标的个数。$\boldsymbol{q}_c=[q_{k+1},\ \cdots,\ q_m]^{\mathrm{T}}$ 代表受控且运动路径已知的广义坐标，m 为系统的自由度数。$\boldsymbol{Z}_{bb}\in\Re^{k\times k}$、$\boldsymbol{Z}_{bc}\in\Re^{k\times(m-k)}$、$\boldsymbol{Z}_{cb}\in\Re^{(m-k)\times k}$ 和 $\boldsymbol{Z}_{bb}\in\Re^{(m-k)\times(m-k)}$ 均为矩阵 $\boldsymbol{Z}$ 的分块矩阵。对应于 $\boldsymbol{q}_b$ 和 $\boldsymbol{q}_c$ 的控制力阵可以分别表示为 $\boldsymbol{u}_b=\boldsymbol{0}_{k\times1}$ 和 $\boldsymbol{u}_c=[u_{k+1},\ \cdots,\ u_m]^{\mathrm{T}}$。方程 (10-13) 等价于：

$$\begin{aligned}&\left(\begin{bmatrix}\boldsymbol{Z}_{bb} & \boldsymbol{0}_{k\times(m-k)}\\ \boldsymbol{Z}_{cb} & \boldsymbol{0}_{m-k}\end{bmatrix}+\begin{bmatrix}\boldsymbol{0}_{k\times k} & \boldsymbol{Z}_{bc}\\ \boldsymbol{0}_{(m-k)\times k} & \boldsymbol{Z}_{cc}\end{bmatrix}\right)\begin{bmatrix}\ddot{\boldsymbol{q}}_b\\ \ddot{\boldsymbol{q}}_c\end{bmatrix}\\ &=\boldsymbol{z}+\begin{bmatrix}\boldsymbol{0}_{k\times k} & \boldsymbol{0}_{k\times(m-k)}\\ \boldsymbol{0}_{(m-k)\times k} & \boldsymbol{I}_{m-k}\end{bmatrix}\begin{bmatrix}\boldsymbol{u}_b\\ \boldsymbol{u}_c\end{bmatrix}\end{aligned} \tag{10-14}$$

将待求解的 $\ddot{\boldsymbol{q}}_b$ 和 $\boldsymbol{u}_c$ 移项至方程左侧，已知的 $\ddot{\boldsymbol{q}}_c$ 移项至方程右侧，上式可变形为

$$\begin{bmatrix}\boldsymbol{Z}_{bb} & \boldsymbol{0}_{k\times(m-k)}\\ \boldsymbol{Z}_{cb} & \boldsymbol{I}_{m-k}\end{bmatrix}\begin{bmatrix}\ddot{\boldsymbol{q}}_b\\ \boldsymbol{u}_c\end{bmatrix}=\boldsymbol{z}-\begin{bmatrix}\boldsymbol{Z}_{bc}\\ \boldsymbol{Z}_{cc}\end{bmatrix}\ddot{\boldsymbol{q}}_c \tag{10-15}$$

方程 (10-15) 即为多刚体系统的正–逆混合动力学方程。以图 10.1 所示的双臂空间机器人为例，系统共包含 18 个自由度 (m =18)；不受控的广义坐标即为表示基座位姿的 6 个广义坐标 (k =6)，表示为 $\boldsymbol{q}_b=[q_1,\ \cdots,\ q_6]^{\mathrm{T}}$；受控的广义坐标为两条机械臂上的 12 个关节转角，表示为 $\boldsymbol{q}_c=[q_7,\ \cdots,\ q_{18}]^{\mathrm{T}}$；矩阵 $\boldsymbol{Z}$ 中的分块矩阵可具体表示为

$$\boldsymbol{Z}_{bb}=\begin{bmatrix}Z_{1,1} & \cdots & Z_{1,6}\\ \vdots & & \vdots\\ Z_{6,1} & \cdots & Z_{6,6}\end{bmatrix},\quad \boldsymbol{Z}_{bc}=\begin{bmatrix}Z_{1,7} & \cdots & Z_{1,18}\\ \vdots & & \vdots\\ Z_{6,7} & \cdots & Z_{6,18}\end{bmatrix} \tag{10-16a}$$

$$\boldsymbol{Z}_{cb}=\begin{bmatrix} Z_{7,1} & \cdots & Z_{7,6} \\ \vdots & & \vdots \\ Z_{18,1} & \ldots & Z_{18,6} \end{bmatrix},\quad \boldsymbol{Z}_{cc}=\begin{bmatrix} Z_{7,7} & \cdots & Z_{7,18} \\ \vdots & & \vdots \\ Z_{18,7} & \ldots & Z_{18,18} \end{bmatrix} \tag{10-16b}$$

其中，$Z_{i,j}(i,\ j=1\sim18)$ 表示矩阵 $\boldsymbol{Z}$ 中第 i 行、第 j 列上的元素。

机械臂的运动路径可以由列阵 $\boldsymbol{q}_c$、$\dot{\boldsymbol{q}}_c$ 和 $\ddot{\boldsymbol{q}}_c$ 从初始时刻 t_0 到终止时刻 t_f 的时间历程来表示。把它们代入方程 (10-15) 并进行求解，可以解得基座在 t_0 时刻的欧拉角 $[q_4,\ q_5,\ q_6]^{\mathrm{T}}$、平动位置 $[q_1,\ q_2,\ q_3]^{\mathrm{T}}$ 以及控制力 $\boldsymbol{u}_c$。

当可通过正–逆混合动力学方程 (10-15) 来求解一组机械臂运动路径所对应的基座姿态偏转时，我们就可以通过最小化基座姿态的变化量来对机械臂的运动路径进行优化。具体的优化算法将在后文中给出。

10.3.4　相对姿态的描述方法

在使用优化算法来最小化基座的姿态变化前，我们需要引入一种方法来描述基座的当前姿态与初始姿态间的变化量。由于单位四元数能够避免奇异,因此在本节的推导中我们将采用单位四元数描述基座的当前姿态与初始姿态间的变化量。

单位四元数 $\boldsymbol{\Lambda}=[\lambda_0,\ \boldsymbol{\lambda}^{\mathrm{T}}]^{\mathrm{T}}=[\lambda_0,\ \lambda_1,\ \lambda_2,\ \lambda_3]^{\mathrm{T}}$ $(\lambda_0^2+\lambda_1^2+\lambda_2^2+\lambda_3^2=1)$ 和刚体的一次有限转动之间有一个特定的转换关系，具体关系为

$$\lambda_0=\cos\frac{\alpha}{2},\quad \boldsymbol{\lambda}=[\lambda_1,\ \lambda_2,\ \lambda_3]^{\mathrm{T}}=\boldsymbol{p}\sin\frac{\alpha}{2} \tag{10-17}$$

其中，$\boldsymbol{p}$ 为一次有限转动转轴的单位方向向量，α 为一次有限转动的角度。注意到 $\boldsymbol{\Lambda}=[\lambda_0,\ \boldsymbol{\lambda}^{\mathrm{T}}]^{\mathrm{T}}$ 和 $-\boldsymbol{\Lambda}=[-\lambda_0,\ -\boldsymbol{\lambda}^{\mathrm{T}}]^{\mathrm{T}}$ 代表的是同一个转动，因此需要令 $\lambda_0>0$，以保证一个转动对应一个唯一的单位四元数。

令向量 $\vec{b}$ 在惯性参考基 $\vec{\boldsymbol{e}}^r$、连体基 $\vec{\boldsymbol{e}}^1$ 和连体基 $\vec{\boldsymbol{e}}^2$ 下的坐标阵分别为 $\boldsymbol{b}^r$、$\boldsymbol{b}^1$ 和 $\boldsymbol{b}^2$，如图 10.2 所示。图中，$\boldsymbol{\Lambda}^1$、$\boldsymbol{\Lambda}^2$ 和 $\boldsymbol{\Lambda}^{12}$ 均为单位四元数，单位四元数 $\boldsymbol{\Lambda}^1=[\lambda_0^1,\ \boldsymbol{\lambda}^{1\mathrm{T}}]^{\mathrm{T}}$ 和 $\boldsymbol{\Lambda}^2=[\lambda_0^2,\ \boldsymbol{\lambda}^{2\mathrm{T}}]^{\mathrm{T}}$ 分别表示 $\vec{\boldsymbol{e}}^1$ 相对于 $\vec{\boldsymbol{e}}^r$ 和 $\vec{\boldsymbol{e}}^2$ 相对于 $\vec{\boldsymbol{e}}^r$ 的转动，而单位四元数 $\boldsymbol{\Lambda}^{12}=[\lambda_0^{12},\ \boldsymbol{\lambda}^{12\mathrm{T}}]^{\mathrm{T}}$ 表示 $\vec{\boldsymbol{e}}^2$ 相对于 $\vec{\boldsymbol{e}}^1$ 的转动。则向量 $\vec{b}$ 的坐标阵 $\boldsymbol{b}^r$、$\boldsymbol{b}^1$ 和 $\boldsymbol{b}^2$ 两两之间的关系可以表示为 [18]

$$\begin{bmatrix} 0 \\ \boldsymbol{a}^r \end{bmatrix}=\boldsymbol{\Lambda}^1\circ\begin{bmatrix} 0 \\ \boldsymbol{a}^1 \end{bmatrix}\circ(\boldsymbol{\Lambda}^1)^{-1},\quad \begin{bmatrix} 0 \\ \boldsymbol{a}^r \end{bmatrix}=\boldsymbol{\Lambda}^2\circ\begin{bmatrix} 0 \\ \boldsymbol{a}^2 \end{bmatrix}\circ(\boldsymbol{\Lambda}^2)^{-1} \tag{10-18a}$$

$$\begin{bmatrix} 0 \\ \boldsymbol{a}^1 \end{bmatrix}=\boldsymbol{\Lambda}^{12}\circ\begin{bmatrix} 0 \\ \boldsymbol{a}^2 \end{bmatrix}\circ(\boldsymbol{\Lambda}^{12})^{-1} \tag{10-18b}$$

其中，$\boldsymbol{\Lambda}^{-1}=[\lambda_0,\ -\boldsymbol{\lambda}^{\mathrm{T}}]^{\mathrm{T}}$ 为单位四元数 $\boldsymbol{\Lambda}$ 的倒数，而运算符 $\circ$ 则代表四元数乘

法，其运算法则表示为

$$\boldsymbol{\Lambda}^1 \circ \boldsymbol{\Lambda}^2 = \begin{bmatrix} \lambda_0^1\lambda_0^2 - \boldsymbol{\lambda}^{1\mathrm{T}}\boldsymbol{\lambda}^2 \\ \lambda_0^1\boldsymbol{\lambda}^2 + \lambda_0^2\boldsymbol{\lambda}^1 + \tilde{\lambda}^1\boldsymbol{\lambda}^2 \end{bmatrix} \tag{10-19}$$

其中，

$$\tilde{\boldsymbol{\lambda}} = \begin{bmatrix} 0 & -\lambda_3 & \lambda_2 \\ \lambda_3 & 0 & -\lambda_1 \\ -\lambda_2 & \lambda_1 & 0 \end{bmatrix} \tag{10-20}$$

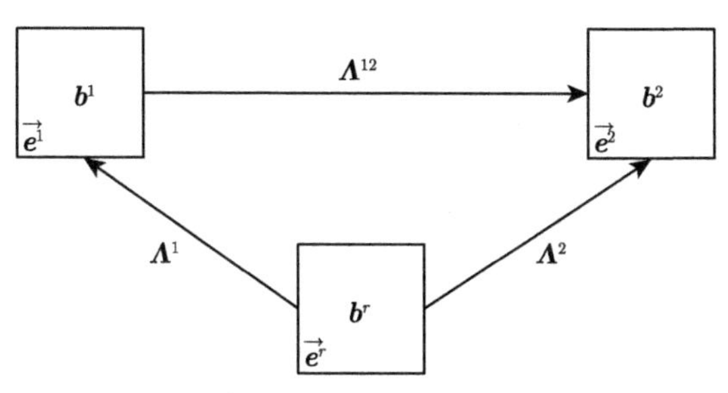

图 10.2 向量 $\vec{b}$ 在各参考基下的坐标阵的相互关系

由方程 (10-18a) 推导可得

$$\begin{bmatrix} 0 \\ \boldsymbol{a}^1 \end{bmatrix} = (\boldsymbol{\Lambda}^1)^{-1}\boldsymbol{\Lambda}^2 \circ \begin{bmatrix} 0 \\ \boldsymbol{a}^2 \end{bmatrix} \circ (\boldsymbol{\Lambda}^2)^{-1}\boldsymbol{\Lambda}^1 \tag{10-21}$$

将方程 (10-21) 与 (10-18b) 相比较，可得代表 $\boldsymbol{e}^2$ 相对于 $\boldsymbol{e}^1$ 转动的相对单位四元数 $\boldsymbol{\Lambda}^{12}$，可以表示为

$$\boldsymbol{\Lambda}^{12} = (\boldsymbol{\Lambda}^1)^{-1} \circ \boldsymbol{\Lambda}^2 = \begin{bmatrix} \lambda_0^1\lambda_0^2 + \boldsymbol{\lambda}^{1\mathrm{T}}\boldsymbol{\lambda}^2 \\ \lambda_0^1\boldsymbol{\lambda}^2 - \lambda_0^2\boldsymbol{\lambda}^1 - \tilde{\lambda}^1\boldsymbol{\lambda}^2 \end{bmatrix} \tag{10-22}$$

当 $\boldsymbol{\lambda}^{12} = \lambda_0^1\boldsymbol{\lambda}^2 - \lambda_0^2\boldsymbol{\lambda}^1 - \tilde{\boldsymbol{\lambda}}^1\boldsymbol{\lambda}^2 = \mathbf{0}_{3\times1}$ 时，则可以认为连体基 $\vec{\boldsymbol{e}}^1$ 与 $\vec{\boldsymbol{e}}^2$ 是重合的 [11]。

10.4 基座姿态无扰的路径规划与控制

本章中，双臂空间机器人的基座姿态无扰路径规划的目标为：寻找到合适的双机械臂的关节转动轨迹使双机械臂沿着该轨迹完成运动后，基座的姿态与初始姿态基本保持不变。这本质上是一个优化问题，描述该问题的目标函数和具体的寻优算法将在本节中给出。

10.4.1　无扰路径规划问题描述

设 $\boldsymbol{\theta}=[\theta_1,\ \cdots,\ \theta_r]^{\mathrm{T}}\in\Re^{r\times1}$ 为各机械臂的关节转角列阵，其中 r 为各机械臂的总关节数，对于本章中的双臂空间机器人，r =12，$\theta_1\sim\theta_{12}$ 分别对应广义坐标 $q_7\sim q_{18}$。为了保证关节运动的平滑性，需要对各关节的转角施加如下的约束条件：

$$\boldsymbol{\theta}(t_0)=\mathbf{0},\quad \dot{\boldsymbol{\theta}}(t_0)=\mathbf{0},\quad \ddot{\boldsymbol{\theta}}(t_0)=\mathbf{0} \tag{10-23a}$$

$$\boldsymbol{\theta}(t_f)=\boldsymbol{\theta}_d,\quad \dot{\boldsymbol{\theta}}(t_f)=\mathbf{0},\quad \ddot{\boldsymbol{\theta}}(t_f)=\mathbf{0} \tag{10-23b}$$

$$\theta_{\min}^i\leqslant\theta_i(t)\leqslant\theta_{\max}^i,\quad (i=1,\ 2,\ \cdots,\ r)$$

其中，t_0 和 t_f 分别表示机械臂关节运动的起始和终止时刻；$\boldsymbol{\theta}_d=[\theta_{1d},\ \cdots,\ \theta_{rd}]^{\mathrm{T}}$ 表示各关节在运动终止时的目标转角，其具体的取值是使用 10.3.2 小节中介绍的方法求得的；$\theta_{\min}^i$ 和 $\theta_{\max}^i$ 表示第 i 个关节的转动范围的上下限。

为了便于寻优计算，将机械臂各关节的转动轨迹以时间变量 t 的 7 次多项式形式参数化表示为 [11]

$$\theta_i(t)=\Delta_{i1}\sin(a_{i7}t^7+a_{i6}t^6+a_{i5}t^5+a_{i4}t^4+a_{i3}t^3+a_{i2}t^2+a_{i1}t+a_{i0})+\Delta_{i2} \tag{10-24}$$

其中，$a_{i0}\sim a_{i7}$ 为待定参数；Δ_{i1} 和 Δ_{i2} 为限定关节运动范围的参数，分别满足：

$$\Delta_{i1}=\frac{\theta_{\max}^i-\theta_{\min}^i}{2},\quad \Delta_{i2}=\frac{\theta_{\max}^i+\theta_{\min}^i}{2} \tag{10-25}$$

将式 (10-24) 代入约束方程 (10-23)，整理可得

$$a_{i0}=\arcsin\left(\frac{\theta_{i0}-\Delta_{i2}}{\Delta_{i1}}\right),\quad a_{i1}=0,\quad a_{i2}=0 \tag{10-26a}$$

$$a_{i3}=-\frac{3a_{i7}t_f^7+a_{i6}t_f^6-10\left(\arcsin\left(\dfrac{\theta_{id}-\Delta_{i2}}{\Delta_{i1}}\right)-\arcsin\left(\dfrac{\theta_{i0}-\Delta_{i2}}{\Delta_{i1}}\right)\right)}{t_f^3} \tag{10-26b}$$

$$a_{i4}=\frac{8a_{i7}t_f^7+3a_{i6}t_f^6-15\left(\arcsin\left(\dfrac{\theta_{id}-\Delta_{i2}}{\Delta_{i1}}\right)-\arcsin\left(\dfrac{\theta_{i0}-\Delta_{i2}}{\Delta_{i1}}\right)\right)}{t_f^4} \tag{10-26c}$$

$$a_{i5} = -\frac{6a_{i7}t_f^7 + 3a_{i6}t_f^6 - 6\left(\arcsin\left(\dfrac{\theta_{id} - \varDelta_{i2}}{\varDelta_{i1}}\right) - \arcsin\left(\dfrac{\theta_{i0} - \varDelta_{i2}}{\varDelta_{i1}}\right)\right)}{t_f^5} \tag{10-26d}$$

由式 (10-26) 可以看出，参数化第 i 个关节轨迹的 8 个系数 $a_{i0} \sim a_{i7}$ 中，只有 2 个是独立的，即确定 a_{i6} 和 a_{i7} 便可以通过式 (10-24) 确定第 i 个关节的运动轨迹 $\theta_i(t)$ $(t_0 \leqslant t \leqslant t_f)$。同时，第 i 个关节的角速度 $\dot{\theta}_i(t)$ 和角加速度 $\ddot{\theta}_i(t)$ 可以分别通过对式 (10-24) 求 1 次导和 2 次导来获得。即一组给定的参数 $\boldsymbol{a} = [a_{1,6}, a_{1,7}, a_{2,6}, a_{2,7}, \cdots, a_{r,6}, a_{r,7}] \in \Re^{1\times 2r}$ 可以确定一组由关节的转角 $\boldsymbol{\theta}(t)$、角速度 $\dot{\boldsymbol{\theta}}(t)$ 和角加速度 $\ddot{\boldsymbol{\theta}}(t)$ 表示的关节转动轨迹。θ 对应于方程 (10-15) 中的 $\boldsymbol{q}_c = [q_7, \cdots, q_{18}]^{\mathrm{T}}$，而表示基座姿态的欧拉角 $\boldsymbol{\varPhi} = [\phi_x, \phi_y, \phi_z]^{\mathrm{T}}$ 则对应于 $\boldsymbol{q}_b = [q_1, \cdots, q_6]^{\mathrm{T}}$ 中的元素 $[q_4, q_5, q_6]^{\mathrm{T}}$。因此，当给定一组由参数 $\boldsymbol{a} = [a_{1,6}, a_{1,7}, a_{2,6}, a_{2,7}, \cdots, a_{r,6}, a_{r,7}] \in \Re^{1\times 2r}$ 表示的机械臂运动路径时，就可以通过方程 (10-15) 求解出基座在 $[t_0, t_f]$ 时间区间内的姿态变化。

本章中要考虑的路径优化的目标有两部分。首先，双机械臂沿规划的路径运动后，基座的终止姿态应与初始姿态几乎一致。根据式 (10-22)，基座在初始时刻 t_0 和终止时刻 t_f 间的相对姿态可以由单位四元数 $\delta\boldsymbol{\varLambda}(t_f) = [\delta\lambda_0(t_f), \delta\boldsymbol{\lambda}(t_f)]$ 表示为

$$\delta\boldsymbol{\varLambda}(t_f) = \boldsymbol{\varLambda}^{-1}(t_0) \circ \boldsymbol{\varLambda}(t_f) = \begin{bmatrix} \lambda_0(t_0)\lambda_0(t_f) + \boldsymbol{\lambda}^{\mathrm{T}}(t_0)\boldsymbol{\lambda}(t_f) \\ \lambda_0(t_0)\boldsymbol{\lambda}(t_f) - \lambda_0(t_f)\boldsymbol{\lambda}(t_0) - \tilde{\lambda}(t_0)\boldsymbol{\lambda}(t_f) \end{bmatrix} \tag{10-27}$$

其中，单位四元数 $\boldsymbol{\varLambda}(t_0) = [\lambda_0(t_0), \boldsymbol{\lambda}(t_0)]$ 转化自基座在 t_0 时刻的欧拉角 $\boldsymbol{\varPhi}(t_f)$，$\boldsymbol{\varLambda}(t_f) = [\lambda_0(t_f), \boldsymbol{\lambda}(t_f)]$ 转化自基座在 t_0 时刻的欧拉角 $\boldsymbol{\varPhi}(t_f)$。

当 $\delta\boldsymbol{\lambda}(t_f) = \boldsymbol{0}_{3\times 1}$ 时，基座的终止姿态和初始姿态是重合的。于是我们可以将这部分的目标函数设为 $J_1 = \|\delta\boldsymbol{\lambda}(t_f)\|$。当 J_1 趋近于 0 时，基座的终止姿态就会几乎保持不变。

其次，在机械臂的整个运动阶段，我们希望能将基座的姿态偏转限制在一个安全范围内。考虑由单位四元数 $\delta\boldsymbol{\varLambda}(t)$ $(t_0 < t < t_f)$ 表示的 t 时刻相对于 t_0 时刻的基座姿态变化量不够直观化，我们将 $\delta\boldsymbol{\varLambda}(t)$ 转换为 t 时刻相对于 t_0 时刻的一次有限转动，并使用一次有限转动角度 $\delta\alpha(t)$ 来表示 t 时刻基座姿态相对于 t_0 时刻的变化量。我们将 $\delta\alpha(t)$ 限制在一个角度范围内，以在机械臂的整个运动阶段，限制基座姿态的偏转范围。这部分的目标函数可以表示为

$$J_2 = \begin{cases} 0, & |\delta\alpha(t)| \leqslant \alpha_{\mathrm{limit}} \\ \max\limits_{t_0\leqslant t\leqslant t_f} |\delta\alpha(t)| - \alpha_{\mathrm{limit}}, & \text{其他} \end{cases} \tag{10-28}$$

其中，α_{limit} 是一次有限转动角度 $\delta\alpha(t)$ 的绝对值的上限。

综上，双臂空间机器人的基座无扰路径规划问题可以描述为，优化参数 $\boldsymbol{a} = [a_{1,6},\ a_{1,7},\ a_{2,6},\ a_{2,7},\ \cdots,\ a_{r,6},\ a_{r,7}] \in \Re^{1\times 2r}$ 使得目标函数 J 取到极小值，即

$$\arg\min_{\boldsymbol{a}} \left(J = \frac{\|\delta \boldsymbol{\lambda}(t_f)\|}{w_1} + \frac{J_2}{w_2} \right) \tag{10-29}$$

其中，w_1 和 w_2 为权重因子。

10.4.2 粒子群优化方法

机械臂的路径参数 $\boldsymbol{a} = [a_{1,6},\ a_{1,7},\ a_{2,6},\ a_{2,7},\ \cdots,\ a_{r,6},\ a_{r,7}] \in \Re^{1\times 2r}$ 为本章中的优化对象，对于双臂空间机器人的情形，这是一个 24 维空间的优化问题。该优化问题维数高，求解计算量大，需要选取一种合适的方法来求解。粒子群优化 (PSO) 算法具有计算复杂度低、收敛速度快和对参数设置鲁棒性较强等特点，因此适用于求解本章中的优化问题。

PSO 算法 [19] 是受鸟类群体觅食行为特点的启发而提出的一种基于群体协作的随机搜索算法。PSO 算法首先在给定的解空间中随机初始化粒子群的位置和速度，粒子群中包含 N 个粒子，待优化问题的变量数决定了解空间的维数 D，然后通过迭代寻优。在迭代过程中，每个粒子个体的历史最优位置和整个粒子群中的历史全局最优位置都能够被记忆，进而各粒子根据这些历史最优位置来决定下一次迭代中的方向和速度。

设第 k 次迭代后，粒子群中第 i 个粒子的位置记为

$$\boldsymbol{X}_i(k) = [x_{i,1}(k),\ x_{i,2}(k),\ \cdots,\ x_{i,D}(k)] \quad (i = 1,\ 2,\ \cdots,\ N) \tag{10-30}$$

第 i 个粒子的速度记为

$$\boldsymbol{V}_i(k) = [v_{i,1}(k),\ v_{i,2}(k),\ \cdots,\ v_{i,D}(k)] \quad (i = 1,\ 2,\ \cdots,\ N) \tag{10-31}$$

然后更新 k 次迭代过程中每个粒子个体的历史最优位置 $\boldsymbol{p}_i = (p_{i,1},\ p_{i,2},\ \cdots,\ p_{i,D})$ 和整个粒子群中的历史全局最优位置 $\boldsymbol{p}_g = (p_{g1},\ p_{g2},\ \cdots,\ p_{gD})$。更新个体最优位置和全局最优位置后，就可以将粒子群第 k+1 次迭代的速度和位置更新为

$$v_{i,j}(k+1) = wv_{i,j}(k) + c_1 r_1[p_{i,j} - x_{i,j}(k)] + c_2 r_2[p_{gj} - x_{i,j}(k)] \tag{10-32}$$

$$x_{i,j}(k+1) = x_{i,j}(k) + v_{i,j}(k+1) \tag{10-33}$$

其中，$i = 1,\ 2,\ \cdots,\ N$；$j = 1,\ 2,\ \cdots,\ D$；w 表示惯性权重，表示对原来速度的继承程度，w 取值在 0.8~ 1.2 时，PSO 算法通常具有较快的收敛速度；c_1 和

c_2 表示学习因子，取值为正数，它们分别决定个体最优位置和全局最优位置对粒子运动的影响；r_1 和 r_2 分别为取值 [0, 1] 内的随机数。

经过足够次数的迭代后，历史全局最优位置 $\boldsymbol{P}_g$ 的取值会收敛，此时的 $\boldsymbol{P}_g$ 就是待求解的优化问题的最优解。

10.4.3 跟踪控制器设计

在对机械臂按照上文规划出的路径进行控制时，实际情况下的扰动、不确定性等因素会使机械臂的实际运动与理想路径间产生误差，因此我们需要引入合适的控制方法来最小化误差。本章将使用控制力矩方法来设计控制器。

在本节中，方程 (10-1) 中 $\boldsymbol{f}^{ey}$ 的分量 $\boldsymbol{f}_e^{ey}$ 即为控制驱动力 $\boldsymbol{u}$，在不考虑非理想约束力的情况下，方程 (10-1) 可以变形为

$$\ddot{\boldsymbol{q}} = \boldsymbol{h}(\dot{\boldsymbol{q}},\ \boldsymbol{q}) + \boldsymbol{B}\boldsymbol{u} \tag{10-34}$$

其中，$\boldsymbol{h}(\dot{\boldsymbol{q}},\ \boldsymbol{q}) = \boldsymbol{Z}^{-1}\boldsymbol{z}$，$\boldsymbol{B} = \boldsymbol{Z}^{-1}$。$\boldsymbol{q}$ 为系统的实际状态，设 $\boldsymbol{q}_d$ 为系统的目标状态，也即规划的路径，则实际值 $\boldsymbol{q}$ 与目标值 $\boldsymbol{q}_d$ 间的误差为 $\boldsymbol{e}(t) = \boldsymbol{q}_d - \boldsymbol{q}$。控制力取为

$$\boldsymbol{u} = \boldsymbol{B}^{-1}(\ddot{\boldsymbol{q}}_d + \boldsymbol{K}_D\dot{\boldsymbol{e}}(t) + \boldsymbol{K}_p\boldsymbol{e}(t)) - \boldsymbol{B}^{-1}\boldsymbol{h}(\dot{\boldsymbol{q}},\ \boldsymbol{q}) \tag{10-35}$$

其中，$\boldsymbol{K}_D$ 和 $\boldsymbol{K}_p$ 分别为微分与比例增益矩阵，两者均取为正定矩阵。

将式 (10-35) 代入式 (10-34)，可得

$$\ddot{\boldsymbol{e}}(t) + \boldsymbol{K}_D\dot{\boldsymbol{e}}(t) + \boldsymbol{K}_p\boldsymbol{e}(t) = \boldsymbol{0} \tag{10-36}$$

由于上式中 $\boldsymbol{K}_D$ 和 $\boldsymbol{K}_p$ 均为正定矩阵，所以随着时间的增加，误差 $\boldsymbol{e}(t)$ 将逐渐收敛于 $\boldsymbol{0}$，也即系统实际状态 $\boldsymbol{q}$ 将最终趋近于目标值 $\boldsymbol{q}_d$。

本章所研究的基座姿态无扰路径规划不对基座的 6 个自由度施加控制，故在实际使用控制力矩方法设计控制器时，由式 (10-35) 得到的控制驱动力 $\boldsymbol{u} \in \Re^{18}$ 只取后 12 项，而将前 6 项的值均取为 0。

10.4.4 双臂非同步启动时的问题描述

双臂非同步启动情况，是指两条机械臂在执行任务时不同时启动，但双臂末端执行器同时到达同一个目标点的情况。本节中将讨论前文中的路径规划方法如何在非同步情况下进行应用。

考虑图 10.1 所示的双臂空间机器人，假设机械臂 Arm-b 先于 Arm-a 运动，并且两臂的末端执行器同时到达相同目标点。令 t_0 为初始时刻，t_b 为 Arm-a 启动的时刻，t_f 为两臂末端执行器同时到达目标点的终止时刻，则两条机械臂的运动被分为两个阶段。阶段 1 由 t_0 时刻至 t_b 时刻，阶段 2 由 t_b 时刻至 t_f 时刻。

1. 阶段 1

在阶段 1 中，Arm-a 的所有关节是锁定的，Arm-a 的四根连杆固结于基座，它们可以被当作一个刚体。此时双臂空间机器人系统的正–逆混合动力学方程为

$$\begin{bmatrix} \boldsymbol{Z}_{bb} & \boldsymbol{0}_{6\times 6} \\ \boldsymbol{Z}_{cb} & \boldsymbol{I}_6 \end{bmatrix} \begin{bmatrix} \ddot{\boldsymbol{q}}_b \\ \boldsymbol{u}_c \end{bmatrix} = \boldsymbol{z} - \begin{bmatrix} \boldsymbol{Z}_{bc} \\ \boldsymbol{Z}_{cc} \end{bmatrix} \ddot{\boldsymbol{q}}_c \tag{10-37}$$

其中，$\boldsymbol{q}_b = [q_1,\ \cdots,\ q_6]^{\mathrm{T}}$，$\boldsymbol{q}_c = [\theta_7,\ \theta_8,\ \cdots,\ \theta_{12}]^{\mathrm{T}}$，$\boldsymbol{u}_c$ 为施加在 Arm-b 关节上的控制驱动力。$\boldsymbol{Z}_{bb} \in \Re^{6\times 6}$、$\boldsymbol{Z}_{bc} \in \Re^{6\times 6}$、$\boldsymbol{Z}_{cb} \in \Re^{6\times 6}$ 和 $\boldsymbol{Z}_{bb} \in \Re^{6\times 6}$ 是考虑了 Arm-a 固结在基座上的动力学效应的广义阵 $\boldsymbol{Z}$。

Arm-b 的关节转动轨迹可由 $\boldsymbol{a}_b = [a_{7,6},\ a_{7,7},\ \cdots,\ a_{12,6},\ a_{12,7}] \in \Re^{1\times 12}$ 来参数化表示。由一组选定的参数 $\boldsymbol{a}_b$ 确定出 Arm-b 的一组关节转动轨迹后，可以通过方程 (10-37) 求解出在时间范围 $[t_0,\ t_b]$ 内该参数所对应的基座姿态的欧拉角 $\boldsymbol{\Phi}(t,\ \boldsymbol{a}_b)\ (t_0 < t \leqslant t_b)$。

2. 阶段 2

在阶段 2 中，Arm-a 在 t_b 时刻启动，而 Arm-b 则继续运动，此时双臂空间机器人系统的正–逆混合动力学方程与方程 (10-15) 一致。此时 Arm-a 和 Arm-b 的运动路径可由 $\boldsymbol{a} = [a_{1,6},\ a_{1,7},\ a_{2,6},\ a_{2,7},\ \cdots,\ a_{r,6},\ a_{r,7}] \in \Re^{1\times 2r}$ 来参数化表示。选定一组参数 $\boldsymbol{a}$，确定出 Arm-a 和 Arm-b 的一组关节转动轨迹后，可以以 $\boldsymbol{\Phi}(t_b,\ \boldsymbol{a}_b)$ 作为 t_b 时刻的初始值，通过方程 (10-15) 求解出时间范围 $(t_b,\ t_f]$ 内的基座姿态的欧拉角 $\boldsymbol{\Phi}(t,\ \boldsymbol{a})\ (t_b < t \leqslant t_f)$。

由于在时间范围 $[t_0,\ t_b]$ 内，Arm-a 的关节是锁定的，$\boldsymbol{a}_a = [a_{1,6},\ a_{1,7},\ \cdots,\ a_{6,6},\ a_{6,7}] \in \Re^{1\times 12}$ 的取值对 $\boldsymbol{\Phi}(t,\ \boldsymbol{a}_b)\ (t_0 < t \leqslant t_b)$ 没有影响，因此可以在时间范围 $[t_0,\ t_b]$ 内使用参数 $\boldsymbol{a} = [\boldsymbol{a}_a,\ \boldsymbol{a}_b] \in \Re^{1\times 24}$ 来替换参数 $\boldsymbol{a}_b = [a_{7,6},\ a_{7,7},\ \cdots,\ a_{12,6},\ a_{12,7}] \in \Re^{1\times 12}$，则在整个时间范围 $[t_0,\ t_f]$ 内参数 $\boldsymbol{a}$ 是一致的，基座姿态的欧拉角则可以统一表示为 $\boldsymbol{\Phi}(t,\ \boldsymbol{a})\ (t_0 < t \leqslant t_f)$。于是，将欧拉角 $\boldsymbol{\Phi}(t,\ \boldsymbol{a})$ 转换为单位四元数 $\boldsymbol{\Lambda}(t)$，我们可以将非同步情况的优化问题描述为

$$\arg\min_{\boldsymbol{a}} \left(J = \frac{\|\delta \boldsymbol{\lambda}(t_f)\|}{w_1} + \frac{J_2}{w_2} \right) \tag{10-38}$$

我们仍可以使用 10.4.2 节中的 PSO 算法来求解这个优化问题。

10.5 数值仿真

本节将通过数值仿真对本章所提出的基座姿态无扰路径规划与跟踪控制方法的有效性进行验证。数值仿真的对象为结构如图 10.1 所示的刚性双臂空间机器

人，空间机器人的基座为边长为 0.8m 的正方体，双机械臂的各节连杆长为 0.4m，质量参数如表 10.1 所示。数值仿真将分为 4 个工况分别进行。在工况 1 中，双臂空间机器人的双臂的初始构型是对称的，双臂会同时启动并同时到达目标点。工况 2 中双臂仍会同时启动并同时到达目标点，但它们的初始构型是非对称的。在工况 3 和工况 4 中，双臂的初始构型分别与工况 1 和工况 2 相同，但 Arm-b 会先于 Arm-a 启动。

表 10.1 双臂空间机器人质量参数

物体	质量/kg	$I_{xx}/(\text{kg}\cdot\text{m}^2)$	$I_{yy}/(\text{kg}\cdot\text{m}^2)$	$I_{zz}/(\text{kg}\cdot\text{m}^2)$
B_1	401.92	60.629	60.629	60.629
B_2	3.946	7.892×10^{-4}	5.300×10^{-2}	5.300×10^{-2}
B_3	3.946	7.892×10^{-4}	5.300×10^{-2}	5.300×10^{-2}
B_4	3.946	7.892×10^{-4}	5.300×10^{-2}	5.300×10^{-2}
B_5	3.946	7.892×10^{-3}	5.300×10^{-2}	5.300×10^{-2}
B_6	3.946	7.892×10^{-4}	5.300×10^{-2}	5.300×10^{-2}
B_7	3.946	7.892×10^{-4}	5.300×10^{-2}	5.300×10^{-2}
B_8	3.946	7.892×10^{-4}	5.300×10^{-2}	5.300×10^{-2}
B_9	3.946	7.892×10^{-3}	5.300×10^{-2}	5.300×10^{-2}

10.5.1 工况 1：对称初始构型且同步启动

该工况中，双臂的初始构型为对称构型，如图 10.3 所示，基座的初始姿态的欧拉角为 $[q_4,\ q_5,\ q_6]^{\mathrm{T}} = [0°,\ 0°,\ 0°]^{\mathrm{T}}$。机械臂 Arm-a 各关节的初始角度为 $[\theta_1,\ \cdots,\ \theta_6]^{\mathrm{T}} = [0°,\ 0°,\ -150°,\ 150°,\ 0°,\ 0°]^{\mathrm{T}}$，Arm-b 各关节的初始角度为 $[\theta_7,\ \cdots,\ \theta_{12}] = [0°,\ 0°,\ -150°,\ 150°,\ 0°,\ 0°]$。目标点关于双臂空间机器人基座的连体基的位置坐标阵为 $[0.75\text{m},\ 1.2\text{m},\ 0.15\text{m}]^{\mathrm{T}}$，双机械臂的末端执行器在终止时刻的期望姿态分别由连杆 B_5 和 B_9 的连体基关于惯性参考基的方向余弦阵表示为

$$\boldsymbol{A}_e^a = \begin{bmatrix} 0.3536 & -0.9268 & -0.1268 \\ 0.6124 & 0.1268 & 0.7803 \\ -0.7071 & -0.3536 & 0.6124 \end{bmatrix},\quad \boldsymbol{A}_e^b = \begin{bmatrix} 0.2500 & 0.9665 & -0.0580 \\ 0.4330 & -0.0580 & 0.8995 \\ 0.8660 & -0.2500 & -0.4330 \end{bmatrix}$$

通过 10.3.2 小节中介绍的方法，可以求得 Arm-a 在终止时刻的期望关节角为 $[\theta_1,\ \cdots,\ \theta_6]^{\mathrm{T}} = [-46.68°, -30.68°, -60.97°, -44.58°, 11.71°, 48.04°]^{\mathrm{T}}$，Arm-b 在终止时刻的期望关节角为 $[\theta_1,\ \cdots,\ \theta_6]^{\mathrm{T}} = [45.26°, -66.36°, -27.27°, -57.25°, -7.56°, 133.30°]^{\mathrm{T}}$。

使用 10.4.2 节中介绍的 PSO 方法对对象双臂空间机器人进行基座姿态无扰路径规划，规划的目标为使两个机械臂经过 60s 的时间由初始构型同时运动

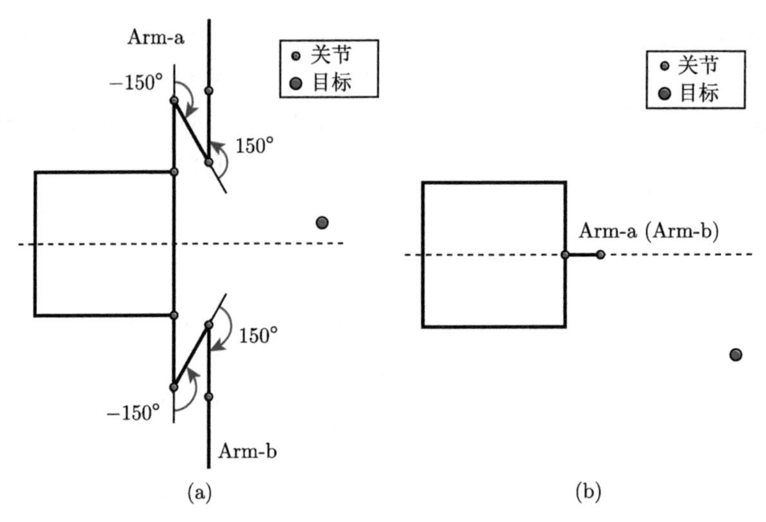

图 10.3 双臂空间机器人的对称初始构型: (a) 正视图; (b) 俯视图

到终止构型，并且基座的姿态变化最小。将关节转角 θ_1 和 θ_7 的转动范围限制为 $[-90°, 90°]$，其余 10 个关节角的转动范围均为 $[-150°, 150°]$。PSO 算法的其余参数分别取为：粒子数 $N = 50$，惯性因子 $w = 0.8$，学习因子 $c_1 = c_2 = 50$。机械臂运动的整个过程中，基座姿态偏转的一次有限转动角度被限制在 $\pm 3°$ 范围内，代价函数的权重因子分别取值为 $w_1 = 1$ 和 $w_2 = 1$。代价函数的优化目标设为 $J = 10^{-8}$。规划出的各关节角转动轨迹如图 10.4 中的蓝色实线所示，基座姿态的变化如图 10.5 中的蓝色实线所示。机械臂沿规划的路径运动后，表示基座终止时刻相对于初始时刻的相对姿态的单位四元数 $\delta\boldsymbol{\Lambda}(t_f)$ 中 $\delta\boldsymbol{\lambda}(t) = [-6.5\times10^{-9},\ 8.9\times10^{-10},\ 2.4\times10^{-9}]^{\mathrm{T}}$，基座在终止时刻的欧拉角 (单位：(°)) 为 $\boldsymbol{\Phi}(t_f) = [-7.5\times10^{-7},\ -1.0\times10^{-7},\ 2.7\times10^{-7}]^{\mathrm{T}}$。并且，在机械臂的整个规划路径下，基座姿态偏转的一次有限转动角度均在 $\pm 3°$ 范围内。

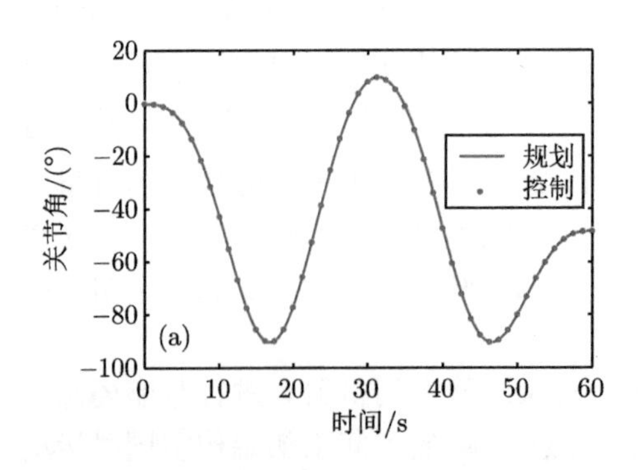

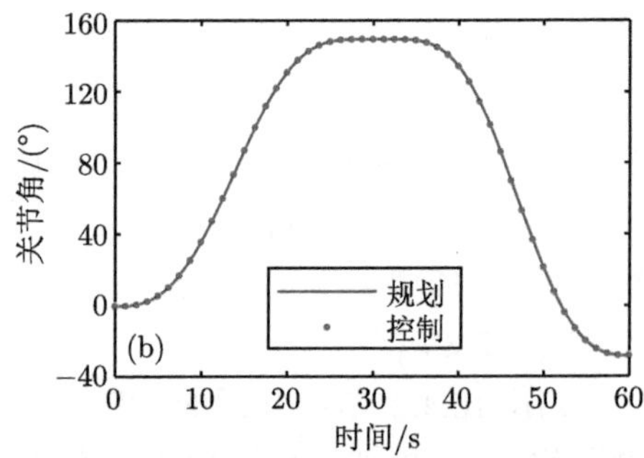

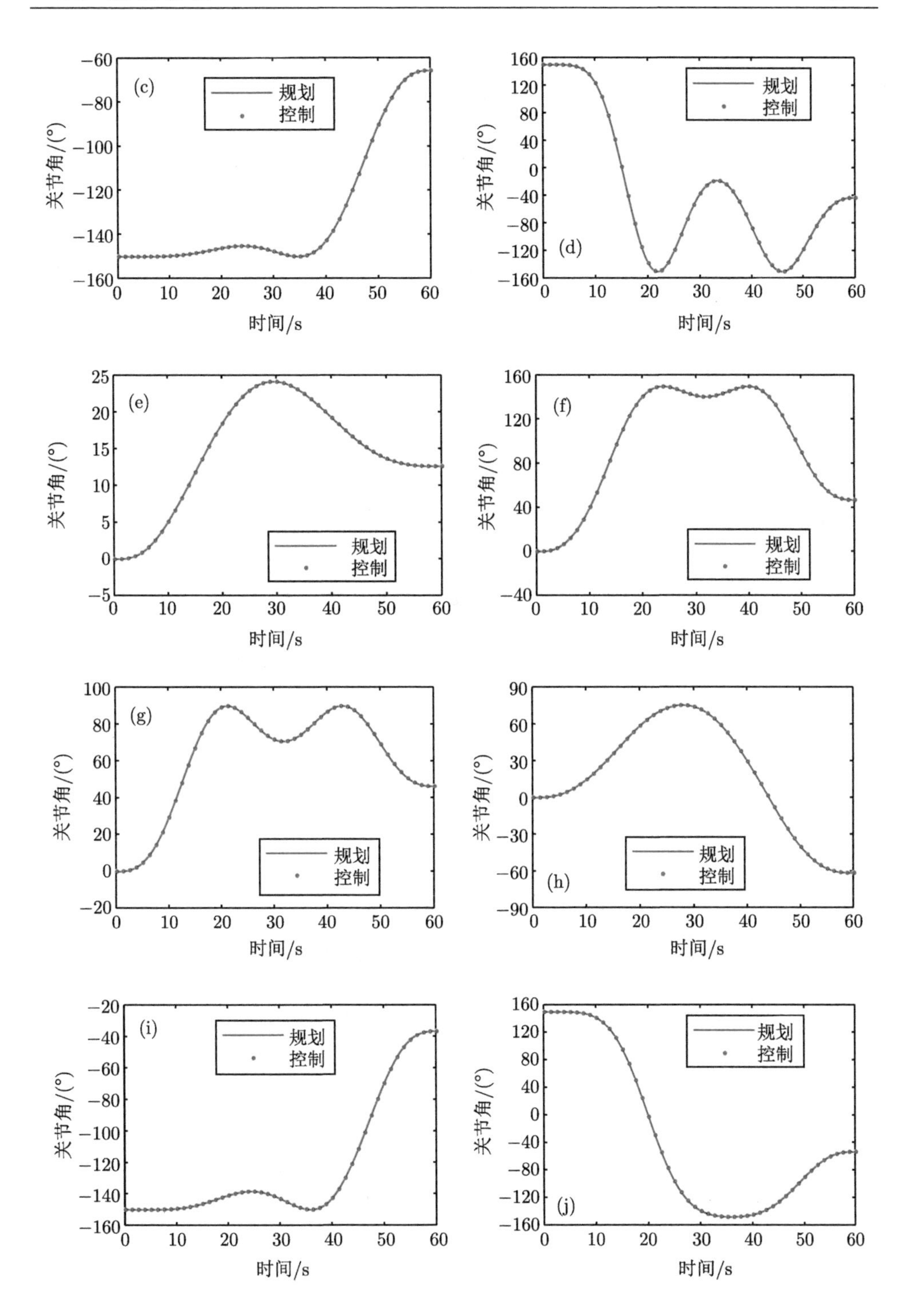
(c)
规划
控制
关节角/(°)
时间/s
(d)
(e)
(f)
(g)
(h)
(i)
(j)

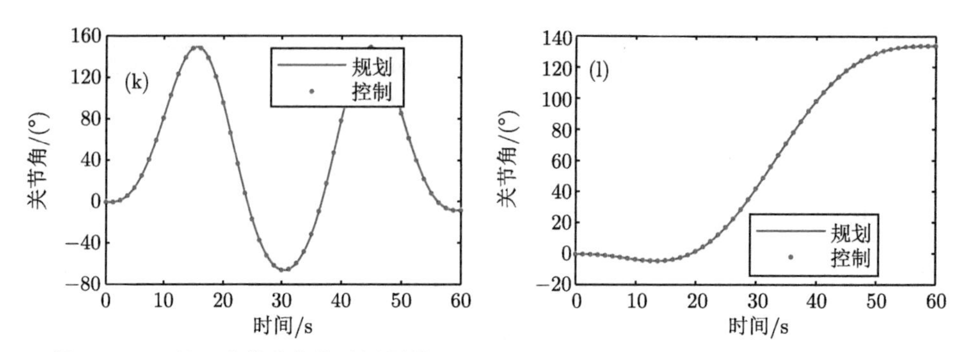

图 10.4 工况 1 中关节角的时间历程: (a) Axis 1; (b) Axis 2; (c) Axis 3; (d) Axis 4; (e) Axis 5; (f) Axis 6; (g) Axis 7; (h) Axis 8; (i) Axis 9; (j) Axis 10; (k) Axis 11; (l) Axis 12

使用 10.4.3 节中介绍的控制力矩法设计控制器驱动机械臂各关节沿规划路径转动，增益矩阵取为 $\boldsymbol{K}_p = 500 \times \boldsymbol{I}_{12}$，$\boldsymbol{K}_d = 50 \times \boldsymbol{I}_{12}$。各关节对规划轨迹的跟踪效果如图 10.4 中的红色点线所示；机械臂在控制器的驱动下运动时，基座姿态的变化如图 10.5 中的红色点线所示。在控制器驱动机械臂运动后，表示基座终止时刻相对于初始时刻的相对姿态角的单位四元数 $\delta\boldsymbol{\Lambda}(t_f)$ 中 $\delta\boldsymbol{\lambda}(t) = [-3.6 \times 10^{-7},\ 1.0 \times 10^{-6},\ 1.2 \times 10^{-6}]^{\mathrm{T}}$，基座在终止时刻的欧拉角 (单位：(°)) 为 $\boldsymbol{\Phi}(t_f) = [-4.2 \times 10^{-5},\ 1.1 \times 10^{-4},\ 1.3 \times 10^{-4}]^{\mathrm{T}}$。并且，在机械臂的整个运动过程中，基座姿态偏转的一次有限转动角度均在 $\pm\, 3°$ 范围内。

本章中所给出的路径规划方法的基座姿态无扰效果还与五次多项式路径规划方法 [20] 进行了对比。在对比中，五次多项式方法使用与本章方法相同的起始与终止关节角。五次多项式方法使用时间 t 的五次多项式来参数化各个关节角的转动轨迹，具体表示为

$$\theta_i(t) = c_{i5}t^5 + c_{i4}t^4 + c_{i3}t^3 + c_{i2}t^2 + c_{i1}t + c_{i0} \tag{10-39}$$

使用控制力矩法驱动机械臂跟踪使用五次多项式法规划出的路径，机械臂运动所导致的基座姿态偏转如图 10.5 中的黑色虚线所示，机械臂沿本章方法规划出的路径运动所导致的姿态偏转明显小于沿五次多项式路径。通过对比，从工况 1 的数值仿真中可以看出，在双臂空间机器人初始构型为对称构型的情况下，使用本章提出的方法可以有效地规划出使基座姿态无扰的机械臂运动路径，并且使用控制器驱动机械臂对规划路径进行跟踪，依然可以取得非常好的基座姿态无扰效果。

10.5.2 工况 2：非对称初始构型且同步启动

该工况中，空间机器人机械臂的初始构型为非对称构型，如图 10.6 所示。基座初始姿态的欧拉角为 $[q_4,\ q_5,\ q_6]^{\mathrm{T}} = [0°,\ 0°,\ 0°]^{\mathrm{T}}$，机械臂 Arm-a 各关节的初始角度为 $[\theta_1, \cdots, \theta_6]^{\mathrm{T}} = [0°,\ 0°,\ -150°,\ 150°,\ 0°,\ 0°]^{\mathrm{T}}$，Arm-b 各关节的初始

角度为 $[\theta_1, \cdots, \theta_6]^{\mathrm{T}} = [0°, 30°, 30°, 30°, 0°, 0°]^{\mathrm{T}}$。机械臂运动结束时的构型与工况 1 相同。

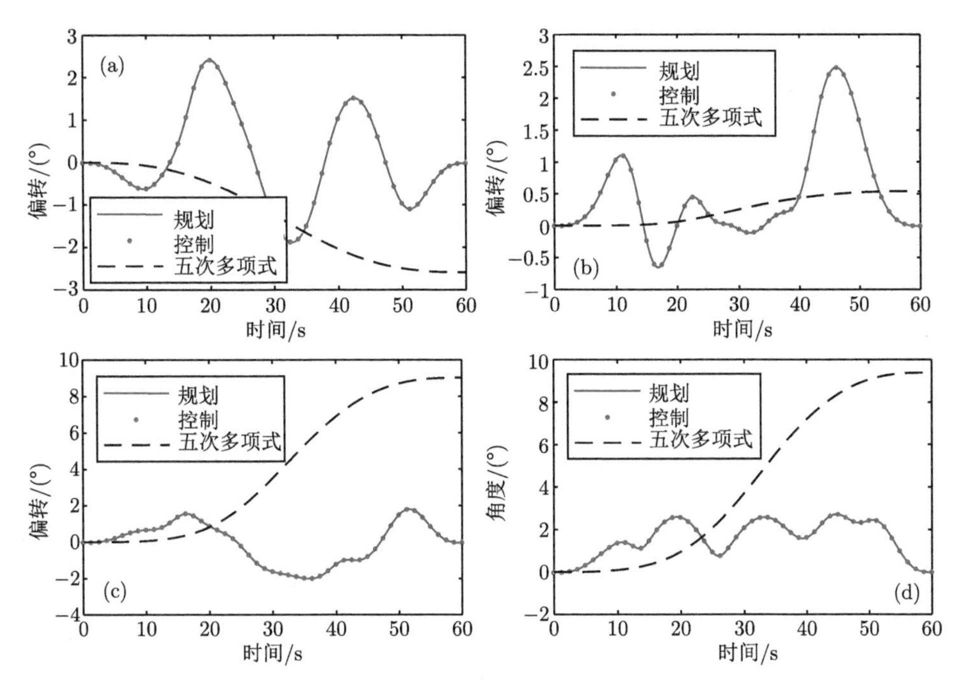

图 10.5 工况 1 中基座姿态偏转的时间历程: (a) X 轴欧拉角; (b) Y 轴欧拉角; (c) Z 轴欧拉角; (d) 一次有限转动角度的绝对值

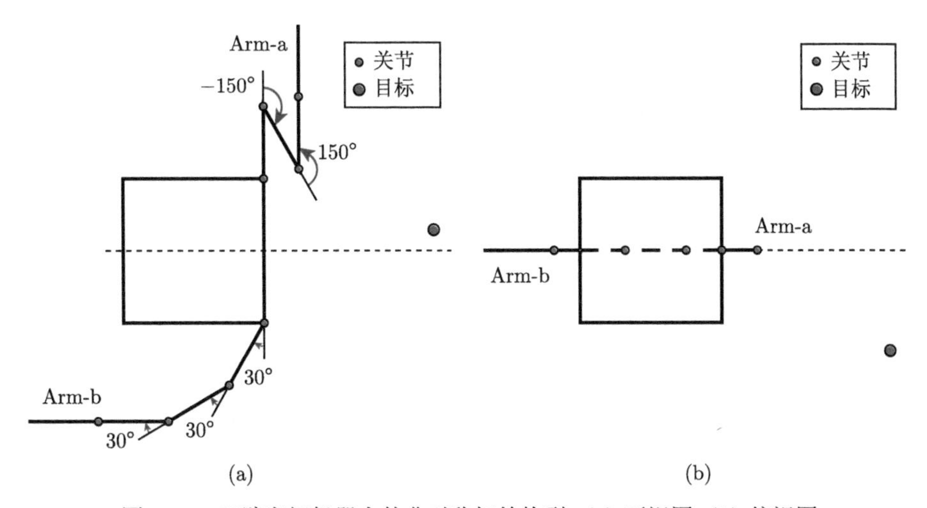

图 10.6 双臂空间机器人的非对称初始构型: (a) 正视图; (b) 俯视图

使用 10.4.2 节中介绍的 PSO 方法进行该工况下的基座姿态无扰路径规划，规划的目标为使两个机械臂经过 60s 的时间由初始构型运动到结束构型时，基座的姿态变化最小。PSO 算法所选取的参数与工况 1 相同。机械臂运动的整个过程中，基座姿态偏转的一次有限转动角度被限制在 $\pm 5°$ 范围内，代价函数的权重因子分别取值为 $w_1 = 10$ 和 $w_2 = 1$。代价函数的优化目标设为 $J = 10^{-8}$。规划出的各关节角转动轨迹如图 10.7 中的蓝色实线所示，基座姿态的变化如图 10.8 中的蓝色实线所示。机械臂沿规划的路径运动后，表示基座终止时刻相对于初始时刻的相对姿态的单位四元数 $\delta\boldsymbol{\Lambda}(t_f)$ 中 $\delta\boldsymbol{\lambda}(t) = [3.7\times10^{-9},\ -1.9\times10^{-9},\ -3.3\times10^{-9}]^{\mathrm{T}}$，基座在终止时刻的欧拉角 (单位：(°)) 为 $\boldsymbol{\Phi}(t_f) = [4.2\times10^{-7},\ -2.2\times10^{-7},\ 3.7\times10^{-7}]^{\mathrm{T}}$。并且，在机械臂的整个规划路径下，基座姿态偏转的一次有限转动角度均在 $\pm 5°$ 范围内。

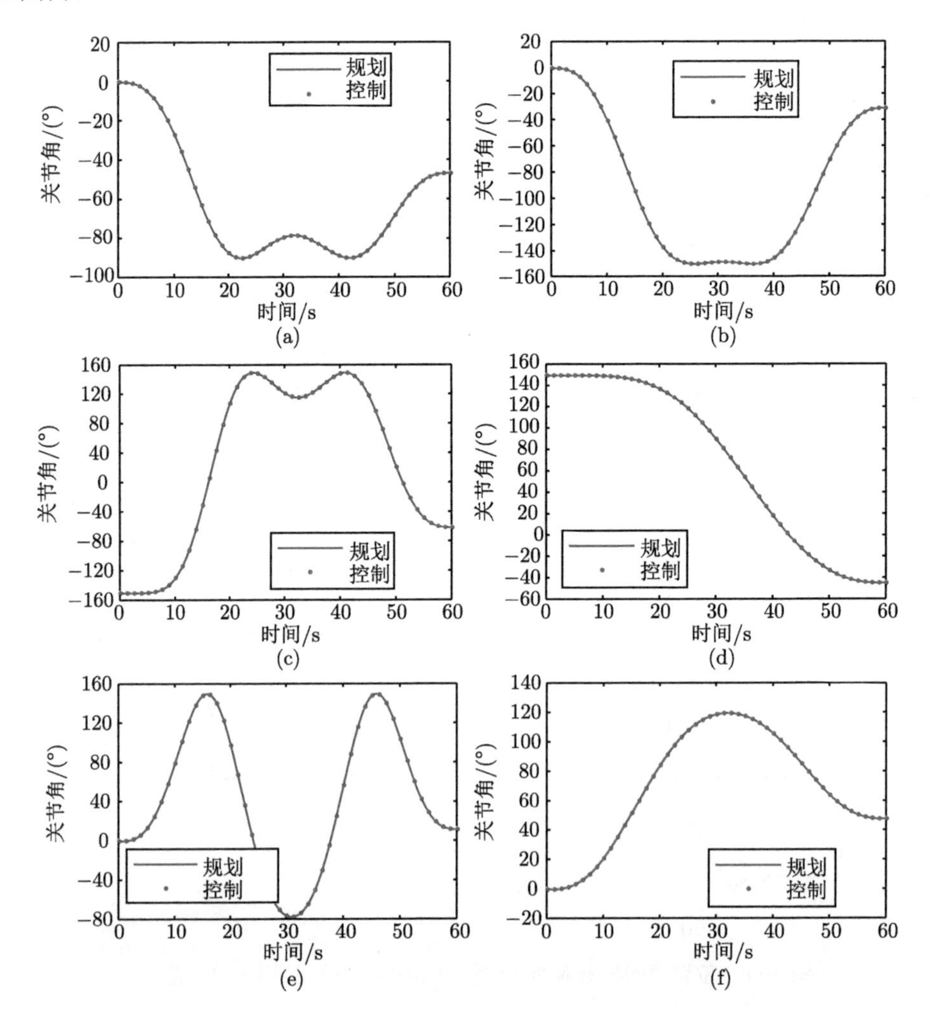

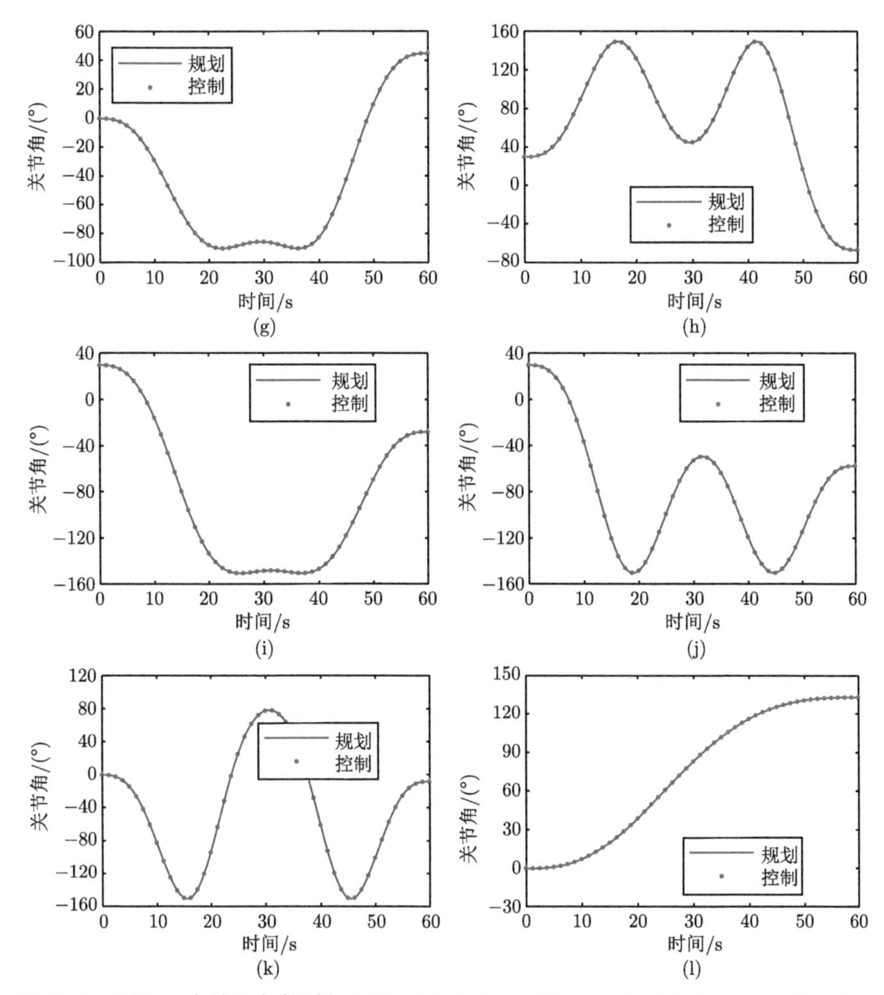

图 10.7 工况 2 中关节角的时间历程: (a) Axis 1; (b) Axis 2; (c) Axis 3; (d) Axis 4; (e) Axis 5; (f) Axis 6; (g) Axis 7; (h) Axis 8; (i) Axis 9; (j) Axis 10; (k) Axis 11; (l) Axis 12

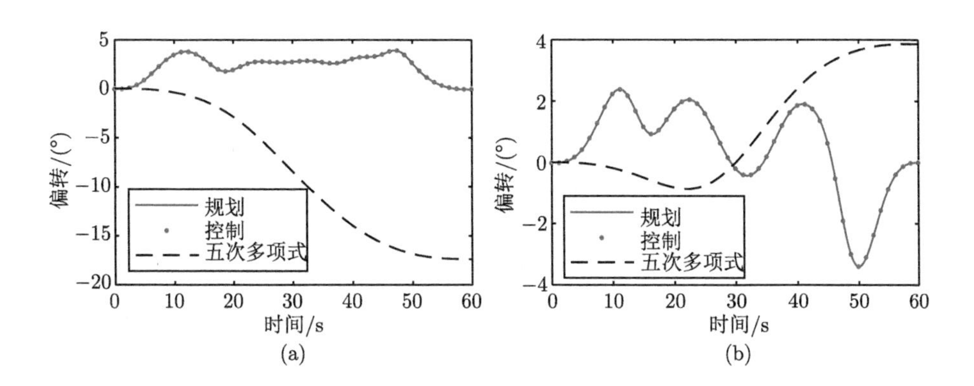

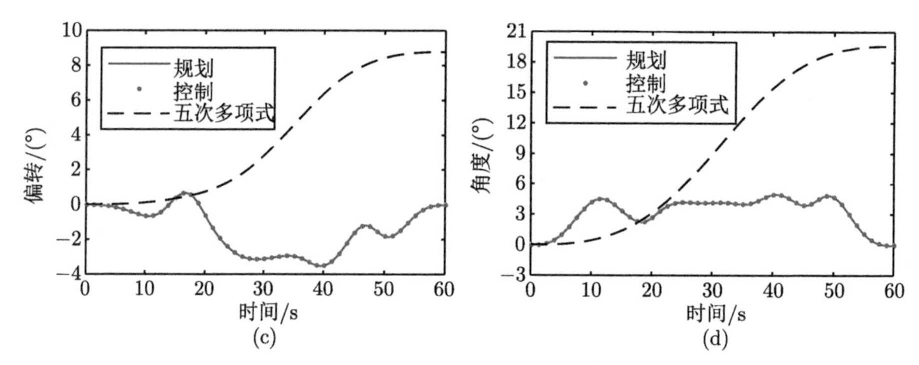

图 10.8　工况 2 中基座姿态偏转的时间历程: (a) X 轴欧拉角; (b) Y 轴欧拉角; (c) Z 轴欧拉角; (d) 一次有限转动角度的绝对值

使用 10.4.3 节中介绍的控制力矩法设计控制器驱动机械臂各关节沿规划路径转动，增益矩阵取为 $\boldsymbol{K}_p = 500 \times \boldsymbol{I}_{12}$，$\boldsymbol{K}_d = 50 \times \boldsymbol{I}_{12}$。各关节对规划轨迹的跟踪效果如图 10.7 中的红色点线所示；机械臂在控制器的驱动下运动时，基座姿态的变化如图 10.8 中的红色点线所示。在控制器驱动机械臂运动后，表示基座终止时刻相对于初始时刻的相对姿态角的单位四元数 $\delta\boldsymbol{\Lambda}(t_f)$ 中 $\delta\boldsymbol{\lambda}(t) = [8.9 \times 10^{-7},\ -2.1 \times 10^{-7},\ -6.4 \times 10^{-7}]^{\mathrm{T}}$，基座在终止时刻的欧拉角 (单位：(°)) 为 $\boldsymbol{\Phi}(t_f) = [1.0 \times 10^{-4},\ -2.5 \times 10^{-5},\ -7.3 \times 10^{-5}]^{\mathrm{T}}$。并且，在机械臂的整个运动过程中，基座姿态偏转的一次有限转动角度均在 $\pm 5^\circ$ 范围内。

使用控制力矩法驱动机械臂跟踪使用五次多项式法规划出的路径，机械臂运动所导致的基座姿态偏转如图 10.8 中的黑色虚线所示，机械臂沿本章方法规划出的路径运动所导致的姿态偏转明显小于沿五次多项式路径。通过对比，从工况 2 的数值仿真可以看出，在双臂空间机器人初始构型为非对称构型的情况下，使用 PSO 算法可以有效地规划出使基座姿态无扰的机械臂运动路径，并且使用控制器驱动机械臂对规划路径进行跟踪，依然可以取得非常好的基座姿态无扰效果。

10.5.3　工况 3：对称初始构型且不同步启动

工况 3 中，空间机器人的双机械臂的起始构型与结束构型均与工况 1 相同，但两条机械臂的运动为 10.4.4 节讨论的非同步情况，机械臂 Arm-a 与 Arm-b 不同时启动。在前 15s 中，仅有 Arm-b 运动，而 Arm-a 的关节全部锁定。Arm-a 从 15s 开始启动，并在 60s 与 Arm-b 同时到达相同目标点。

使用 PSO 方法进行该工况下的基座姿态无扰路径规划，PSO 算法所选取的参数与工况 1 相同。机械臂运动的整个过程中，基座姿态偏转的一次有限转动角度被限制在 $\pm 3^\circ$ 范围内，代价函数的权重因子分别取值为 $w_1 = 1$ 和 $w_2 = 1$。代价函数的优化目标设为 $J = 10^{-8}$。规划出的各关节角转动轨迹如图 10.9 中的蓝色实线所示，基座姿态的变化如图 10.10 中的蓝色实线所示。从图 10.9 中规划的路径可以看出 Arm-a 的关节在前 15s 未发生转动，Arm-a 从 15s 才开始启动。机

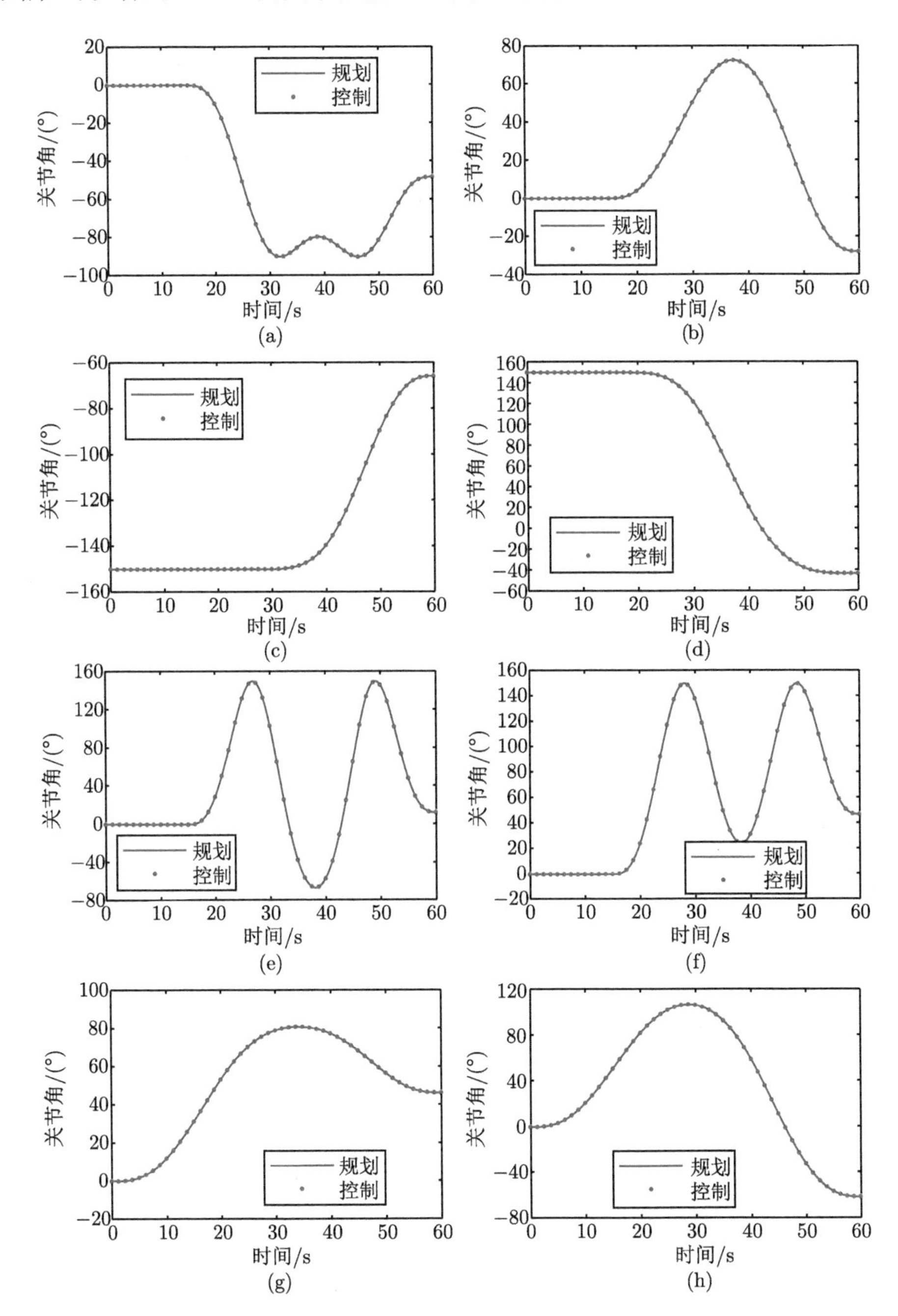

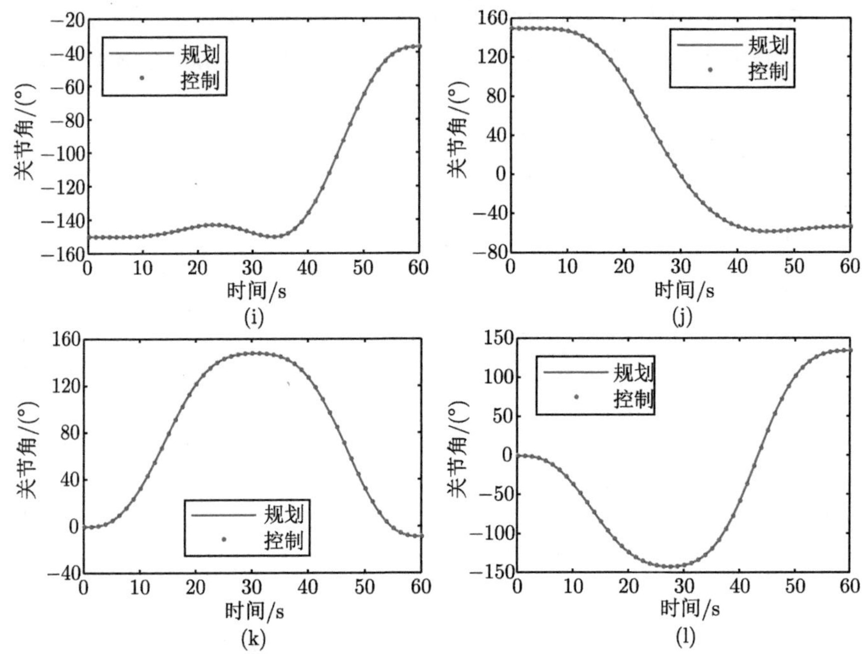

图 10.9　工况 3 中关节角的时间历程: (a) Axis 1; (b) Axis 2; (c) Axis 3; (d) Axis 4; (e) Axis 5; (f) Axis 6; (g) Axis 7; (h) Axis 8; (i) Axis 9; (j) Axis 10; (k) Axis 11; (l) Axis 12

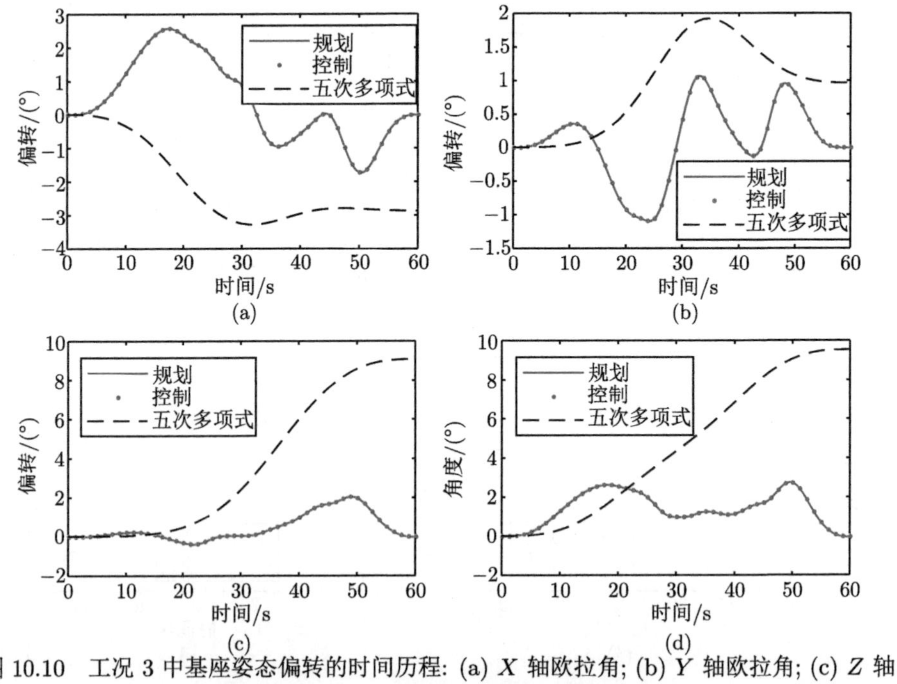

图 10.10　工况 3 中基座姿态偏转的时间历程: (a) X 轴欧拉角; (b) Y 轴欧拉角; (c) Z 轴欧拉角; (d) 一次有限转动角度的绝对值

械臂沿规划的路径运动后，表示基座终止时刻相对于初始时刻的相对姿态的单位四元数 $\delta\boldsymbol{\Lambda}(t_f)$ 中 $\delta\boldsymbol{\lambda}(t) = [-2.3\times10^{-10},\ -7.9\times10^{-9},\ 4.7\times10^{-9}]^{\mathrm{T}}$，基座在终止时刻的欧拉角 (单位：(°)) 为 $\boldsymbol{\Phi}(t_f) = [-2.7\times10^{-8},\ -9.0\times10^{-7},\ 5.4\times10^{-7}]^{\mathrm{T}}$。并且，在机械臂的整个规划路径下，基座姿态偏转的一次有限转动角度均在 $\pm3°$ 范围内。

使用 10.4.3 节中介绍的控制力矩法设计控制器驱动机械臂各关节沿规划路径转动，增益矩阵取为 $\boldsymbol{K}_p = 500\times\boldsymbol{I}_{12}$，$\boldsymbol{K}_d = 50\times\boldsymbol{I}_{12}$。各关节对规划轨迹的跟踪效果如图 10.9 中的红色点线所示；机械臂在控制器的驱动下运动时，基座姿态的变化如图 10.10 中的红色点线所示。在控制器驱动机械臂运动后，表示基座终止时刻相对于初始时刻的相对姿态角的单位四元数 $\delta\boldsymbol{\Lambda}(t_f)$ 中 $\delta\boldsymbol{\lambda}(t) = [-2.3\times10^{-7},\ 3.1\times10^{-8},\ 5.9\times10^{-7}]^{\mathrm{T}}$，基座在终止时刻的欧拉角 (单位：(°)) 为 $\boldsymbol{\Phi}(t_f) = [-2.6\times10^{-5},\ 3.6\times10^{-6},\ 6.8\times10^{-5}]^{\mathrm{T}}$。并且，在机械臂的整个运动过程中，基座姿态偏转的一次有限转动角度均在 $\pm3°$ 范围内。

10.5.4 工况 4：非对称初始构型且不同步启动

工况 4 中，空间机器人的双机械臂的起始构型与结束构型均与工况 2 相同，但两条机械臂的运动为 10.4.4 节讨论的非同步情况，机械臂 Arm-a 与 Arm-b 不同时启动。在前 15s 中，仅有 Arm-b 运动，而 Arm-a 的关节全部锁定。Arm-a 从 15s 开始启动，并在 60s 与 Arm-b 同时到达相同目标点。

使用 PSO 方法进行该工况下的基座姿态无扰路径规划，PSO 算法所选取的参数与工况 1 相同。机械臂运动的整个过程中，基座姿态偏转的一次有限转动角度被限制在 $\pm5°$ 范围内，代价函数的权重因子分别取值为 $w_1 = 10$ 和 $w_2 = 1$。代价函数的优化目标设为 $J = 10^{-8}$。规划出的各关节角转动轨迹如图 10.11 中的蓝色实线所示，基座姿态的变化如图 10.12 中的蓝色实线所示。从图 10.11 中规划的路径可以看出 Arm-a 的关节在前 15s 未发生转动，Arm-a 从 15s 才开始启动。机械臂沿规划的路径运动后，表示基座终止时刻相对于初始时刻的相对姿态的单位四元数 $\delta\boldsymbol{\Lambda}(t_f)$ 中 $\delta\boldsymbol{\lambda}(t) = [2.3\times10^{-9},\ 7.3\times10^{-9},\ -1.7\times10^{-9}]^{\mathrm{T}}$，基座在终止时刻的欧拉角 (单位：(°)) 为 $\boldsymbol{\Phi}(t_f) = [2.7\times10^{-7},\ 8.3\times10^{-7},\ -2.0\times10^{-7}]^{\mathrm{T}}$。并且，在机械臂的整个规划路径下，基座姿态偏转的一次有限转动角度均在 $\pm5°$ 范围内。

使用 10.4.3 节中介绍的控制力矩法设计控制器驱动机械臂各关节沿规划路径转动，增益矩阵取为 $\boldsymbol{K}_p = 500\times\boldsymbol{I}_{12}$，$\boldsymbol{K}_d = 50\times\boldsymbol{I}_{12}$。各关节对规划轨迹的跟踪效果如图 10.11 中的红色点线所示；机械臂在控制器的驱动下运动时，基座姿态的变化如图 10.12 中的红色点线所示。在控制器驱动机械臂运动后，表示基座终止时刻相对于初始时刻的相对姿态角的单位四元数 $\delta\boldsymbol{\Lambda}(t_f)$ 中 $\delta\boldsymbol{\lambda}(t) = [-9.6\times10^{-7},\ 2.1\times10^{-7},\ 2.3\times10^{-7}]^{\mathrm{T}}$，基座在终止时刻的欧拉角 (单位：(°)) 为

$\boldsymbol{\Phi}(t_f) = [-1.1\times10^{-4},\ 2.4\times10^{-5},\ 2.7\times10^{-5}]^{\mathrm{T}}$。并且，在机械臂的整个运动过程中，基座姿态偏转的一次有限转动角度均在 $\pm5°$ 范围内。

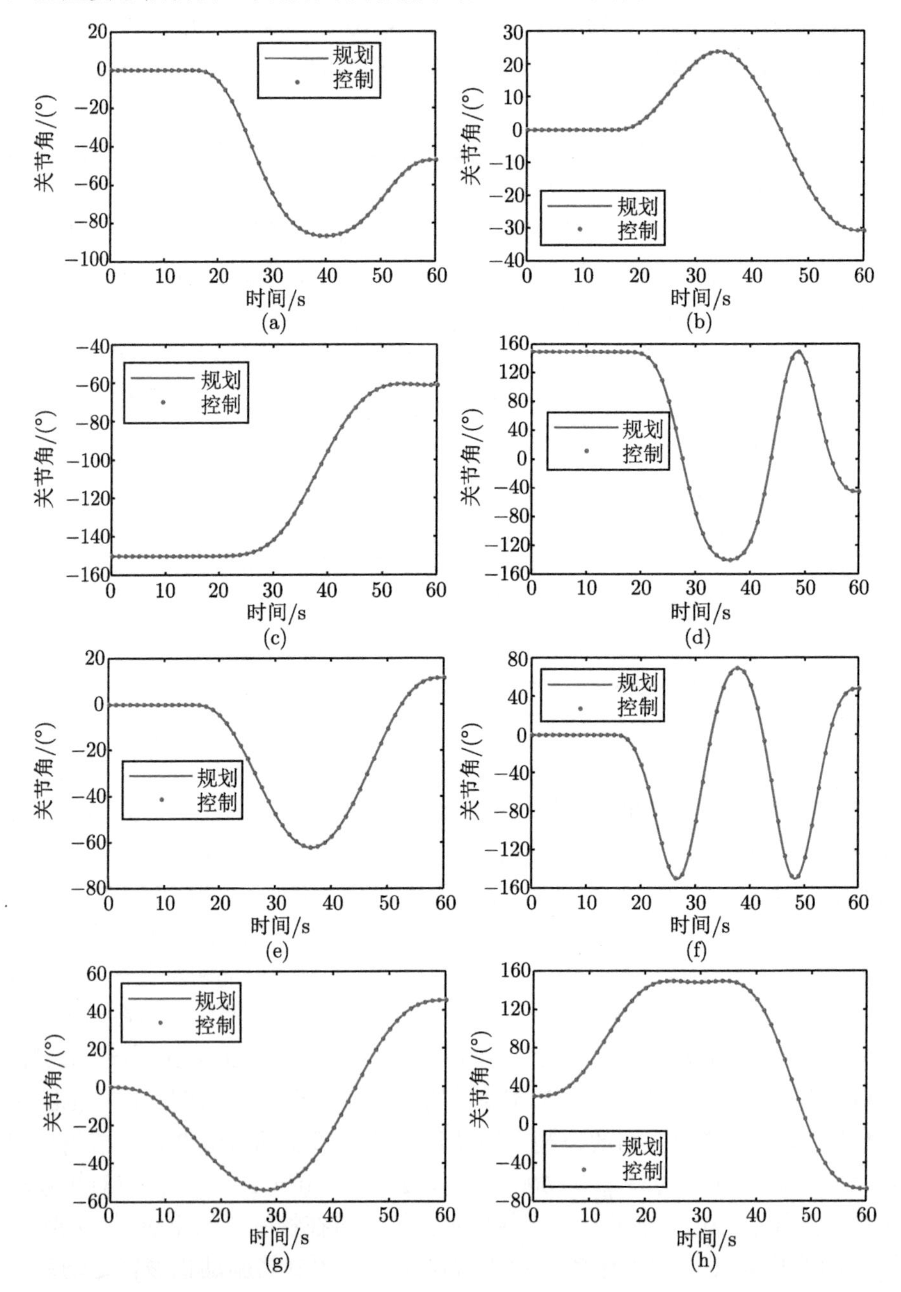

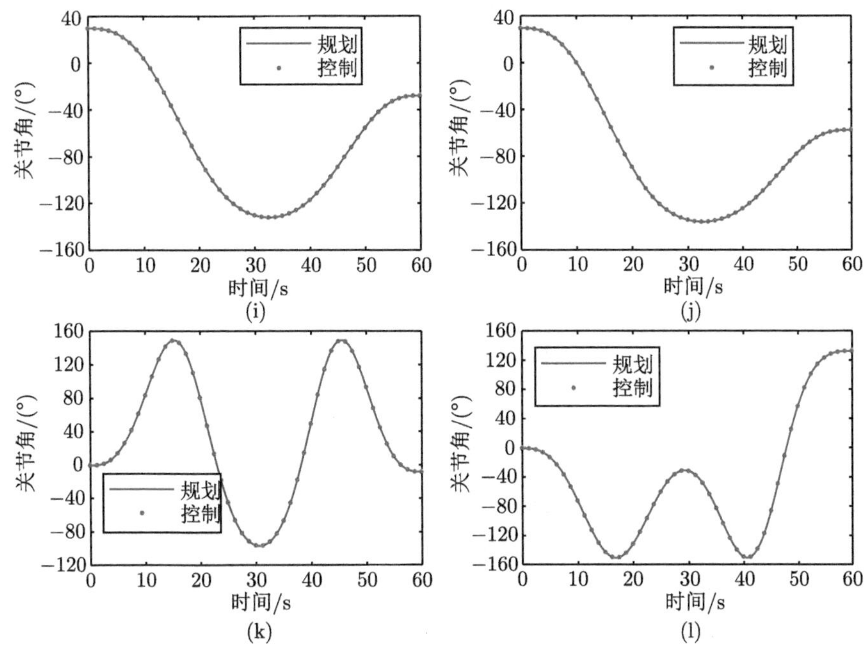

图 10.11 工况 4 中关节角的时间历程: (a) Axis 1; (b) Axis 2; (c) Axis 3; (d) Axis 4; (e) Axis 5; (f) Axis 6; (g) Axis 7; (h) Axis 8; (i) Axis 9; (j) Axis 10; (k) Axis 11; (l) Axis 12

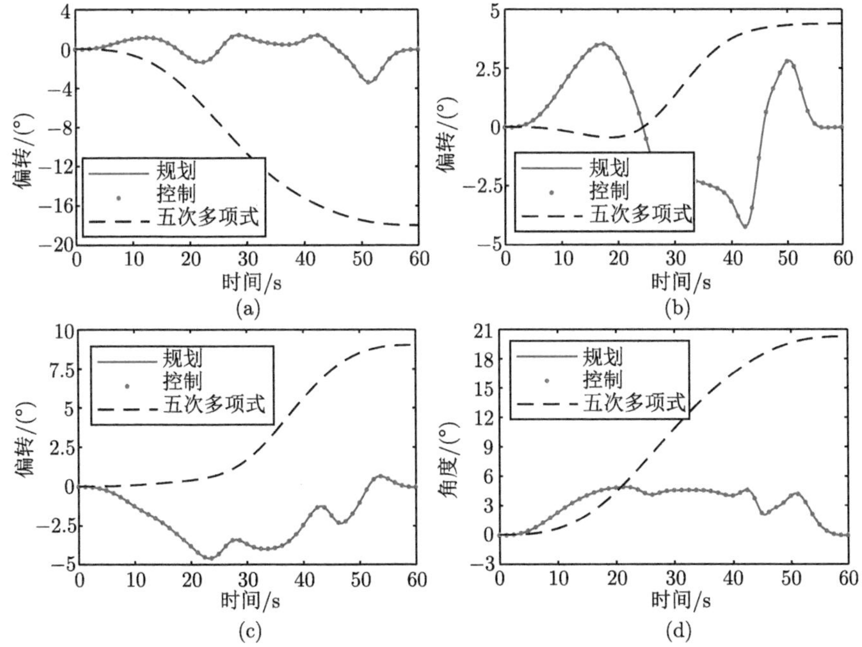

图 10.12 工况 4 中基座姿态偏转的时间历程: (a) X 轴欧拉角; (b) Y 轴欧拉角; (c) Z 轴欧拉角; (d) 一次有限转动角度的绝对值

使用控制力矩法驱动机械臂跟踪使用五次多项式法规划出的路径，工况 3 和工况 4 中机械臂运动所导致的基座姿态偏转分别如图 10.10 和图 10.12 中的黑色虚线所示，机械臂沿本章方法规划出的路径运动所导致的姿态偏转明显小于沿五次多项式路径。通过对比，从工况 3 和工况 4 的数值仿真可以看出，对于 Arm-b 先于 Arm-a 启动 15s 的情况，本章所给出的方法仍能有效地规划出路径，使基座姿态的偏转最小，并且在使用控制器对规划的路径进行跟踪时，基座姿态无扰的效果也很好。

10.6 本章小结

本章对双臂空间机器人的基座姿态无扰问题进行了研究，并提出了一种姿态无扰路径规划方法。该方法的主要思想是，首先使用时间的多项式将机械臂各关节的转动轨迹参数化，然后基于 PSO 方法寻找最优的参数，以使各关节沿着最优的参数所表达的轨迹运动时，基座姿态的变化最小。在寻优的过程中，每组路径参数所对应的基座姿态变化是根据双臂空间机器人的正–逆混合动力学方程求出的。本章中所给出的方法不需要对基座额外施加控制，也不需要使用一条机械臂作为平衡臂来补偿扰动，该方法使得双臂空间机器人能够更加充分得发挥双臂的优势。数值仿真表明，该方法在双臂空间机器人的不同初始构型以及双臂同时启动或不同时启动等多种情况下，均可以有效地规划出使基座姿态无扰的机械臂运动路径。

本章中未尽之处还可详见本课题组已投稿文章 [21]。

参考文献

[1] Sato Y, Hirata M, Nagashima F, et al. Reducing attitude disturbances while teleoperating a space manipulator [C]. IEEE International Conference on Robotics and Automation, 1993, 3: 516-523.

[2] Bronez M, Clarke M, Quinn A. Requirements development for a free-flying robot—The "Robin" [C]. IEEE International Conference on Robotics and Automation, 1986, 3: 667-672.

[3] Reuter G, Hess C, Rhoades D, et al. An intelligent, free-flying robot [C]. Space Station Automation IV. International Society for Optics and Photonics, 1988, 1006: 20-27.

[4] Nudehi S, Farooq U, Alasty A, et al. Satellite attitude control using three reaction wheels [C]. 2008 American Control Conference, IEEE, 2008: 4850-4855.

[5] Ismail Z, Varatharajoo R. A study of reaction wheel configurations for a 3-axis satellite attitude control [J]. Advances in Space Research, 2010, 45(6): 750-759.

[6] Yoshida K. Engineering test satellite VII flight experiments for space robot dynamics and control: Theories on laboratory test beds ten years ago, now in orbit [J]. The International Journal of Robotics Research, 2003, 22(5): 321-335.

[7] Yoshida K, Hashizume K, Abiko S. Zero reaction maneuver: Flight validation with ETS-VII space robot and extension to kinematically redundant arm [C]. IEEE International Conference on Robotics and Automation, Seoul, South Korea, 2001, 1: 441-446.

[8] Yoshida K, Kurazume R, Umetani Y. Dual arm coordination in space free-flying robot [C]. IEEE international conference on robotics and automation, Sacramento, CA, 1991: 2516-2521.

[9] Huang P, Xu Y, Liang B. Dynamic balance control of multi-arm free-floating space robots [J]. International Journal of Advanced Robotic Systems, 2005, 2(2): 13.

[10] Chen X, Qin S. Motion planning for dual-arm space robot towards capturing target satellite and keeping the base inertially fixed [J]. IEEE Access, 2018, 6: 26292-26306.

[11] Xu W, Li C, Liang B, et al. Target berthing and base reorientation of free-floating space robotic system after capturing [J]. Acta Astronautica, 2009, 64(2-3): 109-126.

[12] Liu H, Shi Y, Liang B, et al. An optimal trajectory planning method for stabilization of coupled space robotic system after capturing [J]. Procedia Engineering, 2012, 29: 3117-3123.

[13] Wang M, Luo J, Walter U. Trajectory planning of free-floating space robot using particle swarm optimization (PSO) [J]. Acta Astronautica, 2015, 112: 77-88.

[14] 洪嘉振. 计算多体系统动力学. 北京: 高等教育出版社, 1999.

[15] Xu W, Li C, Wang X, et al. Study on non-holonomic cartesian path planning of a free-floating space robotic system [J]. Advanced Robotics, 2009, 23(1-2): 113-143.

[16] Vafa Z, Dubowsky S. The kinematics and dynamics of space manipulators: The virtual manipulator approach [J]. The International Journal of Robotics Research, 1990, 9(4): 3-21.

[17] Manseur R, Doty K L. A fast algorithm for inverse kinematic analysis of robot manipulators [J]. The International Journal of Robotics Research, 1988, 7(3): 52-63.

[18] Schwab A L. Quaternions, finite rotation and Euler parameters [J]. Cornell University Notes, Ithaca NY, 2002, 28: 1-4.

[19] Kennedy J, Eberhart R C. Particle swarm optimization [C]. IEEE International Conferenceon on Neural Networks, Perth, WA, Australia, 1995: 1942-1948.

[20] Spong M W, Hutchinson S, Vidyasagar M. Robot Modeling and Control [M]. 2nd Ed. Hoboken: John Wiley & Sons, 2020.

[21] Zhou Q, Liu X, Cai G. Base attitude disturbance minimizing trajectory planning for a dual-arm space robot [J]. Proceedings of the Institution of Mechanical Engineers, Part G: Journal of Aerospace Engineering, 2021, doi:10.1177/09544100211019851.

第 11 章　空间非合作目标抓捕策略 1

11.1　引　　言

在轨服务例如维修、零部件替换、燃料填注等操作对于未来的航天任务是非常重要的。空间机器人作为在轨服务的提供者其重要性是不言而喻的。尽管在过去的 20 年里基于机器人的在轨服务技术取得了长足的进步 [1-5]，但是抓捕目标卫星仍然有很多困难，即使目标是合作的。

在抓捕任务中，无论被抓捕对象是合作目标还是非合作目标，其在实时抓捕的过程中都会处于自由漂浮状态，即目标处于无控状态。相较于非合作目标，合作目标最大的不同有两点：① 其表面有用于抓捕操作的适配器，例如专用把手；② 其与服务航天器之间仅有相对平动，这与空间交会对接情况类似。上述两点不同使得合作目标抓捕操作的难度要远小于非合作目标。然而即便如此，合作目标抓捕的难度也是极其大的。这是因为抓捕过程中接触碰撞会对服务航天器和目标产生极大的冲击。可以说，如果操作不当，抓取任务仍然存在极大的风险。近 20 年来，国内外学者针对空间机器人抓捕合作目标航天器过程中存在的相关技术问题进行了比较深入的研究。例如在早期的工作中，研究人员对空间机器人抓捕目标时的碰撞动力学和运动学进行了研究 [1-3, 6, 7]。然而，由于在这些工作中假定两个接触体一旦接触就不会分离并采用冲量动量方法来描述空间机器人与被捕获目标之间的碰撞和接触行为，因此获得的分析结果并不能准确地描述真实的物理现象。

本章对刚性空间机器人和柔性空间机器人抓捕自由漂浮目标的动力学建模与控制问题进行研究。为了更加真实地描述空间机器人末端执行器与捕获目标之间的相互作用，本章采用了 Hertz 碰撞理论建立两者之间的接触力模型，并基于几何学设计了碰撞检测算法。为了保证空间机器人能够顺利完成捕获操作，本章采用计算力矩控制方法设计空间机器人的控制器。最后，本章利用第 2 章所给出的空间机器人动力学方程，通过将抓捕碰撞力添加到空间机器人与自由漂浮物体动力学方程中，进而建立空间机器人捕获自由漂浮物体的动力学方程，并在此基础上进行数值仿真以研究空间机器人捕获操作对系统的影响以及验证空间机器人控制方法捕获策略的有效性。

本章的内容安排如下。首先在 11.2 节，介绍刚性空间机器人和柔性空间机器人结构；然后在 11.3 节，介绍抓捕仿真过程中的碰撞检测。接着，11.4 节将通过数值仿真手段研究刚性空间机器人和柔性空间机器人在抓捕合作目标过程中的动力学特性；最后，结论在 11.5 节中陈述。

11.2 空间机器人描述

11.2.1 刚性空间机器人

在本章的研究中，图 11.1(a) 所示的刚性空间机器人 ($B_1 - B_7$) 将被用于抓捕合作目标 (B_8)，其中合作目标 B_8 代表合作目标的抓手，其几何形状为半径为 0.05m、长度为 0.4m 的圆柱。如图 11.1(b) 所示，物体 B_6 和 B_7 分别为末端执行器抓手 Hand1 和 Hand2，它们的转动轴分别为 Axis 7 和 Axis 8。

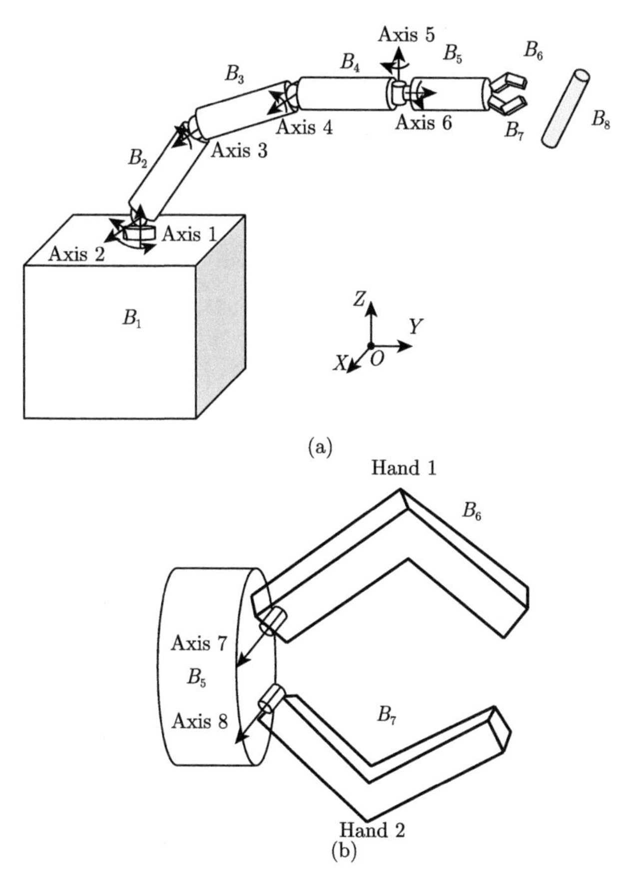

图 11.1 刚性空间机器人与被捕获物体结构简图: (a) 系统整体图，(b) 末端执行器抓手局部放大图

11.2.2 柔性空间机器人

在本章的研究中，图 11.2(a) 所示柔性空间机器人也将被用于抓捕合作目标，其中合作目标 Target 代表合作目标的抓手，其几何形状为半径为 0.05m、长度为 0.4m 的圆柱。与刚性空间机器人相比，柔性空间机器人系统有两点不同：① 机械臂的前两根杆件 Link1 和 Link2 为柔性杆件，其在抓捕过程的弹性是不能被忽略的；② 机械臂末端执行器抓手有三根手指 (图 11.2(b))。

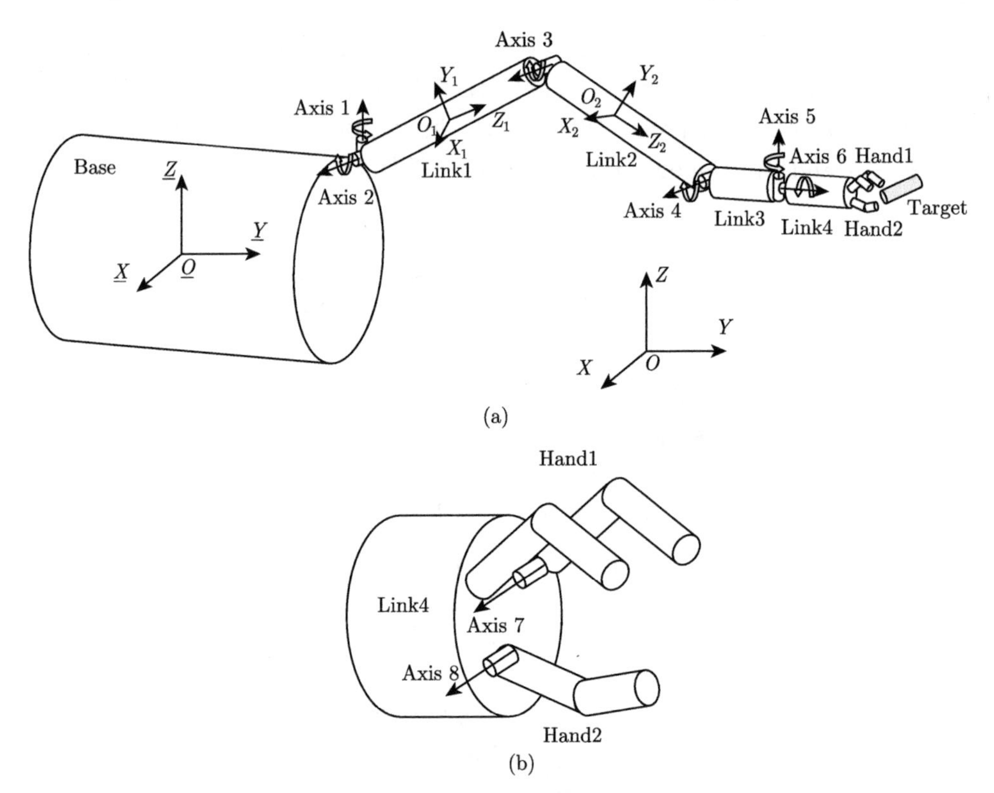

图 11.2 柔性空间机器人与被捕获物体结构简图: (a) 系统整体图，(b) 末端执行器抓手局部放大图

11.2.3 系统动力学方程

根据第 2 章理论，空间机器人抓捕过程中的动力学方程可以表达为

$$\Delta\dot{\boldsymbol{y}}^{\mathrm{T}}[-\boldsymbol{Z}\ddot{\boldsymbol{y}}-\boldsymbol{z}+\boldsymbol{h}+\boldsymbol{f}^{ey}]=0 \tag{11-1}$$

式中，$\boldsymbol{Z}=\boldsymbol{G}^{\mathrm{T}}\boldsymbol{M}\boldsymbol{G}$, $\boldsymbol{z}=\boldsymbol{G}^{\mathrm{T}}(\boldsymbol{f}^{\omega}+\boldsymbol{f}^{u}+\boldsymbol{M}\boldsymbol{g}\hat{\boldsymbol{I}}_{N})$，$\boldsymbol{h}=\boldsymbol{G}^{\mathrm{T}}\boldsymbol{f}^{o}$，$\boldsymbol{f}^{o}$ 代表接触力。对刚性空间机器人 $\boldsymbol{f}^{u}=\boldsymbol{0}$。

由于广义变量 $\boldsymbol{y}$ 是独立的，由公式 (11-1) 可得

$$-\boldsymbol{Z}\ddot{\boldsymbol{y}}-\boldsymbol{z}+\boldsymbol{h}+\boldsymbol{f}^{ey}=\boldsymbol{0} \tag{11-2}$$

上式是空间机器人抓捕过程中的动力学方程。

11.3 碰撞检测

11.3.1 圆柱与立方体

由图 11.1 所示的空间机器人末端执行器与目标物体的几何模型可知，末端执行器与目标物体存在两种接触形式，即

(1) 棱边与圆柱面之间的点接触；

(2) 棱柱面与圆柱面之间的线接触。

由于末端执行器与目标物体是由最基本的棱柱和圆柱构成的，因此可以直接利用它们的几何关系进行碰撞检测与分析。下面以末端执行器 Hand1 为例 (如图 11.3 所示)，对本章所用碰撞检测与分析方法进行阐述。

对于末端执行器 Hand1，棱边 AD、DF、BC、CE 与圆柱面的几何关系决定了末端执行器 Hand1 是否与被捕获目标圆柱发生接触。如果令 X 为圆柱表面上的点，则圆柱面满足下式：

$$(\boldsymbol{\alpha}-\boldsymbol{\zeta})^{\mathrm{T}}\cdot(\boldsymbol{\alpha}-\boldsymbol{\zeta})-r^2=0 \tag{11-3}$$

其中，$\boldsymbol{\alpha}=\boldsymbol{X}-\boldsymbol{I}$，$\boldsymbol{\zeta}=\dfrac{\boldsymbol{\alpha}^{\mathrm{T}}\cdot\boldsymbol{\vartheta}}{\boldsymbol{\vartheta}^{\mathrm{T}}\cdot\boldsymbol{\vartheta}}\boldsymbol{\vartheta}$，$\boldsymbol{\vartheta}=\boldsymbol{J}-\boldsymbol{I}$。$\boldsymbol{\alpha}=\boldsymbol{X}-\boldsymbol{I}$ 是由点 I 指向点 X 的向量 $\vec{\alpha}$ 的坐标阵，$\boldsymbol{\vartheta}$ 是由点 I 指向点 J 的向量 $\vec{\vartheta}$ 的坐标阵，$\boldsymbol{\zeta}=\dfrac{\boldsymbol{\alpha}^{\mathrm{T}}\cdot\boldsymbol{\vartheta}}{\boldsymbol{\vartheta}^{\mathrm{T}}\cdot\boldsymbol{\vartheta}}\boldsymbol{\vartheta}$ 是向量 $\vec{\zeta}$ 的坐标阵，而向量 $\vec{\zeta}$ 是向量 $\vec{\alpha}$ 平行于向量 $\vec{\vartheta}$ 的分量。

如图 11.3 所示，对于由端点 A、D 定义的线段，其表达式为 $\boldsymbol{K}(t)=A+t(D-A)(t\in[0,1])$。将 $\boldsymbol{K}(t)$ 代入式 (11-3) 可获得线段 AD 与圆柱体的交点。具体计算过程如下。令 $\boldsymbol{X}=\boldsymbol{K}(t)$ 并将其代入 α 的计算公式，可得 $\boldsymbol{\alpha}=\boldsymbol{K}(t)-\boldsymbol{I}=(\boldsymbol{A}-\boldsymbol{I})+t\cdot(\boldsymbol{D}-\boldsymbol{A})$，同时可令 $\alpha=\boldsymbol{m}+t\cdot\boldsymbol{n}$，即 $\boldsymbol{m}=\boldsymbol{A}-\boldsymbol{I}$ 和 $\boldsymbol{n}=\boldsymbol{D}-\boldsymbol{A}$。经过相关计算，式 (11-3) 可以转化为

$$\begin{aligned}&\left(\boldsymbol{n}^{\mathrm{T}}\cdot\boldsymbol{n}-\frac{(\boldsymbol{n}^{\mathrm{T}}\cdot\boldsymbol{\vartheta})^2}{\boldsymbol{\vartheta}^{\mathrm{T}}\cdot\boldsymbol{\vartheta}}\right)t^2+2\left(\boldsymbol{m}^{\mathrm{T}}\cdot\boldsymbol{n}-\left(\frac{(\boldsymbol{n}^{\mathrm{T}}\cdot\boldsymbol{\vartheta})(\boldsymbol{m}^{\mathrm{T}}\cdot\boldsymbol{\vartheta})}{\boldsymbol{\vartheta}^{\mathrm{T}}\cdot\boldsymbol{\vartheta}}\right)\right)t\\&+\boldsymbol{m}^{\mathrm{T}}\cdot\boldsymbol{m}-\frac{(\boldsymbol{m}^{\mathrm{T}}\cdot\boldsymbol{\vartheta})^2}{\boldsymbol{\vartheta}^{\mathrm{T}}\cdot\boldsymbol{\vartheta}}-r^2=0\end{aligned} \tag{11-4}$$

求解上式可得，如果方程无根，则线段 AD 与圆柱体不相交。如果上式有两个相同的根，则线段 AD 与圆柱体相切，这表示末端执行器与目标物体即将发生接触

或即将分离。如果上式有两个不同的根，则线段 AD 与圆柱体相交，这表示末端执行器与目标物体正在发生接触。

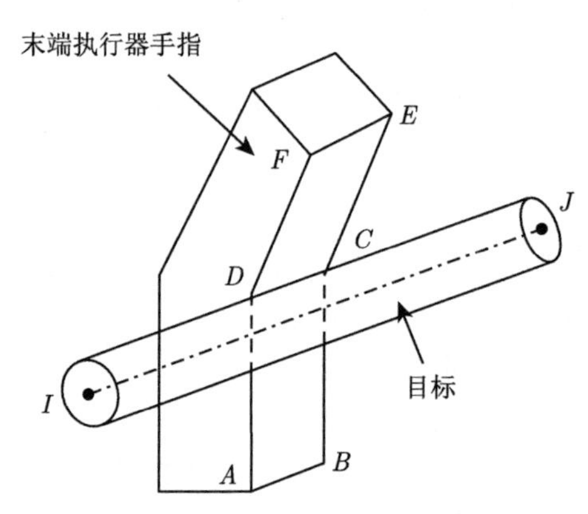

图 11.3　刚性空间机器人碰撞检测简图

在进行碰撞检测的过程中，如果 Hand1 仅有一条棱边与目标圆柱体相交，此时末端执行器与目标圆柱发生点接触。当 Hand1 有两条不共面的棱边与目标圆柱体相交时，此末端执行器与目标圆柱同样发生点接触。当 Hand1 有两条或两条以上共面的棱边与目标圆柱相交时，末端执行器与目标圆柱同样发生线接触。

当末端执行器与目标圆柱体发生点接触时，即有一条或多条不共面的棱边与圆柱体相交，此时渗透深度等于交点到圆柱轴线的最短距离与圆柱半径两者之差。当末端执行器与目标圆柱体发生线接触时，末端执行器与圆柱体的相交截面为四边形，此时渗透深度等于四边形中心点到圆柱轴线的最短距离与圆柱半径两者之差。

11.3.2　圆柱与圆柱

如图 11.2(b) 所示，本章所采用的空间机器人末端执行器由抓手 Hand1 和 Hand2 构成，其中抓手 Hand1 拥有两个手指，抓手 Hand2 拥有 1 根手指，抓手的每根手指都由半径为 r_1 的圆柱体组成。本章使用半径为 r_2 的圆柱体代表自由漂浮物体。相对图 11.2(b) 所示末端执行器，该末端执行器抓手结构形式可以有效避免自由漂浮物体在抓手内部的翻转，进而降低捕获失败的概率。考虑到末端执行器与自由漂浮物体的几何形状为圆柱体，因此末端执行器与自由漂浮物体之间的接触为点接触。根据计算机几何学可知，末端执行器与自由漂浮目标之间的碰撞检测可以通过检测末端执行器抓手圆柱体轴线与目标圆柱体轴线的位置关系来完成。下面本小节将给出具体碰撞检测计算过程。

如图 11.4 所示，线段 HJ 和线段 EF 分别代表末端执行器抓手手指圆柱体轴线，线段 XI 代表目标圆柱体轴线。为了检测抓手圆柱体轴线与目标圆柱体轴

线的位置关系，首先需要计算轴线间的最短距离。令线段 HJ 和线段 XI 的公式为

$$\boldsymbol{L}_1(s) = \boldsymbol{H} + s\boldsymbol{d}_1, \quad \boldsymbol{d}_1 = \boldsymbol{J} - \boldsymbol{H} \tag{11-5a}$$

$$\boldsymbol{L}_2(t) = \boldsymbol{X} + t\boldsymbol{d}_2, \quad \boldsymbol{d}_2 = \boldsymbol{I} - \boldsymbol{X} \tag{11-5b}$$

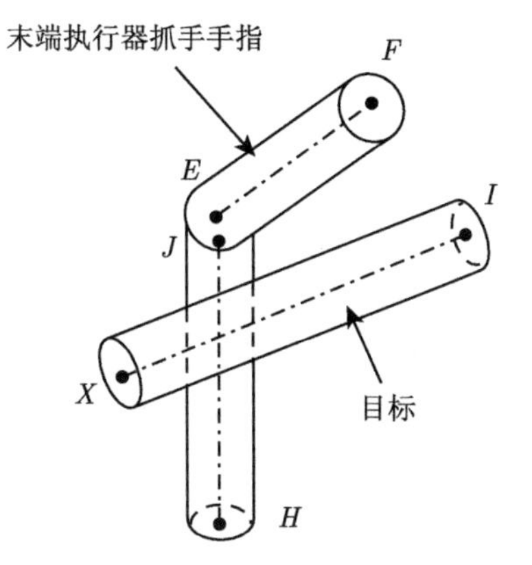

图 11.4 柔性空间机器人碰撞检测简图

式中，$\boldsymbol{H}$、$\boldsymbol{J}$、$\boldsymbol{X}$ 和 $\boldsymbol{I}$ 分别代表点 H、J、X 和点 I 的坐标列阵，参数 s 和 t 分别代表线段 HJ 和线段 XI 函数的自由变量。当变量 s 和变量 t 取任意一对值时，线段 HJ 上点 $\boldsymbol{L}_1(s)$ 和线段 XI 上点 $\boldsymbol{L}_2(t)$ 的连线可以表达为 $\boldsymbol{v}(s,t) = \boldsymbol{L}_1(s) - \boldsymbol{L}_2(t)$。当线段 $\boldsymbol{v}(s,t)$ 同时垂直于线段 HJ 和线段 XI 时，点 $\boldsymbol{L}_1(s)$ 和点 $\boldsymbol{L}_2(t)$ 为线段 HJ 和线段 XI 的最近点即两圆柱轴线的最近点。如果线段 HJ 和线段 XI 所在直线不平行，那么线段 $\boldsymbol{v}(s,t)$ 是唯一的。根据直线垂直的定义可得

$$\boldsymbol{d}_1 \cdot \boldsymbol{v}(s,t) = 0 \tag{11-6a}$$

$$\boldsymbol{d}_2 \cdot \boldsymbol{v}(s,t) = 0 \tag{11-6b}$$

考虑到式 (11-5a)、式 (11-6a) 和 $v(s, t)$ 的表达式，可得

$$\boldsymbol{d}_1 \cdot (\boldsymbol{L}_1(s) - \boldsymbol{L}_2(t)) = \boldsymbol{d}_1 \cdot ((\boldsymbol{H} - \boldsymbol{X}) + s\boldsymbol{d}_1 - t\boldsymbol{d}_2) = 0 \tag{11-7a}$$

$$\boldsymbol{d}_2 \cdot (\boldsymbol{L}_1(s) - \boldsymbol{L}_2(t)) = \boldsymbol{d}_2 \cdot ((\boldsymbol{H} - \boldsymbol{X}) + s\boldsymbol{d}_1 - t\boldsymbol{d}_2) = 0 \tag{11-7b}$$

上式经过变换，可得

$$(\boldsymbol{d}_1 \cdot \boldsymbol{d}_1)s - (\boldsymbol{d}_1 \cdot \boldsymbol{d}_2)t = -\boldsymbol{d}_1 \cdot (\boldsymbol{H} - \boldsymbol{X}) \tag{11-8a}$$

$$(\boldsymbol{d}_2 \cdot \boldsymbol{d}_1)s - (\boldsymbol{d}_2 \cdot \boldsymbol{d}_2)t = -\boldsymbol{d}_2 \cdot (\boldsymbol{H} - \boldsymbol{X}) \tag{11-8b}$$

求解式 (11-8a)，可以获得变量 s 和变量 t 的取值。将变量 s 和变量 t 的值代入式 (11-5a)，我们能获得线段 HJ 和线段 XI 上的最近点 $\boldsymbol{L}_1(s)$ 和 $\boldsymbol{L}_2(t)$ 的坐标。令 d 代表最近点 $\boldsymbol{L}_1(s)$ 和 $\boldsymbol{L}_2(t)$ 的距离。如果 $d < r_1 + r_2$，则末端执行器抓手与自由漂浮目标发生接触，此时公式 (8-28) 中的渗透距离为 $r_1 + r_2 - d$。

11.4 数值仿真

11.4.1 刚性空间机器人抓捕

本节进行数值仿真，以研究刚性空间机器人捕获自由漂浮物体过程中的动力学行为，刚性空间机器人如图 11.1 所示。末端执行器与被捕获物体物理参数如表 11.1 所示。末端执行器与被捕获物体材料弹性模量为 $E_1 = E_2 = 2.06\times10^{11}$，两者材料的泊松比为 $\nu_1 = \nu_2 = 0.3$。忽略接触阻尼，根据公式 (8-29) 可以算出接触刚度。本节考虑了两种不同的捕获工况。在第一种捕获工况中，空间机器人与被捕获的自由漂浮物体关于平面 YOZ 对称，此时从 Z 方向观察末端执行器与被捕获物体的相对位置如图 11.5(a) 所示。仿真初始状态物体 B_8 的质心在惯性坐标下的位置为 (0m, 0.886m, 1.089m)，空间机器人关节角度为 [0°, −15°, −30°, −45°, 0°, 0°]。在捕获过程中，机械臂各关节被锁定，被捕获物体 B_8 以速度 $\boldsymbol{v}$ =(0m/s, −0.05m/s, 0m/s) 向空间机器人飞来，此时空间机器人末端执行器与被捕获的自由漂浮目标发生对心碰撞。

表 11.1　末端执行器与自由漂浮物体物理参数

物体	质量/kg	$I_{xx}/(\text{kg}\cdot\text{m}^2)$	$I_{yy}/(\text{kg}\cdot\text{m}^2)$	$I_{zz}/(\text{kg}\cdot\text{m}^2)$
B_1	4019.2	428.715	428.715	428.715
B_2	3.946	7.892E-004	5.300E-002	5.300E-002
B_3	3.946	7.892E-004	5.300E-002	5.300E-002
B_4	3.946	7.892E-004	5.300E-002	5.300E-002
B_5	3.946	7.892E-004	5.300E-002	5.300E-002
B_6	0.654	2.130e-003	2.043e-003	1.304e-004
B_6	0.654	2.130e-003	2.043e-003	1.304e-004
B_8	48.035	0.118	0.700	0.700

由于仿真过程中自由漂浮物体与刚性空间机器人之间只会产生在 YOZ 平面的作用力和绕 X 的力矩，因此空间机器人基座航天器仅会绕 X 轴发生姿态角度变化，而被捕获目标仅会在 Y 轴和 Z 轴方向发生速度变化。仿真过程中，作用于末端执行器抓手上的控制力矩为

$$\boldsymbol{T}_6 = 200 \times \{[-1,\ 0,\ 0]^{\mathrm{T}} - \boldsymbol{\omega}_{ri}^6\}, \quad \boldsymbol{T}_7 = 200 \times \{[1,\ 0,\ 0]^{\mathrm{T}} - \boldsymbol{\omega}_{ri}^7\} \tag{11-9}$$

式中，$\boldsymbol{\omega}_{ri}^6$ 和 $[-1,\ 0,\ 0]^{\mathrm{T}}$ 分别代表末端执行器抓手 B_6 相对于物体 B_5 的实际角速度和期望角速度，$\boldsymbol{\omega}_{ri}^7$ 和 $[1,\ 0,\ 0]^{\mathrm{T}}$ 分别代表末端执行器抓手 B_7 相对于物体 B_5 的实际角速度和期望角速度。空间机器人捕获自由漂浮物体初始时刻，从 Z 方向观察末端执行器抓手 B_6、B_7 与被捕获物体 B_8 的相对位置关系，如图 11.5(a) 所示。在本节第二种捕获工况中，被捕获自由漂浮物体不再关于平面 YOZ 对称，此时从 Z 方向观察末端执行器与被捕获物体的相对位置，如

图 11.5(b) 所示。在捕获过程中，机械臂各关节保持不变，被捕获物体 B_8 以速度 $\boldsymbol{v}$ =(0, −0.05m/s, 0) 向空间机器人飞来，此时空间机器人末端执行器与自由漂浮目标发生偏心碰撞。由于仿真过程中自由漂浮物体与刚性空间机器人之间会产生三个方向作用力和绕三个方向的力矩，因此空间机器人基座航天器将会同时绕 X 轴、Y 轴和 Z 轴发生姿态角度变化，而被捕获目标则会在 X 轴、Y 轴和 Z 轴方向同时发生速度变化。此种工况仿真过程中，末端执行器抓取力矩计算公式与第一种工况相同。两种工况仿真开始时，抓手与被捕获目标的相对位姿关系如图 11.6 所示。两种工况仿真仿真计算结果如图 11.7~ 图 11.10 所示。由图 11.7(a) 可知，两种工况下空间机器人基座航天器 B_1 绕 X 轴的转角出现了明显的变化，即捕获过程中引起的冲击会明显地改变基座航天器 B_1 的姿态。由图 11.7(b) 所示计算结果可知，第二种工况即末端执行器与自由漂浮目标发生偏心碰撞时会引起基座航天器 B_1 绕 X 轴角速度更复杂的变化。由图 11.8 中所示的被捕获物体在 Y 轴方向和 Z 轴方向的平动速度曲线，我们可以观察出与图 11.7(b)

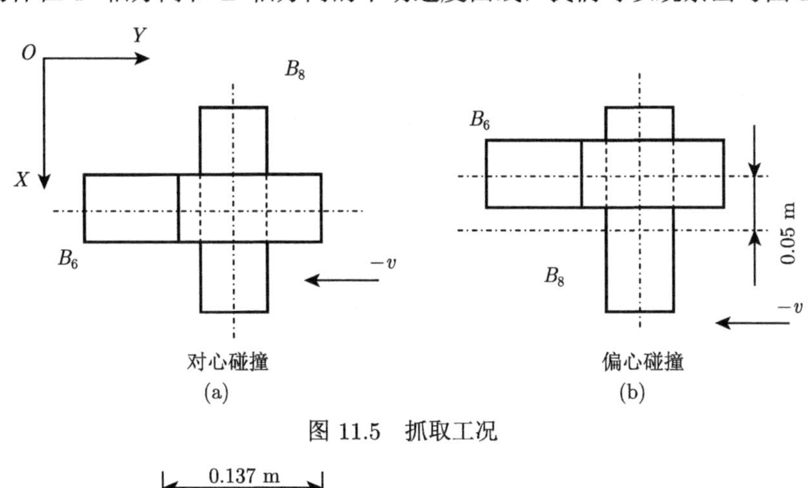

图 11.5 抓取工况

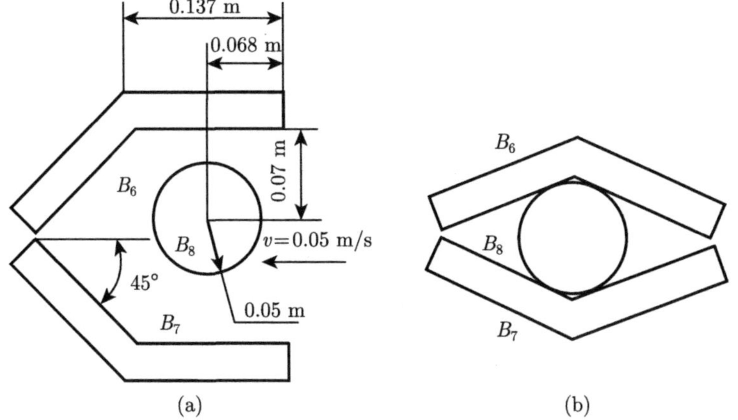

图 11.6 末端执行器与自由漂浮物体相对位置: (a) 初始状态, (b) 最终状态

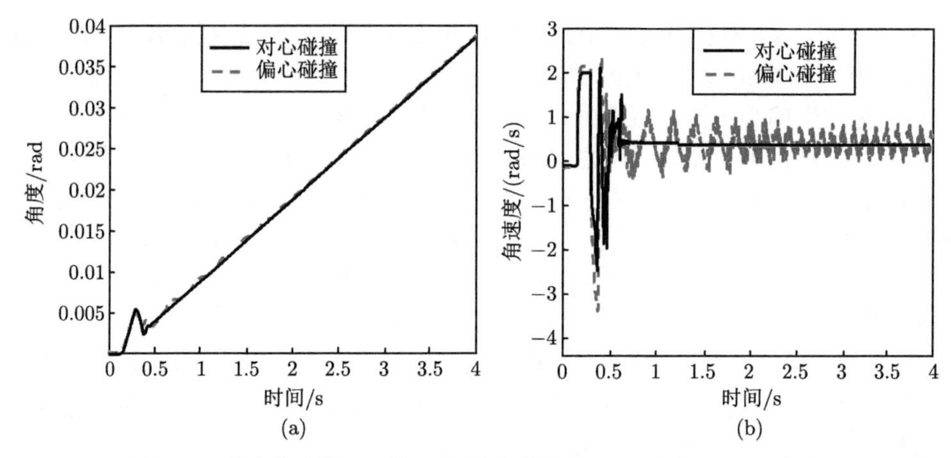

图 11.7　基座航天器 B_1 绕 X 轴姿态变化: (a) Y 方向, (b) Z 方向

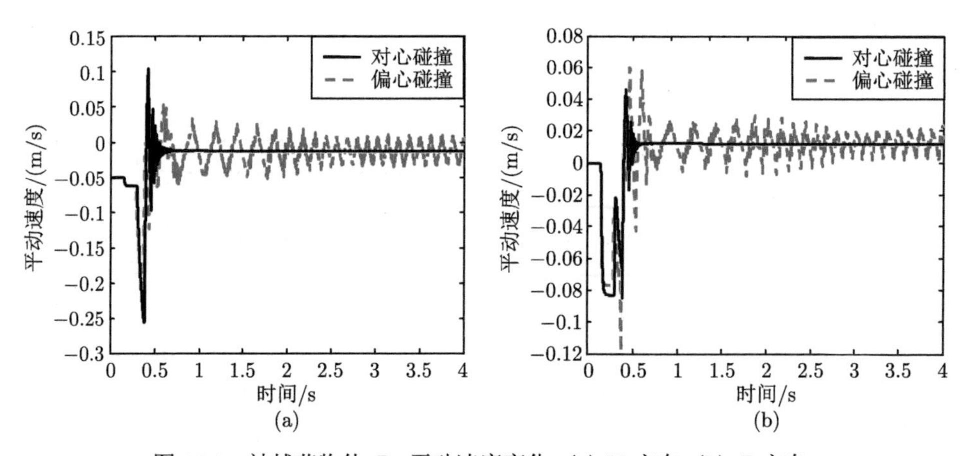

图 11.8　被捕获物体 B_8 平动速度变化: (a) Y 方向, (b) Z 方向

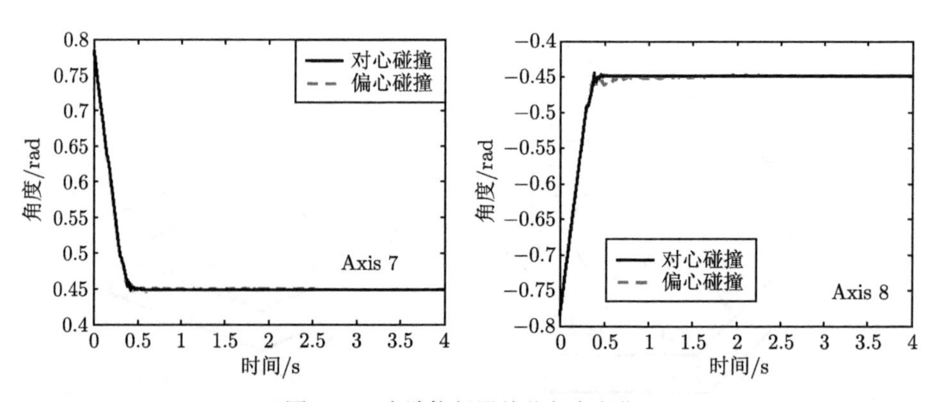

图 11.9　末端执行器关节角度变化

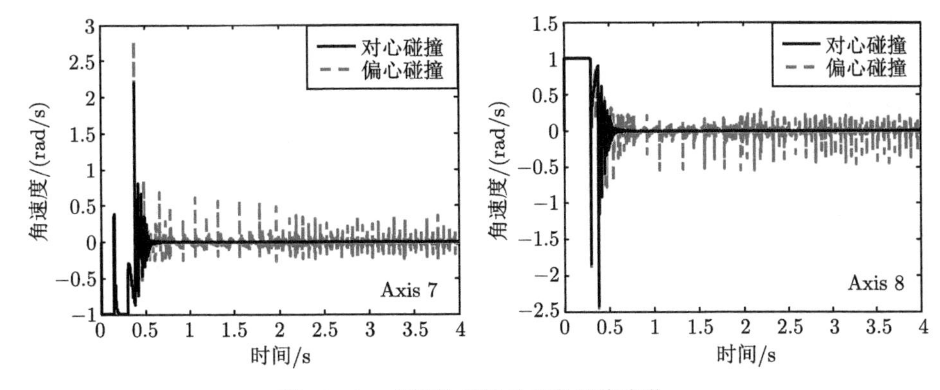

图 11.10 末端执行器关节角速度变化

相同的现象。由仿真计算结果可知，在第一种工况中，末端执行器绕 Axis7 和 Axis8 的转动角度在 0.5s 后趋于稳定，且角速度在 0.5s 后也逐渐趋近于 0，由此我们可以判断空间机器人 0.5s 之后完成了对自由漂浮物体的捕获操作；在第二种工况中，尽管末端执行器绕 Axis7 和 Axis8 的转动角度在 0.5s 后趋于稳定，但转动角速度在 0.5s 之后却在零速的位置上出现明显波动，这说明空间机器人基本上完成了对自由漂浮物体的捕获操作，但并完全抓牢，即自由漂浮物体在末端执行器抓手内部不断地与抓手发生接触碰撞。

由对图 11.7～ 图 11.10 的数值仿真结果的分析可知，两种不同工况下的捕获操作都会对空间机器人基座航天器 B_1 的姿态产生明显的影响。考虑到空间机器人基座航天器上布置有诸如天线、挠性太阳能帆板等挠性构件以及大量高精密仪器，基座航天器大角度的姿态变化及振荡必然会引起不良后果，因此十分有必要在空间机器人捕获工作中施加控制以保持基座航天器姿态的稳定。本小节使用 10.4.3 节所给出的计算力矩方法设计空间机器人基座航天器姿态控制器，并在有控条件下进行以上两种捕获工况的数值仿真。仿真中，空间机器人基座稳定控制器增益参数取值为 $\boldsymbol{K}_P = \text{diag}([0, 0, 0, 2000, 2000, 2000])$，$\boldsymbol{K}_D = \text{diag}([0, 0, 0, 200, 200, 200])$。第一种仿真工况 (即末端执行器与被捕获目标发生对心碰撞) 的计算结果如图 11.11～ 图 11.15，其中图 11.11 为基座航天器 B_1 姿态角度与姿态角速度的时程曲线，图 11.12 为被捕获自由漂浮物体的平动速度时程曲线，图 11.13 为基座航天器姿态控制力矩的时程曲线，图 11.14 和图 11.15 分别是末端执行器抓手转动角度与转动角速度的时程曲线。由图 11.11 所示的仿真结果可知，在有控制的情况下，基座航天器 B_1 绕 X 轴的姿态角度变化得到了有效控制，且随着控制时间的延长，姿态角度会最终趋近于 0。同时由图 11.12 的仿真结果可得，在有控制的情况下捕获物体在 Y 轴方向和 Z 轴方向的速度最终会趋近于 0，这在一定程度上说明物体被捕获成功，并且也证明了航天器基座 B_1 的姿态在仿真过程中会最终趋于稳定。由图 11.3 的仿真结果可知，作用于航天器基座 B_1 上的绕 X 轴的控制力矩会最终趋近于 0，这再一次证明了航天器基座 B_1 的姿态将最终趋于稳定，这也说明本章所设计的姿态控制器对稳定基座航天器姿态是有效的。由图 11.14 和图 11.15 所示的仿真计算结果可知，末端执行器绕 Axis7 和 Axis8 的转动角度在 0.5s 后趋于稳定且转动角速度在 0.5s 后逐渐趋近于 0，由此可以判断空间机器人完成了对自由漂浮物体的捕获操作。第二种仿真工况 (即末端执行器与被捕获目标发生偏心碰撞) 的计算结果如图 11.16～ 图 11.21 所示，其中图 11.16 和图 11.17 分别为基座航天器 B_1 姿态角度与姿态角速度的时程曲线，图 11.18 为被捕获自由漂浮物体的平动速度时程曲线，图 11.19 为基座航天器姿态控制力矩的时程曲线，图 11.20 和图 11.21 分别是末端执行器抓手转动角度与转动角速度的时程曲线。由图 11.16 的仿真结果可知，空间机器人基座航天器 B_1 绕 X 轴、Y 轴和 Z 轴的姿态角度将趋于稳定。由图 11.17 和图 11.18 可知，基座航天器 B_1 绕 X 轴、Y 轴和 Z 轴的角速度最终会在零位置持续振荡，同时被捕获物体在 X 轴、Y 轴和 Z 轴方向的速度最终也会在零位置持续振荡，这都说明本章所设计的姿态控制器对稳定航天器基座 B_1 的姿态是有效的，但空间机器人末端执行器与被捕获物体之间发生的偏心碰撞使得控制器的效果得到了削弱。图 11.19 所示的作用于航天器基座 B_1 控制力矩的变化过程佐证了姿态控制对稳定航天器基座 B_1 的姿态是有效的，但控制效果被复杂的偏心碰撞所弱化。从图 11.20 和图 11.21 的计算结果可知，尽管末端执行器绕 Axis7 和 Axis8 的转动角度在 0.5s 后趋于稳定，但是两者的角速度存在明显波动，这说明空间机器人基本上完成了自由漂浮物体的捕获操作，但并未完全抓牢，即自由漂浮物体在末端执行器抓手内部不断地与抓手发生接触碰撞。

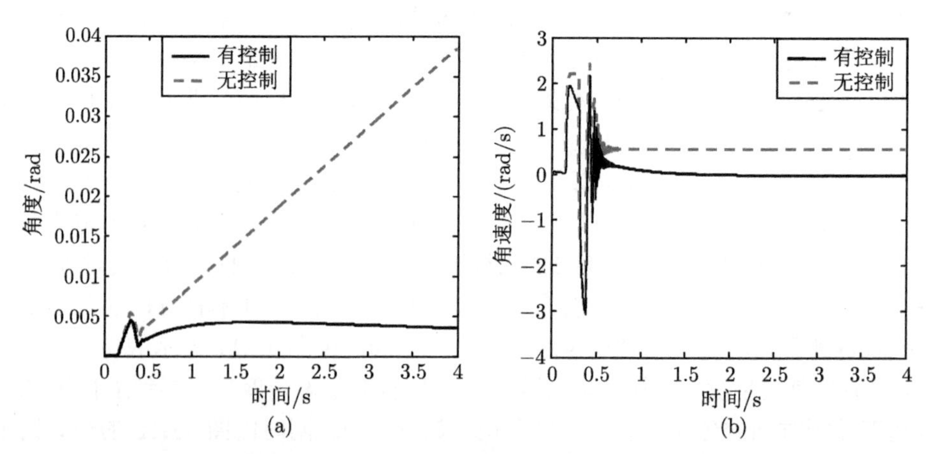

图 11.11　基座航天器 B_1 绕 X 轴姿态变化: (a) 角度, (b) 角速度

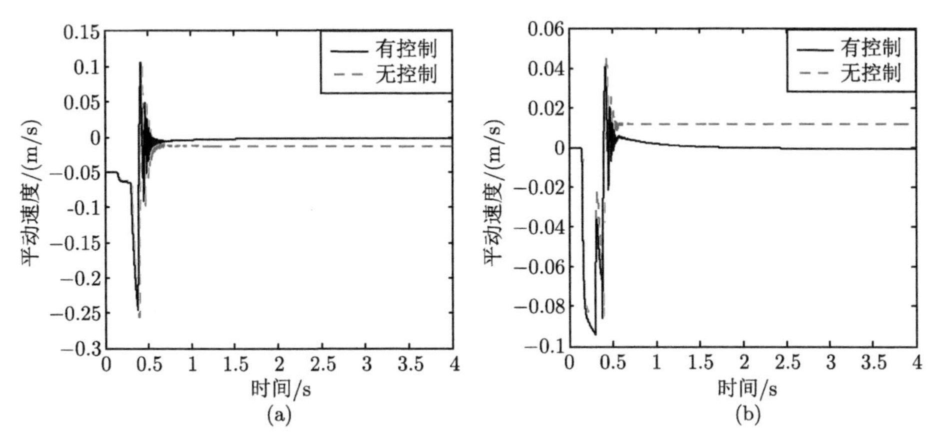

图 11.12 被捕获物体 B_{10} 平动速度: (a) Y 方向, (b) Z 方向

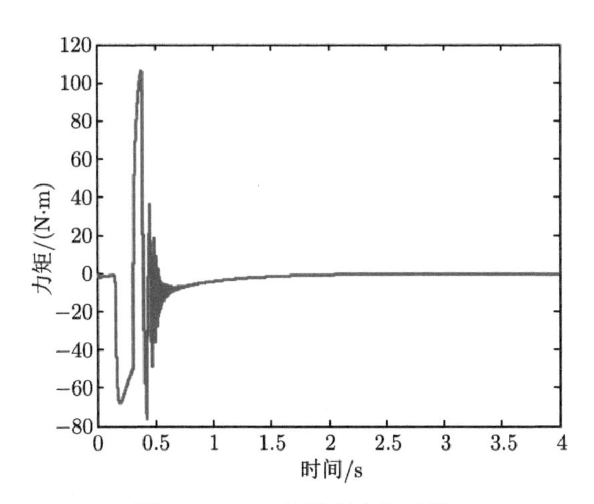

图 11.13 X 轴控制力矩时程

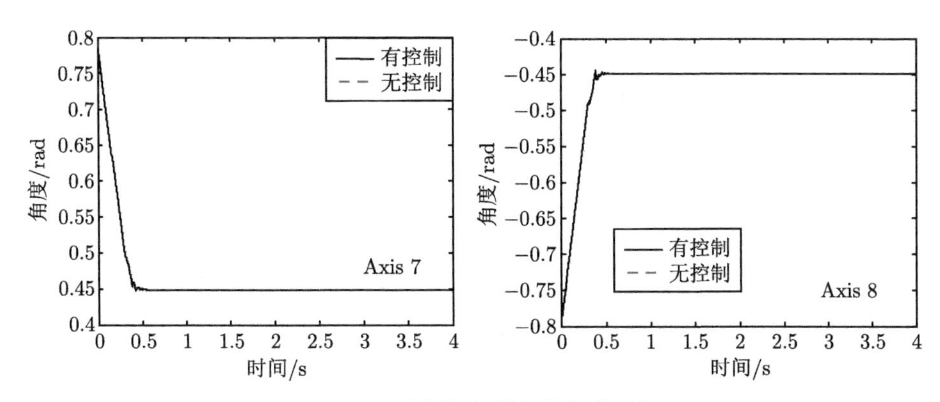

图 11.14 末端执行器关节角度变化

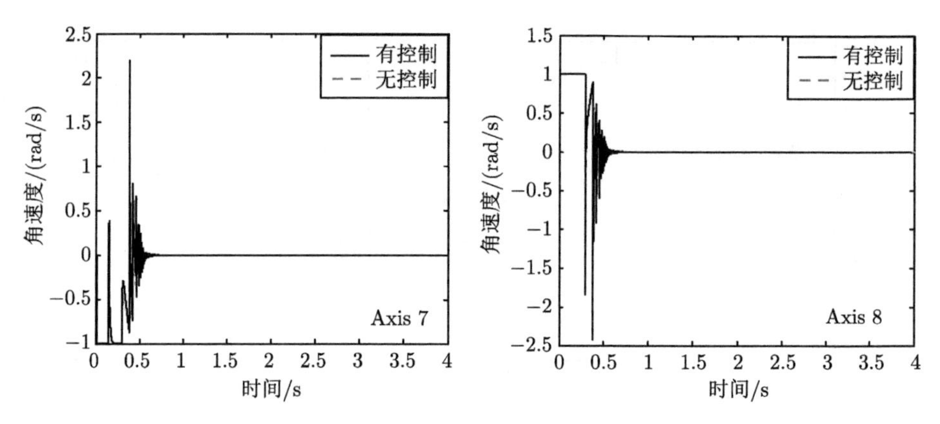

图 11.15　末端执行器关节角速度变化

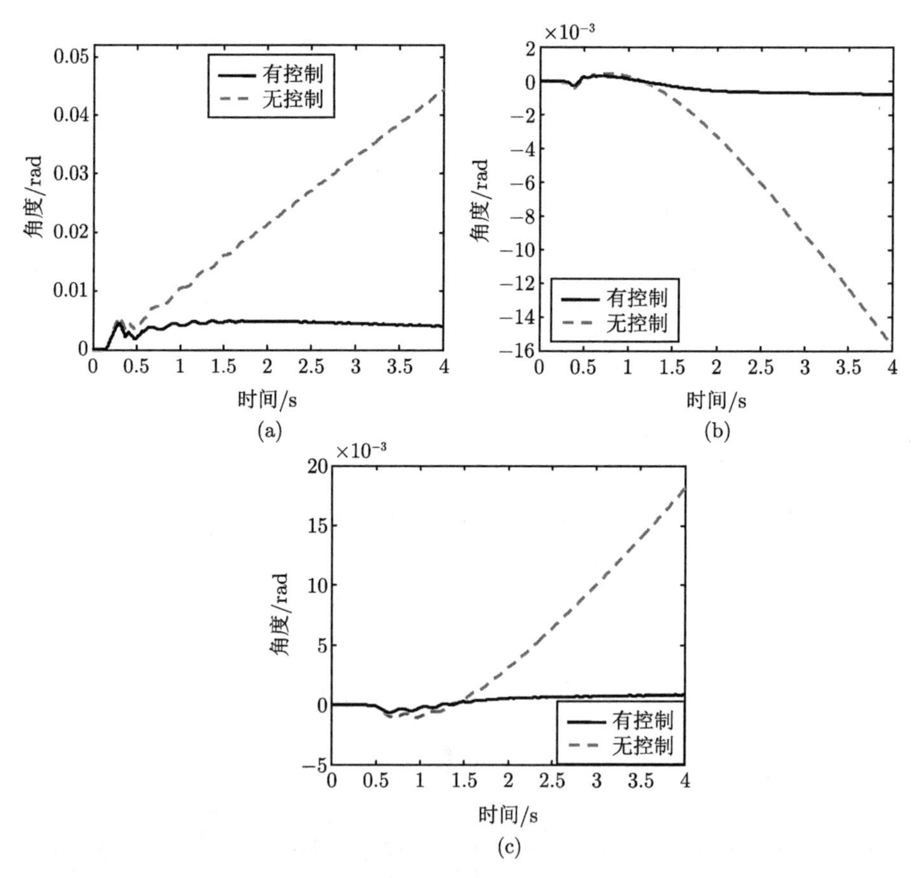

图 11.16　基座航天器 B_1 姿态角度变化: (a) 绕 X 轴转动角度, (b) 绕 Y 轴转动角度, (c) 绕 Z 轴转动角度

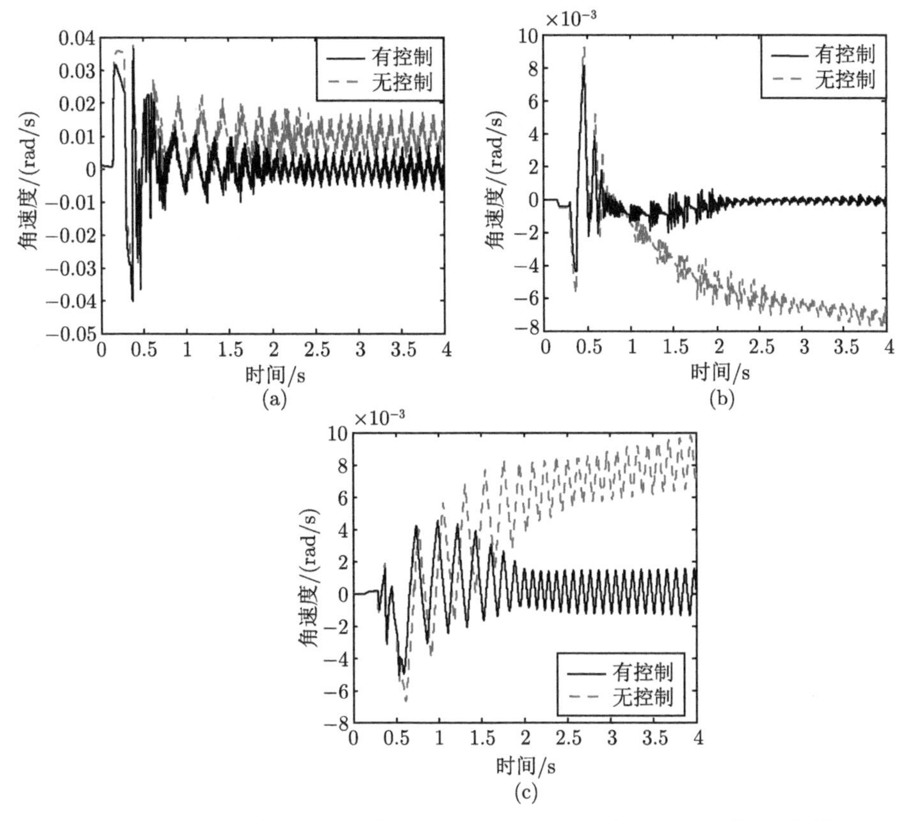

图 11.17 基座航天器 B_1 姿态角速度变化：(a) 绕 X 轴转动角速度, (b) 绕 Y 轴转动角速度, (c) 绕 Z 轴转动角速度

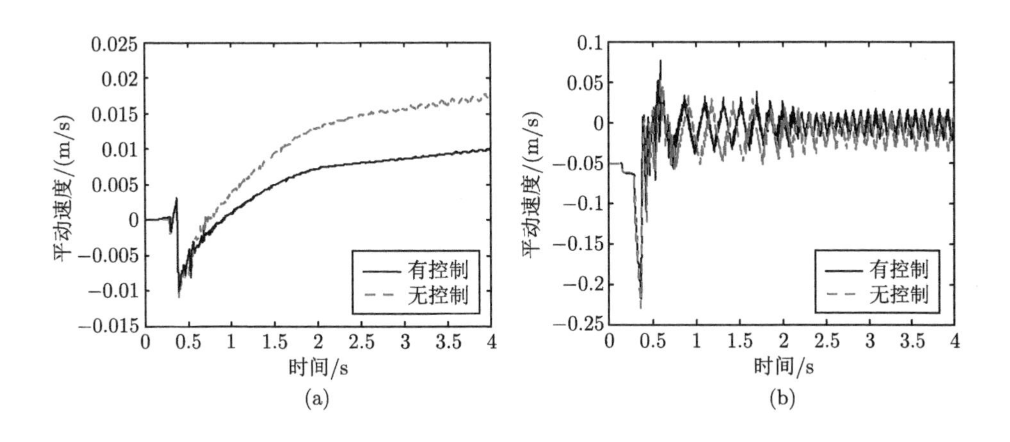

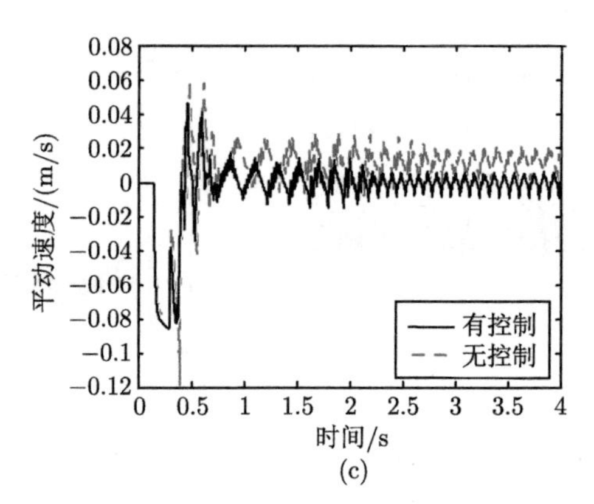

图 11.18 被捕获物体 B_{10} 平动速度: (a) X 方向, (b) Y 方向, (c) Z 方向

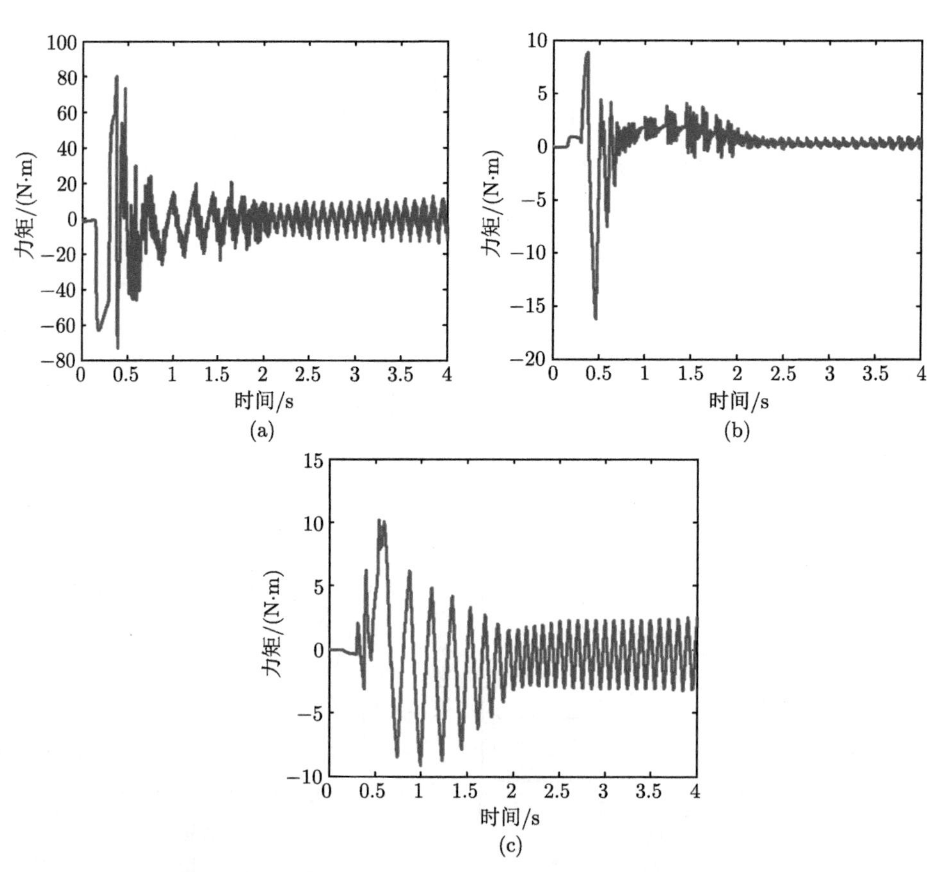

图 11.19 控制力矩时程: (a) X 轴, (b) Y 轴, (c) Z 轴

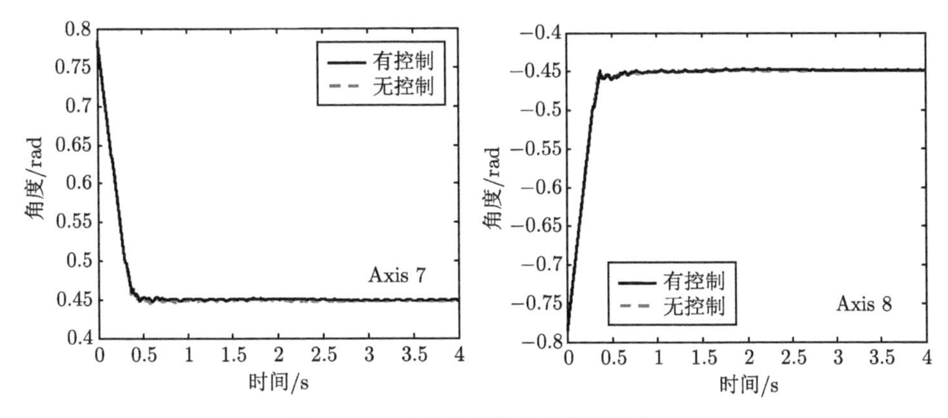

图 11.20 末端执行器关节角度变化

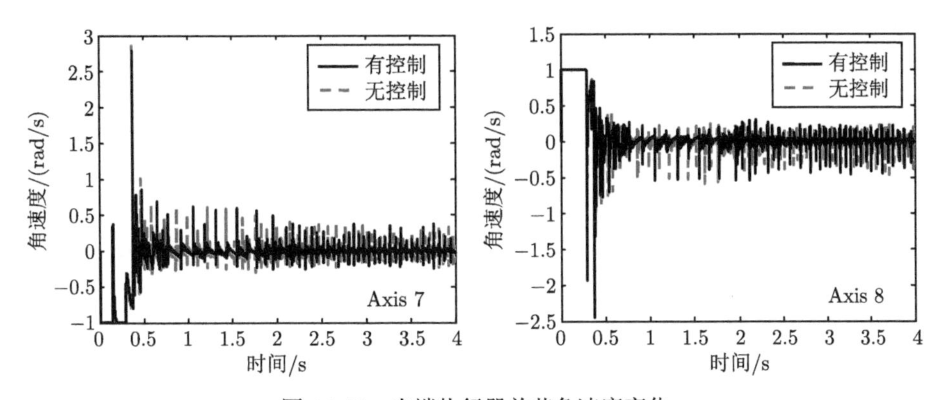

图 11.21 末端执行器关节角速度变化

11.4.2 柔性空间机器人抓捕

本节进行数值仿真，以研究柔性空间机器人捕获自由漂浮物体过程中的动力学行为，柔性空间机器人模型如图 11.22 所示。柔性空间机器人由基座和柔性机械臂构成，其中机械臂由长度 6.4m 的柔性杆 Link1、长度 7m 的柔性杆 Link2，以及长度分别为 0.5m 和 0.6m 的钢性杆 Link3 和 Link4 构成，这些部件的物理参数如表 11.2 所示。末端执行器和目标的物理参数如表 11.3 所示。本章采用悬臂梁的模态函数作为柔性臂杆 Link1 和 Link2 的模态函数，并截取前两阶模态来描述柔性臂杆的弹性变形。柔性臂杆 Link1 的前两阶固有频率分别为 5.909Hz 和 5.909Hz，柔性臂杆 Link2 的前两阶固有频率分别为 5.492Hz 和 5.492Hz。如图 11.22 所示，在本节仿真工况中柔性空间机器人机械臂各关节初始角度为 [0°, 30°, −57.2041°, 27.2038°, 0°, 0°]。在该角度下，机械臂臂杆 Link3 和臂杆 Link4 平行于 Y 轴。末端执行器抓手 Hand1 和抓手 Hand2 捕获前和捕获后状态如图 11.23 所示。在捕获过程中，被捕获物体 Target 处于非受控自由漂浮状态。为验证本章所提出的控制方法的有效性，本节首先分别进行空间机器人无控制和有控制两种工况下的捕获仿真。在这两种工况的数值仿真过程中，假定末端执行器抓手 Hand1 和抓手 Hand2 分别绕轴 Axis7 和轴 Axis8 转动闭合, 作用于末端执行器抓手的控制力矩为

$$u_i = 200 \times (q_i^f - 1 \times t) + 50 \times (\dot{q}_i^f - 1), \quad i = 7,\ 8 \tag{11-10}$$

其中，q_7^f 和 q_8^f 分别是末端执行器绕轴 Axis7 和轴 Axis8 的转动角度。抓捕过程中，比例-微分控制 PD 方法被用于控制机械臂的运动，其控制目标是关节的期望角速度为零。根据控制目标设定的控制增益矩阵 $\boldsymbol{K}$ 和 $\boldsymbol{D}$ 分别为 $\mathbf{0}_{6\times6}$ 和 $100\times\boldsymbol{I}_{6\times6}$。

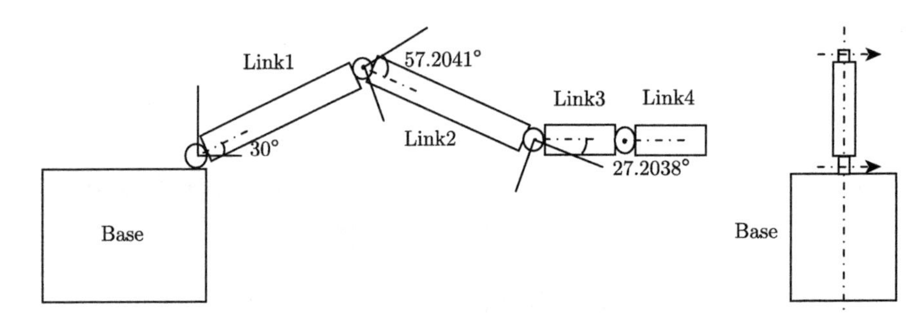

图 11.22　柔性空间机器人初始构型

表 11.2　柔性空间机器人物理参数

物体	质量/kg	$I_{xx}/(\text{kg·m}^2)$	$I_{yy}/(\text{kg·m}^2)$	$I_{zz}/(\text{kg·m}^2)$	$EI/(\text{N·m}^2)$	$GJ/(\text{N·m}^2)$	EA/N
Base1	2.03×10^5	1.017×10^6	9.822×10^6	9.822×10^6			
Link1	138	0.399	471.82	471.82	4.04×10^6	2.040×10^6	2.8×10^9
Link2	85.06	0.4	348.01	348.01	2.81×10^6	1.417×10^6	1.2×10^9
Link3	8	0.2	0.76	0.76			
Link4	41	0.2	5.02	5.02			

表 11.3　末端执行器与自由漂浮物体质量参数

物体	质量/kg	$I_{xx}/(\text{kg·m}^2)$	$I_{yy}/(\text{kg·m}^2)$	$I_{zz}/(\text{kg·m}^2)$
Hand1	12.25	0.163	0.136	0.2759
Hand1	6.13	0.082	0.0068	0.0767
Target	480.35	1.18	0.7	0.7

本节考虑四种不同的捕获工况，具体工况如图 11.24 所示。四种仿真工况按碰撞位置可分为：① 对心碰撞 (如图 11.24(a) 和图 11.24 (b) 所示)，② 偏心碰撞 (如图 11.24 (c) 和图 11.24(d) 所示)。四种仿真工况按速度方向可分为：① 同向运动捕获 (图 11.24 (a) 和图 11.24 (c))，② 相向运动捕获 (图 11.24 (b) 和图 11.24 (d))。在四种仿真工况中，被捕获自由漂浮物体 Target 都沿着 Y 轴方向分别以相

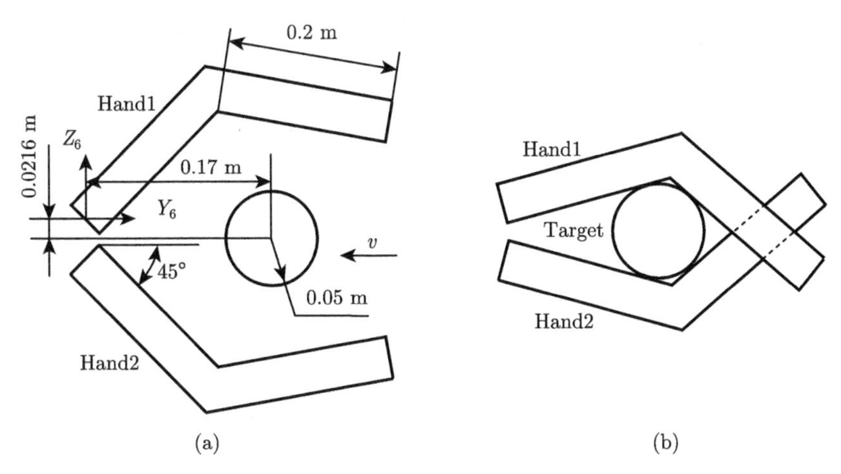

图 11.23　末端执行器抓手与被捕获物体位置关系: (a) 初始位置, (b) 终点位置

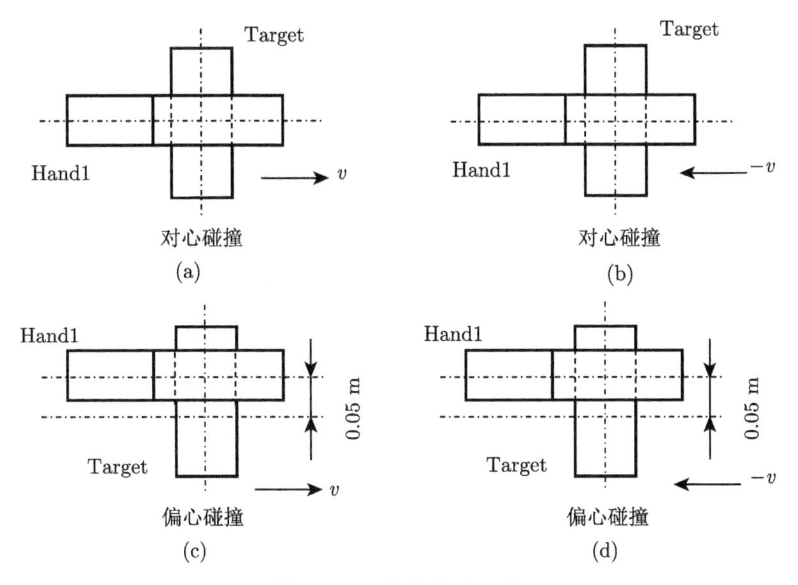

图 11.24　四种仿真工况

对速度 $|v|$ =0.05m/s 和 $|v| = 0.1$m/s 运动。当被捕获自由漂浮物体 Target 的相对速度为 $|v|$=0.05m/s 时，仿真计算结果如图 11.25～ 图 11.28 所示。当 Target 的相对速度为 $|v| = 0.1$m/s 时，仿真计算结果如图 11.29～ 图 11.32 所示。图 11.25 和图 11.29 为机器人基座航天器 Base 姿态角度的变化时程图，图 11.26 和图 11.30 为机械臂关节转动角度的时程图，图 11.27 和图 11.31 为两个柔性臂杆 Link1 和 Link2 末端弹性变形的时程图，图 11.28 和图 11.32 为末端执行器抓手 Hand1 和 Hand2 关节转动角度的时程图。观察图 11.25 和图 11.29 可知，对心碰撞仅引起

基座航天器 Base 绕 X 轴姿态角度的变化，而偏心碰撞则能够引起 Base 绕 X 轴、Y 轴和 Z 轴姿态角度的变化。观察图 11.30 可知，偏心碰撞能够引起机器人机械臂绕 Axis1 轴 ~Axis6 轴关节角度的变化，而对心碰撞仅能引起机械臂绕 Axis2 轴、Axis3 轴和 Axis4 轴关节角度的变化。同时由图 11.27 和图 11.31 可知，对心碰撞和偏心碰撞都能够分别引起柔性臂杆 Link1 在方向 Y_1 和 Link2 在方向 Y_2 的弹性变形，但仅有偏心碰撞能够引起 Link1 在方向 Z_1 和 Link2 在方向 Z_2 的弹性变形。从上述的计算结果可以看出，偏心碰撞引起的冲击更加复杂且更大，造成这一现象的原因是偏心碰撞过程中空间机器人系统有更大动量输入，进而会引起空间机器人系统更大的响应。观察对比图 11.25~ 图 11.27 以及图 11.29~ 图 11.31 所示的同向碰撞和相向碰撞的计算结果可以看出，相向运动会引起系统

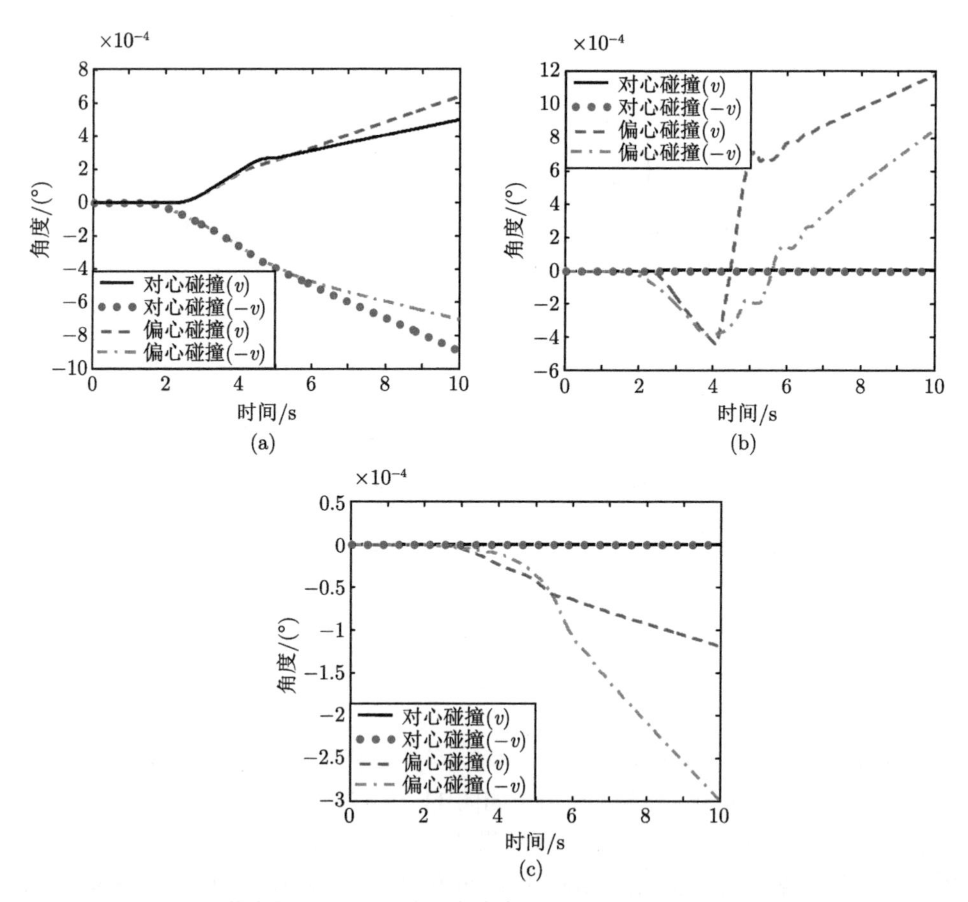

图 11.25　基座航天器 Base 姿态角度变化 ($v = 0.05\text{m/s}$)：(a) 绕 X 轴，(b) 绕 Y 轴，(c) 绕 Z 轴

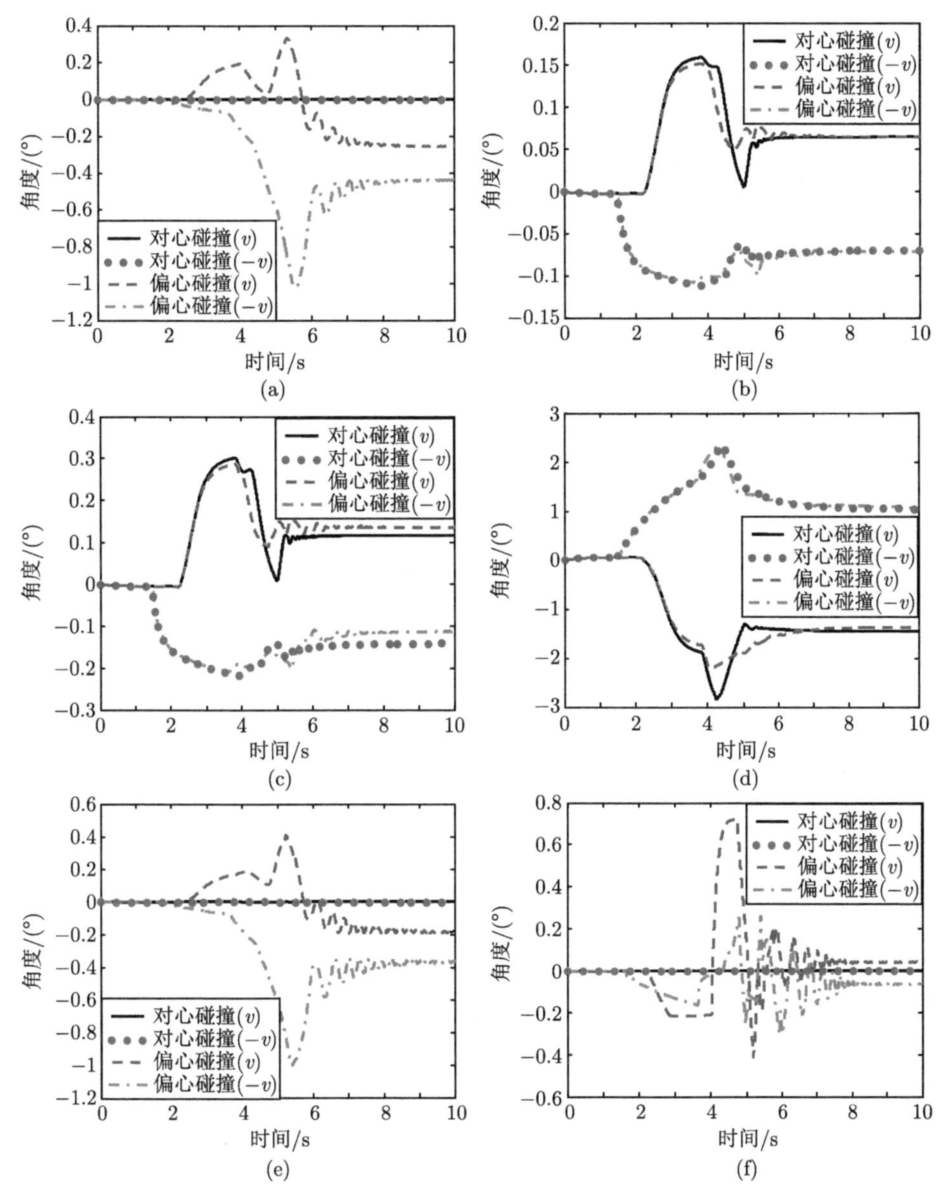

图 11.26 柔性空间机器人机械臂关节角度变化 (v =0.05m/s): (a) Axis1, (b) Axis2, (c) Axis3, (d) Axis4, (e) Axis5, (f) Axis6

的更大响应，原因解释如下：同向碰撞抓取会引起机械臂的拉伸，这会导致空间机器人系统转动惯量变大，进而起到减小系统响应的作用；而相向碰撞会引起机械臂的收缩，这会致使机器人系统转动惯量变小，进而引起机器人系统出现更大响应。由图 11.28 和图 11.32 可以看出，不同的仿真工况中柔性空间机器人末端执行器都能够成功完成对自由目标的抓取任务。

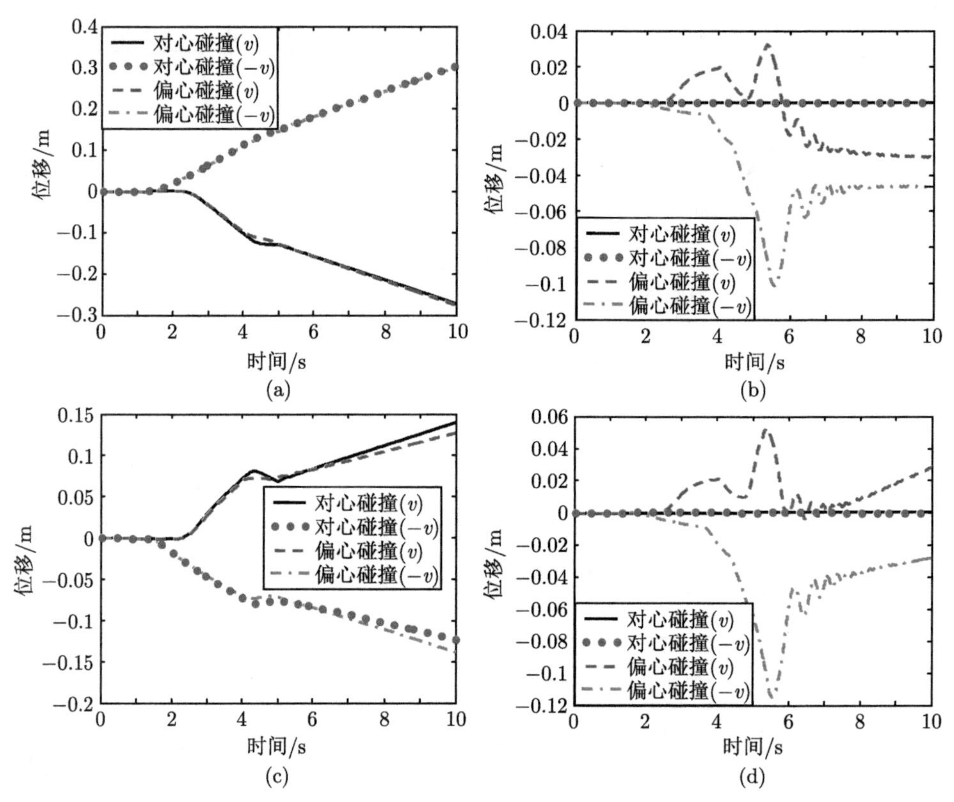

图 11.27　柔性臂杆 Link1 和 Link2 末端在浮动坐标系下的位移 (v =0.05m/s): (a) Link1 在 Y_1 方向，(b) Link1 在 Z_1 方向，(c) Link2 在 Y_2 方向，(d) Link2 在 Z_2 方向

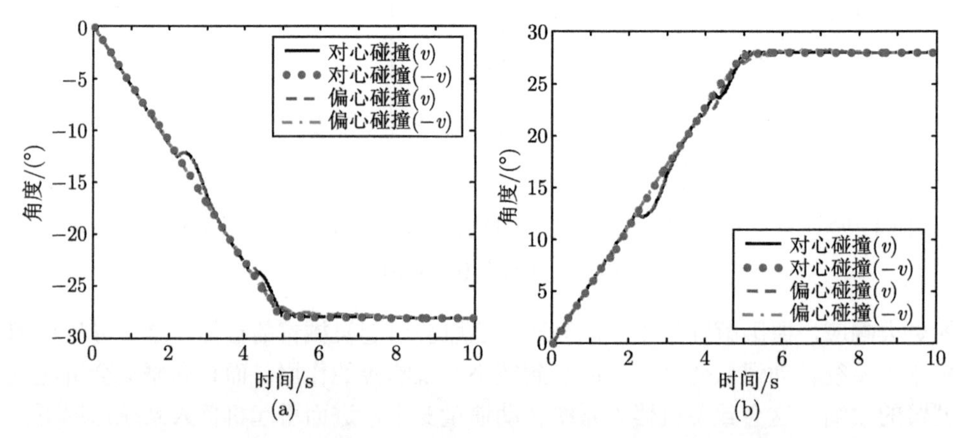

图 11.28　末端执行器关节角度变化 (v =0.05m/s): (a) Axis 7, (b) Axis 8

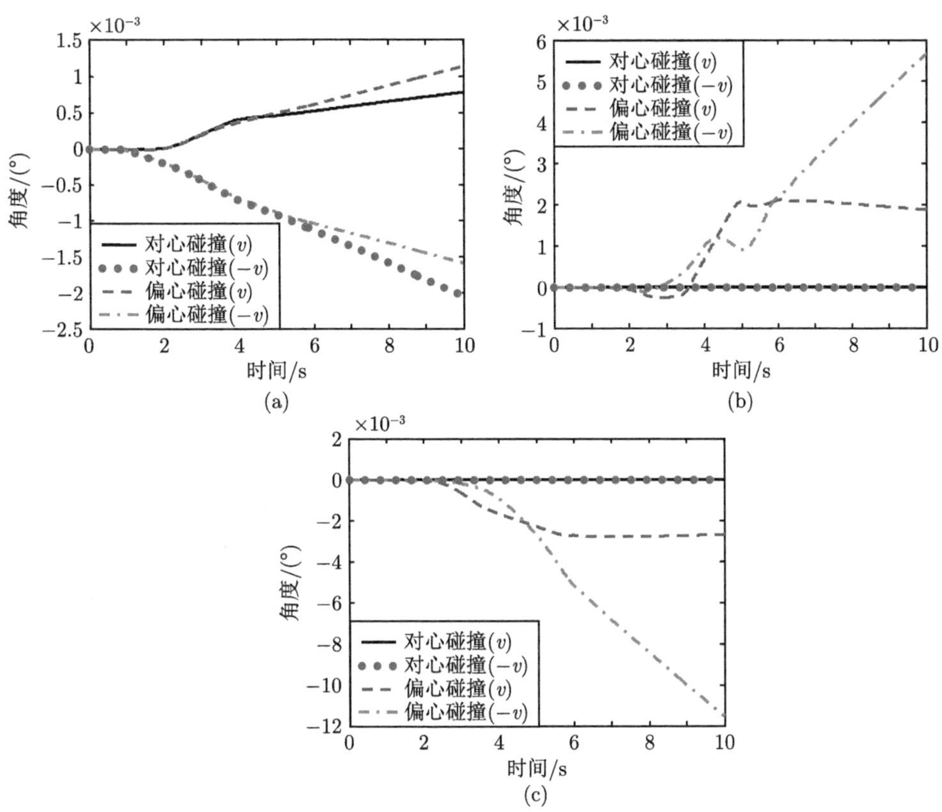

图 11.29 基座航天器 Base 姿态角度变化 ($v = 0.1$m/s): (a) 绕 X 轴, (b) 绕 Y 轴, (c) 绕 Z 轴

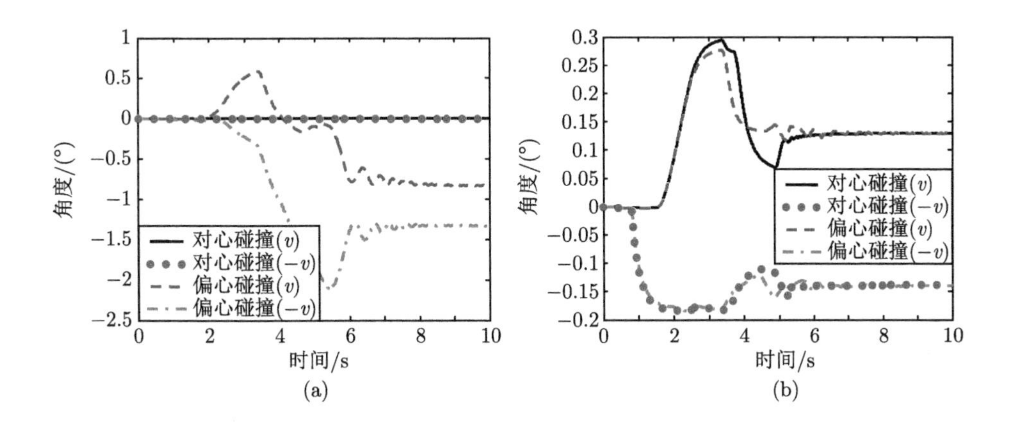

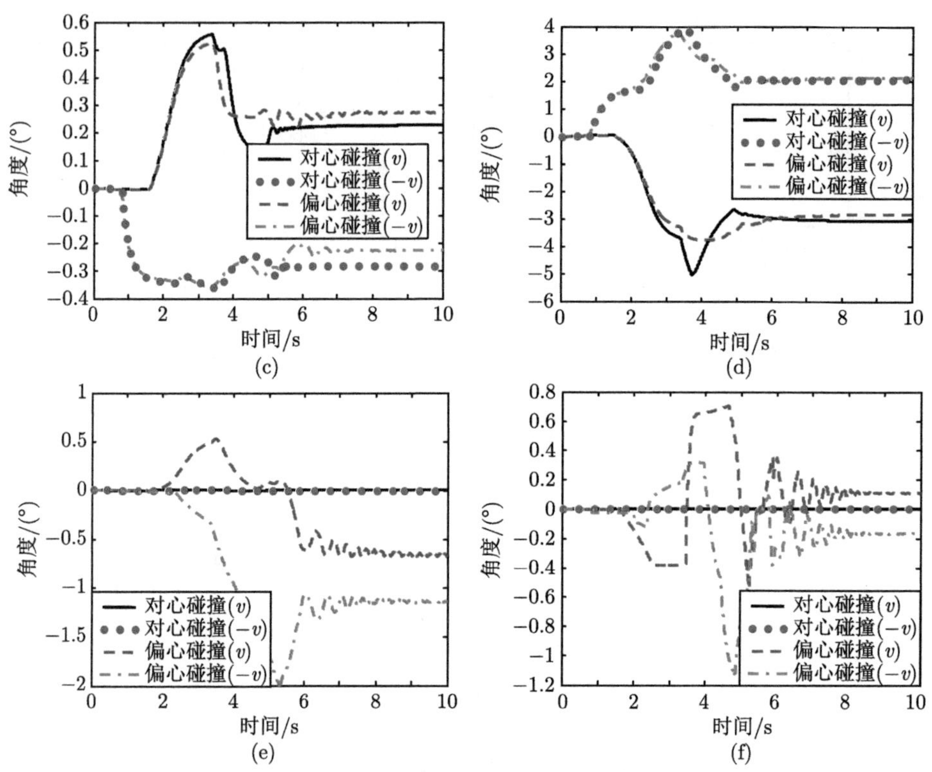

图 11.30 柔性空间机器人机械臂关节角度变化 (v =0.1m/s): (a) Axis1, (b) Axis2, (c) Axis3, (d) Axis4, (e) Axis5, (f) Axis6

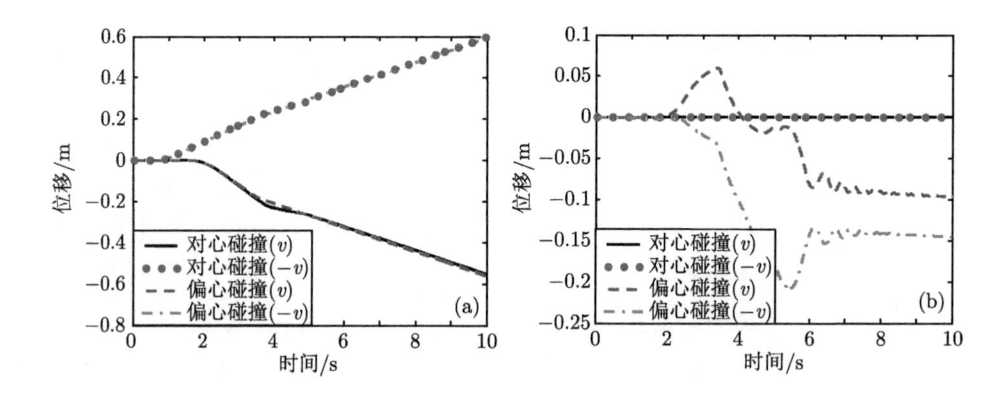

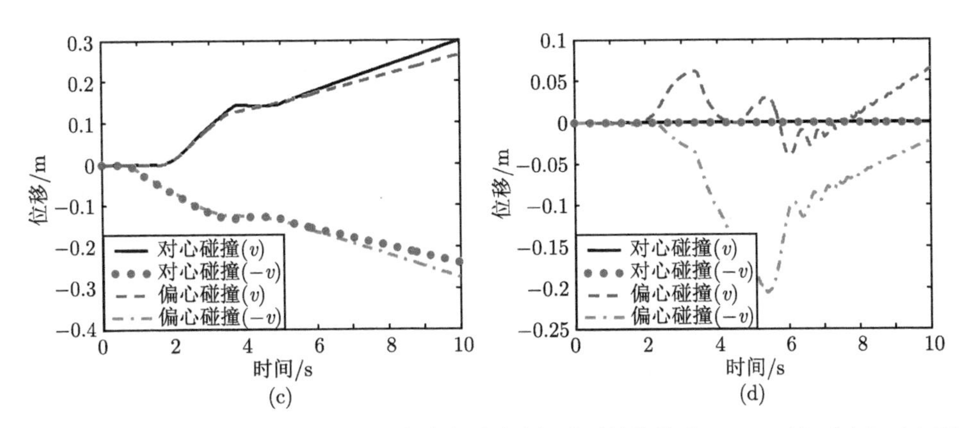

图 11.31 柔性臂杆 Link1 和 Link2 末端在浮动坐标系下的位移 (v =0.1m/s): (a) Link1 在 Y_1 方向，(b) Link1 在 Z_1 方向，(c) Link2 在 Y_2 方向，(d) Link2 在 Z_2 方向

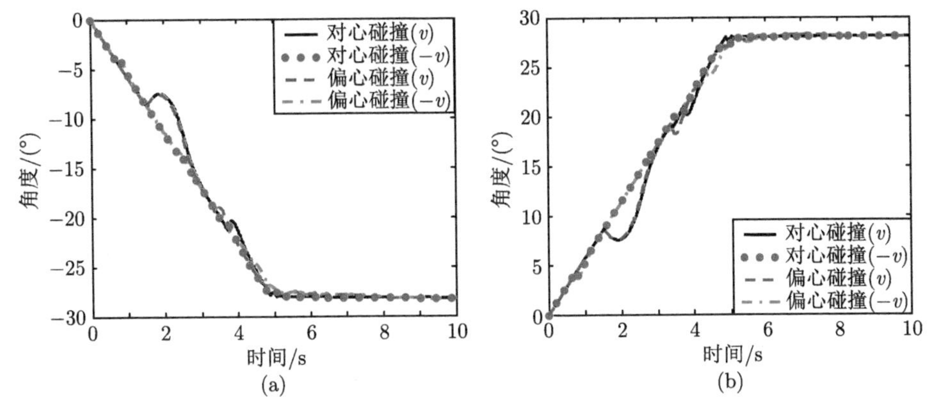

图 11.32 末端执行器关节角度变化 (v =0.1m/s): (a)Axis7, (b) Axis8

11.5 本 章 小 结

本章对刚性空间机器人和柔性空间机器人在抓捕合作目标过程中的动力学行为进行了详细的研究。通过研究发现，偏心碰撞的存在使得即使抓捕合作目标，抓捕过程也是极其复杂的。另外，研究结果表明，相较于刚性空间机器人，杆件柔性的存在使得抓捕过程中存在更多的不确定性，这个抓捕成功带来了不小的挑战。同时，仿真结果也从侧面说明了采用冲量动量法对抓捕过程进行分析是存在不足的。

本章中未尽之处还可详见本课题组已发表和投稿文章 [8] 和 [9]。

参 考 文 献

[1] Wee L B, Walker M W. On the dynamics of contact between space robots and configuration control for impact minimization[J]. IEEE Transactions on Robotics and Automation, 1993, 9(5): 581-591.

[2] Cyril X, Jaar G J, Misra A K. The effect of payload impact on the dynamics of a space robot[C]. Proceedings of 1993 IEEE/RSJ International Conference on Intelligent Robots and Systems (IROS'93), Yokohama, Japan, 1993, 3: 2070-2075.

[3] Cyril X, Misra A K, Ingham M, et al. Postcapture dynamics of a spacecraft-manipulator-payload system[J]. Journal of Guidance, Control, and Dynamics, 2000, 23(1): 95-100.

[4] Fukushima Y, Inaba N, Oda M. Capture and berthing experiment of a massive object using ETS7 space robot[C]. Proc. AIAA Astrodynamics Spec. Conf., Denver, CO, USA, 2000: 635-638.

[5] Friend R B. Orbital express program summary and mission overview[C]. Sensors and Systems for space applications II. International Society for Optics and Photonics, USA, 2008, 6958: 1-3.

[6] Yoshida K, Sashida N. Modeling of impact dynamics and impulse minimization for space robots[C]. Proceedings of 1993 IEEE/RSJ International Conference on Intelligent Robots and Systems (IROS'93), Yokohama, Japan, 1993, 3: 2064-2069.

[7] Yoshida K, Mavroidis C, Dubowsky S. Impact dynamics of space long reach manipulators[C]. Proceedings of IEEE International Conference on Robotics and Automation, Minneapolis, MN, USA, 1996, 2: 1909-1916.

[8] Liu X F, Li H Q, Chen Y J, et al. Dynamics and control of capture of a floating rigid body by a spacecraft robotic arm[J]. Multibody System Dynamics, 2015, 33(3): 315-332.

[9] Liu X F, Cai G P, Chen W J. Capturing a space target using a flexible space robot[J]. Journal of the Astronautical Sciences. (Under Review)

第 12 章　空间非合作目标抓捕策略 2

12.1　引　　言

在轨服务如维修、零部件替换、燃料填注等操作对于未来的航天任务是非常重要的。空间机器人作为在轨服务的提供者其重要性是不言而喻的。尽管在过去的 20 年里基于机器人的在轨服务技术取得了长足的进步 [1-5]，但是抓捕目标卫星仍然有很多困难，尤其当目标是非合作翻滚卫星时。

到目前为止，关于抓捕问题的研究取得了非常多的研究成果。例如，在早期的工作中，研究人员对空间机器人抓捕目标时的碰撞动力学和运动学进行了研究 [1-3, 6, 7]。然而，由于在这些工作中假定两个接触体一旦接触就不会分离并采用冲量动量方法来描述空间机器人与被捕获目标之间的碰撞和接触行为，因此获得的分析结果并不能准确地描述真实的物理现象。为了得到更准确的分析结果，文献 [8] ~ [10] 采用了经典的 Hertz 模型来描述抓捕过程中的碰撞。仿真结果显示，在抓捕成功之前机器人与目标会出现多次分离现象，即抓捕过程中会出现多次接触现象。这佐证了采用冲量动量方法描述抓捕碰撞是具有局限性的。同时，仿真结果也说明了抓捕过程中的接触不仅是非常复杂的，也是非常危险的。因此，为了安全可靠地完成抓捕任务，对抓捕控制问题进行研究是十分必要的。

近年来，国内外研究人员对抓捕控制问题进行了比较详细的研究，并提出了不错的解决方案。例如，Nishida 和 Yosbikawa 提出了一种关节柔顺控制方法 [11]，该控制方法可以减少抓捕对空间机器人基座姿态的影响。Yoshida 等 [12,13] 在传统阻抗控制方法的基础上提出了一种阻抗匹配控制方法。该方法在已知目标物体的惯性参数和接触力的情况下，可以实现通过一次接触便将目标物体停下来的控制目标。在此之后，Nakanishi 和 Yoshida[14] 为了克服传统阻抗控制的缺点，提出了一种改进的阻抗控制方法。虽然阻抗匹配控制方法的有效性得到了实验证明，但 Uyama 等 [15] 指出其并不适合空间捕获任务，并针对性地提出了一种新的阻抗控制方法。这种新方法的核心思想是通过控制机械臂末端与目标物体的相对运动来实现期望的恢复系数。当目标为固定壁面时，实验证明了该方法的有效性。为了将该方法应用于自由漂浮物体的抓捕，Narumi 和 Uyama 等 [16] 在末端执行器上添加了柔性腕关节以降低控制难度。除此之外，他们还提出了一种混合阻抗/位置接触控制方法 [17]。在该方法中，阻抗控制被用来实现软接触，位置控制被用来保持接触点的位置不发生改变。在文献 [18],[19] 中，作者也采用在末端执行器中加入柔性腕关节的方式来实现对接触的控制。除了上述工作之外，最近几年不少学者也提出一些基于阻抗控制的改进抓捕控制方法 [20-23]。

从以上文献综述可知，尽管已有方法被证明可以被用于抓捕任务，但存在一些不足。例如，在几乎所有研究中都假定卫星上有把手类结构。然而，除了 ETS-VII 实验卫星 [4] 外，大部分现有在轨卫星上都没有把手类机构。虽然扶手可以提供类似的功能，但它们的强度往往不够高，因此无法被用于抓捕操作。其次，现有的控制方法中都需要接触力信息。尽管，这类信息可以通过一些力传感器获得，但由于碰撞过程中保持接触时间过短且变化很快，这使得在实际任务中很难获得准确的接触力信息。

为了克服上述不足，在本章节的研究中，我们选择卫星的常见结构——火箭发动机的喷嘴作为被抓捕结构，并在此基础之上研究抓捕控制问题，如图 12.1 所示。受两球碰撞问题研究的启发，一种新的抓捕混合控制策略被提出。在该策略中，有两个控制器——阻尼控制器和姿态跟踪控制器。前者用于控制机器人末端的平移运动，后者用于控制机器人末端的回转运动。在控制过程中，本章所提的控制策略仅利用运动学信息反馈便可将空间机器人转化为等效的质量阻尼系统。利用质量阻尼系统的缓冲特性，空间机器人可以在与目标发生多次碰撞后实现接触的保持，这给抓手完成闭合操作提供了极大的便利。与现有的方法相比，我们的控制方案有两个优点:① 由于只采用运动学信息作为控制输入，这大大降低了控制系统对采样频率的要求；② 姿态跟踪控制器的引入提高了接触控制的鲁棒性。可以说，这些优点使本章节控制策略更具实用价值。

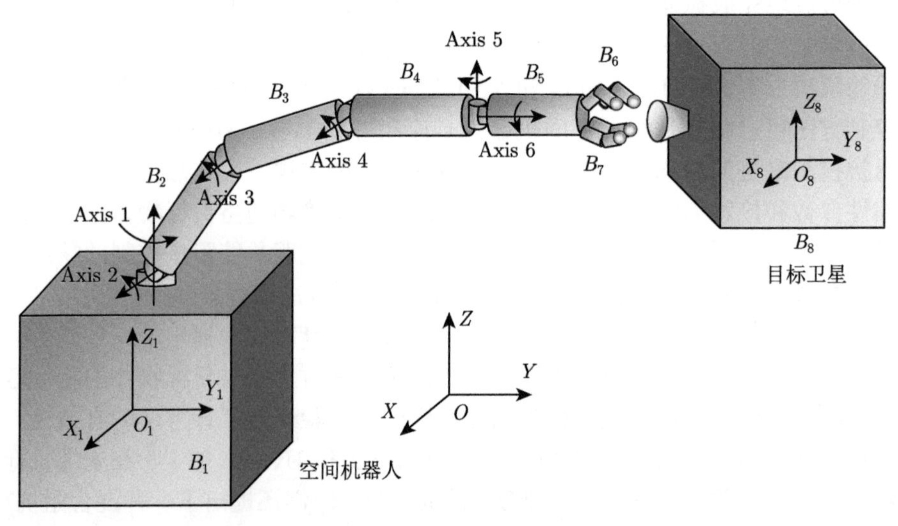

图 12.1　非合作目标抓捕方案

本章的内容安排如下。首先在 12.2 节，研究弹簧阻尼器对对心碰撞的影响规律；然后在 12.3 节，受影响规律的启发，给出一种新的抓捕控制策略。接着，12.4 节将以大量仿真证明本章节控制策略的有效性；最后，结论在 12.5 节中陈述。

12.2　弹簧阻尼器对对心碰撞的影响

为了实现抓捕成功，抓捕控制器要解决的核心问题是将碰撞转化为“静态接触”，即实现保持接触。在第 9 章，一种基于过阻尼控制方法的抓捕策略被提出。在该控制策略中，我们采用主动改变接触碰撞阻尼的方式实现了碰撞发生后的接触保持。虽然该方法在理论上具有完备性，但其与现有的其他控制方法一样都需要将接触力作为控制输入。正如本章引言所阐述的，接触力项的引入提高了对测量系统性能的要求，这给具体方法在实际工程上的应用设置了不小的障碍。既然已有方法的实施难度很大，那么是否有更简单的方式来实现碰撞后的接触保持呢？在不少文献中，研究者都在机械臂的末端添加弹簧阻尼器来减缓碰撞的冲击，期待其可以达到控制接触的目的。从获得的仿真和物理实验结果来看弹簧阻尼器确实起到了预期的作用，但遗憾的是研究人员并未分析弹簧阻尼器对碰撞的影响规律。而事实上该规律对于设计抓捕控制器是十分重要的。本小节，将以两球对心碰撞问题为对象，并通过数值仿真手段深入研究弹簧阻尼对碰撞的影响。

如图 12.2 所示，发生对心碰撞的两个小球为 S_1 和 S_2，他们的质量分别是 10kg 和 1000kg，半径都为 0.05m。两者的接触刚度和接触阻尼分别为 1×10^8 和 100。在仿真初始阶段，S_1 和 S_2 球心的相对距离为 0.1m，S_1 处于静止状态，S_2 以 0.1m/s 向 S_1 运动。当弹簧阻尼器的阻尼恒为 10，刚度分别取 1×10^6、1×10^5、1×10^4 和 0 时的仿真结果如图 12.3~ 图 12.6 所示。观察仿真结果可知，当弹簧阻尼器刚度不为零时，尽管随着刚度的降低，两个小球保持接触的时间在延长，但两者的分离仍然是不可避免的。而当刚度为 0 时，观察图 12.6(a) 可知，两个小球在发生若干次碰撞之后两者的相对距离保持 0，即开始实现接触保持。同时观察图 12.6 (b) 可知，在两个小球的相对距离为 0 时，两者的相对速度也趋近于 0 并最终等于 0，这说明两个小球的接触是可以长时间保持下去的。这一仿真结果提示我们在弹簧阻尼器中只有阻尼有助于实现接触保持。为了进一步验证这个结论，两组新的仿真实现被开展。在这两组仿真实验中，弹簧阻尼器阻尼的取值分别是 100 和 1000，具体仿真结果如图 12.7 和图 12.8 所示。对比观察图 12.6~ 图 12.8 结果可知，随着阻尼的增大，小球发生多次碰撞的时间也变短了，即两个小球可以花费更短的时间实现保持接触。这一结果也验证了我们之前得出的结论：在弹簧阻尼器中只有阻尼有助于实现接触保持，即阻尼器可以起到实现保持接触的作用。接下来，阻尼器在碰撞过程中的作用机理将被介绍。

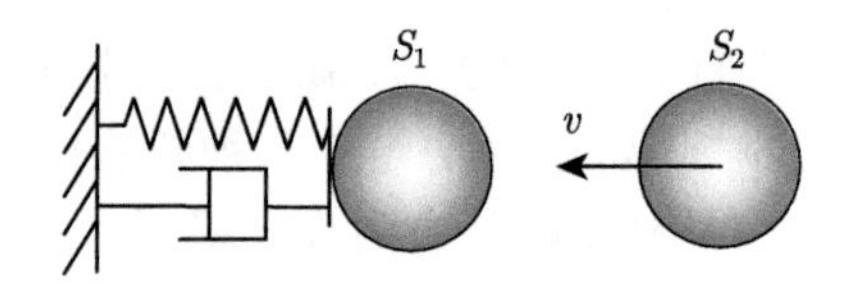

图 12.2　两球对心碰撞示意图

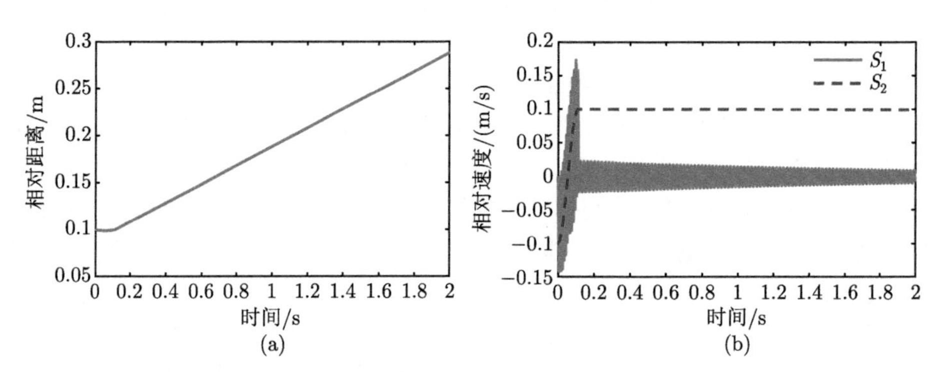

图 12.3　动力学响应曲线 ($k_c = 1 \times 10^6, d_c = 10$): (a) 小球球心相对距离; (b) 小球相对速度

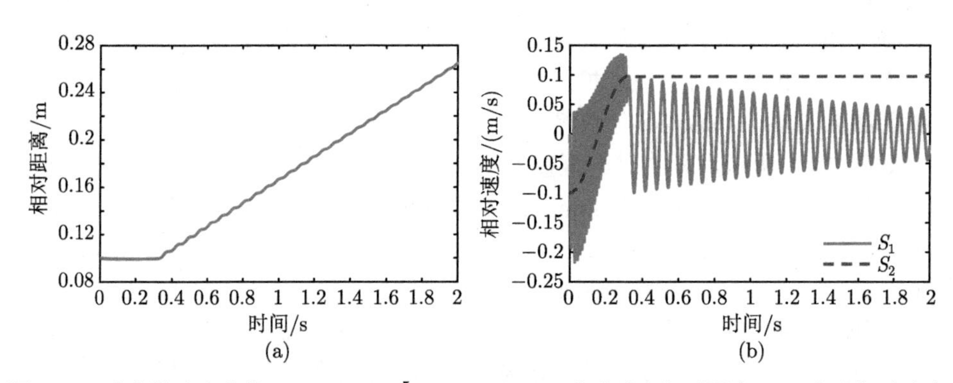

图 12.4　动力学响应曲线 ($k_c = 1 \times 10^5, d_c = 10$): (a) 小球球心相对距离; (b) 小球相对速度

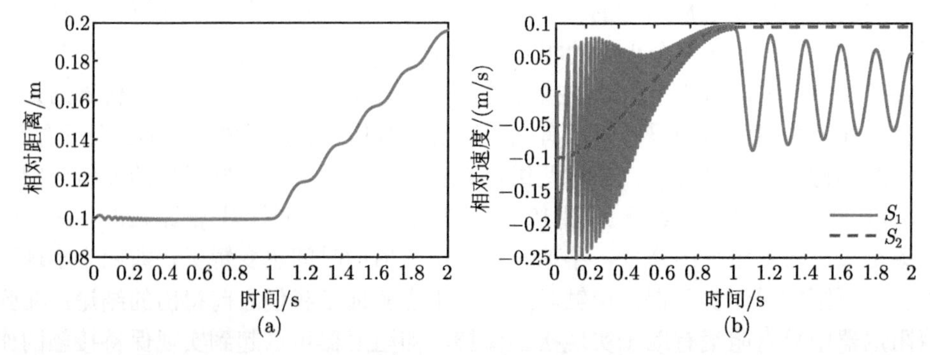

图 12.5　动力学响应曲线 ($k_c = 1 \times 10^4, d_c = 10$): (a) 小球球心相对距离; (b) 小球相对速度

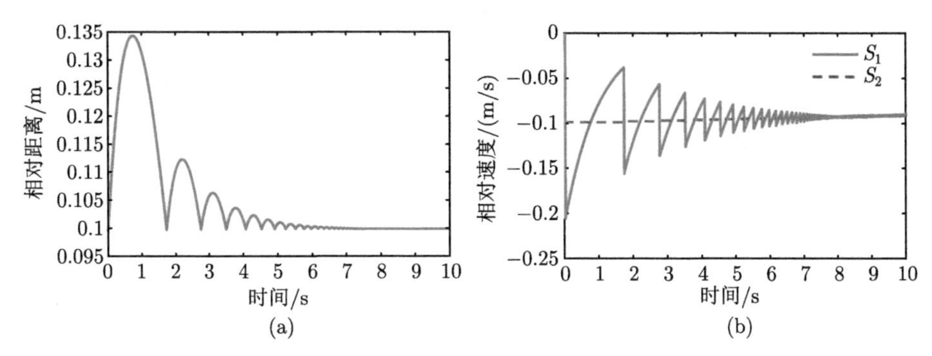

图 12.6 动力学响应曲线 ($k_c = 0$, $d_c = 10$): (a) 小球球心相对距离; (b) 小球相对速度

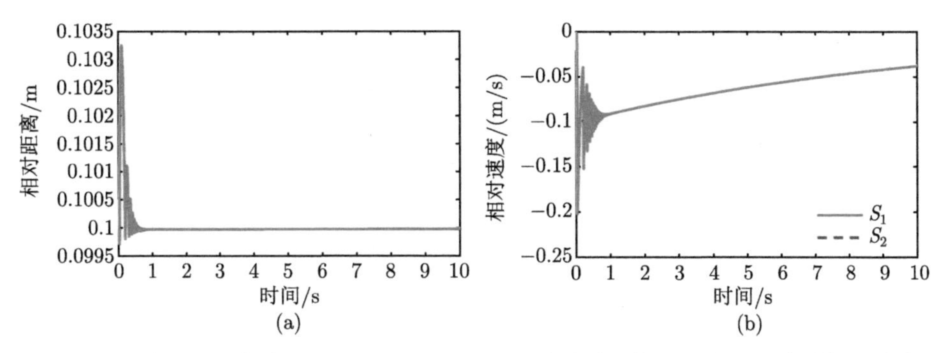

图 12.7 动力学响应曲线 ($k_c = 0$, $d_c = 100$): (a) 小球球心相对距离; (b) 小球相对速度

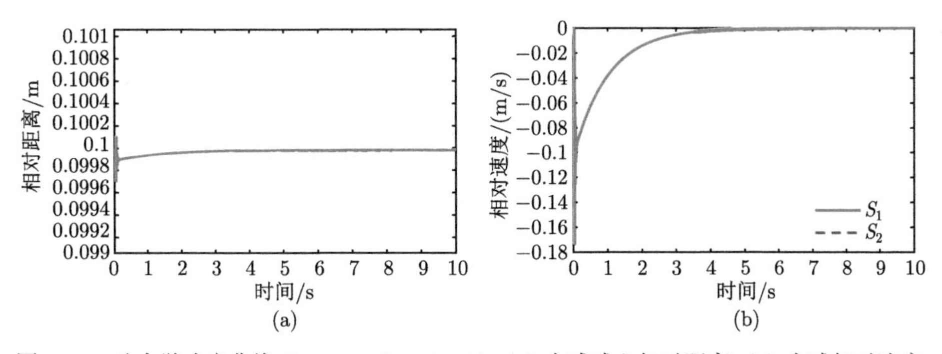

图 12.8 动力学响应曲线 ($k_c = 0$, $d_c = 1000$): (a) 小球球心相对距离; (b) 小球相对速度

在上一段的仿真，有如下条件被考虑：S_2 的质量大于 S_1 的质量，S_2 向 S_1 运动，且 S_2 的绝对速度大于 S_1。考虑到在接触过程中，接触力远大于阻尼力且接触持续的时间过短，因此阻尼力对 S_1 的影响可以忽略。这样根据经典碰撞理论可以得出以下结论：由于两个球的接触刚度很高，因此 S_1 在第一次接触后会获得大于 S_2 的速度并开始远离 S_2，而 S_2 的速度会小于接触前的速度。这一过

程可以认为是 S_2 的动量向 S_1 转移。但接触后，由于接触力消失，阻尼力效应不能忽略。在这一阶段，阻尼力使 S_1 的速度减小，最终 S_2 追上 S_1 并再次与 S_1 接触。接下来的过程，与之前的过程一样。在接触阻尼和阻尼器阻尼力的作用下，S_1 和 S_2 的速度实现相等，相对距离等于它们的半径之和。这意味着保持接触的目标实现了。简化的数学推导过程如下。

定义 m_{S_i} 和 $v_{S_i}(i=1, 2)$ 是 S_i 的质量和速度。根据经典碰撞理论并且忽略阻尼器的作用，可得

$$v'_{S_1}(t_1) = v_{S_1}(t_1) + \left(-(1+r)\frac{m_{S_2}}{m_{S_2}+m_{S_1}}(v_{S_1}(t_1) - v_{S_2}(t_1))\right) \tag{12-1a}$$

$$v'_{S_2}(t_1) = v_{S_2}(t_1) + \left((1+r)\frac{m_{S_1}}{m_{S_2}+m_{S_1}}(v_{S_1}(t_1) - v_{S_2}(t_1))\right) \tag{12-1b}$$

其中，t_1 是第一次发生接触的时刻；$v_{S_i}(t_1)$ 和 $v'S_i(t_1)$ 分别是 S_i 在接触前和接触后的速度，其中 $v_{S_1}(t_1)=0$，$v_{S_2}(t_1)<0$；r 为接触恢复系数，其大于 0 小于 1。考虑到 $v_{S_1}(t_1) > v_{S_2}(t_1)$，那么公式 (12-1a) 和 (12-1b) 右端第二项都小于 0。鉴于 $m_{S_1}/m_{S_2} = 1/100$，我们可以很容易获得

$$v'_{S_1}(t_1) < v_{S_1}(t_1) = 0, \quad v_{S_2}(t_1) < v'_{S_2}(t_1) < 0 \tag{12-2}$$

另外，由于经典碰撞理论，可得

$$\frac{v'_{S_2}(t_1) - v'_{S_1}(t_1)}{v_{S_1}(t_1) - v_{S_2}(t_1)} = r \tag{12-3}$$

由于 $r<1$，我们可以获得以下两个关系式：

$$v'_{S_1}(t_1) < v'_{S_2}(t_1) < 0, \ |\Delta v'(t_1)| < |\Delta v(t_1)| \tag{12-4}$$

其中，$\Delta v'(t_1) = v'_{S_1}(t_1) - v'_{S_2}(t_1), \Delta v(t_1) = v_{S_1}(t_1) - v_{S_2}(t_1)$。

由 $v'_{S_1}(t_1) < v'_{S_2}(t_1) < 0$ 可得，S_1 将在第一次接触后与 S_2 分离。随后，在阻尼器的作用下，S_1 的速度会逐渐减慢。而与 S_1 分离后，由于无外力作用，S_2 会以恒定的速度继续运动，即 $v_{S_2}(t) = v'_{S_2}(t_1)$。最终，$S_2$ 会追上 S_1。令第二次接触的时间为 t_2，可得

$$v_{S_2}(t_2) = v'_{S_2}(t_1) < v_{S_1}(t_2) \leqslant 0, \quad v_{S_1}(t_2) \leqslant v_{S_1}(t_1) = 0 \tag{12-5}$$

由公式 (12-1)～ 公式 (12-4) 可获得在第二次接触时 $v_{S_1}(t_2)$，$v_{S_2}(t_2)$，$v'_{S_1}(t_2)$ 和 $v'_{S_2}(t_2)$ 的关系为

$$v'_{S_1}(t_2) < v_{S_1}(t_2), \quad v'_{S_2}(t_2) > v_{S_2}(t_2), \quad v'_{S_1}(t_2) < v'_{S_2}(t_2), \quad |\Delta v'(t_2)| < |\Delta v(t_2)| \tag{12-6}$$

再次利用经典碰撞理论，可得

$$\frac{v'_{S_2}(t_2)-v'_{S_1}(t_2)}{v_{S_1}(t_2)-v_{S_2}(t_2)}=r \tag{12-7}$$

公式 (12-3) 与公式 (12-7) 相减，可得

$$(v'_{S_2}(t_1)-v'_{S_1}(t_1))-(v'_{S_2}(t_2)-v'_{S_1}(t_2))=r(v_{S_1}(t_1)-v_{S_2}(t_1)-(v_{S_1}(t_2)-v_{S_2}(t_2))) \tag{12-8}$$

由于 $v_{S_1}(t_2)\leqslant v_{S_1}(t_1)$，那么我们可以获得

$$v_{S_1}(t_1)-v_{S_2}(t_1)\geqslant v_{S_1}(t_2)-v_{S_2}(t_2) \tag{12-9}$$

上式说明两次碰撞前，接触物体的相对速度在减小。

将公式 (12-9) 代入公式 (12-8)，可得

$$\begin{aligned}(v'_{S_2}(t_1)-v'_{S_1}(t_1))-(v'_{S_2}(t_2)-v'_{S_1}(t_2)) &=r(v_{S_1}(t_1)-v_{S_2}(t_1)-(v_{S_1}(t_2)-v_{S_2}(t_2)))\\ &\geqslant r(v_{S_2}(t_2)-v_{S_2}(t_1)-(v_{S_1}(t_2)-v_{S_2}(t_2)))\\ &\geqslant r(-v_{S_2}(t_1)+v_{S_2}(t_2))\end{aligned} \tag{12-10}$$

由于 $v_{S_2}(t_2)<v_{S_1}(t_2)\leqslant 0$，那么 $(v'_{S_2}(t_1)-v'_{S_1}(t_1))-(v'_{S_2}(t_2)-v'_{S_1}(t_2))>0$。

考虑到 $v'_{S_1}(t_1)<v'_{S_2}(t_1)$ 且 $v'_{S_1}(t_2)<v'_{S_2}(t_2)$，那么我们可得

$$|\Delta v'(t_2)|<|\Delta v'(t_1)| \tag{12-11}$$

上式说明两次碰撞后，接触物体的相对速度也在减小，即在多次碰撞过程中，阻尼器的介入使得碰撞分离时刻接触物体的相对速度是单调递减的。当分离速度无限趋近于 0 时，我们便可以实现接触保持任务。

12.3 抓捕控制策略

在 12.2 节，我们通过研究弹簧阻尼器对对心碰撞的影响规律发现阻尼器有助于实现碰撞后的接触保持，而弹簧是没有这一作用的。对抓捕任务来说，如果空间机器人与目标之间的接触是对心碰撞，那么只要通过控制将机器人转化为一个质量阻尼系统便可以实现碰撞之后的接触保持。由经典的阻抗控制方法可知，将机器人转化为一个质量阻尼系统并不是一件非常复杂的工作。然而很遗憾的是，在实际的抓捕任务中，机器人与目标之间的接触是非对心碰撞，尤其当目标处于翻滚状态时。因此，为了实现接触保持的控制目标，需要设计一种更合适的控制策

略。与第 9 章所给出的控制策略类似，一种混合控制策略被设计用于完成抓捕任务。本章策略的核心思想同样是首先利用运动控制实现在抓捕过程中机械臂末端执行器与目标相对姿态保持不变。这样机械臂与目标之间的接触可以近似认为是对心碰撞，然后将空间机器人转化为质量阻尼系统，并利用质量阻尼系统的缓冲特性来实现接触保持。接下来本小节将对具体的控制策略进行介绍。

本章所设计混合控制器结构如图 12.9 所示。在该控制器中，质量阻尼系统是核心，其作用是产生机械臂末端期望的平动和转动。期望的转动可以实现将机械臂与目标之间的碰撞转化为对心碰撞，期望的平动可以实现对心碰撞的接触保持。为了实现上述两个目标，我们设计的质量阻尼系统的动力学方程为

$$\boldsymbol{M}_d\ddot{\boldsymbol{X}}_d+\boldsymbol{C}_d\dot{\boldsymbol{X}}_d=\boldsymbol{F}_{\text{track}}=[0,\ 0,\ 0,\ \boldsymbol{M}_{\text{track}}^{\mathrm{T}}]^{\mathrm{T}} \tag{12-12}$$

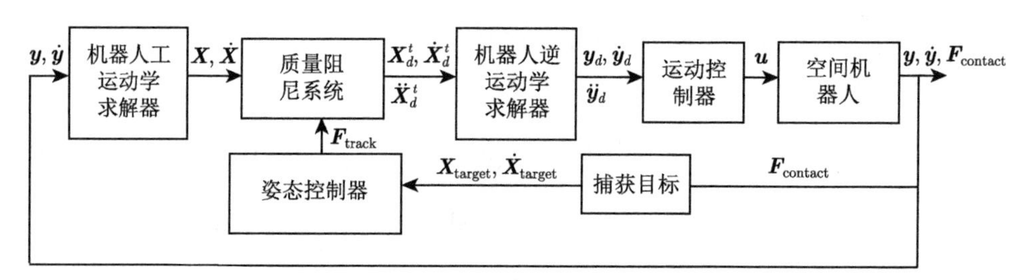

图 12.9　控制系统框图

其中，$\boldsymbol{X}_d=[\boldsymbol{r}_d;\ \theta_d]\in R^{6\times1}$ 是质量阻尼系统的状态，$\boldsymbol{r}_d\in R^{3\times1}$ 是机械臂末端希望的位置，$\theta_d\in R^{3\times1}$ 是机械臂末端希望的姿态；$\boldsymbol{M}_d\in R^{6\times6}$ 和 $\boldsymbol{C}_d\in R^{6\times6}$ 分别是质量矩阵和阻尼矩阵，$\boldsymbol{M}_{\text{track}}\in R^{3\times1}$ 是期望的姿态控制的力矩，其可以通过下式计算获得

$$\boldsymbol{M}_{\text{track}}=\boldsymbol{K}\boldsymbol{e}_{\text{track}}+\boldsymbol{D}\dot{\boldsymbol{e}}_{\text{track}} \tag{12-13}$$

其中 $\boldsymbol{K}\in R^{3\times3}$ 和 $\boldsymbol{D}\in R^{3\times3}$ 分别是比例增益矩阵和微分增益矩阵，$\boldsymbol{e}_{\text{track}}$ 为姿态跟踪误差：

$$\boldsymbol{e}_{\text{track}}=\boldsymbol{\theta}_{\text{target}}-\boldsymbol{\theta}_{\text{tip}} \tag{12-14}$$

其中，$\theta_{\text{target}}\in R^{3\times1}$ 和 $\theta\in R^{3\times1}$ 分别是被抓捕目标接触面和机械臂末端的姿态量。

在质量阻尼系统中 (公式 (12-12))，跟踪控制律 $\boldsymbol{M}_{\text{track}}$ 是质量–阻尼系统的一项输入，其他输入项为接触分离时机械臂末端的位姿 $\boldsymbol{X}=[\boldsymbol{r};\ \theta]\in R^6$ 和速度 $\dot{\boldsymbol{X}}=[\dot{\boldsymbol{r}};\ \dot{\boldsymbol{\theta}}]$。

改写公式 (12-12) 并积分可得

$$\dot{\boldsymbol{X}}_d^t=\boldsymbol{M}_d^{-1}\int(\boldsymbol{F}_{\text{track}}-\boldsymbol{C}_d\dot{X}_d)\mathrm{d}t \tag{12-15}$$

将公式 (12-15) 代入公式 (12-12)，可以获得 $\ddot{\boldsymbol{X}}_d^t$。对公式 (12-15) 积分可得

$$\boldsymbol{X}_d^t = \boldsymbol{M}_d^{-1} \iint (\boldsymbol{F}_{\text{track}} - \boldsymbol{C}_d \dot{\boldsymbol{X}}_d) \mathrm{d}t^2 \tag{12-16}$$

在抓捕过程中，空间机器人本体控制器会保持本体的位姿不变。这样根据空间机器人逆运动学可以很容易地利用机械臂末端期望的运动状态 $\boldsymbol{X}_d^t$、$\dot{\boldsymbol{X}}_d^t$ 和 $\dot{\boldsymbol{X}}_d^t$ 求得空间机器人位形的期望状态 $\boldsymbol{y}_d^t$ 、$\dot{\boldsymbol{y}}_d^t$ 和 $\ddot{\boldsymbol{y}}_d^t$。

如果空间机器人能够跟踪所期望的运动，那么由 12.2 节得出的结论可知接触保持控制目标可以被实现。为此，我们需要设计一个运动跟踪控制器来让机器人跟踪上期望的运动。由于运动跟踪性能通常受到系统不确定性的影响，如未知的惯性参数和外部干扰，因此需要设计鲁棒性更高的运动控制器。为了克服不确定性带来的不良影响，本小节设计了一种基于非线性扰动观测器的运动控制器，如图 12.10 所示该控制器由内环和外环控制器组成。内环控制器是一个非线性扰动观测器 (NDO)[24]，其被用来估计未知外部扰动和内部参数扰动。外环控制器是一个基于计算力矩的运动跟踪控制器。由于系统的不确定性已经得到补偿，那么通过基于计算力矩的控制器可以很容易地消除跟踪误差。下面，运动跟踪控制器的设计过程将会被给出。

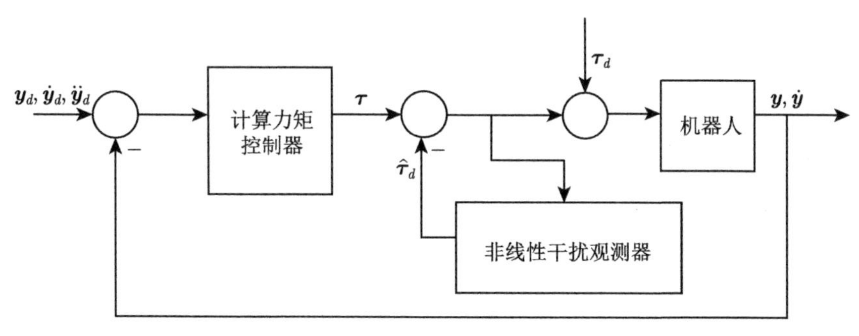

图 12.10 运动跟踪控制器框图

在考虑系统存在外部扰动和参数不确定的情况下，空间机器人的动力学方程可以表达为

$$\hat{\boldsymbol{Z}}(\boldsymbol{y})\ddot{\boldsymbol{y}} = -\hat{\boldsymbol{z}}(\boldsymbol{y}, \dot{\boldsymbol{y}}) + \boldsymbol{\tau} + \boldsymbol{\tau}_d \tag{12-17}$$

其中，$\hat{\boldsymbol{Z}}(\boldsymbol{y})$ 和 $\hat{\boldsymbol{z}}(\boldsymbol{y}, \dot{\boldsymbol{y}})$ 分别是对真实广义质量阵 $\boldsymbol{Z}(\boldsymbol{y})$ 和广义速度惯性力向量 $\boldsymbol{z}(\boldsymbol{y}, \boldsymbol{y})$ 的估计；$\boldsymbol{\tau} \in R^{N\times 1}$ 是作用空间机器人的本体和臂杆关节处的控制力矩；$\boldsymbol{\tau}_d \in R^{N\times 1}$ 包含参数确定性和外部干扰的集中扰动，其表达为

$$\boldsymbol{\tau}_d = \boldsymbol{\tau}_{\text{ext}} - \Delta \boldsymbol{Z}(\boldsymbol{y})\ddot{\boldsymbol{y}} - \Delta \boldsymbol{z}(\boldsymbol{y}, \dot{\boldsymbol{y}}) \tag{12-18}$$

式中，$\Delta\boldsymbol{Z}(\boldsymbol{y})=\boldsymbol{Z}(\boldsymbol{y})-\hat{\boldsymbol{Z}}(\boldsymbol{y})$，$\Delta\boldsymbol{z}(\boldsymbol{y},\dot{\boldsymbol{y}})=\boldsymbol{z}(\boldsymbol{y},\dot{\boldsymbol{y}})-\hat{\boldsymbol{z}}(\boldsymbol{y},\dot{\boldsymbol{y}})$。

如果能在控制过程中估计出 τ_d，那么便可以通过补偿来消除扰动对系统控制性能的影响。根据文献 [24] 中的方法，设计干扰观测器动力学方程为

$$\dot{\hat{\boldsymbol{\tau}}}_d=-\boldsymbol{L}\hat{\boldsymbol{\tau}}_d+\boldsymbol{L}\{\hat{\boldsymbol{Z}}(\boldsymbol{y})\ddot{\boldsymbol{y}}+\hat{\boldsymbol{z}}(\boldsymbol{y},\dot{\boldsymbol{y}})-\boldsymbol{\tau}\} \tag{12-19}$$

式中，$\boldsymbol{L}$ 为观测器增益矩阵；$\hat{\boldsymbol{\tau}}_d$ 为对 τ_d 的估计，其等于 $\boldsymbol{\tau}_d-\Delta\boldsymbol{\tau}_d$，而 $\Delta\tau_d$ 为干扰估计误差。

为计算 $\hat{\boldsymbol{\tau}}_d$，我们首先定义一个辅助变量为 [24]

$$\boldsymbol{s}=\hat{\boldsymbol{\tau}}_d-\boldsymbol{p}(\boldsymbol{y},\dot{\boldsymbol{y}}) \tag{12-20}$$

式中，$\boldsymbol{p}(\boldsymbol{y},\dot{\boldsymbol{y}})$ 定义为

$$\dot{\boldsymbol{p}}(\boldsymbol{y},\dot{\boldsymbol{y}})=\boldsymbol{L}(\boldsymbol{y},\dot{\boldsymbol{y}})\hat{\boldsymbol{Z}}(\boldsymbol{y})\ddot{\boldsymbol{y}} \tag{12-21}$$

根据式 (12-17), 式 (12-19) 和式 (12-21)，并对式 (12-20) 求导可得

$$\dot{\boldsymbol{s}}=-\boldsymbol{L}(\boldsymbol{y},\dot{\boldsymbol{y}})\boldsymbol{s}+\boldsymbol{L}(\boldsymbol{y},\dot{\boldsymbol{y}})\{\boldsymbol{z}(\boldsymbol{y},\dot{\boldsymbol{y}})-\tau-\boldsymbol{p}(\boldsymbol{y},\dot{\boldsymbol{y}})\} \tag{12-22}$$

至此，我们已经获得了非线性干扰观测器的结构，其具体表达式为

$$\dot{\boldsymbol{s}}=-\boldsymbol{L}(\boldsymbol{y},\dot{\boldsymbol{y}})\boldsymbol{s}+\boldsymbol{L}(\boldsymbol{y},\dot{\boldsymbol{y}})\{\boldsymbol{z}(\boldsymbol{y},\dot{\boldsymbol{y}})-\boldsymbol{\tau}-\boldsymbol{p}(\boldsymbol{y},\dot{\boldsymbol{y}})\} \tag{12-23a}$$

$$\dot{\boldsymbol{p}}(\boldsymbol{y},\dot{\boldsymbol{y}})=\boldsymbol{L}(\boldsymbol{y},\dot{\boldsymbol{y}})\hat{\boldsymbol{Z}}(\boldsymbol{y})\ddot{\boldsymbol{y}} \tag{12-23b}$$

$$\hat{\boldsymbol{\tau}}_d=\boldsymbol{s}+\boldsymbol{p}(\boldsymbol{y},\dot{\boldsymbol{y}}) \tag{12-23c}$$

根据式 (12-23), 我们便可以获得 $\hat{\boldsymbol{\tau}}_d$。将其代入式 (12-17) 可得

$$\hat{\boldsymbol{Z}}(\boldsymbol{y})\ddot{\boldsymbol{y}}=-\hat{\boldsymbol{z}}(\boldsymbol{y},\dot{\boldsymbol{y}})+\boldsymbol{u}-\hat{\boldsymbol{\tau}}_d+\boldsymbol{\tau}_d=-\hat{\boldsymbol{z}}(\boldsymbol{y},\dot{\boldsymbol{y}})+\boldsymbol{u}+\Delta\boldsymbol{\tau}_d \tag{12-24}$$

其中，$\boldsymbol{u}$ 为外环控制率。当 $\Delta\boldsymbol{\tau}_d=0$ 时，空间机器人动力学方程可以表达为

$$\hat{\boldsymbol{Z}}(\boldsymbol{y})\ddot{\boldsymbol{y}}=-\hat{\boldsymbol{z}}(\boldsymbol{y},\dot{\boldsymbol{y}})+\boldsymbol{u} \tag{12-25}$$

根据计算力矩方法，外环控制律可以表达为

$$\boldsymbol{u}=\hat{\boldsymbol{Z}}^{-1}\boldsymbol{f}'+\hat{\boldsymbol{Z}}^{-1}\hat{\boldsymbol{z}} \tag{12-26}$$

其中，

$$\boldsymbol{f}'=\ddot{\boldsymbol{y}}_d+\boldsymbol{D}_{\text{outer}}\dot{\boldsymbol{e}}_s+\boldsymbol{K}_{\text{outer}}\boldsymbol{e}_s \tag{12-27}$$

式中，$\boldsymbol{e}_s$ 为外环的控制误差，其表达式为 $\boldsymbol{e}_s = \boldsymbol{y}_d - \boldsymbol{y}, \boldsymbol{D}_{\text{outer}}$ 和 $\boldsymbol{K}_{\text{outer}}$ 分别为微分增益矩阵和比例增益矩阵。根据公式 (12-26) 和公式 (12-27)，公式 (12-25) 可以被改写为

$$\ddot{\boldsymbol{e}}_s + \boldsymbol{D}_{\text{outer}}\dot{\boldsymbol{e}}_s + \boldsymbol{K}_{\text{outer}}\boldsymbol{e}_s = \boldsymbol{0} \tag{12-28}$$

根据 Lyapunov 理论，当 $\boldsymbol{D}_{\text{outer}}$ 和 $\boldsymbol{K}_{\text{outer}}$ 都是正定矩阵时，$\boldsymbol{e}_s$ 会收敛于 0，即 $\boldsymbol{y}$ 将收敛于 $\boldsymbol{y}_d$。

12.4 数值仿真

在本节中，数值仿真将被用于验证本章所提控制策略的有效性。在所有的仿真研究中，均考虑如图 12.1 所示的空间机器人和非合作卫星，它们的惯性参数如表 12.1 所示。对空间机器人，其机械臂 (B_2、B_3、B_4、B_5) 的连杆长度分别为 0.6m、0.6m、0.4m、0.1m。空间机器人底座尺寸和卫星尺寸分别选择为 1m×1m×1m、0.5m×0.5m×0.5m。接触刚度和接触阻尼分别为 1×10^8 和 100。在所有仿真中，惯量参数偏离其标称值 20%，对机器人手臂连接的恒定外部扰动力矩被认为是 $[1\text{N·m}, 1\text{N·m}, 1\text{N·m}, 1\text{N·m}, 1\text{N·m}, 1\text{N·m}]^{\mathrm{T}}$。设定公式 (12-12) 中的质量阵 $\boldsymbol{M}_d$ 等于 B_5 的质量矩阵，阻尼阵为 $50\times\boldsymbol{I}_{6\times6}$。公式 (12-19) 中 $\boldsymbol{L}$ 等于 $(0.5\times\boldsymbol{I}_{14\times14})^{-1}\hat{\boldsymbol{Z}}^{-1}$，而公式 (12-27) 中的 $\boldsymbol{K}_{\text{outer}}$ 和 $\boldsymbol{D}_{\text{outer}}$ 分别取为 $1000\times\boldsymbol{I}_{12\times12}$ 和 $200\times\boldsymbol{I}_{12\times12}$。在所有的仿真开始阶段，都假定推力发动机的喷管已经处于空间机器人的末端执行器内部，且在保持接触实现之前执行器不进行闭合。此时，空间机器人构型即其与目标之间的相对位置关系如图 12.11 所示。

表 12.1 空间机器人质量参数

物体	质量/kg	$I_{xx}/(\text{kg·m}^2)$	$I_{yy}/(\text{kg·m}^2)$	$I_{zz}/(\text{kg·m}^2)$
B_1	2740	456	456	456
B_2	3.5	6.04×10^{-4}	4.6×10^{-2}	4.6×10^{-2}
B_3	3.5	6.04×10^{-4}	4.6×10^{-2}	4.6×10^{-2}
B_4	3	3.5×10^{-4}	3×10^{-2}	3×10^{-2}
B_5	2	3×10^{-4}	2.5×10^{-2}	2.5×10^{-2}
B_6	1.3	1.41×10^{-2}	8.8×10^{-3}	7.9×10^{-3}
B_7	1.3	1.41×10^{-2}	8.8×10^{-3}	7.9×10^{-3}
B_8	1000	150	200	100

在本节中三个仿真工况被用来验证本章所提混合控制策略的有效性。在第一种工况下，目标卫星无转动且以线速度 $[0\text{m/s}, -0.1\text{m/s}, 0\text{m/s}]^{\mathrm{T}}$ 向空间机器人飞

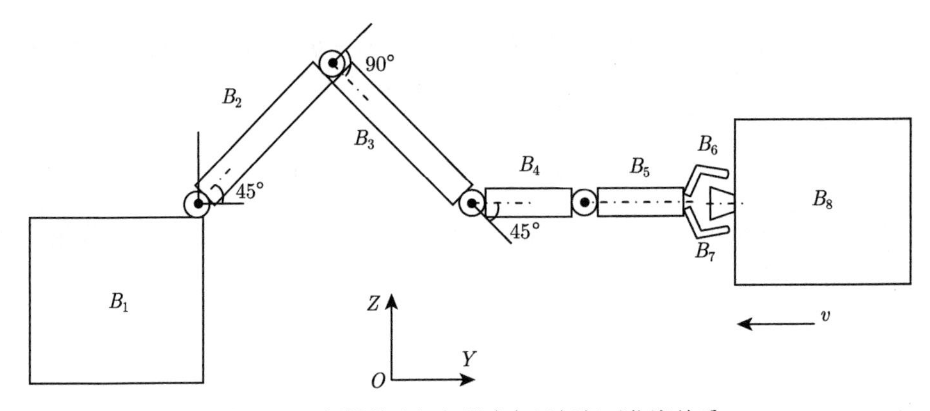

图 12.11　抓捕前空间机器人与目标相对位姿关系

来。在第二种情况下，目标卫星在翻滚的同时以 $[0\text{m/s}, -0.1\text{m/s}, 0\text{m/s}]^{\text{T}}$ 线速度向空间机器人飞来，其翻滚角速度为 [0.1rad/s, 0rad/s, 0rad/s]。在第三种工况下，目标以 $[0\text{m/s}，-0.1\text{m/s}, 0\text{m/s}]^{\text{T}}$ 线速度向空间机器人飞来的同时伴随有翻滚运动，其翻滚角速度为 $[0.1\text{rad/s}, 0.02\text{rad/s}, 0.02\text{rad/s}]^{\text{T}}$。在仿真过程中，带干扰观测器的混合控制策略、不带干扰观测器的混合控制策略以及带干扰观测器的阻尼控制策略 (无机械臂末端与目标接触面姿态保持环节) 分别被用于控制空间机器人完成抓捕操作。在仿真进行到 2s 之后，末端执行器开始闭合，此时作用于物体 B_6 上的闭合力矩为 $100\times(-0.1-\dot{\theta}_6)$，作用于物体 B_7 上的闭合力矩为 $100\times(0.1-\dot{\theta}_7)$。三种控制策略的仿真结果如图 12.12~图 12.20 所示。观察图 12.12、图 12.13、图 12.15、图 12.16、图 12.18 和图 12.19 可知，在三个仿真工况的初始阶段，机械臂末端与目标的相对距离和相对速度曲线都存在振荡。这说明空间机器人与目标卫星之间存在多次碰撞。继续观察仿真结果可知，无论目标是否处于翻滚状态，在混合控制器的作用下，机械臂末端与目标卫星之间的相对距离都将是小于 0 的，且两者相对速度都将等于 0。这说明机械臂与目标之间的接触保持已经实现。而在阻尼控制器作用下，只有当目标仅有线速度时，机械臂末端才能实现目标的接触保持。比较带 NDO 和不带 NDO 混合控制器作用下的仿真结果可知，带 NDO 混合控制器可以更快地实现接触保持。这说明系统的扰动对于控制效果的影响还是非常大的。观察图 12.14、图 12.17 和图 12.20 可知，在混合控制器作用下，无论目标是否处于翻滚状态末端，执行器都可以实现闭合。然而，在阻尼控制器的作用下，在目标旋转过程中末端执行器的闭合角会增大。比较带 NDO 和不带 NDO 混合控制器的结果可知，带 NDO 混合控制器可以让末端执行器更快闭合。这一结果再一次说明扰动对控制效果的影响是非常不利的。同时也说明，本章节所采用的 NDO 可以消除扰动对控制效果的影响。

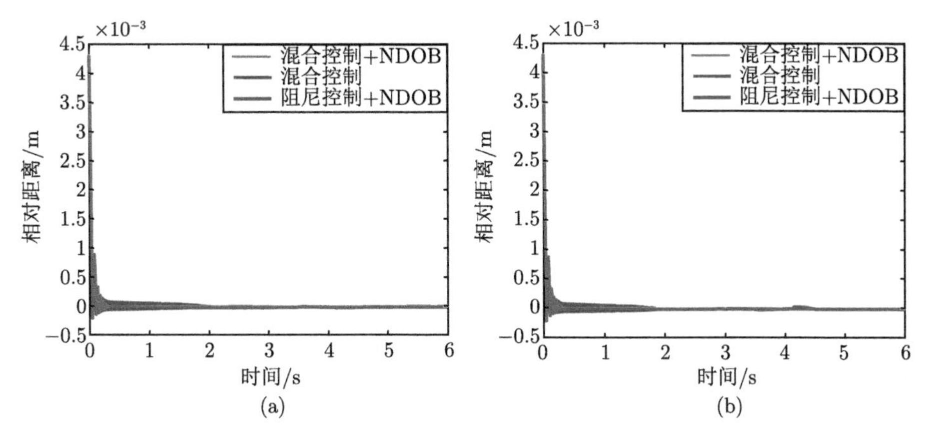

图 12.12 第一种抓捕工况机械臂执行器末端与目标之间的相对距离

((a) 为 Tp1，(b) 为 Tp3)

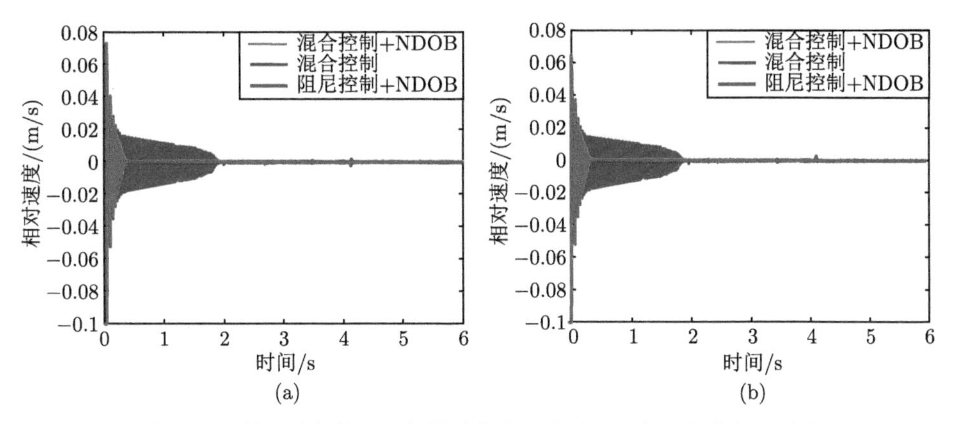

图 12.13 第一种抓捕工况机械臂执行器末端与目标之间的相对速度

((a) 为 Tp1，(b) 为 Tp3)

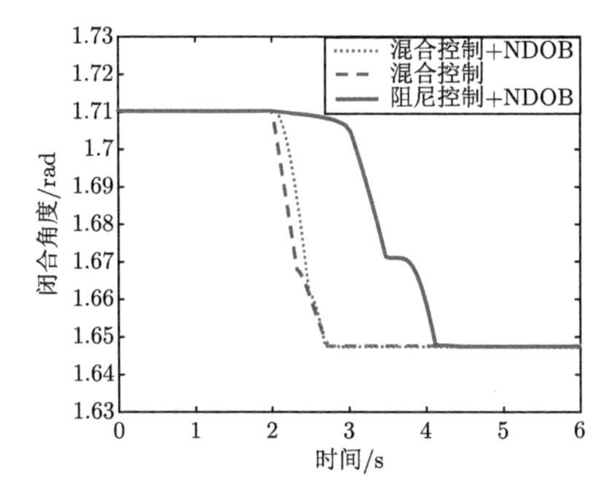

图 12.14 第一种抓捕工况末端执行器闭合角度

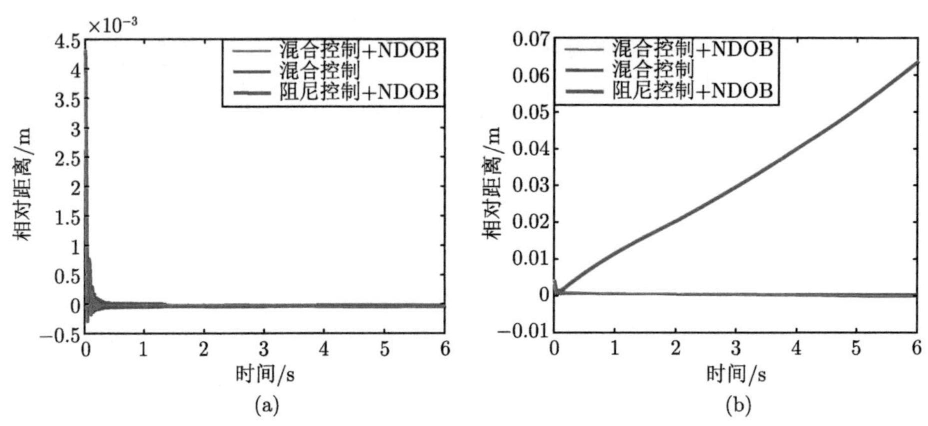

图 12.15　第二种抓捕工况机械臂执行器末端与目标之间的相对距离
((a) 为 Tp1，(b) 为 Tp3)

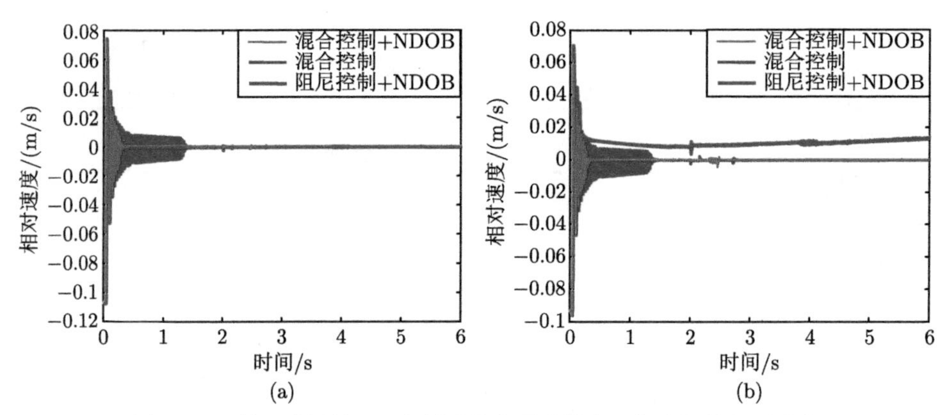

图 12.16　第二种抓捕工况机械臂执行器末端与目标之间的相对速度
((a) 为 Tp1，(b) 为 Tp3)

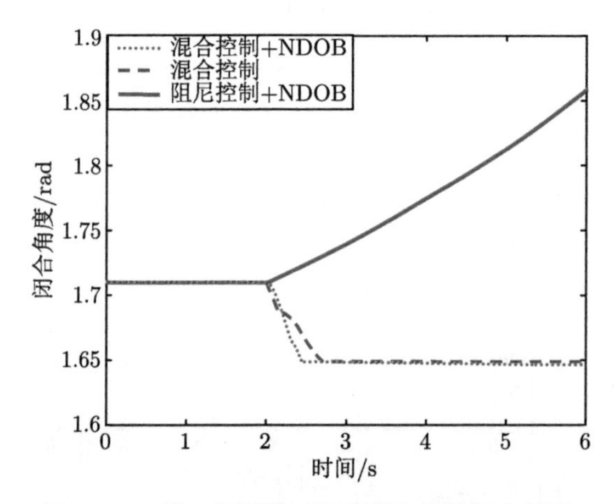

图 12.17　第二种抓捕工况末端执行器闭合角度

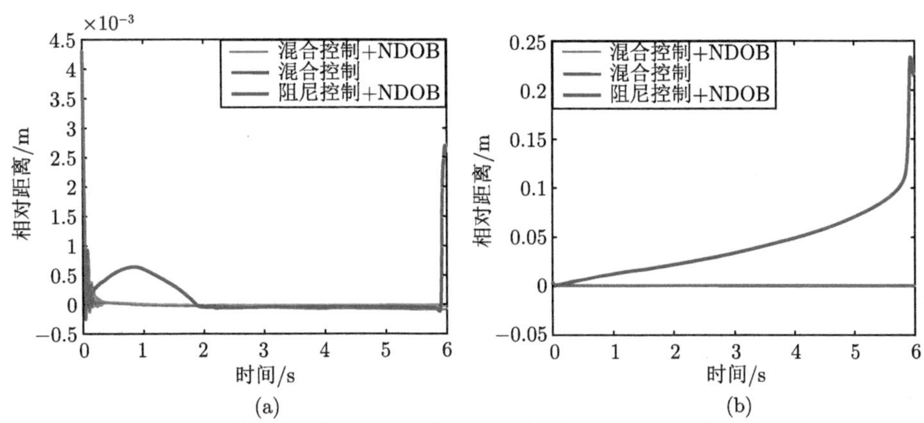

图 12.18 第三种抓捕工况机械臂执行器末端与目标之间的相对距离

((a) 为 Tp1，(b) 为 Tp3)

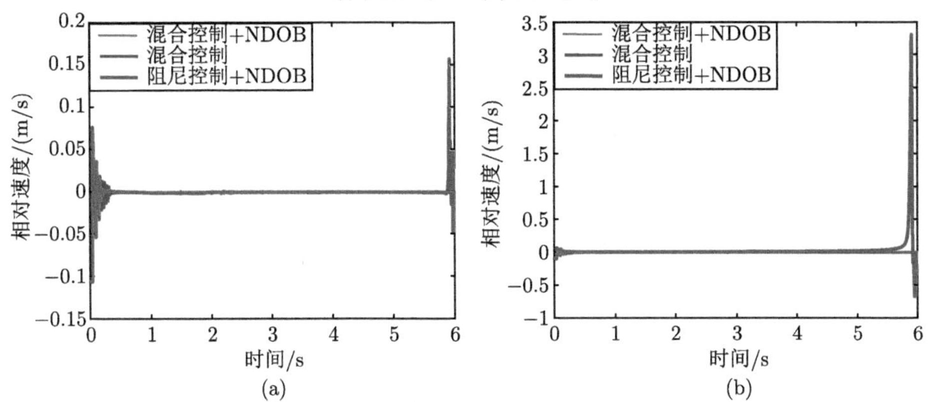

图 12.19 第三种抓捕工况机械臂执行器末端与目标之间的相对速度

((a) 为 Tp1，(b) 为 Tp3)

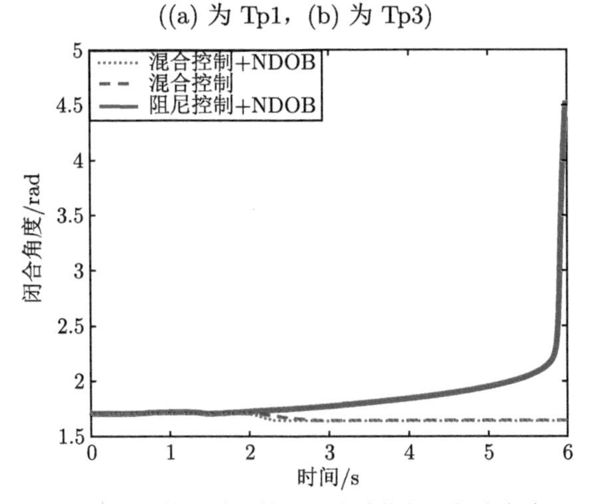

图 12.20 第三种抓捕工况末端执行器闭合角度

12.5 本章小结

本章对空间机器人抓捕非合作卫星过程中的控制问题进行了研究。首先，通过研究弹簧阻尼器对对心碰撞的影响规律发现仅阻尼器对于实现接触保持有帮助。然后，基于已发现的规律设计了一种仅利用空间机器人运动信息作为控制反馈的混合控制策略，该策略的核心思想是将空间机器人转化为一个质量阻尼系统，同时通过保持机械臂末端姿态与接触面姿态的同步实现将复杂碰撞向对心碰撞的转化。和已有控制方法相比，由于控制反馈不包含接触力信息，因此本章控制策略具有更大的工程实用价值。数值仿真结果表明本章所提出的控制策略不仅能确保空间机器人能够完成对平动目标卫星的抓捕，还能让其完成对翻滚目标的抓捕。

本章中未尽之处还可详见本课题组已发表文章 [25], [26]。

参考文献

[1] Wee L B, Walker M W. On the dynamics of contact between space robots and configuration control for impact minimization[J]. IEEE Transactions on Robotics and Automation, 1993, 9(5): 581-591.

[2] Cyril X, Jaar G J, Misra A K. The effect of payload impact on the dynamics of a space robot[C]. Proceedings of 1993 IEEE/RSJ International Conference on Intelligent Robots and Systems (IROS'93), Yokohama, Japan, 1993, 3: 2070-2075.

[3] Cyril X, Misra A K, Ingham M, et al. Postcapture dynamics of a spacecraft-manipulator-payload system[J]. Journal of Guidance, Control, and Dynamics, 2000, 23(1): 95-100.

[4] Fukushima Y, Inaba N, Oda M. Capture and berthing experiment of a massive object using ETS7 space robot[C]. Proc. AIAA Astrodynamics Spec. Conf., Denver, CO, USA, 2000: 635-638.

[5] Friend R B. Orbital express program summary and mission overview[C]. Sensors and Systems for Space Applications II. International Society for Optics and Photonics, USA, 2008, 6958: 1-3.

[6] Yoshida K, Sashida N. Modeling of impact dynamics and impulse minimization for space robots[C]. Proceedings of 1993 IEEE/RSJ International Conference on Intelligent Robots and Systems (IROS'93), Yokohama, Japan, 1993, 3: 2064-2069.

[7] Yoshida K, Mavroidis C, Dubowsky S. Impact dynamics of space long reach manipulators[C]. Proceedings of IEEE International Conference on Robotics and Automation, Minneapolis, MN, USA, 1996, 2: 1909-1916.

[8] Xu W, Meng D, Chen Y, et al. Dynamics modeling and analysis of a flexible-base space robot for capturing large flexible spacecraft[J]. Multibody System Dynamics, 2014, 32(3): 357-401.

[9] Liu X F, Li H Q, Chen Y J, et al. Dynamics and control of capture of a floating rigid body by a spacecraft robotic arm[J]. Multibody System Dynamics, 2015, 33(3): 315-332.

[10] Wei C, Gu H, Liu Y, et al. Attitude reactionless and vibration control in space flexible robot grasping operation[J]. International Journal of Advanced Robotic Systems, 2018, 15(6): 1-10.

[11] Nishida S, Yoshikawa T. Space debris capture by a joint compliance controlled robot[C]. Proceedings 2003 IEEE/ASME International Conference on Advanced Intelligent Mechatronics (AIM 2003), Minneapolis, MN, USA, 2003, 1: 496-502.

[12] Yoshida K, Nakanishi H. Impedance matching in capturing a satellite by a space robot[C]. Proceedings 2003 IEEE/RSJ International Conference on Intelligent Robots and Systems (IROS 2003)(Cat. No. 03CH37453), Las Vegas, NV, USA, 2003, 4: 3059-3064.

[13] Yoshida K, Nakanishi H, Ueno H, et al. Dynamics, control and impedance matching for robotic capture of a non-cooperative satellite[J]. Advanced Robotics, 2004, 18(2): 175-198.

[14] Nakanishi H, Yoshida K. Impedance control for free-flying space robots-basic equations and applications[C]. 2006 IEEE/RSJ international conference on intelligent robots and systems, Beijing, China, 2006: 3137-3142.

[15] Uyama N, Hirano D, Nakanishi H, et al. Impedance-based contact control of a free-flying space robot with respect to coefficient of restitution[C]. 2011 IEEE/SICE International Symposium on System Integration (SII), Kyoto, Japan, 2011: 1196-1201.

[16] Uyama N, Nakanishi H, Nagaoka K, et al. Impedance-based contact control of a free-flying space robot with a compliant wrist for non-cooperative satellite capture[C]. 2012 IEEE/RSJ International Conference on Intelligent Robots and Systems, Vilamoura-Algarve, Portugal, 2012: 4477-4482.

[17] Uyama N, Narumi T. Hybrid impedance/position control of a free-flying space robot for detumbling a noncooperative satellite[J]. IFAC-PapersOnLine, 2016, 49(17): 230-235.

[18] Stolfi A, Gasbarri P, Sabatini M. A combined impedance-PD approach for controlling a dual-arm space manipulator in the capture of a non-cooperative target[J]. Acta Astronautica, 2017, 139: 243-253.

[19] Stolfi A, Gasbarri P, Sabatini M. A parametric analysis of a controlled deployable space manipulator for capturing a non-cooperative flexible satellite[J]. Acta Astronautica, 2018, 148: 317-326.

[20] Ma G, Jiang Z, Li H, et al. Hand-eye servo and impedance control for manipulator arm to capture target satellite safely[J]. Robotica, 2015, 33(4): 848-846.

[21] Flores-Abad A, Zhang L, Wei Z, et al. Optimal capture of a tumbling object in orbit using a space manipulator[J]. Journal of Intelligent & Robotic Systems, 2017, 86(2): 199-211.

[22] Mou F, Wu S, Xiao X, et al. Control of a space manipulator capturing a rotating object

in the three-dimensional space[C]. 2018 15th International Conference on Ubiquitous Robots (UR), Honolulu, HI, 2018: 763-768.

[23] Wu S, Mou F, Liu Q, et al. Contact dynamics and control of a space robot capturing a tumbling object[J]. Acta Astronautica, 2018, 151: 532-542.

[24] Mohammadi A, Tavakoli M, Marquez H J, et al. Nonlinear disturbance observer design for robotic manipulators[J]. Control Engineering Practice, 2013, 21(3): 253-267.

[25] Liu X F, Cai G P, Wang M M, et al. Contact control for grasping a non-cooperative satellite by a space robot[J]. Multibody System Dynamics, 2020, 50(2): 119-141.

[26] Liu X F, Zhang X Y, Chen P R, et al. Hybrid control scheme for grasping a non-cooperative tumbling satellite[J]. IEEE Access, 2020, 8: 54963-54978.

抓捕后：惯性参数辨识、消旋及姿态快速稳定

第 13 章　空间非合作目标惯性参数辨识技术

13.1　引　　言

在完成抓捕任务后，机械臂末端杆件会与未知非合作目标构成一个新部件。由于非合作目标的惯性参数未知，因此新部件的惯性参数也是未知的，这给实现航天器高精度控制带来了不小的挑战。尽管现代控制方法，例如鲁棒控制方法、基于干扰观测器的控制方法和自抗扰控制方法等，能在很大程度上弱化惯性参数不确定性对控制精度的影响，但要想获得更高的控制精度，获得准确的系统惯性参数仍然是必要的。

一般来说，捕获后非合作目标惯性参数辨识问题可以看作是航天器惯性参数辨识问题的子问题。目前，已有很多方法被提出来解决捕获后非合作目标惯性参数辨识问题。相关方法可以被分为基于系统动力学的辨识方法 [1-3] 和基于系统动量守恒的辨识方法 [4-9]。相较于第一类方法，由于基于动量守恒的方法仅需系统的运动学信息便可完成参数辨识工作，这使得辨识过程变得更为简单，因此更多的学者将研究的重点放在设计基于系统动量守恒的辨识方法上。比较有代表性的工作包括文献 [6] 和 [7] 针对空间机器人系统提出的两种参数辨识方法。在文献 [6] 方法中，作者假设已知空间机器人的惯性参数存在一定偏差。在辨识过程中，首先实际的角动量会与由不准确的惯性参数估计的角动量进行比较，然后使用最优化方法来修正系统的惯性参数。当角动量的差为零时，优化算法获得的惯性参数即为空间机器人真实的惯性参数。在文献 [7] 中，作者提出了一种两个步惯性参数辨识方法。在该方法中，空间机器人基座的质量和质心位置首先会被辨识出来，接着它们会被用于辨识基座的惯性张量。虽然上述方法的有效性得到了数值仿真的验证，但仍存在一些不足。其中，最重要的不足是上述方法都假设辨识过程中系统的平动动量是不变的，即假设系统不受外力作用。然而事实上，在考虑轨道的情况下，上述假设是不成立的。这也使得上述方法在实际应用过程中很难获得高精度的辨识结果。

针对已有方法的不足，本章提出了一种新的捕获后非合作目标惯性参数辨识方法。在该方法中，参数辨识过程被分为粗估计和精估计两个阶段。在粗估计阶段，角动量守恒方程和惯性张量方程被用来估计非合作目标的惯性参数。在精估计阶段，已获得的系统惯性参数会被用来预测目标的运动状态，运动状态真实值与估计值的偏差会用于修正惯性参数。通过长时间的修正，我们便可以获得目标惯性参数的高精度估计。

本章的内容安排如下。首先在 13.2 节，系统的动力学方程会被介绍；然后在 13.3 节和 13.4 节，粗估计和精估计的计算过程将被给出。接着，13.5 节将通过数值仿真手段验证方法的有效性；最后，结论在 13.6 节中给出。

13.2 动力学模型

在完成捕获后，非合作目标与空间机器人所构成机械系统的拓扑关系如图 13.1 所示。图中，B_1 为机器人的基座，$B_i\ (i=2,\cdots,n)$ 代表机械臂臂杆，B_u 为被捕获的非合作目标。捕获后，物体 B_u 和物体 B_n 的相对位置不变，它们可以看作是一个整体，用符号 B_U 表示。在图 13.1 中，$\Sigma_{C_i}(i=1,\cdots,n)$ 和 Σ_{C_U} 分别是建立在物体 B_i 和 B_U 质心 C_i 和 C_U 处的连体基。坐标 Σ_C 建立机器人系统质心 C 上的连体基，而坐标系 Σ 为惯性基。向量 $\vec{r}_i\ (i=1,\cdots,n)$、$\vec{r}_C$ 和 $\vec{r}_{C_U}$ 分别是 C_i、C 和 C_U 在惯性基下的位置向量。向量 $\vec{\rho}_J^K\ (J,\ K=\{C,\ Q,\ C_U\};\ J\neq K)$ 是从点 J 到点 K 的位置向量。

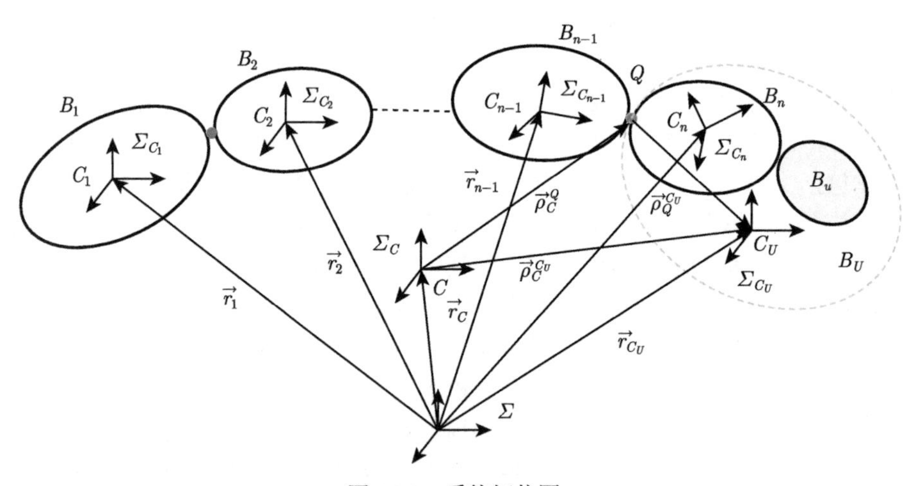

图 13.1 系统拓扑图

基于速度变分原理，图 13.1 所示系统动力学方程可以表达为

$$\sum_{i=1}^{n}\Delta\boldsymbol{v}_i^{\mathrm{T}}(-\boldsymbol{M}_i\dot{\boldsymbol{v}}_i-\boldsymbol{f}_i^{\omega}+\boldsymbol{f}_i^{o})+\Delta P=0 \tag{13-1}$$

式中，$\boldsymbol{v}_i$ 是物体 i 的速度向量；$\boldsymbol{M}_i\dot{\boldsymbol{v}}_i$ 是作用在物体 i 上的加速度惯性力；$\boldsymbol{f}_i^{\omega}$ 是作用在物体 i 上的速度惯性力；$\boldsymbol{f}_i^{o}$ 是作用在物体 i 上的外力；ΔP 是系统内力对

应虚功率的和。

上式的矩阵格式为

$$\Delta \boldsymbol{v}^{\mathrm{T}}(-\boldsymbol{M}\dot{\boldsymbol{v}} - \boldsymbol{f}^{\omega} + \boldsymbol{f}^{o}) + \Delta P = 0 \tag{13-2}$$

式中，$\boldsymbol{v} = [\boldsymbol{v}_1^{\mathrm{T}}, \cdots, \boldsymbol{v}_n^{\mathrm{T}}]^{\mathrm{T}}$，$\boldsymbol{M} = \mathrm{diag}[\boldsymbol{M}_1, \cdots, \boldsymbol{M}_n]$，$\boldsymbol{f}^{\omega} = [\boldsymbol{f}_1^{\omega\mathrm{T}}, \cdots, \boldsymbol{f}_n^{\omega\mathrm{T}}]^{\mathrm{T}}$，$\boldsymbol{f}^{o} = [\boldsymbol{f}_1^{o\mathrm{T}}, \cdots, \boldsymbol{f}_n^{o\mathrm{T}}]^{\mathrm{T}}$。

由第 2 章的推导可知：

$$\begin{cases} \boldsymbol{v} = \boldsymbol{G}\dot{\boldsymbol{y}} \\ \dot{\boldsymbol{v}} = \boldsymbol{G}\ddot{\boldsymbol{y}} + \boldsymbol{g}\boldsymbol{1}_N \end{cases} \tag{13-3}$$

其中，$\boldsymbol{y} = [y_1, \cdots, y_N]^{\mathrm{T}}$ 是系统独立的广义坐标向量。

将式 (13-3) 代入式 (13-2) 可得

$$\Delta \dot{\boldsymbol{y}}^{\mathrm{T}}[-\boldsymbol{Z}\ddot{\boldsymbol{y}} - \boldsymbol{z} + \boldsymbol{h} + \boldsymbol{f}^{ey}] = 0 \tag{13-4}$$

其中，$\boldsymbol{Z} = \boldsymbol{G}^{\mathrm{T}}\boldsymbol{M}\boldsymbol{G}, \boldsymbol{z} = \boldsymbol{G}^{\mathrm{T}}(\boldsymbol{f}^{u} + \boldsymbol{f}^{\omega} - \boldsymbol{M}\boldsymbol{g}\boldsymbol{1}_N)$，$\boldsymbol{h} = \boldsymbol{G}^{\mathrm{T}}\boldsymbol{f}^{o}$；$\boldsymbol{f}^{ey}$ 是做功内力对应的广义力。

由于 $\boldsymbol{y}$ 中元素是相互独立的，因此式 (13-4) 可改写为

$$-\boldsymbol{Z}\ddot{\boldsymbol{y}} + \boldsymbol{z} + \boldsymbol{h} + \boldsymbol{f}^{ey} = \boldsymbol{0} \tag{13-5}$$

上式为系统的动力学方程。

13.3 粗 估 计

本节主要研究捕获对象惯性参数的粗估计。如图 13.1 所示，在捕获后场景中，末端连杆 B_n 与捕获对象 B_u 固定，可视为一个物体 B_U。如果所有的机器人手臂都被锁定，那么带有捕获目标的空间机器人系统也可以看作是一个完整的物体。考虑到系统没有外部力矩作用，在系统构型不变的情况下根据角动量守恒定律可得

$$L(t) - L(t + \Delta t) = 0 \tag{13-6}$$

其中，L 是机器人系统关于质心 C 的角动量。在抓捕完成后，质心 C 的位置可以采用参考文献 [10] 和 [11] 中的方法来估计。关于具体计算过程，读者可以参考相关文献。在后续的计算过程中，我们假设质心 C 的位置是已知的。

一般情况，空间机器人系统内部会安装用于基座姿态控制的动量轮或控制力矩陀螺，如果令姿态控制系统关于质心的角动量为 L^w，那么系统角动量 L 可以表达为

$$L = L^s + L^w \tag{13-7}$$

式中，L^s 是机器人系统结构部件关于质心 C 的合角动量。根据动量守恒定律，改变 L 可得

$$\Delta L^s + \Delta L^w = \boldsymbol{I}^s \Delta\boldsymbol{\omega} + \Delta L^w = \boldsymbol{A}\boldsymbol{I}'^s \boldsymbol{A}^{\mathrm{T}} \boldsymbol{A}\Delta\boldsymbol{\omega}' + \Delta L^w = \boldsymbol{A}\boldsymbol{I}'^s \Delta\boldsymbol{\omega}' + \Delta L^w = 0 \tag{13-8}$$

式中，$\boldsymbol{A}$ 是坐标系 Σ_C 关于坐标 Σ 的方向余弦阵；$\boldsymbol{I}^s = \boldsymbol{A}\boldsymbol{I}'^s\boldsymbol{A}^{\mathrm{T}}$ 是机器人结构部件关于在坐标系 Σ 下的关于质心 C 的惯性张量，$\boldsymbol{I}'^s$ 是 $\boldsymbol{I}^s$ 在坐标系 Σ_C 下的投影；$\Delta\boldsymbol{\omega} = \boldsymbol{A}\Delta\boldsymbol{\omega}'$ 是机器人结构部件角速度在坐标系 Σ 的投影，其可以通过机器人系统的惯导传感器获得，$\Delta\boldsymbol{\omega}'$ 是机器人结构部件角速度在坐标系坐标系 Σ_C 下的投影。

改写式 (13-8) 可得

$$\begin{bmatrix} \omega'_x & \omega'_y & \omega'_z & 0 & 0 & 0 \\ 0 & \omega'_x & 0 & \omega'_y & \omega'_z & 0 \\ 0 & 0 & \omega'_x & 0 & \omega'_y & \omega'_z \end{bmatrix} \begin{bmatrix} I'^s_{xx} \\ I'^s_{xy} \\ I'^s_{xz} \\ I'^s_{yy} \\ I'^s_{yz} \\ I'^s_{zz} \end{bmatrix} = [\boldsymbol{\omega}'][\boldsymbol{I}'^s] = -\boldsymbol{A}^{\mathrm{T}}\Delta L^w \tag{13-9}$$

式中，I'^s_{xx}、I'^s_{yy}、I'^s_{xy}、I'^s_{xz}、I'^s_{yz}、I'^s_{zz} 是惯性张量 $\boldsymbol{I}'^s$ 的分量，它们都是未知的。由于线性代数方程 (13-9) 是非封闭的，如果只有一组已知 $[\boldsymbol{\omega}']$ 和 $\boldsymbol{A}^{\mathrm{T}}\Delta L^w$ 数据，显然是无法获得准确的 $\boldsymbol{I}'^s$。为此，基于多组观测数据的方程被建立，其形式如下：

$$\{[\boldsymbol{\omega}']\} \cdot [\boldsymbol{I}'^s] = \{-\boldsymbol{A}^{\mathrm{T}}\Delta L^w\} \tag{13-10}$$

其中，$\{\cdot\}$ 代表基于多组数据的增广形式。求解上式可得

$$[\boldsymbol{I}'^s] = \{[\boldsymbol{\omega}']\}^+ \cdot \{-\boldsymbol{A}^{\mathrm{T}}\Delta L^w_c\} \tag{13-11}$$

式中，上标 $^+$ 代表伪逆矩阵。

由于空间机器人系统是典型的多体系统，因此惯性张量 $\boldsymbol{I}'^s$ 可以表达为

$$\boldsymbol{I}'^s = \sum_{i=1}^{n-1} \boldsymbol{I}'^s_i + \boldsymbol{I}'^s_U \tag{13-12}$$

式中，$\boldsymbol{I}'^s_i$ 和 $\boldsymbol{I}'^s_U$ 分别代表物体 B_i 和未知物体 B_U 惯性张量在坐标系 Σ_C 下的投影。改写式 (13-12) 可得

$$\boldsymbol{I}'^s_U = \boldsymbol{I}'^s - \sum_{i=1}^{n-1} \boldsymbol{I}'^s_i \tag{13-13}$$

根据平行轴定理，$\boldsymbol{I'}^s_U$ 可以表示为

$$\boldsymbol{I'}^s_U = \boldsymbol{I'}^s_{U,\,C_U} - m_U \tilde{\boldsymbol{\rho}}'^{C_U}_C \tilde{\boldsymbol{\rho}}'^{C_U}_C \tag{13-14}$$

上式右侧第一项 $\boldsymbol{I'}^s_{U,\,C_U}$ 是未知物体 B_U 关于质心 C_U 惯性张量在坐标系 Σ_C 下的投影，m_U 是未知物体 B_U 的质量，$\boldsymbol{\rho}'^{C_U}_C$ 是向量 $\vec{\rho}^{C_U}_Q$ 在坐标系 Σ_C 下的投影。上式中符号 "~" 代表取反对称阵操作，例如：

$$\tilde{\boldsymbol{a}} = -\tilde{\boldsymbol{a}}^{\mathrm{T}} = \begin{bmatrix} 0 & -a_3 & a_2 \\ a_3 & 0 & a_1 \\ -a_2 & a_1 & 0 \end{bmatrix}, \quad \boldsymbol{a} = \begin{bmatrix} a_1 \\ a_2 \\ a_3 \end{bmatrix} \tag{13-15}$$

在式 (13-14) 中，$\boldsymbol{\rho}'^{C_U}_C$ 可以表达为

$$\boldsymbol{\rho}'^{C_U}_C = \boldsymbol{\rho}'^{Q}_C + \boldsymbol{\rho}'^{C_U}_Q = \boldsymbol{\rho}'^{Q}_C + \boldsymbol{A}^{C_U}_C \boldsymbol{\rho}''^{Q}_{C_U} \tag{13-16}$$

式中，$\boldsymbol{\rho}'^{Q}_C$ 和 $\boldsymbol{\rho}''^{Q}_{C_U}$ 分别是向量 $\vec{\rho}^{Q}_C$ 在坐标系 Σ_C 和坐标系 Σ_{C_U} 下的投影，$\boldsymbol{A}^{C_U}_C$ 是坐标系 Σ_{C_U} 关于坐标系 Σ_C 的方向余弦阵。

将式 (13-16) 代入式 (13-14) 可得

$$\boldsymbol{I'}^s_U = \boldsymbol{A}^{C_U}_C \boldsymbol{I''}^s_{U,C_U} (\boldsymbol{A}^{C_U}_C)^{\mathrm{T}} - m_U[\widetilde{\boldsymbol{\rho}'}^{Q}_C + (\widetilde{\boldsymbol{A}^{C_U}_C \boldsymbol{\rho}''^{C_U}_Q})][\widetilde{\boldsymbol{\rho}'}^{c}_Q + (\widetilde{\boldsymbol{A}^{C_U}_C \boldsymbol{\rho}''^{C_U}_Q})] \tag{13-17}$$

式中，$\boldsymbol{I''}^s_{U,\,C_U}$ 是未知物体 $\boldsymbol{B}_U$ 关于其质心 C_U 惯性张量在坐标系 Σ_{C_U} 下的投影，$\boldsymbol{\rho}''^{C_U}_Q$ 是向量 $\vec{\rho}^{Q}_C$ 在坐标系 Σ_{C_U} 下的投影。对于辨识任务，$\boldsymbol{I''}^s_{U,C_U}$，$\boldsymbol{\rho}''^{C_U}_Q$ 和 m_U 是待辨识的，经整理，具体的待辨识惯性参数为

$$\begin{aligned}\boldsymbol{P}_U = [&m_U, \rho''^{C_U}_{Q,\,x}, \rho''^{C_U}_{Q,\,y}, \rho''^{C_U}_{Q,\,z}, I''^s_{U,\,C_U,\,xx}, I''^s_{U,\,C_U,\,xy}, \\ &I''^s_{U,\,C_U,\,xz}, I''^s_{U,\,C_U,\,yy}, I''^s_{U,\,C_U,\,yz}, I''^s_{U,\,C_U,\,zz}]^{\mathrm{T}}\end{aligned} \tag{13-18}$$

考虑式 (13-14)，式 (13-17) 可以改写为

$$\boldsymbol{A}^{C_U}_C \boldsymbol{I}''^s_{U,\,C_U} (\boldsymbol{A}^{C_U}_C)^{\mathrm{T}} - m_U(\widetilde{\boldsymbol{\rho}}'^{Q}_C - (\widetilde{\boldsymbol{A}^{C_U}_C \boldsymbol{\rho}''^{Q}_{C_U}}))(\tilde{\boldsymbol{\rho}}'^{c}_Q - (\widetilde{\boldsymbol{A}^{C_U}_C \boldsymbol{\rho}''^{Q}_{C_U}})) = \boldsymbol{I}'^s - \sum_{i=1}^{n-1} \boldsymbol{I}'^s_i \tag{13-19}$$

如图 13.1 所示，质心 C 位置向量可以表达为

$$\boldsymbol{r}_C = \left(\sum_{i=1}^{n-1} m_i \boldsymbol{r}_i + m_U \boldsymbol{r}_{C_U}\right) \Big/ \left(\sum_{i=1}^{n-1} m_i + m_U\right) \tag{13-20}$$

式中，m_i 是物体 B_i 的质量，$\boldsymbol{r}_{C_U}$ 的计算公式为

$$\boldsymbol{r}_{C_U}=\boldsymbol{r}_{n-1}^{Q}-\boldsymbol{\rho}_{C_U}^{Q}=\boldsymbol{r}_{n-1}^{Q}-\boldsymbol{A}_{C_U}\boldsymbol{\rho}''^{Q}_{C_U}=\boldsymbol{r}_{n-1}^{Q}+\boldsymbol{A}_{C_U}\boldsymbol{\rho}''^{C_U}_{Q} \tag{13-21}$$

式中，$\boldsymbol{A}_{C_U}$ 是坐标系 Σ_{C_U} 相对坐标系 Σ 的方向余弦阵。将式 (13-21) 代入式 (13-20) 可得

$$m_U(\boldsymbol{r}_{n-1}^{Q}+\boldsymbol{A}_{C_U}\boldsymbol{\rho}''^{C_U}_{Q})=\left(\sum_{i=1}^{n-1}m_i+m_U\right)\cdot\boldsymbol{r}_C-\sum_{i=1}^{n-1}m_i\boldsymbol{r}_i \tag{13-22}$$

到此，我们获得用于辨识未知物体 B_U 惯性参数 $\boldsymbol{P}_U$ 的两个方程——式 (13-19) 和式 (13-22)。在这两个方程中，m_i、$\boldsymbol{I}'^{s}_{i}$ 和 $\boldsymbol{r}_i$ 都是已知的量，$\boldsymbol{I}'^{s}$ 和 $\boldsymbol{r}_C$ 是未知的，需要在抓捕完成后进行求解，其中前者可以通过式 (13-11) 计算，而 $\boldsymbol{r}_C$ 需要利用文献 [10] 和 [11] 的方法进行估计。

由于式 (13-19) 和式 (13-22) 的维数小于惯性参数向量 $\boldsymbol{P}_U$ 的维数，所以仅利用 1 组 $\boldsymbol{I}'^{s}$ 和 $\boldsymbol{r}_C$ 无法对惯性参数进行准确的估计。因此，我们采用多组 $\boldsymbol{I}'^{s}$ 和 $\boldsymbol{r}_C$ 数据来估计 $\boldsymbol{P}_U$。与用于计算 $\boldsymbol{I}'^{s}$ 的公式 (13-9) 不同，式 (13-19) 和式 (13-22) 都是非线性方程。为了获得 $\boldsymbol{P}_U$ 的估计值，我们采用了最小二乘方法。尽管我们采用了足够多数据来辨识 $\boldsymbol{P}_U$，但优化方法获得解的精度仍然与真实值有一定的差距，因此我们将上述 $\boldsymbol{P}_U$ 的估计过程称为粗估计。为了进一步提高辨识精度，需要采用其他的手段来对已获得估计值进行修正。在 13.4 节，对 $\boldsymbol{P}_U$ 粗估计结果的修正过程将被给出。

13.4 精 估 计

在本小节，对粗估计结果的修正过程，即精估计过程将被给出。具体过程如下：将已获得的惯性参数粗估计结果代入式 (13-5)，利用数值积分手段我们可以估计空间机器人的运动状态。假设 $\boldsymbol{V}(i)$ 是第 i 次采样时机器人真实的运动状态，$\hat{\boldsymbol{V}}(i,\boldsymbol{P}_U)$ 是其对应的预测值，那么预测误差的表示式可以表示为 $E(i,\ \boldsymbol{P}_U)=\boldsymbol{V}(i)-\hat{\boldsymbol{V}}(i,\boldsymbol{P}_U)$。此时，将 $\boldsymbol{P}_U$ 作为优化变量，最小化 $\sum\limits_{i=1}^{n}E(i,\boldsymbol{P}_U)$ 作为目标函数，利用优化算法便可完成对粗估计参数的修正。该优化问题表示如下：

$$\hat{\boldsymbol{P}}_U=\arg\min\left\|\sum_{i=1}^{N}E(i,\boldsymbol{P}_U)\right\| \tag{13-23}$$

式中，$\hat{\boldsymbol{P}}_U$ 是对惯性参数的精估计结果。

在本章的方法中，$\boldsymbol{V}(i)$ 的表达式如下：

$$\boldsymbol{V}(i)=[\boldsymbol{\omega}_1^{\mathrm{T}}(i),\ \boldsymbol{\omega}_2^{\mathrm{T}}(i),\cdots,\ \boldsymbol{\omega}_{n-1}^{\mathrm{T}}(i),\ \boldsymbol{\omega}_U^{\mathrm{T}}(i)]^{\mathrm{T}} \tag{13-24}$$

其中，$\boldsymbol{\omega}_j(i)\ (j=1,\ \cdots,\ n-1)$ 是在第 i 次采样时物体 B_j 的角速度，$\boldsymbol{\omega}_U(i)$ 是在第 i 次采样时物体 B_{Uj} 的角速度。

13.5 数 值 仿 真

本小节将通过数值仿真来验证本章辨识方法的有效性。在本小节的仿真中，图 13.2(a) 所示空间机器人将被用于完成抓捕任务。在抓捕任务完成后且机械臂锁定的情况下，空间机器人系统可以简化为如图 13.2(b) 所示结构，其中 B_U 是由机械臂和未知物体构成的新组合体。新的组合相对空间机器人本体 B_1 有两个旋转轴 Axis 1 和 Axis 2 (注：图 13.2 中符号定义与图 13.1 相同)。图 13.2(b) 中物体 B_1 和 B_U 在其连体坐标系 Σ_{C_1} 和 Σ_{C_U} 下的真实惯性参数如表 13.1 所示。对于 B_U，期待辨识的惯性参数 $\boldsymbol{\rho}''^{C_U}_Q$ 的真实值 $[-0.2,\ 0,\ 0]^{\mathrm{T}}$。

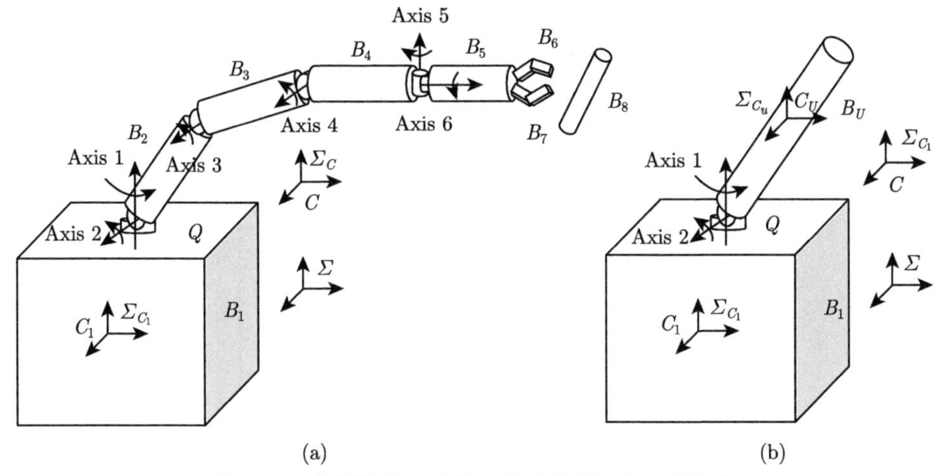

图 13.2 空间机器人系统：(a) 抓捕前, (b) 抓捕后

表 13.1 辨识系统惯性参数

物体	质量/kg	I''_{xx}/(kg·m^2)	I''_{xy}/(kg·m^2)	I''_{xz}/(kg·m^2)	I''_{yy}/(kg·m^2)	I''_{yz}/(kg·m^2)	I''_{zz}/(kg·m^2)
B_1	2000	226	0	0	226	0	226
B_U	1000	12	0	0	11	0	10

13.5.1 粗估计

由 13.3 节推导可知，利用式 (13-19) 和式 (13-22) 并借助非线性迭代算法可以完成对未知物体 B_U 惯性参数的粗估计。在本章的研究中，我们使用了 MATALB

中的 fsolve 函数进行非线性迭代。为了获得用于完成迭代的运算数据，B_U 会被操作绕 Axis1 和 Axis2 旋转。空间机器人在不同构型中的运行学信息将作为辨识的观测数据被收集，并会被依次代入非线性迭代算法用于估计 B_U 惯性参数。如果收集的数据有 N 组，那么非线性迭代计算将运行 N 次 (即调用 N 次 fsolve 函数)，且每次迭代获得的 B_U 估计值将作为下次迭代运行的初值。在本小节的仿真中，我们采用 50 组观测数据用于参数辨识。辨识结果如表 13.2 所示，每个待辨识项在迭代过程中的变化曲线如图 13.3～ 图 13.5 所示。观察计算结果可

表 13.2　惯性参数粗估计结果

参数	质量/kg	${\rho''}^{C_U}_{Q,x}$/m	${\rho''}^{C_U}_{Q,x}$/m	${\rho''}^{C_U}_{Q,x}$/m	I''_{xx}/(kg·m²)
真实值	1000	−0.2	0	0	12
估计值	980.8295	−0.2072	−0.0025	0	11.8786
误差	19.1705	0.0072	0.0025	0	0.1214
参数	I''_{xy}/(kg·m²)	I''_{xz}/(kg·m²)	I''_{yy}/(kg·m²)	I''_{yz}/(kg·m²)	I''_{zz}/(kg·m²)
真实值	0	0	11	0	10
估计值	0.7799	0.0406	8	0.0956	6.9560
误差	−0.7779	−0.0406	3	−0.09856	3.044

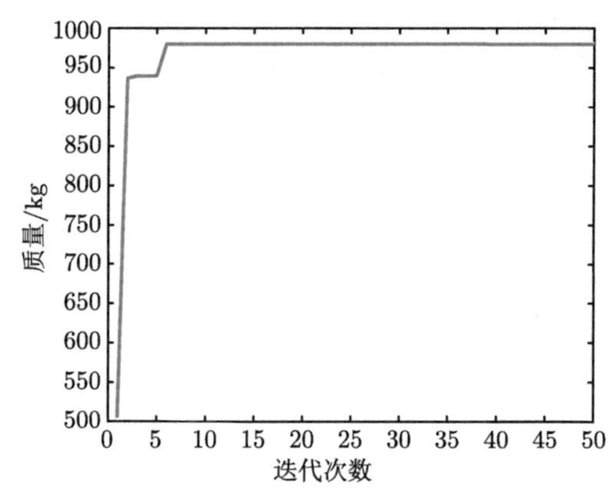

图 13.3　未知物体 B_U 的质量估计过程

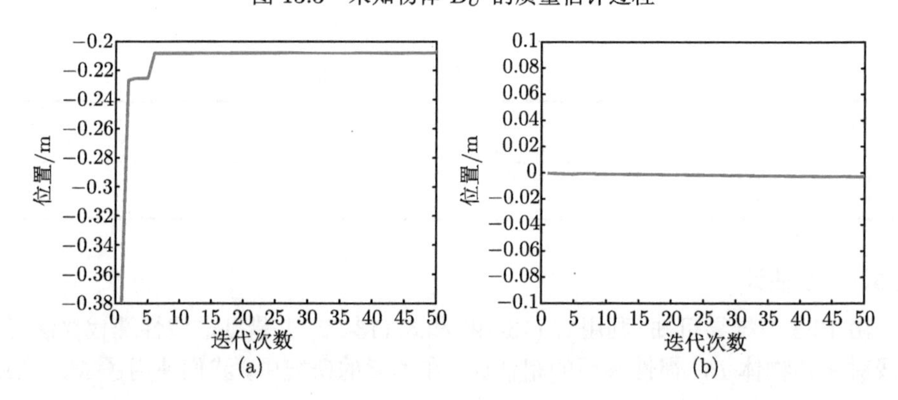

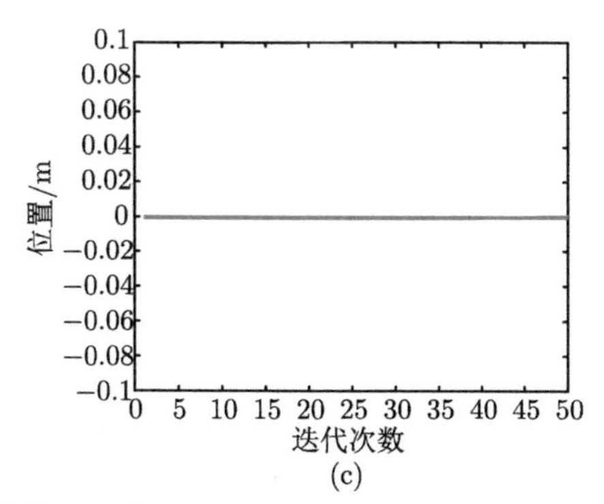

图 13.4 未知物体 B_U 的质心位置估计过程：(a) x 轴, (b) y 轴, (c)z 轴

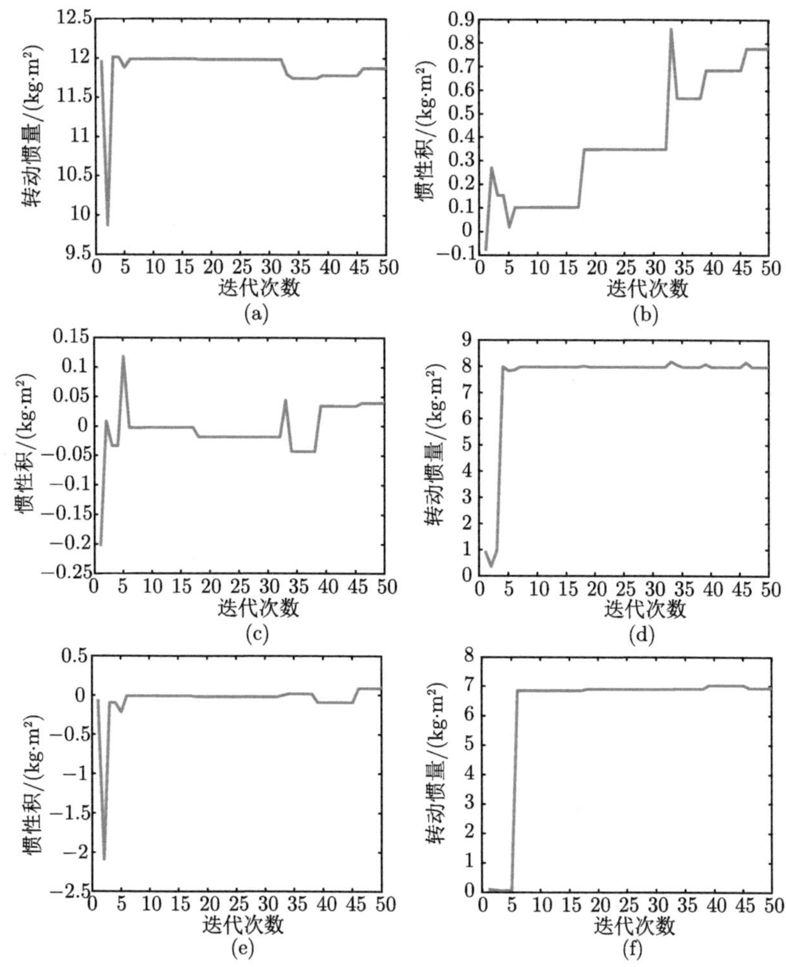

图 13.5 未知物体 B_U 的惯性张量估计过程: (a) I''_{xx}, (b) I''_{xy}, (c) I''_{xz}, (d) I''_{yy}, (e) I''_{yz}, (f) I''_{zz}

知，经过多次迭代之后惯性参数已经趋近于真实参数，但与真实值仍有一定误差。另外，进一步观察图 13.3~图 13.5 所示曲线可知，很多参数在迭代次数达到 10 之后，估计值便趋于稳定。这说明通过提高观测数据数量的方式无法提高辨识精度。为了获得精度更高的辨识结果，我们需要对已获得辨识结果进行修正。

13.5.2 精估计

为获得精估计所需要的数据，基于 B_U 真实惯性参数和辨识惯性参数的仿真实验将被开展。首先，利用 B_U 真实惯性参数开展的仿真实验将获得 B_U 在转轴 Axis1 和 Axis2 施加 0.05N·m 力矩情况下的系统运动数据。然后，一组循环数值仿真会被开展以获得系统运动数据的估计值。在每次数值仿真结束后，真实值与预测值的差将被用作修正惯性参数的估计值。13.5.1 节获得的粗估计结果将被用作第一次修正的优化初值，而每次优化获得的结果将作为下次优化的初值。辨识结果如表 13.3 所示，每个待辨识项在迭代过程中的变化曲线如图 13.6~ 图 13.8。观察计算结果可知，经过多次优化之后估计的惯性参数与真惯性参数之间的偏差非常小。可以说，经过精估计的修正后，惯性参数的精度有了明显提升。

表 13.3　惯性参数精估计结果

参数	质量/kg	$\rho''^{C_U}_{Q,x}$ /m	$\rho''^{C_U}_{Q,x}$ /m	$\rho''^{C_U}_{Q,x}$ /m	$I''_{xx}/(\text{kg·m}^2)$
真实值	1000	−0.2	0	0	12
估计值	1000.14	−0.19999	1.2E-08	−1.5E-06	12.000002
误差	0.14	0.00001	1.2E-08	−1.5E-06	0.000002
参数	$I''_{xy}/(\text{kg·m}^2)$	$I''_{xz}/(\text{kg·m}^2)$	$I''_{yy}/(\text{kg·m}^2)$	$I''_{yz}/(\text{kg·m}^2)$	$I''_{zz}/(\text{kg·m}^2)$
真实值	0	0	11	0	10
估计值	7.298E-05	1.108E-04	11.0015	2.390E-04	10.0012
误差	7.298E-05	1.108E-04	0.0015	2.390E-04	0.0012

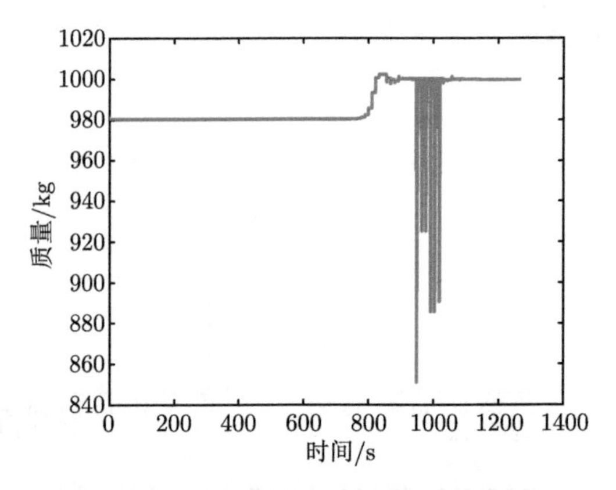

图 13.6　未知物体 B_U 的质量估计过程

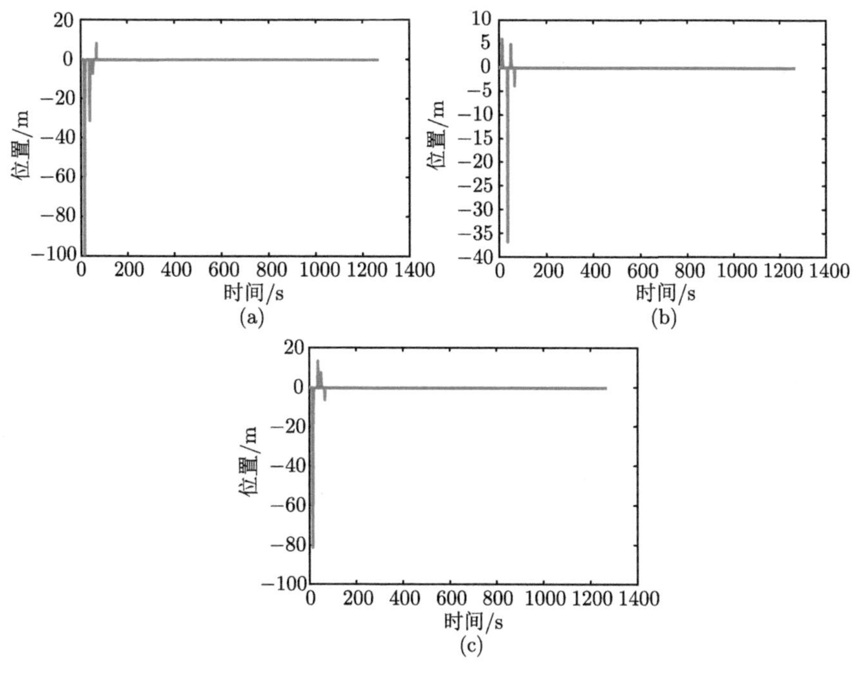

图 13.7 未知物体 B_U 的质心位置估计过程: (a) x 轴, (b) y 轴, (c) z 轴

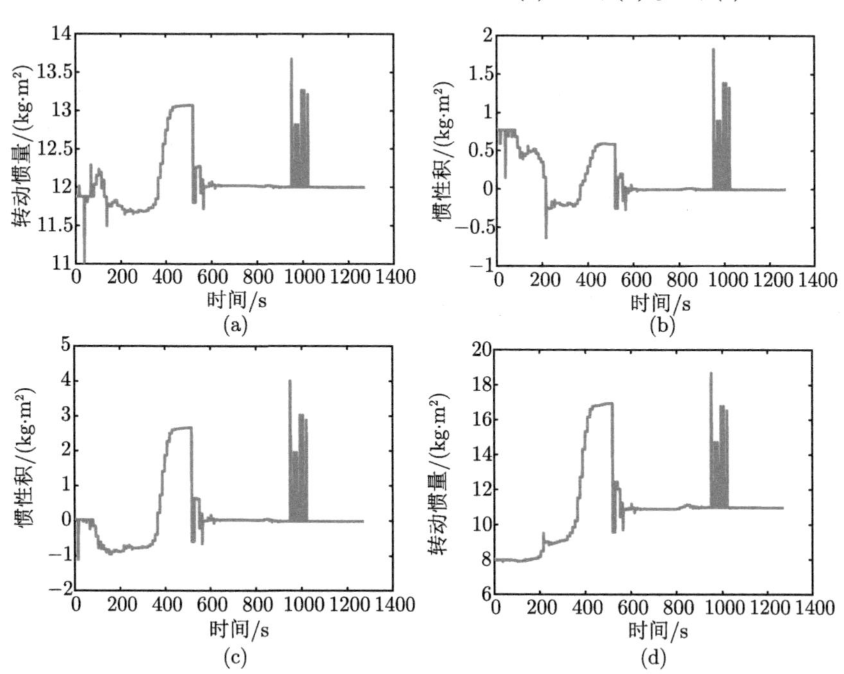

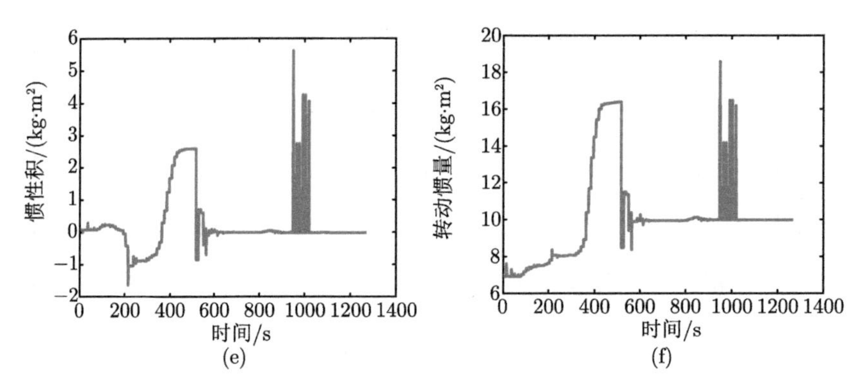

图 13.8 未知物体 B_U 的惯性张量估计过程: (a)I''_{xx}, (b)I''_{xy}, (c) I''_{xz}, (d)I''_{yy}, (e) I''_{yz} , (f)I''_{zz}

13.6 本章小结

本章提出了一种新的抓捕后空间非合作目标惯性参数识别方法。该方法中，辨识过程分为粗估计和精估计两步。在粗估计阶段，系统的角动量守恒方程和质心方程被用于建立辨识方程，并通过非线性迭代获得惯性参数的近似值。在精估计阶段，通过最小化基于惯性参数估计值预测的系统运动与真实系统运动的误差来完成对非合作目标惯性参数的修正。仿真结果表明，本章所提出的辨识方法能够有效地获得未知目标的惯性参数。

本章中未尽之处还可详见本课题组已投稿文章 [12]。

参考文献

[1] Slotine J J E, Li W. Composite adaptive control of robot manipulators[J]. Automatica, 1989, 25(4): 509-519.

[2] Souza L, Schfer B. Joint dynamics modeling and parameter identification for space robot applications[J]. Mathematical Problems in Engineering, 2007, 1(10): 19.

[3] Lampariello R, Hirzinger G. Modeling and experimental design for the on-orbit inertial parameter identification of free-flying space robots[C]. International Design Engineering Technical Conferences and Computers and Information in Engineering Conference, Long Beach, California, USA, 2005: 881-890.

[4] Murotsu Y, Tsujio S, Senda K, et al. System identification and resolved acceleration control of space robots by using experimental system[C]. Proceedings IROS'91: IEEE/RSJ International Workshop on Intelligent Robots and Systems' 91, Osaka, Japan, 1991: 1669-1674.

[5] Murotsu Y, Senda K, Ozaki M, et al. Parameter identification of unknown object handled by free-flying space robot[J]. Journal of Guidance, Control, and Dynamics, 1994, 17(3): 488-494.

[6] Yoshida K, Abiko S. Inertia parameter identification for a free-flying space robot[C]. AIAA Guidance, Navigation, and Control Conference and Exhibit, Monterey, California, 2002: 4568.

[7] Ma O, Dang H, Pham K. On-orbit identification of inertia properties of spacecraft using a robotic arm[J]. Journal of Guidance, Control, and Dynamics, 2008, 31(6): 1761-1771.

[8] Nguyen-Huynh T C, Sharf I. Adaptive reactionless motion and parameter identification in postcapture of space debris[J]. Journal of Guidance, Control, and Dynamics, 2013, 36(2): 404-414.

[9] Zhang F, Sharf I, Misra A, et al. On-line estimation of inertia parameters of space debris for its tether-assisted removal[J]. Acta Astronautica, 2015, 107: 150-162.

[10] Aghili F, Parsa K. Motion and parameter estimation of space objects using laser-vision data[J]. Journal of Guidance, Control, and Dynamics, 2009, 32(2): 538-550.

[11] Benninghoff H, Boge T. Rendezvous involving a non-cooperative, tumbling target-estimation of moments of inertia and center of mass of an unknown target[C]. 25th international symposium on space flight dynamics, Munich, Germany, 2015: 1-16.

[12] Liu X, Zhou B, Xia B, et al. Inertia parameter identification of an unknown captured space target[J]. Aircraft Engineering and Aerospace Technology, 2019, 91(8): 1147-1155.

第 14 章　空间非合作目标抓捕后阶段主动消旋策略 1

14.1　引　　言

当空间机器人完成对空间目标的抓捕任务后，空间目标仍处于翻滚状态，需要对其进一步消旋。空间机器人在抓捕后阶段的消旋轨迹规划和控制研究已经成为航天领域的研究热点。Lampariello 等 [1] 研究了空间机器人抓捕飞行空间目标的最优轨迹，使用 B 样条曲线参数化机械臂的关节轨迹并基于序列二次规划方法来搜索最优结果。Wang 等 [2,3] 基于 Bézier 曲线和粒子群优化算法研究了空间机器人抓捕目标过程中轨迹规划的参数优化问题。Aghili[4-6] 研究了空间机器人末端执行器的最佳轨迹和捕获时机，以确保可以安全、可靠、快速地完成抓捕任务。目前，大部分相关研究中的空间机器人和空间目标对象均为刚体结构。实际上，航天器通常包含许多柔性附件 (如天线和太阳能帆板) 的刚–柔多体系统，这些柔性附件的振动会对捕获操作构成巨大挑战。关于捕获大型柔性空间目标的动力学建模和控制研究相对较少。Zarafshan 和 Moosavian[7] 建立了具有太阳帆板的双臂空间机器人的动力学模型，然后基于规划轨迹扩展了多阻抗控制和增强对象模型算法以执行捕获操作。Xu 等 [8] 开发了柔性航天器的动力学模型和闭环仿真系统，验证捕获阶段的路径规划和控制算法的有效性。Dubanchet[9] 研究了柔性空间机器人系统的建模和控制问题，并在机器人测试平台上进行了实验验证。Stolfi 等 [10] 提出了一种改进的阻抗控制算法以在完全捕获之前保证末端执行器和柔性目标卫星之间进行稳定的首次接触。Singh 和 Mooij[11] 提出了一种用于捕获大型挠性卫星 Envisat 的鲁棒控制方案，通过在控制回路中引入“死区”以消除干扰频率，进而显著改善控制响应。

本章对柔性空间目标在抓捕后阶段的消旋轨迹规划进行了研究，并提出了一种空间机器人的姿态协调控制方案。首先，分别建立了空间机器人和空间目标的动力学方程，并推导了组合系统的动力学方程；接着，将柔性目标的消旋轨迹规划问题转换为多目标多约束优化问题，并利用多目标粒子群算法获得了空间目标的最优消旋轨迹；然后，提出了一种协调控制方案以同步控制空间机器人本体和末端执行器的运动；最后，通过数值仿真验证了轨迹优化和协调控制方案的有效性。

14.2 动力学建模

本节分别建立了空间机器人和空间目标的动力学模型，然后基于空间机器人的末端执行器与空间目标的相对运动关系推导了两者的组合动力学方程。

14.2.1 模型描述

空间目标的捕获过程可以大致分为抓捕前、抓捕中和抓捕后三个阶段。在抓捕前阶段，空间机械臂的末端执行器跟踪并接近目标航天器上选定的抓握点；在抓捕中阶段，末端执行器与空间目标发生接触碰撞；在抓捕后阶段，空间机器人和空间非合作目标形成了如图 14.1 所示的组合航天器系统。图中，空间机器人由一个中心刚体 (称为机器人本体)、两个柔性太阳能帆板 (称为机器人帆板) 和一个 7 自由度冗余机械臂组成。机械臂的末端执行器是用于抓捕空间目标的夹具。空间目标是具有中心刚体 (称为目标本体) 和两个柔性太阳能帆板 (称为目标帆板) 的自由漂浮故障卫星。假设柔性帆板均固定安装在空间机器人或空间目标的本体上。

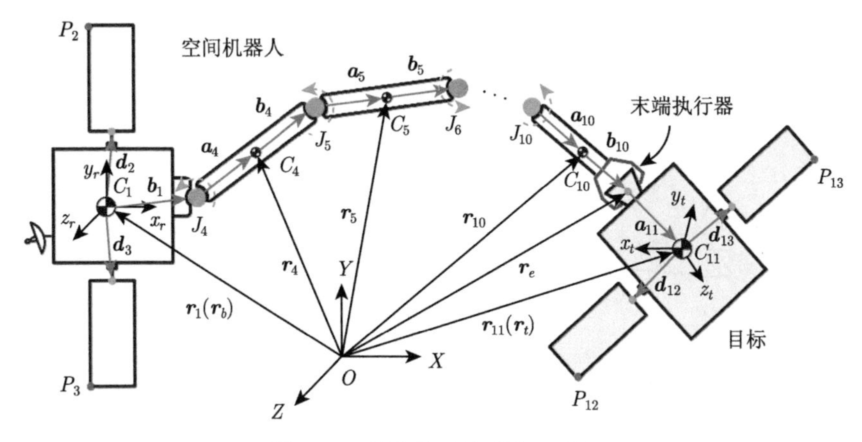

图 14.1 组合航天器系统示意图

如图 14.2 所示，组合系统的拓扑结构由一系列的开环运动链构成，其中 B_0 代表固定在惯性系 XYZ 的虚物体；$B_1 \sim B_{10}$ 代表空间机器人的部件；$B_{11} \sim B_{13}$ 代表空间目标的部件；$J_i\ (i=1,\cdots,13)$ 代表 $B_i\ (i=1,\cdots,13)$ 及其内接物体之间的关节铰。连体坐标系 $x_r y_r z_r$ 和 $x_t y_t z_t$ 分别固定在空间机器人和非合作目标的本体质心上。对于组合系统内的刚性部件 $B_i\ (i=1,4,\cdots,13)$，$\boldsymbol{r}_i$ 表示其质心 C_i 的位置矢量，$\boldsymbol{r}_e$ 表示末端执行器的位置矢量，$\boldsymbol{a}_i\ (i=4,\cdots,11)$ 表示从 J_i 到 C_i 的位置矢量，$\boldsymbol{b}_1$ 表示从 C_1 到 J_4 的位置矢量，而 $\boldsymbol{b}_i\ (i=4,\cdots,10)$ 则是从 C_i

到 J_{i+1} 的位置矢量。对于柔性帆板 B_i ($i=2,3,12,13$)，其浮动坐标系位于变形量可忽略的参考点上，$\boldsymbol{d}_i$ ($i=2,3,12,13$) 代表从柔性帆板内接物体 (即机器人本体或目标本体) 的质心到参考点的位置矢量，如图 14.3 所示。

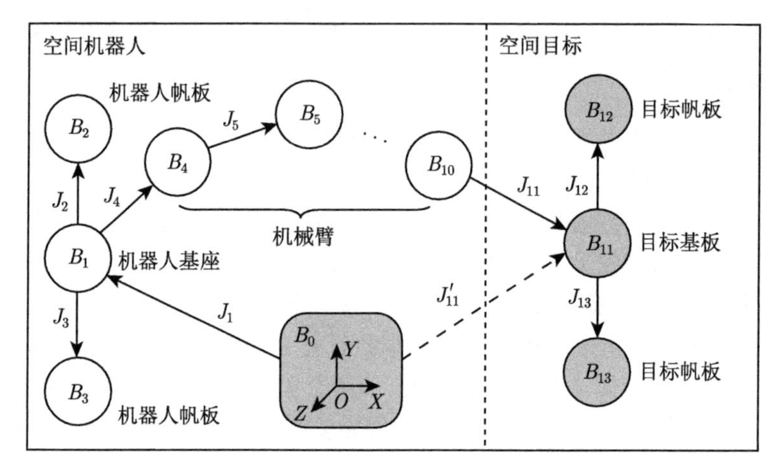

图 14.2　组合航天器系统的拓扑结构图

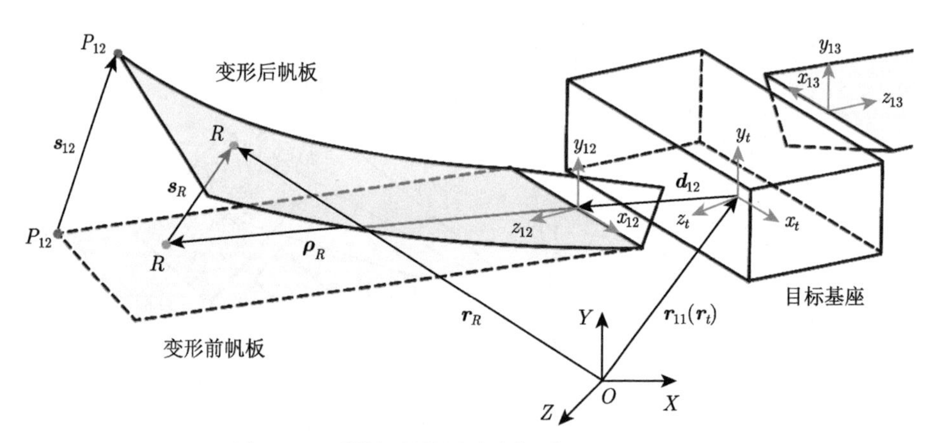

图 14.3　柔性帆板的浮动坐标系和变形示意图

图 14.4 展示了空间机械臂在初始构型下的连体坐标系。空间机械臂的关节布局与空间站远程操纵器系统 (space station remote manipulator system, SSRMS) 相同，为 (滚转–偏航–俯仰)–俯仰–(俯仰–偏航–滚转) 结构 [12]。参考 D-H 方法确定各连体坐标系的初始方位，以确保其 z 轴为相应关节的旋转方向。由 7 个关节提供的运动学冗余增加了在复杂约束下的操作灵活性，并有助于避免在运动学奇异附近的机械臂构型。此外，本章研究的内容基于以下假设 [13,14]：

(1) 空间机器人的惯量参数可以被准确测量；
(2) 空间目标的惯量参数可以被大致估计；
(3) 在抓捕完成后，空间目标与机械臂的末端执行器固结；
(4) 空间目标不受其他任何外力和外力矩作用。

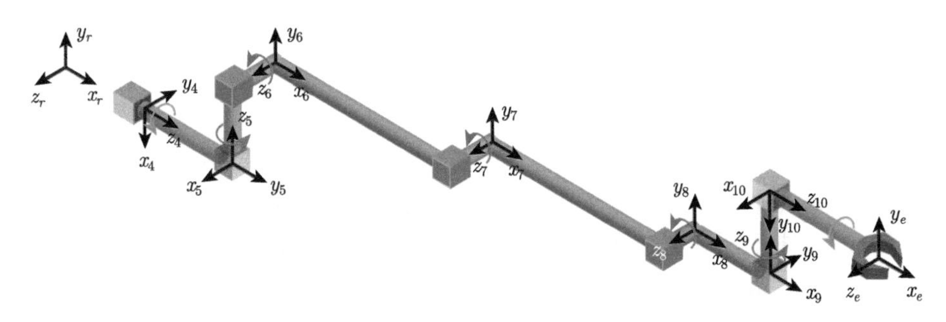

图 14.4 空间机械臂的初始构型及连体坐标系

14.2.2 空间机器人和非合作目标的动力学模型

本章基于 Newton-Euler 方程的递推组集方法推导了空间机器人和空间目标的动力学方程 [8]。根据 14.2.1 节的模型描述，刚体质心和末端执行器的位置矢量分别为

$$\boldsymbol{r}_i = \begin{cases} \boldsymbol{r}_1, & i=1 \\ \boldsymbol{r}_1 + \boldsymbol{b}_1 + \sum\limits_{j=4}^{i-1} (\boldsymbol{a}_j + \boldsymbol{b}_j) + \boldsymbol{a}_i, & i=4,\cdots,11 \end{cases} \tag{14-1}$$

$$\boldsymbol{r}_e = \boldsymbol{r}_1 + \boldsymbol{b}_1 + \sum_{j=4}^{10} (\boldsymbol{a}_j + \boldsymbol{b}_j) \tag{14-2}$$

如图 14.3 所示，以柔性帆板 B_{12} 上的任意点 R 为例，其位置矢量可表示为

$$\boldsymbol{r}_R = \boldsymbol{r}_t + \boldsymbol{d}_{12} + \boldsymbol{\rho}_R + \boldsymbol{s}_R \tag{14-3}$$

其中，$\boldsymbol{\rho}_R$ 表示帆板未变形状态下点 R 的位置矢量，$\boldsymbol{s}_R$ 表示柔性帆板在点 R 处的弹性变形矢量，且由假设模态法 (assumed mode method, AMM) 可表示为 [11]

$$\boldsymbol{s}_R = \boldsymbol{A}_{12}\boldsymbol{s}'_R = \boldsymbol{A}_{12}\boldsymbol{\Phi}'_R\boldsymbol{\xi}_{12} \tag{14-4}$$

其中，$\boldsymbol{A}_{12}$ 是浮动坐标系 $x_{12}y_{12}z_{12}$ 相对于惯性坐标系 XYZ 的方向余弦阵；$\boldsymbol{\Phi}'_R \in \mathbb{R}^{3\times n_{12}}$ 是点 R 在坐标系 $x_{12}y_{12}z_{12}$ 中的模态矩阵，可通过有限元方法获得；$\boldsymbol{\xi}_{12} \in \mathbb{R}^{n_{12}}$ 是柔性帆板 B_{12} 的模态坐标向量，其中 n_{12} 表示截断模态数。

利用文献 [8] 推导的递推组集方法，空间机器人的动力学方程可表示为

$$\boldsymbol{H}_r\ddot{\boldsymbol{q}}_r+\boldsymbol{c}_r(\boldsymbol{q}_r,\dot{\boldsymbol{q}}_r)+\begin{bmatrix}\boldsymbol{0}_{6\times6} & & \\ & \boldsymbol{C}_r & \\ & & \boldsymbol{0}_{7\times7}\end{bmatrix}\dot{\boldsymbol{q}}_r+\begin{bmatrix}\boldsymbol{0}_{6\times6} & & \\ & \boldsymbol{K}_r & \\ & & \boldsymbol{0}_{7\times7}\end{bmatrix}\boldsymbol{q}_r=\boldsymbol{F}_c+\boldsymbol{J}_e^{\mathrm{T}}\boldsymbol{F}_e \tag{14-5}$$

其中，$\boldsymbol{H}_r\in\mathbb{R}^{(13+n_r)\times(13+n_r)}$ 是空间机器人的广义质量阵，$n_r=n_2+n_3$ 是柔性帆板的模态坐标向量的维度；$\boldsymbol{q}_r\in\mathbb{R}^{13+n_r}$ 是广义坐标向量；$\boldsymbol{c}_r(\boldsymbol{q}_r,\dot{\boldsymbol{q}}_r)\in\mathbb{R}^{13+n_r}$ 是广义科氏力 (科里奥利力) 和离心力向量；$\boldsymbol{C}_r\in\mathbb{R}^{n_r\times n_r}$ 和 $\boldsymbol{K}_r\in\mathbb{R}^{n_r\times n_r}$ 分别是模态阻尼阵和模态刚度阵；$\boldsymbol{F}_c\in\mathbb{R}^{13+n_r}$ 是控制力向量；$\boldsymbol{F}_e=[\boldsymbol{f}_e^{\mathrm{T}}\quad\boldsymbol{\tau}_e^{\mathrm{T}}]^{\mathrm{T}}\in\mathbb{R}^6$ 是施加在末端执行器上的接触力向量；$\boldsymbol{J}_e\in\mathbb{R}^{(13+n_r)\times6}$ 是末端执行器的雅克比矩阵 [3,8]。另外，$\dot{\boldsymbol{q}}_r$ 和 $\boldsymbol{F}_c$ 可进一步写为

$$\dot{\boldsymbol{q}}_r=\begin{bmatrix}\dot{\boldsymbol{x}}_r\\ \dot{\boldsymbol{\xi}}_r\\ \dot{\boldsymbol{\theta}}_m\end{bmatrix},\quad \boldsymbol{F}_c=\begin{bmatrix}\boldsymbol{F}_r\\ \boldsymbol{F}_\xi\\ \boldsymbol{\tau}_m\end{bmatrix} \tag{14-6}$$

其中，$\dot{\boldsymbol{x}}_r=[\boldsymbol{v}_r^{\mathrm{T}}\quad\boldsymbol{\omega}_r^{\mathrm{T}}]^{\mathrm{T}}\in\mathbb{R}^6$ 表示空间机器人本体的速度向量；$\boldsymbol{\xi}_r\in\mathbb{R}^{n_r}$ 是柔性帆板的模态坐标向量；$\dot{\boldsymbol{\theta}}_m\in\mathbb{R}^7$ 是空间机械臂的关节转速向量；$\boldsymbol{F}_r\in\mathbb{R}^6$ 是空间机器人本体的控制力/力矩向量；$\boldsymbol{F}_\xi\in\mathbb{R}^{n_r}$ 是柔性帆板上的模态控制力向量；$\boldsymbol{\tau}_m\in\mathbb{R}^7$ 是空间机械臂的关节控制力矩向量。

相似地，空间非合作目标的动力学方程可表示为

$$\boldsymbol{H}_t\ddot{\boldsymbol{q}}_t+\boldsymbol{c}_t(\boldsymbol{q}_t,\dot{\boldsymbol{q}}_t)+\begin{bmatrix}\boldsymbol{0}_{6\times6} & \\ & \boldsymbol{C}_t\end{bmatrix}\dot{\boldsymbol{q}}_t+\begin{bmatrix}\boldsymbol{0}_{6\times6} & \\ & \boldsymbol{K}_t\end{bmatrix}\boldsymbol{q}_t=\begin{bmatrix}\boldsymbol{F}_t\\ \boldsymbol{0}_{n_t\times1}\end{bmatrix} \tag{14-7}$$

其中，$\boldsymbol{H}_t\in\mathbb{R}^{(6+n_t)\times(6+n_t)}$ 是空间目标的广义质量阵，$n_t=n_{12}+n_{13}$ 是柔性帆板的模态坐标向量的维度；$\dot{\boldsymbol{q}}_t=[\dot{\boldsymbol{x}}_t^{\mathrm{T}}\quad\dot{\boldsymbol{\xi}}_t^{\mathrm{T}}]^{\mathrm{T}}\in\mathbb{R}^{6+n_t}$ 是广义速度向量，$\dot{x}_t=[\boldsymbol{v}_t^{\mathrm{T}}\quad\boldsymbol{\omega}_t^{\mathrm{T}}]^{\mathrm{T}}\in\mathbb{R}^6$ 表示目标本体的速度向量而 $\boldsymbol{\xi}_t\in\mathbb{R}^{n_t}$ 表示柔性帆板的模态坐标向量；$\boldsymbol{c}_t(\boldsymbol{q}_t,\dot{\boldsymbol{q}}_t)\in\mathbb{R}^{6+n_t}$ 是广义科氏力和离心力向量；$\boldsymbol{C}_t\in\mathbb{R}^{n_t\times n_t}$ 和 $\boldsymbol{K}_t\in\mathbb{R}^{n_t\times n_t}$ 分别是模态阻尼阵和模态刚度阵；$\boldsymbol{F}_t=[\boldsymbol{f}_t^{\mathrm{T}}\quad\boldsymbol{\tau}_t^{\mathrm{T}}]^{\mathrm{T}}\in\mathbb{R}^6$ 是施加在目标本体上的接触力向量。

14.2.3　组合系统的动力学方程

将空间机器人与空间非合作目标的动力学方程结合，可以得到组合系统的动力学方程。首先，推导空间机器人与空间目标之间的运动学关系。如图 14.5 所示，

在捕获后阶段，末端执行器与目标本体上的抓捕点固结，则目标本体和末端执行器之间的运动关系可表示为

$$\dot{\boldsymbol{x}}_t = \boldsymbol{J}_{et}\dot{\boldsymbol{x}}_e, \quad \ddot{\boldsymbol{x}}_t = \boldsymbol{J}_{et}\ddot{\boldsymbol{x}}_e + \dot{J}_{et}\dot{\boldsymbol{x}}_e \tag{14-8}$$

其中，$\dot{\boldsymbol{x}}_e = [\boldsymbol{v}_e^{\mathrm{T}} \quad \boldsymbol{\omega}_e^{\mathrm{T}}]^{\mathrm{T}} \in \mathbb{R}^6$ 表示末端执行器的速度向量，而 $\boldsymbol{J}_{et}$ 表示末端执行器和目标本体之间的 Jacobian 矩阵：

$$\boldsymbol{J}_{et} = \begin{bmatrix} \boldsymbol{E}_3 & -\tilde{\boldsymbol{a}}_{11} \\ \boldsymbol{0}_{3\times 3} & \boldsymbol{E}_3 \end{bmatrix} \tag{14-9}$$

其中，$\boldsymbol{E}_k$ 表示 $k \times k$ 单位矩阵，顶标"$\sim$"表示向量的反对称阵。对于任意向量 $\boldsymbol{a} = [a_x \quad a_y \quad a_z]^{\mathrm{T}}$，$\tilde{\boldsymbol{a}}$ 可写为

$$\tilde{\boldsymbol{a}} = \begin{bmatrix} 0 & -a_z & a_y \\ a_z & 0 & -a_x \\ -a_y & a_x & 0 \end{bmatrix} \tag{14-10}$$

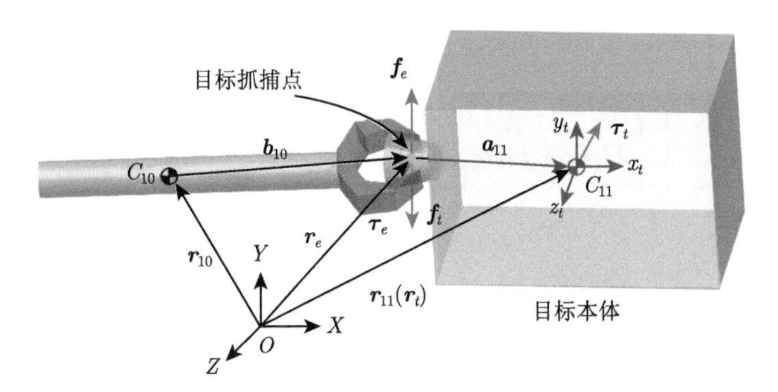

图 14.5 末端执行器和目标本体的位置矢量和接触力示意图

由式 (14-5) 和式 (14-6) 可得，末端执行器的运动学可由空间机器人的广义坐标向量表示为

$$\dot{\boldsymbol{x}}_e = \boldsymbol{J}_e\dot{\boldsymbol{q}}_r, \quad \ddot{\boldsymbol{x}}_e = \boldsymbol{J}_e\ddot{\boldsymbol{q}}_r + \dot{\boldsymbol{J}}_e\dot{\boldsymbol{q}}_r \tag{14-11}$$

接着，将式 (14-11) 代入式 (14-8) 可得

$$\dot{\boldsymbol{x}}_t = \boldsymbol{J}_t\dot{\boldsymbol{q}}_r, \quad \ddot{\boldsymbol{x}}_t = \boldsymbol{J}_t\ddot{\boldsymbol{q}}_r + \dot{\boldsymbol{J}}_t\dot{\boldsymbol{q}}_r \tag{14-12}$$

其中，$\boldsymbol{J}_t = \boldsymbol{J}_{et}\boldsymbol{J}_e$，$\dot{\boldsymbol{J}}_t = \boldsymbol{J}_{et}\dot{\boldsymbol{J}}_e + \dot{\boldsymbol{J}}_{et}\boldsymbol{J}_e$。图 14.6 展示了组合系统中各部分间的运动学关系。

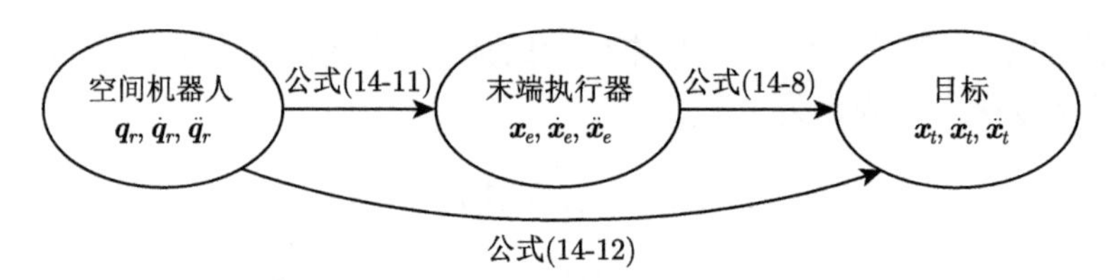

图 14.6　组合系统内部件的运动学关系

另外，式 (14-5) 和式 (14-7) 中描述的末端执行器和目标本体间的接触力向量 $\boldsymbol{F}_e$ 和 $\boldsymbol{F}_t$ 是相互作用力，其关系可表示为

$$\begin{bmatrix} \boldsymbol{f}_e \\ \boldsymbol{\tau}_e \end{bmatrix} = \begin{bmatrix} -\boldsymbol{E}_3 & \boldsymbol{0}_{3\times3} \\ \tilde{\boldsymbol{a}}_{11} & -\boldsymbol{E}_3 \end{bmatrix} \begin{bmatrix} \boldsymbol{f}_t \\ \boldsymbol{\tau}_t \end{bmatrix} \tag{14-13}$$

利用反对称阵的性质 $\tilde{\boldsymbol{a}}_{11} = -\tilde{\boldsymbol{a}}_{11}^{\mathrm{T}}$，式 (14-13) 可写为

$$\boldsymbol{F}_e = -\boldsymbol{J}_{et}^{\mathrm{T}} \boldsymbol{F}_t \tag{14-14}$$

进一步地，将式 (14-14) 代入式 (14-7) 可得

$$\begin{bmatrix} \boldsymbol{F}_e \\ \boldsymbol{0}_{n_t\times1} \end{bmatrix} = \begin{bmatrix} -\boldsymbol{J}_{et}^{\mathrm{T}} & \\ & \boldsymbol{E}_{n_t} \end{bmatrix} \left\{ \boldsymbol{H}_t \ddot{\boldsymbol{q}}_t + \boldsymbol{c}_t(\boldsymbol{q}_t, \dot{\boldsymbol{q}}_t) + \begin{bmatrix} \boldsymbol{0}_{6\times6} & \\ & \boldsymbol{C}_t \end{bmatrix} \dot{\boldsymbol{q}}_t + \begin{bmatrix} \boldsymbol{0}_{6\times6} & \\ & \boldsymbol{K}_t \end{bmatrix} \boldsymbol{q}_t \right\} \tag{14-15}$$

利用式 (14-1)、式 (14-2) 和式 (14-12) 消除式 (14-15) 中目标本体的广义坐标 $\boldsymbol{x}_t$，然后将式 (14-15) 和式 (14-5) 组合得到组合系统的动力学方程：

$$\boldsymbol{H}_s \ddot{\boldsymbol{q}}_s + \boldsymbol{c}_s(\boldsymbol{q}_s, \dot{\boldsymbol{q}}_s) + \boldsymbol{C}_s \dot{\boldsymbol{q}}_s + \boldsymbol{K}_s \boldsymbol{q}_s = \boldsymbol{F}_s \tag{14-16}$$

其中，

$$\boldsymbol{H}_s = \begin{bmatrix} \boldsymbol{H}_r & \\ & \boldsymbol{0}_{n_t\times n_t} \end{bmatrix} + \begin{bmatrix} \boldsymbol{J}_t^{\mathrm{T}} & \\ & \boldsymbol{E}_{n_t} \end{bmatrix} \boldsymbol{H}_t \begin{bmatrix} \boldsymbol{J}_t & \\ & \boldsymbol{E}_{n_t} \end{bmatrix} \tag{14-17a}$$

$$\dot{\boldsymbol{q}}_s = [\ \dot{\boldsymbol{q}}_r^{\mathrm{T}} \quad \dot{\boldsymbol{\xi}}_t^{\mathrm{T}}\ ]^{\mathrm{T}} = [\ \dot{\boldsymbol{x}}_r^{\mathrm{T}} \quad \dot{\boldsymbol{\xi}}_r^{\mathrm{T}} \quad \dot{\boldsymbol{\theta}}_m^{\mathrm{T}} \quad \dot{\boldsymbol{\xi}}_t^{\mathrm{T}}\ ]^{\mathrm{T}} \tag{14-17b}$$

$$\boldsymbol{c}_s(\boldsymbol{q}_s, \dot{\boldsymbol{q}}_s) = \begin{bmatrix} \boldsymbol{c}_r \\ \boldsymbol{0}_{n_t\times1} \end{bmatrix} + \begin{bmatrix} \boldsymbol{J}_t^{\mathrm{T}} & \\ & \boldsymbol{E}_{n_t} \end{bmatrix} \boldsymbol{c}_t + \begin{bmatrix} \boldsymbol{J}_t^{\mathrm{T}} & \\ & \boldsymbol{E}_{n_t} \end{bmatrix} \boldsymbol{H}_t \begin{bmatrix} \dot{\boldsymbol{J}}_t & \\ & \boldsymbol{0}_{n_t\times n_t} \end{bmatrix} \dot{\boldsymbol{q}}_s \tag{14-17c}$$

$$\boldsymbol{C}_s = \begin{bmatrix} \boldsymbol{0}_{6\times6} & & & \\ & \boldsymbol{C}_r & & \\ & & \boldsymbol{0}_{7\times7} & \\ & & & \boldsymbol{C}_t \end{bmatrix} \tag{14-17d}$$

$$\boldsymbol{K}_s = \begin{bmatrix} \boldsymbol{0}_{6\times6} & & & \\ & \boldsymbol{K}_r & & \\ & & \boldsymbol{0}_{7\times7} & \\ & & & \boldsymbol{K}_t \end{bmatrix} \tag{14-17e}$$

$$\boldsymbol{F}_s = [\ \boldsymbol{F}_c^{\mathrm{T}} \quad \boldsymbol{0}_{n_t\times1}^{\mathrm{T}}\ ]^{\mathrm{T}} = [\ \boldsymbol{F}_r^{\mathrm{T}} \quad \boldsymbol{F}_\xi^{\mathrm{T}} \quad \boldsymbol{\tau}_m^{\mathrm{T}} \quad \boldsymbol{0}_{n_t\times1}^{\mathrm{T}}\ ]^{\mathrm{T}} \tag{14-17f}$$

14.3 消旋轨迹优化

本节利用五次多项式曲线将空间目标本体的消旋轨迹参数化，然后将消旋轨迹优化问题转换为多目标多约束优化问题，并利用多目标粒子群优化 (multi-objective particle swarm optimization，MOPSO) 算法得到了空间目标的最优消旋轨迹，从而得到了空间机器人末端执行器的消旋期望轨迹。

14.3.1 非合作目标的消旋轨迹参数化

由于空间目标的本体和柔性帆板之间的动力学耦合效应，目标本体的运动会对柔性帆板的振动产生影响。为了便于目标本体的轨迹规划，空间目标的动力学方程 (14-7) 改写为

$$\begin{bmatrix} \boldsymbol{H}_{11} & \boldsymbol{H}_{12} \\ \boldsymbol{H}_{21} & \boldsymbol{H}_{22} \end{bmatrix} \begin{bmatrix} \ddot{\boldsymbol{x}}_t \\ \ddot{\boldsymbol{\xi}}_t \end{bmatrix} + \begin{bmatrix} \boldsymbol{c}_1 \\ \boldsymbol{c}_2 \end{bmatrix} + \begin{bmatrix} \boldsymbol{0}_{6\times6} & \\ & \boldsymbol{C}_t \end{bmatrix} \begin{bmatrix} \dot{\boldsymbol{x}}_t \\ \dot{\boldsymbol{\xi}}_t \end{bmatrix} + \begin{bmatrix} \boldsymbol{0}_{6\times6} & \\ & \boldsymbol{K}_t \end{bmatrix} \begin{bmatrix} \boldsymbol{x}_t \\ \boldsymbol{\xi}_t \end{bmatrix} = \begin{bmatrix} \boldsymbol{F}_t \\ \boldsymbol{0}_{6\times1} \end{bmatrix} \tag{14-18}$$

其中，$\boldsymbol{H}_{11} \in \mathbb{R}^{6\times6}$，$\boldsymbol{H}_{22} \in \mathbb{R}^{n_t\times n_t}$，并且 $\boldsymbol{c}_1 \in \mathbb{R}^6$。然后，可以得到

$$\boldsymbol{H}_{22}\ddot{\boldsymbol{\xi}}_t + \boldsymbol{c}_2 + \boldsymbol{C}_t\dot{\boldsymbol{\xi}}_t + \boldsymbol{K}_t\boldsymbol{\xi}_t = -\boldsymbol{H}_{21}\ddot{\boldsymbol{x}}_t \tag{14-19}$$

在消旋过程中，目标帆板的振动被末端执行器施加的控制力/力矩激发，因此需要寻找合适的消旋轨迹来抑制帆板振动。为了规划空间目标的消旋轨迹，其本体姿态用 Cardan 角表示为 $\boldsymbol{\varphi}_t = [\phi_{tx} \quad \phi_{ty} \quad \phi_{tz}]^{\mathrm{T}}$，并定义 $\boldsymbol{y}_t = [\boldsymbol{r}_t^{\mathrm{T}} \quad \boldsymbol{\varphi}_t^{\mathrm{T}}]^{\mathrm{T}}$，其

中 $\boldsymbol{r}_t$ 和 $\boldsymbol{\varphi}_t$ 分别代表目标本体的位置和姿态向量。然后，利用五次多项式曲线将 $\boldsymbol{y}_t$ 进行参数化：

$$\boldsymbol{y}_t(\tau) = \boldsymbol{c}_0 + \boldsymbol{c}_1\tau + \boldsymbol{c}_2\tau^2 + \boldsymbol{c}_3\tau^3 + \boldsymbol{c}_4\tau^4 + \boldsymbol{c}_5\tau^5 \tag{14-20}$$

其中，$\boldsymbol{c}_i\ (i = 1, \cdots, 5)$ 是多项式系数向量，$\tau = t/\mathcal{T} \in [0, 1]$ 是无量纲时间，其中 $\mathcal{T} = t_{\mathrm{f}} - t_{\mathrm{s}}$，而 t_{s} 和 t_{f} 分别表示消旋过程的起始和终止时刻。简单起见，令 $t_{\mathrm{s}} = 0$，于是有 $\mathcal{T} = t_{\mathrm{f}}$。将 $\boldsymbol{y}_i(\tau)$ 对时间求导可得

$$\dot{\boldsymbol{y}}_t(\tau) = \frac{1}{\mathcal{T}}(\boldsymbol{c}_1 + 2\boldsymbol{c}_2\tau + 3\boldsymbol{c}_3\tau^2 + 4\boldsymbol{c}_4\tau^3 + 5\boldsymbol{c}_5\tau^4) \tag{14-21a}$$

$$\ddot{\boldsymbol{y}}_t(\tau) = \frac{1}{\mathcal{T}^2}(2\boldsymbol{c}_2 + 6\boldsymbol{c}_3\tau + 12\boldsymbol{c}_4\tau^2 + 20\boldsymbol{c}_5\tau^3) \tag{14-21b}$$

目标本体的角速度和角加速度可表示为

$$\boldsymbol{\omega}_t = \boldsymbol{H}_t\dot{\boldsymbol{\varphi}}_t, \quad \dot{\boldsymbol{\omega}}_t = \boldsymbol{H}_t\ddot{\boldsymbol{\varphi}}_t + \dot{\boldsymbol{H}}_t\dot{\boldsymbol{\varphi}}_t \tag{14-22}$$

其中，

$$\boldsymbol{H}_t(\boldsymbol{\varphi}_t) = \begin{bmatrix} 1 & 0 & \sin\phi_{ty} \\ 0 & \cos\phi_{tx} & -\sin\phi_{tx}\cos\phi_{ty} \\ 0 & \sin\phi_{tx} & \cos\phi_{tx}\cos\phi_{ty} \end{bmatrix} \tag{14-23a}$$

$$\dot{\boldsymbol{H}}_t(\boldsymbol{\varphi}_t, \dot{\boldsymbol{\varphi}}_t) = \begin{bmatrix} 0 & 0 & \dot{\phi}_{ty}\cos\varphi_{ty} \\ 0 & -\dot{\phi}_{tx}\sin\phi_{tx} & -\dot{\phi}_{tx}\cos\phi_{tx}\cos\phi_{ty} + \dot{\phi}_{ty}\sin\phi_{tx}\sin\phi_{ty} \\ 0 & \dot{\phi}_{tx}\cos\phi_{tx} & -\dot{\phi}_{tx}\sin\phi_{tx}\cos\phi_{ty} - \dot{\phi}_{ty}\cos\phi_{tx}\sin\phi_{ty} \end{bmatrix} \tag{14-23b}$$

根据式 (14-22)，目标本体的两种运动表示 $\dot{\boldsymbol{x}}_t$ 和 $\dot{\boldsymbol{y}}_t$ 之间的关系为

$$\boldsymbol{y}_t = \boldsymbol{x}_t, \quad \dot{\boldsymbol{y}}_t = \begin{bmatrix} \boldsymbol{E}_3 & \boldsymbol{0}_{3\times3} \\ \boldsymbol{0}_{3\times3} & \boldsymbol{H}_t^{-1} \end{bmatrix}\dot{\boldsymbol{x}}_t, \quad \ddot{\boldsymbol{y}}_t = \begin{bmatrix} \boldsymbol{E}_3 & \boldsymbol{0}_{3\times3} \\ \boldsymbol{0}_{3\times3} & \boldsymbol{H}_t^{-1} \end{bmatrix}, \quad \ddot{\boldsymbol{x}}_t - \begin{bmatrix} \boldsymbol{0}_{3\times1} \\ \boldsymbol{H}_t^{-1}\dot{\boldsymbol{H}}_t\dot{\boldsymbol{\varphi}}_t \end{bmatrix} \tag{14-24}$$

考虑到式 (14-22) ~ 式 (14-24)，为了便于计算，将 $\boldsymbol{x}_t$ 表示的组合系统的运动状态转化为由 $\boldsymbol{y}_t$ 表示。因此，组合系统的初始 $(\tau = 0)$ 和终止 $(\tau = 1)$ 状态可表示为

$$\begin{aligned} &\boldsymbol{y}_t(0) = \boldsymbol{\chi}_0, \quad \dot{\boldsymbol{y}}_t(0) = \boldsymbol{\chi}_1, \quad \ddot{\boldsymbol{y}}_t(0) = \boldsymbol{\chi}_2 \\ &\boldsymbol{y}_t(1) = \boldsymbol{\gamma}_0, \quad \dot{\boldsymbol{y}}_t(1) = \boldsymbol{0}_{6\times1}, \quad \ddot{\boldsymbol{y}}_t(1) = \boldsymbol{0}_{6\times1} \end{aligned} \tag{14-25}$$

其中，$\boldsymbol{\chi}_i = [\chi_{i,1} \quad \cdots \quad \chi_{i,6}]^{\mathrm{T}}$ $(i = 0, 1, 2)$，$\boldsymbol{\gamma}_0 = [\gamma_{0,1} \quad \cdots \quad \gamma_{0,6}]^{\mathrm{T}}$。将边界状态 (14-25) 代入式 (14-21a) 可得

$$\begin{aligned} &\boldsymbol{c}_0 = \boldsymbol{\chi}_0, \quad \boldsymbol{c}_1 = \mathcal{T}\boldsymbol{\chi}_1, \quad \boldsymbol{c}_2 = \frac{1}{2}\mathcal{T}^2\boldsymbol{\chi}_2, \quad \boldsymbol{c}_3 = 10\boldsymbol{\gamma}_0 - 10\boldsymbol{c}_0 - 6\boldsymbol{c}_1 - 3\boldsymbol{c}_2 \\ &\boldsymbol{c}_4 = -15\boldsymbol{\gamma}_0 + 15\boldsymbol{c}_0 + 8\boldsymbol{c}_1 + 3\boldsymbol{c}_2, \quad \boldsymbol{c}_5 = 6\boldsymbol{\gamma}_0 - 6\boldsymbol{c}_0 - 3\boldsymbol{c}_1 - \boldsymbol{c}_2 \end{aligned} \tag{14-26}$$

空间目标的初始状态可由空间机器人上的特定传感器测得，而消旋时长 $\mathcal{T}$ 和终止状态 $\boldsymbol{\gamma}_0$ 依然是未知的，需要通过后续的优化过程来确定。另外，定义 $\boldsymbol{\xi}_t = [\boldsymbol{\xi}_{12}^{\mathrm{T}} \quad \boldsymbol{\xi}_{13}^{\mathrm{T}}]^{\mathrm{T}}$，其中 $\boldsymbol{\xi}_{12}$ 和 $\boldsymbol{\xi}_{13}$ 分别是目标帆板 B_{12} 和 B_{13} 的模态坐标向量。如图 14.1 和图 14.3 所示，为了衡量柔性帆板的振动情况，点 P_{12} 和 P_{13} 在浮动坐标系 $x_t y_t z_t$ 下的弹性位移可表示为

$$\boldsymbol{s'}_{12} = \boldsymbol{\Phi'}_{12}\boldsymbol{\xi}_{12}, \quad \boldsymbol{s'}_{13} = \boldsymbol{\Phi'}_{13}\boldsymbol{\xi}_{13} \tag{14-27}$$

其中，$\boldsymbol{\Phi'}_{12}$ 和 $\boldsymbol{\Phi'}_{13}$ 分别是点 P_{12} 和 P_{13} 的模态矩阵。定义 $\boldsymbol{p} = [\mathcal{T} \quad \boldsymbol{\gamma}_0^{\mathrm{T}}]^{\mathrm{T}} \in \mathbb{R}^7$ 为优化变量 (也称为决策变量)，本章的消旋轨迹规划问题可转化为如下的多目标优化问题：

$$\begin{aligned} \min \quad & \mathbb{F}(\boldsymbol{p}) = [f_1(\boldsymbol{p}) \quad f_2(\boldsymbol{p}) \quad f_3(\boldsymbol{p})]^{\mathrm{T}} \\ & f_1(\boldsymbol{p}) = \int_0^{\mathcal{T}} (\boldsymbol{s}_{12}'^{\mathrm{T}}\boldsymbol{s}_{12}' + \boldsymbol{s}_{13}'^{\mathrm{T}}\boldsymbol{s}_{13}')\mathrm{d}t, \\ & f_2(\boldsymbol{p}) = \int_0^{\mathcal{T}} \boldsymbol{F}_e^{\mathrm{T}}\boldsymbol{F}_e\mathrm{d}t, \\ & f_3(\boldsymbol{p}) = \int_0^{\mathcal{T}} 1\mathrm{d}t \\ \text{s.t.} \quad & 0 \leqslant \mathcal{T} \leqslant \mathcal{T}_{\max}, \quad \boldsymbol{p}_{\min} \leqslant \boldsymbol{p} \leqslant \boldsymbol{p}_{\max}, \quad \boldsymbol{F}_{e,\min} \leqslant \boldsymbol{F}_e \leqslant \boldsymbol{F}_{e,\max} \end{aligned} \tag{14-28}$$

其中，$\boldsymbol{F}_{e,\min}$ 和 $\boldsymbol{F}_{e,\max}$ 分别是末端执行器的最小和最大力/力矩约束，$[\boldsymbol{p}_{\min}, \boldsymbol{p}_{\max}]$ 表示根据实际条件确定的优化变量 $\boldsymbol{p}$ 的范围。式 (14-28) 中的优化目标向量 $\mathbb{F}(\boldsymbol{p})$ 用于优化抓捕后阶段的帆板振动、控制力/力矩和消旋时长。在 14.2 节中介绍的 MOPSO 算法可对该非线性优化问题进行数值计算，最终找到优化变量的最优解集 (也即 Pareto 前沿)。在得到目标本体的最优消旋轨迹后，末端执行器的相应轨迹也可由式 (14-8) 得到

$$\begin{cases} \boldsymbol{\varphi}_e^d = \boldsymbol{\varphi}_t^d \\ \boldsymbol{\omega}_e^d = \boldsymbol{\omega}_t^d = \boldsymbol{J}_t\dot{\boldsymbol{\varphi}}_t^d \\ \dot{\boldsymbol{\omega}}_e^d = \dot{\boldsymbol{\omega}}_t^d = \boldsymbol{J}_t\ddot{\boldsymbol{\varphi}}_t^d + \dot{\boldsymbol{J}}_t\dot{\boldsymbol{\varphi}}_t^d \end{cases} \tag{14-29a}$$

$$\begin{cases} \boldsymbol{r}_e^d = \boldsymbol{r}_t^d - \boldsymbol{a}_{11} \\ \dot{\boldsymbol{r}}_e^d = \dot{\boldsymbol{r}}_t^d + \tilde{\boldsymbol{a}}_{11}\boldsymbol{\omega}_t^d \\ \ddot{\boldsymbol{r}}_e^d = \ddot{\boldsymbol{r}}_t^d + \tilde{\boldsymbol{a}}_{11}\dot{\boldsymbol{\omega}}_t^d - \tilde{\boldsymbol{\omega}}_t^d\tilde{\boldsymbol{\omega}}_t^d\boldsymbol{a}_{11} \end{cases} \tag{14-29b}$$

14.3.2 MOPSO 算法

PSO 是一种启发式优化算法，其灵感来自鸟类和鱼类等生物的社会行为 [3]。因具有较高的收敛速度，所以 PSO 被广泛应用于求解单目标优化问题，得到的最优解通常也是唯一的。然而，对于多目标优化问题，由于优化目标之间的冲突，并不存在唯一的全局最优解，而是存在无数多个非支配解位于 Pareto 前沿上。Pareto 最优是多目标优化问题中最重要的概念之一。求解多目标优化是在目标空间中找到非支配解，进而在决策空间中找到其对应解。对于式 (14-28) 描述的多目标多约束优化问题，当目标向量 $\mathbb{F}(\boldsymbol{p}_1) = [f_1(\boldsymbol{p}_1) \quad f_2(\boldsymbol{p}_1) \quad f_3(\boldsymbol{p}_1)]^{\mathrm{T}}$ 中的分量部分小于 $\mathbb{F}(\boldsymbol{p}_2) = [f_1(\boldsymbol{p}_2) \quad f_2(\boldsymbol{p}_2) \quad f_3(\boldsymbol{p}_2)]^{\mathrm{T}}$ 时，即 $\forall i \in \{1, 2, 3\}$，$f_i(\boldsymbol{p}_1) \leqslant f_i(\boldsymbol{p}_2) \wedge \exists i \in \{1, 2, 3\} : f_i(\boldsymbol{p}_1) < f_i(\boldsymbol{p}_2)$，则称 $\mathbb{F}(\boldsymbol{p}_1)$ 支配 $\mathbb{F}(\boldsymbol{p}_2)$(记作 $\mathbb{F}(\boldsymbol{p}_1) \preceq \mathbb{F}(\boldsymbol{p}_2)$)[15]。如果一组决策变量中没有任何个体被其他所有个体支配，则称这组决策变量为非支配集。Pareto 前沿就是不受其他可行解支配的非支配解集合 [16]。

文献 [15], [16] 中提出的 MOPSO 是一种基于 PSO 的多目标优化算法。在 MOPSO 中，外部存储库中的非支配解用于引导粒子群中粒子的飞行，并利用突变算子进一步增强了粒子的探索能力。全局吸引机制与非支配解的外部存储库相结合，有助于促进粒子群向全局非支配解的收敛。与非主导排序遗传算法-II、Pareto 档案进化策略和微遗传算法等经典算法相比，MOPSO 不仅是解决多目标优化的可行选择，同时也是唯一可以覆盖所有测试函数整个 Pareto 前沿的算法 [15]。表 14.1 中显示了用于本章优化问题的 MOPSO 伪代码。参考 PSO 的全局优化版本，MOPSO 中的每个粒子都会被赋予用于下一次迭代的速度。

假设粒子群中包含 N 个粒子，定义第 n 个粒子的位置和速度向量分别为 $\boldsymbol{p}_n = [p_{n,1} \quad \cdots \quad p_{n,d} \quad \cdots \quad p_{n,D}]^{\mathrm{T}}$ 和 $\boldsymbol{v}_n = [v_{n,1} \quad \cdots \quad v_{n,d} \quad \cdots \quad v_{n,D}]^{\mathrm{T}}$，其中 D 代表每个粒子的维度，而 $\boldsymbol{p}_n$ 和 $\boldsymbol{v}_n$ 的每个维度按照以下规则更新：

$$\begin{aligned} v_{n,d}^{\mathrm{new}} &= wv_{n,d} + c_1r_1(p_{n,d}^{\mathrm{best}} - p_{n,d}) + c_2r_2(l_d - p_{n,d}) \\ p_{n,d}^{\mathrm{new}} &= p_{n,d} + v_{n,d}^{\mathrm{new}} \end{aligned} \tag{14-30}$$

其中，w 是惯性权重；c_1 和 c_2 是学习因子 (通常设置为常数)；r_1 和 r_2 是区间 [0, 1] 内的随机数；p_n^{best} 表示第 n 个粒子迄今为止的个体最优解；l 表示当前代中整个粒子群的领导粒子。此外，本章对 MOPSO 算法中的一些关键步骤进行介绍。

表 14.1 MOPSO 算法伪代码

行	伪代码	说明
1:	$\mathbb{R}=\varnothing$	初始化外部存储库
2:	$\{\boldsymbol{p}_n,\boldsymbol{v}_n,\boldsymbol{p}_n^{\text{best}}\}_{n=1}^{N}$ =Initialize( )	初始化粒子的位置和速度
3:	for iter $=1:\text{iter}_{\max}$	
4:	$\boldsymbol{l}$ =Roulette Wheel Selection($\mathbb{R}$)	选取粒子群的领导粒子
5:	for $n=1:N$	
6:	for $d=1:D$	更新粒子的速度和位置
7:	$v_{n,d}^{\text{new}}=wv_{n,d}+c_1r_1(p_{n,d}^{\text{best}}-p_{n,d})+c_2r_2(l_d-p_{n,d})$ $p_{n,d}^{\text{new}}=p_{n,d}+v_{n,d}^{\text{new}}$	
8:	end for	
9:	$\boldsymbol{p}_n$ =Mutation Operator($\boldsymbol{p}_n$)	粒子变异
10:	$\mathbb{F}(\boldsymbol{p}_n)=[f_1(\boldsymbol{p}_n)\quad f_2(\boldsymbol{p}_n)\quad f_3(\boldsymbol{p}_n)]^T$	计算目标向量
11:	$\mathcal{G}(\boldsymbol{p}_n)=[g_1(\boldsymbol{p}_n)\quad\cdots\quad g_C(\boldsymbol{p}_n)]^T$, $d_c(\boldsymbol{p}_n)=\left(\sum_{i=1}^{C}g_{i,\max}^2\right)^{1/2}$	计算约束向量和广义距离向量
12:	if $\mathbb{F}(\boldsymbol{p}_n)\preceq F(\boldsymbol{q})$, $\boldsymbol{q}\in\mathbb{R}$ then	将非支配解 $\boldsymbol{p}_n$ 加入外部存储库
13:	$\mathbb{R}=(\mathbb{R}-\boldsymbol{q})\cup\boldsymbol{p}_n$	
14:	end if	
15:	if card($\mathbb{R}$) $>R$ then	删除被 $\boldsymbol{p}_n$ 支配的粒子
16:	P=Remove Particle($\mathbb{R}$, card ($\mathbb{R}$) $-R$)	
17:	end if	
18:	$\boldsymbol{p}_n^{\text{best}}$ =Update Particle($\boldsymbol{p}_n,\boldsymbol{p}_n^{\text{best}}$)	更新粒子的个体最优位置
19:	end for	
20:	end for	

1. 外部存储库及自适应网格

在 MOPSO 算法中，采用外部存储库 $\mathbb{R}$ 来保留在搜索过程中发现的非支配解的历史记录。在每次迭代中，将新发现的非支配解与 $\mathbb{R}$ 中现有的解进行一对一比较以更新存储库。如果非支配解的数量达到 $\mathbb{R}$ 的最大存储量，则执行自适应网格程序以生成分布良好的 Pareto 前沿。如图 14.7 所示，目标空间被网格划分为一些超立方体，每个超立方体可视作具有唯一编号的区域。当新添加的非支配解位于网格的当前边界之外时，将重新计算网格，并重新定位网格中的每个解决方案。网格更新包括将当前所有非支配解插入 $\mathbb{R}$，并从 $\mathbb{R}$ 中剔除支配解。由于存储库的容量 card($\mathbb{R}$) 是有限的，因此当存储库满时，将基于拥挤因子对所有非支配解进行取舍：位于目标空间中粒子密度较小区域 (低拥挤值) 的粒子具有更高的保留优先权。此外，利用轮盘赌方法从 $\mathbb{R}$ 中选择指导粒子飞行的领导粒子 [15]。

2. 变异方案

高收敛速度可能导致 MOPSO 算法收敛到错误的 Pareto 前沿，因此增加了突变因子来提高粒子群的搜索能力。定义变异率为 η_m，决策变量 p_d $(d=1,2,\cdots,D)$ 的变异范围设置为 $[p_{d,\text{lb}},p_{d,\text{ub}}]$，其中上下界分别为

$$p_{d,\text{lb}} = \max\{p_{d,\min}, p_d - r_m(p_{d,\max} - p_{d,\min})\}$$
$$p_{d,\text{ub}} = \min\{p_{d,\max}, p_d + r_m(p_{d,\max} - p_{d,\min})\} \tag{14-31}$$

其中，$r_m = (1 - \text{iter}/\text{iter}_{\max})^{5/\eta_m}$，$[p_{d,\min}, p_{d,\max}]$ 是 p_d 的初始变异范围。值得注意的是，变异算子不仅用于控制发生变异粒子的数量，还用于粒子在每个维度的范围，且两者使用相同的变异函数。

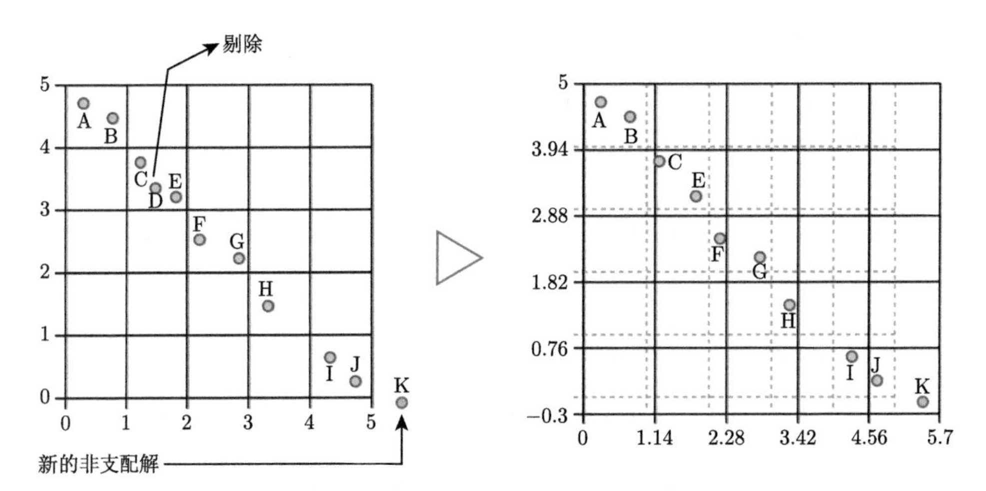

图 14.7　自适应网格中解的插入和剔除

3. 约束处理

优化问题 (14-28) 中的约束写成一般形式为 $\Gamma(\boldsymbol{p}_n,t) = [g_1(\boldsymbol{p}_n,t) \quad \cdots \quad g_C(\boldsymbol{p}_n,t)]^{\mathrm{T}} \leqslant \boldsymbol{0}_{C\times 1}, t \in [0,\mathcal{T}]$，其中下标 C 表示约束的数量。显然，当 $g_i(\boldsymbol{p}_n,t) > 0$, $i \in \{1,2,\cdots,C\}$ 时，解 $\boldsymbol{p}_n$ 是不可行的。为了定量地评价解的可行性，我们定义了计算约束违逆值的广义距离函数 $d_c(\boldsymbol{p}_n) = \left(\sum_{i=1}^{C} g_{i,\max}^2\right)^{1/2}$，其中 $g_{i,\max} = \max\{\max(g_i(\boldsymbol{p}_n,t)),0\}, t \in [0,\mathcal{T}]$。容易证明，如果 $\boldsymbol{p}_n$ 是可行解，则 $d_c(\boldsymbol{p}_n) = 0$，否则 $d_c(\boldsymbol{p}_n) > 0$。当比较两个解时，根据其可行性和支配性来决定胜出的解 [15]：

(1) 如果两个解都是可行解，则根据支配性可直接确定胜出解；

(2) 如果一个解是可行解，而另一个解是非可行解，则可行解直接胜出；

(3) 如果两个解都是非可行解，则具有较小 d_{g} 的解胜出。

进一步地，还需要对粒子的位置和速度进行约束，对于第 n 个粒子，其速度向量 $\boldsymbol{v}_n$ 首先修正为

$$\begin{cases} v_{n,d} = v_d^{\max}, & v_{n,d} > v_d^{\max} \\ v_{n,d} = v_d^{\min}, & v_{n,d} < v_d^{\min} \end{cases} \tag{14-32a}$$

然后，其位置向量 $\boldsymbol{p}_n$ 修正为

$$\begin{cases} p_{n,d} = p_d^{\max}, v_{n,d} = -v_{n,d}, & p_{n,d} > p_d^{\max} \\ p_{n,d} = p_d^{\min}, v_{n,d} = -v_{n,d}, & p_{n,d} < p_d^{\min} \end{cases} \tag{14-32b}$$

4. 粒子个体最优解的更新

在每次迭代中，第 n 个粒子通过与当前解 $\boldsymbol{p}_n$ 比较而更新个体最优解 $\boldsymbol{p}_n^{\text{best}}$，其具体更新策略如表 14.2 所示，这实际上是算法 14.1 中的步骤 $\boldsymbol{p}_n^{\text{best}} = \text{UpdateParticle}\,(\boldsymbol{p}_n, \boldsymbol{p}_n^{\text{best}})$。

表 14.2 粒子个体最优解的更新

1:	for $n = 1 : N$	
2:	if $d_g(\boldsymbol{p}_n) < d_g(\boldsymbol{p}_n^{\text{best}})$ then	比较可行性
3:	$\boldsymbol{p}_n^{\text{best}} = \boldsymbol{p}_n$	
4:	elseif $d_g(\boldsymbol{p}_n) = d_g(\boldsymbol{p}_n^{\text{best}})$ then	比较支配性
5:	if $\boldsymbol{p}_n \preceq \boldsymbol{p}_n^{\text{best}}$ then	
6:	$\boldsymbol{p}_n^{\text{best}} = \boldsymbol{p}_n$	
7:	elseif $\boldsymbol{p}_n \prec\succ \boldsymbol{p}_n^{\text{best}}$ then	
8:	$\boldsymbol{p}_n^{\text{best}} = \text{Random Selection}\,(\boldsymbol{p}_n, \boldsymbol{p}_n^{\text{best}})$	
9:	end if	
10:	end if	
11:	end for	

14.4 协 同 控 制

本节首先将组合系统的动力学方程变换，建立可控变量与不可控变量的映射关系，然后基于模型线性化建立了空间机器人本体和末端执行器的协同控制方案。

14.4.1 组合系统动力学方程的变换

本节将设计一种协调控制器来同步控制空间机器人的本体姿态和末端执行器的轨迹。在捕获后阶段，末端执行器需要沿着式 (14-29a) 规划的消旋轨迹运动，而机器人本体的姿态则需要保持不变。根据空间机器人与末端执行器之间的运动关系 (14-11)，末端执行器的 Jacobian 矩阵可进一步写为 $\boldsymbol{J}_e = [\boldsymbol{J}_r \quad \boldsymbol{0}_{6\times n_r} \quad \boldsymbol{J}_m]$，其中 $\boldsymbol{J}_r = [\boldsymbol{J}_{rv} \quad \boldsymbol{J}_{r\omega}] \in P^{6\times 6}$ 和 $\boldsymbol{J}_m \in P^{6\times 7}$ 分别是空间机器人本体和机械臂的 Jacobian 矩阵。因此，式 (14-11) 中的 $\dot{\boldsymbol{x}}_e$ 可以写为

$$\dot{\boldsymbol{x}}_e = \boldsymbol{J}_r\dot{\boldsymbol{x}}_r + \boldsymbol{J}_m\dot{\boldsymbol{\theta}}_m = \boldsymbol{J}_{r\omega}\boldsymbol{\omega}_r + [\ \boldsymbol{J}_{rv} \quad \boldsymbol{J}_m\ ] \begin{bmatrix} \boldsymbol{v}_r \\ \dot{\boldsymbol{\theta}}_m \end{bmatrix} \tag{14-33}$$

定义 $\boldsymbol{J}_{vm}=[\boldsymbol{J}_{rv}\quad \boldsymbol{J}_m]\in P^{6\times 10}$，则式 (14-11) 中的 $\ddot{\boldsymbol{x}}_e$ 可表示为

$$
\begin{aligned}
\ddot{\boldsymbol{x}}_e &= \boldsymbol{J}_r\ddot{\boldsymbol{x}}_r+\boldsymbol{J}_m\ddot{\boldsymbol{\theta}}_m+\dot{\boldsymbol{J}}_r\dot{\boldsymbol{x}}_r+\dot{\boldsymbol{J}}_m\dot{\boldsymbol{\theta}}_m\\
&= \boldsymbol{J}_{r\omega}\dot{\boldsymbol{\omega}}_r+\dot{\boldsymbol{J}}_{r\omega}\boldsymbol{\omega}_r+\boldsymbol{J}_{vm}\begin{bmatrix}\dot{\boldsymbol{v}}_r\\ \ddot{\boldsymbol{\theta}}_m\end{bmatrix}+\dot{\boldsymbol{J}}_{vm}\begin{bmatrix}\boldsymbol{v}_r\\ \dot{\boldsymbol{\theta}}_m\end{bmatrix}
\end{aligned}
\tag{14-34}
$$

因此，$\dot{\boldsymbol{v}}_r$ 和 $\ddot{\boldsymbol{\theta}}_m$ 可表示为

$$
\begin{bmatrix}\dot{\boldsymbol{v}}_r\\ \ddot{\boldsymbol{\theta}}_m\end{bmatrix}=\boldsymbol{J}_{vm}^{\dagger}\left(\ddot{\boldsymbol{x}}_e-\boldsymbol{J}_{r\omega}\dot{\boldsymbol{\omega}}_r-\dot{\boldsymbol{J}}_{r\omega}\boldsymbol{\omega}_r-\dot{\boldsymbol{J}}_{vm}\begin{bmatrix}\boldsymbol{v}_r\\ \dot{\boldsymbol{\theta}}_m\end{bmatrix}\right)
\tag{14-35}
$$

其中，$\boldsymbol{J}_{vm}^{\dagger}\in P^{10\times 6}$ 是矩阵 $\boldsymbol{J}_{vm}$ 的伪逆。为了消除式 (14-16) 中的 $\dot{\boldsymbol{v}}_r$ 和 $\ddot{\boldsymbol{\theta}}_m$，首先利用下式将广义速度向量 $\dot{\boldsymbol{q}}_s$ 转换为 $\dot{\bar{\boldsymbol{q}}}_s=[\boldsymbol{\omega}_r^{\mathrm{T}}\quad \boldsymbol{v}_r^{\mathrm{T}}\quad \dot{\boldsymbol{\theta}}_m^{\mathrm{T}}\quad \dot{\boldsymbol{\xi}}_r^{\mathrm{T}}\quad \dot{\boldsymbol{\xi}}_t^{\mathrm{T}}]^{\mathrm{T}}$：

$$
\dot{\boldsymbol{q}}_s=\boldsymbol{G}\dot{\bar{\boldsymbol{q}}}_s
\tag{14-36}
$$

其中，$\boldsymbol{G}\in P^{(13+n_r+n_t)\times(13+n_r+n_t)}$ 是相应的转换矩阵。进一步地，组合系统的动力学方程可写为

$$
\bar{\boldsymbol{H}}_s\ddot{\bar{\boldsymbol{q}}}_s+\bar{\boldsymbol{c}}_s(\bar{\boldsymbol{q}}_s,\dot{\bar{\boldsymbol{q}}}_s)+\bar{\boldsymbol{C}}_s\dot{\bar{\boldsymbol{q}}}_s+\bar{\boldsymbol{K}}_s\bar{\boldsymbol{q}}_s=\bar{\boldsymbol{F}}_s
\tag{14-37}
$$

其中，$\bar{\boldsymbol{H}}_s=\boldsymbol{G}^{\mathrm{T}}\boldsymbol{H}_s\boldsymbol{G}$，$\bar{\boldsymbol{c}}_s(\bar{\boldsymbol{q}}_s,\dot{\bar{\boldsymbol{q}}}_s)=\boldsymbol{G}^{\mathrm{T}}\boldsymbol{c}_s(\boldsymbol{q}_s,\dot{\boldsymbol{q}}_s)$，$\bar{\boldsymbol{C}}_s=\boldsymbol{G}^{\mathrm{T}}\boldsymbol{C}_s\boldsymbol{G}$，$\bar{\boldsymbol{K}}_s=\boldsymbol{G}^{\mathrm{T}}\boldsymbol{K}_s\boldsymbol{G}$，以及 $\bar{\boldsymbol{F}}_s=\boldsymbol{G}^{\mathrm{T}}\boldsymbol{F}_s=[\bar{\boldsymbol{F}}_r^{\mathrm{T}}\quad 0_{n_t\times 1}^{\mathrm{T}}]^{\mathrm{T}}$。然后，将式 (14-35) 代入式 (14-37) 得到

$$
\boldsymbol{M}_s\ddot{\boldsymbol{y}}_s+\boldsymbol{h}_s(\bar{\boldsymbol{q}}_s,\dot{\bar{\boldsymbol{q}}}_s)=\bar{\boldsymbol{F}}_s
\tag{14-38}
$$

其中，

$$
\boldsymbol{M}_s=\bar{\boldsymbol{H}}_s\begin{bmatrix}\boldsymbol{E}_3 & \boldsymbol{0}_{3\times 10} & \boldsymbol{0}_{3\times(n_r+n_t)}\\ -\boldsymbol{J}_{vm}^{\dagger}\boldsymbol{J}_{r\omega} & \boldsymbol{J}_{vm}^{\dagger} & \boldsymbol{0}_{10\times(n_r+n_t)}\\ \boldsymbol{0}_{(n_r+n_t)\times 3} & \boldsymbol{0}_{(n_r+n_t)\times 10} & \boldsymbol{E}_{n_r+n_t}\end{bmatrix}
\tag{14-39a}
$$

$$
\dot{\boldsymbol{y}}_s=[\ \dot{\boldsymbol{y}}_r^{\mathrm{T}}\quad \dot{\boldsymbol{\xi}}_t^{\mathrm{T}}\ ]^{\mathrm{T}}=[\ \boldsymbol{\omega}_r^{\mathrm{T}}\quad \dot{\boldsymbol{x}}_e^{\mathrm{T}}\quad \dot{\boldsymbol{\xi}}_r^{\mathrm{T}}\quad \dot{\boldsymbol{\xi}}_t^{\mathrm{T}}\ ]^{\mathrm{T}}
\tag{14-39b}
$$

$$
\boldsymbol{h}_s(\bar{\boldsymbol{q}}_s,\dot{\bar{\boldsymbol{q}}}_s)=\bar{\boldsymbol{c}}_s(\bar{\boldsymbol{q}}_s,\dot{\bar{\boldsymbol{q}}}_s)+\overline{\boldsymbol{C}}_s\dot{\bar{\boldsymbol{q}}}_s+\bar{\boldsymbol{K}}_s\bar{\boldsymbol{q}}_s-\boldsymbol{M}_s\boldsymbol{J}_{vm}^{\dagger}\left(\dot{\boldsymbol{J}}_{r\omega}\boldsymbol{\omega}_r+\dot{\boldsymbol{J}}_{vm}\begin{bmatrix}\boldsymbol{v}_r\\ \dot{\boldsymbol{\theta}}_m\end{bmatrix}\right)
\tag{14-39c}
$$

14.4.2 协调控制器设计

在消旋过程中，安装在机器人本体上的推进器和动量轮以及机械手关节上的伺服电机可以完全控制空间机器人的运动，而安装在机器人帆板上的作动器可以有效抑制板面振动。然而，非合作目标的柔性帆板振动则难以被测量和控制。基于上述分析，广义质量阵 $\boldsymbol{M}_s \in \mathbb{R}^{(13+n_r+n_t)\times(9+n_r+n_t)}$ 和非线性项 $\boldsymbol{h}_s(\bar{\boldsymbol{q}}_s, \dot{\boldsymbol{q}}_s) \in \mathbb{R}^{13+n_r+n_t}$ 可以被写为分块矩阵的形式，而式 (14-38) 则可进一步写为

$$\begin{bmatrix} \boldsymbol{M}_{11} & \boldsymbol{M}_{12} \\ \boldsymbol{M}_{21} & \boldsymbol{M}_{22} \end{bmatrix} \begin{bmatrix} \ddot{\boldsymbol{y}}_r \\ \ddot{\boldsymbol{\xi}}_t \end{bmatrix} + \begin{bmatrix} \boldsymbol{h}_1 \\ \boldsymbol{h}_2 \end{bmatrix} = \begin{bmatrix} \bar{\boldsymbol{F}}_r \\ \boldsymbol{0}_{n_t\times 1} \end{bmatrix} \tag{14-40}$$

其中，$\boldsymbol{M}_{11} \in \mathbb{R}^{(13+n_r)\times(9+n_r)}$，$\boldsymbol{M}_{22} \in \mathbb{R}^{n_t\times n_t}$，$\boldsymbol{h}_1 \in \mathbb{R}^{13+n_r}$，其余子矩阵和子向量的维度与 $\boldsymbol{M}_s$ 和 $\boldsymbol{h}_s$ 的整体维度相适应。由式 (14-40) 的第二行可得

$$\boldsymbol{M}_{21}\ddot{\boldsymbol{y}}_r + \boldsymbol{M}_{22}\ddot{\boldsymbol{\xi}}_t + \boldsymbol{h}_2 = \boldsymbol{0}_{n_t\times 1} \tag{14-41}$$

将式 (14-41) 代入式 (14-40) 的第一行并消除 $\ddot{\boldsymbol{\xi}}_t$，可得

$$\boldsymbol{M}^*\ddot{\boldsymbol{y}}_r + \boldsymbol{h}^* = \bar{\boldsymbol{F}}_r \tag{14-42}$$

其中，$\boldsymbol{M}^* = \boldsymbol{M}_{11} - \boldsymbol{M}_{12}\boldsymbol{M}_{22}^{-1}\boldsymbol{M}_{21}$，$\boldsymbol{h}^* = \boldsymbol{h}_1 - \boldsymbol{M}_{12}\boldsymbol{M}_{22}^{-1}\boldsymbol{h}_2$。因此，控制力可设计为

$$\bar{\boldsymbol{F}}_r = \hat{\boldsymbol{M}}^*\boldsymbol{\sigma} + \hat{\boldsymbol{h}}^* \tag{14-43}$$

其中，$\hat{\boldsymbol{M}}^*$ 和 $\hat{\boldsymbol{h}}^*$ 分别是 $\boldsymbol{M}^*$ 和 $\boldsymbol{h}^*$ 的估计值，$\boldsymbol{\sigma}$ 是控制输入。定义轨迹追踪误差为

$$\boldsymbol{e} = \boldsymbol{y}_r^d - \boldsymbol{y}_r, \quad \dot{\boldsymbol{e}} = \dot{\boldsymbol{y}}_r^d - \dot{\boldsymbol{y}}_r \tag{14-44}$$

根据文献 [3], [5]，基于反馈线性化和 PD 控制的协调控制方案可写为

$$\begin{aligned} \boldsymbol{\sigma} &= \ddot{\boldsymbol{y}}_r^d + \boldsymbol{K}_d\dot{\boldsymbol{e}} + \boldsymbol{K}_p\boldsymbol{e} \\ &= \begin{bmatrix} \dot{\boldsymbol{\omega}}_r^d + \boldsymbol{K}_{d1}(\boldsymbol{\omega}_r^d - \boldsymbol{\omega}_r) + \boldsymbol{K}_{p1}\delta\boldsymbol{\varepsilon}_r \\ \ddot{\boldsymbol{r}}_e^d + \boldsymbol{K}_{d2}(\dot{\boldsymbol{r}}_e^d - \dot{\boldsymbol{r}}_e) + \boldsymbol{K}_{p2}(\boldsymbol{r}_e^d - \boldsymbol{r}_e) \\ \dot{\boldsymbol{\omega}}_e^d + \boldsymbol{K}_{d3}(\boldsymbol{\omega}_e^d - \boldsymbol{\omega}_e) + \boldsymbol{K}_{p3}\delta\boldsymbol{\varepsilon}_e \\ \ddot{\boldsymbol{\xi}}_r^d + \boldsymbol{K}_{d4}(\dot{\boldsymbol{\xi}}_r^d - \dot{\boldsymbol{\xi}}_r) + \boldsymbol{K}_{p4}(\boldsymbol{\xi}_r^d - \boldsymbol{\xi}_r) \end{bmatrix} \end{aligned} \tag{14-45}$$

其中，$\boldsymbol{K}_d$ 和 $\boldsymbol{K}_p$ 是正定的反馈增益矩阵，而 $\boldsymbol{K}_{di}$ 和 $\boldsymbol{K}_{pi}$ 分别是 $\boldsymbol{K}_d$ 和 $\boldsymbol{K}_p$ 的子矩阵。对于空间机器人本体和柔性帆板的期望轨迹，有 $\boldsymbol{\varphi}_r^d = \boldsymbol{\varphi}_r(0)$，$\boldsymbol{\omega}_r^d = \dot{\boldsymbol{\omega}}_r^d = \boldsymbol{0}_{3\times 1}$ 和 $\boldsymbol{\xi}_r^d = \dot{\boldsymbol{\xi}}_r^d = \ddot{\boldsymbol{\xi}}_r^d = \boldsymbol{0}_{n_r\times 1}$，而末端执行器的期望轨迹由式 (14-29a) 给出。此外，

空间机器人本体和末端执行器的姿态用单位四元数 $\mathcal{Q}=\{\eta,\boldsymbol{\varepsilon}\}$ 表示，其中 η 和 $\boldsymbol{\varepsilon}\in\mathbb{R}^3$ 分别是四元数的标量和向量部分。期望姿态的四元数 $\mathcal{Q}^d$ 和实际姿态的四元数 $\mathcal{Q}$ 之间的误差可表示为

$$\{\delta\eta,\delta\boldsymbol{\varepsilon}\}=\mathcal{Q}^d\otimes\mathcal{Q}^{-1}=\{\eta^d\eta+\boldsymbol{\varepsilon}^{d\mathrm{T}}\boldsymbol{\varepsilon},\eta\boldsymbol{\varepsilon}^d-\eta^d\boldsymbol{\varepsilon}-\tilde{\boldsymbol{\varepsilon}}^d\boldsymbol{\varepsilon}\} \tag{14-46}$$

其中，$\otimes$ 代表四元数乘法算子 [3]。将式 (14-43) ～ 式 (14-45) 代入式 (14-42) 得到四个解耦的微分方程：

$$\dot{\boldsymbol{\omega}}_r+\boldsymbol{K}_{d1}\boldsymbol{\omega}_r+\boldsymbol{K}_{p1}\delta\boldsymbol{\varepsilon}_r=\boldsymbol{0}_{3\times1} \tag{14-47}$$

$$\delta\ddot{\boldsymbol{r}}_e+\boldsymbol{K}_{d2}\delta\dot{\boldsymbol{r}}_e+\boldsymbol{K}_{p2}\delta\boldsymbol{r}_e=\boldsymbol{0}_{3\times1} \tag{14-48}$$

$$\delta\dot{\boldsymbol{\omega}}_e+\boldsymbol{K}_{d3}\delta\boldsymbol{\omega}_e+\boldsymbol{K}_{p3}\delta\boldsymbol{\varepsilon}_e=\boldsymbol{0}_{3\times1} \tag{14-49}$$

$$\ddot{\boldsymbol{\xi}}_r+\boldsymbol{K}_{d4}\dot{\boldsymbol{\xi}}_r+\boldsymbol{K}_{p4}\boldsymbol{\xi}_r=\boldsymbol{0}_{n_r\times1} \tag{14-50}$$

其中，$\delta\ddot{\boldsymbol{r}}_e=\ddot{\boldsymbol{r}}_e^d-\ddot{\boldsymbol{r}}_e$，$\delta\dot{\boldsymbol{\omega}}_e=\dot{\boldsymbol{\omega}}_e^d-\dot{\boldsymbol{\omega}}_e$。显然，微分方程 (14-48) 和 (14-50) 是指数稳定的。为了证明式 (14-47) 的稳定性，定义如下正定 Lyapunov 方程：

$$V=\frac{1}{2}(\delta\boldsymbol{\varepsilon}_r^{\mathrm{T}}\boldsymbol{K}_{p1}\delta\boldsymbol{\varepsilon}_r+\boldsymbol{\omega}_r^{\mathrm{T}}\boldsymbol{\omega}_r) \tag{14-51}$$

注意到四元数传播公式 [17]：

$$\dot{\eta}_r=-\frac{1}{2}\boldsymbol{\varepsilon}_r^{\mathrm{T}}\boldsymbol{\omega}_r,\quad \dot{\boldsymbol{\varepsilon}}_r=\frac{1}{2}(\eta_r\boldsymbol{E}_3-\tilde{\boldsymbol{\varepsilon}}_r)\boldsymbol{\omega}_r \tag{14-52}$$

并且将 V 对时间求导可得

$$\dot{V}=-\boldsymbol{\omega}_r^{\mathrm{T}}\boldsymbol{K}_{d1}\boldsymbol{\omega}_r\leqslant0 \tag{14-53}$$

根据 LaSalle 全局不变集定理 [5]，微分系统 (14-47) 在 $\dot{V}=0$ 或 $\boldsymbol{\omega}_r=\boldsymbol{0}_{3\times1}$ 处达到平衡点，从而有 $\delta\boldsymbol{\varepsilon}_r=\boldsymbol{0}_{3\times1}$。值得注意的是，当且仅当两个坐标系平行时有 $\delta\boldsymbol{\varepsilon}_r=\boldsymbol{0}_{3\times1}$，因此姿态误差具有全局渐近收敛。相似地，式 (14-49) 的稳定性也可以被证明。因此，当时间趋于无穷大时，空间机器人本体和末端执行器的姿态均趋于期望值。

图 14.8 展示了捕获后阶段的协调控制方案示意图，主要由前馈控制和反馈控制两部分组成。在 14.3 节中得到的末端执行器的最优轨迹被用于前馈控制，而在消旋过程中末端执行器的跟踪误差被用于反馈控制。在前馈控制中，控制输入是基于组合系统的逆动力学模型来计算的。在反馈控制中，反馈控制器提供附加的控制动作，以补偿由柔性振动引起的扰动。值得注意的是，在式 (14-45) 中将反

馈线性化之后，由 PD 控制器实现反馈控制。因此，总的控制输入实际上是前馈项和反馈项之和。

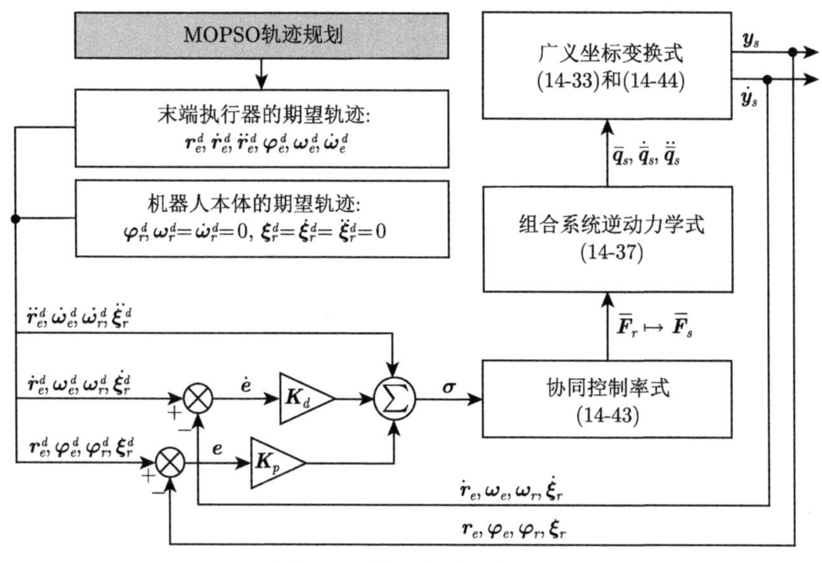

图 14.8 协同控制器流程图

14.5 数值仿真

本节通过具体算例验证了该消旋方法的有效性。基于组合系统的动力学参数和运动状态，利用 MOPSO 算法获得了空间目标的最优消旋轨迹集。然后，考虑空间目标的惯性参数存在估计误差的情况，验证了规划的消旋轨迹的可行性和协同控制方案的鲁棒性。

14.5.1 组合系统的动力学参数和初始状态

本节通过算例验证了所提消旋方法和协调控制方案的有效性。表 14.3 和表 14.4 分别给出了组合系统内刚性部件和柔性部件的动力学参数。对于表 14.3 中的刚体 $B_i\ (i=1,4,\cdots,11)$，其位置矢量 $\boldsymbol{a}_i$ 和 $\boldsymbol{b}_i$ 均表示在连体坐标系中，$\boldsymbol{I}_i$ 是转动惯量矩阵。对于表 14.4 中的柔性帆板 $B_i\ (i=2,3,12,13)$，其位置矢量 $\boldsymbol{d}_i$ 则表示在该帆板的内接刚体 (空间机器人本体或目标本体) 的连体坐标系上。

此外，表 14.4 列出了柔性帆板的材料参数和前三阶固有频率。借助 ANSYS 软件对柔性帆板进行结构模态分析，可以获得许多参数，包括固有频率、模态阵、各节点的离散质量以及从浮动坐标系原点到各节点的位置矢量 [8]。

表 14.3　组合系统内刚性部件的动力学参数

参数		B_1	B_4	B_5	B_6	B_7	B_8	B_9	B_{10}	B_{11}
m_i/kg		500	5.120	5.120	20.572	20.572	5.120	5.120	12.844	1000
	a_x	0	−0.013	0	0.850	0.850	0.150	−0.004	0.024	0.839
$\boldsymbol{a}_i$/m	a_y	0	0	0.004	0	0	0	0	0	−0.176
	a_z	0	0.150	0.150	−0.059	−0.059	−0.059	0.150	0.315	0.203
	b_x	0.672	−0.036	−0.030	0.850	0.850	0.150	0.036	−0.013	0
$\boldsymbol{b}_i$/m	b_y	0.245	0	0	0	0	0.031	0	0.028	0
	b_z	−0.080	0.150	0.150	−0.042	−0.042	0	0.150	0.240	0
	I_{xx}	150	0.041	0.041	0.180	0.180	0.002	0.041	1.215	300
$\boldsymbol{I}_i/(\text{kg}\cdot\text{m}^2)$	I_{yy}	245	0.041	0.041	4.279	4.279	0.041	0.041	1.463	505
	I_{zz}	187	0.002	0.002	4.279	4.279	0.041	0.002	0.198	420

表 14.4　组合系统内柔性帆板的材料参数和固有频率

参数		B_2/B_3	B_{12}/B_{13}
尺寸		6.50m×1.80m×0.03m	8.40m×2.20m×0.03m
密度		30kg/m^3	30kg/m^3
弹性模量		4.5×10^{8}Pa	4.5×10^{8}Pa
泊松比		0.3	0.3
	d_x	0.059m	0.142m
$\boldsymbol{d}_i$	d_y	−0.118m	0.270m
	d_z	$+/-0.624$m	$+/-0.847$m
	f_1	0.4517Hz	0.2703Hz
频率	f_2	2.8235Hz	1.6898Hz
	f_3	3.2885Hz	2.0726Hz
阻尼系数	α	0.10	0.06
	β	1.70×10^{-3}	2.70×10^{-3}

根据式 (14-19)，组合系统的动力学方程还考虑了柔性帆板的弹性阻尼。实际上，几乎所有的柔性空间结构都具有少量的结构阻尼，并且由阻尼引起的能量耗散将有助于改善闭环系统的稳定性。当系统的阻尼较弱且本征频率分布良好时，交叉阻尼的影响可以忽略不计 [11]。将柔性帆板 B_i $(i=2,3,12,13)$ 的本征模态相对于其质量阵正则化，得到柔性帆板的模态质量阵和模态刚度阵，分别为

$$\boldsymbol{M}_i=\boldsymbol{E}_3,\quad \boldsymbol{K}_i=\text{diag}(\varpi_{i,1}^2,\varpi_{i,2}^2,\varpi_{i,3}^2) \tag{14-54}$$

其中 $\varpi_{i,j}=2\pi f_{i,j}$ $(j=1,\,2,\,3)$ 表示 B_i 的前三阶圆频率，从而有 $n_r=n_t=6$。利用文献 [18] 中介绍的瑞利阻尼来描述组合系统内的动力学模型耗散行为，则模态阻尼阵 $\boldsymbol{C}_i$ 可表示为 $\boldsymbol{M}_i$ 和 $\boldsymbol{K}_i$ 的线性组合：

$$\boldsymbol{C}_i=\alpha_i\boldsymbol{M}_i+\beta_i\boldsymbol{K}_i \tag{14-55}$$

其中，α_i 和 β_i 是比例阻尼系数，可由下式计算得到

$$\begin{bmatrix} \zeta_{i,1} \\ \zeta_{i,3} \end{bmatrix} = \frac{1}{2} \begin{bmatrix} 1/\overline{\omega}_{i,1} & \overline{\omega}_{i,1} \\ 1/\overline{\omega}_{i,3} & \overline{\omega}_{i,3} \end{bmatrix} \begin{bmatrix} \alpha_i \\ \beta_i \end{bmatrix} \tag{14-56}$$

其中，$\zeta_{i,1}$ 和 $\zeta_{i,3}$ 分别是相对于 B_i 的第一阶和第三阶频率的临界阻尼系数。假设前三阶模态均具有相同的模态阻尼系数，如 $\zeta_{i,1} = \zeta_{i,3} = 0.02$，则相应的 α_i 和 β_i 如表 14.4 所示。

在捕获任务中，空间机器人处于自由飞行状态，其末端执行器跟踪并抓住自由漂浮的空间目标。

表 14.5 和表 14.6 分别给出了两者在捕获后阶段的初始运动状态。由于目标本体的质心与整个空间目标的质心并不重合，因此目标本体的速度是非零的。根据耗散航天器姿态演化的最大轴原理，对于没有外力矩的翻滚航天器系统，其柔性附件引起的能量耗散将使得航天器的姿态自发地向系统的最大轴演化。对于本章研究的空间目标，其整体最大惯量轴接近目标本体连体坐标系的 y_t 轴。因此，

表 14.5　捕获后阶段空间机器人的初始运动状态

物体	参数	初始值
空间机器人本体 (B_1)	位置 /m	$\boldsymbol{r}_t = [3.856 \quad 1.988 \quad 0.72]^{\mathrm{T}}$
	姿态 /(°)	$\boldsymbol{\varphi}_t = [26.356 \quad 4.011 \quad 7.449]^{\mathrm{T}}$
	速度/(m/s)	$\boldsymbol{v}_t = [0.046 \quad -0.210 \quad 0.271]^{\mathrm{T}}$
	角速度 /((°)/s)	$\boldsymbol{\omega}_t = [0.187 \quad -0.314 \quad -0.048]^{\mathrm{T}}$
柔性帆板 (B_2 和 B_3)	模态坐标	$\boldsymbol{\xi}_2 = [0.20 \quad 4.79 \quad -0.99]^{\mathrm{T}} \times 10^{-3}$ $\boldsymbol{\xi}_3 = [-0.25 \quad 1.88 \quad 0.11]^{\mathrm{T}} \times 10^{-3}$
	模态速度	$\dot{\boldsymbol{\xi}}_2 = [-0.39 \quad 7.82 \quad -0.44]^{\mathrm{T}} \times 10^{-3}$ $\dot{\boldsymbol{\xi}}_3 = [0.74 \quad -5.04 \quad 0.65]^{\mathrm{T}} \times 10^{-3}$
空间机械臂 ($B_4 \sim B_{10}$)	转动角 /(°)	$\boldsymbol{\theta}_m = [6.876 \quad -2.865 \quad 15.470 \quad -3.438 \quad -19.481 \quad 5.157 \quad 10.313]^{\mathrm{T}}$
	转动速度/((°)/s)	$\dot{\boldsymbol{\theta}}_m = [0.647 \quad 3.575 \quad 1.375 \quad -1.060 \quad -1.558 \quad 2.653 \quad 1.123]^{\mathrm{T}}$

表 14.6　捕获后阶段空间非合作目标的初始运动状态

物体	参数	初始值
目标本体 (B_{11})	位置 /m	$\boldsymbol{r}_t = [9.647 \quad 3.965 \quad 1.308]^{\mathrm{T}}$
	姿态/(°)	$\boldsymbol{\varphi}_t = [43.984 \quad 6.968 \quad -1.839]^{\mathrm{T}}$
	速度/(m/s)	$\boldsymbol{v}_t = [1.32 \quad -7.76 \quad 0.55]^{\mathrm{T}} \times 10^{-3}$
	角速度 /((°)/s)	$\boldsymbol{\omega}_t = [1.494 \quad 5.698 \quad 2.230]^{\mathrm{T}}$
柔性帆板 (B_{12} 和 B_{13})	模态坐标	$\boldsymbol{\xi}_{12} = [0.80 \quad -4.94 \quad 0.30]^{\mathrm{T}} \times 10^{-4}$ $\boldsymbol{\xi}_{13} = [-0.79 \quad 4.95 \quad -0.30]^{\mathrm{T}} \times 10^{-4}$
	模态速度	$\dot{\boldsymbol{\xi}}_{12} = [0.26 \quad 1.48 \quad -0.11]^{\mathrm{T}} \times 10^{-4}$ $\dot{\boldsymbol{\xi}}_{13} = [-0.26 \quad -1.48 \quad 0.11]^{\mathrm{T}} \times 10^{-4}$

在经过长时间的姿态演化后，空间目标在 y_t 轴上的角速度分量将远大于在其他轴的角速度分量。图 14.9 显示了在表 14.6 给出的初始状态下目标抓捕点的运动轨迹。受目标帆板残留振动的影响，抓捕点具有复杂的运动轨迹，因此相比刚性目标，考虑帆板的柔性目标更难进行捕获和消旋。

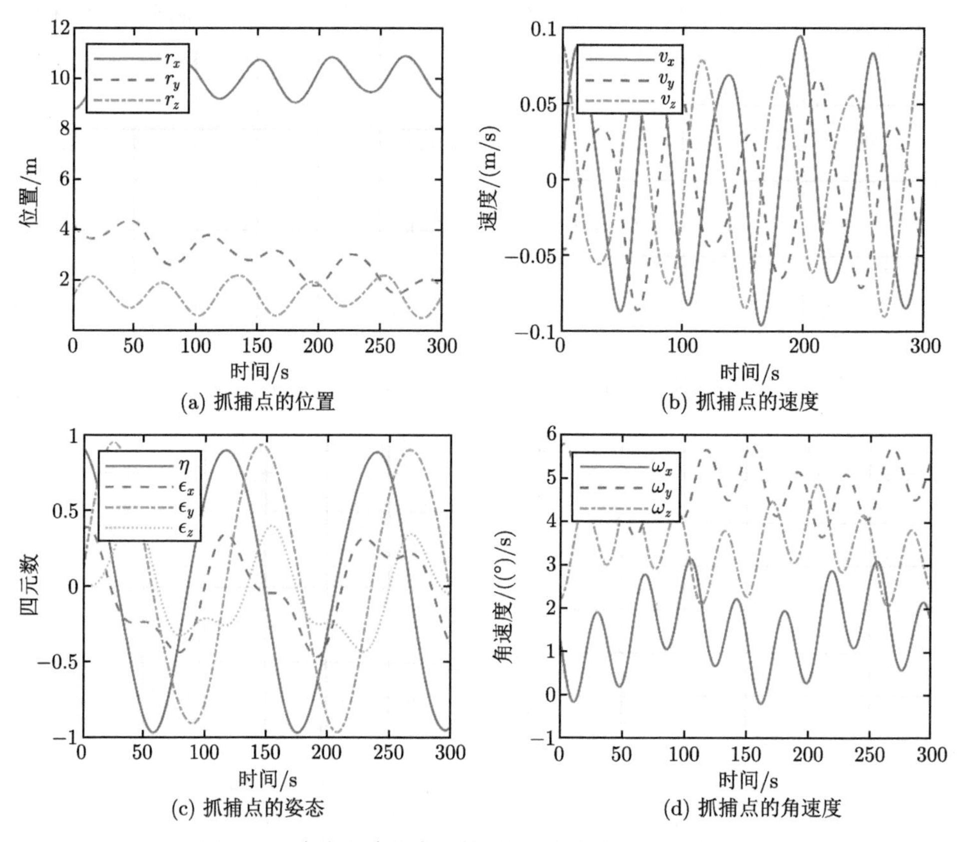

(a) 抓捕点的位置　(b) 抓捕点的速度

(c) 抓捕点的姿态　(d) 抓捕点的角速度

图 14.9　自由翻滚状态下的空间目标抓捕点的运动轨迹

14.5.2　基于 MOPSO 算法的消旋轨迹优化

利用空间目标的动力学参数和初始运动状态，通过搜索优化问题 (14-28) 的全局最优解集 (即 Pareto 前沿) 可确定末端执行器的期望轨迹。表 14.7 给出了 MOPSO 算法中使用的参数和约束，其中符号 1_n 代表所有元素均为 1 的 n 维向量。在消旋阶段的初始时刻，柔性帆板的模态坐标通常是很小的，以至于难以被准确测量。因此，不同于表 14.6 中给出的实际模态坐标值，在优化阶段假设 $\boldsymbol{\xi}_{12}(0)=\boldsymbol{\xi}_{13}(0)=\dot{\boldsymbol{\xi}}_{12}(0)=\dot{\boldsymbol{\xi}}_{13}(0)=\mathbf{0}_{3\times1}$。

表 14.7 用于 MOPSO 算法的参数和约束

参数	值
粒子数量	$N = 60$
粒子维度	$D = 7$
最大迭代次数	$\text{iter}_{\max} = 100$
外部存储库容量	$\text{card}(\mathbb{R}) = 60$
各维度的网格数量	$\eta_g = 4$
惯性权重	$w = 0.5$
学习因子	$c_1 = c_2 = 1.5$
变异率	$\eta_m = 0.5$
粒子的最小位置向量	$\boldsymbol{p}_{\min} = [0\ (\text{s}) \quad \boldsymbol{r}_t^{\text{T}}(0) - \boldsymbol{1}_3^{\text{T}}\ (\text{m}) \quad \boldsymbol{\varphi}_t^{\text{T}}(0) - 90 \times \boldsymbol{1}_3^{\text{T}}\ (°)]^{\text{T}}$
粒子的最大位置向量	$\boldsymbol{p}_{\max} = [50\ (\text{s}) \quad \boldsymbol{r}_t^{\text{T}}(0) + \boldsymbol{1}_3^{\text{T}}\ (\text{m}) \quad \boldsymbol{\varphi}_t^{\text{T}}(0) + 90 \times \boldsymbol{1}_3^{\text{T}}\ (°)]^{\text{T}}$
粒子的最小速度向量	$\boldsymbol{v}_{\min} = [-2.5\ (\text{s}) \quad -0.1 \times \boldsymbol{1}_3^{\text{T}}\ (\text{m}) \quad -9.0 \times \boldsymbol{1}_3^{\text{T}}\ (°)]^{\text{T}}$
粒子的最大速度向量	$\boldsymbol{v}_{\max} = [2.5\ (\text{s}) \quad 0.1 \times \boldsymbol{1}_3^{\text{T}}\ (\text{m}) \quad 9.0 \times \boldsymbol{1}_3^{\text{T}}\ (°)]^{\text{T}}$
末端执行器的最小控制力向量	$\boldsymbol{F}_{e,\min} = [-60 \times \boldsymbol{1}_3^{\text{T}}\ (\text{N}) \quad -30 \times \boldsymbol{1}_3^{\text{T}}\ (\text{N} \cdot \text{m})]^{\text{T}}$
末端执行器的最大控制力向量	$\boldsymbol{F}_{e,\max} = [60 \times \boldsymbol{1}_3^{\text{T}}\ (\text{N}) \quad 30 \times \boldsymbol{1}_3^{\text{T}}\ (\text{N} \cdot \text{m})]^{\text{T}}$

图 14.10 展示了经过 100 次迭代后得到的 Pareto 前沿及其在 f_2-f_3 平面上的投影，其中每个圆点即代表一个非支配解。本节通过对四种情况的研究和分析验证了轨迹优化和协同控制方案的有效性。算例 A 和 B 没有考虑目标的惯性参数估计误差，而算例 C 和 D 则在前两者的基础上考虑了惯性参数估计误差。对于算例 A 和 B，其决策变量及对应的目标向量为

$$
\begin{aligned}
&\boldsymbol{p}_A = \boldsymbol{p}_C = [\ 15.6747 \quad 9.0635 \quad 4.1047 \quad 1.2058 \quad 58.2412 \quad 32.2518 \quad -7.5287\ ]^{\text{T}} \\
&\boldsymbol{p}_B = \boldsymbol{p}_D = [\ 7.3842 \quad 9.1372 \quad 4.1179 \quad 1.2114 \quad 45.3382 \quad 18.1398 \quad 1.5016\ ]^{\text{T}} \\
&\Phi(\boldsymbol{p}_A) = \Phi(\boldsymbol{p}_C) = [\ 0.0055 \quad 7.8303 \times 10^3 \quad 15.6747\ ]^{\text{T}} \\
&\Phi(\boldsymbol{p}_B) = \Phi(\boldsymbol{p}_D) = [\ 0.0246 \quad 1.7873 \times 10^4 \quad 7.3842\ ]^{\text{T}}
\end{aligned}
\tag{14-57}
$$

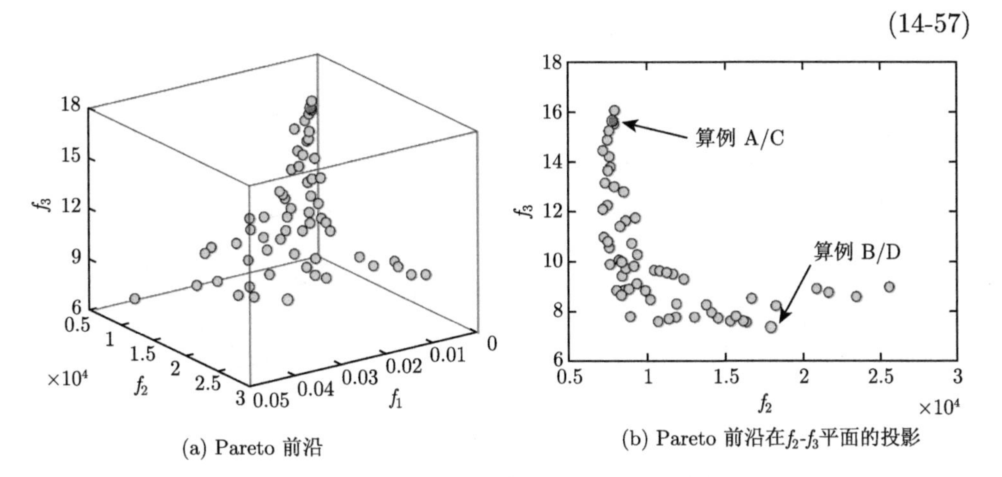

(a) Pareto 前沿

(b) Pareto 前沿在 f_2-f_3 平面的投影

图 14.10 Pareto 前沿及其在 f_2-f_3 平面上的投影

其中，$\boldsymbol{p}_{(\cdot)}$ 的第一个分量是消旋时间 $\mathcal{T}$，剩下的分量是末端执行器在终止时刻的位姿 $\boldsymbol{x}_e(1)$。从图 14.10 中可以看出，算例 A 具有更少的能量消耗和更小的帆板振动，而算例 B 具有更短的消旋时长，这在后续的仿真中也得到了验证。

图 14.11 展示了 20 次仿真中外部存储库的非支配解的数量变化。可以看出，在多数情况下，解的数量可以在 70 次迭代内就稳定到存储库的最大存储量，这表明 MOPSO 对决策空间具有良好的探索能力和较好的收敛性。蓝色曲线代表与图 14.10 中的结果对应的非支配解的数量变化。在每次迭代中，粒子群搜索到的解相互比较，然后根据支配性确定其中的非支配解并添加到存储库中，并与存储库中已有的非支配解进行比较。一个优秀的解可能会导致外部存储库中的许多解被剔除，正如蓝色曲线在第 28 代时出现的变化情况。

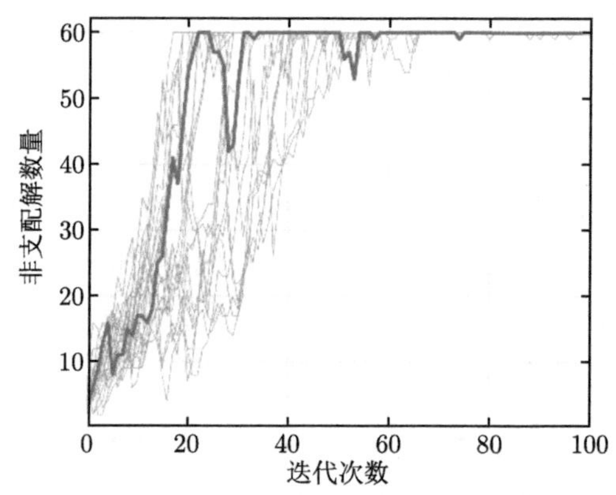

图 14.11 外部存储库中非支配解的数量变化 (20 次运算)

图 14.12 展示了四种算例中末端执行器的期望轨迹。从图中可以看到，当末端执行器沿着期望轨迹运动时，翻滚目标在满足约束的情况下最终达到静止状态。在算例 A 和 C 中，消旋时长为 $\mathcal{T} = 15.6747$ s，末端执行器的终止位姿为 $\boldsymbol{x}_e(1) = [9.0635\text{m}, 4.1047\text{m}, 1.2058\text{m}]^{\text{T}}$ 和 $\phi_e(1) = [58.2412°, 32.2518°, -7.5287°]^{\text{T}}$。在算例 B 和 D 中，消旋时长为 $\mathcal{T} = 7.3842$ s，末端执行器的终止位姿为 $\boldsymbol{x}_e(1) =[9.1372\text{m}, 4.1179\text{m}, 1.2114\text{m}]^{\text{T}}$ 和 $\phi_e(1) = [45.3382°, 18.1398°, 1.5016°]^{\text{T}}$。注意到在这些情况下，末端执行器的终止位置很近，而终止姿态却大不相同。在算例 B 和 D 中，末端执行器的姿态变化较小。由于消旋时间较长，算例 A 和 C 中末端执行器的速度和加速度变化趋势更加平缓，从而导致组合系统的动力学行为在消旋过程中出现明显差异。

图 14.13 展示了算例 A 中空间目标本体和末端执行器的期望控制力矩曲线。显然，末端执行器的期望力矩满足表 14.5 中的力矩约束。此外，图 14.13 还展示了目标帆板被建模为刚性体时的期望力矩曲线。比较可以发现，柔性目标的期望控制转矩更大也更复杂，这意味着柔性目标更难以被消旋。在完成预定的消旋操

作后，刚性目标的期望控制力矩迅速降为零，而柔性目标的期望控制力矩则仍在小范围内波动并衰减。因此，对于柔性目标，协调控制器需要执行更长时间以消除帆板残余振动对组合系统姿态的影响。

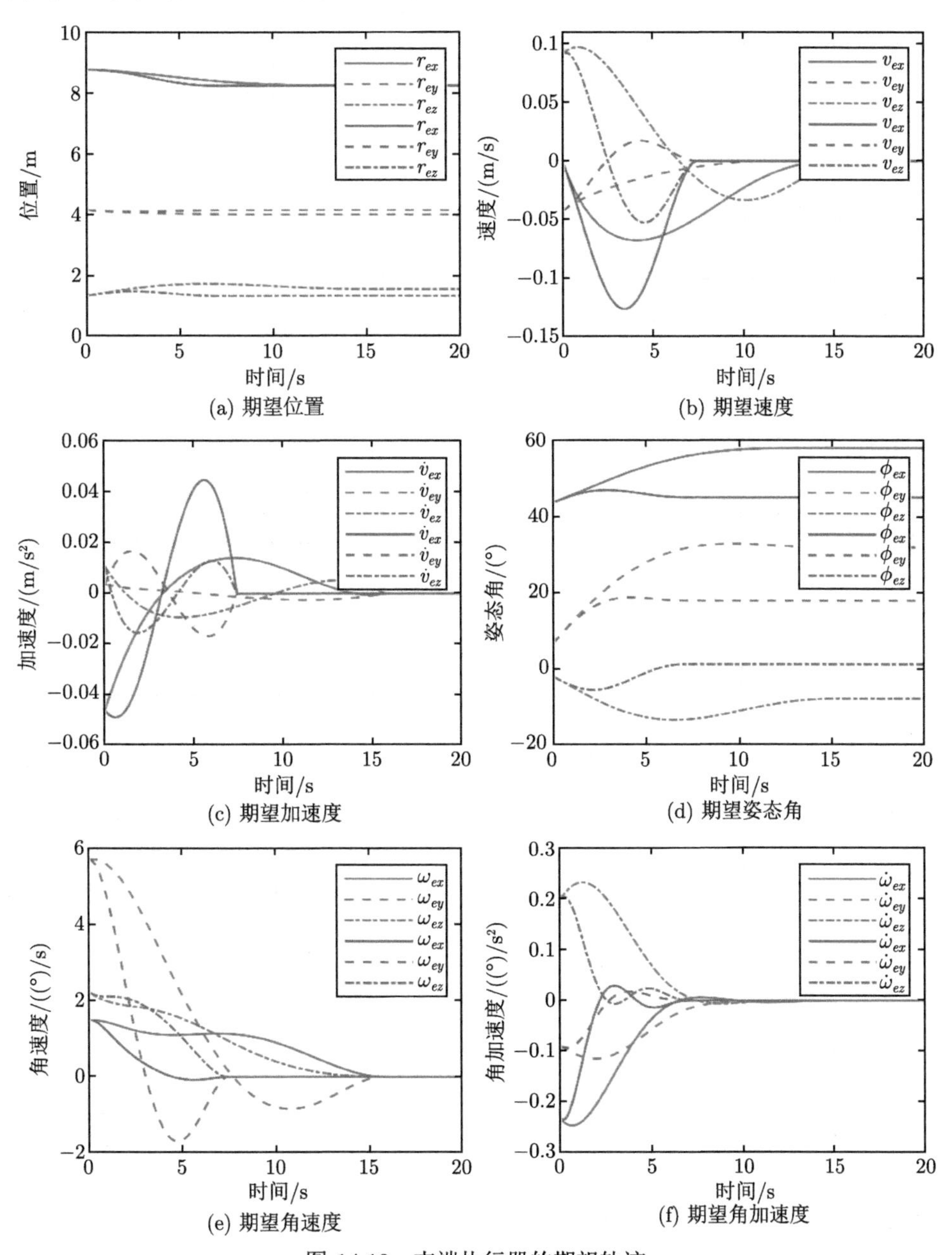

图 14.12 末端执行器的期望轨迹

蓝色曲线对应算例 A 和 C，红色曲线对应算例 B 和 D

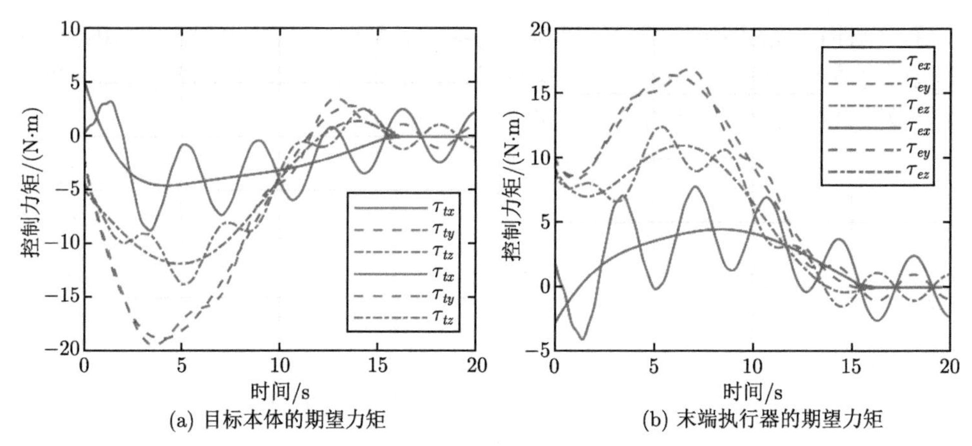

(a) 目标本体的期望力矩 (b) 末端执行器的期望力矩

图 14.13 算例 A 中目标本体和末端执行器的期望控制力矩

蓝色曲线对应柔性目标，红色曲线对应刚性目标

14.5.3 协同控制仿真

在确定末端执行器的期望轨迹后，利用协调控制器进行轨迹追踪以完成对空间目标的消旋任务。在算例 A 和 B 中，假设目标的惯量参数被精确测量，即在式 (14-43) 中有 $\hat{\boldsymbol{M}}^* = \boldsymbol{M}^*$ 和 $\hat{\boldsymbol{h}}^* = \boldsymbol{h}^*$。然而，这在工程实践中通常难以实现，因此算例 C 和 D 中考虑了目标惯性参数存在估计误差的情况。为了便于比较，算例 C 和 D 中目标本体惯性参数的估计值与算例 A 和 B 中相同，而实际值和误差率如表 14.8 所示。具体来说，算例 C 中目标本体惯性参数的实际值小于估计值，而在算例 D 中则正好相反。根据式 (14-19)，由于目标本体和目标帆板之间的动力学耦合效应，目标本体的参数估计误差也会影响帆板的动力学行为。因此，空间目标本体的惯性参数误差将对柔性面板的振动抑制提出挑战。

表 14.8 空间目标的实际惯性参数和误差百分比

参数		算例 C		算例 D	
		B_{11}	百分比	B_{11}	百分比
m_i		938kg	−6.20%	1082kg	+8.20%
$\boldsymbol{I}_i$	I_{xx}	284kg·m^2	−5.33%	328kg·m^2	+9.33%
	I_{yy}	462kg·m^2	−8.51%	556kg·m^2	+10.10%
	I_{zz}	389kg·m^2	−7.38%	443kg·m^2	+5.48%

为了实现闭环解，式 (14-45) 中的控制增益设置为 $\boldsymbol{K}_d = 0.16 \times \boldsymbol{E}_{15}$ 和 $\boldsymbol{K}_p = 0.60 \times \boldsymbol{E}_{15}$。图 14.14 展示了算例 A 和 C 中被控变量跟踪误差的时间历程。从图中可以看出，两种算例下所有的跟踪误差都趋于零，这表明协调控制器能够有效地对翻滚目标进行消旋，同时保持空间机器人本体的姿态不变。两种算例下空间

机器人本体的运动误差和末端执行器的平移运动误差都接近，但是算例 C 中的末端执行器的姿态和角速度误差明显增大，并且需要更长的时间才能消除。

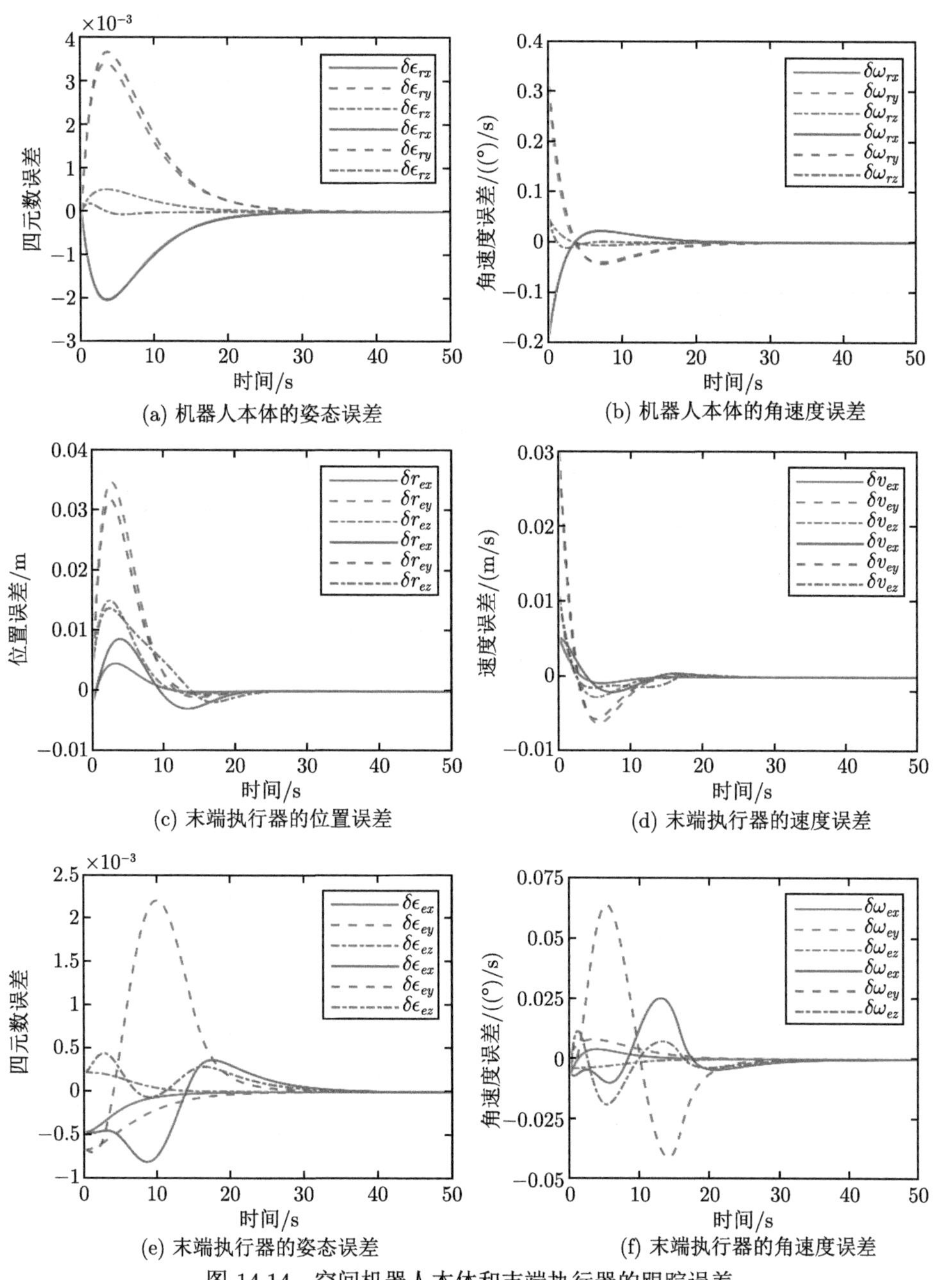

(a) 机器人本体的姿态误差　(b) 机器人本体的角速度误差

(c) 末端执行器的位置误差　(d) 末端执行器的速度误差

(e) 末端执行器的姿态误差　(f) 末端执行器的角速度误差

图 14.14　空间机器人本体和末端执行器的跟踪误差

蓝色曲线对应算例 A，红色曲线对应算例 C

图 14.15 展示了空间机器人各部件的控制力/力矩曲线。机器人本体的控制力用于减小线性度。复合系统的动量。机器人本体的控制力用于减小组合系统的线动量，而机器人本体和机械臂关节的控制力矩则用于问题本体姿态并使组合系统的角动量衰减至零。从图 14.15 (b) 和 (d) 中可以看出，由于算例 A 中组合系统的实际惯性参数更大，空间机器人本体和机械臂关节在消旋阶段的控制力矩也会相应地稍大一些。

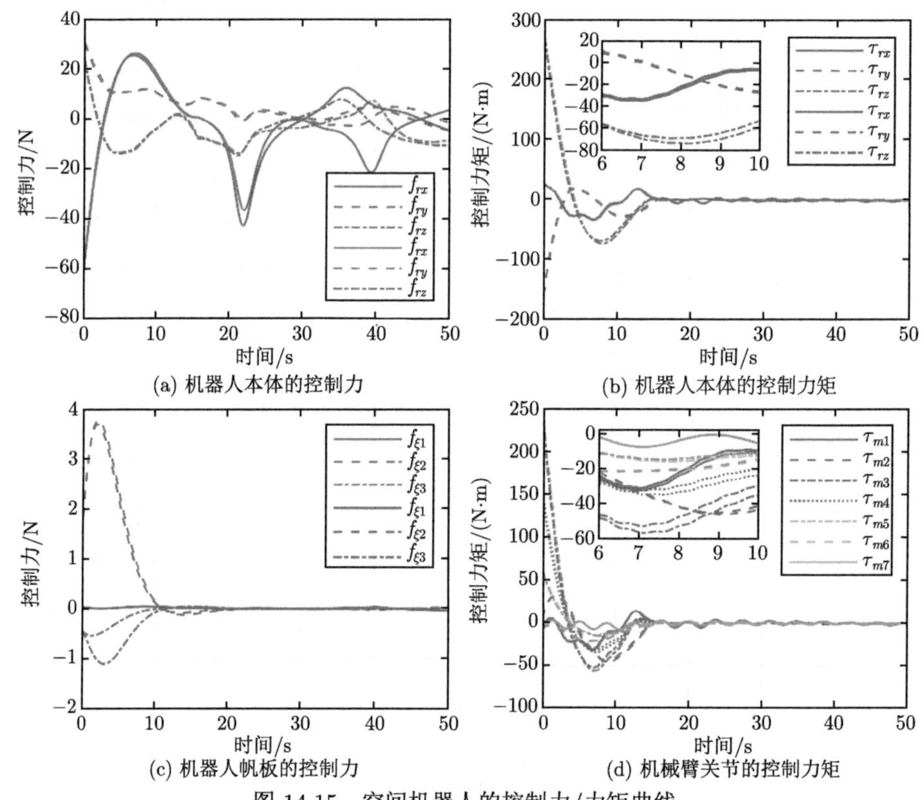

(a) 机器人本体的控制力　(b) 机器人本体的控制力矩

(c) 机器人帆板的控制力　(d) 机械臂关节的控制力矩

图 14.15　空间机器人的控制力/力矩曲线

蓝色曲线对应算例 A，红色曲线对应算例 C

图 14.16 展示了算例 A 和 C 中帆板标记点 P_i $(i = 2, 3, 12, 13)$ 的变形曲线。从图 14.16 (c) 中可以看到，在两种情况下机器人帆板的振动都能够在相应控制力的作用下迅速减小到零。对于目标帆板，由于空间机器人在消旋过程的初始阶段存在跟踪误差，因此施加在目标本体上的控制力和力矩会导致更明显的振动。不过，目标帆板的振动依然可以通过协调控制方案得到有效抑制，标记点 P_{12} 和 P_{13} 的最大振幅在 50s 内已经小于 0.01 m。在算例 C 中，由于目标本体的实际惯性参数较小，因此目标帆板的振动更大。更准确地说，标记点 P_{13} 在算例 A 中的最大变形量为 0.0399 m，而在算例 C 中的最大变形量则为 0.0428 m。

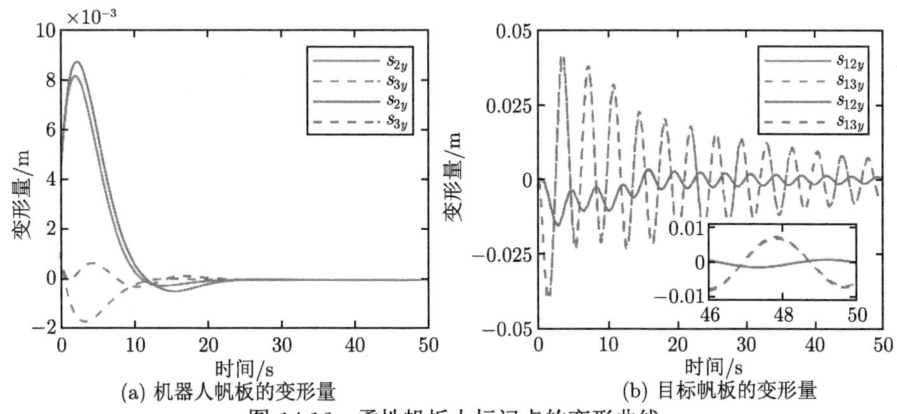

图 14.16 柔性帆板上标记点的变形曲线

蓝色曲线对应算例 A，红色曲线对应算例 C

图 14.17～ 图 14.19 展示了算例 B 和 D 的仿真结果，其中各控制变量的跟踪误差曲线如图 14.17 所示。与算例 A 和 C 相比，协调控制器仍可以成功实现对翻滚目标的消旋操作，并且跟踪误差在更短的时间内衰减为零。在算例 D 中，空间目标的实际惯性参数更大而消旋时长相对较短，从而导致末端执行器的运动误差是四种情况下最大的。

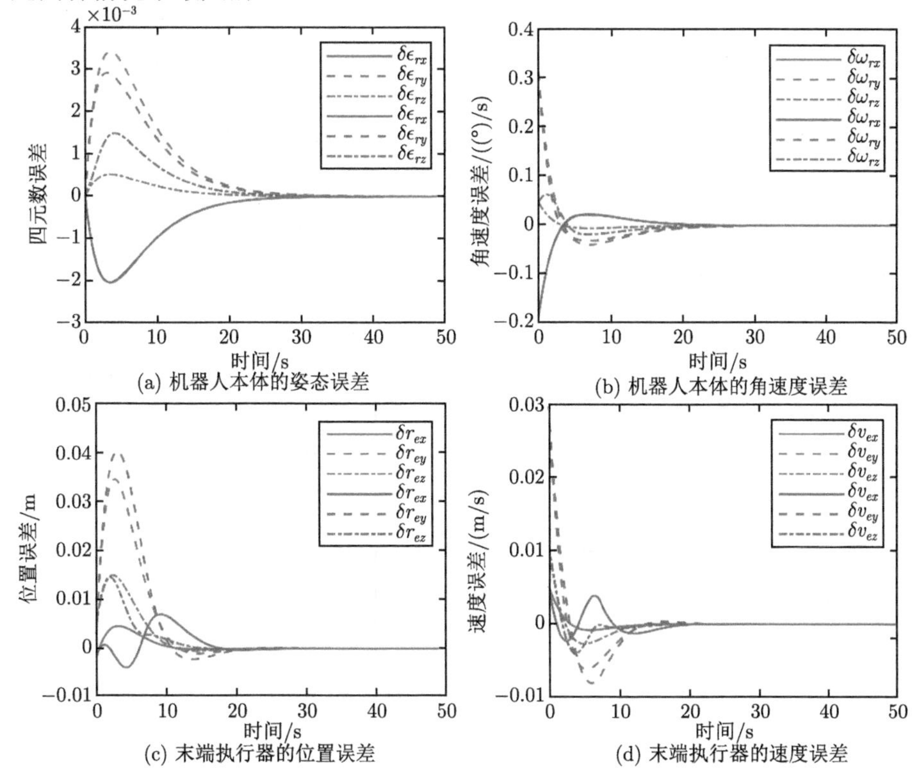

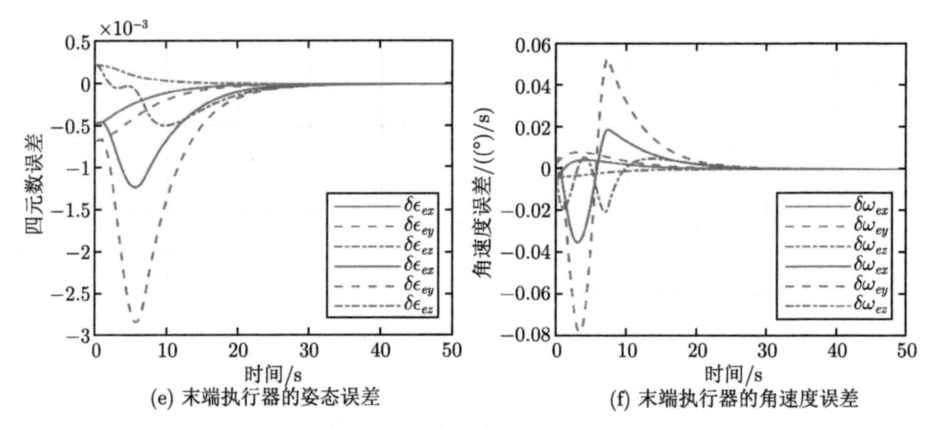

(e) 末端执行器的姿态误差　(f) 末端执行器的角速度误差

图 14.17　空间机器人本体和末端执行器的跟踪误差

蓝色曲线对应算例 B，红色曲线对应算例 D

图 14.18 展示了算例 B 和 D 中空间机器人各部件的控制力/力矩曲线。与图 14.15 比较可以看出，空间机器人的控制力和力矩更大且变化更快，从而可以在更短的时间内完成对目标的消旋操作。由于算例 D 中空间目标的实际惯性参数较大，因此需要机器人本体和机械臂提供更大的消旋力矩。图 14.19 展示了算例 B 和 D 中帆板标记点 P_i $(i = 2, 3, 12, 13)$ 的变形曲线。可以看出，在图 14.18 (c) 所示的模态控制力的作用下，空间机器人的帆板振动迅速减小到零，目标帆板的振动也得到了有效抑制，并且在 50s 内已经小于 0.01m。在算例 D 中，空间目标的惯性参数较大，因此目标帆板的振动较小。更准确地说，标记点 P_{13} 在算例 B 中的最大变形量为 0.0961 m 而在算例 D 中的最大变形量则为 0.0926 m，这比算例 A 和 C 中的值要大得多。对这些算例的比较还可以发现，空间目标本体的惯性参数越大，在消旋过程中目标帆板的最大振幅就越小。

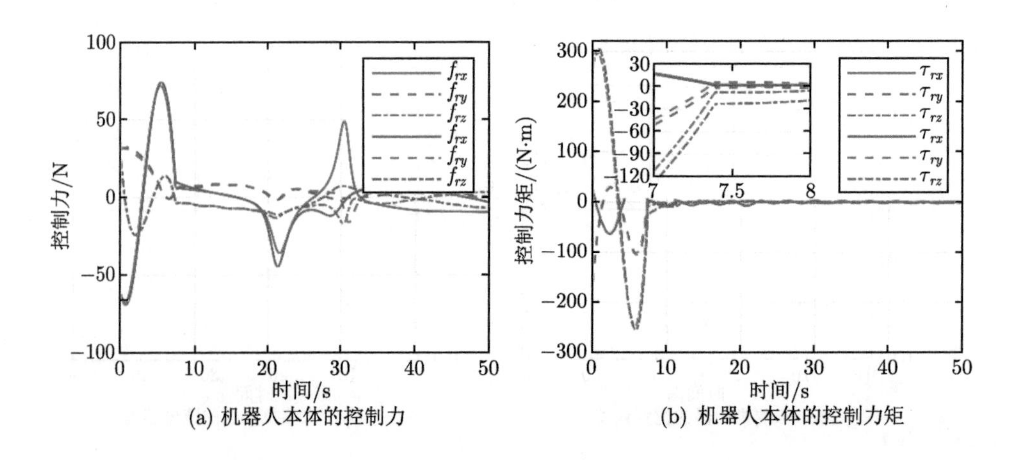

(a) 机器人本体的控制力　(b) 机器人本体的控制力矩

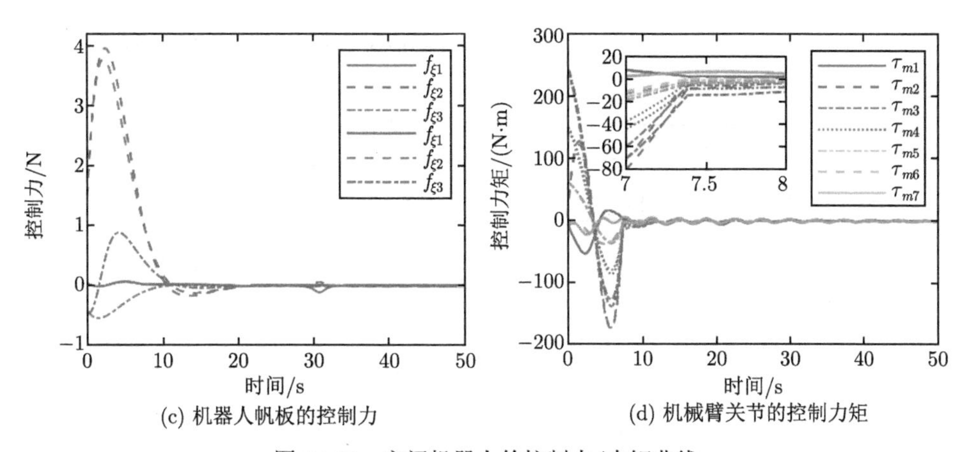

(c) 机器人帆板的控制力　　(d) 机械臂关节的控制力矩

图 14.18　空间机器人的控制力/力矩曲线

蓝色和绿色曲线对应算例 B，红色和橙色曲线对应算例 D

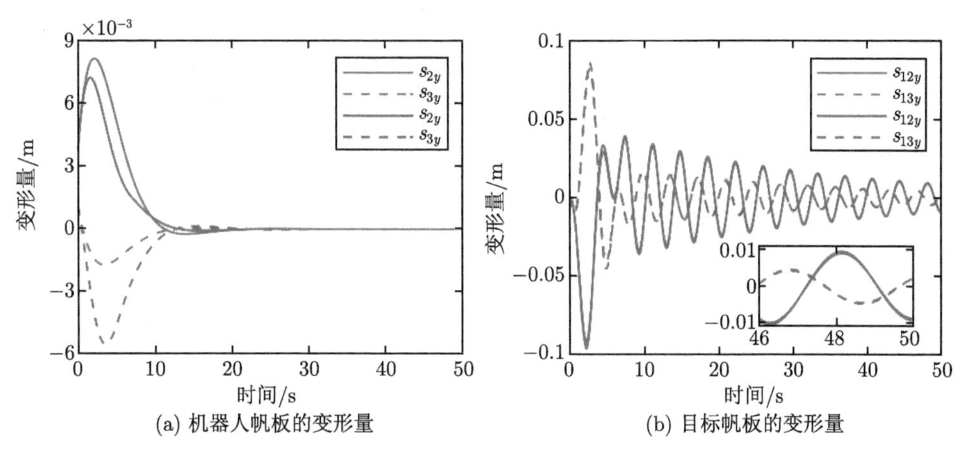

(a) 机器人帆板的变形量　　(b) 目标帆板的变形量

图 14.19　柔性帆板上标记点的变形曲线

蓝色曲线对应算例 B，红色曲线对应算例 D

14.6　本 章 小 结

本章提出了一种利用空间机器人对空间非合作目标进行消旋的方案，该方案由轨迹规划和协调控制两部分组成。该方案的优势在于能够同步实现对空间目标进行消旋、对空间机器人本体进行姿态稳定以及对柔性帆板进行振动抑制。在研究过程中，本章首先采用基于 Newton-Euler 公式的递推组集方法建立了组合系统的动力学方程，为轨迹规划和控制器设计奠定了基础。然后，利用五项多项式曲线对目标本体的运动轨迹参数化，从而将轨迹规划转换为多目标多约束优化问题，其优化目标包括柔性帆板的振动、消旋时长和末端执行器的控制力矩三部分。

通过 MOPSO 算法可以得到该优化问题的 Pareto 前沿，这将有利于航天工程师根据实际情况选择合适的消旋轨迹。随后，本章设计了协调控制器，并通过数值仿真验证了其有效性。此外，仿真结果还表明即使错误地估计了空间目标的惯量参数，本章所提出的消旋方案也能够有效地对非合作目标进行消旋。

本章中未尽之处还可详见本课题组已录用文章 [19]。

参 考 文 献

[1] Lampariello R, Tuong D, Castellini C, et al. Trajectory planning for optimal robot catching in real-time [C]. Proceedings of the IEEE Conference on Robotics and Automation, Shanghai, China, 2011: 3719-3726.

[2] Wang M, Luo J, Walter U. Trajectory planning of free-floating space robot using particle swarm optimization (PSO) [J]. Acta Astronautica, 2015, 112: 77-88.

[3] Wang M, Luo J, Yuan J, et al. Detumbling strategy and coordination control of kinematically redundant space robot after capturing a tumbling target [J]. Nonlinear Dynamics, 2018, 92: 1023-1043.

[4] Aghili F. A prediction and motion-planning scheme for visually guided robotic capturing of free-floating tumbling objects with uncertain dynamics [J]. IEEE Transactions on Robotics, 2012, 28(3): 634-649.

[5] Aghili F. Optimal control for robotic capturing and passivation of a tumbling satellite with unknown dynamics [C]. AIAA Guidance, Navigation and Control Conference and Exhibit, Honolulu, 2008.

[6] Aghili F. Optimal control of a space manipulator for detumbling of a target satellite [C]. 2009 IEEE International Conference on Robotics and Automation, Kobe, Japan, 2009: 3019-3024.

[7] Zarafshan P, Moosavian S. Manipulation control of a space robot with flexible solar panels [C]. Proceedings of IEEE/ASME International Conference on Advanced Intelligent Mechatronics, Montréal, Canada, 2010: 1099-1104.

[8] Xu W, Meng D, Chen Y, et al. Dynamics modeling and analysis of a flexible-base space robot for capturing larger flexible spacecraft [J]. Multibody System Dynamics, 2014, 32: 357-401.

[9] Dubanchet V. Modeling and control of a flexible space robot to capture a tumbling debris [D]. Doctoral Diss, University of Montreal, Montreal, Canada, 2016.

[10] Stolfi A, Gasbarri P, Satatini M. A parametric analysis of a controlled deployable space manipulator for capturing a non-cooperative flexible satellite [J]. Acta Astronautica, 2018, 148: 317-326.

[11] Singh S, Mooij E. Robust control for active debris removal of a large flexible space structure [C]. AIAA SciTech Forum, Orlando, USA, 2020.

[12] Stieber M E, Trudel C P. Advanced control system features of the space station remote manipulator system [C]. IFAC Automatic Control in Aerospace, Ottobrunn, Germany, 1992: 279-286.

[13] Gangapersaud R A, Liu G, De Ruiter A H J. Detumbling a non-cooperative space target with model uncertainties using a space manipulator [J]. Journal of Guidance, Control, and Dynamics, 2019, 42(4): 910-918.

[14] Rackl W, Lampariello R. Parameter identification of free-floating robots with flexible appendages and fuel sloshing [C]. Proceedings of 2014 International Conference on Modelling, Identification and Control, Melbourne, Australia, 2014: 129-134.

[15] Coello C A, Pulido G T, Lechuga M S. Handling multiple objectives with particle swarm optimization [J]. IEEE Transactions on Evolutionary Computation, 2004, 8(3): 256-279.

[16] Coello C, Lechuga M S. MOPSO: A proposal for multiple objective particle swarm optimization [C]. Proceedings of the IEEE Congress on Computational Intelligence, Honolulu, USA, 2002: 1051-1056.

[17] Siciliano B, Sciavicco L, Villani L, et al. Robotics: Modelling, Planning and Control [M]. London, UK: Springer, 2009.

[18] Geradin M, Rixen D J. Mechanical Vibrations: Theory and Application to Structural Dynamics [M]. Chichester: John Wiley and Sons, 2015.

[19] Liu Y, Liu X, Cai G, et al. Trajectory planning and coordination control of a space robot for detumbling a flexible tumbling target in post-capture phase [J]. Multibody System Dynamics, 2021, 52: 281-311.

第 15 章　空间非合作目标抓捕后阶段主动消旋策略 2

15.1　引　　言

在第 14 章，我们对柔性空间目标的消旋轨迹进行规划，并利用协同控制器对目标帆板在消旋过程中的振动进行抑制。值得注意的是，我们假定空间机器人的帆板振动可以由相应作动器直接抑制。在第 14 章的基础上，本章考虑了空间机器人和空间目标的柔性帆板均不可控的情况。组合系统上所有柔性帆板的振动抑制均通过控制空间机器人的本体姿态和机械臂的关节转动来实现。因此，本章的研究重点在于组合系统整体的消旋轨迹规划和振动控制方法研究。

对于空间机器人在抓捕后阶段的运动控制，Oki 等 [1] 提出了由阻抗控制和分布式动量控制集成的控制策略以尽可能地减小机器人本体的姿态误差，同时还设计了相应的动量轮控制律以避免奇异性问题。Liu 等 [2] 分析了捕获任务中空间机器人的末端执行器与空间目标之间的接触碰撞问题，并基于 Hertz 接触理论和非线性解耦方法设计了空间机器人的姿态控制器。Abiko 和 Yoshida[3] 提出了一些基于反应动力学的空间机器人系统自适应控制方法，该方法克服了动力学方程的非线性参数化以及从笛卡儿空间到关节空间的坐标映射过程中存在的不确定性。Nguyen-Huynh 和 Sharf[4] 开发了一种自适应无反应控制算法，可以在捕获未知目标后根据对机器人本体的最小干扰来生成相应的机械臂运动。文献 [5]，[6] 提出了使用混合阻抗/位置控制来实现末端执行器和空间目标之间的软接触并最终完成消旋操作。She 等 [7] 引入了一种准模型自由控制 (quasi-model free control, QMFC) 方法，该方法具有在极端条件下实现对组合航天器的高精度控制的特点。文献 [8] 通过使用力控制来跟踪施加在目标上的参考力和力矩，并提出了一种不需要目标惯性参数的消旋控制策略。此外，最优控制 [9-11]、有限时间容错控 [12]、自适应滑模控制 [13]、鲁棒模糊滑模控制 [14] 和非线性 H_∞ 控制 [15] 等方法也已应用于空间机器人在抓捕非合作目标后的运动控制。

本章的贡献包括：① 将空间目标消旋问题转化为多目标多约束优化问题，并利用 MOPSO 算法获得了空间机器人的最优消旋轨迹集；② 设计了一种针对柔性空间非合作目标的复合控制方案，该方案能够同步完成对空间目标进行消旋、对空间机器人本体进行姿态控制以及对柔性帆板进行振动抑制。为此，本章首先建立了空间机器人–空间目标组合系统的动力学方程，并对空间机器人的消旋轨迹进行规划；然后，设计了 PD-LQR 复合控制方案；最后，通过数值仿真验证了消旋轨迹优化和复合控制方案的有效性。

15.2 动力学建模与轨迹规划

本章的研究对象与第 14 章的研究对象相同，空间机器人通过机械臂对空间非合作目标进行抓捕后形成了如图 15.1 所示的组合航天器系统。基于 Newton-Euler 方程的递推组集方法 [2]，组合系统的动力学方程可以表示为

$$\begin{bmatrix} \boldsymbol{M}_{11} & \boldsymbol{M}_{12} \\ \boldsymbol{M}_{21} & \boldsymbol{M}_{22} \end{bmatrix} \begin{bmatrix} \ddot{\boldsymbol{x}} \\ \ddot{\boldsymbol{\xi}} \end{bmatrix} + \begin{bmatrix} \boldsymbol{h}_1(\boldsymbol{x}, \boldsymbol{\xi}, \dot{\boldsymbol{x}}, \dot{\boldsymbol{\xi}}) \\ \boldsymbol{h}_2(\boldsymbol{x}, \boldsymbol{\xi}, \dot{\boldsymbol{x}}, \dot{\boldsymbol{\xi}}) \end{bmatrix} + \begin{bmatrix} \boldsymbol{0} \\ \boldsymbol{C}\dot{\boldsymbol{\xi}} + \boldsymbol{K}\boldsymbol{\xi} \end{bmatrix} = \begin{bmatrix} \boldsymbol{\tau} \\ \boldsymbol{0} \end{bmatrix} \tag{15-1}$$

其中，

$$\dot{\boldsymbol{x}} = \begin{bmatrix} \boldsymbol{\omega}_b \\ \dot{\boldsymbol{\theta}}_m \end{bmatrix}, \quad \boldsymbol{\tau} = \begin{bmatrix} \boldsymbol{\tau}_b \\ \boldsymbol{\tau}_m \end{bmatrix}$$

其中，$\boldsymbol{M}_{ij}$ 是广义质量阵的子矩阵；$\boldsymbol{\omega}_b$ 表示空间机器人本体的角速度向量；$\dot{\boldsymbol{\theta}}_m$ 表示空间机械臂的关节转速向量；$\boldsymbol{\xi}$、$\boldsymbol{C}$ 和 $\boldsymbol{K}$ 分别代表柔性帆板的模态坐标向量、模态阻尼阵和模态刚度阵；$\boldsymbol{h}_i$ 是广义科氏力和离心力向量；$\boldsymbol{\tau}_b$ 和 $\boldsymbol{\tau}_m$ 分别表示空间机器人本体和机械臂上的控制力矩向量。

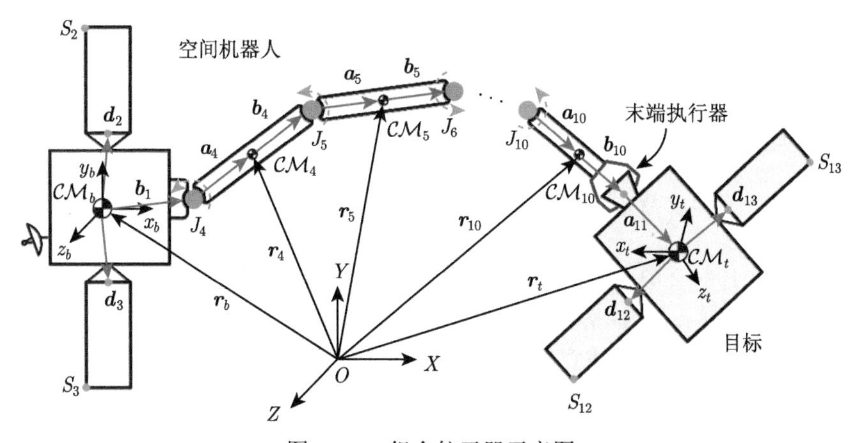

图 15.1　组合航天器示意图

如图 15.1 和图 15.2 所示，标定点 S_i 被用于衡量四个柔性帆板 B_i 的振动情况。基于假设模态法，点 S_i 相对于浮动坐标系 $x_iy_iz_i$ 的弹性位移向量 $\boldsymbol{s}_i$ 可表示

为

$$\boldsymbol{s}_i = \boldsymbol{\Phi}_i \boldsymbol{\xi}_i, \quad i = 2, 3, 12, 13 \tag{15-2}$$

其中，$\boldsymbol{\Phi}_i$ 是点 S_i 相对于浮动坐标系 $x_i y_i z_i$ 的模态矩阵，$\boldsymbol{\xi}_i$ 是柔性帆板 B_i 的模态坐标向量，其是 $\boldsymbol{\xi}$ 的子向量。

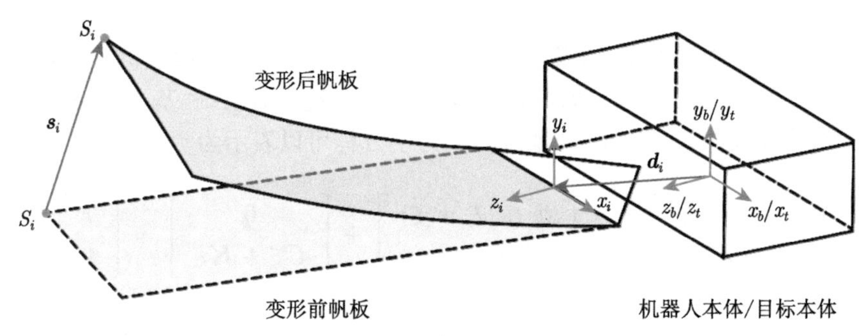

图 15.2　柔性帆板的浮动坐标系和变形示意图

由于组合系统的刚性运动和柔性振动之间的耦合作用，由式 (15-1) 可得

$$\boldsymbol{M}_{22}\ddot{\boldsymbol{\xi}} + \boldsymbol{h}_2 + \boldsymbol{C}\dot{\boldsymbol{\xi}} + \boldsymbol{K}\boldsymbol{\xi} = -\boldsymbol{M}_{21}\ddot{\boldsymbol{x}} \tag{15-3}$$

上式表明通过控制机器人本体和机械臂的运动可以对柔性帆板的振动进行抑制。因此，接下来的目标是寻找满足空间机器人运动学和动力学约束的最优消旋轨迹。显然，这是一个多目标多约束优化问题。

为了便于空间机器人的轨迹规划，定义 $\boldsymbol{\psi} = [\boldsymbol{\varphi}_b^{\mathrm{T}} \ \ \boldsymbol{\theta}_m^{\mathrm{T}}]^{\mathrm{T}}$，其中 $\boldsymbol{\varphi}_b$ 表示空间机器人本体的姿态向量，而 $\boldsymbol{\theta}_m$ 表示空间机械臂的关节转角向量。将 $\boldsymbol{\psi}$ 表示为一组五次多项式曲线：

$$\boldsymbol{\psi}(\tau) = \boldsymbol{c}_0 + \boldsymbol{c}_1\tau + \boldsymbol{c}_2\tau^2 + \boldsymbol{c}_3\tau^3 + \boldsymbol{c}_4\tau^4 + \boldsymbol{c}_5\tau^5 \tag{15-4}$$

其中，$\boldsymbol{c}_i \ (i = 1, \cdots, 5)$ 是多项式系数向量，$\tau = t/\mathcal{T} \in [0, 1]$ 是无量纲时间，并且 $\mathcal{T} = t_{\mathrm{f}} - t_{\mathrm{s}}$，其中 t_{s} 和 t_{f} 分别是消旋过程的起始时刻和终止时刻。简化起见，令 $t_{\mathrm{s}} = 0$，于是有 $T = t_{\mathrm{f}}$。注意在该时间段内仅执行轨迹追踪以完成对空间目标的消旋任务，抑制柔性帆板残留振动的过程需要额外时间来完成。将 $\boldsymbol{\psi}$ 求导可得

$$\dot{\boldsymbol{\psi}}(\tau) = \frac{1}{\mathcal{T}}(\boldsymbol{c}_1 + 2\boldsymbol{c}_2\tau + 3\boldsymbol{c}_3\tau^2 + 4\boldsymbol{c}_4\tau^3 + 5\boldsymbol{c}_5\tau^4) \tag{15-5a}$$

$$\ddot{\boldsymbol{\psi}}(\tau) = \frac{1}{\mathcal{T}^2}(2\boldsymbol{c}_2 + 6\boldsymbol{c}_3\tau + 12\boldsymbol{c}_4\tau^2 + 20\boldsymbol{c}_5\tau^3) \tag{15-5b}$$

由于 $\boldsymbol{\omega}_b = \boldsymbol{J}_b \dot{\boldsymbol{\varphi}}_b$ 以及 $\dot{\boldsymbol{\omega}}_b = \boldsymbol{J}_b \ddot{\boldsymbol{\varphi}}_b + \dot{\boldsymbol{J}}_b \dot{\boldsymbol{\varphi}}_b$，$\boldsymbol{x}$ 和 $\boldsymbol{\psi}$ 之间的关系可表示为

$$\boldsymbol{\psi} = \boldsymbol{x}, \quad \dot{\boldsymbol{\psi}} = \begin{bmatrix} \boldsymbol{J}_b^{-1} & \boldsymbol{0} \\ \boldsymbol{0} & \boldsymbol{E}_7 \end{bmatrix} \dot{\boldsymbol{x}}, \quad \ddot{\boldsymbol{\psi}} = \begin{bmatrix} \boldsymbol{J}_b^{-1} & \boldsymbol{0} \\ \boldsymbol{0} & \boldsymbol{E}_7 \end{bmatrix} \ddot{\boldsymbol{x}} - \begin{bmatrix} \boldsymbol{J}_b^{-1} \dot{\boldsymbol{J}}_b \dot{\boldsymbol{\varphi}}_b \\ \boldsymbol{0} \end{bmatrix} \tag{15-6}$$

空间机器人的姿态同样使用 Cardan 角描述。为了便于计算，将组合系统的运动状态由 $\boldsymbol{x}$ 转化为 $\boldsymbol{\psi}$。因此，组合系统的初始 $(\tau = 0)$ 和终止 $(\tau = 1)$ 状态可表示为

$$\begin{aligned} &\boldsymbol{\psi}(0) = \boldsymbol{\chi}_0, \quad \dot{\boldsymbol{\psi}}(0) = \boldsymbol{\chi}_1, \quad \ddot{\boldsymbol{\psi}}(0) = \boldsymbol{\chi}_2 \\ &\boldsymbol{\psi}(1) = \boldsymbol{\gamma}_0, \quad \boldsymbol{\psi}(1) = \boldsymbol{0}, \quad \ddot{\boldsymbol{\psi}}(1) = \boldsymbol{0} \end{aligned} \tag{15-7}$$

其中，$\boldsymbol{\chi}_i = [\chi_{i,1} \ \ \cdots \ \ \chi_{i,10}]^{\mathrm{T}} \ (i = 0, 1, 2)$，$\boldsymbol{\gamma}_0 = [\gamma_{0,1} \ \ \cdots \ \ \gamma_{0,10}]^{\mathrm{T}}$。将运动状态代入式 (15-5) 可得

$$\begin{aligned} &\boldsymbol{c}_0 = \boldsymbol{\chi}_0, \quad \boldsymbol{c}_1 = T\boldsymbol{\chi}_1, \quad \boldsymbol{c}_2 = \frac{1}{2}T^2\boldsymbol{\chi}_2, \quad \boldsymbol{c}_3 = 10\boldsymbol{\gamma}_0 - 10\boldsymbol{c}_0 - 6\boldsymbol{c}_1 - 3\boldsymbol{c}_2 \\ &\boldsymbol{c}_4 = -15\boldsymbol{\gamma}_0 + 15\boldsymbol{c}_0 + 8\boldsymbol{c}_1 + 3\boldsymbol{c}_2, \quad \boldsymbol{c}_5 = 6\boldsymbol{\gamma}_0 - 6\boldsymbol{c}_0 - 3\boldsymbol{c}_1 - \boldsymbol{c}_2 \end{aligned} \tag{15-8}$$

假设空间机器人本体和机械臂关节的初始运动状态 $\boldsymbol{\chi}_i$ 可以被传感器测得。令空间机器人的本体姿态在初始时刻和终止时刻保持不变，则有 $\boldsymbol{\varphi}_b(0) = \boldsymbol{\varphi}_b(1)$，即 $\chi_{0,j} = \gamma_{0,j} \ (j = 1, 2, 3)$。由式 (15-7) 可知只有消旋时长 T 和机械臂的终止状态 $\boldsymbol{\theta}_m(1)$ 是未知的。因此，可以对 T 和 $\boldsymbol{\theta}_m(1)$ 进行优化以寻找合适的消旋轨迹。定义决策向量 $\boldsymbol{p} = [\mathcal{T} \ \ \boldsymbol{\theta}_m^{\mathrm{T}}]^{\mathrm{T}}$，则轨迹优化问题可写为

$$\begin{aligned} \min \quad & \varPhi(\boldsymbol{p}) = [f_1(\boldsymbol{p}) \ \ f_2(\boldsymbol{p}) \ \ f_3(\boldsymbol{p})]^{\mathrm{T}} \\ & f_1(\boldsymbol{p}) = \int_0^{\mathcal{T}} \boldsymbol{s}^{\mathrm{T}} \boldsymbol{s} \mathrm{d}t, \ \ f_2(\boldsymbol{p}) = \int_0^{\mathcal{T}} \boldsymbol{\tau}^{\mathrm{T}} \boldsymbol{\tau} \mathrm{d}t, \ \ f_3(\boldsymbol{p}) = \int_0^{\mathcal{T}} 1 \mathrm{d}t \\ \text{s.t.} \quad & 0 \leqslant \mathcal{T} \leqslant \mathcal{T}_{\max}, \quad \boldsymbol{\theta}_{\min} \leqslant \boldsymbol{\theta}_m \leqslant \boldsymbol{\theta}_{\max}, \quad \dot{\boldsymbol{\theta}}_{\min} \leqslant \dot{\boldsymbol{\theta}}_m \leqslant \dot{\boldsymbol{\theta}}_{\max} \\ & \boldsymbol{\tau}_{\min} \leqslant \boldsymbol{\tau} \leqslant \boldsymbol{\tau}_{\max}, \quad \boldsymbol{\varphi}_{\min} \leqslant \boldsymbol{\varphi}_b \leqslant \boldsymbol{\varphi}_{\max}, \quad \boldsymbol{\omega}_{\min} \leqslant \boldsymbol{\omega}_b \leqslant \boldsymbol{\omega}_{\max} \end{aligned} \tag{15-9}$$

其中，$\boldsymbol{s} = [\boldsymbol{s}_2^{\mathcal{T}} \ \ \boldsymbol{s}_3^{\mathcal{T}} \ \ \boldsymbol{s}_{12}^{\mathcal{T}} \ \ \boldsymbol{s}_{13}^{\mathcal{T}}]^{\mathrm{T}}$ 表示四个帆板标记点的弹性变形向量。式 (15-9) 中的目标矩阵包含三个优化目标，分别是最小化消旋过程中的帆板振动、控制力矩和消旋时长。此外，式 (15-8) 中的运动状态表明 $\boldsymbol{\varphi}_b(\tau)$ 及其时间导数只与 $\mathcal{T}$ 相关。

本章同样使用 MOPSO 算法求解消旋轨迹优化问题的 Pareto 前沿。为了进一步提高粒子的搜索能力，本章的粒子变异方案考虑了变异类型的不确定性。在

本方案中，粒子群被分为粒子数量近似相等的三个子部分，每个子部分采用不同的变异类型：第一子部分没有变异，第二子部分具有均匀变异，第三子部分具有非均匀变异 [16]。均匀变异是指每个决策变量允许的可变范围在迭代过程中保持恒定，而在非均匀变异中，每个决策变量允许的变异范围随代数的增加而减小。对于第二子部分，定义均匀变异率为 μ_m，决策变量 p_d $(d=1,2,\cdots,D)$ 的可行区域为 $[p_{d,\min},p_{d,\max}]$。对于第三子部分，由经验法则定义非均匀变异率为 $\eta_m=1/D$，决策变量的可行区域为 $[p_{d,\text{lb}},p_{d,\text{ub}}]$，其上界和下界分别为

$$
\begin{aligned}
p_{d,\text{lb}} &= \max\{p_{d,\min}, p_d - r_m(p_{d,\max}-p_{d,\min})\} \\
p_{d,\text{ub}} &= \min\{p_{d,\max}, p_d + r_m(p_{d,\max}-p_{d,\min})\}
\end{aligned}
\tag{15-10}
$$

其中，$r_m=(1-\text{iter}/\text{iter}_{\max})^{5/\eta_m}$。

15.3 复合控制

本节提出一种复合控制方案，用于在对空间目标进行消旋的同时稳定空间机器人本体姿态。该方案主要包括两个阶段：轨迹跟踪阶段和振动抑制阶段。在第一阶段中，空间机器人在 PD 控制器的作用下追踪根据 15.2.1 节规划的期望消旋轨迹。受柔性帆板残余振动的影响，机器人本体的姿态和机械臂关节的转角将在期望轨迹的最终值附近波动。而在第二阶段，我们将采用基于组合系统简化模型的 LQR 控制器来消除该扰动。

15.3.1 轨迹追踪控制器

为了设计机器人本体和机械臂的轨迹跟踪控制器，将式 (15-1) 中的 $\ddot{\boldsymbol{\xi}}$ 消除后得到：

$$
\overline{\boldsymbol{M}}\ddot{\boldsymbol{x}}+\bar{\boldsymbol{h}}=\boldsymbol{\tau}
\tag{15-11}
$$

其中，$\overline{\boldsymbol{M}}=\boldsymbol{M}_{11}-\boldsymbol{M}_{12}\boldsymbol{M}_{22}^{-1}\boldsymbol{M}_{21}$，$\bar{\boldsymbol{h}}=\boldsymbol{h}_1-\boldsymbol{M}_{12}\boldsymbol{M}_{22}^{-1}(\boldsymbol{h}_2+\boldsymbol{C}\dot{\boldsymbol{\xi}}+\boldsymbol{K}\boldsymbol{\xi})$。控制力矩 $\boldsymbol{\tau}$ 可以由空间机器人本体的动量轮和机械臂关节电机等驱动器提供，可写为

$$
\boldsymbol{\tau}=\overline{\boldsymbol{M}}\boldsymbol{\sigma}_t+\bar{\boldsymbol{h}}
\tag{15-12}
$$

其中，$\boldsymbol{\sigma}_t$ 是用于轨迹追踪的控制输入，基于反馈线性化的 PD 控制可写为

$$
\begin{aligned}
\boldsymbol{\sigma}_t &= \ddot{\boldsymbol{x}}^d+\boldsymbol{K}_d(\dot{\boldsymbol{x}}^d-\dot{\boldsymbol{x}})+\boldsymbol{K}_p(\boldsymbol{x}^d-\boldsymbol{x}) \\
&= \begin{bmatrix} \dot{\boldsymbol{\omega}}_b^d+\boldsymbol{K}_{db}(\boldsymbol{\omega}_b^d-\boldsymbol{\omega}_b)+\boldsymbol{K}_{pb}\delta\boldsymbol{\varepsilon}_b \\ \ddot{\boldsymbol{\theta}}_m^d+\boldsymbol{K}_{dm}(\dot{\boldsymbol{\theta}}_m^d-\dot{\boldsymbol{\theta}}_m)+\boldsymbol{K}_{pm}(\boldsymbol{\theta}_m^d-\boldsymbol{\theta}_m) \end{bmatrix}
\end{aligned}
\tag{15-13}
$$

其中，$\boldsymbol{K}_d$ 和 $\boldsymbol{K}_p$ 是正定的反馈增益矩阵。另外，将空间机器人本体的姿态用单位四元数 $\mathcal{Q}=\{\eta,\boldsymbol{\varepsilon}\}$ 描述，则期望姿态 $\mathcal{Q}^d$ 和实际姿态 $\mathcal{Q}$ 之间的误差可写作：

$$\{\delta\eta,\delta\boldsymbol{\varepsilon}\}=\mathcal{Q}^d\otimes\mathcal{Q}^{-1}=\{\eta^d\eta+\boldsymbol{\varepsilon}^{d\mathrm{T}}\boldsymbol{\varepsilon},\eta\boldsymbol{\varepsilon}^d-\eta^d\boldsymbol{\varepsilon}-\tilde{\boldsymbol{\varepsilon}}^d\boldsymbol{\varepsilon}\} \tag{15-14}$$

其中，$\otimes$ 代表四元数乘法算子。将式 (15-12) 和式 (15-13) 代入式 (15-11) 中可得两个解耦的微分方程：

$$\delta\dot{\boldsymbol{\omega}}_b+\boldsymbol{K}_{db}\delta\boldsymbol{\omega}_b+\boldsymbol{K}_{pb}\delta\boldsymbol{\varepsilon}_b=\mathbf{0} \tag{15-15}$$

$$\delta\ddot{\boldsymbol{\theta}}_m+\boldsymbol{K}_{dm}\delta\dot{\boldsymbol{\theta}}_m+\boldsymbol{K}_{pm}\delta\boldsymbol{\theta}_m=\mathbf{0} \tag{15-16}$$

其中，$\delta\boldsymbol{\omega}_b=\boldsymbol{\omega}_b^d-\boldsymbol{\omega}_b$，$\delta\dot{\boldsymbol{\theta}}_m=\dot{\boldsymbol{\theta}}_m^d-\dot{\boldsymbol{\theta}}_m$。容易证明式 (15-16) 是指数稳定的。为了证明式 (15-15) 的稳定性，定义正定 Lyapunov 方程：

$$v=\frac{1}{2}(\delta\boldsymbol{\varepsilon}_b^{\mathrm{T}}\boldsymbol{K}_{pb}\delta\boldsymbol{\varepsilon}_b+\|\delta\boldsymbol{\omega}_b\|^2) \tag{15-17}$$

同时，考虑到四元数传播 [17]：

$$\dot{\eta}_b=-\frac{1}{2}\boldsymbol{\varepsilon}_b^{\mathrm{T}}\boldsymbol{\omega}_b,\quad \dot{\boldsymbol{\varepsilon}}_b=\frac{1}{2}(\eta_b\boldsymbol{E}_3-\tilde{\boldsymbol{\varepsilon}}_b)\boldsymbol{\omega}_b \tag{15-18}$$

对 Lyapunov 方程求导可得

$$\dot{v}=-\delta\boldsymbol{\omega}_b^T\boldsymbol{K}_{db}\delta\boldsymbol{\omega}_b\leqslant 0 \tag{15-19}$$

根据 LaSalle 全局不变集定理 [9]，微分系统 (15-15) 在 $\dot{v}=0$ 或 $\boldsymbol{\omega}_b=\boldsymbol{\omega}_b^d$ 处达到平衡点，从而有 $\delta\boldsymbol{\varepsilon}_b=\mathbf{0}$。当且仅当两个坐标系平行时有 $\delta\boldsymbol{\varepsilon}_r=\mathbf{0}_{3\times1}$，从而可得空间机器人的姿态误差是全局渐近收敛的。因此，当 $t\to\infty$ 时，有 $\boldsymbol{\varepsilon}_b\to\boldsymbol{\varepsilon}_b^d(t_f)$，$\boldsymbol{\theta}_m\to\boldsymbol{\theta}_m^d(t_f)$，$\boldsymbol{\omega}_b\to\mathbf{0}$ 以及 $\dot{\boldsymbol{\theta}}_m\to\mathbf{0}$。

15.3.2 振动抑制控制器

在轨迹跟踪完成后，执行 LQR 控制器以抑制柔性帆板的残余振动。此时，机器人本体的期望姿态和机械臂的期望转角不再改变，而柔性帆板存在较小的残余振动。因此，将动力学方程 (15-1) 在空间机器人的终止构型 $\boldsymbol{x}^d(t_f)$ 附近线性化可得 [18]

$$\begin{bmatrix}\boldsymbol{M}_{11} & \boldsymbol{M}_{12}\\ \boldsymbol{M}_{21} & \boldsymbol{M}_{22}\end{bmatrix}\begin{bmatrix}\Delta\ddot{\boldsymbol{x}}\\ \Delta\ddot{\boldsymbol{\xi}}\end{bmatrix}+\begin{bmatrix}\mathbf{0}\\ \boldsymbol{C}\Delta\dot{\boldsymbol{\xi}}+\boldsymbol{K}\Delta\boldsymbol{\xi}\end{bmatrix}=\begin{bmatrix}\boldsymbol{\tau}\\ \mathbf{0}\end{bmatrix} \tag{15-20}$$

其中，$\Delta\boldsymbol{x}=\boldsymbol{x}-\boldsymbol{x}^d(t_f)$ 和 $\Delta\boldsymbol{\xi}=\boldsymbol{\xi}-\boldsymbol{\xi}^d$ 表示增变变量。根据式 (15-7) 中终止时刻的期望轨迹可得 $\Delta\boldsymbol{x}=\boldsymbol{x}-\gamma_0$，$\Delta\dot{\boldsymbol{x}}=\dot{\boldsymbol{x}}$，$\Delta\ddot{\boldsymbol{x}}=\ddot{\boldsymbol{x}}$，$\Delta\boldsymbol{\xi}=\boldsymbol{\xi}$，$\Delta\dot{\boldsymbol{\xi}}=\dot{\boldsymbol{\xi}}$ 以及 $\Delta\ddot{\boldsymbol{\xi}}=\ddot{\boldsymbol{\xi}}$。由于广义质量阵是正定的，其逆矩阵可写为

$$\boldsymbol{W}=\begin{bmatrix}\boldsymbol{W}_{11} & \boldsymbol{W}_{12}\\ \boldsymbol{W}_{21} & \boldsymbol{W}_{22}\end{bmatrix}=\begin{bmatrix}\boldsymbol{M}_{11} & \boldsymbol{M}_{12}\\ \boldsymbol{M}_{21} & \boldsymbol{M}_{22}\end{bmatrix}^{-1} \tag{15-21}$$

其中，

$$\begin{aligned}
\boldsymbol{W}_{11}&=(\boldsymbol{M}_{11}-\boldsymbol{M}_{12}\boldsymbol{M}_{22}^{-1}\boldsymbol{M}_{21})^{-1}\\
\boldsymbol{W}_{12}&=-\boldsymbol{M}_{11}^{-1}\boldsymbol{M}_{12}(\boldsymbol{M}_{22}-\boldsymbol{M}_{21}\boldsymbol{M}_{11}^{-1}\boldsymbol{M}_{12})^{-1}\\
\boldsymbol{W}_{21}&=-\boldsymbol{M}_{22}^{-1}\boldsymbol{M}_{21}(\boldsymbol{M}_{11}-\boldsymbol{M}_{12}\boldsymbol{M}_{22}^{-1}\boldsymbol{M}_{21})^{-1}\\
\boldsymbol{W}_{22}&=(\boldsymbol{M}_{22}-\boldsymbol{M}_{21}\boldsymbol{M}_{11}^{-1}\boldsymbol{M}_{12})^{-1}
\end{aligned}$$

将式 (15-21) 代入式 (15-20) 可得

$$\begin{bmatrix}\Delta\ddot{\boldsymbol{x}}\\ \Delta\ddot{\boldsymbol{\xi}}\end{bmatrix}=\overline{\boldsymbol{W}}\boldsymbol{\tau}-\overline{\boldsymbol{C}}\begin{bmatrix}\Delta\dot{\boldsymbol{x}}\\ \Delta\dot{\boldsymbol{\xi}}\end{bmatrix}-\overline{\boldsymbol{K}}\begin{bmatrix}\Delta\boldsymbol{x}\\ \Delta\boldsymbol{\xi}\end{bmatrix} \tag{15-22}$$

其中，$\overline{\boldsymbol{W}}=\begin{bmatrix}\boldsymbol{W}_{11}\\ \boldsymbol{W}_{21}\end{bmatrix}$，$\overline{\boldsymbol{C}}=\begin{bmatrix}\boldsymbol{0} & \boldsymbol{W}_{12}\boldsymbol{C}\\ \boldsymbol{0} & \boldsymbol{W}_{22}\boldsymbol{C}\end{bmatrix}$，$\overline{\boldsymbol{K}}=\begin{bmatrix}\boldsymbol{0} & \boldsymbol{W}_{12}\boldsymbol{K}\\ \boldsymbol{0} & \boldsymbol{W}_{22}\boldsymbol{K}\end{bmatrix}$。将简化模型 (15-20) 写成状态空间的形式为

$$\Delta\dot{\boldsymbol{X}}=\boldsymbol{A}\Delta\mathbf{X}+\boldsymbol{B}\boldsymbol{\tau} \tag{15-23}$$

其中，$\Delta\boldsymbol{X}=[\Delta\boldsymbol{x}^{\mathrm{T}}\quad\Delta\boldsymbol{\xi}^{\mathrm{T}}\quad\Delta\dot{\boldsymbol{x}}^{\mathrm{T}}\quad\Delta\dot{\boldsymbol{\xi}}^{\mathrm{T}}]^{\mathrm{T}}$，$\boldsymbol{A}=\begin{bmatrix}\boldsymbol{0} & \boldsymbol{E}\\ -\overline{\boldsymbol{K}} & -\overline{\boldsymbol{C}}\end{bmatrix}$，$\boldsymbol{B}=\begin{bmatrix}\boldsymbol{0}\\ \overline{\boldsymbol{W}}\end{bmatrix}$。因此，LQR 控制器的反馈增益通过最小化如下损失函数得到

$$\vartheta=\frac{1}{2}\int_0^{\infty}(\Delta\boldsymbol{X}^{\mathrm{T}}\boldsymbol{Q}\Delta\boldsymbol{X}+\boldsymbol{\tau}^{\mathrm{T}}\boldsymbol{R}\boldsymbol{\tau})\mathrm{d}t \tag{15-24}$$

其中，$\boldsymbol{Q}$ 和 $\boldsymbol{R}$ 是标准的 LQR 权重矩阵，则得到的控制力矩向量为

$$\boldsymbol{\tau}_s=-\boldsymbol{R}^{-1}\boldsymbol{B}^{\mathrm{T}}\boldsymbol{P}\Delta\mathbf{X} \tag{15-25}$$

其中，$\boldsymbol{P}$ 是 Ricatti 方程 $\boldsymbol{P}\boldsymbol{A}+\boldsymbol{A}^{\mathrm{T}}\boldsymbol{P}-\boldsymbol{P}\boldsymbol{B}\boldsymbol{R}^{-1}\boldsymbol{B}^{\mathrm{T}}\boldsymbol{P}+\boldsymbol{Q}=\boldsymbol{0}$ 的解。图 15.3 展示了该复合控制器的控制流程。

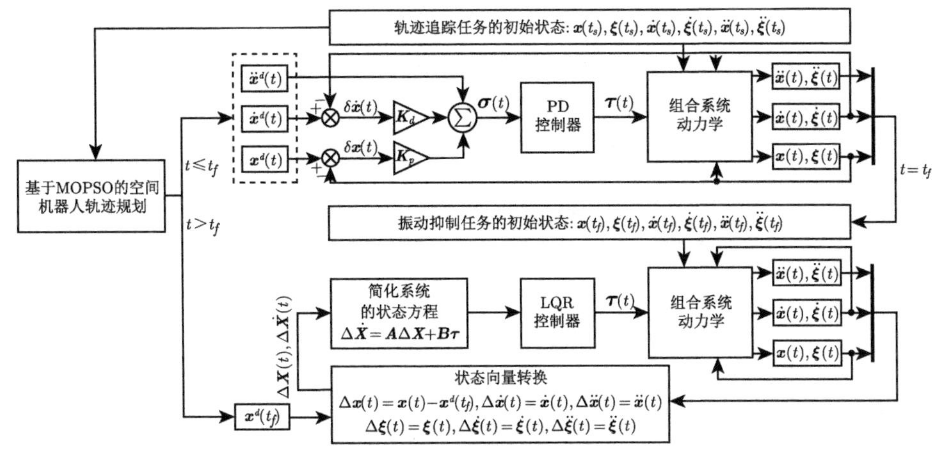

图 15.3 复合控制器流程示意图

15.4 数 值 仿 真

本节通过具体算例验证了该消旋方法的有效性。基于组合系统的动力学参数和运动状态，利用 MOPSO 算法获得了消旋轨迹的 Pareto 前沿集。然后，在考虑空间目标的惯性参数不存在和存在估计误差的情况下，验证了规划的消旋轨迹的可行性和复合控制方案的有效性。

15.4.1 组合系统的参数设置和轨迹规划

空间机器人和非合作目标的动力学参数与 14.5.1 节相同，而各部件的初始运动状态如表 15.1 所示。MOPSO 中使用的参数设置和约束条件分别如表 15.2 和表 15.3 所示。

基于上述参数设置，轨迹优化问题 (15-9) 的 Pareto 前沿及其在平面 f_2-f_3 上的投影如图 15.4 所示，其中每个点都代表一个非支配解。本节通过对四种情况的研究和分析验证了轨迹优化和协同控制方案的有效性。算例 A 和 B 没有考虑目标的惯性参数估计误差，而算例 C 和 D 则在前两者的基础上考虑了惯性参数估计误差。对于算例 A 和 B，其决策变量及对应的目标向量为

$$
\begin{aligned}
\boldsymbol{p}_{\mathrm{A}} = \boldsymbol{p}_{\mathrm{C}} = [&14.9454 \quad -27.3112 \quad 12.6639 \quad -13.5193 \\
&92.8063 \quad -66.9050 \quad 5.2924 \quad 64.0853]^{\mathrm{T}} \\
\boldsymbol{p}_{\mathrm{B}} = \boldsymbol{p}_{\mathrm{D}} = [&10.0034 \quad -24.3325 \quad 11.4422 \quad 0.6977 \\
&72.2916 \quad -79.5926 \quad -4.9666 \quad 60.2224]^{\mathrm{T}} \\
\boldsymbol{\Phi}(\boldsymbol{p}_{\mathrm{A}}) = \boldsymbol{\Phi}(\boldsymbol{p}_{\mathrm{C}}) = [&0.0199 \quad 1.2295 \times 10^5 \quad 14.9454]^{\mathrm{T}} \\
\boldsymbol{\Phi}(\boldsymbol{p}_{\mathrm{B}}) = \boldsymbol{\Phi}(\boldsymbol{p}_{\mathrm{D}}) = [&0.0432 \quad 1.9872 \times 10^5 \quad 10.0034]^{\mathrm{T}}
\end{aligned}
\tag{15-26}
$$

其中，$\boldsymbol{p}_{(\cdot)}$ 的第一个分量是消旋时间 $\mathcal{T}$，剩下的分量是空间机械臂在终止时刻的关节转角 $\boldsymbol{\theta}_m(t_f)$。从图 15.4 可以看出，算例 A 具有更小的 f_1 和 f_2，也即更少的能量消耗和更小的帆板振动，而算例 B 具有更小的 f_3，也即更短的消旋时长，这在后续的仿真中也得到了验证。

表 15.1 组合系统各部件的初始运动状态

物体	参数	值
空间机器人本体 (B_1)	姿态/(°)	$\boldsymbol{\varphi}_b = [\,26.4592 \quad 4.1539 \quad 7.3511\,]^{\mathrm{T}}$
	角速度/((°)/s)	$\boldsymbol{\omega}_b = [\,0.1869 \quad -0.3139 \quad -0.0483\,]^{\mathrm{T}}$
空间机器人帆板 (B_2, B_3)	模态坐标	$\boldsymbol{\xi}_2 = [\,1.98 \quad 4.79 \quad -9.86 \quad 8.24 \quad 5.37\,]^{\mathrm{T}} \times 10^{-4}$ $\boldsymbol{\xi}_3 = [\,-2.43 \quad 1.88 \quad 1.06 \quad 6.97 \quad 8.22\,]^{\mathrm{T}} \times 10^{-4}$
	模态速度	$\dot{\boldsymbol{\xi}}_2 = [\,-3.88 \quad 7.82 \quad -4.40 \quad 2.12 \quad 1.29\,]^{\mathrm{T}} \times 10^{-4}$ $\dot{\boldsymbol{\xi}}_3 = [\,7.41 \quad -5.04 \quad 6.43 \quad 3.28 \quad -8.74\,]^{\mathrm{T}} \times 10^{-4}$
空间机械臂 $(B_4 \sim B_{10})$	关节转角/(°)	$\boldsymbol{\theta}_m = [\,6.8755 \quad -2.8648 \quad 15.4699 \quad -3.4378 \quad -18.9076 \quad 4.5837 \quad 9.1673\,]^{\mathrm{T}}$
	关节转速/((°)/s)	$\dot{\boldsymbol{\theta}}_m = [\,0.6509 \quad 3.5804 \quad 1.38656 \quad -1.0485 \quad -1.5699 \quad 2.6499 \quad 1.1390\,]^{\mathrm{T}}$
空间目标帆板 (B_{12}, B_{13})	模态坐标	$\boldsymbol{\xi}_{12} = [\,7.95 \quad -4.65 \quad 3.93 \quad -7.94 \quad 6.32\,]^{\mathrm{T}} \times 10^{-4}$ $\boldsymbol{\xi}_{13} = [\,-4.91 \quad 2.82 \quad -1.04 \quad 6.97 \quad 8.22\,]^{\mathrm{T}} \times 10^{-4}$
	模态速度	$\dot{\boldsymbol{\xi}}_{12} = [\,3.64 \quad 2.48 \quad -1.07 \quad -3.82 \quad 4.99\,]^{\mathrm{T}} \times 10^{-4}$ $\dot{\boldsymbol{\xi}}_{13} = [\,-2.38 \quad 2.04 \quad 6.46 \quad 3.20 \quad -5.01\,]^{\mathrm{T}} \times 10^{-4}$

表 15.2 MOPSO 算法中的参数设置

参数	值	参数	值
粒子数量	$N = 50$	均匀变异率	$\mu_m = 0.5$
粒子维度	$D = 8$	非均匀变异率	$\eta_m = 1/D = 0.125$
最大迭代次数	$\mathrm{iter}_{\max} = 100$	粒子最小位置	$\boldsymbol{p}_{\min} = [0(\mathrm{s}) - 270 \times \mathbf{1}_7^{\mathrm{T}}(°)]^{\mathrm{T}}$
外部存储库容量	$\mathrm{card}(\mathbb{R}) = 80$	粒子最大位置	$\boldsymbol{p}_{\max} = [50(\mathrm{s})\ 270 \times \mathbf{1}_7^{\mathrm{T}}(°)]^{\mathrm{T}}$
各维度网格数量	$\eta_g = 7$	粒子最小速度	$\boldsymbol{v}_{\min} = [-2.5(\mathrm{s}) - 13.5 \times \mathbf{1}_7^{\mathrm{T}}(°)]^{\mathrm{T}}$
最小和最大惯性权重	$w_{\min} = 0.4$，$w_{\max} = 0.9$	粒子最大速度	$\boldsymbol{v}_{\max} = [2.5(\mathrm{s})13.5 \times \times \mathbf{1}_7^{\mathrm{T}}(°)]^{\mathrm{T}}$
学习因子	$c_1 = c_2 = 1.5$		

表 15.3 组合系统各部件的约束条件

约束	值
空间机器人本体姿态的容许变量	$\lvert\Delta\boldsymbol{\varphi}_b\rvert \leqslant 5 \times \mathbf{1}_3(°)$
空间机器人本体的容许角速度	$\lvert\boldsymbol{\omega}_b\rvert \leqslant 30 \times \mathbf{1}_3((°)/\mathrm{s})$
空间机器人本体的容许控制力矩	$\lvert\boldsymbol{\tau}_b\rvert \leqslant 150 \times \mathbf{1}_3\ (\mathrm{N{\cdot}m})$
空间机械臂的容许关节转角	$\lvert\boldsymbol{\theta}_m\rvert \leqslant 270 \times \mathbf{1}_7(°)$
空间机械臂的容许关节转速	$\lvert\dot{\boldsymbol{\theta}}_m\rvert \leqslant 60 \times \mathbf{1}_7((°)/\mathrm{s})$
空间机械臂的容许控制力矩	$\lvert\boldsymbol{\tau}_m\rvert \leqslant 100 \times \mathbf{1}_7\ (\mathrm{N{\cdot}m})$

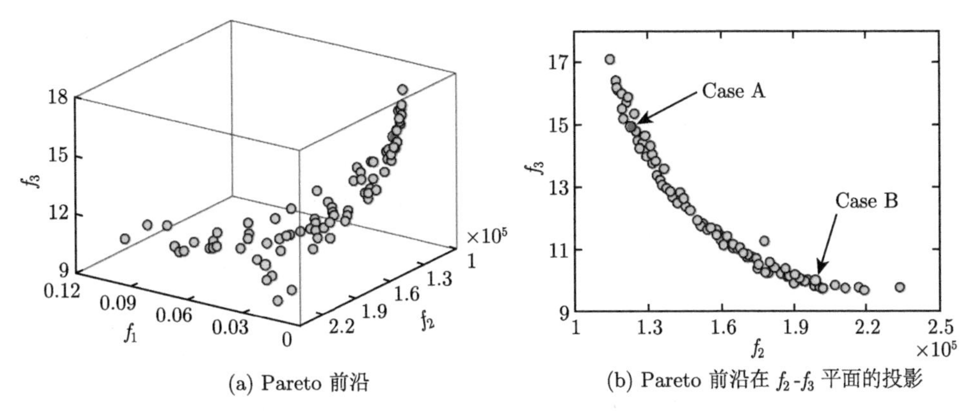

(a) Pareto 前沿　　(b) Pareto 前沿在 f_2-f_3 平面的投影

图 15.4　Pareto 前沿及其在 f_2-f_3 平面的投影

15.4.2 不考虑参数估计误差的消旋方案验证

在本节中，假定空间机器人利用传感器精确测量了空间目标的动力学参数和运动状态，即目标的参数没有估计误差。在复合控制方案中，PD 控制器的反馈增益为 $\boldsymbol{K}_p=\boldsymbol{E}_{10}$ 和 $\boldsymbol{K}_d=1.414\times\boldsymbol{E}_{10}$，而 LQR 控制器的权重矩阵为

$$\begin{aligned}\boldsymbol{Q}&=\mathrm{diag}(10^4\times\mathbf{1}_3^{\mathrm{T}},10^3\times\mathbf{1}_6^{\mathrm{T}},500,10^5\times\mathbf{1}_{20}^{\mathrm{T}},10^3\times\mathbf{1}_3^{\mathrm{T}},100\times\mathbf{1}_6^{\mathrm{T}},50,10^2\times\mathbf{1}_3^{\mathrm{T}})\\ \boldsymbol{R}&=\mathrm{diag}(0.5\times\mathbf{1}_9^{\mathrm{T}},5)\end{aligned}\tag{15-27}$$

图 15.5 展示了在算例 A 中空间机器人本体和机械臂关节的运动曲线。从图中可以看到，空间机器人沿着期望轨迹成功地完成了消旋任务，且空间机器人各部分均满足表 15.3 中的约束条件。PD 控制器在 $t=14.9454$ s 时完成了轨迹追踪任务，然后切换到 LQR 控制器以完成对柔性帆板的残余振动控制。在 $t=40$ s 时，空间机器人本体的姿态误差有 $\|\Delta\boldsymbol{\varphi}_b\|_\infty<5.0\times10^{-4}(^\circ)$，而机械臂关节的转动误差有 $\|\Delta\boldsymbol{\theta}_m\|_\infty<0.015(^\circ)$，其中 $\|\cdot\|_\infty$ 表示向量的无穷范数。如图 15.5(b) 和图 15.5(d) 所示，控制器切换导致空间机器人本体的角速度 $\boldsymbol{\omega}_b$ 和机械臂的关节转速 $\dot{\boldsymbol{\theta}}_m$ 出现快速变化然后逐渐趋于零，并且在 $t=37$ s 时已经有 $\|\boldsymbol{\omega}_b\|_\infty<1.0\times10^{-3}\ (^\circ)/\mathrm{s}$ 和 $\|\dot{\boldsymbol{\theta}}_m\|_\infty<0.015\ (^\circ)/\mathrm{s}$。

图 15.6 展示了组合系统内柔性帆板在其相应的浮动坐标系 y 轴上的变形分量曲线。从图中可以看出，柔性帆板在轨迹跟踪阶段以较大幅度振动并在振动抑制阶段迅速衰减至零。由于机器人本体的姿态变化明显小于目标本体的姿态变化，因此机器人帆板的振动幅度相对较小。在 $t=37$ s 时，空间机器人和空间目标上的柔性帆板已经分别小于 3.0×10^{-5} m 和 3.0×10^{-4} m，从而表明了该控制方案的有效性。

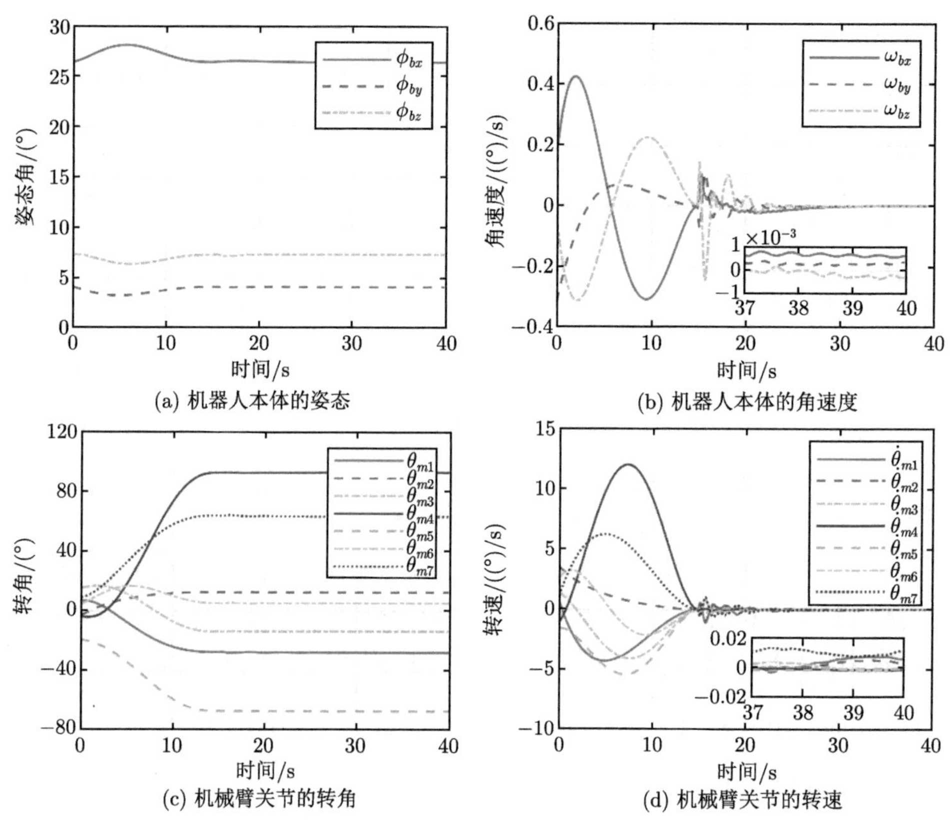

(a) 机器人本体的姿态　　(b) 机器人本体的角速度

(c) 机械臂关节的转角　　(d) 机械臂关节的转速

图 15.5　空间机器人本体和机械臂关节的运动曲线 (算例 A)

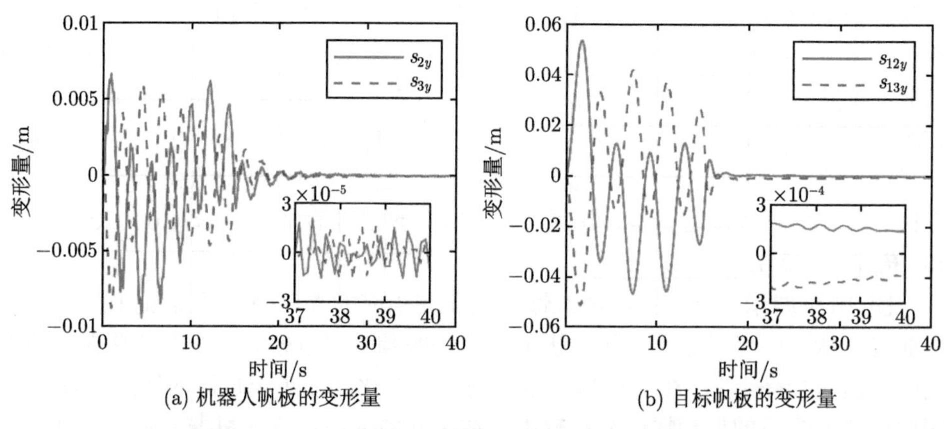

(a) 机器人帆板的变形量　　(b) 目标帆板的变形量

图 15.6　组合系统内柔性帆板的振动曲线 (算例 A)

空间机器人本体和机械臂关节在消旋过程中的控制力矩如图 15.7 所示。显然，这些控制力矩均满足表 15.3 中的力矩约束，并且有 $\|\boldsymbol{\tau}_b\|_\infty = 65.86\ \mathrm{N\cdot m}$ 和 $\|\boldsymbol{\tau}_m\|_\infty = 65.39\ \mathrm{N\cdot m}$。在 $t = 14.9454\ \mathrm{s}$ 时的控制器切换使控制力矩快速变化。空间机器人的控制力矩随着残余振动的衰减逐渐减小至零，并且在 $t = 40\ \mathrm{s}$ 时已经有了 $\|\boldsymbol{\tau}_b\|_\infty < 0.05\ \mathrm{N\cdot m}$ 和 $\|\boldsymbol{\tau}_m\|_\infty < 0.05\ \mathrm{N\cdot m}$。

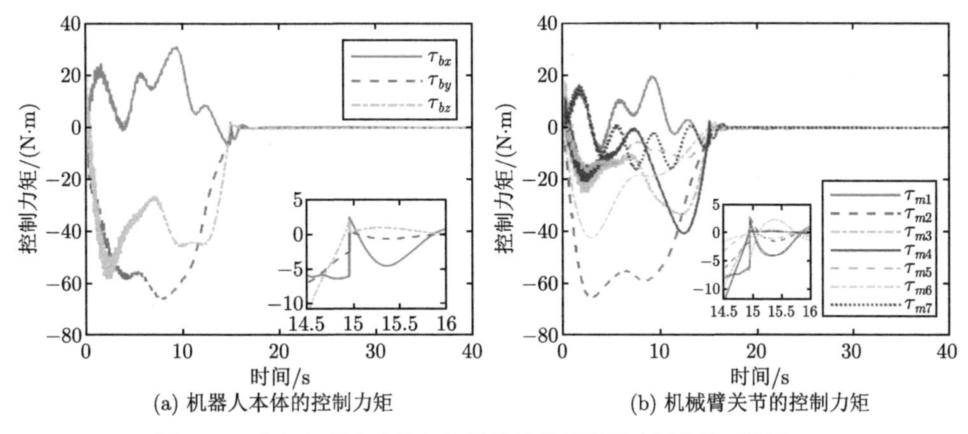

(a) 机器人本体的控制力矩 (b) 机械臂关节的控制力矩

图 15.7 空间机器人本体和机械臂关节的控制力矩曲线 (算例 A)

图 15.8 展示了在算例 B 中空间机器人本体和机械臂关节的运动曲线。与算例 A 相比，空间机器人本体的姿态和机械臂的关节转角具有更小的变化误差，且有 $\|\Delta\boldsymbol{\varphi}_b\|_\infty < 1.5\times10^{-4}(^\circ)$ 和 $\|\Delta\boldsymbol{\theta}_m\|_\infty < 2.0\times10^{-3}(^\circ)$。如图 15.8(b) 和图 15.8(d) 所示，当控制器在 $t = 10.0034\ \mathrm{s}$ 时切换时，空间机器人本体角速度 $\boldsymbol{\omega}_b$ 和机械臂关节角速度 $\dot{\boldsymbol{\theta}}_m$ 也突然出现较大变化然后逐渐收敛至零，并且在 $t = 37\ \mathrm{s}$ 时已经有 $\|\boldsymbol{\omega}_b\|_\infty < 1.0\times10^{-3}\ (^\circ)/\mathrm{s}$ 和 $\left\|\dot{\boldsymbol{\theta}}_m\right\|_\infty < 0.02\ (^\circ)/\mathrm{s}$。如图 15.9 所示，空间机器人本体和空间目标上柔性帆板的振幅在 $t = 40\ \mathrm{s}$ 前已经分别小于 $1.0\times10^{-5}\ \mathrm{m}$ 和 $3.0\times10^{-5}\ \mathrm{m}$，这远小于算例 A 中的结果。此外，由于组合系统在轨迹跟踪阶段的运动更加剧烈，因此柔性帆板的振动频率相对于算例 A 也较低。

图 15.10 展示了算例 B 中空间机器人本体和机械臂关节的控制力矩。在消旋过程中，这些控制力矩均满足表 15.3 中的力矩约束，并且有 $\|\boldsymbol{\tau}_b\|_\infty = 106.45\ \mathrm{N\cdot m}$ 和 $\|\boldsymbol{\tau}_m\|_\infty = 93.60\ \mathrm{N\cdot m}$，远大于算例 A 中的控制力矩。随着残余振动的衰减，控制力矩逐渐趋近于零并且在 $t = 40\ \mathrm{s}$ 时已经有 $\|\boldsymbol{\tau}_b\|_\infty < 0.02\ \mathrm{N\cdot m}$ 和 $\|\boldsymbol{\tau}_m\|_\infty < 0.01\ \mathrm{N\cdot m}$。比较算例 A 和 B 可知，较短的消旋时间有利于削弱残余振动，但同时也会增大控制力矩。因此，根据实际需求从 Pareto 前沿中选择合适的解决方案是必要的。

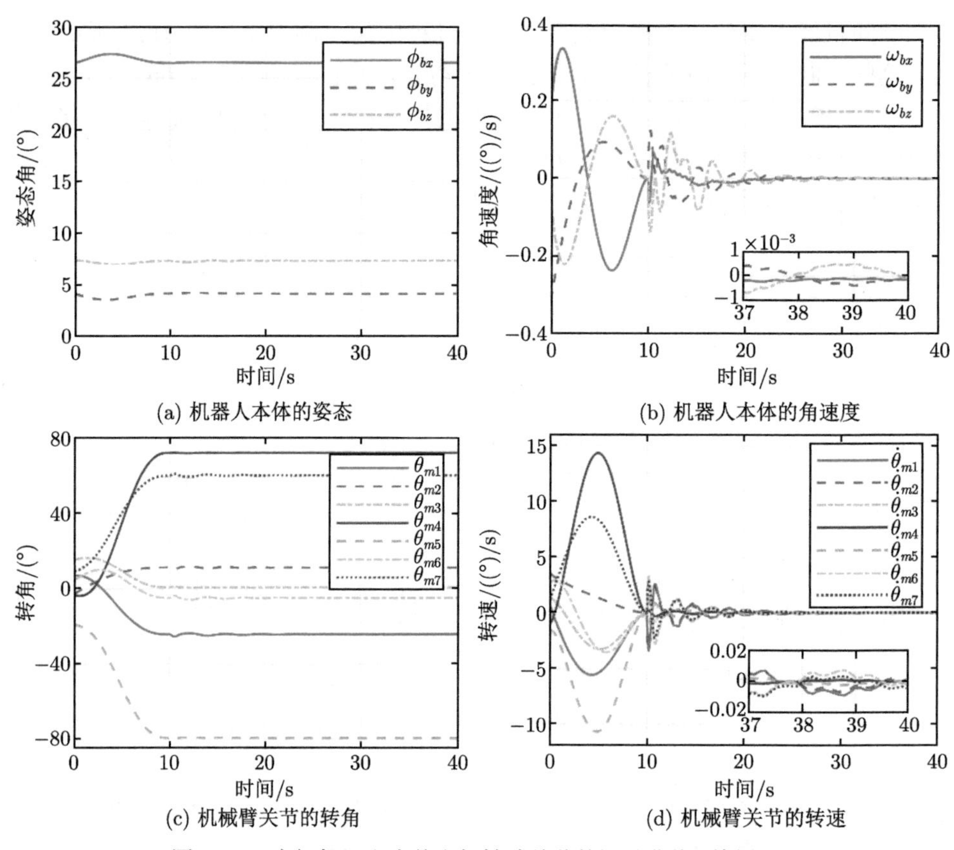

(a) 机器人本体的姿态　　(b) 机器人本体的角速度

(c) 机械臂关节的转角　　(d) 机械臂关节的转速

图 15.8　空间机器人本体和机械臂关节的运动曲线 (算例 B)

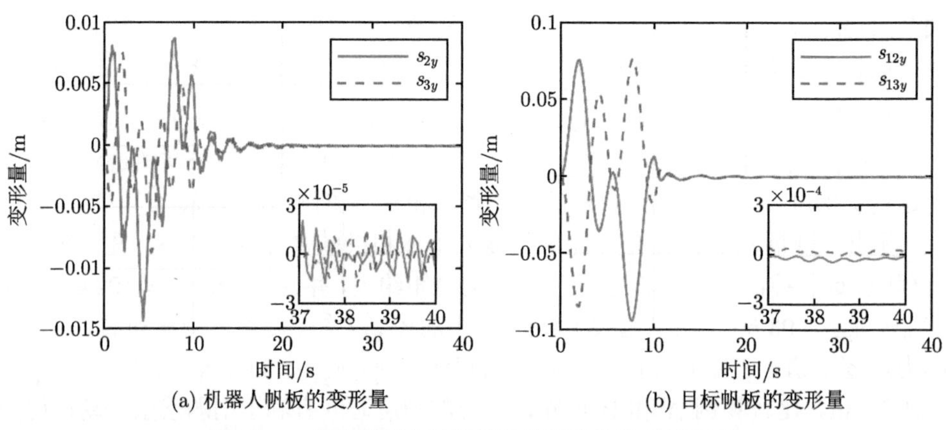

(a) 机器人帆板的变形量　　(b) 目标帆板的变形量

图 15.9　组合系统内柔性帆板的振动曲线 (算例 B)

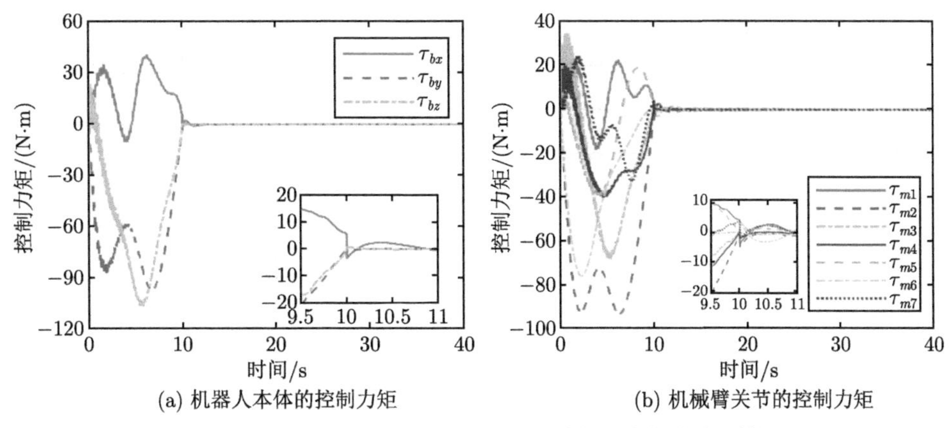

(a) 机器人本体的控制力矩 (b) 机械臂关节的控制力矩

图 15.10 空间机器人本体和机械臂关节的控制力矩曲线 (算例 B)

15.4.3 考虑参数估计误差的消旋方案验证

在 15.4.2 节的数值仿真中，空间目标惯性参数的估计值被假设为与实际值相同。然而这在大多数情况下是难以实现的，因此需要测试当空间目标存在参数估计误差时该消旋方案的表现。算例 C 和 D 针对具有不同估计误差的空间目标验证了复合控制方案的有效性。为便于比较，令惯性参数的估计值与算例 A 和 B 中的相同，而实际值和误差率如表 15.4 所示。在算例 C 中，目标本体惯量参数的实际值小于其估计值，而在算例 D 中则正好相反。由式 (15-1) 可知目标本体与柔性帆板之间存在动力学耦合，因此目标本体的参数误差也会影响柔性帆板的振动情况。

表 15.4 空间目标本体的参数估计误差

参数		估计值	算例 C		算例 D	
			B_{11}	误差率	B_{11}	误差率
m_i		1000 kg	938 kg	−6.20%	1082 kg	+8.20%
$\boldsymbol{I}_i$	I_{xx}	300 kg·m^2	284 kg·m^2	−5.33%	328 kg·m^2	+9.33%
	I_{yy}	505 kg·m^2	462 kg·m^2	−8.51%	551 kg·m^2	+9.11%
	I_{zz}	420 kg·m^2	389 kg·m^2	−7.38%	443 kg·m^2	+5.48%

为便于比较，算例 C 中使用的期望消旋轨迹和控制器增益均与情况 A 中的相同，其仿真结果如图 15.11∼ 图 15.13 所示。图 15.11 展示了算例 C 中机器人本体和机械手关节的运动曲线。从图中可以看出，空间机器人能够沿着期望轨迹成功地对目标进行消旋，表明了复合控制方案的有效性和鲁棒性。在 $t = 40$ s 时，机器人本体的姿态误差和机械手的转角误差分别有 $\|\Delta\boldsymbol{\varphi}_b\|_\infty < 5.0 \times 10^{-4}(°)$ 和

$\|\Delta\boldsymbol{\theta}_m\|_\infty < 0.015(°)$，并且机器人本体的角速度和机械手的转速分别有 $\|\boldsymbol{\omega}_b\|_\infty < 1.0\times10^{-3}$ (°)/s 和 $\|\dot{\boldsymbol{\theta}}_m\|_\infty < 0.015$ (°)/s，这与算例 A 中的结果相似。从图 15.12 中可以看出，机器人帆板和目标帆板的振动幅度在 $t = 40$ s 之前已经分别小于 1×10^{-5} m 和 3×10^{-5} m，这也与情况 A 中的相似。

如图 15.13 所示，算例 C 中机器人本体和机械手的控制转矩均满足规定约束，并且有 $\|\boldsymbol{\tau}_b\|_\infty = 64.28$ N · m 和 $\|\boldsymbol{\tau}_m\|_\infty = 63.70$ N · m。由于目标本体的实际惯量参数较小，因此相应的控制力矩也比算例 A 中的要小。随着残余振动的减弱，空间机器人的控制力矩在 $t = 40$ s 之前已经低于 0.05 N · m。因此，本章所提出的复合控制方案具有良好的适应性，能够对惯量参数存在估计误差的空间目标进行消旋。

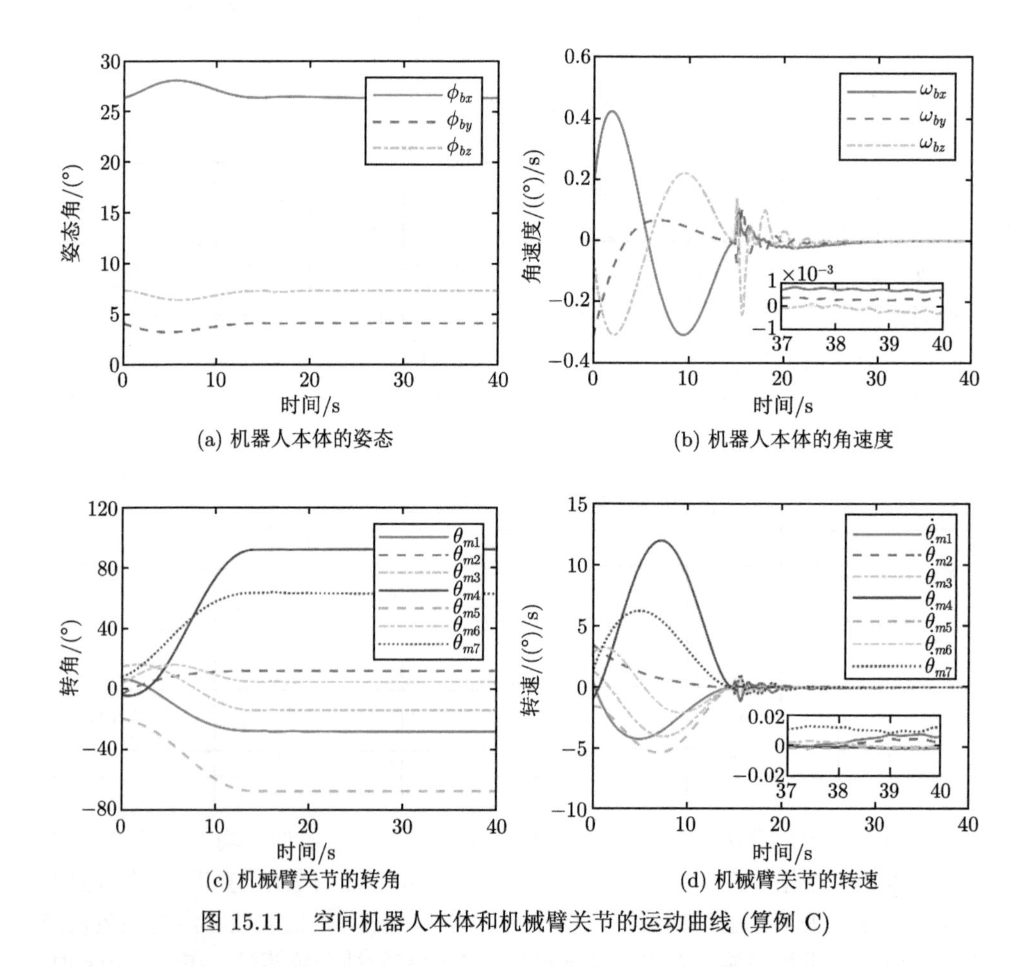

(a) 机器人本体的姿态　(b) 机器人本体的角速度

(c) 机械臂关节的转角　(d) 机械臂关节的转速

图 15.11　空间机器人本体和机械臂关节的运动曲线 (算例 C)

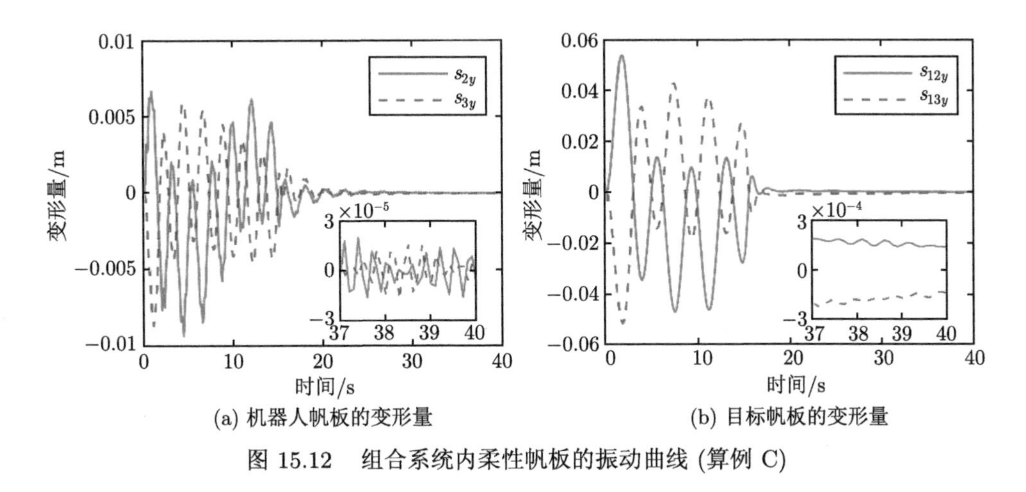

(a) 机器人帆板的变形量

(b) 目标帆板的变形量

图 15.12 组合系统内柔性帆板的振动曲线 (算例 C)

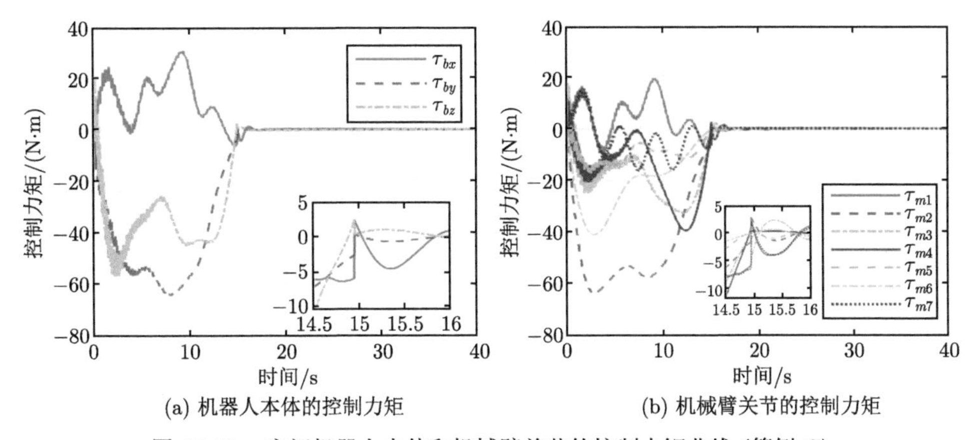

(a) 机器人本体的控制力矩

(b) 机械臂关节的控制力矩

图 15.13 空间机器人本体和机械臂关节的控制力矩曲线 (算例 C)

同样地，在算例 D 中使用的期望消旋轨迹和控制器增益均与算例 B 中的相同。图 15.14 展示了算例 D 中空间机器人本体和机械臂关节的运动曲线。机器人本体的姿态误差和机械臂关节的转动误差在 $t = 40$ s 时已经有 $\|\Delta\boldsymbol{\varphi}_b\|_\infty < 1.0\times10^{-4}(°)$ 和 $\|\Delta\boldsymbol{\theta}_m\|_\infty < 1.5\times10^{-3}(°)$，而机器人本体的角速度误差和机械臂关节的转速误差则分别有 $\|\boldsymbol{\omega}_b\|_\infty < 5.0\times10^{-4}$ (°)/s 和 $\left\|\dot{\boldsymbol{\theta}}_m\right\|_\infty < 5.0\times10^{-3}$ (°)/s，与算例 B 的结果相同。如图 15.15 所示，机器人帆板和目标帆板的振动幅度在 $t = 40$ s 时已经分别小于 1.0×10^{-5} m 和 2.0×10^{-5} m，优于算例 B 中的结果。

如图 15.16 所示，算例 D 中的机器人本体和机械臂的控制力矩有 $\|\boldsymbol{\tau}_b\|_\infty = 109.25$ N·m 和 $\|\boldsymbol{\tau}_m\|_\infty = 96.49$ N·m，由于目标本体的实际惯量参数较大，因此控制力矩略大于算例 A 中的控制力矩。随着残余振动的减弱，空间机器人的控制力矩在 $t = 40$ s 时已经低于 0.015 N·m。综上所述，即使空间目标存在惯性参数

估计误差，本章提出的复合控制方案仍然完成了对目标的消旋任务。

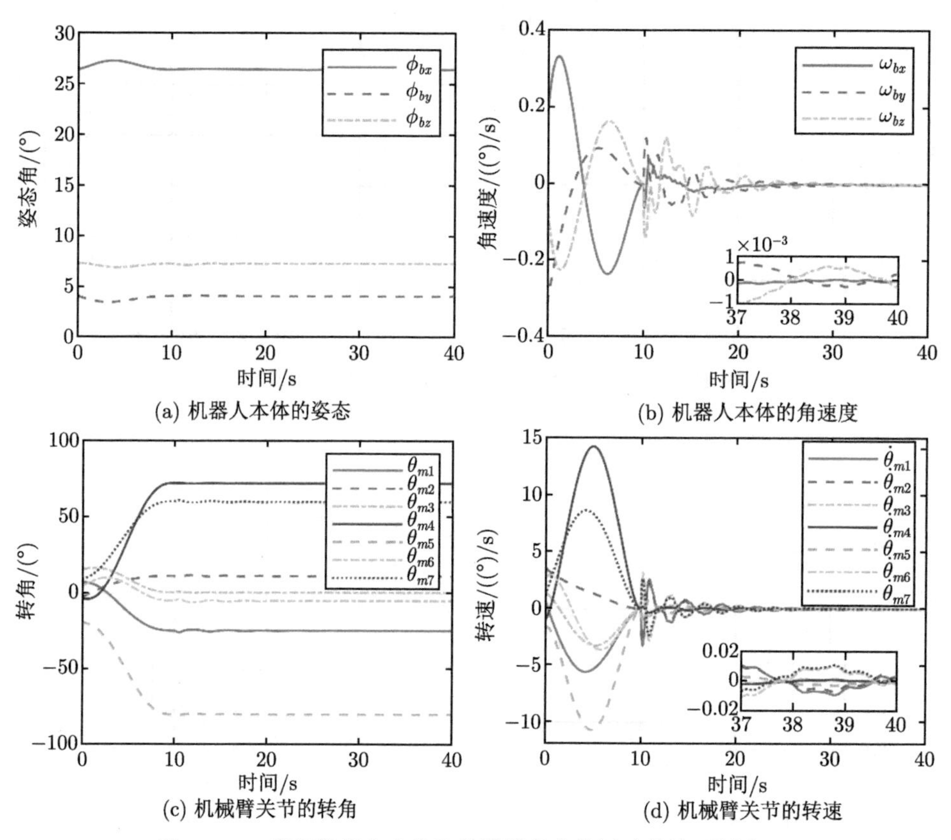

图 15.14　空间机器人本体和机械臂关节的运动曲线 (算例 D)

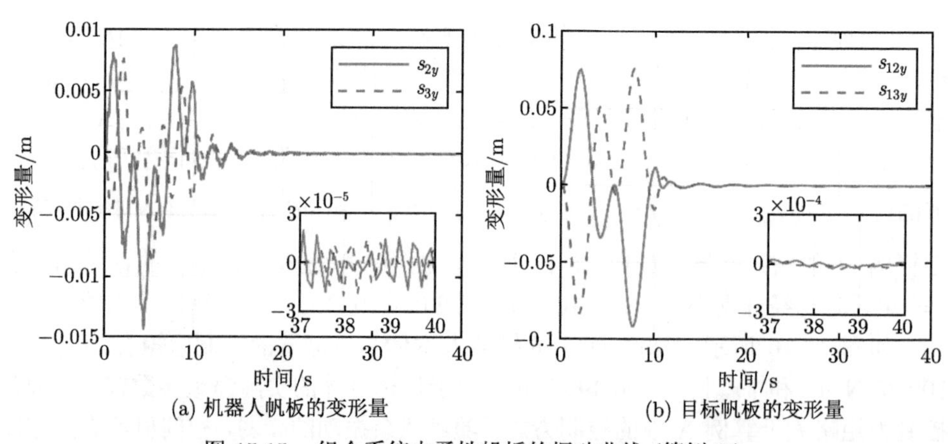

图 15.15　组合系统内柔性帆板的振动曲线 (算例 D)

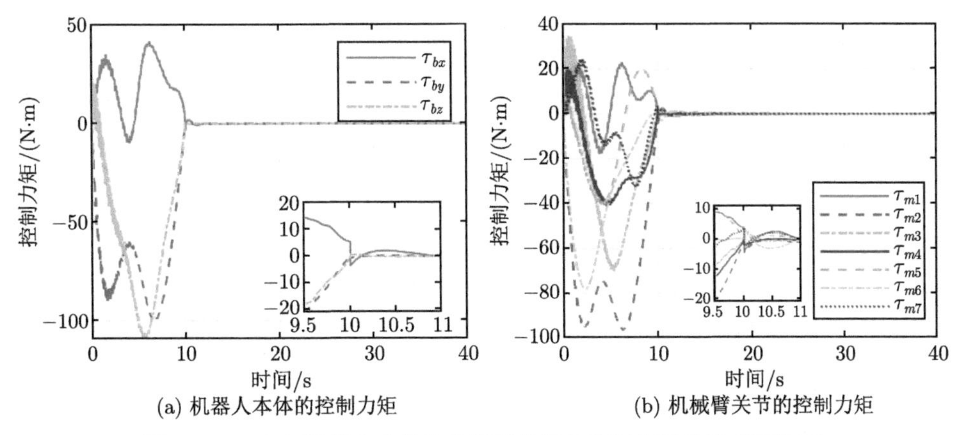

(a) 机器人本体的控制力矩 (b) 机械臂关节的控制力矩

图 15.16 空间机器人本体和机械臂关节的控制力矩曲线 (算例 D)

15.5 本章小结

针对处于翻滚运动并带有柔性附件的非合作空间目标，本章提出了一种基于轨迹规划和复合控制的消旋方案。利于基于 Newton-Euler 方程的递推组集方法，本章首先建立了组合系统的动力学方程，并将空间机器人本体和机械臂关节的旋转运动参数化为一组五次多项式曲线。轨迹规划问题被转化为多目标多约束优化问题，且柔性帆板的振动、控制力矩和消旋持续时间被作为优化目标函数。使用 MOPSO 算法搜索得到了该优化问题的 Pareto 前沿，这有利于航天工程师根据实际情况选择合适的消旋轨迹。然后，分别对空间目标不存在和存在惯性参数估计误差的情况进行了数值仿真和分析。在这些算例中，空间目标均被成功地消旋，并且组合系统内柔性帆板的残余振动也均被有效抑制，从而验证了该消旋方案的有效性和鲁棒性。

本章中未尽之处还可详见本课题组已投稿文章 [19]。

参考文献

[1] Oki T, Nakanishi H, Yoshida K. Whole-body motion control for capturing a tumbling target by a free-floating space robot [C]. Proceedings of 2007 IEEE/RSJ International Conference on Intelligent Robots and Systems, San Diego, USA, 2007: 2256-2261.

[2] Liu X, Li H, Chen Y, et al. Dynamics and control of capture of a floating rigid body by a spacecraft robotic arm [J]. Multibody System Dynamics, 2015, 33: 315-332.

[3] Abiko S, Yoshida K. Adaptive reaction control for space robotic applications with dynamic model uncertainty [J]. Advanced Robotics, 2010, 24: 1099-1126.

[4] Nguyen-Huynh T C, Sharf I. Adaptive reactionless motion and parameter identification in postcapture of space debris [J]. Journal of Guidance, Control, and Dynamics, 2013,

36(2): 404-414.

[5] Uyama N, Narumi T. Hybrid impedance/position control of a free-flying space robot for detumbling a noncooperative satellite [J]. IFAC-PapersOnline, 2016, 49(17): 230-235.

[6] Stolfi A, Gasbarri P, Satatini M. A combined impedance-PD approach for controlling a dual-arm space manipulator in the capture of a non-cooperative target [J]. Acta Astronautica, 2017, 139: 243-253.

[7] She Y, Sun J, Li S, et al. Quasi-model free control for the post-capture operation of a non-cooperative target [J]. Acta Astronautica, 2018, 147: 59-70.

[8] Gangapersaud R A, Liu G, de Ruiter A H J. Detumbling a non-cooperative space target with model uncertainties using a space manipulator [J]. Journal of Guidance, Control, and Dynamics, 2019, 42(4): 910-918.

[9] Aghili F. Optimal control for robotic capturing and passivation of a tumbling satellite with unknown dynamics [C]. AIAA Guidance, Navigation and Control Conference and Exhibit, Honolulu, USA, AIAA 2008-7274, 2008.

[10] Aghili F. Optimal control of a space manipulator for detumbling of a target satellite [C]. 2009 IEEE International Conference on Robotics and Automation, Kobe, Japan, 2009: 3019-3024.

[11] Flores-Abad A, Wei Z, Ma O, et al. Optimal control of space robots for capturing a tumbling object with uncertainties [J]. Journal of Guidance, Control, and Dynamics, 2014, 37(6): 2014-2017.

[12] Zhang X, Xu T, Wei C. Novel finite-time attitude control of postcapture spacecraft with input faults and quantization [J]. Advances in Space Research, 2020, 65: 297-311.

[13] Zhang B, Liang B, Wang Z, et al. Coordinated stabilization for space robot after capturing a noncooperative target with large inertia [J]. Acta Astronautica, 2017, 134: 75-84.

[14] Soltanpour M R, Khooban M H. A particle swarm optimization approach for fuzzy sliding mode control for tracking the robot manipulator [J]. Nonlinear Dynamics, 2013, 74: 467-478.

[15] Rigatos G, Siano P, Raffo G. A nonlinear H-infinity control method for multi-DOF robotic manipulators [J]. Nonlinear Dynamics, 2016, 88: 329-348.

[16] Sierra M R, Coello C C A. Improving PSO-based multi-objective optimization using crowding, mutation and dominance [C]. International Conference on Evolutionary Multi-Criterion Optimization, Berlin, Heidelberg Springer, 2005: 505-519.

[17] Siciliano B, Sciavicco L, Villoni L, et al. Robotics: Modelling, Planning and Control [M]. London: Springer, 2009.

[18] Sanz A, Etxebarria V. Experimental control of a two-dof flexible robot manipulator by optimal and sliding methods [J]. Journal of Intelligent and Robotic Systems, 2006, 46: 95-110.

[19] Liu Y, Liu X, Cai G. Detumbling a flexible tumbling target using a space robot in post-capture phase [J]. The Journal of the Astronautical Sciences, 2021.

专题：关节柔性、关节摩擦、容错控制、追逃博弈

第 16 章　空间机器人关节柔性和关节摩擦建模问题

16.1　引　　言

目前，航天技术的发展已经成为全世界各国科技发展的着力点。航天任务越来越艰巨，空间机器人发展已经向着轻量化、精准化发展迈进。谐波减速器和力矩传感器等部件在关节的运动控制中得到了广泛应用。由于受到齿轮联结和减速器的固有柔性，以及加工技术限制等因素的影响，机器人关节会产生弹性变形，也会引发关节内复杂的摩擦现象产生。机器人运转过程中，臂杆变形、关节变形和关节摩擦与机械臂的大范围运动之间存在明显的耦合作用，如果在控制过程中不考虑上述三种非线性环节会严重影响机械臂的操作精度。考虑到动力学模型是控制器设计的基础，因此对建模问题进行研究是十分必要的。

建立柔性关节机器人系统动力学模型时，首先需要对柔性关节进行等效简化处理。简化模型主要分为三类：Spong 模型、弹簧–阻尼系统模型和柔性转子梁模型。Spong 最早提出了一种线性扭转弹簧简化模型，该模型将柔性关节简化为一个忽略质量的线性扭转弹簧。Yang 等 [1] 利用该模型对柔性关节进行简化，并分析了臂杆柔性与关节柔性的耦合效应。张晓东等 [2] 结合 Lagrange 方法和 Spong 模型建立了单连杆机械臂动力学模型，并提出了一种自适应模糊控制器。该控制器在机器人模型不确定性的情况下实现了轨迹跟踪控制。弹簧–阻尼系统在 Spong 模型基础上增加了阻尼系统，更加精确地对关节柔性进行了描述。Zou 等 [3] 将柔性关节等效为由一个线性弹簧和一个阻尼器构成的弹簧–阻尼系统，进而建立了考虑关节柔性的空间机器人动力学方程。柔性转子梁模型是一种可以同时描述关节柔性和臂杆柔性的柔性单元。该模型虽然进一步提高了关节柔性的等效精度，但仅可以用于全柔性臂机器人的柔性关节简化处理 [4]。

针对机器人关节摩擦问题，国内外学者也展开了一系列相关研究。Askew 和 Ambrose[5] 对太空环境下的机械臂关节摩擦问题进行了实验研究，结果表明，在太空环境温度下，关节摩擦力矩成倍增加。由此可以得出，相比于工业机器人，在太空环境中关节摩擦对于空间机器人系统的影响会更加显著，因此对关节摩擦进行建模是十分必要的。在现有的研究中，基于摩擦力会试图让系统停止运转的假设，Breedveld 等 [6] 提出了一个摩擦模型模拟了摩擦对柔性空间机器人动力学响应的影响，该模型计算速度快且具有数值稳定的优点。Zhang 等 [7] 利用第二类

Lagrange 方法建立了考虑关节摩擦和关节柔性的单自由度空间机器人动力学方程，并提出了一种带有摩擦补偿的自适应控制方法，最后利用数值仿真验证了控制器的有效性。由于空间机器人工作环境温度变化范围较大，很多研究中考虑了环境温度对关节内摩擦特性的影响。Aziz 和 Yazdizadeh[8] 在 LuGre 模型中引入了温度参数进而建立了新的摩擦模型，并针对考虑关节摩擦的两自由度串联机械臂提出了一种 PB 自适应控制。Simoni 等 [9] 提出了一种考虑温度效应的多项式摩擦模型，该模型利用参数辨识方法对模型内温度参数进行了估测，然后通过干扰观测器技术对初始关节温度进行了估计误差补偿，因此应用该摩擦模型对关节摩擦进行描述时不需要测量关节内的温度变化。但是，上述研究并未对关节摩擦对关节柔性和柔性臂杆振动的影响展开分析，关于柔性空间机器人中的关节摩擦问题还有许多问题需要进行深入探索。例如，目前常用的考虑关节摩擦的动力学建模方法有第一类 Lagrange 方法和 Newton-Euler 法，这两种方法均在方程中引入了新的独立广义变量来对关节摩擦力进行描述。考虑到含有摩擦力项的动力学方程具有强非线性，该方程需要通过数值迭代的方法来求解，但是引入额外变量来表示摩擦力矩会导致方程求解速度慢、精度低。因此如何减少动力学方程待求变量数以提高方程求解效率和准确性需要展开进一步的研究。另外，目前关于空间机器人的关节摩擦的研究中多采用静态摩擦模型对摩擦现象进行描述，在关节低速转动时摩擦非线性特性不能很好地得到表现，因此采用动态摩擦模型来描述关节摩擦现象并对空间机器人特性进行分析具有重要意义。

本章对考虑关节摩擦和关节柔性的空间机器人动力学建模问题进行研究，研究中首先采用 Spong 模型对机器人系统中的柔性关节进行了等效简化，并利用 LuGre 动态摩擦模型对关节摩擦进行描述。然后，基于 Jourdain 速度变分原理和单体 Newton-Euler 方程，推导了考虑关节摩擦力和关节变形力的系统动力学方程。最后，基于仿真结果分析了 LuGre 模型中鬃毛特性参数变化对机器人的大范围转动、关节振动以及臂杆振动的影响。

16.2　关 节 柔 性

16.2.1　考虑柔性的关节建模

在空间机器人系统中，柔性构件有两类：一类是机器人臂杆；另一类是机械臂关节。第 15 章给出了臂杆柔性的建模过程，本节将首先采用 Spong 模型 [10] 对柔性关节进行近似简化处理，然后利用线性扭簧对减速器内构件的变形进行近似描述，接着利用速度变分原理推导单个柔性关节的动力学方程。为此做出如下假设：

(1) 将电机转子视为一个质量集中于转轴的轴对称刚体以避免转子转动过程

对电机产生影响。

(2) 假设电机转速足够快，在建模过程中忽略电机动力学，仅考虑机械动力学。

如图 16.1 所示为刚性关节和柔性关节的简化模型。如图 16.1(b) 所示，根据 Spong 模型的假设，在建立机械臂动力学时，柔性关节等效为电机转子和线性扭簧两部分。其中，电机转子与物体 B_{i-1} 为刚性连接，与 B_i 通过一根线性扭簧来连接。线性扭簧的扭转角度代表关节的弹性变形，其表达式为

$$\theta_{\text{Rotor}}^{F} = \theta_{\text{Rotor}}^{-} + \theta_{\text{Rotor}}^{+} \tag{16-1}$$

其中，$\theta_{\text{Rotor}}^{-}$ 为电机转子相对于内接杆件的关节刚性转角，$\theta_{\text{Rotor}}^{+}$ 为外接杆件相对于电机转子的关节弹性转角。

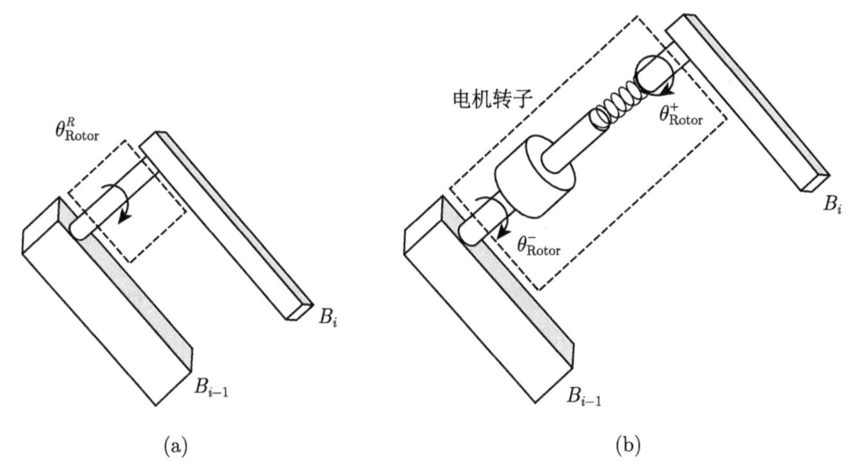

图 16.1 关节简化模型：(a) 刚性关节, (b) 柔性关节

考虑式 (2-33)，针对电机转子建立单个柔性关节的速度变分形式动力学方程，表述如下有

$$\Delta \boldsymbol{v}_{\text{Rotor}}^{\mathrm{T}}(-\boldsymbol{M}_{\text{Rotor}}\dot{\boldsymbol{v}}_{\text{Rotor}} - \boldsymbol{f}_{\text{Rotor}}^{\omega} + \boldsymbol{f}_{\text{Rotor}}^{o}) = 0 \tag{16-2}$$

其中，$\boldsymbol{v}_{\text{Rotor}}$ 为电机转子 Rotor 的广义速度矢量，$\boldsymbol{M}_{\text{Rotor}}\dot{\boldsymbol{v}}_{\text{Rotor}}$ 为作用于电机转子的广义加速度惯性力列阵，$\boldsymbol{f}_{\text{Rotor}}^{\omega}$ 和 $\boldsymbol{f}_{\text{Rotor}}^{o}$ 为作用于电机转子的广义速度惯性力列阵和广义外力列阵。

由于本章中关节柔性采用线性扭簧作近似简化处理，故柔性关节的弹性转矩可以表示为

$$f_{\text{Rotor}}^{s} = -k_{\text{Rotor}}\theta_{\text{Rotor}}^{+} \tag{16-3}$$

其中，f_{Rotor}^{s} 为关节柔性所引起的弹性转矩，k_{Rotor} 为柔性关节所等效的线性扭簧刚度。

对本章所研究的刚性关节空间机器人的描述已经在 2.2 节中给出，其中，关节 $H_1 \sim H_6$ 均为旋转关节。假设各旋转关节均为柔性关节，由此根据对单一柔性关节的模型简化，可以在各柔性关节 H_i 处添加一个电机转子刚体 $\mathrm{Rotor}_i(i = 1, \cdots, 6)$，进而得到柔性关节空间机器人的模型结构示意图，如图 16.2 所示。

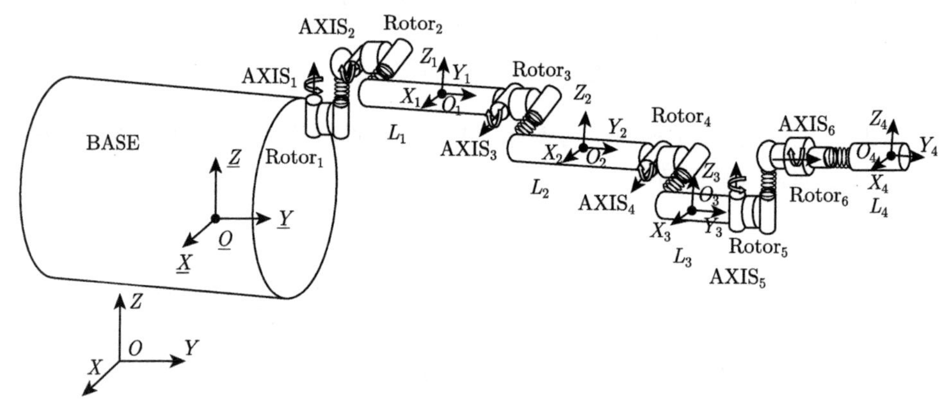

图 16.2 柔性关节空间机器人的模型结构示意图

本章选取关节坐标作为描述空间机器人运动状态的独立广义坐标，由于柔性关节坐标分为两部分：刚性转角坐标 $\theta_{\mathrm{Rotor}_i}^{-}$ 和弹性转角坐标 $\theta_{\mathrm{Rotor}_i}^{+}$，故柔性关节 H_i 的关节坐标可以表示为

$$\boldsymbol{q}_i^s = [\theta_{\mathrm{Rotor}_i}^{-}, \theta_{\mathrm{Rotor}_i}^{+}]^{\mathrm{T}} \tag{16-4}$$

将刚性臂空间机器人系统的独立广义坐标表示为

$$\boldsymbol{y}_R^S = [\boldsymbol{q}_0^{\mathrm{T}}, \boldsymbol{q}_1^{s\mathrm{T}}, \cdots, \boldsymbol{q}_6^{s\mathrm{T}}]^{\mathrm{T}} \tag{16-5}$$

由此可得，柔性臂空间机器人系统的独立广义坐标为

$$\boldsymbol{y}_f = [\boldsymbol{q}_0^{\mathrm{T}}, \boldsymbol{q}_1^{s\mathrm{T}}, \cdots, \boldsymbol{q}_6^{s\mathrm{T}}, \boldsymbol{x}_1^{s\mathrm{T}}, \boldsymbol{x}_2^{s\mathrm{T}}]^{\mathrm{T}} \tag{16-6}$$

16.2.2 关节柔性对系统动力学方程的贡献

由 16.2.1 节可知，为了近似简化谐波减速器的柔性，我们在整个柔性关节空间机器人系统中引入了电机转子和线性扭簧。故该系统相比于刚性关节空间机器人系统增加了与柔性关节数量 l 相等的轴对称刚体和扭簧力元。由此得出关节柔

性对系统所做虚功率之和，可以表示为

$$\Delta P_s = -\sum_{j=1}^{l} \Delta\dot{\theta}^{+}_{\mathrm{Rotor}_j} f^{s}_{\mathrm{Rotor}_j} \tag{16-7}$$

其中，$\theta^{+}_{\mathrm{Rotor}_i}$ 为柔性关节 H_i 的弹性转角，$f^{ey}_{\mathrm{Rotor}_i}$ 为柔性关节 H_i 所产生的弹性转矩。

将式 (16-3) 代入上式中可得

$$\Delta P_s = \sum_{j=1}^{l} \Delta\dot{\theta}^{+}_{\mathrm{Rotor}_j} k_{\mathrm{Rotor}_j} \theta^{+}_{\mathrm{Rotor}_j} \tag{19-8}$$

其中，k_{Rotor_i} 为柔性关节 H_i 所等效的线性扭簧刚度。

16.3 关节摩擦

16.3.1 关节摩擦模型

目前，针对关节摩擦的研究工作大部分针对 Coulomb 摩擦模型和 Stribeck 摩擦模型展开，但是利用这种模型并不能很准确地反映出关节摩擦现象。因此，本章将采用 LuGre 摩擦模型来对关节摩擦进行描述。

Canudas De Wit 基于 Dahl 模型提出了 LuGre 模型，该模型的基本思想仍是 Bristle 模型，其假借 Bristle 模型的弹性变形取平均值而建立 [9]。在 LuGre 模型中，摩擦的静、动态特性均可以得到描述，其概括了大部分摩擦现象，如黏滑运动、滞后运动、Stribeck 效应、Dahl 效应等。

如图 16.3 所示，该摩擦模型可以表达为

$$F = -\sigma_0\tau - \sigma_1\frac{\mathrm{d}\tau}{\mathrm{d}t} - \sigma_2\hat{v} \tag{16-9}$$

$$\frac{\mathrm{d}\tau}{\mathrm{d}t} = \hat{v} - \frac{|\hat{v}|}{g(\hat{v})}\tau \tag{16-10}$$

$$g(\hat{v}) = \frac{1}{\sigma_0}(f_c + (f_s - f_c)\mathrm{e}^{-(\hat{v}/\hat{v}_s)^{\varsigma}}) \tag{16-11}$$

其中，τ 表示鬃毛的平均位移，σ_0 为鬃毛平均刚度系数，σ_1 为最小阻尼系数，σ_2 是黏性摩擦系数，$g(\hat{v})$ 为描述 Stribeck 现象的泛函数。f_c 和 f_s 分别为 Coulomb 摩擦力和最大静摩擦力。若利用 LuGre 模型描述本章所研究的旋转关节内摩擦

特性，可将式 (16-9) 和式 (16-10) 中的相对速度 $\hat{v}$ 等效为旋转关节的角速度。该模型相较于前章所描述的各类模型具有通用性，故在工程仿真上得到广泛应用。

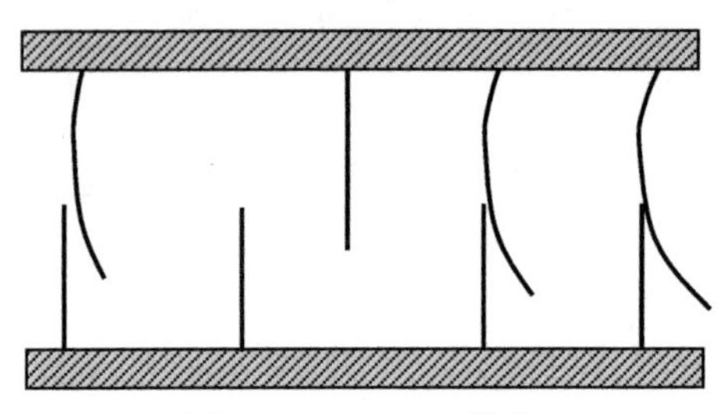

图 16.3　LuGre 模型

本章所描述的空间机器人的机械臂臂杆均由旋转关节连接，因此本章借用 ADAMS 中的 3 维旋转几何模型来计算摩擦力 [11]。如图 16.4 所示，坐标系 O_r-$X_rY_rZ_r$ 为旋转关节的连体基，F_x、F_y、F_z 为旋转关节的理想约束力在连体基上的分量，T_y 和 T_z 分别为绕 Y_r 和 Z_r 轴的理想约束力矩。ω_x 为沿 X_r 轴转动的角速度，R_b 为 Bending Reaction Arm，R_n 为 Friction Arm，R_p 为 Pin Radium。

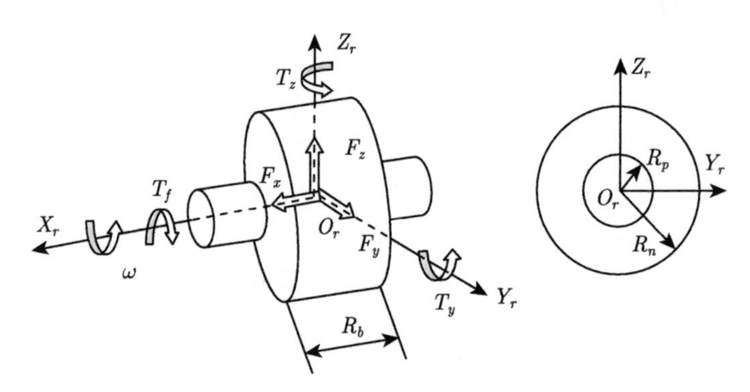

图 16.4　旋转关节模型

旋转关节内的理想约束力和约束力矩以及摩擦力和摩擦力矩可分别表示为

$$\boldsymbol{F}_r^c = \begin{bmatrix} F_x \\ F_y \\ F_z \end{bmatrix}, \quad \boldsymbol{T}_r^c = \begin{bmatrix} T_x \\ T_y \\ T_z \end{bmatrix}, \quad \boldsymbol{F}_r^f = \begin{bmatrix} 0 \\ 0 \\ 0 \end{bmatrix}, \quad \boldsymbol{T}_r^f = \begin{bmatrix} T_r^f \\ 0 \\ 0 \end{bmatrix} \tag{16-12}$$

在 ADAMS 中，关节内的摩擦力为约束反力和约束反力矩等效构成的正压力的函数，其中由轴向约束反力的等效正压力为

$$N_1 = |F_x| \tag{16-13}$$

轴外方向约束反力的等效正压力为

$$N_2 = \sqrt{F_y^2 + F_z^2} \tag{16-14}$$

约束反力矩所等效的正压力为

$$N_3 = \frac{\sqrt{T_y^2 + T_z^2}}{R_b} \tag{16-15}$$

由此通过上式得到了旋转关节的等效正压力。

通过等效正压力计算的 Coulomb 摩擦力矩和静摩擦力矩分别为

$$T_{f_c}^{N_1} = \mu_{\mathrm{d}} N_1 R_n, T_{f_c}^{N_2} = \mu_{\mathrm{d}} N_2 R_p, T_{f_c}^{N_3} = \mu_{\mathrm{d}} N_3 R_p \tag{16-16}$$

$$T_{f_s}^{N_1} = \mu_{\mathrm{s}} N_1 R_n, T_{f_s}^{N_2} = \mu_{\mathrm{s}} N_2 R_p, T_{f_s}^{N_3} = \mu_{\mathrm{s}} N_3 R_p \tag{16-17}$$

其中，μ_{d} 为动摩擦系数，μ_{s} 为静摩擦系数。

将式 (16-16) 和式 (16-17) 代入式 (16-11) 中，得到

$$g(\hat{\omega}^{N_1}) = \frac{1}{\sigma_0}(T_{f_c}^{N_1} + (T_{f_s}^{N_1} - T_{f_c}^{N_1})\mathrm{e}^{-(\hat{\omega}^{N_1}/\hat{\omega}_s^{N_1})^2}) \tag{16-18}$$

$$g(\hat{\omega}^{N_2}) = \frac{1}{\sigma_0}(T_{f_c}^{N_2} + (T_{f_s}^{N_2} - T_{f_c}^{N_2})\mathrm{e}^{-(\hat{\omega}^{N_2}/\hat{\omega}_s^{N_2})^2}) \tag{16-19}$$

$$g(\hat{\omega}^{N_3}) = \frac{1}{\sigma_0}(T_{f_c}^{N_3} + (T_{f_s}^{N_3} - T_{f_c}^{N_3})\mathrm{e}^{-(\hat{\omega}^{N_3}/\hat{\omega}_s^{N_3})^2}) \tag{16-20}$$

其中，$\hat{\omega}_s$ 为 Stribeck 速度。将式 (16-18)～ 式 (16-20) 代入式 (16-9) 中，可得 [12]

$$\begin{aligned}
T_f^{N_1} &= -\sigma_0 \tau_f^{N_1} - \sigma_1 \frac{\mathrm{d}\tau_f^{N_1}}{\mathrm{d}t} - \sigma_2 \hat{\omega}^{N_1} \\
T_f^{N_2} &= -\sigma_0 \tau_f^{N_2} - \sigma_1 \frac{\mathrm{d}\tau_f^{N_2}}{\mathrm{d}t} - \sigma_2 \hat{\omega}^{N_2} \\
T_f^{N_1} &= -\sigma_0 \tau_f^{N_3} - \sigma_1 \frac{\mathrm{d}\tau_f^{N_3}}{\mathrm{d}t} - \sigma_2 \hat{\omega}^{N_3}
\end{aligned} \tag{16-21}$$

根据式 (16-21)，可以计算出总摩擦力矩，有

$$T_{f_c}^{\mathrm{LuGre}} = T_f^{N_1} + T_f^{N_2} + T_f^{N_3} \tag{16-22}$$

其中，

$$
\begin{aligned}
T_f^{N_1} &= -\sigma_0\tau_f^{N_1}\left(1-\frac{\sigma_1}{(T_{f_c}^{N_1}+(T_{f_s}^{N_1}-T_{f_c}^{N_1})\mathrm{e}^{-(\hat{\omega}^{N_1}/\hat{\omega}_s^{N_1})^2})}\left|\hat{\omega}^{N_1}\right|\right)-\sigma_2\hat{\omega}^{N_1}\\
T_f^{N_2} &= -\sigma_0\tau_f^{N_2}\left(1-\frac{\sigma_1}{(T_{f_c}^{N_2}+(T_{f_s}^{N_2}-T_{f_c}^{N_2})\mathrm{e}^{-(\hat{\omega}^{N_2}/\hat{\omega}_s^{N_2})^2})}\left|\hat{\omega}^{N_2}\right|\right)-\sigma_2\hat{\omega}^{N_2}\\
T_f^{N_3} &= -\sigma_0\tau_f^{N_3}\left(1-\frac{\sigma_1}{(T_{f_c}^{N_3}+(T_{f_s}^{N_3}-T_{f_c}^{N_3})\mathrm{e}^{-(\hat{\omega}^{N_3}/\hat{\omega}_s^{N_3})^2})}\left|\hat{\omega}^{N_3}\right|\right)-\sigma_2\hat{\omega}^{N_3}
\end{aligned} \tag{16-23}
$$

将式 (16-22) 代入式 (16-12) 中，得到的关节内摩擦力和摩擦力矩为

$$
\boldsymbol{F}^f=\begin{bmatrix} 0\\ 0\\ 0\\ T_{f_c}^{\mathrm{LuGre}}\\ 0\\ 0 \end{bmatrix} \tag{16-24}
$$

16.3.2 关节摩擦对系统动力学方程的贡献

关节摩擦力可以被视为关节理想约束力的函数，由 Newton-Euler 方程可知，利用笛卡儿坐标可以对关节理想约束力进行表述。因此，根据笛卡儿坐标和广义坐标之间的关系可以推导得出关节摩擦力关于广义坐标变量的函数。基于 Jourdain 速度变分原理可以将广义坐标变量表达的关节摩擦力代入系统的动力学方程，进而可以获得考虑关节摩擦的空间机器人系统的动力学方程。接下来，本章将以旋转关节连接的开环树状柔性多体系统为例，详细推导了利用广义坐标变量表示的考虑关节摩擦的机器人系统动力学方程 [13]。

图 16.5 所示为以开环多体系统的拓扑关系图，其中坐标系 $O\text{-}XYZ$ 为惯性参考坐标系，物体 $B_i^f(i=1,2,3,\cdots,n)$ 之间通过旋转关节 H_i^f 连接。坐标系 $\vec{e}_i^f$ 为物体 B_i^f 连体基，其原点位于物体 B_i^f 变形前的质心 C_i^f。坐标系 $\vec{e}_i^{fh_0}$ 是以铰点 Q_i^f 为原点建立的旋转关节 H_i^f 在内接物体 B_{i-1}^f 的浮动基。坐标系 $\vec{e}_i^{fh}$ 是以铰点 P_i^f 为原点建立的旋转关节 H_i^f 在外接物体 B_i^f 的浮动基。图示中的系统广义坐标变量为 $\boldsymbol{y}_f$，由式 (2-61) 可知笛卡儿坐标变量可以利用与广义坐标变量表示为

$$
\begin{cases} \boldsymbol{v}_f=\boldsymbol{G}_f\dot{\boldsymbol{y}}_f\\ \dot{\boldsymbol{v}}_f=\boldsymbol{G}_f\ddot{\boldsymbol{y}}_f+\boldsymbol{g}_f\widehat{\boldsymbol{I}}_n \end{cases} \tag{16-25}
$$

其中，$\boldsymbol{v}_f=[\boldsymbol{v}_{f1}^{\mathrm{T}},\cdots,\boldsymbol{v}_{fN}^{\mathrm{T}}]^{\mathrm{T}}$，$\boldsymbol{y}_f=[\boldsymbol{y}_{f1}^{\mathrm{T}},\ \cdots,\ \boldsymbol{y}_{fn}^{\mathrm{T}}]$，$\widehat{\boldsymbol{I}}_n\in\Re^{n\times 1}$ 为 n 维元素为 1 的列阵，$\boldsymbol{G}_f$ 和 $\boldsymbol{g}_f$ 的表达式为

$$\boldsymbol{G}_f=\begin{bmatrix}\boldsymbol{G}_f^{11} & \cdots & \boldsymbol{G}_f^{1n}\\ \vdots & & \vdots\\ \boldsymbol{G}_f^{n1} & \cdots & \boldsymbol{G}_f^{nn}\end{bmatrix},\quad \boldsymbol{g}_f=\begin{bmatrix}\boldsymbol{g}_f^{11} & \cdots & \boldsymbol{g}_f^{1n}\\ \vdots & & \vdots\\ \boldsymbol{g}_f^{n1} & \cdots & \boldsymbol{g}_f^{nn}\end{bmatrix} \tag{16-26}$$

如图 16.5 所示，水平力 $\vec{F}_{iP_i^f}^c$ 和力矩 $\vec{M}_{iP_i^f}^c(i=1,2,\cdots,n)$ 分别代表作用于旋转关节 H_i^f 铰点 P_i^f 的实际理想约束反力和力矩。水平力 $\vec{F}_{iQ_i^f}^c$ 和力矩 $\vec{M}_{iQ_i^f}^c(i=1,2,\cdots,n)$ 分别代表作用于旋转关节 H_i^f 铰点 Q_i^f 的实际理想约束反力和力矩。在单柔性体 B_i^f 的质心处建立 Newton-Euler 方程，即有

$${}^f\boldsymbol{F}_i^c+{}^f\boldsymbol{F}_i^f={}^f\boldsymbol{F}_i^a+{}^f\boldsymbol{F}_i^\omega-{}^f\boldsymbol{F}_i^o+{}^f\boldsymbol{F}_i^u-{}^f\boldsymbol{F}_i^{oj} \tag{16-27}$$

其中，${}^f\boldsymbol{F}_i^c$ 和 ${}^f\boldsymbol{F}_i^f$ 分别代表在质心 C_i^f 处所等效的关节理想约束反力和关节摩擦力；${}^f\boldsymbol{F}_i^\omega$、${}^f\boldsymbol{F}_i^a$、${}^f\boldsymbol{F}_i^u$ 和 ${}^f\boldsymbol{F}_i^o$ 分别代表在质心 C_i^f 处所等效的作用在物体 B_i^f 上的速度惯性力、加速度惯性力、弹性力以及合外力；${}^f\boldsymbol{F}_i^{oj}$ 表示在质心 C_i^f 处等效的物体 B_i^f 外接铰的作用力。

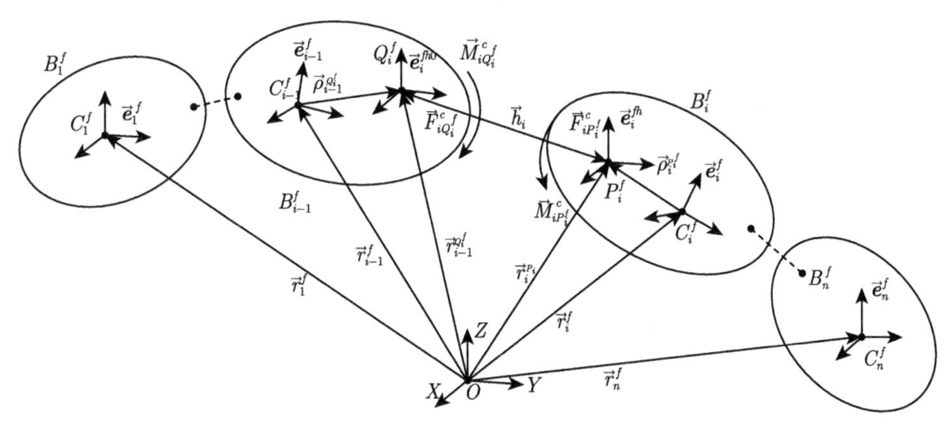

图 16.5 树状多体系统拓扑关系图

将作用于内接铰点 P_i^f 和外接铰点 Q_i^f 上的理想约束反力分别定义为 $\boldsymbol{F}_i^{cP_i^f}$ 和 $\boldsymbol{F}_i^{cQ_i^f}$，分别可表示为

$$\boldsymbol{F}_i^{cP_i^f}=[\boldsymbol{F}_{iP_i^f}^{c\mathrm{T}}\quad \boldsymbol{M}_{iP_i^f}^{c\mathrm{T}}]^{\mathrm{T}}\in\Re^{6\times 1}\quad \boldsymbol{F}_i^{cQ_i^f}=[\boldsymbol{F}_{iQ_i^f}^{c\mathrm{T}}\quad \boldsymbol{M}_{iQ_i^f}^{c\mathrm{T}}]^{\mathrm{T}}\in\Re^{6\times 1} \tag{16-28}$$

通过牛顿第三定律可以得到 $\boldsymbol{F}_i^{cP_i^f}$ 和 $\boldsymbol{F}_i^{cQ_i^f}$ 间的关系为

$$\boldsymbol{F}_i^{cP_i^f} = -\boldsymbol{F}_i^{cQ_n^f} \tag{16-29}$$

类似地，可以得到作用于铰点 P_i^f 和铰点 Q_i^f 处的关节摩擦力 $\boldsymbol{F}_i^{fP_i^f}$ 和 $\boldsymbol{F}_i^{fQ_i^f}$ 的关系，可以表示为

$$\boldsymbol{F}_i^{fP_i^f} = -\boldsymbol{F}_i^{fQ_i^f} \tag{16-30}$$

由 Jourdain 速度变分原理，在物体质心处的理想约束力 ${}^f\boldsymbol{F}_i^c$ 和摩擦力 ${}^f\boldsymbol{F}_i^f$ 的虚功率关节约束反力和关节摩擦力对系统所作虚功率之和为

$$\Delta P_i^{C_i^f} = \Delta \boldsymbol{v}_i^{f\mathrm{T}}({}^f\boldsymbol{F}_i^c + {}^f\boldsymbol{F}_i^f) \tag{16-31}$$

其中，$\boldsymbol{v}_i^f$ 是物体 B_i^f 的质心速度。

进而等效为作用于铰点 P_i^f 上关节理想约束力 $\boldsymbol{F}_n^{fP_n^f}$ 和关节摩擦力 $\boldsymbol{F}_n^{fQ_n^f}$ 的虚功率之和为

$$\Delta P_i^{P_i^f} = \Delta \boldsymbol{v}_i^{P_i^f\mathrm{T}}(\boldsymbol{F}_i^{cP_i^f} + \boldsymbol{F}_i^{fP_i^f}) \tag{16-32}$$

其中，$\boldsymbol{v}_n^{P_n^f}$ 为铰点 P_i^f 的速度。

为确定 ${}^f\boldsymbol{F}_i^c$、${}^f\boldsymbol{F}_i^f$、$\boldsymbol{F}_i^{fP_i^f}$ 以及 $\boldsymbol{F}_i^{fQ_i^f}$ 之间的关系，首先需要建立速度 $\boldsymbol{v}_i^f$ 和速度 $\boldsymbol{v}_i^{P_i^f}$ 间的关系式，故由图 16.5 所示，有

$$\boldsymbol{r}_i^{P_i^f} = \boldsymbol{r}_i^f + \boldsymbol{\rho}_i^{P_i^f} \tag{16-33}$$

由式 (2-18) 和式 (2-20) 得

$$\boldsymbol{\omega}_i^{P_i^f} = \boldsymbol{\omega}_i + \boldsymbol{\Psi}_i^{P_i^f}\dot{\boldsymbol{a}}_i \tag{16-34}$$

其中，$\boldsymbol{\Psi}_i^{P_i^f}$ 为铰点 P_i^f 在惯性参考坐标系的转动模态阵，$\dot{\boldsymbol{a}}_i$ 为柔性体 B_i^f 的模态坐标速度阵。对式 (16-33) 两端求导后结合式 (2-12)，可得

$$\dot{\boldsymbol{r}}_i^{P_i^f} = \dot{\boldsymbol{r}}_i^f + \dot{\boldsymbol{\rho}}_i^{P_i^f} = \dot{\boldsymbol{r}}_i + \tilde{\boldsymbol{\rho}}_i^{P_n^f}\boldsymbol{\omega}_i + \boldsymbol{\Phi}_i^{P_i^f}\dot{\boldsymbol{a}}_i \tag{16-35}$$

其中，$\boldsymbol{\Phi}_i^{P_i^f}$ 为铰点 P_i^f 在惯性参考坐标系的平动模态阵。由此可得

$$\boldsymbol{v}_i^{P_i^f} = \boldsymbol{Y}_i^{P_i^f\mathrm{T}}\boldsymbol{v}_i^f \tag{16-36}$$

其中，

$$\boldsymbol{v}_i^{P_i^f}=[\ \boldsymbol{r}_i^{P_i^f\mathrm{T}}\quad \boldsymbol{\omega}_i^{P_i^f\mathrm{T}}\ ]^{\mathrm{T}}\in\Re^{6\times1},\quad \boldsymbol{Y}_i^{P_i^f}=\begin{bmatrix}\boldsymbol{I}_3 & -\tilde{\boldsymbol{\rho}}_i^{P_i^f} & \boldsymbol{\Phi}_i^{P_i^f}\\ \boldsymbol{0} & \boldsymbol{I}_3 & \boldsymbol{\Psi}_i^{P_i^f}\end{bmatrix}^{\mathrm{T}}\in\Re^{(6+s_i^f)\times6} \tag{16-37}$$

其中，s_i^f 为选取的模态数量。

由于 $\Delta P_i^{C_i^f}=\Delta P_i^{P_i^f}$，因此可以得出

$$^f\boldsymbol{F}_i^c+{}^f\boldsymbol{F}_i^f=\boldsymbol{Y}_i^{P_i^f}(\boldsymbol{F}_i^{cP_i^f}+\boldsymbol{F}_i^{fP_i^f})=\boldsymbol{Y}_i^{P_i^f}\boldsymbol{A}_i^{P_i^f}(\boldsymbol{F}'^{cP_i^f}_i+\boldsymbol{F}'^{fP_i^f}_i) \tag{16-38}$$

其中，$\boldsymbol{F}'^{cP_i^f}_i$ 和 $\boldsymbol{F}'^{fP_i^f}_i$ 分别为铰点 P_i^f 处的理想约束力与关节摩擦力在关节 H_i^f 的浮动坐标系下的投影，$\boldsymbol{A}_i^{P_i^f}$ 是关节的浮动基相对于参考基的方向余弦阵。

将式 (16-38) 代入式 (16-27) 中，可得

$$\boldsymbol{F}'^{cP_i^f}_i+\boldsymbol{F}'^{fP_i^f}_i=(\boldsymbol{Y}_i^{P_i^f}\boldsymbol{A}_i^{P_i^f})-({}^f\boldsymbol{F}_i^a+{}^f\boldsymbol{F}_i^\omega-{}^f\boldsymbol{F}_i^o+{}^f\boldsymbol{F}_i^u-{}^f\boldsymbol{F}_i^{oj}) \tag{16-39}$$

式 (16-39) 是在关节坐标系 $\vec{\boldsymbol{e}}_i^{fh}$ 下，物体 B_i^f 关于铰点 P_i^f 的动力学方程。由此旋转关节的理想约束力和摩擦力可以表示为

$$\boldsymbol{F}'^{cP_i^f}_i=[F_{ix}^{cP_i^f},\ F_{iy}^{cP_i^f},\ F_{iz}^{cP_i^f},\ 0,\ T_{iy}^{cP_i^f},\ T_{iz}^{cP_i^f}],\quad \boldsymbol{F}'^{fP_i^f}_i=[0,\ 0,\ 0,\ T_i^{fP_i^f},\ 0,\ 0] \tag{16-40}$$

其中，$F_{ix}^{cP_i^f}$、$F_{iy}^{cP_i^f}$、$F_{iz}^{cP_i^f}$、$T_{iy}^{cP_i^f}$ 以及 $T_{iz}^{cP_i^f}$ 分别为理想约束力 $\boldsymbol{F}'^{cP_i^f}_i$ 在坐标系 $\vec{\boldsymbol{e}}_i^{fh}$ 各轴的分量，$T_i^{fP_i^f}$ 为关节摩擦力矩。当 $i=n$ 时，物体 B_n^f 为开环系统中的末端物体，故物体上不存在外接铰作用力，即

$$^f\boldsymbol{F}_n^{oj}=\boldsymbol{0} \tag{16-41}$$

将式 (16-41) 代入式中，故可以得到在关节 H_n^f 的坐标系 $\vec{\boldsymbol{e}}_n^{fh}$ 下，物体 B_n^f 关于铰点 P_n^f 的动力学方程，表达如下：

$$\boldsymbol{F}'^{cP_n^f}_n+\boldsymbol{F}'^{fP_n^f}_n=(\boldsymbol{Y}_n^{P_n^f}\boldsymbol{A}_n^{P_n^f})-({}^f\boldsymbol{F}_n^a+{}^f\boldsymbol{F}_n^\omega-{}^f\boldsymbol{F}_n^o+{}^f\boldsymbol{F}_n^u) \tag{16-42}$$

当 $i<n$ 时，物体 B_i^f 均存在唯一外接铰 B_{i+1}^f，故式 (16-39) 中 $^f\boldsymbol{F}_i^{oj}$ 可以通过下式计算而得，有

$$\Delta\boldsymbol{v}_i^{\mathrm{T}f}\boldsymbol{F}_i^{oj}=\Delta\boldsymbol{v}_i^{Q_i^f\mathrm{T}}(\boldsymbol{F}_{i+1}^{cQ_{i+1}^f}+\boldsymbol{F}_{i+1}^{fQ_{i+1}^f}) \tag{16-43}$$

考虑到式 (16-36)，可知：

$$\boldsymbol{v}_i^{Q_i^f} = \boldsymbol{Y}_i^{Q_i^f\mathrm{T}} \boldsymbol{v}_i^f \tag{16-44}$$

其中，

$$\boldsymbol{v}_i^{Q_i^o} = \begin{bmatrix} \boldsymbol{r}_i^{Q_i^o} \\ \boldsymbol{\omega}_i^{Q_i^o} \end{bmatrix} \in \Re^{6\times 1}, \quad \boldsymbol{Y}_i^{Q_i^o} = \begin{bmatrix} \boldsymbol{I}_3 & -\tilde{\boldsymbol{\rho}}_i^{Q_i^o} & \boldsymbol{\Phi}_i^{Q_i^o} \\ \boldsymbol{0} & \boldsymbol{I}_3 & \boldsymbol{\Psi}_i^{Q_i^o} \end{bmatrix}^{\mathrm{T}} \in \Re^{(6+s_i)\times 6} \tag{16-45}$$

其中，$\boldsymbol{\Phi}_i^{Q_i^o}$ 为外接铰点 Q_{i+1}^f 在惯性参考坐标系的平动模态阵，$\boldsymbol{\Psi}_i^{Q_i^o}$ 为外接铰点 Q_{i+1}^f 在惯性参考坐标系的转动模态阵。

故将式 (16-44) 代入式 (16-43) 中可以得到

$$^f\boldsymbol{F}_i^{oj} = \boldsymbol{Y}_i^{Q_i^o}(\boldsymbol{F}_{i+1}^{cQ_i^o} + \boldsymbol{F}_{i+1}^{fQ_{i+1}^o}) \tag{16-46}$$

将式 (16-46) 代入式 (16-39) 中，即可获得在关节 H_i^f 的坐标系 $\vec{\boldsymbol{e}}_i^{fh}$ 下，物体 B_i^f 关于铰点 P_i^f 的动力学方程。

综上所述，可以依次推得物体 $B_i^f(i=n-1,\cdots,1)$ 的动力学方程为

$$\begin{gathered} \boldsymbol{F'}_{n-1}^{cP_{n-1}^f} + \boldsymbol{F'}_{n-1}^{fP_{n-1}^f} = (\boldsymbol{Y}_{n-1}^{P_{n-1}^f}\boldsymbol{A}_{n-1}^{P_{n-1}^o})^+({}^f\boldsymbol{F}_{n-1}^a + {}^f\boldsymbol{F}_{n-1}^\omega - {}^f\boldsymbol{F}_{n-1}^o + {}^f\boldsymbol{F}_{n-1}^u - {}^f\boldsymbol{F}_{n-1}^{oj}) \\ \vdots \\ \boldsymbol{F'}_1^{cP_1^f} + \boldsymbol{F'}_1^{fP_1^f} = (\boldsymbol{Y}_1^{P_1^f}\boldsymbol{A}_1^{P_1^f})^+({}^f\boldsymbol{F}_1^a + {}^f\boldsymbol{F}_1^\omega - {}^f\boldsymbol{F}_1^o + {}^f\boldsymbol{F}_1^u - {}^f\boldsymbol{F}_1^{oj}) \end{gathered} \tag{16-47}$$

其中，

$$\begin{gathered} {}^f\boldsymbol{F}_{n-1}^{oj} = \boldsymbol{Y}_{n-1}^{Q_n^f}(\boldsymbol{F}_n^{cQ_n^f} + \boldsymbol{F}_n^{fQ_n^f}) \\ \vdots \\ {}^f\boldsymbol{F}_1^{oj} = \boldsymbol{Y}_1^{Q_2^f}(\boldsymbol{F}_2^{cQ_2^f} + \boldsymbol{F}_2^{fQ_2^f}) \end{gathered} \tag{16-48}$$

由于式 (16-39) 右侧的各力项均为广义坐标变量的函数，因此旋转关节的理想约束力和摩擦力均可以利用广义坐标变量 $\ddot{\boldsymbol{y}}_f$、$\dot{\boldsymbol{y}}_f$ 和 $\boldsymbol{y}_f$ 来表达。若采取 LuGre 摩擦模型来描述关节摩擦现象，故关节摩擦力矩函数可以定义为广义坐标和平均鬃毛变形量 τ_i 的函数：

$$T_i^{fP_i^f} = \Xi_i(\boldsymbol{F'}_i^{cP_i^f}) = \Xi_i(\ddot{\boldsymbol{y}}_f, \dot{\boldsymbol{y}}_f, \boldsymbol{y}_f, \tau_i) \tag{16-49}$$

作用于铰点 P_n^f-P_1^f 的关节摩擦力矩可以表示为

$$T_n^{fP_n^f} = \Xi_n(\ddot{\boldsymbol{y}}_f, \dot{\boldsymbol{y}}_f, \boldsymbol{y}_f, \tau_n), \cdots, T_1^{fP_1^f} = \Xi_1(\ddot{\boldsymbol{y}}_f, \dot{\boldsymbol{y}}_f, \boldsymbol{y}_f, \tau_1) \tag{16-50}$$

将上式代入式 (16-24) 中，得

$$\boldsymbol{F'}_n^{fP_n^f}=[0,0,0,\Xi_n(\ddot{\boldsymbol{y}}_f,\dot{\boldsymbol{y}}_f,\boldsymbol{y}_f,\tau_n),0,0]^{\mathrm{T}},\cdots,$$
$$\boldsymbol{F'}_1^{fP_1^f}=[0,0,0,\Xi_1(\ddot{\boldsymbol{y}}_f,\dot{\boldsymbol{y}}_f,\boldsymbol{y}_f,\tau_1),0,0]^{\mathrm{T}} \tag{16-51}$$

本章所研究的空间机器人的首物体为航天器基座，与大地通过虚铰连接，故可知关节 H_1^f 的摩擦力为

$$\boldsymbol{F'}_1^{fP_1}=[0,0,0,0,0,0]^{\mathrm{T}} \tag{16-52}$$

若系统中的物体为刚体，则其关于铰点的动力学方程可以表示为

$$\boldsymbol{F'}_i^{cP_i^f}+\boldsymbol{F'}_i^{fP_i^f}=(\boldsymbol{Y}_i^{P_i^f}\boldsymbol{A}_i^{P_i^f})^{-1}({}^f\boldsymbol{F}_i^a+{}^f\boldsymbol{F}_i^{\omega}-{}^f\boldsymbol{F}_i^o-{}^f\boldsymbol{F}_i^{oj}) \tag{16-53}$$

其中，

$$\boldsymbol{Y}_i^{P_i^f}=\begin{bmatrix}\boldsymbol{I}_3 & -\tilde{\boldsymbol{\rho}}_i^{P_i^f}\\ \boldsymbol{0} & \boldsymbol{I}_3\end{bmatrix}^{\mathrm{T}}\in\Re^{6\times 6} \tag{16-54}$$

则关节摩擦对系统所做虚功率之和为

$$\begin{aligned}\Delta P^f&=\sum_{k=2}^{n}(\Delta\boldsymbol{v}_{k-1}^{Q_k^f\mathrm{T}}\boldsymbol{F}_k^{fQ_k^f}+\Delta\boldsymbol{v}_k^{P_k^f\mathrm{T}}\boldsymbol{F}_k^{fP_k^f})\\&=\sum_{k=2}^{n}(\Delta\boldsymbol{v}_{k-1}^{\mathrm{T}}\boldsymbol{Y}_{k-1}^{Q_k^f}\boldsymbol{F}_k^{fQ_k^f}+\Delta\boldsymbol{v}_k^{\mathrm{T}}\boldsymbol{Y}_k^{P_k^f}\boldsymbol{F}_k^{fP_k^f})\end{aligned} \tag{16-55}$$

结合式 (16-25) 可得

$$\Delta P^f=\Delta\dot{\boldsymbol{y}}_f^{\mathrm{T}}\sum_{k=2}^{n}\boldsymbol{f}_{fk}^{ey}(\ddot{\boldsymbol{y}}_f,\dot{\boldsymbol{y}}_f,\boldsymbol{y}_f,\boldsymbol{\tau})=\Delta\dot{\boldsymbol{y}}_f^{\mathrm{T}}\boldsymbol{f}_f^{ey}(\ddot{\boldsymbol{y}}_f,\dot{\boldsymbol{y}}_f,\boldsymbol{y}_f,\boldsymbol{\tau}) \tag{16-56}$$

其中，$\boldsymbol{f}_{fk}^{ey}(\ddot{\boldsymbol{y}}_f,\dot{\boldsymbol{y}}_f,\boldsymbol{y}_f)=(\boldsymbol{G}_f^{k-1})^{\mathrm{T}}\boldsymbol{Y}_{k-1}^{Q_k^f}\boldsymbol{F}_k^{fQ_k^f}+\boldsymbol{G}_f^{k\mathrm{T}}\boldsymbol{Y}_k^{P_k^f}\boldsymbol{F}_k^{fP_k^f}$。

16.4 系统动力学方程

16.2 节和 16.3 节中详细推导了关节柔性和关节摩擦对系统动力学方程的贡献，因此，在第 2 章所建立的变分形式的空间机器人动力学方程基础上，根据

Jourdain 速度变分原理将摩擦力和关节弹性力所做虚功引入方程中可以得到考虑关节柔性和关节摩擦的变分形式的系统动力学方程，有

$$\Delta P_e + \Delta P_s + \Delta P_f + \sum_{i=1}^{N} \Delta \boldsymbol{v}_{B_i}^{\mathrm{T}} (-\boldsymbol{M}_{B_i} \dot{\boldsymbol{v}}_{B_i} - \boldsymbol{f}_{B_i}^{\omega} + \boldsymbol{f}_{B_i}^{o} - \boldsymbol{f}_{B_i}^{u})$$

$$+ \sum_{j=1}^{l} \Delta \boldsymbol{v}_{\mathrm{Rotor}_j}^{\mathrm{T}} (-\boldsymbol{M}_{\mathrm{Rotor}_j} \dot{\boldsymbol{v}}_{\mathrm{Rotor}_j} - \boldsymbol{f}_{\mathrm{Rotor}_j}^{\omega} + \boldsymbol{f}_{\mathrm{Rotor}_j}^{o}) = 0 \tag{16-57}$$

其中，$\boldsymbol{v}_{B_i}$ 表示物体 B_i 的广义速度坐标阵，$\boldsymbol{M}_{B_i}\dot{\boldsymbol{v}}_{B_i}$ 为作用在物体 B_i 上的广义加速度惯性力，$\boldsymbol{f}_{B_i}^{\omega}$ 和 $\boldsymbol{f}_{B_i}^{o}$ 分别为作用于物体 B_i 上的广义速度惯性力和广义外力列阵，$\boldsymbol{f}_{B_i}^{u}$ 为作用于物体 B_i 的广义变形力列阵，$\boldsymbol{v}_{\mathrm{Rotor}_j}$ 表示电机转子 Rotor_j 的广义速度坐标阵；$\boldsymbol{M}_{\mathrm{Rotor}_j}\dot{\boldsymbol{v}}_{\mathrm{Rotor}_j}$ 为作用在电机转子 Rotor_j 上的广义加速度惯性力，$\boldsymbol{f}_{\mathrm{Rotor}_j}^{\omega}$ 和 $\boldsymbol{f}_{\mathrm{Rotor}_j}^{o}$ 分别为作用于电机转子 Rotor_j 上的广义速度惯性力和广义外力列阵。ΔP_e 为控制力力元对系统所做的虚功率。

定义 $\boldsymbol{f}_{B_i} = -\boldsymbol{f}_{B_i}^{\omega} + \boldsymbol{f}_{B_i}^{o} - \boldsymbol{f}_{B_i}^{u}$，$\boldsymbol{f}_{\mathrm{Rotor}_j} = -\boldsymbol{f}_{\mathrm{Rotor}_j}^{\omega} + \boldsymbol{f}_{\mathrm{Rotor}_j}^{o}$，若物体 B_i 为刚体，则 $\boldsymbol{f}_{B_i}^{u}$ 为零，将式 (16-57) 改写为矩阵形式得到

$$\Delta \boldsymbol{v}^{f\mathrm{T}} (-\boldsymbol{M}^f \dot{\boldsymbol{v}}^f + \boldsymbol{f}^f) + \Delta P_e + \Delta P_s + \Delta P_f = 0 \tag{16-58}$$

其中，

$$\boldsymbol{v}^f = [\boldsymbol{v}_{B_1}^{\mathrm{T}}, \cdots, \boldsymbol{v}_{B_N}^{\mathrm{T}}, \boldsymbol{v}_{\mathrm{Rotor}_1}^{\mathrm{T}}, \cdots, \boldsymbol{v}_{\mathrm{Rotor}_l}^{\mathrm{T}}]^{\mathrm{T}} \tag{16-59}$$

$$\boldsymbol{M}^f = \mathrm{diag}[\boldsymbol{M}_{B_1}, \cdots, \boldsymbol{M}_{B_N}, \boldsymbol{M}_{\mathrm{Rotor}_1}, \cdots, \boldsymbol{M}_{\mathrm{Rotor}_l}] \tag{16-60}$$

$$\boldsymbol{f}^f = [\boldsymbol{f}_{B_1}^{\mathrm{T}}, \cdots, \boldsymbol{f}_{B_N}^{\mathrm{T}}, \boldsymbol{f}_{\mathrm{Rotor}_1}^{\mathrm{T}}, \cdots, \boldsymbol{f}_{\mathrm{Rotor}_l}^{\mathrm{T}}]^{\mathrm{T}} \tag{16-61}$$

根据笛卡儿坐标变量可以利用与广义坐标变量的递推关系得到系统的动力学方程：

$$-\boldsymbol{Z}^f \ddot{\boldsymbol{y}}^f + \boldsymbol{z}^f + \boldsymbol{f}_f^{ey} = \boldsymbol{0} \tag{16-62}$$

其中，

$$\boldsymbol{Z}^f = \boldsymbol{G}_f^{\mathrm{T}} \boldsymbol{M}^f \boldsymbol{G}_f \tag{16-63}$$

$$\boldsymbol{z}^f = \boldsymbol{G}_f^{\mathrm{T}} (\boldsymbol{f}^f - \boldsymbol{M}^f \boldsymbol{g}_f \widehat{\boldsymbol{I}}_N) \tag{16-64}$$

$${}^f\boldsymbol{f}^{ey} = \begin{bmatrix} {}^f\boldsymbol{f}_e^{ey} \\ \boldsymbol{0} \end{bmatrix} - \begin{bmatrix} \boldsymbol{0} \\ \boldsymbol{K}_{\mathrm{Rotor}}^f \boldsymbol{\theta}_{\mathrm{Rotor}}^{f+} \end{bmatrix} + \begin{bmatrix} {}^f\boldsymbol{f}_f^{ey}(\ddot{\boldsymbol{y}}_f, \dot{\boldsymbol{y}}_f, \boldsymbol{y}_f, \boldsymbol{\tau}) \\ \boldsymbol{0} \end{bmatrix} \tag{16-65}$$

其中，$\boldsymbol{\theta}_{\mathrm{Rotor}}^{f+} = [\theta_{\mathrm{Rotor}_1}^{+}, \cdots, \theta_{\mathrm{Rotor}_l}^{+}]^{\mathrm{T}}$。

结合 LuGre 摩擦模型式 (16-10) 即可到完整的系统动力学方程，有

$$-\boldsymbol{Z}^f\ddot{\boldsymbol{y}}_f+\boldsymbol{z}^f+\begin{bmatrix}{}^f\boldsymbol{f}_e^{ey}\\ \boldsymbol{0}\end{bmatrix}-\begin{bmatrix}\boldsymbol{0}\\ \boldsymbol{K}_{\mathrm{Rotor}}^f\boldsymbol{\theta}_{\mathrm{Rotor}}^{f+}\end{bmatrix}+\begin{bmatrix}{}^f\boldsymbol{f}_f^{ey}(\ddot{\boldsymbol{y}}_f,\dot{\boldsymbol{y}}_f,\boldsymbol{y}_f,\boldsymbol{\tau})\\ \boldsymbol{0}\end{bmatrix}=\boldsymbol{0}$$

$$\dot{\tau}_2=\dot{q}_2^f-\frac{\left|\dot{q}_2^f\right|}{g(\dot{q}_2^f)}\tau_2$$

$$\vdots$$

$$\dot{\tau}_n=\dot{q}_n^f-\frac{\left|\dot{q}_n^f\right|}{g(\dot{q}_n^f)}\tau_n \tag{16-66}$$

16.5 数值仿真

16.5.1 刚性臂空间机器人

1. 模型验证

本小节中针对柔性关节刚性机械臂模型 (如图 16.6 所示) 进行仿真，系统物理参数和柔性关节的参数在表 16.1 和表 16.2 给出。本节补充给出了关节的摩擦参数，见表 16.3。为了验证本章所建立的空间机器人模型的正确性，首先分

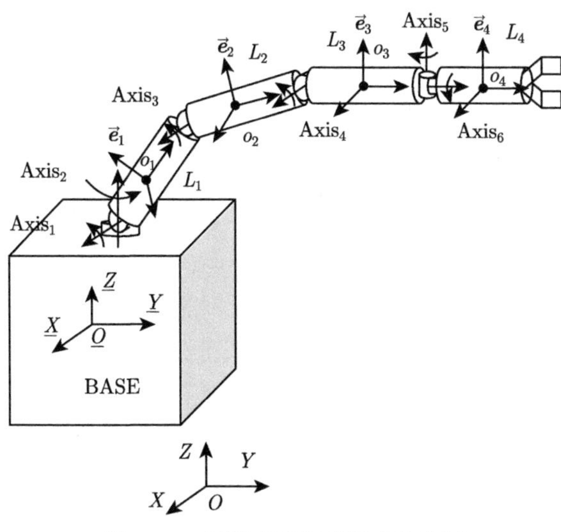

图 16.6 刚性臂空间机器人结构图

表 16.1　刚性臂空间机器人系统物理参数

物体	长度/m	质量/kg	$I_{xx}/(\text{kg}\cdot\text{m}^2)$	$I_{yy}/(\text{kg}\cdot\text{m}^2)$	$I_{zz}/(\text{kg}\cdot\text{m}^2)$
BASE	1*1*1	4019.2	428.715	428.715	428.715
L_1	0.4	3.946	7.89E-004	5.30E-002	5.30E-002
L_2	0.4	3.946	7.89E-004	5.30E-002	5.30E-002
L_3	0.4	3.946	7.89E-004	5.30E-002	5.30E-002
L_4	0.4	3.946	7.89E-004	5.30E-002	5.30E-002

表 16.2　柔性关节物理参数

关节	刚度 $k/(\text{N}\cdot\text{m/rad})$	$J_{xx}/(\text{kg}\cdot\text{m})$	$J_{yy}/(\text{kg}\cdot\text{m})$	$J_{zz}/(\text{kg}\cdot\text{m})$
H_1	5000	0.00001	0.00001	0.00001
H_2	5000	0.00001	0.00001	0.00001
H_3	5000	0.00001	0.00001	0.00001
H_4	5000	0.00001	0.00001	0.00001
H_5	5000	0.00001	0.00001	0.00001
H_6	5000	0.00001	0.00001	0.00001

表 16.3　关节摩擦参数

关节	μ_s	μ_d	R_P/m	R_n/m	R_b/m	σ_0	σ_1
H_1	0.1	0.05	0.05	0.1	0.1	260	3
H_2	0.1	0.05	0.03	0.1	0.1	260	3
H_3	0.1	0.05	0.03	0.1	0.1	260	3
H_4	0.1	0.05	0.03	0.1	0.1	260	3
H_5	0.1	0.05	0.03	0.1	0.1	260	3
H_6	0.1	0.05	0.03	0.1	0.1	260	3

别利用本章方法和 ADMAS 软件建立了仅考虑关节内 Coulomb 摩擦力的柔性关节刚性臂空间机器人的仿真模型。在仿真过程中，空间机器人基座的初始位形坐标为 $[0,0,0,0°,0°,0°]^{\mathrm{T}}$，机械臂各关节的在零时刻的转角均为 $[0°,0°,0°,0°,0°,0°]^{\mathrm{T}}$，当 $t=0$ 时，机器人处于静止状态，并在关节处持续施加正弦驱动力 ${}^f\boldsymbol{f}_e^{ey}=[-0.3\ \text{N}\cdot\text{m},\ 0.5\ \text{N}\cdot\text{m},\ 0.15\ \text{N}\cdot\text{m},\ 0.1\ \text{N}\cdot\text{m},\ -0.2\ \text{N}\cdot\text{m},\ 0.015\ \text{N}\cdot\text{m}]^{\mathrm{T}}\times\sin(2\pi t)$。图 16.7 和图 16.8 为空间机器人基座的位形变化时程曲线，图 16.9 为机械臂的关节角位移随时间的变化曲线，图 16.10 为机械臂的关节的弹性振动曲线。根据图形结果可知，利用本章方法和 ADMAS 所得到的计算结果的误差在合理范围之内。

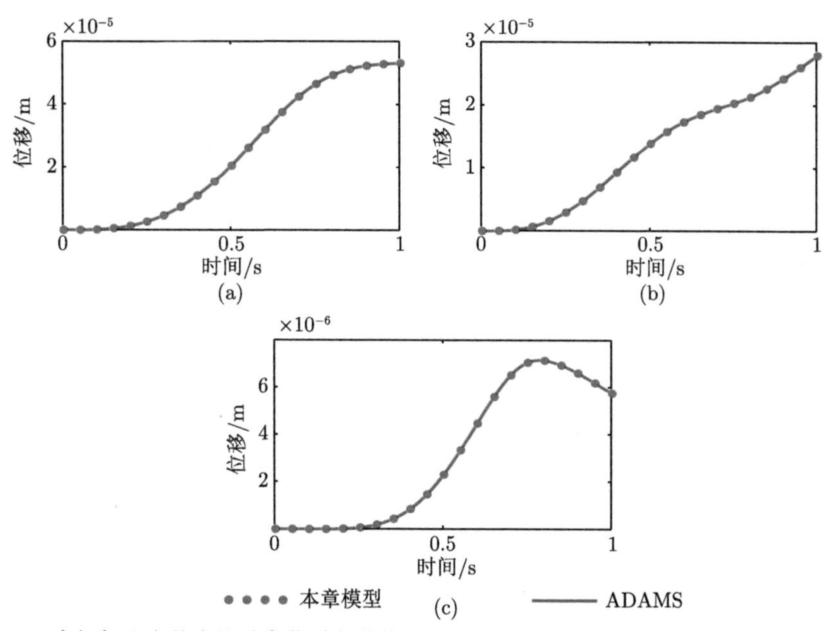

图 16.7　空间机器人基座位移变化时程曲线：(a) 沿 X 轴方向位移，(b) 沿 Y 轴方向位移，(c) 沿 Z 轴方向位移

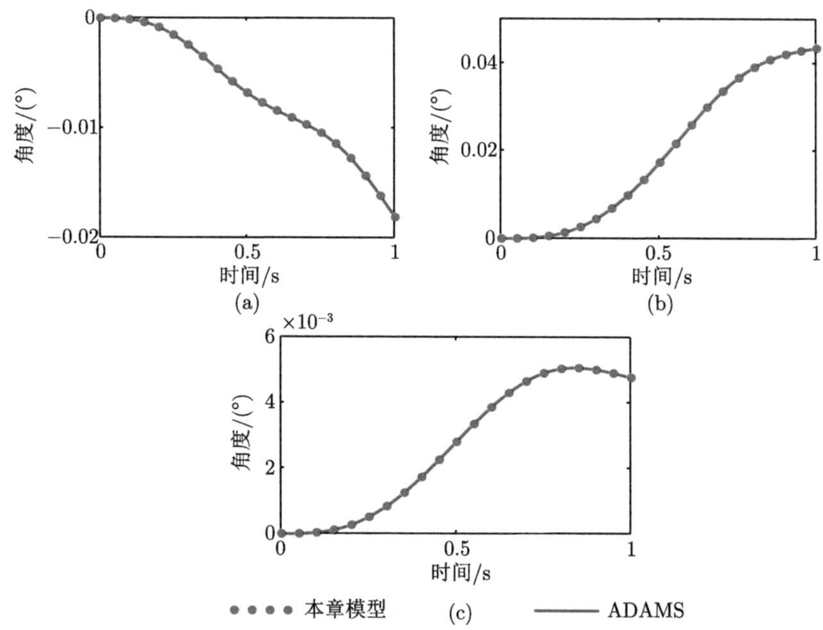

图 16.8　空间机器人基座转角位移变化时程曲线：(a) 沿 X 轴方向转角位移，(b) 沿 Y 轴方向转角位移，(c) 沿 Z 轴方向转角位移

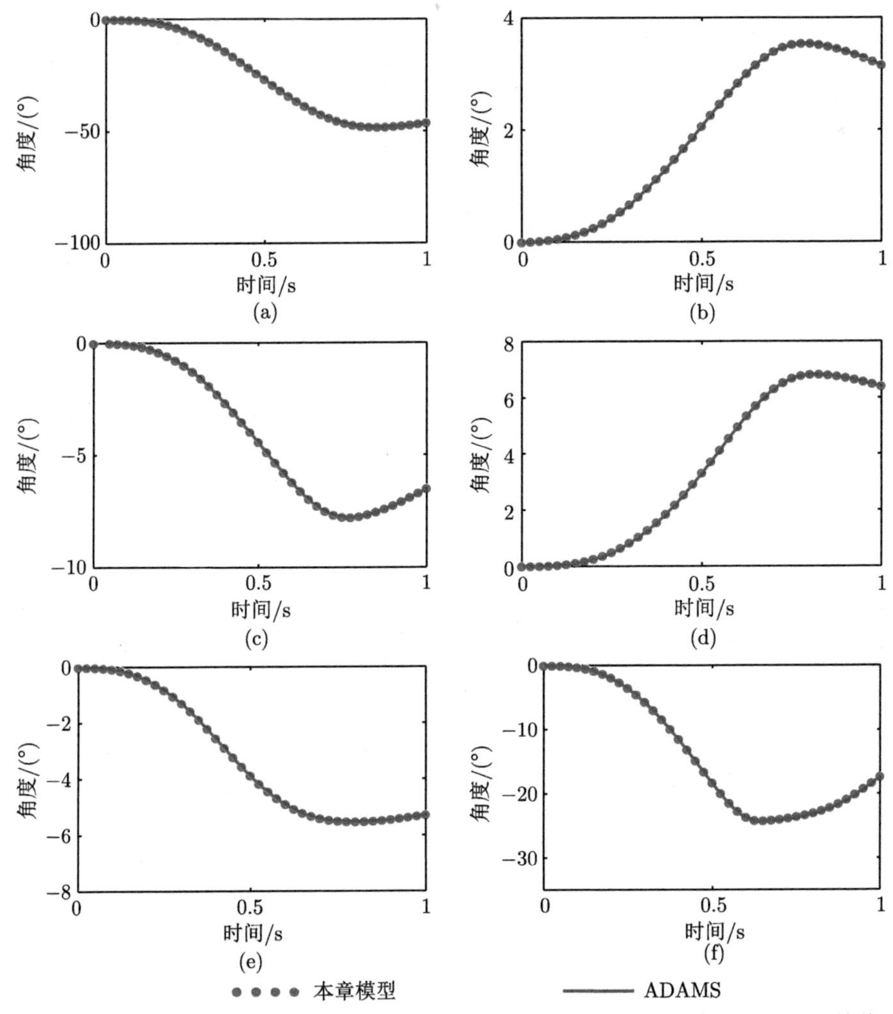

图 16.9　空间机器人关节转角位移变化时程曲线：(a) 关节 H_1，(b) 关节 H_2，(c) 关节 H_3，(d) 关节 H_4，(e) 关节 H_5，(f) 关节 H_6

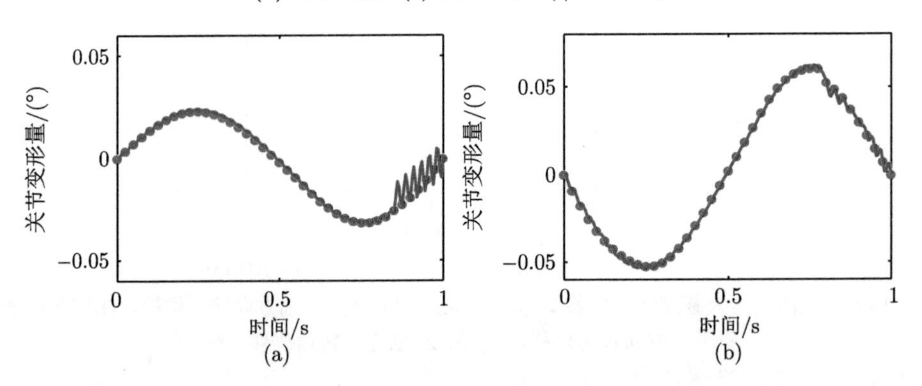

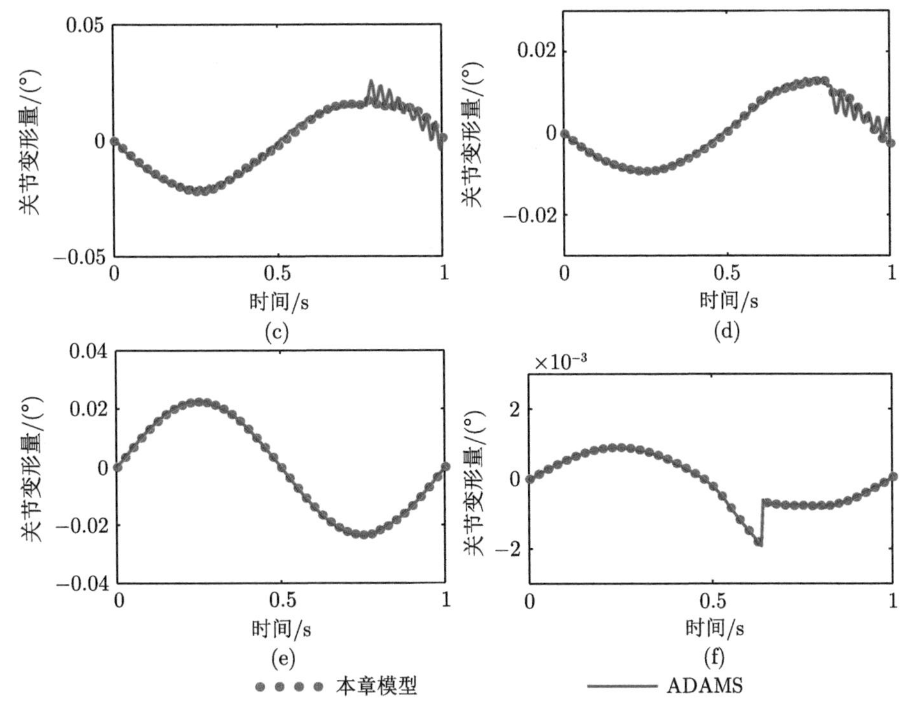

图 16.10 空间机器人关节弹性变形时程曲线：(a) 关节 H_1，(b) 关节 H_2，(c) 关节 H_3，(d) 关节 H_4，(e) 关节 H_5，(f) 关节 H_6

2. 关节摩擦对比分析

16.5.1 节中 1. 节中的数值仿真验证了本章所采用建模方法的正确性。接下来，本小节将针对摩擦对空间机器人动力学特性的影响展开深入地讨论。空间机器人模型以及 Coulomb 模型系数和 LuGre 模型系数均已在 16.5.1 节中 1. 节中给出。在 t=0 时刻，空间机器人基座的位形坐标为 $[0,0,0,0°,0°,0°]^{\mathrm{T}}$，机械臂各关节转角为 $[0°,0°,0°,0°,0°,0°]^{\mathrm{T}}$，各关节的初始角速度为 $[60(°)/\mathrm{s}, 60(°)/\mathrm{s}, -60(°)/\mathrm{s}, 60(°)/\mathrm{s}, -30(°)/\mathrm{s}, 60(°)/\mathrm{s}]^{\mathrm{T}}$。仿真过程中，基座和关节处无驱动力作用。分别计算得出在三种摩擦条件下的空间机器人动力学仿真曲线，如图 16.11～图 16.14 所示。由图 16.11～ 图 16.13 可知，从机器人的大范围刚性运动角度来说，由于关节内摩擦力的存在，无论是基座姿态还是机械臂的运动均会受到影响，呈现出一种运动滞后的现象。对比两种摩擦模型的仿真曲线可以发现，相比于 Coulomb 摩擦模型，使用 LuGre 模型时，机械臂关节转动的滞后现象更加明显，基座的平动和转动的滞后性则相对弱一些。另外，对比两组结果还可知，机械臂关节高速转动时，两条曲线相对接近，采用不同摩擦模型对关节转动的影响效果相差较小，而当关节转速较低时，两条曲线相离较远，两种摩擦模型对关节转动的影响差异较大。从机器人柔性关节的振动角度来分析，图 16.14 所示结果表明，关节摩擦明显会激发幅度更大、频率更高的关节振动，而且关节摩擦的非线性特性会大大加剧这种现象。同时，在关节高速转动过程中，两种摩擦对关节振动特性的影响的差异性更加显著。因此，相比于 LuGre 摩擦模型，在考虑关节柔性时采用传统的 Coulomb 摩擦模型并不能很好地反映出关节内摩擦力的变化。

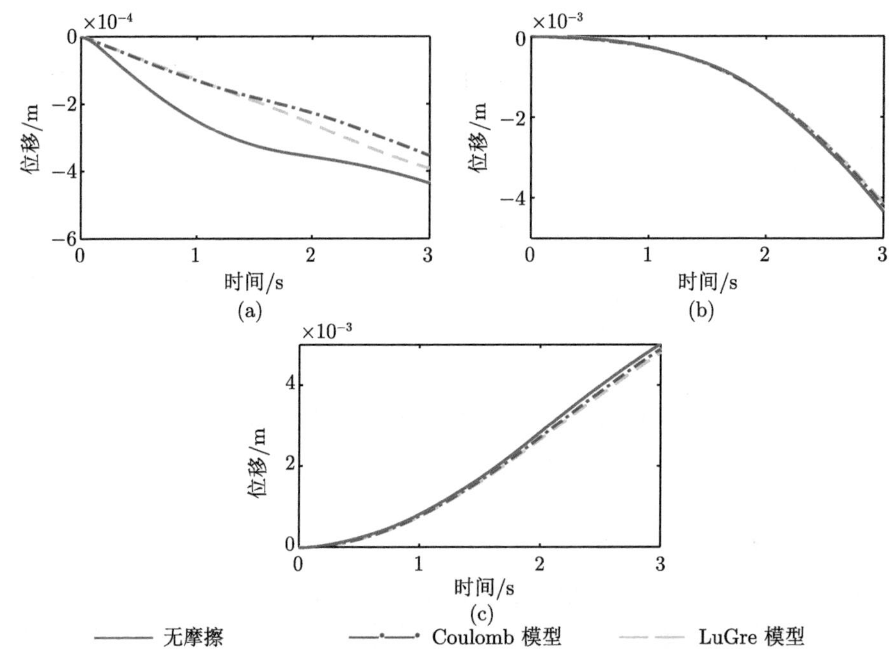

图 16.11 空间机器人基座位移变化时程曲线：(a) 沿 X 轴方向位移，(b) 沿 Y 轴方向位移，(c) 沿 Z 轴方向位移

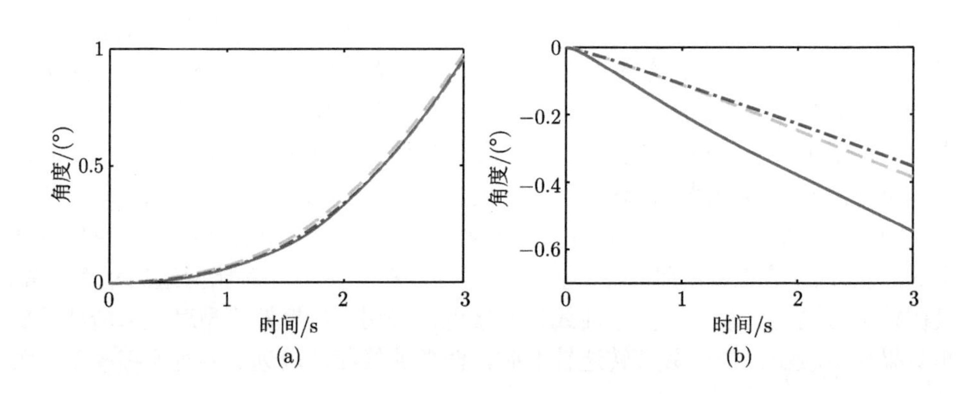

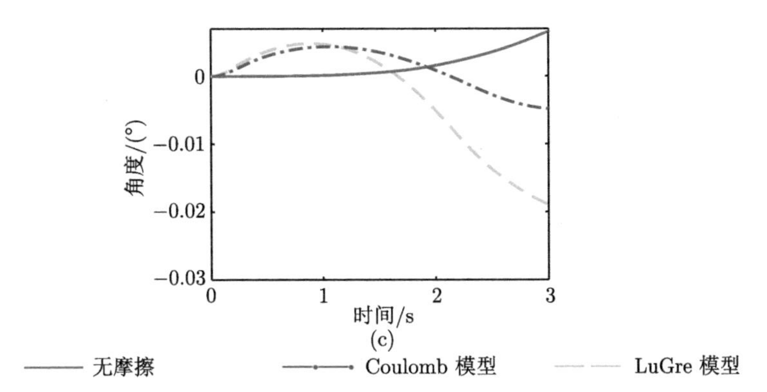

图 16.12 空间机器人基座转角位移变化时程曲线：(a) 沿 X 轴方向转角位移，(b) 沿 Y 轴方向转角位移，(c) 沿 Z 轴方向转角位移

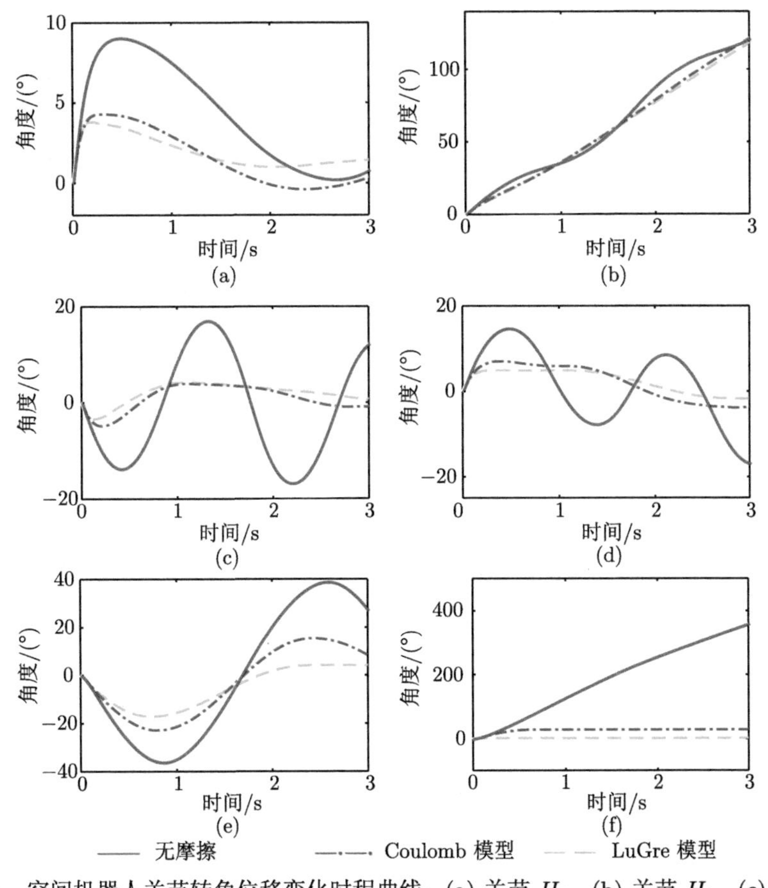

图 16.13 空间机器人关节转角位移变化时程曲线：(a) 关节 H_1，(b) 关节 H_2，(c) 关节 H_3，(d) 关节 H_4，(e) 关节 H_5，(f) 关节 H_6

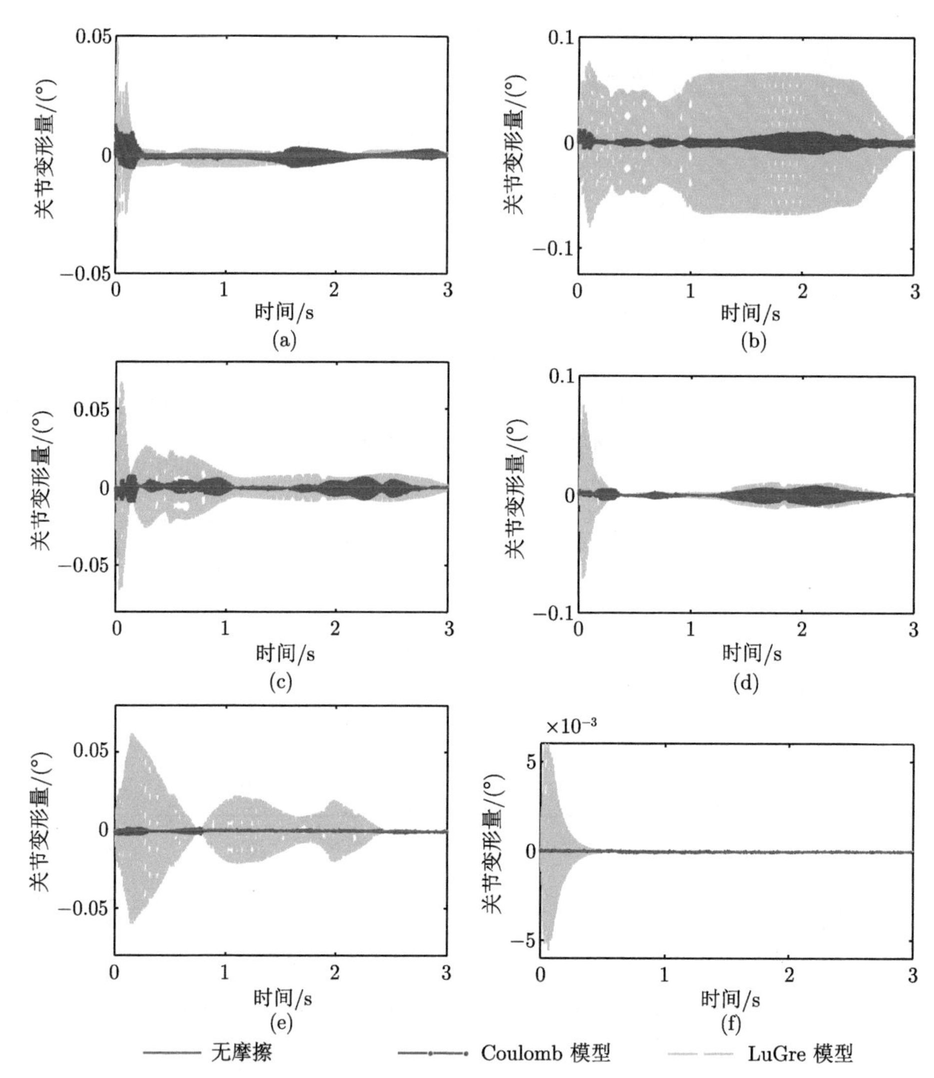

图 16.14　空间机器人关节弹性变形时程曲线：(a) 关节 H_1，(b) 关节 H_2，(c) 关节 H_3，(d) 关节 H_4，(e) 关节 H_5，(f) 关节 H_6

16.5.2　柔性臂空间机器人

1. 模型验证

本章基于 Jourdain 速度变分原理和单体 Newton-Euler 方程，推导了采用系统广义变量表示的关节摩擦的系统动力学方程。为了验证该方程，本小节针对考虑柔性关节的柔性机械臂模型 (如图 16.15 所示) 进行仿真并与 ADAMS 仿真结果进行比较。系统物理参数和柔性关节的参数在表 16.4 和表 16.5 给出。关节的摩擦参数如表 16.3 所示。在仿真过程中，利用 Coulomb 摩擦模型对关节内的摩擦现象进行描述，空间机器人基座和机械臂初始状态均为零，在各关节处施加驱动力 ${}^{f}\boldsymbol{f}_{e}^{ey} = [5000\text{N·m}, -1000\text{N·m}, 1000\text{N·m}, 100\text{N·m}, -100\text{N·m}, 5\text{N·m}]^{\text{T}} \times \sin(2\pi t)$。通过数值仿真可分别得到空间机器人的基座和机械臂的运动时程曲线，如图 16.16~图 16.19 所示，其中图 16.16 和图 16.17 分别为空间机器人基座的位移变化时程曲线和角位移变化时程曲线，图 16.18 为机械臂的关节转角随时间的变化曲线，图 16.19 为机械臂的柔性关节的振动响应曲线。观察可知，分别利用本章方法和 ADMAS 所得到的计算结果相同，由此证明本章所建立的考虑关节摩擦的柔性关节柔性臂空间机器人动力学方程是正确的。

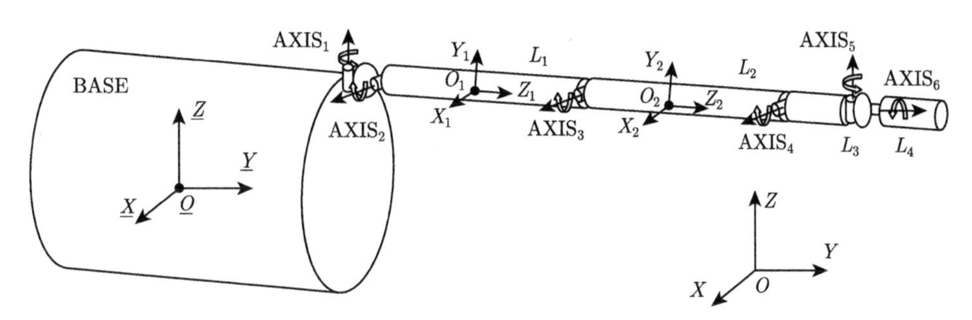

图 16.15 柔性臂空间机器人结构图

表 16.4 柔性臂空间机器人系统物理参数

物体	长度/m	质量/kg	J_{xx}/(kg·m)	J_{yy}/(kg·m)	J_{zz}/(kg·m)	L/m	EI/(N·m^2)	GJ/(N·m^2)
BASE	4×0.4	203000	9822000	101700	9822000	—	—	—
L_1	6.4	82.514	336.933	0.3887	336.933	7.0	4.04×10^{-6}	2.040×10^{-6}
L_2	7	139.701	476.848	0.4034	476.848	6.4	2.81×10^{-6}	1.20×10^{-6}
L_3	0.5	8	0.76	0.2	0.76	0.5	—	—
L_4	0.6	41	5.02	0.2	5.02	0.6	—	—

表 16.5 柔性关节物理参数

关节	刚度 k/(N·m/rad)	J_{xx}/(kg·m)	J_{yy}/(kg·m)	J_{zz}/(kg·m)
H_1	50000	0.01	0.01	0.01
H_2	50000	0.01	0.01	0.01
H_3	50000	0.01	0.01	0.01
H_4	5000	0.01	0.01	0.01
H_5	5000	0.01	0.01	0.01
H_6	5000	0.01	0.01	0.01

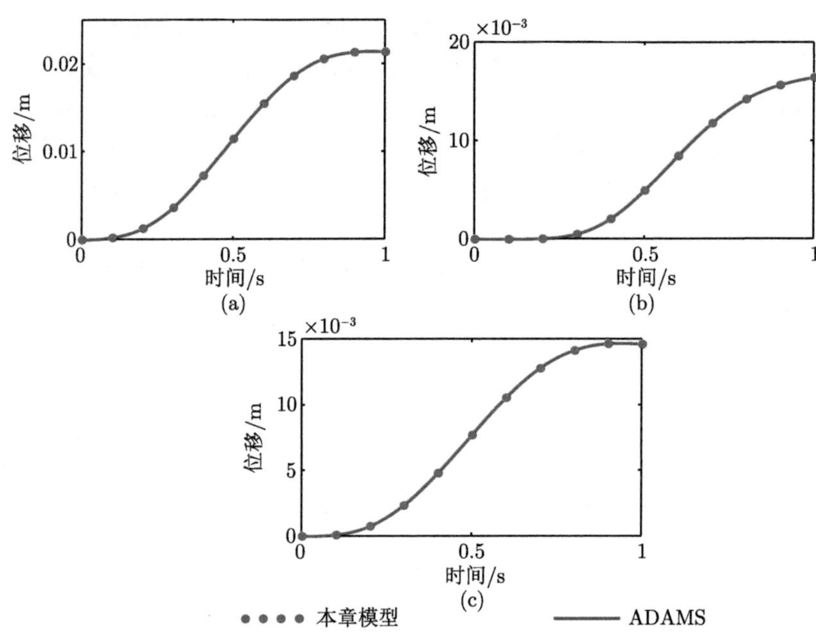

图 16.16　空间机器人基座位移变化时程曲线：(a) 沿 X 轴方向位移，(b) 沿 Y 轴方向位移，(c) 沿 Z 轴方向位移

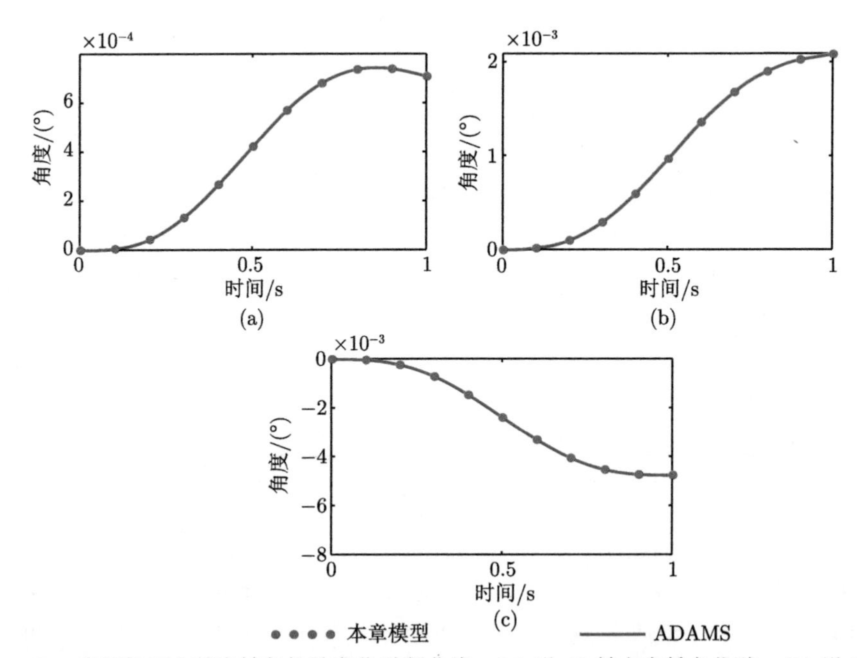

图 16.17　空间机器人基座转角位移变化时程曲线：(a) 沿 X 轴方向转角位移，(b) 沿 Y 轴方向转角位移，(c) 沿 Z 轴方向转角位移

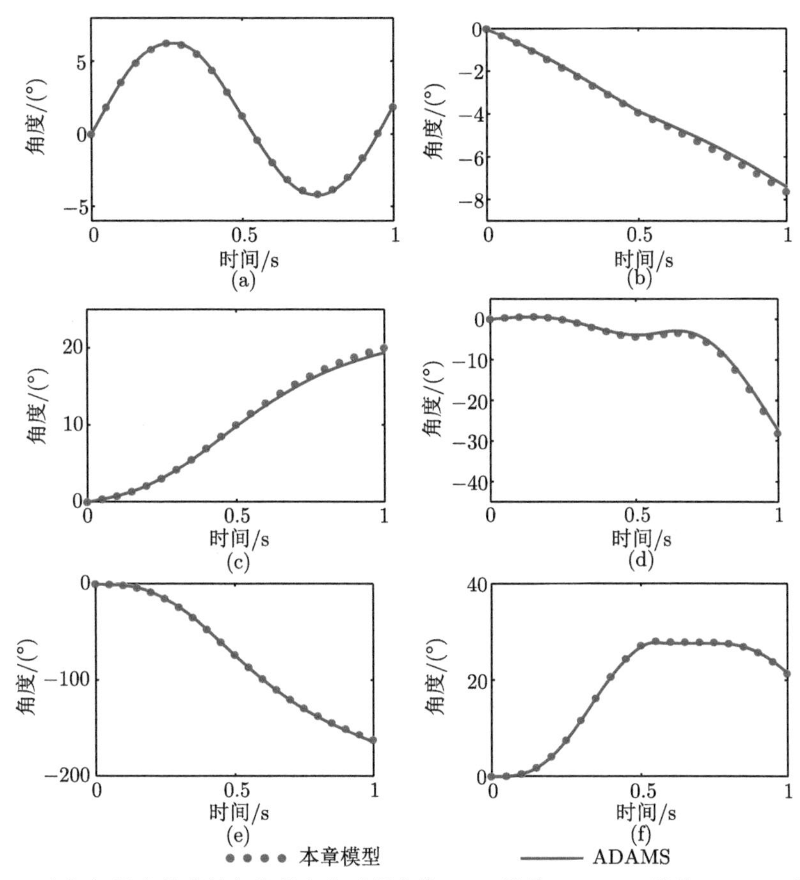

图 16.18 空间机器人关节转角位移变化时程曲线：(a) 关节 H_1，(b) 关节 H_2，(c) 关节 H_3，(d) 关节 H_4，(e) 关节 H_5，(f) 关节 H_6

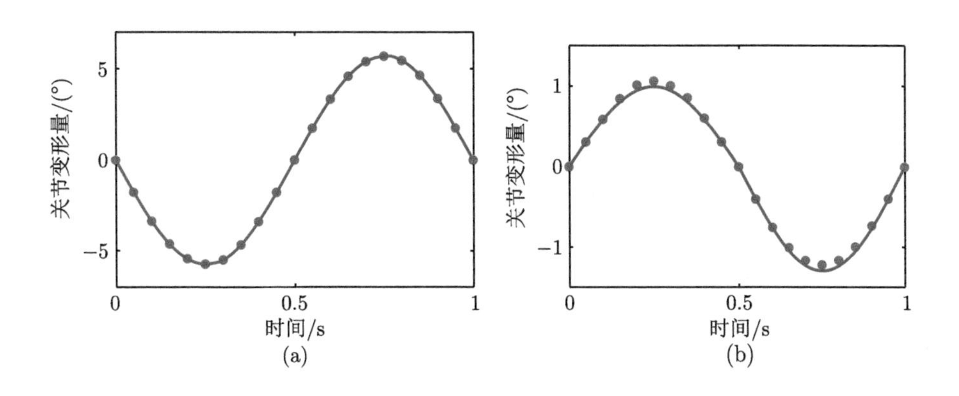

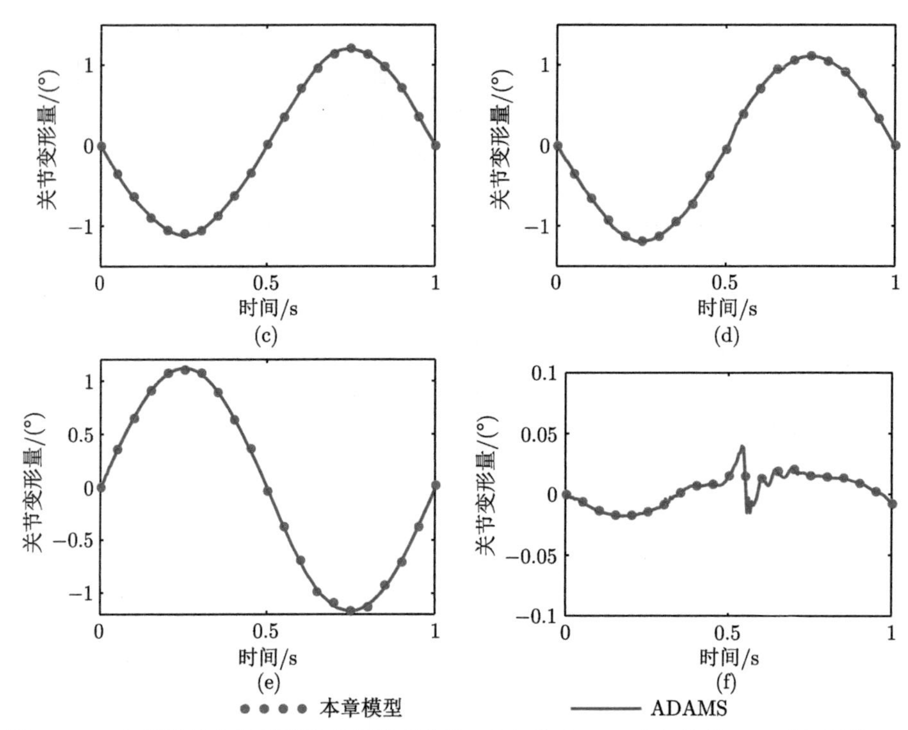

图 16.19　空间机器人关节弹性变形时程曲线：(a) 关节 H_1，(b) 关节 H_2，(c) 关节 H_3，(d) 关节 H_4，(e) 关节 H_5，(f) 关节 H_6

2. LuGre 摩擦参数对空间机器人系统动力学特性影响研究

根据 16.5.1 节 2. 中的分析可知，关节摩擦会影响空间机器人系统的动力学响应。与 Coulomb 摩擦模型相比，LuGre 摩擦模型中除了含有动、静摩擦因数外，还需要补充鬃毛平均刚度系数 σ_0 和最小阻尼系数 σ_1 两个参数来描述关节摩擦现象。接下来，本节将具体分析参数 σ_0 和 σ_1 的变化对机器人系统动力学特性的影响。两组仿真中，除鬃毛平均刚度系数 σ_0 和最小阻尼系数 σ_1 外，其余空间机器人的相关物理参数的选取均可参见表 16.3。在 $t = 0$ 时刻，空间机器人基座的位形坐标为 $[0,0,0,0°, 0°, 0°]^{\mathrm{T}}$，机械臂各关节转角为 $[0°,0°, 0°, 0°, 0°, 0°]^{\mathrm{T}}$，各关节的初始角速度为 $[30(°)/\mathrm{s}, 20(°)/\mathrm{s}, 20(°)/\mathrm{s}, 30(°)/\mathrm{s}, 20(°)/\mathrm{s}, 20(°)/\mathrm{s}]^{\mathrm{T}}$，运动过程中关节和基座处均不施加驱动力。

仿真 1　在该仿真过程中，选取关节的鬃毛最小阻尼系数 $\sigma_1 = 3$，鬃毛平均刚度系数 σ_0 分别可取 26000、2600 和 260，仿真结果如图 16.20~ 图 16.25 所示。不难看出，在机器人系统保持高速运动过程中，σ_0 的变化对空间机器人基座和机械臂的大范围运动的影响并不明显，但如图 16.22(f) 所示，当关节低速转动时，随着 σ_0 的增加关节转动受到阻碍的作用就越大，运动就越滞后。由于 LuGre 摩擦模型是在 Stribeck 模型的基础之上发展而来，接触面相对转速较高时，Stribeck 模型会退化为 Coulomb 模型，因此，机器人关节处于持续高速转动过程中，采用 LuGre 模型与 Coulomb 模型所计算的摩擦力相差不大，此时鬃毛平均刚度系数 σ_0 在关节摩擦现象描述中起到的作用十分有限；因此随着该参数的变化，关节转动不会呈现出明显的滞后。而当关节转速较低时，其模型式 (16-9) 可被看作为一个等效的弹簧阻尼系统，σ_0 可认为是弹簧刚度，在预滑动位移 τ 不变的情况下，σ_0 越大，摩擦力越大，关节转动受到的阻碍作用越强烈，滞后现象越明显。相比于大范围运动，微小的摩擦力改变也会对柔性关节和柔性臂杆的高频振动产生较大的影响，因此随着 σ_0 增加，摩擦力变大，在没有其他外力激励的作用下，越大的摩擦力就激励出越大幅度的振动，如图 16.23～ 图 16.25 所示。

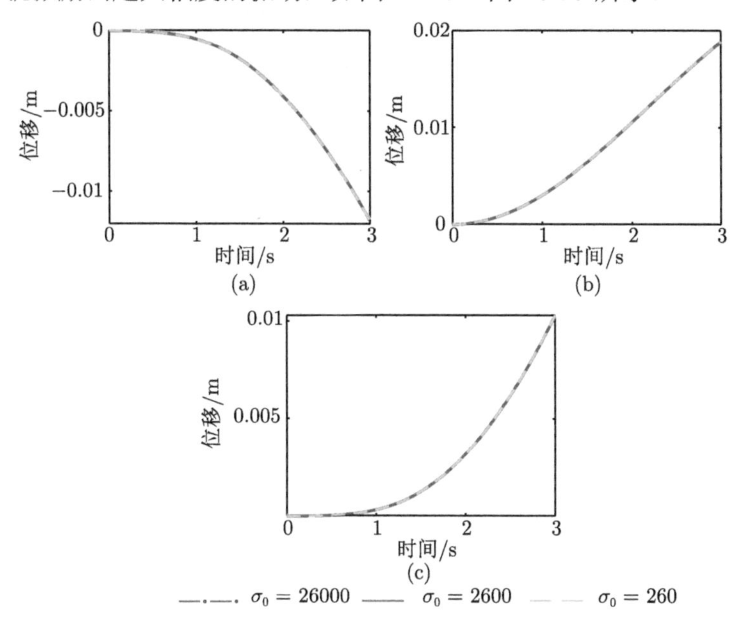

图 16.20 空间机器人基座位移变化时程曲线：(a) 沿 X 轴方向位移，(b) 沿 Y 轴方向位移，(c) 沿 Z 轴方向位移

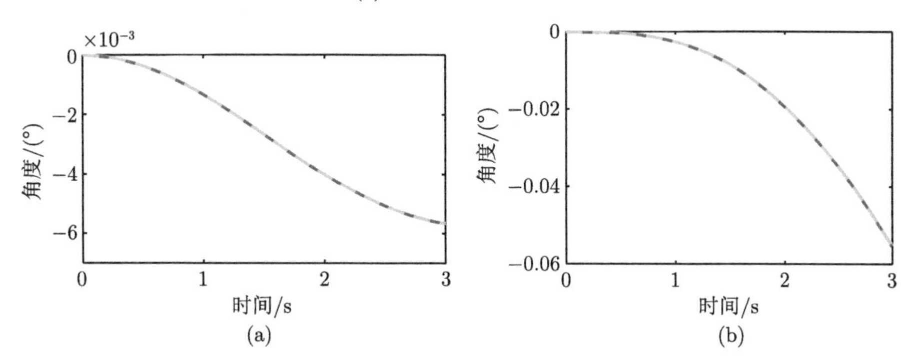

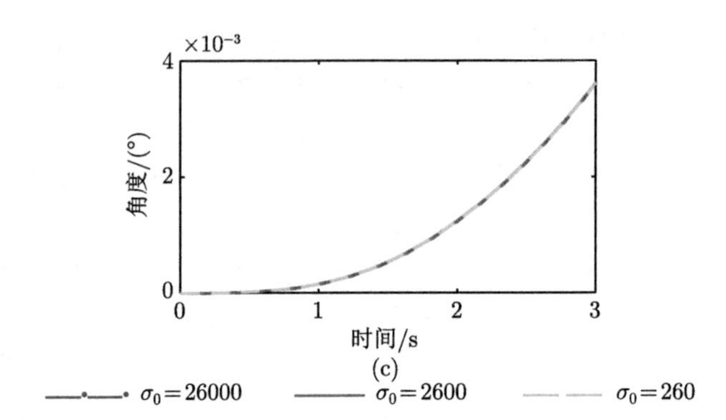

图 16.21　空间机器人基座转角位移变化时程曲线：(a) 沿 X 轴方向转角位移，(b) 沿 Y 轴方向转角位移，(c) 沿 Z 轴方向转角位移

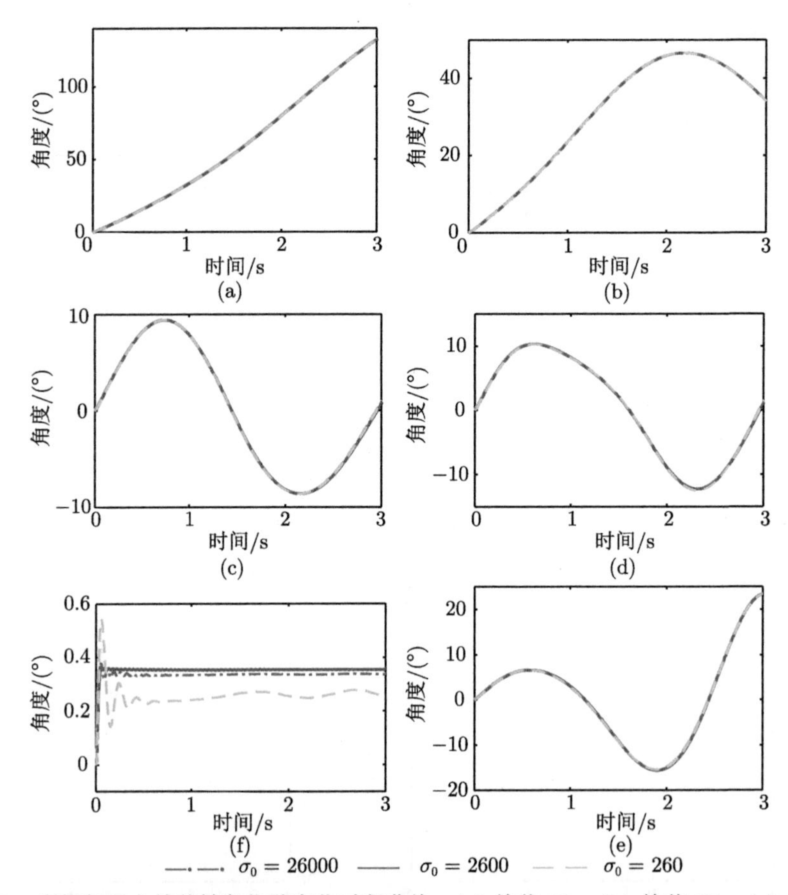

图 16.22　空间机器人关节转角位移变化时程曲线：(a) 关节 H_1，(b) 关节 H_2，(c) 关节 H_3，(d) 关节 H_4，(e) 关节 H_5，(f) 关节 H_6

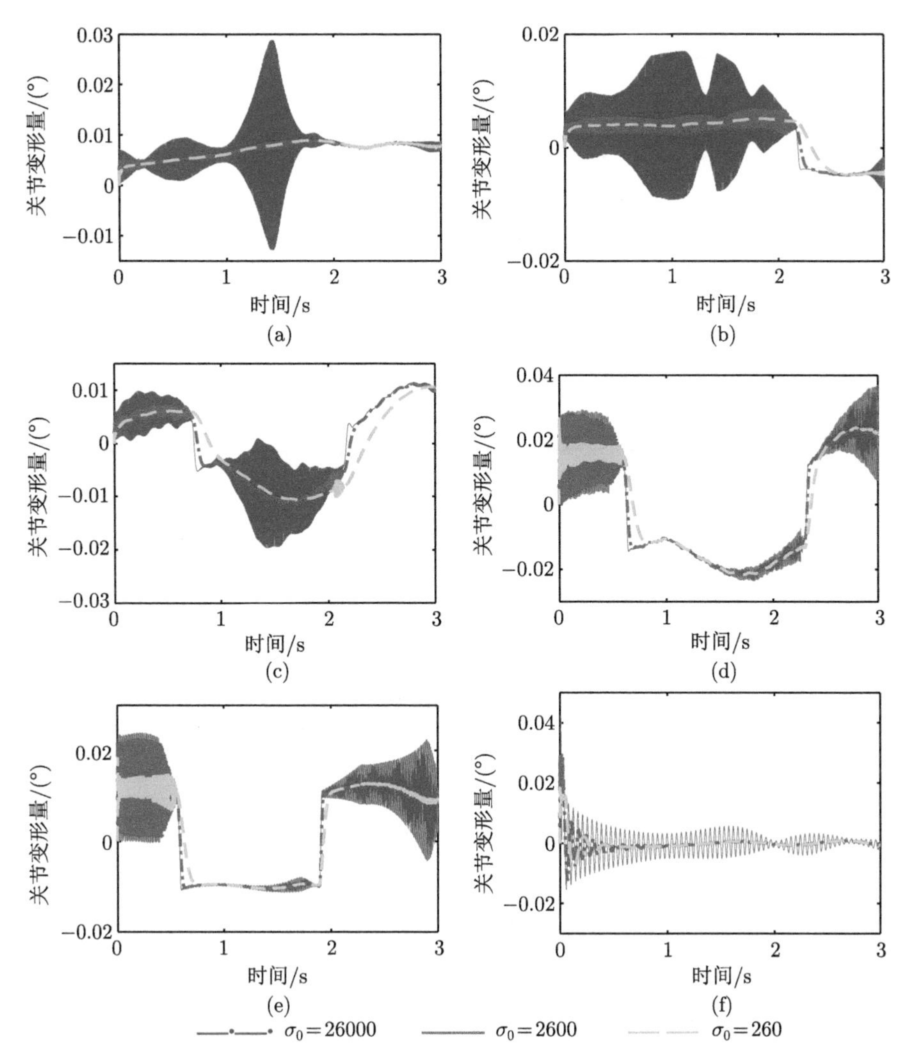

图 16.23 空间机器人关节弹性变形时程曲线：(a) 关节 H_1，(b) 关节 H_2，(c) 关节 H_3，(d) 关节 H_4，(e) 关节 H_5，(f) 关节 H_6

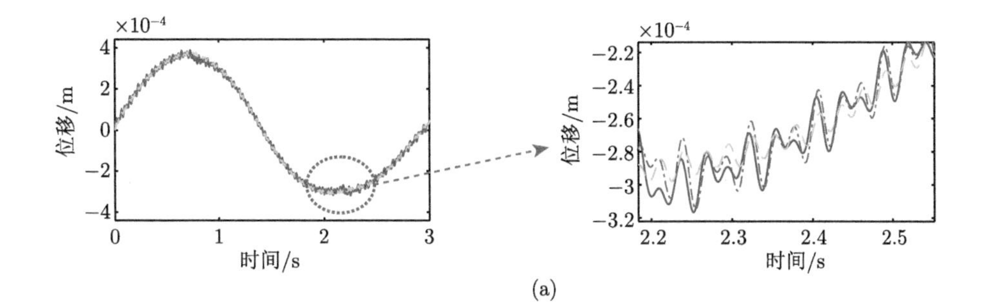

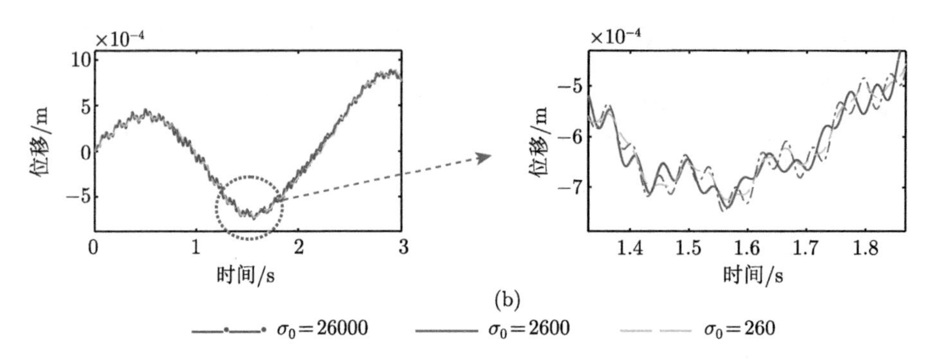

图 16.24 臂杆 L_1 末端位移变化时程曲线和局部放大图：(a) Y_1 轴方向，(b) Z_1 轴方向

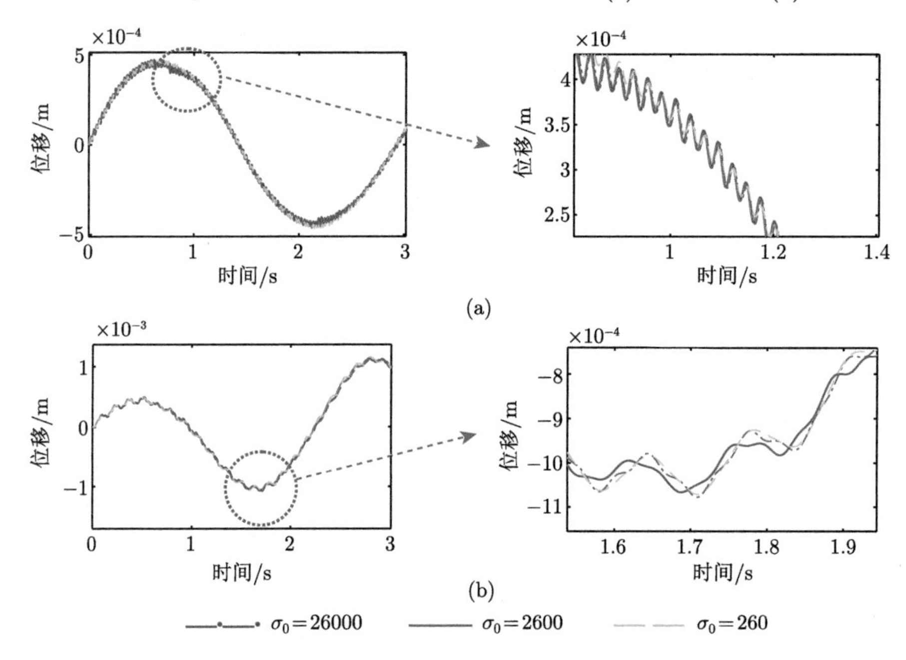

图 16.25 臂杆 L_2 末端位移变化时程曲线和局部放大图：(a) Y_2 轴方向，(b) Z_2 轴方向

仿真 2 在该仿真过程中，选取关节的鬃毛平均变形刚度系数 σ_0=2600，鬃毛最小阻尼系数 σ_1 分别可取 0.3、3 和 30，仿真结果如图 16.26~图 16.31 所示。对计算结果分析后可以得出仿真 1 中类似的结论，在机器人系统保持高速运动过程中，σ_1 的变化对空间机器人基座和机械臂的大范围运动的影响并不明显，但如图 16.28(f) 所示，当关节低速转动时，随着 σ_1 的增加关节转动受到阻碍的作用就越大，运动就越滞后，对于关节高速转动过程的分析在仿真 1 中已做解释，这里就不再赘述，而当关节低速转动时，σ_1 可认为是等效的弹簧–阻尼系统中的阻尼系数；在预滑动位移 τ 的一阶导数不变的情况下，σ_1 越大，阻碍物体相对运动的摩擦力越大，关节转动受到的阻碍作用越强烈，滞后现象就越明显。摩擦对柔

性构件振动特性的影响情况，如图 16.29~ 图 16.31 所示，分析可知，σ_1 增大导致摩擦力增大，在没有其他外力激励的作用下，摩擦力越大柔性臂杆和柔性关节的振动响应也就越剧烈，这与仿真 1 的结论也可以相互印证。

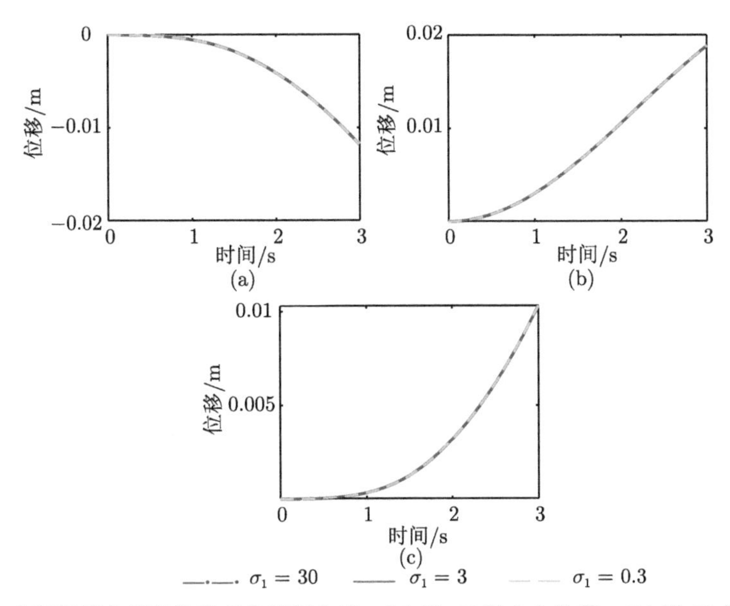

图 16.26 空间机器人基座位移变化时程曲线：(a) 沿 X 轴方向位移，(b) 沿 Y 轴方向位移，(c) 沿 Z 轴方向位移

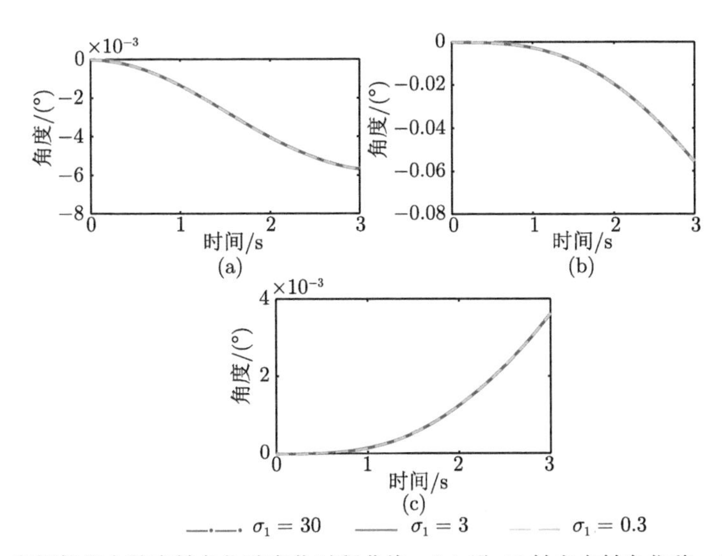

图 16.27 空间机器人基座转角位移变化时程曲线：(a) 沿 X 轴方向转角位移，(b) 沿 Y 轴方向转角位移，(c) 沿 Z 轴方向转角位移

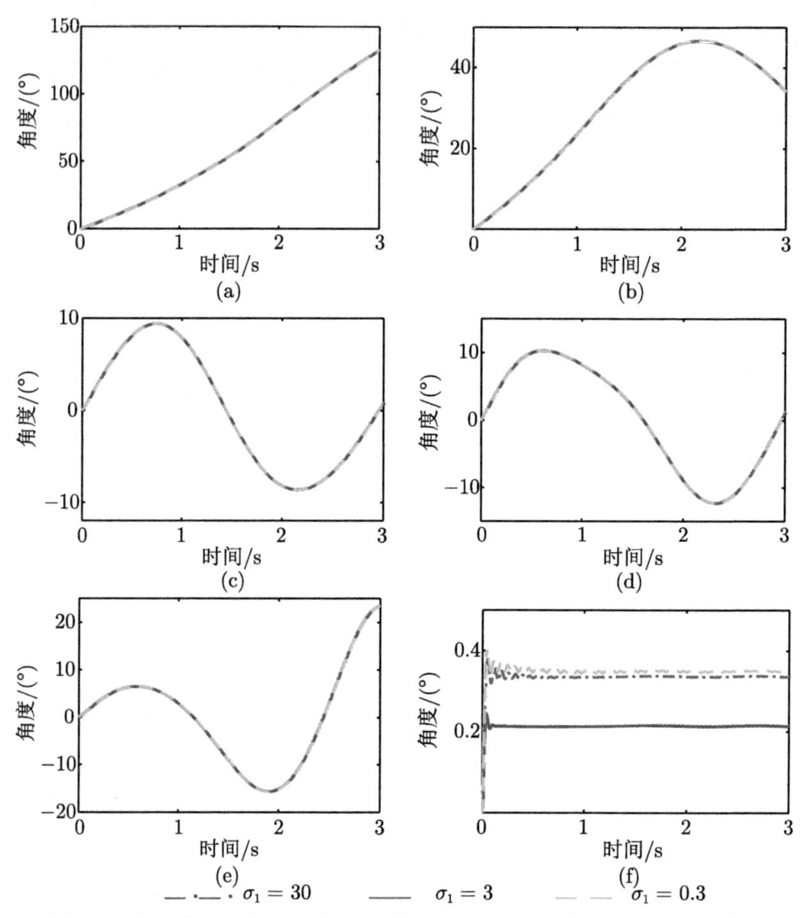

图 16.28　空间机器人关节转角位移变化时程曲线：(a) 关节 H_1，(b) 关节 H_2，(c) 关节 H_3，(d) 关节 H_4，(e) 关节 H_5，(f) 关节 H_6

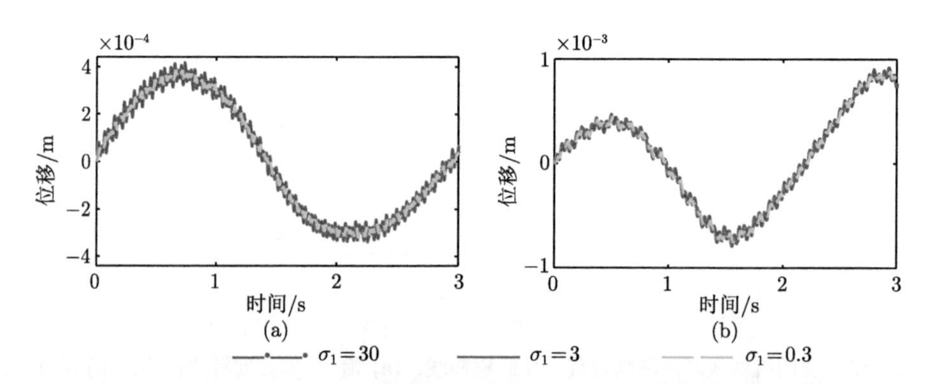

图 16.29　臂杆 L_1 末端位移变化时程曲线：(a) Y_1 轴方向，(b) Z_1 轴方向

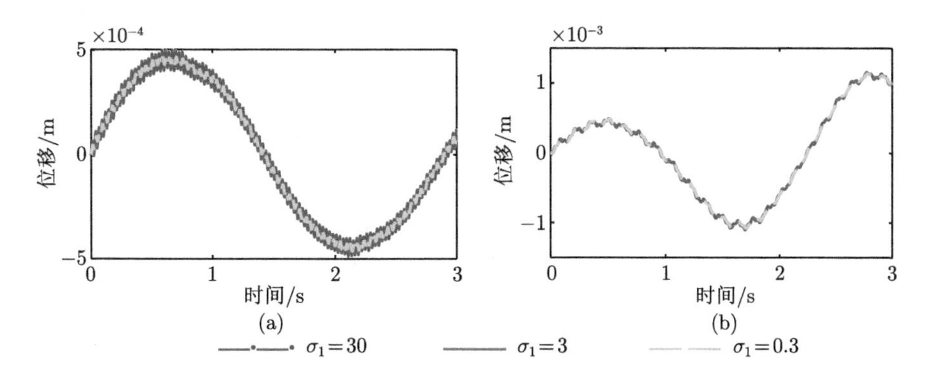

图 16.30 臂杆 L_2 末端位移变化时程曲线：(a) Y_2 轴方向，(b) Z_2 轴方向

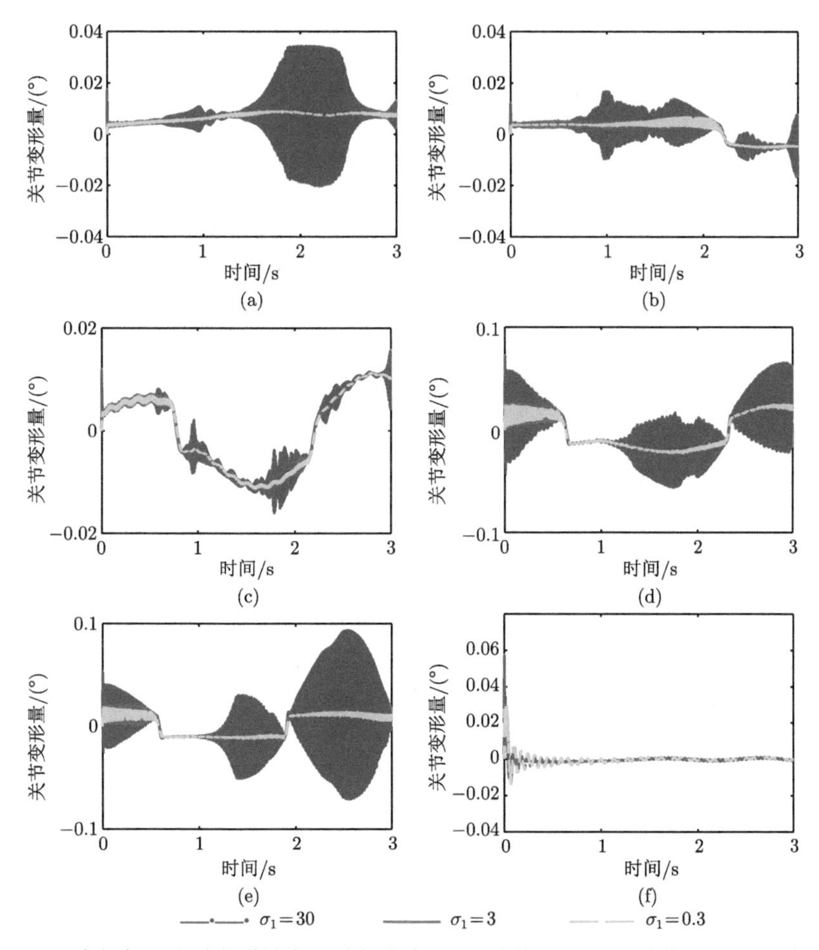

图 16.31 空间机器人关节弹性变形时程曲线：(a) 关节 H_1，(b) 关节 H_2，(c) 关节 H_3，(d) 关节 H_4，(e) 关节 H_5，(f) 关节 H_6

16.6 本章小结

本章研究了考虑关节摩擦的柔性关节空间机器人动力学建模问题。在研究过程中，我们首先利用 Spong 模型对空间机器人柔性关节进行等效简化并采用 LuGre 模型对机器人关节内摩擦行为进行描述。接着，采用 Newton-Euler 方法推导了关节内摩擦力关于广义坐标变量的函数，并基于 Jourdain 变分原理建立了考虑关节摩擦和关节柔性的空间机器人的动力学模型。通过本章方法与 ADAMS 的仿真结果对比验证了本章所提出方法的正确性。仿真结果表明，摩擦不仅会对空间机器人的刚性运动起到阻碍作用，而且会激发柔性关节的弹性振动。在使用 LuGre 模型描述关节摩擦时，关节摩擦对空间机器人的运动特性的影响会随着鬃毛平均刚度系数和最小阻尼系数的变化而变化。

本章中未尽之处还可详见本课题组已投稿文章 [14]。

参考文献

[1] Yang G B, Donath M. Dynamic model of a one-link robot manipulator with both structural and joint flexibility [C]. IEEE International Conference on Robotics and Automation, Philadelphia, USA, 1988.

[2] 张晓东, 贾庆轩, 孙汉旭, 等. 空间机器人柔性关节轨迹控制研究 [J]. 宇航学报, 2008, 29(6): 1865-1870.

[3] Tian Z, Ni F, Guo C, et al. Parameter identification and controller design for flexible joint of Chinese space manipulator [C]. IEEE International Conference on Robotics and Biomimetics, Bali, Indonesia, 2014.

[4] 张绪平. 空间柔性冗作度机器人动力学分析与综合 [D]. 北京工业大学博士学位论文, 1999.

[5] Ambrose R O, Askew R S. An experimental investigation of actuators for space robots; proceedings of the Robotics and Automation [C]. 1995 IEEE International Conference on Robotics and Automation, Nagoya, Japan, 1995.

[6] Breedveld P, Diepenbroek A Y, van Lunteren T. Real-time simulation of friction in a flexible space manipulator [C]. 1997 8th International Conference on Advanced Robotics, Monterey, CA, USA, 1997.

[7] Zhang X D, Jia Q X, Sun H X, et al. Adaptive control of manipulator flexible-joint with friction compensation using LuGre model [C]. Industrial Electronics and Applications, Singapore, Singapore, 2008.

[8] Azizi Y, Yazdizadeh A. Passivity-based adaptive control of a 2-DOF serial robot manipulator with temperature dependent joint frictions [J]. International Journal of Adaptive Control and Signal Processing, 2019, 33(3): 512-526.

[9] Simoni L, Beschi M, Legnani G, et al. Modelling the temperature in joint friction of industrial manipulators [J]. Robotica, 2017: 1-22.

[10] Spong M W. Modeling and control of elastic joint robots [J]. Journal of Dynamic Systems Measurement and Control, 1987, 109(4): 310-318.

[11] Canudas de Wit C, Olsson H, Astrom K J, et al. A new model for control of systems with friction [J]. IEEE Transactions on Automatic Control, 1995, 40(3): 419-425.

[12] Li H, Duan L, Liu X, et al. Deployment and control of flexible solar array system considering joint friction [J]. Multibody System Dynamics, 2017, 39(3): 249-265.

[13] Liu X, Li H, Wang J, et al. Dynamics analysis of flexible space robot with joint friction [J]. Aerospace Science & Technology, 2015, 47(12):164-176.

[14] Zhang Q, Liu X F, Cai G P. Dynamics and control of a flexible-link flexible-joint space robot with joint friction[J]. International Journal of Aeronautical and Space Sciences, 2020. https://doi.org/10.1007/s42405-020-00294-3.

第 17 章　空间机器人容错控制问题

17.1　引　　言

随着人类对宇宙的不断探索和推进，需要执行的空间任务也朝着多样化、复杂化和高稳定性的方向发展，空间机器人要完成这些任务，对系统本身的可靠性、稳定性以及安全性也将提出更高的要求。空间机器人是一结构复杂的机械系统，它能否顺利执行这些空间任务，在很大程度上依赖于机器人系统本身 (比如执行机构、传感器、供能设备等) 的运行情况。由于空间机器人所处的外太空工作环境是极其恶劣的，系统在所难免地会出现一些故障，从而影响它执行任务过程中的稳定性和可靠性，如果不能及时、妥当地处理这些故障，就很可能会导致严重的后果 [1]。

容错控制 (fault tolerant control, FTC) 是一种既要保证系统稳定性又要满足一定控制效果的控制策略 [2]。具体来说，容错控制的方法大致可以划分为两种：被动容错控制和主动容错控制 [3−8]。被动容错控制的主要思想是针对故障和引起故障的其他不确定性因素设计一个单独的鲁棒控制器来进行故障处理。当故障发生的时候，控制器具有通过使得控制效果退化来继续保持系统稳定的能力，而不需要对系统进行故障检测与诊断 (fault detection and diagnosis, FDD) 和对控制器进行重构 [9]。然而，有限的容错能力大大地削弱了这种方法对故障系统的有效性 [10]。主动容错控制方法则可以提供更强大的容错能力，它不但可以在线重新配置控制策略，还可以根据故障信息使得系统自动切换到更合适的控制律下以完成对系统的故障进行补偿控制 [11]。到目前为止，世界各国的学者已经对故障诊断和容错控制开展了很多的研究，并且在飞行器、工业机器人以及航天器等领域也取得了一定的成果 [1]。例如，Hu 等 [12] 基于积分滑模方法提出的自适应滑模控制器解决了系统在未知作动器故障和外部扰动条件下的容错控制问题，并将该方法推广到了时变的线性系统，结果表明，该控制器对任意给定的作动器有效增益及外部扰动都能使得系统渐近稳定；另外作者还将该方法应用到了柔性航天器的容错控制问题上，获得了良好的控制效果 [9]。Gao 等 [13] 基于自适应方法及滑模控制策略研究了可重复使用运载航天器的 (reusable launch vehicle, RLV) 容错控制问题，所提出的控制器能够使闭环的姿态控制系统在作动器故障的条件下实现渐近稳定的跟踪。Xu 等 [14] 针对临近空间飞行器 (near space vehicle, NSV) 提出了一种分散的渐近容错控制方案，该方案首先基于多模型的故障诊断识别算法 (fault diagnosis and identification, FDI) 实现了对高阶传动机构故障的精确诊断，然后利用滑模、反步控制技术以及 FDI 信息为 NSV 设计容错控制器，最后仿真检验了控制器的有效性。Siqueira 等 [15] 提出了用 Markovian 跳跃模型来描述三关节机器人故障的情况，还基于该模型分别对 H_∞、H_2 以及 H_2/H_∞ 三个控制器进行了对比研究。由于航天任务要求空间机器人控制系统具有高可靠性、低功率消费、小尺寸以及实时等特性，Shi[16] 提出了一种双重冗余容错的控制策略，该策略不仅可以确保时间上的快速性，还可以减少通信的数据量，从而提升双重冗余容错系统的可靠性以及有效性。Pintan 等 [17] 提出了一种针对传感器故障的鲁棒控制律，并且将其应用到了柔性机械臂上。由上可以看出，目前世界各国的学者虽然对故障诊断与容错控制的研究做了很多的工作，但是值得指出的是，目前针对空间机器人这一特定对象的研究并不多见，而考虑柔性帆板的空间机器人的容错控制研究就更为少见。空间机器人长期工作在恶劣的环境中，如果所设计的控制器没有容错能力，突然出现的作动器故障等很有可能导致不良的控制效果，甚至最终致使空间机器人失去控制，从而造成巨大的损失。因此，在控制器设计的时候考虑其容错性能具有重要的意义。

本章对考虑柔性帆板的六自由度空间机器人的容错控制问题进行研究。首先设计了机器人所有作动器都能正常工作的滑模控制器，然后设计了考虑系统作动器失效时的滑模容错自适应控制器，并通过 Lyapunov 理论验证了其稳定性，最后通过仿真计算结果对比说明了控制器的可行性。

本章的组织结构如下：首先，在 17.2 节中介绍了带柔性帆板空间机器人的主要结构和动力学方程；然后在 17.3 节中给出了容错控制器的设计方法；最后在 17.4 节中进行数值仿真，对本章所提出容错控制方法的有效性进行了验证。

17.2 空间机器人的结构描述

本章所考虑的空间机器人系统结构的简图如图 17.1 所示，整个系统由中心刚体 B_1 (本体)、两块柔性帆板 B_8 和 B_9 以及一个六自由度机械臂 B_2-B_7 所构成，柔性帆板固定在航天器的本体 B_1 上。六自由度机械臂由 4 个刚性杆 B_2-B_5 和抓手 B_6-B_7 所构成，物体 B_2 和 B_5 分别具有两个自由度 (B_2 可绕 Axis 1 和 Axis 2 转动，B_5 可绕 Axis 5 和 Axis 6 转动)，B_3 和 B_4 分别具有一个自由度 (B_3 可绕 Axis 3 转动，B_4 可绕 Axis 4 转动)。抓手 B_6-B_7 固结在物体 B_5 上，并且分别由两个完全一样的刚性杆固结而成，如图 17.2 所示。空间机器人系统的绝对惯性参考系 O-XYZ 建立在虚物体 B_0 上，O 为其原点。$o_1-x_1y_1z_1$ 为 B_1 的连体基，原点在其质心上，运动前与惯性参考系 O-XYZ 保持平行。坐标系 $\vec{e}_i(i=$

$2, \cdots, 5, 8, 9)$ 为物体 $B_i(i=2,\cdots,5,8,9)$ 的连体基，原点 $O_i(i=2,\cdots,5,8,9)$ 与物体 $B_i(i=2,\cdots,5,8,9)$ 的质心重合。为具体描述空间机器人系统相对惯性坐标系 $O\text{-}XYZ$ 的运动，引入了包含 3 个平移自由度和 3 个转动自由度的虚铰 H_1 来表述物体 B_1 的运动状态。关节 $H_i(i=2,\cdots,7)$ 代表机械臂的相对转动关节，轴线 Axis 1~Axis 6 表示机械臂转动关节 H_2-H_7 的轴线。

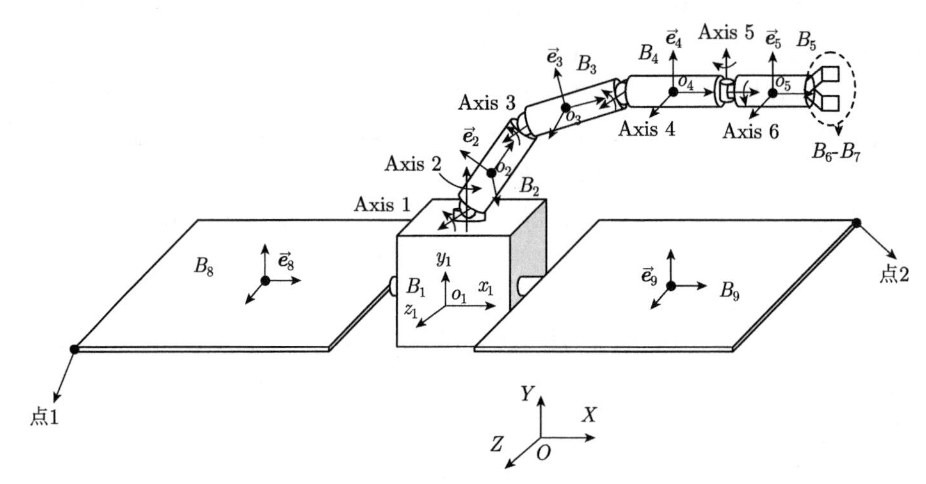

图 17.1　空间机器人的结构示意图

本章采用关节坐标 (铰坐标) 作为独立的广义坐标描述空间机器人系统状态。定义虚铰 H_1 关节坐标为

$$\boldsymbol{q}_1 = [x, y, z, \theta_x, \theta_y, \theta_z]^{\mathrm{T}} \tag{17-1}$$

式中，x、y 和 z 为关节 H_1 的平动坐标，θ_x、θ_y 和 θ_z 为其转动坐标。令关节 $H_i(i=2,\cdots,7)$ 的关节坐标为 $\boldsymbol{q}_i=\theta_i(i=2,\cdots,7)$，帆板的弹性变形用模态坐标 $\boldsymbol{x}_i(i=8,9)$ 来描述，则系统的广义坐标为

$$\boldsymbol{y} = [\boldsymbol{q}_1^{\mathrm{T}}, \cdots, \boldsymbol{q}_7^{\mathrm{T}}, \boldsymbol{x}_8^{\mathrm{T}}, \boldsymbol{x}_9^{\mathrm{T}}]^{\mathrm{T}} \tag{17-2}$$

参考第 2 章和文献 [18] 中的建模方法，将空间机器人的一对帆板考虑为柔性体，6-DOF 机械臂考虑为刚体，则系统的动力学方程表达式为

$$-\boldsymbol{Z}\ddot{\boldsymbol{y}} + \boldsymbol{z} + \boldsymbol{f}^{ey} = 0 \tag{17-3}$$

式中，

$$\boldsymbol{Z} = \boldsymbol{G}^{\mathrm{T}}\boldsymbol{M}\boldsymbol{G}, \quad \boldsymbol{z} = \boldsymbol{G}^{\mathrm{T}}(\boldsymbol{f} - \boldsymbol{M}\boldsymbol{g}\widehat{\boldsymbol{I}}_n), \quad \boldsymbol{f}^{ey} = \boldsymbol{f}_e^{ey} + \boldsymbol{f}_f^{ey} \tag{17-4}$$

各矩阵的详细意义和具体表达式均可参考第 2 章中的相关内容。

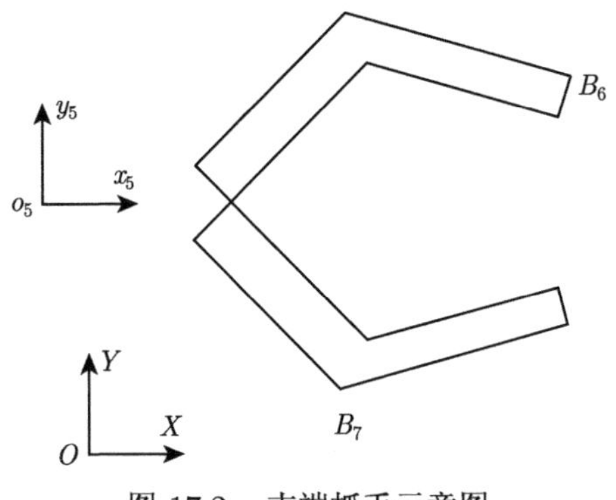

图 17.2 末端抓手示意图

17.3 容错控制器的设计

本小节进行容错控制器的设计。众所周知，滑模控制的优势是可以解决含有不确定性因素模型的控制，不但对外界的干扰具有很强的鲁棒性，而且对非线性系统的控制也能取得很好的效果 [19,20]。由于滑模控制算法相对简单、响应迅速、对外界噪声的扰动和摄动参数都具有良好的鲁棒性，因此该控制方法不但在地面机器人控制领域得到了广泛应用，而且有学者也将其应用于空间机器人的控制器设计 [21,22]。本小节首先利用滑模方法设计空间机器人作动器正常工作时的控制器，然后在此基础上又给出了系统作动器失效时的滑模自适应容错控制器。

17.3.1 滑模控制器

空间机器人的结构如图 17.1 所示，利用单向递推组集方法和 Jourdain 虚功率原理，可以得到系统动力学方程 (17-3)，将其重新写为

$$\ddot{\boldsymbol{y}} = \boldsymbol{h}(\dot{\boldsymbol{y}}, \boldsymbol{y}) + \boldsymbol{B}\boldsymbol{u} \tag{17-5}$$

式中，$\boldsymbol{h}$ 和 $\boldsymbol{B}$ 为

$$\boldsymbol{h}(\dot{\boldsymbol{y}}, \boldsymbol{y}) = \boldsymbol{Z}^{-1}\boldsymbol{z} \tag{17-6}$$

$$\boldsymbol{B} = \boldsymbol{Z}^{-1} \tag{17-7}$$

式中，$\boldsymbol{B} > 0$，也即 $\boldsymbol{B}$ 为正定矩阵。

定义 $\boldsymbol{y}$ 的目标轨迹为 $\boldsymbol{y}_{\mathrm{d}}$，可得到跟踪误差及其一阶导数分别为 $\boldsymbol{e} = \boldsymbol{y}_{\mathrm{d}} - \boldsymbol{y}$ 和 $\dot{\boldsymbol{e}} = \dot{\boldsymbol{y}}_{\mathrm{d}} - \dot{\boldsymbol{y}}$。并且定义滑模面 [23]

$$\boldsymbol{s} = \dot{\boldsymbol{e}} + \boldsymbol{\lambda}\boldsymbol{e} \tag{17-8}$$

式中，$\boldsymbol{\lambda} = \beta\tilde{\boldsymbol{I}}$，$\beta$ 为设计的正实常数，$\tilde{\boldsymbol{I}}$ 为单位阵，它的维数与系统的坐标数相同。

选取滑模控制器结构为

$$\boldsymbol{u} = \boldsymbol{u}_{\mathrm{eq}} + \boldsymbol{u}_{\mathrm{vss}} = \boldsymbol{u}_{\mathrm{eq}} - \varepsilon \mathrm{sgn}(\boldsymbol{s}) - k\boldsymbol{s} \tag{17-9}$$

式中，$\boldsymbol{u}_{\mathrm{eq}}$ 为等效控制部分，$\boldsymbol{u}_{\mathrm{vss}}$ 为切换控制部分，并且 ε 和 k 均为大于零的实常数。

等效控制 $\boldsymbol{u}_{\mathrm{eq}}$ 可以由下式获得

$$\begin{aligned}\dot{\boldsymbol{s}} &= \boldsymbol{\lambda}\dot{\boldsymbol{e}} + \ddot{\boldsymbol{e}} = \boldsymbol{\lambda}\dot{\boldsymbol{e}} + (\ddot{\boldsymbol{y}}_{\mathrm{d}} - \ddot{\boldsymbol{y}}) \\ &= \boldsymbol{\lambda}\dot{\boldsymbol{e}} + \ddot{\boldsymbol{y}}_{\mathrm{d}} - (\boldsymbol{h} + \boldsymbol{B}\boldsymbol{u}_{\mathrm{eq}}) \\ &= \boldsymbol{0}\end{aligned} \tag{17-10}$$

从上式，得到等效控制律为

$$\boldsymbol{u}_{\mathrm{eq}} = \boldsymbol{B}^{-1}(\boldsymbol{\lambda}\dot{\boldsymbol{e}} + \ddot{\boldsymbol{y}}_{\mathrm{d}} - \boldsymbol{h}) \tag{17-11}$$

控制器 (17-9) 需要满足滑模面的到达条件 $\boldsymbol{s}^{\mathrm{T}}\dot{\boldsymbol{s}} < 0$。为说明这一点，选择的 Lyapunov 函数为

$$V = \frac{1}{2}\boldsymbol{s}^{\mathrm{T}}\boldsymbol{s} \tag{17-12}$$

明显可以看出，当 $\boldsymbol{s} \neq \boldsymbol{0}$ 时，$V > 0$。对式 (17-12) 求取一阶导数，并且考虑到控制器式 (17-9)，有

$$\begin{aligned}\dot{V} &= \boldsymbol{s}^{\mathrm{T}}\dot{\boldsymbol{s}} = \boldsymbol{s}^{\mathrm{T}}[\boldsymbol{\lambda}\dot{\boldsymbol{e}} + \ddot{\boldsymbol{y}}_{\mathrm{d}} - (\boldsymbol{h} + \boldsymbol{B}\boldsymbol{u})] \\ &= \boldsymbol{s}^{\mathrm{T}}\boldsymbol{B}[-\varepsilon \mathrm{sgn}(\boldsymbol{s}) - k\boldsymbol{s}] \\ &= -\varepsilon\boldsymbol{s}^{\mathrm{T}}\boldsymbol{B}\mathrm{sgn}(\boldsymbol{s}) - k\boldsymbol{s}^{\mathrm{T}}\boldsymbol{B}\boldsymbol{s} < 0\end{aligned} \tag{17-13}$$

根据 Lyapunov 理论，当 $t \to \infty$ 时，$\boldsymbol{s}$、$\boldsymbol{e}$ 及 $\dot{\boldsymbol{e}}$ 将趋向于 0。这就表明了当使用控制器 (17-9) 时，$\boldsymbol{y}$ 将收敛于 $\boldsymbol{y}_{\mathrm{d}}$。

17.3.2　滑模自适应容错控制器

当考虑到系统作动器失效的情况时，空间机器人系统的动力学方程可写为

$$\ddot{\boldsymbol{y}} = \boldsymbol{h}(\dot{\boldsymbol{y}}, \boldsymbol{y}) + \boldsymbol{B}\boldsymbol{F}\boldsymbol{u} \tag{17-14}$$

式中，$\boldsymbol{F}=\mathrm{diag}(F_1,\cdots F_k)$ 为作动器有效因子矩阵，为一个对角矩阵，并且对角元素 $0<F_i\leqslant 1$，$(i=1,\cdots,k)$，k 表示系统第 k 个作动器。本章中 k 的值为 18，$i=1,\cdots,6$ 表示本体的 6 个作动器，$i=7,\cdots,12$ 表示机械臂的 6 个关节的作动器，$i=13,\cdots,18$ 表示柔性帆板的 6 个作动器。$F_i=1$ 表示作动器 i 是正常工作的，$F_i=0$ 表示作动器彻底发生失效，$0<F_i<1$ 表示作动器部分发生失效。

对于考虑作动器失效的式 (17-14)，设计如下形式的控制器：

$$\boldsymbol{u}=\hat{\boldsymbol{\mu}}^{\mathrm{T}}\boldsymbol{\Xi}\frac{\boldsymbol{s}}{\|\boldsymbol{s}\|} \tag{17-15}$$

式中，

$$\hat{\boldsymbol{\mu}}^{\mathrm{T}}=\left[\mu_1,\ \mu_2,\ \frac{\hat{\mu}_3}{\kappa},\ \mu_4\right] \tag{17-16}$$

$$\boldsymbol{\Xi}^{\mathrm{T}}=\left[\|\boldsymbol{s}\|,\ \frac{\|\boldsymbol{z}\|^2}{\|\boldsymbol{s}\|},\ \frac{\|\boldsymbol{X}\|}{\|\boldsymbol{s}\|},\ \frac{(\|\boldsymbol{B}^{-1}\|\,\|\boldsymbol{y}_d\|)^2}{\|\boldsymbol{s}\|}\right] \tag{17-17}$$

式中，$\mu_i\ (i=1,2,4)$ 为满足式 (17-28) 的正实常数；$\hat{\mu}_3$ 为对 μ_3 的估计，其中 μ_3 可见式 (17-23)；$0<\kappa\leqslant\lambda_{\min}(\boldsymbol{F})$，其中 κ 一为正实常数，$\lambda_{\min}(\boldsymbol{F})$ 是 $\boldsymbol{F}$ 的最小特征值；$\boldsymbol{X}$ 将在下面的式 (17-23) 中给出；符号 "$\|\cdot\|$" 为矩阵 2 范数。

$\hat{\mu}_3$ 的值由以下的自适应律来更新：

$$\dot{\hat{\mu}}_3=-\chi^2\hat{\mu}_3+a_1\|\chi\| \tag{17-18}$$

$$\dot{\chi}=-a_2\chi \tag{17-19}$$

式中，$a_i\ (i=1,2)$ 任意正实常数。

考虑由式 (17-14) 所描述的空间机器人，选取式 (17-8) 所描述的滑模面，假设系统的期望轨迹为 $\boldsymbol{y}_d$，那么在给定的控制器 (17-15) 和自适应律 (17-16)~(17-19) 的作用下，可使得系统 (17-14) 稳定地跟踪上期望的轨迹。接下来对控制器的稳定性给出详细的证明。

对于空间机器人系统 (17-14)，选取如下的 Lyapunov 函数：

$$V=\frac{1}{2}\boldsymbol{s}^{\mathrm{T}}\boldsymbol{B}^{-1}\boldsymbol{s}+\frac{1}{2a_1}\tilde{\mu}_3^2+\frac{1}{8a_1a_2}\mu_3^2\chi^2 \tag{17-20}$$

式中，$\tilde{\mu}_3=\hat{\mu}_3-\mu_3$ 为对 μ_3 的估计误差，其中 μ_3 可见式 (17-23)。

对式 (17-20) 求一阶导数，有

$$\dot{V}=\boldsymbol{s}^{\mathrm{T}}\boldsymbol{B}^{-1}\dot{\boldsymbol{s}}+\frac{1}{2}\boldsymbol{s}^{\mathrm{T}}\dot{\boldsymbol{B}}^{-1}\boldsymbol{s}+\frac{1}{a_1}\tilde{\mu}_3\dot{\hat{\mu}}_3+\frac{1}{4a_1a_2}\mu_3^2\chi\dot{\chi} \tag{17-21}$$

将 s 的一阶导数 $\dot{\boldsymbol{s}}=[\boldsymbol{\lambda}\dot{\boldsymbol{e}}+\ddot{\boldsymbol{y}}_d-(\boldsymbol{h}+\boldsymbol{BFu})]$ 代入上式，经过推导和整理，可以得到：

$$\begin{aligned}\dot{V}&=\boldsymbol{s}^{\mathrm{T}}\left\{\boldsymbol{B}^{-1}\left[\boldsymbol{\lambda}\dot{\boldsymbol{e}}+\ddot{\boldsymbol{y}}_d-(\boldsymbol{h}+\boldsymbol{BFu})\right]+\frac{1}{2}\dot{\boldsymbol{B}}^{-1}\boldsymbol{s}\right\}+\frac{1}{a_1}\tilde{\mu}_3\dot{\hat{\mu}}_3+\frac{1}{4a_1a_2}\mu_3^2\chi\dot{\chi}\\&=\boldsymbol{s}^{\mathrm{T}}\left\{\beta\boldsymbol{B}^{-1}\dot{\boldsymbol{e}}+\boldsymbol{B}^{-1}\ddot{\boldsymbol{y}}_d-\boldsymbol{z}-\boldsymbol{Fu}+\frac{1}{2}\dot{\boldsymbol{B}}^{-1}\boldsymbol{s}\right\}+\frac{1}{a_1}(\hat{\mu}_3-\mu_3)\dot{\hat{\mu}}_3+\frac{1}{4a_1a_2}\mu_3^2\chi\dot{\chi}\\&\leqslant\beta\left\|\boldsymbol{B}^{-1}\dot{\boldsymbol{e}}\right\|\|\boldsymbol{s}\|+\left\|\boldsymbol{B}^{-1}\ddot{\boldsymbol{y}}_d\right\|\|\boldsymbol{s}\|+\|\boldsymbol{z}\|\|\boldsymbol{s}\|-\boldsymbol{s}^{\mathrm{T}}\boldsymbol{Fu}+\frac{1}{2}\left\|\dot{\boldsymbol{B}}^{-1}\boldsymbol{s}\right\|^2\\&\quad+\frac{1}{a_1}(\hat{\mu}_3-\mu_3)\dot{\hat{\mu}}_3+\frac{1}{4a_1a_2}\mu_3^2\chi\dot{\chi}\\&\leqslant\left[\beta\|\dot{\boldsymbol{e}}\|\|\boldsymbol{s}\|\quad\frac{1}{2}\|\boldsymbol{s}\|^2\right]\begin{bmatrix}\left\|\boldsymbol{B}^{-1}\right\|\\\left\|\dot{\boldsymbol{B}}^{-1}\right\|\end{bmatrix}+\left\|\boldsymbol{B}^{-1}\right\|\|\ddot{\boldsymbol{y}}_d\|\|\boldsymbol{s}\|+\|\boldsymbol{z}\|\|\boldsymbol{s}\|-\boldsymbol{s}^{\mathrm{T}}\boldsymbol{Fu}\\&\quad+\frac{1}{a_1}(\hat{\mu}_3-\mu_3)\dot{\hat{\mu}}_3+\frac{1}{4a_1a_2}\mu_3^2\chi\dot{\chi}\end{aligned}\tag{17-22}$$

为方便后续推导过程及控制器的表示，定义如下变量：

$$\boldsymbol{X}^{\mathrm{T}}=\left[\beta\|\dot{\boldsymbol{e}}\|\|\boldsymbol{s}\|,\ \frac{1}{2}\|\boldsymbol{s}\|^2\right],\quad \boldsymbol{Y}^{\mathrm{T}}=\left[\left\|\boldsymbol{B}^{-1}\right\|,\left\|\dot{\boldsymbol{B}}^{-1}\right\|\right],\quad \mu_3=\|\boldsymbol{Y}\|\tag{17-23}$$

式中的 $\left\|\dot{\boldsymbol{B}}^{-1}\right\|$ 项为未知项，因此需要利用 $\hat{\mu}_3$ 来对 $\|\boldsymbol{Y}\|$ 的值进行估计。将式 (17-15) 和式 (17-23) 代入式 (17-22)，有

$$\begin{aligned}\dot{V}&\leqslant\|\boldsymbol{X}\|\|\boldsymbol{Y}\|+\left\|\boldsymbol{B}^{-1}\right\|\|\ddot{\boldsymbol{y}}_d\|\|\boldsymbol{s}\|+\|\boldsymbol{z}\|\|\boldsymbol{s}\|-\boldsymbol{s}^{\mathrm{T}}\boldsymbol{Fu}\\&\quad+\frac{1}{a_1}(\hat{\mu}_3-\mu_3)\dot{\hat{\mu}}_3+\frac{1}{4a_1a_2}\mu_3^2\chi\dot{\chi}\\&\leqslant\|\boldsymbol{X}\|\|\boldsymbol{Y}\|+\left\|\boldsymbol{B}^{-1}\right\|\|\ddot{\boldsymbol{y}}_d\|\|\boldsymbol{s}\|+\|\boldsymbol{z}\|\|\boldsymbol{s}\|-\boldsymbol{s}^{\mathrm{T}}\boldsymbol{F}\hat{\boldsymbol{\mu}}^{\mathrm{T}}\boldsymbol{\Xi}\frac{\boldsymbol{s}}{\|\boldsymbol{s}\|}\\&\quad+\frac{1}{a_1}(\hat{\mu}_3-\mu_3)\dot{\hat{\mu}}_3+\frac{1}{4a_1a_2}\mu_3^2\chi\dot{\chi}\end{aligned}\tag{17-24}$$

注意到，对于任意的实常数 $\gamma>0$，有

$$2pq\leqslant\frac{1}{\gamma}p^2+\gamma q^2,\quad\forall p,q>0\tag{17-25}$$

从而有

$$\|\boldsymbol{z}\|\|\boldsymbol{s}\| \leqslant \frac{1}{4\gamma}\|\boldsymbol{z}\|^2 + \gamma\|\boldsymbol{s}\|^2, \quad \left\|\boldsymbol{B}^{-1}\right\|\|\ddot{\boldsymbol{y}}_d\|\|\boldsymbol{s}\| \leqslant \frac{1}{4\gamma}\left(\left\|\boldsymbol{B}^{-1}\right\|\|\ddot{\boldsymbol{y}}_d\|\right)^2 + \gamma\|\boldsymbol{s}\|^2 \tag{17-26}$$

将式 (17-16)、式 (17-17) 和式 (17-26) 代入式 (17-24)，有

$$\begin{aligned}\dot{V} \leqslant& -(\kappa\mu_1 - 2\gamma)\|\boldsymbol{s}\|^2 - \left(\kappa\mu_2 - \frac{1}{4\gamma}\right)\|\boldsymbol{z}\|^2 - (\hat{\mu}_3 - \mu_3)\|\boldsymbol{X}\| \\ & - \left(\kappa\mu_4 - \frac{1}{4\gamma}\right)\left(\left\|\boldsymbol{B}^{-1}\right\|\|\ddot{\boldsymbol{y}}_d\|\right)^2 \\ & + \frac{1}{a_1}(\hat{\mu}_3 - \mu_3)\dot{\hat{\mu}}_3 + \frac{1}{4a_1a_2}\mu_3^2\chi\dot{\chi} \\ \leqslant& -k_{\min}\left(\|\boldsymbol{s}\|^2 + \|\boldsymbol{z}\|^2 + \left(\left\|\boldsymbol{B}^{-1}\right\|\|\ddot{\boldsymbol{y}}_d\|\right)^2\right) - (\hat{\mu}_3 - \mu_3)\|\boldsymbol{X}\| \\ & + \frac{1}{a_1}(\hat{\mu}_3 - \mu_3)\dot{\hat{\mu}}_3 + \frac{1}{4a_1a_2}\mu_3^2\chi\dot{\chi}\end{aligned} \tag{17-27}$$

式中，$k_{\min} = \min\left\{(\kappa\mu_1 - 2\gamma), \left(\kappa\mu_2 - \dfrac{1}{4\gamma}\right), \left(\kappa\mu_4 - \dfrac{1}{4\gamma}\right)\right\} > 0$，并且参数 μ_i $(i = 1, 2, 4)$ 应满足如下的不等式：

$$(\kappa\mu_1 - 2\gamma) > 0, \quad \left(\kappa\mu_2 - \frac{1}{4\gamma}\right) > 0, \quad \left(\kappa\mu_4 - \frac{1}{4\gamma}\right) > 0 \tag{17-28}$$

将式 (17-18) 和式 (17-19) 代入式 (17-27)，有

$$\begin{aligned}\dot{V} \leqslant& -k_{\min}\left(\|\boldsymbol{s}\|^2 + \|\boldsymbol{z}\|^2 + \left(\left\|\boldsymbol{B}^{-1}\right\|\|\ddot{\boldsymbol{y}}_d\|\right)^2\right) - (\hat{\mu}_3 - \mu_3)\|\boldsymbol{X}\| \\ & + \frac{1}{a_1}(\hat{\mu}_3 - \mu_3)\dot{\hat{\mu}}_3 + \frac{1}{4a_1a_2}\mu_3^2\chi\dot{\chi} \\ =& -k_{\min}\left(\|\boldsymbol{s}\|^2 + \|\boldsymbol{z}\|^2 + \left(\left\|\boldsymbol{B}^{-1}\right\|\|\ddot{\boldsymbol{y}}_d\|\right)^2\right) - \frac{1}{a_1}\chi^2\left[\hat{\mu}_3^2 - \mu_3\hat{\mu}_3 + \frac{1}{4}\mu_3^2\right] \\ =& -k_{\min}\left(\|\boldsymbol{s}\|^2 + \|\boldsymbol{z}\|^2 + \left(\left\|\boldsymbol{B}^{-1}\right\|\|\ddot{\boldsymbol{y}}_d\|\right)^2\right) - \frac{1}{a_1}\chi^2\left(\hat{\mu}_3 - \frac{1}{4}\mu_3\right)^2 \leqslant 0\end{aligned} \tag{17-29}$$

根据 Lyapunov 理论，对于选定的 Lyapunov 函数 $V(\boldsymbol{x}) > 0$，如果设计的控制器能够使得 $\dot{V}(\boldsymbol{x}) \leqslant 0$，并且只有在 $\boldsymbol{x} = 0$ 的时候，$\dot{V}(\boldsymbol{x})$ 才为零，则闭环系统在该控制器作用下能稳定 [24]。

17.4 数值仿真

本小节采用表 17.1 中的参数和 17.3 节提出的控制器进行数值仿真。假设空间机器人系统的初始条件都为零，控制的目标表示为 $\boldsymbol{y}_d=[\mathbf{0}_{3\times1}^{\mathrm{T}}, \mathbf{0}_{3\times1}^{\mathrm{T}}, (30°, 45°, 60°, -60°, -30°, -90°)^{\mathrm{T}}, \mathbf{0}_{6\times1}^{\mathrm{T}}]$，具体是：① 机械臂的关节从零初始条件到达指定的角度 (30°, 45°, 60°, −60°, −30°, −90°)；② 在机械臂关节达到指定角度的过程中，本体的平动位移和转动位移保持不变；③ 当机械臂的关节到达期望的角度时，柔性帆板的弹性振动能够同时得到有效的抑制。在仿真中，考虑以下三种情况来进行仿真对比分析：

情况 1　系统所有的作动器都能正常的工作，并且使用的控制器为式 (17-15)。对于这种情况，作动器失效因子矩阵 $\boldsymbol{F}$ 为单位阵。式 (17-8)、(17-16)、(17-18) 及式 (17-19) 的控制器相关的参数分别选取为：$\boldsymbol{\lambda}=4.85$，$\kappa=1$，$\gamma=1$，$\mu_1=2.5$，$\mu_2=\mu_4=0.3$，$a_1=1$ 和 $a_2=1$。

情况 2　系统的作动器有失效发生，但是对现有的失效不进行处理。也即所提出的容错控制器 (17-15) 不考虑作动器的失效。对作动器的失效情况做如下假设：本体的 6 个作动器都是正常工作的，也即 $F_i=1\ (i=1,\cdots,6)$；而机械臂第 2、4、6 个关节的作动器有失效发生，这三个关节的失效因子分别选取为 $F_8=0.6$，$t\geqslant 6\mathrm{s}$；$F_{10}=0.45$，$t\geqslant 15\mathrm{s}$；$F_{12}=0.5$，$t\geqslant 18\mathrm{s}$。它们所表示的意思是当时间 $t\geqslant 6\mathrm{s}$ 时机械臂关节 2 丧失 40%的效率，当 $t\geqslant 15\mathrm{s}$ 时关节 4 丧失 55%的效率，当 $t\geqslant 18\mathrm{s}$ 时关节 6 丧失 50%的效率。在该情况中，控制器所选取的参数与情况 1 保持一致，也即对失效不进行处理。

情况 3　系统的作动器有关节失效发生，并且对失效进行处理。也即在设计的容错控制器 (17-15) 中考虑了系统作动器的失效情形。控制参数 λ 的选取和情况 1 保持一致，失效因子矩阵与情况 2 一样。其他的控制参数分别选取如下：$\kappa=0.4$，$\gamma=1$，$\mu_1=6$，$\mu_2=\mu_4=2$，$a_1=1$，$a_2=1$。

表 17.1　柔性空间机器人的物理参数

物体	尺寸/m	质量/kg	$\boldsymbol{I}_{xx}^C/(\mathrm{kg\cdot m^2})$	$\boldsymbol{I}_{yy}^C/(\mathrm{kg\cdot m^2})$	$\boldsymbol{I}_{zz}^C/(\mathrm{kg\cdot m^2})$
B_1	$1\times1\times1(L\times W\times H)$	7.850×10^3	1.308×10^3	1.308×10^3	1.308×10^3
B_2	$0.4\times0.02\ (L\times R)$	3.946	5.3×10^{-2}	7.892×10^{-4}	5.3×10^{-2}
B_3	$0.4\times0.02\ (L\times R)$	3.946	5.3×10^{-2}	7.892×10^{-4}	5.3×10^{-2}
B_4	$0.4\times0.02\ (L\times R)$	3.946	5.3×10^{-2}	7.892×10^{-4}	5.3×10^{-2}
B_5	$0.4\times0.02\ (L\times R)$	3.946	5.3×10^{-2}	7.892×10^{-4}	5.3×10^{-2}
B_m	$0.2\times0.01\ (L\times R)$	0.493	1.656×10^{-3}	2.466×10^{-5}	1.656×10^{-3}
B_8-B_9	$4.59\times2\times0.025(L\times W\times H)$	27.109	9.043	56.668	47.627
B_{10}	$0.2\times0.05\ (L\times R)$	500	100	100	100

图 17.3 为上述三种情况下的本体平动位移、转动角位移和控制输入，其中虚线表示情况 1 (系统所有作动器都正常工作)，实线为情况 2 (系统作动器有失效发生，但是对失效不作任何处理)，点线为情况 3 (系统作动器有失效发生，并且对失效进行处理)。从图 17.3 中可以得出：当系统所有作动器没有失效发生时，机器人系统趋向于稳定并且可以达到控制目标；当机械臂 3 个关节存在作动器失效并且没有对其采取措施时，控制效果明显变差；而当使用容错控制器后，可以得到很好的控制结果。

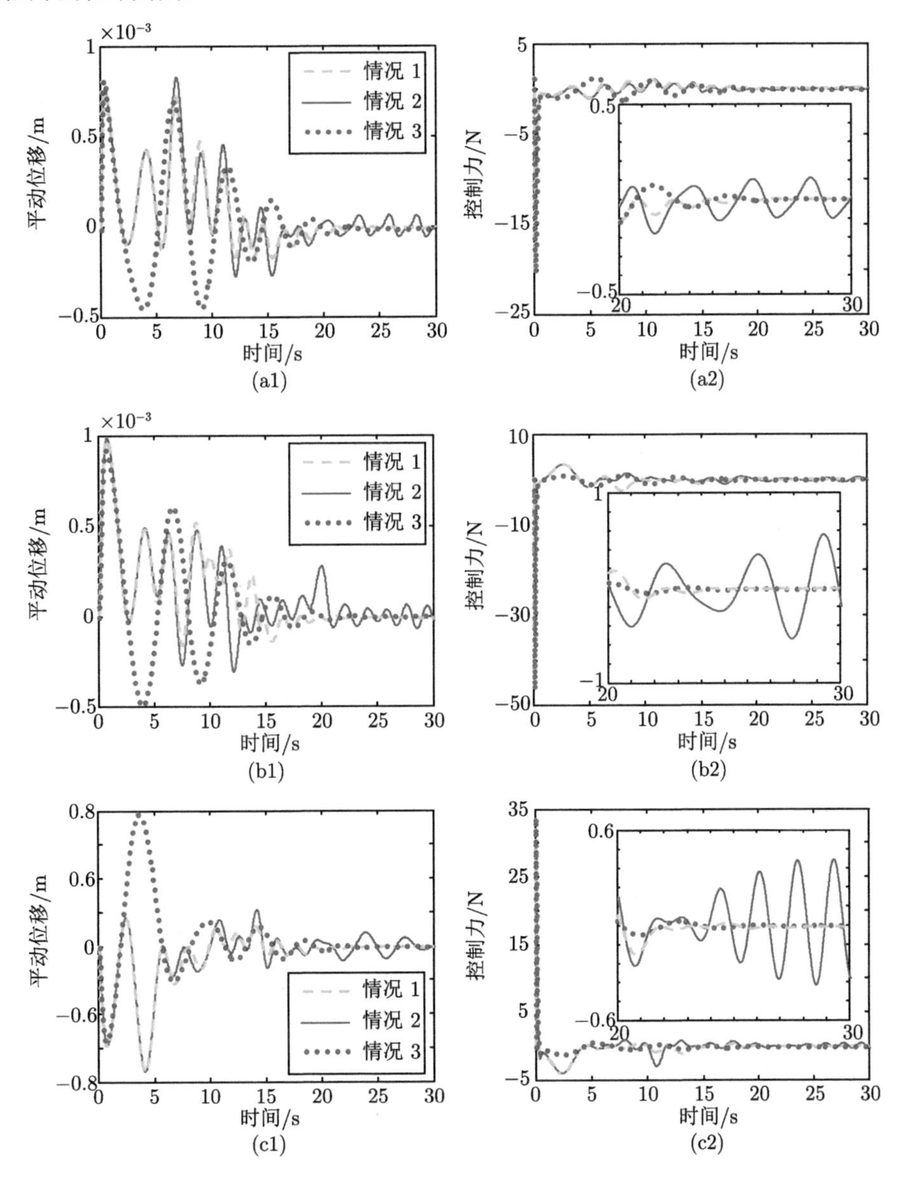

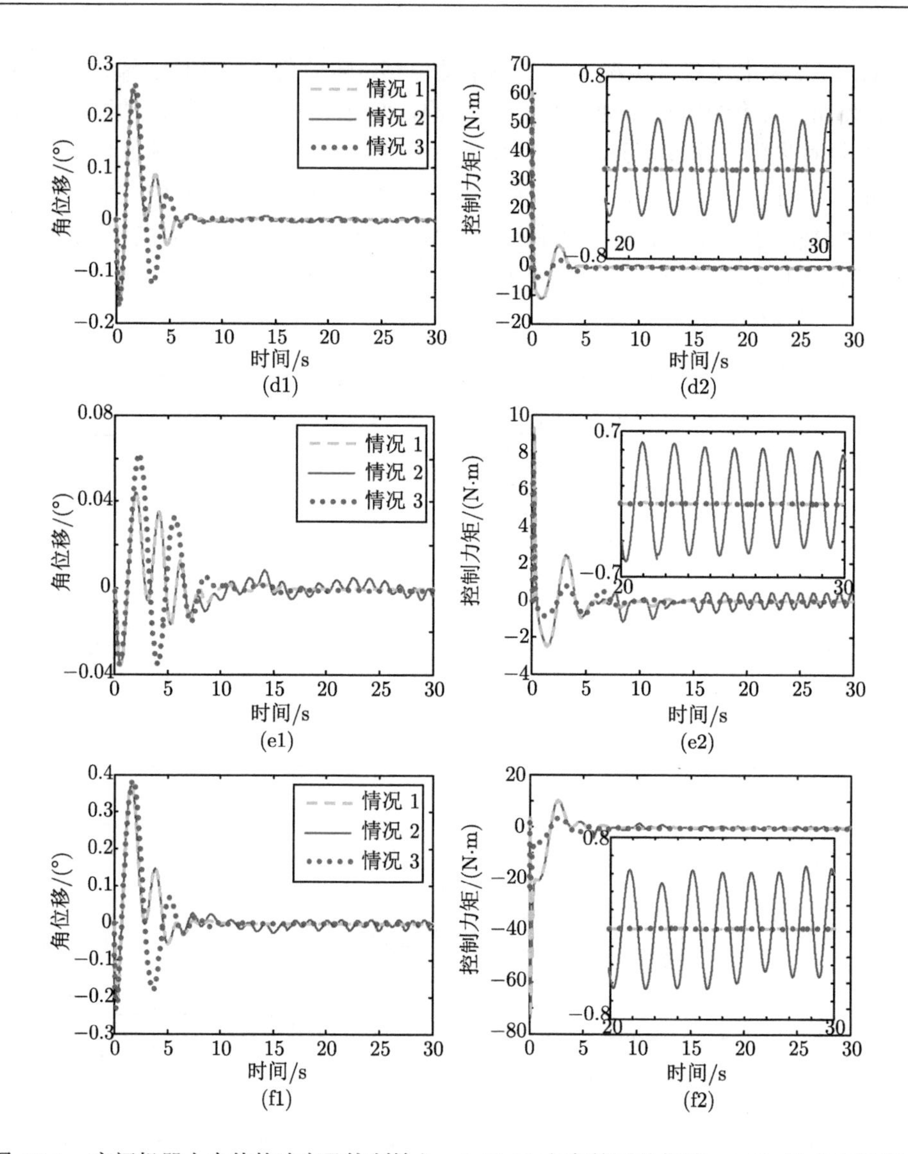

图 17.3　空间机器人本体的响应及控制输入：(a1) X 方向的平动位移，(a2) X 方向的控制力，(b1) Y 方向的平动位移，(b2) Y 方向的控制力，(c1) Z 方向的平动位移，(c2) Z 方向的控制力，(d1) X 方向的角位移，(d2) X 方向的控制力矩，(e1) Y 方向的角位移，(e2) Y 方向的控制力矩，(f1) Z 方向的角位移，(f2) Z 方向的控制力矩

图 17.4 显示的分别是以上情况下机械臂关节的转动角位移和控制输入，图 17.5 为柔性帆板上两点 (如图 17.1 所示) 在方向 Y 上的弹性变形。从图 17.4 和图 17.5 可知，机械臂关节能够到达期望的位置，柔性帆板的弹性振动同时也能够

得到很好的抑制。

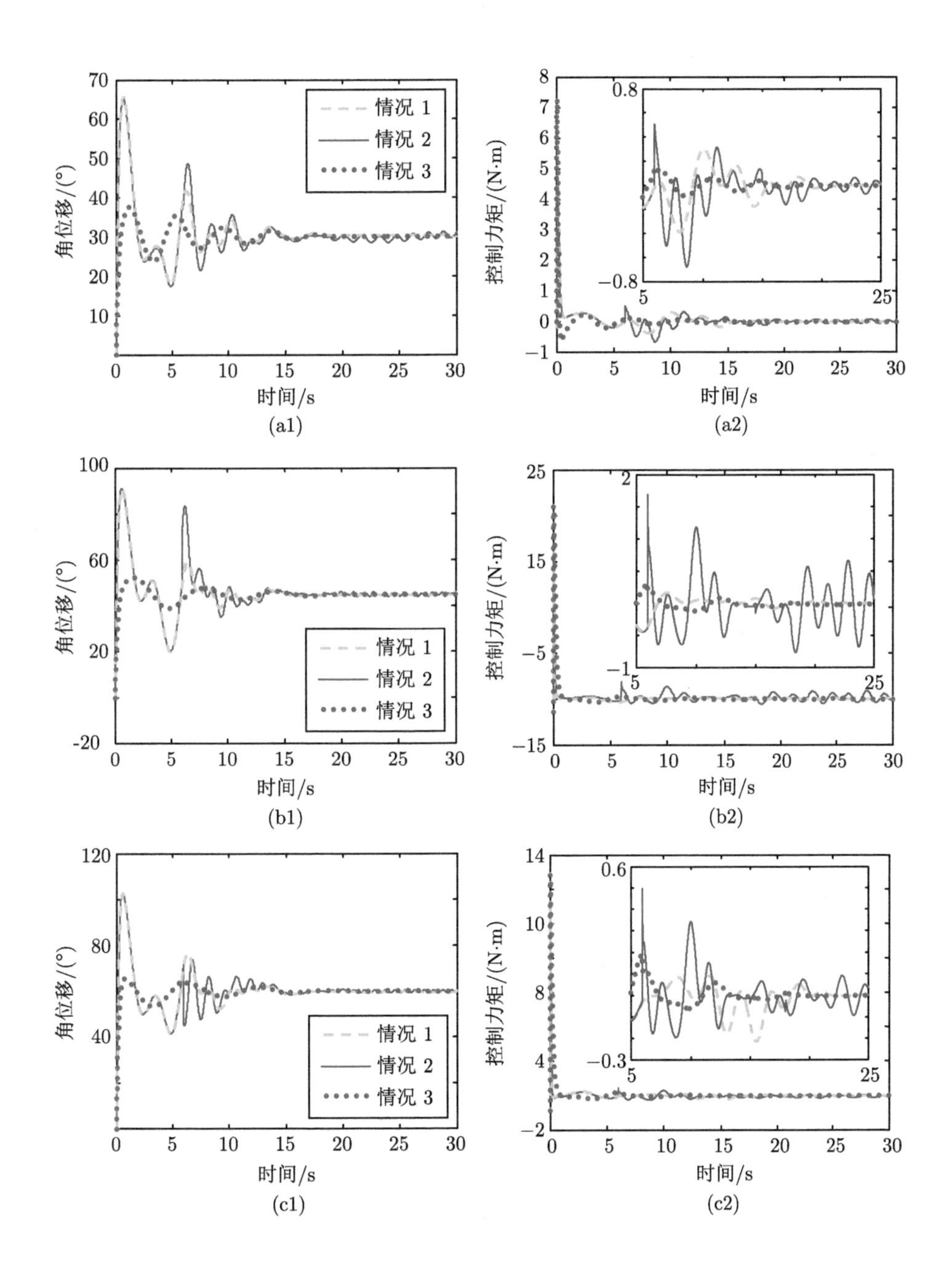

(a1) (a2) (b1) (b2) (c1) (c2)

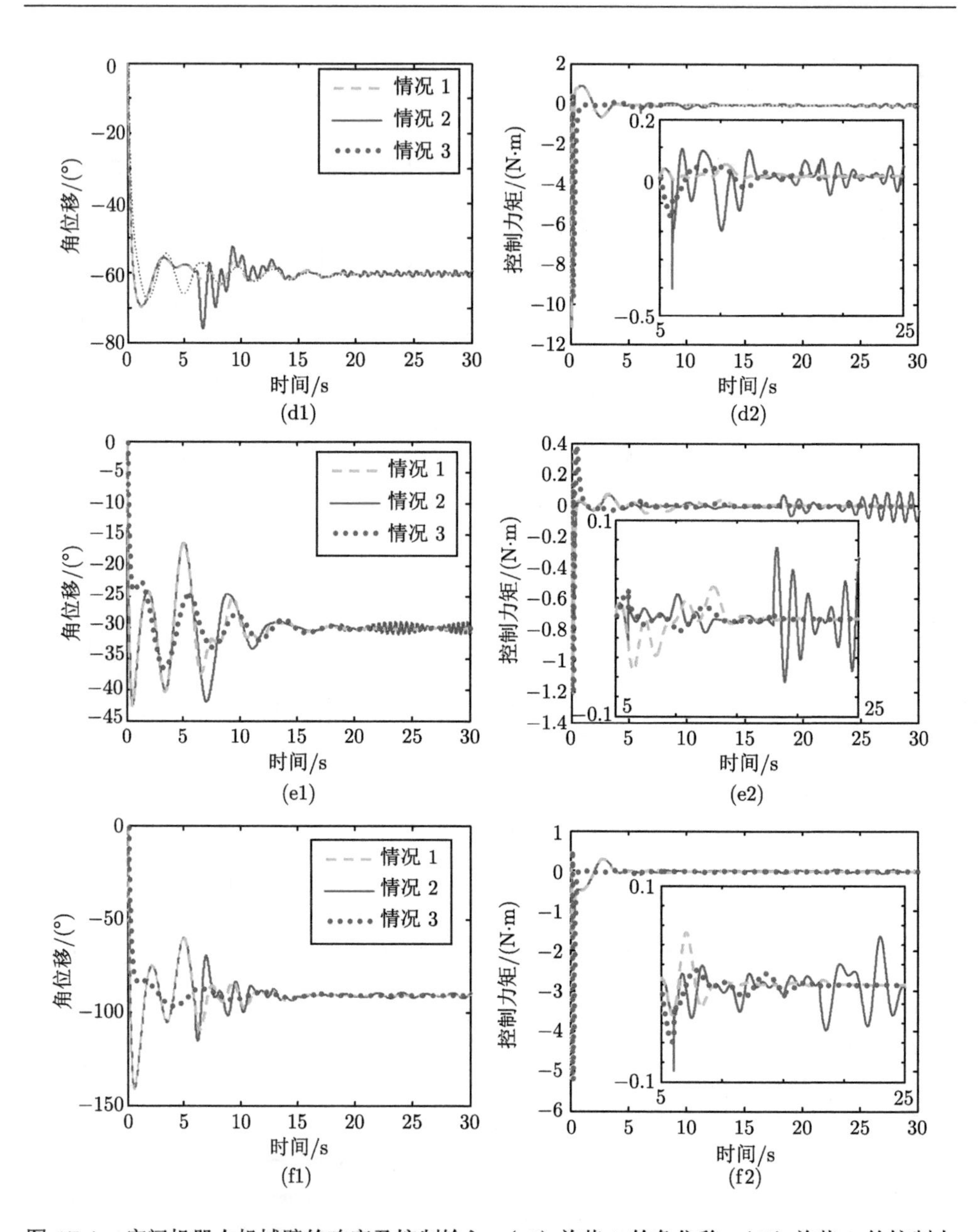

图 17.4 空间机器人机械臂的响应及控制输入：(a1) 关节 1 的角位移，(a2) 关节 1 的控制力矩，(b1) 关节 2 的角位移，(b2) 关节 2 的控制力矩，(c1) 关节 3 的角位移，(c2) 关节 3 的控制力矩，(d1) 关节 4 的角位移，(d2) 关节 4 的控制力矩，(e1) 关节 5 的角位移，(e2) 关节 5 的控制力矩，(f1) 关节 6 的角位移，(f2) 关节 6 的控制力矩

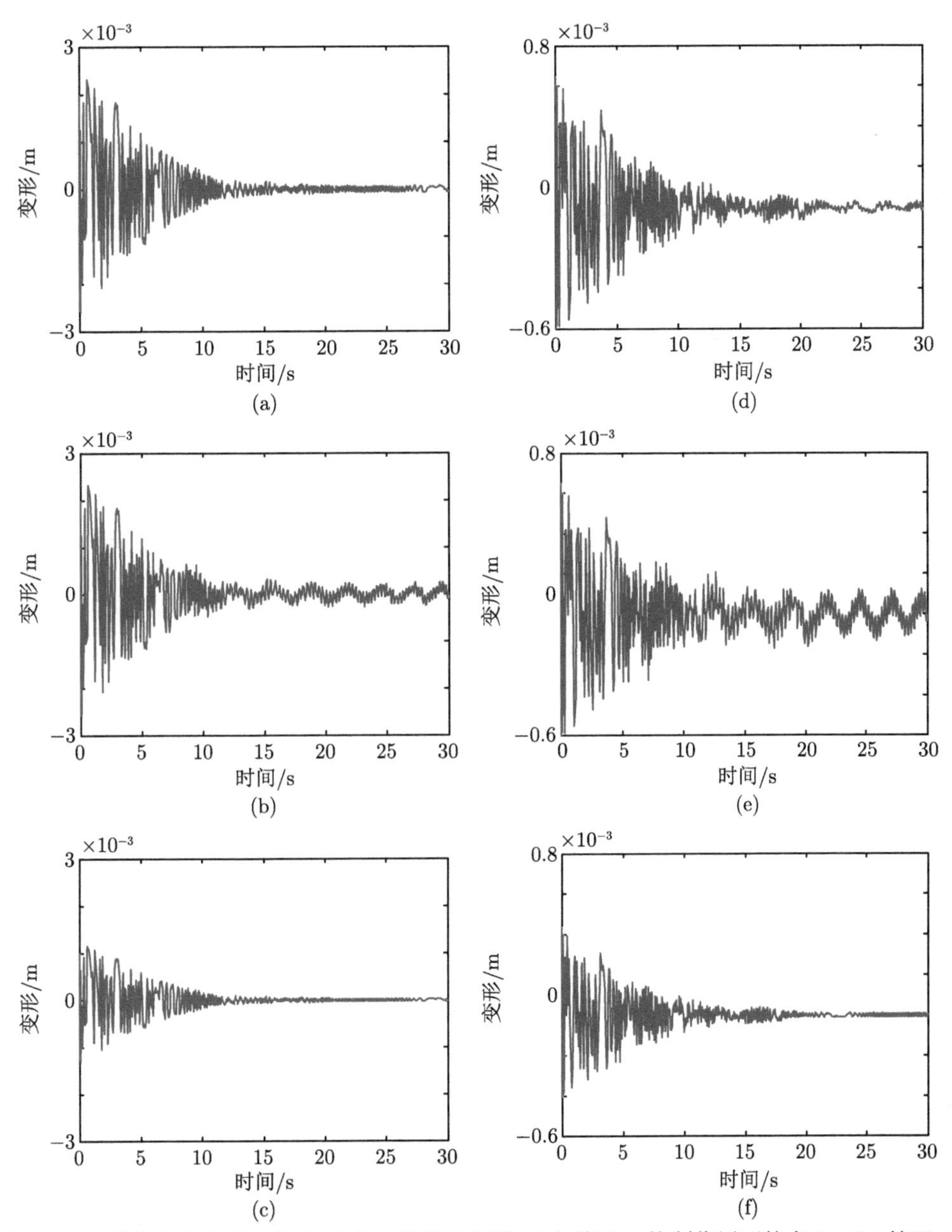

图 17.5 柔性帆板上两点在 Y 方向上的弹性变形：(a) 情况 1 控制作用下的点 1，(b) 情况 2 控制作用下的点 1，(c) 情况 3 控制作用下的点 1，(d) 情况 1 控制作用下的点 2，(e) 情况 2 控制作用下的点 2，(f) 情况 3 控制作用下的点 2

17.5 本章小结

本章针对作动器发生失效的六自由度柔性空间机器人进行了容错控制的研究。首先采用经典的滑模方法设计了控制器，然后基于滑模控制及 Lyapunov 理论，设计了考虑作动器失效的滑模自适应容错控制器，最后进行数值仿真对比验证。仿真的结果显示，本章所提出的容错控制器，在作动器不发生失效时可以取得很好的控制效果；当作动器发生失效而不处理时，控制效果比较差；而当使用容错控制器后，可以得到很好的控制结果。

本章的详细内容还可参考本课题组已发表的文章 [25]。

参考文献

[1] 赵紫汪, 陈力. 漂浮基空间机器人执行机构部分失效故障的分散容错控制 [J]. 载人航天, 2016, 22(1):39-44.

[2] Shen Q, Wang D, Zhu S, et al. Inertia-free fault-tolerant spacecraft attitude tracking using control allocation [J]. Automatica, 2015, 62: 114-121.

[3] Castaldi P, Mimmo N, Simani S. Differential geometry based active fault tolerant control for aircraft [J]. Control Engineering Practice, 2014, 32: 227-235.

[4] Allerhand L I, Shaked U. Robust switching-based fault tolerant control [J]. IEEE Transactions on Automatic Control, 2015, 60(8): 2272-2276.

[5] Li X, Yang G. Robust adaptive fault-tolerant control for uncertain linear systems with actuator failures [J]. IET Control Theory & Applications, 2012, 6(10): 1544-1551.

[6] Liu M, Ho D W C, Shi P. Adaptive fault-tolerant compensation control for Markovian jump systems with mismatched external disturbance [J]. Automatica, 2015, 58: 5-14.

[7] Liu B, Qiu B, Cui Y, et al. Fault–tolerant H∞ control for networked control systems with randomly occurring missing measurements [J]. Neurocomputing, 2016, 175: 459-465.

[8] Wang R, Jing H, Karimi H R, et al. Robust fault-tolerant $H\infty$ control of active suspension systems with finite-frequency constraint [J]. Mechanical Systems and Signal Processing, 2015, 62: 341-355.

[9] Hu Q, Xiao B. Adaptive fault tolerant control using integral sliding mode strategy with application to flexible spacecraft [J]. International Journal of Systems Science, 2013, 44(12): 2273-2286.

[10] Mahmoud M. Sufficient conditions for the stabilization of feedback delayed discrete time fault tolerant control systems [J]. International Journal of Innovative Computing, Information and Control, 2009, 5(5): 1137-1146.

[11] Li Q, Ren Z, Dai S, et al. A new robust fault-tolerant controller for self-repairing flight control system [J]. Journal of the Franklin Institute, 2013, 350(9): 2509-2518.

[12] Hu Q, Xiao B. Adaptive fault tolerant control using integral sliding mode strategy with application to flexible spacecraft [J]. International Journal of Systems Science, 2013, 44(12): 2273-2286.

[13] Gao Z, Jiang B, Shi P, et al. Active fault tolerant control design for reusable launch vehicle using adaptive sliding mode technique [J]. Journal of the Franklin Institute, 2012, 349(4): 1543-1560.

[14] Xu D, Jiang B, Liu H, et al. Decentralized asymptotic fault tolerant control of near space vehicle with high order actuator dynamics [J]. Journal of the Franklin Institute, 2013, 350(9): 2519-2534.

[15] Siqueira A A G, Terra M H. A fault-tolerant manipulator robot based on, and mixed, markovian controls [J]. IEEE/ASME Transactions on Mechatronics, 2009, 14(2): 257-263.

[16] Shi G, Jia Q, Sun H, et al. Fault-tolerant strategy based on dynamic model matching for dual-redundant computer in the space robot [C]. IEEE Conference on Industrial Electronics and Applications, Singapore, Singapore, 2008.

[17] Pintan C, Habib M. The development of a fault-tolerant control approach and its implementation on a flexible arm robot [J]. Advanced Robotics, 2007, 21(8): 887-904.

[18] Yu Z, Liu X, Li H, et al. Dynamics and control of a 6-DOF space robot with flexible panels [J]. Proceedings of the Institution of Mechanical Engineers Part G: Journal of Aerospace Engineering, 2016, 231(6): 1022-1034.

[19] 霍伟. 机器人动力学与控制 [M]. 北京: 高等教育出版社, 2005.

[20] 蔡自兴. 机器人学 [M]. 北京: 清华大学出版社, 2000.

[21] 陈力, 刘延柱. 参数不确定空间机械臂系统的自适应鲁棒性联合控制 [J]. 宇航学报, 1999, 20(3): 96-100.

[22] 高为炳. 变结构控制理论基础 [M]. 北京: 中国科学技术出版社, 1990.

[23] Chen C, Wu T, Peng C. Robust trajectories following control of a 2-link robot manipulator via coordinate transformation for manufacturing applications [J]. Robotics & Computer Integrated Manufacturing, 2011, 27(3): 569-580.

[24] Yang H, Krishnan H, Ang M H. A modal feedback control law for vibration control of multi-link flexible robots [C]. Proceedings of the IEEE American Control Conference, Philadelphia, PA, USA, 1998.

[25] Yu Z, Cai G. Dynamics modelling and fault tolerant control of a 6-DOF space robot with flexible panels [J]. International Journal of Robotics and Automation, 2018, 33(6): 662-671.

第 18 章　空间非合作目标追逃博弈问题

18.1　引　　言

空间目标的在轨捕获是诸如停泊、维修、碎片清除、拦截、军事对抗等在轨任务的重要前提。近年来，许多研究都集中在提高在轨捕获技术的性能上 [1]。当在轨捕获的目标是具有逃逸机动能力的航天器 (简称逃逸星 evader) 时，航天器追逃博弈 (简称，SPE game) 技术 [2−6] 就成为实现在轨捕获任务的重要支撑。在两航天器的追逃博弈 (PE game) 过程中，两航天器都能够实时获得对方的运动状态信息，并能够根据对方的运动状态信息实时调整自身的控制器，进而在相互博弈过程中实现自己的目标。具体来说，利用 SPE game 技术，追逐航天器 (简称追逐星，pursuer) 在对逃逸星的拦截过程中可以尽量减小拦截时间或者燃料消耗；逃逸星则可以尽量增大拦截时间或者追逐星的燃料消耗以避免被拦截和捕获。因此，对 SPE game 技术的研究具有重要意义。

在当前对 SPE game 问题的研究中，研究学者多采用微分对策理论设计追逃两航天器的最优控制策略。微分对策是一种双边优化技术，其由 Isaacs[7] 首次提出并用于分析导弹的拦截问题，现在已被广泛用于很多追逃博弈问题中，如飞机作战 [8,9]、航天器追逃 [10]、杀人司机游戏 [11] 和多人追逃 [12−14] 等。根据是否具有支付函数，微分对策可以分为定性微分对策 [15] 和定量微分对策，其中后者所包含的二人零和微分对策是解决 SPE game 问题的主流研究方法 [16]。在二人零和微分对策中，支付函数通常被设置为与拦截时间、两航天器的终端距离、燃料消耗等参数有关的表达式，且追逃两航天器的支付函数之和会被设定为零，然后追逐星和逃逸星各自寻求最优控制策略来最小化支付函数。本章利用二人零和微分对策来设计追逃两航天器的最优控制策略，且将支付函数设置为拦截时间、追逐星的燃料消耗的表达式。

已有许多学者利用二人零和微分对策对 SPE game 问题进行了研究。Pontani 和 Conway[10] 利用二人零和微分对策对两航天器在 3 维轨道上的追逃问题进行了研究，并提出了一种半直接配点非线性规划方法 (semidirect collocation with nonlinear programming, SDCNLP) 求解二人零和微分对策的鞍点解。Carr 等 [17] 改进了 Conway 的初值猜测方法，采用单边最优控制解作为初值，然后通过 SD-CNLP 方法得到两航天器的近似最优控制策略 (near-optimal strategy)。Hafer 等

[18] 提出了一种敏感度方法求解 SPE game 问题。该方法首先忽略引力项得到一个最优控制策略的解析解，然后通过引力同伦法迭代得到鞍点解，这显著提高了 SPE game 问题的求解效率。Sun 等 [19] 提出了一种结合半直接控制参数法和多重打靶法的混合方法提高鞍点解的收敛速度和精度。Lee 等 [20] 提出了一种降维方法，将二人零和微分对策的鞍点的求解过程简化为对两个终端条件的求解，提高了鞍点解的求解效率。Shen 和 Casalino[2] 考虑了航天器的质量变化对 SPE game 问题的影响，使得 SPE game 模型更加接近实际。Li 等 [16] 提出了一种结合打靶法和配点法的混合方法求解二人零和微分对策的鞍点解，且该方法考虑了质量变化和 J_2 摄动对 SPE game 问题的影响。

值得注意的是，上述文献中所采用的二人零和微分对策的支付函数只包含拦截时间。也就是说，在上述文献所研究的 SPE game 问题中，追逐星旨在最小化拦截时间，逃逸星尽量最大化拦截时间，而不考虑燃料消耗的问题。实际上，当航天器的燃料耗尽时，该航天器即被废弃。因此，追逐星在制订追逐策略时，如何实现以最小的燃料消耗拦截逃逸星，对其使用寿命 (服役时间) 具有重要意义。反之，逃逸星在制订逃逸策略尽量增加追逐星的燃料消耗将有助于其避免被拦截和捕获。本章首先将二人零和微分对策的支付函数设置为拦截时间和追逐星的燃料消耗的表达式，然后利用鞍点解的必要条件求解两航天器的最优控制策略。利用该最优控制策略，追逐星可以在燃料消耗最小的情况下最小化拦截时间，且逃逸星可以尽量最大化拦截时间。

本章研究了 SPE game 过程中追逐星的燃料最优问题，并提出了一种精确的求解方法。该方法将 SPE game 过程中追逐星的燃料最优问题建模为二人零和微分对策，然后利用二人零和微分对策鞍点解的必要条件求解两航天器的最优控制策略，且所采用的支付函数同时包含拦截时间和追逐星的燃料消耗，这使得追逐星可以在 SPE game 过程中实现燃料最优，从而延长其使用寿命。此外，本章考虑了质量变化和 J_2 摄动的航天器相对动力学模型，这使得航天器追逃模型更接近实际。

本章的内容如下：18.2 节介绍了追逃两航天器的相对平动动力学模型；18.3 节描述了二人零和微分对策及其鞍点解；18.4 节通过数值仿真揭示了追逐星的燃料最优对其使用寿命的重要性，并验证了所提方法的有效性；最后，结论在 18.5 节中陈述。

18.2 两航天器的相对平动动力学模型

本节介绍了追逃两航天器的相对平动动力学模型。假设两航天器的运行轨道附近有一个虚拟参考航天器，并以参考航天器的质心为中心建立一个局部垂直/局

部水平坐标系 $O\text{-}xyz$，如图 18.1 所示。其中，x 轴沿着参考航天器相对地球质心的矢径方向，z 轴沿着参考航天器所在轨道平面的法线方向，y 轴由右手定则确定。考虑 J_2 摄动力和航天器质量变化的影响，追逃两航天器相对 $O\text{-}xyz$ 的平动动力学方程可以表示为 [20]

$$\dot{\bar{\boldsymbol{x}}}_i = \boldsymbol{A}\bar{\boldsymbol{x}}_i + \boldsymbol{B}\boldsymbol{u}_i \quad (i = P, E) \tag{18-1}$$

其中，下标 P 和 E 分别表示 pursuer 和 evader；$\bar{\boldsymbol{x}}_i = [x_i, y_i, z_i, v_{xi}, v_{yi}, v_{zi}]^{\mathrm{T}}$ 表示航天器的状态变量；$[x_i, y_i, z_i]^{\mathrm{T}}$ 和 $[v_{xi}, v_{yi}, v_{zi}]^{\mathrm{T}}$ 分别表示航天器的位置矢量和速度矢量；$\boldsymbol{u}_i$ 表示航天器推力引起的单位质量的相对加速度矢量，也是航天器的控制矢量，其表达式为

$$\boldsymbol{u}_i = \begin{bmatrix} u_{xi} \\ u_{yi} \\ u_{zi} \end{bmatrix} = \begin{bmatrix} u_i \cos\alpha_i \cos\beta_i \\ u_i \sin\alpha_i \cos\beta_i \\ u_i \sin\beta_i \end{bmatrix} \tag{18-2}$$

$$u_i = \frac{T_i}{m_i} = \frac{\dot{m}_i c}{m_{0i} - \dot{m}_i t} = \frac{T_i}{m_{0i} - \dfrac{T_i}{c}t} \tag{18-3}$$

其中，$u_{ji}(j = x, y, z)$ 表示 $\boldsymbol{u}_i$ 的三个轴向分量；α_i 和 β_i 分别表示航天器推力的平面内指向角和平面外指向角 [21]，且其取值范围分别为 $\alpha \in [-\pi, \pi]$ 和 $\beta \in \left[-\dfrac{\pi}{2}, \dfrac{\pi}{2}\right]$；$T_i$ 表示航天器的推力；m_{0i}、m_i 和 $\dot{m}_i$ 分别表示航天器的初始质量、任意时刻的质量和质量变化速度；c 表示航天器发动机的喷气速度，为恒定值。

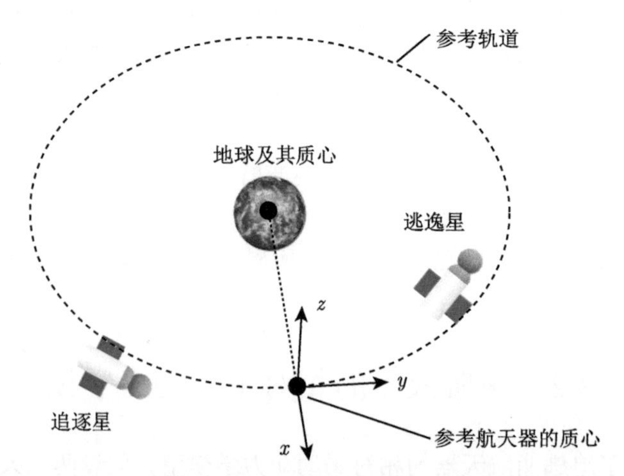

图 18.1　SPE game 中追逃两航天器和参考航天器的相对位置关系

在方程 (18-1) 中，$\boldsymbol{A}$ 和 $\boldsymbol{B}$ 均为常值矩阵，它们的表达式分别为

$$\boldsymbol{A}=\begin{bmatrix} 0 & 0 & 0 & 1 & 0 & 0 \\ 0 & 0 & 0 & 0 & 1 & 0 \\ 0 & 0 & 0 & 0 & 0 & 1 \\ J_{14} & \bar{J}_2\sin^2\varphi\sin 2\theta & \bar{J}_2\sin 2\varphi\sin\theta & 0 & 2n & 0 \\ \bar{J}_2\sin^2\varphi\sin 2\theta & J_{25} & -\dfrac{1}{4}\bar{J}_2\sin 2\varphi\cos\theta & -2n & 0 & 0 \\ \bar{J}_2\sin 2\varphi\sin\theta & -\dfrac{1}{4}\bar{J}_2\sin 2\varphi\cos\theta & J_{36} & 0 & 0 & 0 \end{bmatrix} \tag{18-4}$$

$$\boldsymbol{B}=\begin{bmatrix} \boldsymbol{0} \\ \boldsymbol{I} \end{bmatrix} \tag{18-5}$$

在方程 (18-4) 中，J_{14}、J_{25}、J_{36} 和 $\bar{J}_2$ 的表达式如下：

$$J_{14}=3n^2+\bar{J}_2(1-3\sin^2\varphi\sin^2\theta) \tag{18-6}$$

$$J_{25}=-\bar{J}_2\left[\frac{1}{4}+\sin^2\varphi\left(\frac{1}{2}-\frac{7}{4}\sin^2\theta\right)\right] \tag{18-7}$$

$$J_{36}=-n^2+\bar{J}_2\left[-\frac{3}{4}+\sin^2\varphi\left(\frac{1}{2}+\frac{5}{4}\sin^2\theta\right)\right] \tag{18-8}$$

$$\bar{J}_2=\frac{6\mu J_2R_E^2}{R_C^5} \tag{18-9}$$

其中，n 表示参考航天器的平均角速度；R_C、φ 和 θ 分别为参考航天器所在轨道的半径、倾角和近心点角距；$\mu=3.986032\times10^{14}\mathrm{m}^3/s^2$ 为引力常数；$J_2=0.0010826267$ 为地球地势的第二个球谐函数；R_E 为地球平均半径；$\boldsymbol{0}\in\boldsymbol{R}^{3\times3}$ 为 3 维零矩阵；$\boldsymbol{I}\in\boldsymbol{R}^{3\times3}$ 为 3 维单位矩阵。

为了简化计算，本章将追逃两航天器之间相对平动的状态变量表示为

$$\bar{\boldsymbol{x}}=\bar{\boldsymbol{x}}_P-\bar{\boldsymbol{x}}_E=\begin{bmatrix} x_P-x_E \\ y_P-y_E \\ z_P-z_E \\ v_{xP}-v_{xE} \\ v_{yP}-v_{yE} \\ v_{zP}-v_{zE} \end{bmatrix}=\begin{bmatrix} x \\ y \\ z \\ v_x \\ v_y \\ v_z \end{bmatrix} \tag{18-10}$$

则追逃两航天器之间的相对平动动力学方程可以表示为

$$\dot{\bar{\boldsymbol{x}}} = \boldsymbol{A}\bar{\boldsymbol{x}} + \boldsymbol{B}\boldsymbol{u} \tag{18-11}$$

其中，$\boldsymbol{u} = \boldsymbol{u}_P - \boldsymbol{u}_E$ 表示追逃两航天器之间的控制矢量差。

由方程 (18-2) 和 (18-3) 可知，追逃两航天器的控制变量 $\boldsymbol{u}_i$ 包括如下参数：α_i、β_i 和 T_i。为了研究方便，本章做出如下假设：① 在 SPE game 的初始时刻，不同的 T_P 值可以被选择。但是一旦选择了某个 T_P，该值在 SPE game 过程中将保持不变。② T_E 的值是已知且固定不变的。③ $T_P > T_E$ 且两航天器的质量相差不大，即追逐星的推力加速度比逃逸星的推力加速度大，这可以保证追逐星在 SPE game 过程中拥有加速度优势，进而使其能够追上逃逸星。综上所述，在本章所研究的 SPE game 中，追逐星的控制变量 $\boldsymbol{u}_P$ 包括 α_P、β_P 和 T_P，逃逸星的控制变量 $\boldsymbol{u}_E$ 包括 α_E 和 β_E。

由方程 (18-2)、(18-3) 和 (18-11) 可知，如果两航天器之间的推力差 $T_{PE} = T_P - T_E$ 增大，那么两航天器之间的相对运动状态的变化会加快，拦截时间会变短。也就是说，当 T_{PE} 较小时，SPE game 的拦截时间 t_f 较大；当 T_{PE} 较大时，SPE game 的拦截时间 t_f 较小。根据追逐星的燃料消耗公式 $C_{\text{fuel}} = \dot{m}_P t_f = \dfrac{T_P}{c} t_f = \dfrac{T_{PE} + T_E}{c} t_f$ 可知，C_{fuel} 会随 T_P (T_{PE}) 的改变而增大或减小。

在 SPE game 过程中，当控制变量 $\boldsymbol{u}_P$ 和 $\boldsymbol{u}_E$ 采用何种策略时，追逐星能够在精确拦截逃逸星的情况下尽量减小拦截时间 t_f 和燃料消耗，且逃逸星能够尽量增大拦截时间 t_f 和追逐星的燃料消耗，这就是本章所要研究的问题。为了便于指明上述问题，本章将该问题简称为“SPE game 过程中追逐星的燃料最优问题”。下节将详细介绍 SPE game 过程中追逐星的燃料最优问题的求解方法。

18.3　追逐星的燃料最优问题

本节将介绍 SPE game 过程中追逐星的燃料最优问题的求解方法。该方法将 SPE game 过程中追逐星的燃料最优问题建模为二人零和微分对策，并通过求解二人零和微分对策的鞍点解获得两航天器的最优控制策略。利用该最优控制策略，追逐星能够在精确拦截逃逸星的情况下尽量减小燃料消耗和拦截时间 t_f，逃逸星能够尽量增大追逐星的燃料消耗和拦截时间 t_f。本节首先简述了二人零和微分对策的基本理论，并介绍了鞍点解的必要条件；然后，将鞍点解的必要条件构建为一个 12 维两点边值问题，并利用一种降维方法将该两点边值问题简化为三个终端条件的求解问题；最后提出了一种混合算法求解上述终端条件，以得到二人零和微分对策的鞍点解，即两航天器在追逃博弈过程中的最优控制策略。

18.3.1 二人零和微分对策

在二人零和微分对策中，两航天器通常具有相反的支付函数 J_P 和 J_E，即 $J_P + J_E = 0$。由 18.2 节可知，本章的研究目标是求解两航天器的最优控制策略，使得追逐星能够尽量减小燃料消耗和拦截时间 t_f，且逃逸星能够尽量增大追逐星的燃料消耗和拦截时间 t_f。为此，可以将两航天器的支付函数设置为

$$J_P = -J_E = J = \dot{m}_P t_f = \frac{T_P}{c} t_f \tag{18-12}$$

其中，拦截时间 t_f 是不固定的，它表示追逐星第一次到达逃逸星位置的时间，且满足如下终端条件：

$$\boldsymbol{\Psi}(\bar{\boldsymbol{x}}, t_f) = \begin{bmatrix} x(t_f) \\ y(t_f) \\ z(t_f) \end{bmatrix} = \begin{bmatrix} 0 \\ 0 \\ 0 \end{bmatrix} \tag{18-13}$$

18.2 节已经介绍了追逃两航天器的相对动力学方程，且该方程的初始条件为

$$\bar{\boldsymbol{x}}(t_0) = \bar{\boldsymbol{x}}_0 \tag{18-14}$$

对于两航天器的控制策略 $\boldsymbol{u}_P$ 和 $\boldsymbol{u}_E$ 的所有值，假如存在一组控制策略 $(\boldsymbol{u}_P^*, \boldsymbol{u}_E^*)$ 使得方程 (18-12) 中的支付函数满足如下条件：

$$J\left(\boldsymbol{u}_P^*, \boldsymbol{u}_E\right) \leqslant J\left(\boldsymbol{u}_P^*, \boldsymbol{u}_E^*\right) \leqslant J\left(\boldsymbol{u}_P, \boldsymbol{u}_E^*\right) \tag{18-15}$$

则该组控制策略 $(\boldsymbol{u}_P^*, \boldsymbol{u}_E^*)$ 就可以说是二人零和微分对策的鞍点解。

综上所述，本章的研究目标就是要求解出鞍点解 $(\boldsymbol{u}_P^*, \boldsymbol{u}_E^*)$ 使得两航天器在追逃博弈过程中满足方程 (18-15)。接下来将介绍鞍点解 $(\boldsymbol{u}_P^*, \boldsymbol{u}_E^*)$ 的求解方法。

18.3.2 鞍点解

本节将介绍鞍点解 $(\boldsymbol{u}_P^*, \boldsymbol{u}_E^*)$ 的求解过程。本节首先将鞍点解的必要条件构建为一个 12 维两点边值问题，然后利用一种降维方法 [20] 将该两点边值问题简化为三个终端条件的求解问题，最后通过求解上述三个终端条件以获得鞍点解 $(\boldsymbol{u}_P^*, \boldsymbol{u}_E^*)$。

在介绍鞍点解的必要条件之前，先引入一个哈密顿函数 H 和一个终端函数 $\varPhi$，它们的表达式分别为

$$H = \boldsymbol{\lambda}^{\mathrm{T}} \dot{\bar{\boldsymbol{x}}} = \lambda_1 \dot{x} + \lambda_2 \dot{y} + \lambda_3 \dot{z} + \lambda_4 \dot{v}_x + \lambda_5 \dot{v}_y + \lambda_6 \dot{v}_z \tag{18-16}$$

$$\varPhi = J + \boldsymbol{\tau}^{\mathrm{T}} \boldsymbol{\Psi}(\bar{\boldsymbol{x}}, t_f) = \frac{T_P}{c} t_f + \tau_1 x(t_f) + \tau_2 y(t_f) + \tau_3 z(t_f) \tag{18-17}$$

其中，$\boldsymbol{\lambda}=[\lambda_1,\lambda_2,\lambda_3,\lambda_4,\lambda_5,\lambda_6]^{\mathrm{T}}$ 为协态变量，$\boldsymbol{\tau}=[\tau_1,\tau_2,\tau_3]^{\mathrm{T}}$ 为拉格朗日乘子列阵。

利用 H 和 Φ，可以将鞍点解的必要条件表示为 [22]

$$\dot{\bar{\boldsymbol{x}}}=\frac{\partial H}{\partial \boldsymbol{\lambda}} \tag{18-18}$$

$$\dot{\boldsymbol{\lambda}}=-\frac{\partial H}{\partial \bar{\boldsymbol{x}}}=-\boldsymbol{A}^{\mathrm{T}}\boldsymbol{\lambda} \tag{18-19}$$

$$\boldsymbol{\lambda}(t_f)=\frac{\partial \Phi}{\partial \bar{\boldsymbol{x}}(t_f)}=[\tau_1,\tau_2,\tau_3,0,0,0]^{\mathrm{T}} \tag{18-20}$$

$$\begin{cases}\boldsymbol{u}_P^*=\arg\min\limits_{\boldsymbol{u}_P} H\\ \boldsymbol{u}_E^*=\arg\max\limits_{\boldsymbol{u}_E} H\end{cases} \tag{18-21}$$

$$H(t_f)+\frac{\partial \Phi}{\partial t_f}=0 \tag{18-22}$$

方程 (18-14) 和上述五个方程可以构成一个 12 维两点边值问题，其中 $[\bar{\boldsymbol{x}}^{\mathrm{T}},\boldsymbol{\lambda}^{\mathrm{T}}]^{\mathrm{T}}$ 为 12 维状态矢量；方程 (18-18) 和 (18-19) 构成状态矢量的一阶微分方程；方程 (18-14) 和 (18-20) 构成 12 维边界条件。此外，方程 (18-21) 给出了控制变量的双边优化条件，方程 (18-13) 和 (18-22) 构成拦截时间 t_f 和拉格朗日乘子 $\boldsymbol{\tau}$ 的约束条件。上述两点边值问题可以简单描述为

$$\begin{cases}\dot{\bar{\boldsymbol{x}}}=\dfrac{\partial H}{\partial \boldsymbol{\lambda}},\bar{\boldsymbol{x}}(t_0)=\bar{\boldsymbol{x}}_0\\ \dot{\boldsymbol{\lambda}}=-\boldsymbol{A}^{\mathrm{T}}\boldsymbol{\lambda},\boldsymbol{\lambda}(t_f)=[\tau_1,\tau_2,\tau_3,0,0,0]^{\mathrm{T}}\end{cases} \tag{18-23}$$

接下来，将利用一种降维方法将上述两点边值问题简化为三个终端条件的求解问题。

由方程 (18-4) 和 (18-19) 可知，协态变量 $\boldsymbol{\lambda}$ 与状态变量 $\bar{\boldsymbol{x}}$ 无关，因此 $\boldsymbol{\lambda}$ 可以被写成状态转移的形式：

$$\boldsymbol{\lambda}(t)=\boldsymbol{\Theta}_\lambda(t,t_0)\boldsymbol{\lambda}(t_0)=\boldsymbol{\Theta}_\lambda^{-1}(t_f,t)\boldsymbol{\lambda}(t_f) \tag{18-24}$$

其中,状态转移矩阵 $\boldsymbol{\Theta}_\lambda(t,t_0)$ 可以通过方程 (18-19) 确定,状态转移矩阵 $\boldsymbol{\Theta}_\lambda^{-1}(t_f,t)$ 可由 $\boldsymbol{\Theta}_\lambda(t,t_0)$ 的求逆得到。由方程 (18-20) 和 (18-24) 可知，$\boldsymbol{\lambda}(t)$ 在任意时刻的值可以用参数 τ_1、τ_2、τ_3 和 t_f 表示。

由方程 (18-2) 和 (18-3) 可知，追逐星的控制变量 $\boldsymbol{u}_P$ 包括 α_P、β_P 和 T_P，逃逸星的控制变量 $\boldsymbol{u}_E$ 包括 α_E 和 β_E。根据方程 (18-21)，控制变量需满足如下最优条件：

$$\begin{cases} \dfrac{\partial H}{\partial \alpha_P}=0, \quad \dfrac{\partial^2 H}{\partial \alpha_P^2} \geqslant 0 \\ \dfrac{\partial H}{\partial \beta_P}=0, \quad \dfrac{\partial^2 H}{\partial \beta_P^2} \geqslant 0 \\ \dfrac{\partial H}{\partial T_P}=0, \quad \dfrac{\partial^2 H}{\partial T_P^2} \geqslant 0 \\ \dfrac{\partial H}{\partial \alpha_E}=0, \quad \dfrac{\partial^2 H}{\partial \alpha_E^2} \geqslant 0 \\ \dfrac{\partial H}{\partial \beta_E}=0, \quad \dfrac{\partial^2 H}{\partial \beta_E^2} \geqslant 0 \end{cases} \tag{18-25}$$

联立方程 (18-16) 和 (18-25)，可得最优控制变量 α_P^*、β_P^*、α_E^* 和 β_E^* 的表达式为

$$\begin{cases} \sin\alpha_P^* = \sin\alpha_E^* = \dfrac{\lambda_5}{\sqrt{\lambda_4^2+\lambda_5^2}} \\ \cos\alpha_P^* = \cos\alpha_E^* = \dfrac{\lambda_4}{\sqrt{\lambda_4^2+\lambda_5^2}} \\ \sin\beta_P^* = \sin\beta_E^* = \dfrac{\lambda_6}{\sqrt{\lambda_4^2+\lambda_5^2+\lambda_6^2}} \\ \cos\beta_P^* = \cos\beta_E^* = \dfrac{\sqrt{\lambda_4^2+\lambda_5^2}}{\sqrt{\lambda_4^2+\lambda_5^2+\lambda_6^2}} \end{cases} \tag{18-26}$$

联立公式 (18-16) 和 (18-25)，控制变量 T_P^* 所需满足的最优条件为

$$\frac{\partial H}{\partial T_P} = \frac{m_{0p}c}{\left(m_{0p}-\dfrac{T_P}{c}t\right)^2} > 0 \tag{18-27}$$

值得注意的是，公式 (18-27) 恒成立，因此利用该方程无法确定最优控制变量 T_P^* 的表达式。

由方程 (18-24) 和 (18-26) 可知，在鞍点解 $(\boldsymbol{u}_P^*, \boldsymbol{u}_E^*)$ 中，α_P^*、β_P^*、α_E^* 和 β_E^* 在任意时刻 t 的值可以用参数 τ_1、τ_2、τ_3 和 t_f 表示。也就是说，当参数 τ_1、τ_2、τ_3、t_f 和 T_P^* 被求解出来后，鞍点解 $(\boldsymbol{u}_P^*, \boldsymbol{u}_E^*)$ 在任意时刻 t 的值即可被确定，即两航天器的最优控制策略被确定。接下来详细介绍参数 τ_1、τ_2、τ_3、t_f 和 T_P^* 的求解过程。

假定已知参数 τ_1、τ_2、τ_3、t_f 和 T_P^* 的值，方程 (18-23) 中的两点边值问题可以被转化为如下初值问题：

$$\begin{cases} \dot{\bar{\boldsymbol{x}}}(t) = \boldsymbol{A}\bar{\boldsymbol{x}}(t) + \boldsymbol{B}\boldsymbol{u}^*(t)|_{t_f,\tau_1,\tau_2,\tau_3,T_P^*} \\ \bar{\boldsymbol{x}}(t_0) = \bar{\boldsymbol{x}}_0 \end{cases} \tag{18-28}$$

利用方程 (18-28) 求解出状态变量 $\bar{\boldsymbol{x}}(t_f)$，其中 $\bar{\boldsymbol{x}}(t_f)$ 由参数 τ_1、τ_2、τ_3、t_f 和 T_P^* 表示。利用两航天器追逃博弈的终端条件 (18-13) 和横向条件 (18-22)，可以得到两个关于 τ_1、τ_2、τ_3、t_f 和 T_P^* 的终端条件：

$$\begin{cases} x(\tau_1,\tau_2,\tau_3,t_f,T_P^*) = 0 \\ y(\tau_1,\tau_2,\tau_3,t_f,T_P^*) = 0 \\ z(\tau_1,\tau_2,\tau_3,t_f,T_P^*) = 0 \end{cases} \tag{18-29}$$

$$\tau_1 v_x(\tau_1,\tau_2,\tau_3,t_f,T_P^*) + \tau_2 v_y(\tau_1,\tau_2,\tau_3,t_f,T_P^*) + \tau_3 v_z(\tau_1,\tau_2,\tau_3,t_f,T_P^*) + \frac{T_P^*}{c} = 0 \tag{18-30}$$

容易看出，利用这两个终端条件无法求解出 τ_1、τ_2、τ_3、t_f 和 T_P^* 这五个参数的值，因此必须添加另一个终端条件以实现上述五个参数的求解。考虑到研究目标是追逐星在成功拦截逃逸星的情况下尽量减小燃料消耗和拦截时间 t_f，因此将支付函数 J_P 在终端时刻的最小化作为一个终端条件，即：

$$\boldsymbol{u}_P^* = \arg\min_{\boldsymbol{u}_P} \dot{m}_P t_f = \arg\min_{\boldsymbol{u}_P} \frac{T_P}{c} t_f \tag{18-31}$$

联立方程 (18-29)、(18-30) 和 (18-31)，可以求解出参数 τ_1、τ_2、τ_3、t_f 和 T_P^* 的值，进而可以确定最优控制策略 $\boldsymbol{u}_P^*$ 和 $\boldsymbol{u}_E^*$，即求解出二人零和微分对策的鞍点解。接下来，将介绍上述三个终端条件的求解方案。

18.3.3 求解方案

在本节中，我们提出一种混合方法求解三个终端条件以获得参数 τ_1、τ_2、τ_3、t_f 和 T_P^* 的精确值。该方法首先利用粒子群优化算法 (particle swarm optimization, PSO 算法) 对三个终端条件进行求解以获得 τ_1、τ_2、τ_3、t_f 和 T_P^* 的粗略估计值，然后利用改进的 Powell 算法 (简称 Powell 算法) 对 τ_1、τ_2、τ_3、t_f 和 T_P^* 进行精确估计。其中，Powell 算法是牛顿迭代法的一种改进形式，通常需要较好的初始值，否则可能得到局部最优解。因此，为了给 Powell 算法提供较好的初始值，本节首先利用 PSO 算法获得 τ_1、τ_2、τ_3、t_f 和 T_P^* 的粗略估计值，并利用该粗略估计值实现 Powell 算法的初始化。在获得 τ_1、τ_2、τ_3、t_f 和 T_P^* 的精确值后，由

18.3.2 节可知，我们就可以得到两航天器的最优控制策略 $\boldsymbol{u}_P^*$ 和 $\boldsymbol{u}_E^*$。接下来本节首先对上述两种算法分别进行简单介绍，然后详细阐述本节所提混合方法。

PSO 算法是一种基于种群的随机优化技术，其基本思想是通过群体中个体之间的协作和信息共享来寻找最优解。该算法由 Eberhart 和 Kennedy 于 1995 年首次提出，并很快广泛应用于航天器研究。在本章中，使用 PSO 算法对参数 τ_1、τ_2、τ_3、t_f 和 T_P^* 进行粗略估计。具体来讲，将 PSO 算法中的目标函数设置为

$$J_{\mathrm{PSO}} = \sqrt{\Delta r_1^2 + \Delta r_2^2 + \Delta r_3^2 + \Delta r_4^2 + \Delta r_5^2} \tag{18-32}$$

其中，参数 Δr_1、Δr_2、Δr_3、Δr_4 和 Δr_5 的表达式为

$$\begin{cases} \Delta r_1 = x(\tau_1, \tau_2, \tau_3, t_f, T_P^*) \\ \Delta r_2 = y(\tau_1, \tau_2, \tau_3, t_f, T_P^*) \\ \Delta r_3 = z(\tau_1, \tau_2, \tau_3, t_f, T_P^*) \\ \Delta r_4 = \tau_1 v_x(\tau_1, \tau_2, \tau_3, t_f, T_P^*) + \tau_2 v_y(\tau_1, \tau_2, \tau_3, t_f, T_P^*) \\ \qquad + \tau_3 v_z(\tau_1, \tau_2, \tau_3, t_f, T_P^*) + \dfrac{T_P^*}{c} \\ \Delta r_5 = \dfrac{T_P^*}{c} t_f \end{cases} \tag{18-33}$$

然后利用 PSO 算法寻找到合适的参数 τ_1、τ_2、τ_3、t_f 和 T_P^* 使得目标函数 J_{PSO} 最小。

Powell 算法 [23] 又称为方向加速法，是利用共轭方向可以加快收敛速度的性质形成的一种直接搜索方法。基于该算法，Argonne 国家实验室编写了 Minpack-1 程序包 [24] 用于求解无约束最优化问题。在本章中，首先利用 τ_1、τ_2、τ_3、t_f 和 T_P^* 的粗估计值对 Minpack-1 程序包中的待求参数进行初始化，然后利用 Minpack-1 程序包对 τ_1、τ_2、τ_3、t_f 和 T_P^* 进行精确估计。在 Minpack-1 程序包中的迭代过程中，本章用前向差分代替梯度，并设置一个较小的积分容差，以获得准确的结果。此外，为了保证 Powell 算法所得估计结果的精度，本节设置如下收敛条件

$$\sqrt{\Delta r_{1\mathrm{Powell}}^2 + \Delta r_{2\mathrm{Powell}}^2 + \Delta r_{3\mathrm{Powell}}^2 + \Delta r_{4\mathrm{Powell}}^2} \leqslant 10 \tag{18-34}$$

其中 $\Delta r_{i\mathrm{Powell}}(i = 1, 2, 3, 4)$ 表示 Powell 算法所得的 $\Delta r_i(i = 1, 2, 3, 4)$。

本节所提混合方法主要包括如下步骤：

(1) 利用 PSO 算法获得参数 τ_1、τ_2、τ_3、t_f 和 T_P^* 的粗略估计值。

(2) 利用步骤 (1) 所得粗略估计值对 Powell 算法的待求参数进行初始化，然后利用 Minpack-1 程序包对参数 τ_1、τ_2、τ_3、t_f 和 T_P^* 进行精确估计。

(3) 当步骤 (2) 中所得结果满足公式 (18-34) 时，迭代结束。当步骤 (2) 中所得结果不满足公式 (18-34) 时，重复步骤 (1)~(3)，直到收敛条件即公式 (18-34) 被满足。

18.4 数值仿真

在本节中，利用仿真考察了 SPE game 过程中追逐星的燃料最优对其使用寿命的重要性，并验证了所提燃料最优求解方法的有效性。在仿真中，研究了 12 种 SPE game 情况下追逐星的燃料最优问题，如表 18.1 所示。具体来说，为了验证所提方法对 SPE game 所在轨道的高度的鲁棒性，考察了三种不同高度的参考轨道 (低轨道、中轨道、地球静止轨道)。此外，在每种轨道高度的 SPE game 中，为了考察两航天器之间的初始相对状态和逃逸星的推力对追逐星的最优推力值及其燃料消耗的影响，考虑了两种初始相对状态和逃逸星的三种推力值。在表 18.1 中，$[\Delta x, \Delta y, \Delta z, \Delta v_x, \Delta v_y, \Delta v_z]$ 表示两航天器的初始相对状态，其中前三项和后三项分别表示两航天器的相对位置分量和相对速度分量。在求解 SPE game 中追逐星的燃料最优问题时，本章使用了 18.3.3 节所述的混合算法，该混合算法中的参数设置如表 18.2 所示。

表 18.1 12 种 SPE game 情况的参数设置

算例	参考轨道			推力	质量	喷气速度	初始相对状态
	h/km	i/(°)	θ/(°)	T_E/N	m_0/kg	c/(m/s²)	$[\Delta x, \Delta y, \Delta z, \Delta v_x, \Delta v_y, \Delta v_z]$/km
1	1000	0	20	100	2000	$350g_0$	$[0, -10, -0.1, 0, 0, 0]$
2	1000	0	20	100	2000	$350g_0$	$[0, -100, -10, 0, 0, 0]$
3	1000	0	20	300	2000	$350g_0$	$[0, -10, -0.1, 0, 0, 0]$
4	1000	0	20	500	2000	$350g_0$	$[0, -10, -0.1, 0, 0, 0]$
5	10000	0	20	100	2000	$350g_0$	$[0, -10, -0.1, 0, 0, 0]$
6	10000	0	20	100	2000	$350g_0$	$[0, -100, -10, 0, 0, 0]$
7	10000	0	20	300	2000	$350g_0$	$[0, -10, -0.1, 0, 0, 0]$
8	10000	0	20	500	2000	$350g_0$	$[0, -10, -0.1, 0, 0, 0]$
9	35786	0	20	100	2000	$350g_0$	$[0, -10, -0.1, 0, 0, 0]$
10	35786	0	20	100	2000	$350g_0$	$[0, -100, -10, 0, 0, 0]$
11	35786	0	20	300	2000	$350g_0$	$[0, -10, -0.1, 0, 0, 0]$
12	35786	0	20	500	2000	$350g_0$	$[0, -10, -0.1, 0, 0, 0]$

本节进行了两组仿真实验：① 在 12 种 SPE game 中，研究了追逐星的燃料消耗 C_{fuel} 随其推力值 T_P 的变化规律，并考察追逐星的燃料最优对其使用寿命的影响；② 利用所提方法对 12 种 SPE game 情况分别进行处理，并对追逐星的最优推力值和燃料消耗结果进行统计分析，已验证所提方法的有效性和鲁棒性。详细的仿真结果和说明如下。

表 18.2 混合算法中的参数设置

	参数	值
粒子群优化算法	粒子数量	50
	迭代次数	100
	$\tau_i(i=1,2,3)$ 的初始值范围	$[0,10]$
	t_f 的初始值范围	$[0,10000]$
	T_P 的初始值范围	$[T_E,3T_E]$
	积分精度	1×10^{-5}
Powell 算法	终端距离的精度	1×10^{-8}
	终端 Hamiltonian 的精度	1×10^{-9}
	积分精度	1×10^{-10}

18.4.1 追逐星的燃料消耗及其使用寿命

由 18.2 节可知，当逃逸星的推力 T_E 不变且追逐星的推力 T_P 增大时，两航天器之间的相对运动状态的变化会加快，并导致拦截时间 t_f 变小。根据追逐星的燃料消耗公式 $C_{\text{fuel}}=\dot{m}_Pt_f=\dfrac{T_P}{c}t_f=\dfrac{T_{PE}+T_E}{c}t_f$ 可知，C_{fuel} 会随着 T_P (T_{PE}) 的改变而减小或增大。此外，考虑到以下两点：① C_{fuel} 随 T_P 的变化规律和 C_{fuel} 随 T_{PE} 的变化规律是一一对应的；② C_{fuel} 与 t_f 密切相关，而 t_f 与 T_{PE} 密切相关。因此，为了便于分析，在结果图中利用 T_{PE} 代替 T_P，然后考察了 t_f 和 C_{fuel} 随 T_{PE} 的变化规律，如图 18.2 中的线性部分所示。由图 18.2 中线形部分可知：

(1) 当参考轨道的高度 h、逃逸星的推力 T_E 和两航天器之间的初始相对位置均固定时：① t_f 随着 T_{PE} 的增大将以近似二次函数的形式而减小得越来越慢；② C_{fuel} 随着 T_{PE} 的增大表现出先减小后增大的特性。

(2) 如图 18.2(a) 和图 18.2(b) 中的算例 1 和算例 2 所示，当参考轨道的高度 h 和逃逸星的推力 T_E 均固定，但两航天器之间的初始相对位置增大时：① 在相同的 T_{PE} 处，t_f 和 C_{fuel} 均增大；② 在相同的 T_{PE} 处，t_f 和 C_{fuel} 的变化速率 (即斜率) 均增大。

(3) 如图 18.2(a) 和图 18.2(b) 中的算例 1、算例 3 和算例 4 所示，当参考轨道的高度 h 和两航天器之间的初始相对位置均固定，但 T_E 增大时：① t_f 随 T_{PE} 的变化规律基本保持不变；② 在相同的 T_{PE} 处，C_{fuel} 不断增大，但其变化速率 (即斜率) 减小。

(4) 如图 18.2 中的算例 1、算例 5 和算例 9 所示，当 T_E 和两航天器之间的初始相对位置均固定，但参考轨道的高度增大时，t_f 和 C_{fuel} 随 T_{PE} 的变化规律基本一致。

(5) 由图 18.2(b) 可知：① 算例 1 和算例 2 情况下 C_{fuel} 的最大值约为最小

值的 2 倍。此外，当 T_{PE} 接近于 0 或大于 800N 时 C_{fuel} 更可能取到最大值，当 T_{PE} 接近于 T_E 时 C_{fuel} 更可能取到最小值；② 算例 3 和算例 4 情况下 C_{fuel} 的最大值约为最小值的 3 倍。此外，当 T_{PE} 接近于 0 时 C_{fuel} 更可能取到最大值，当 T_{PE} 接近于 T_E 或大于 T_E 时 C_{fuel} 更可能取到最小值。在其他轨道高度上有类似的现象。

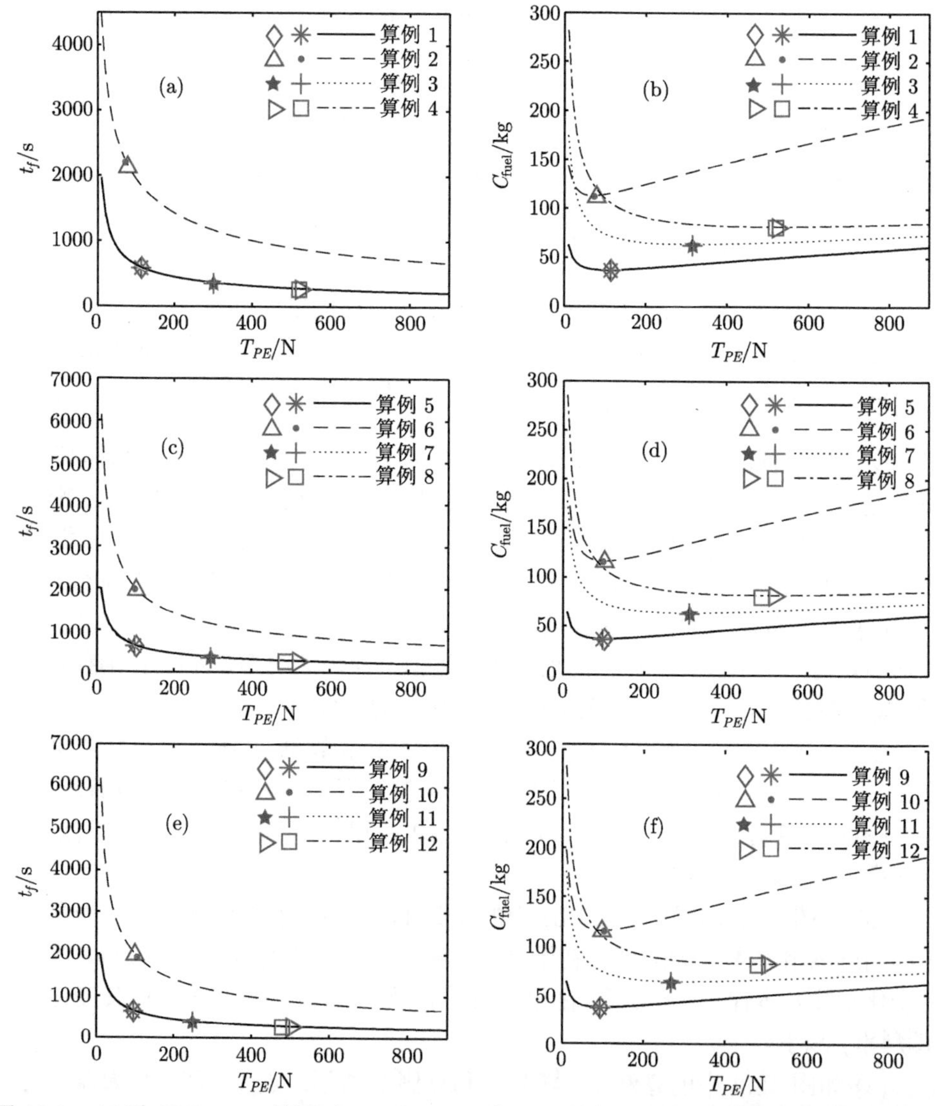

图 18.2　12 种 SPE game 情况下，t_f 和 C_{fuel} 随 T_{PE} 的变化规律 (线形部分)，以及所提方法得到的燃料最优解的粗略值 (标记点部分 ◇、△、★ 和 ▷) 和精确值 (标记点部分 $*$、•、+ 和 □)

在此对现象 (1) 中 “C_{fuel} 随着 T_{PE} 的增大表现出先减小后增大的特性” 做出如下解释：当 T_{PE} 较小时，T_{PE} 的微增会引起 t_f 会急速下降，根据 $C_{\text{fuel}} = \dfrac{T_{PE}+T_E}{c}t_f$ 可知，此时 C_{fuel} 会减小；当 T_{PE} 较大时，T_{PE} 的急速增加只会引起 t_f 的微降，根据 $C_{\text{fuel}} = \dfrac{T_{PE}+T_E}{c}t_f$ 可知，此时 C_{fuel} 会增大。因此，C_{fuel} 随着 T_{PE} 的增大表现出先减小后增大的特性。由现象 (1) 可知，对于每一种 SPE game，C_{fuel} 必存在一个最小值，即 SPE game 中追逐星存在燃料最优解。

综上所述，在 SPE game 中，追逐星的燃料消耗 C_{fuel} 必存在最优解，且 C_{fuel} 的最小值大约为最大值的一半甚至更少。因此，在本章工况下，为了减小追逐星在 SPE game 中的燃料消耗，可以采取如下策略：当逃逸星的推力 T_E 较小时，两航天器的推力差 T_{PE} 最好取在 T_E 值的附近；当逃逸星的推力 T_E 较大时，两航天器的推力差 T_{PE} 最好约等于 T_E 值或大于 T_E 值。采用上述策略，追逐星可以在 SPE game 中尽量减小燃料消耗，从而延长其使用寿命。因此可以得出如下结论：对 SPE game 中追逐星的燃料最优的研究对追逐星的使用寿命具有重要意义。

18.4.2 追逐星的燃料最优

本节对 SPE game 中追逐星的燃料最优结果进行分析以验证所提方法的有效性和鲁棒性。利用所提方法对 12 种 SPE game 中追逐星的燃料最优问题进行求解，所得结果如图 18.2 中标记点部分和表 18.3 所示。在表 18.3 中，PSO 表示利用 PSO 算法对参数 T_{PE}、t_f 和 C_{fuel} 的粗略估计结果，且该粗略估计结果与图 18.2 中的标记点 (◊、△、★ 和 ▷) 存在一一对应的关系；Powell 表示利用混合算法所得到的精确估计结果，且该精确估计结果与图 18.2 中的标记点 (*、•、+ 和 □) 存在一一对应的关系。由图 18.2 中标记点部分和表 18.3 可知：

(1) 由图 18.2(b)、图 18.2(d) 和图 18.2(f) 可知，C_{fuel} 的粗估计结果均处于所在曲线的最低点附近，且 C_{fuel} 的精估计结果均处于所在曲线的最低点上。

(2) 如图 18.2(a) 和图 18.2(b) 中的算例 1 和算例 2 所示，当参考轨道的高度 h 和 T_E 均固定，但两航天器之间的初始相对状态增大时，C_{fuel} 的最优解变大，但最优解所对应的 T_{PE} 基本保持不变。

(3) 如图 18.2(a) 和图 18.2(b) 中的算例 1、算例 3 和算例 4 所示，当参考轨道的高度 h 和两航天器之间的初始相对位置均固定，但 T_E 增大时：① C_{fuel} 的最优解所对应的 t_f 减小；② C_{fuel} 的最优解变大；③ C_{fuel} 的最优解所对应的 T_{PE} 变大。

(4) 如图 18.2(b)、图 18.2(d) 和图 18.2(f) 中的算例 1、算例 5 和算例 9 所示，当 T_E 和两航天器之间的初始相对位置均固定，但参考轨道的高度增大时，C_{fuel}

的最优解所对应的 T_{PE} 存在轻微的减小，但 C_{fuel} 的最优解基本相同。

(5) 如表 18.3 中 Powell 部分所示，当 C_{fuel} 取得最优解时，T_{PE} 的取值总是在 T_E 的附近。该现象与 18.4.1 节中的现象 (5) 相一致。

表 18.3 混合算法所得结果

算例	PSO			Powell		
	T_{PE}/N	t_f/s	C_{fuel}/kg	T_{PE}/N	t_f/s	C_{fuel}/kg
1	115.9936	595.9115	37.5010	115.4028	596.0232	37.4054
2	80.1848	2136.7991	112.1765	74.7811	2215.3709	112.8135
3	266.5354	387.4975	63.9611	294.1005	368.4034	63.6761
4	493.1535	283.1125	81.8210	533.4014	271.6365	81.7989
5	84.6789	685.9999	36.9115	100.4789	628.4885	36.7319
6	101.5793	1982.0005	116.4045	101.5793	1980.9985	116.3457
7	231.7953	421.8593	63.9686	290.5953	368.2997	63.3741
8	455.6721	293.1336	81.6196	498.0821	280.6032	81.5971
9	82.7065	695.1544	37.0046	98.4348	635.0385	36.7145
10	124.9448	1794.6847	116.0522	100.1900	1976.1648	115.2619
11	331.9448	345.9601	63.6979	284.0048	373.0180	63.4697
12	544.5348	269.6492	82.0620	492.5105	282.5181	81.6961

由现象 (1) 可知，所提方法能够有效地获得 SPE game 中追逐星的燃料最优解，且对参考轨道的高度 h 和两航天器之间的初始相对状态具有鲁棒性。此外，当 T_{PE} 的取值在 T_E 的附近时，追逐星更有可能获得燃料最优解，这可以为 SPE game 中追逐星的燃料最优问题的求解提供一定的指导。

接下来考察 SPE game 中追逐星对逃逸星的拦截问题。以算例 1 为例，首先利用所提方法对 SPE game 问题进行求解，可得未知参数 $\tau_1=-0.9807$、$\tau_2=2.6785$、$\tau_3=0.02362$、$t_f=596.0232$ 和 $T_P^*=215.4028\text{N}$；然后在 $T_P^*=215.4028\text{N}$ 的情况下利用文献 [20] 中方法 (简称 Li 方法) 对不考虑燃料消耗的 SPE game 问题进行求解，可得未知参数 $\tau_1=-7.2923\times10^{-4}$、$\tau_2=1.9931\times10^{-3}$、$\tau_3=1.7505\times10^{-5}$ 和 $t_f=596.3554$。利用上述求得的参数可以获得两航天器的最优控制策略，然后利用该最优控制策略可得两航天器的运动状态随时间的变化，如图 18.3 所示。其中，E 和 P 分别表示逃逸星和追逐星，所提方法和 Li 方法分别表示利用所提燃料最优求解方法和 Li 方法得到的结果。值得说明的是，Li 方法的目的是追逐星在精确拦截逃逸星的同时尽量最小化 t_f，且逃逸星尽量最大化 t_f，而不考虑燃料消耗的问题。由图 18.3 可知。

(1) 利用所提方法和 Li 方法都可以实现追逐星对逃逸星的精确拦截，且二者所得到的两航天器的运动状态基本保持一致。

(2) 虽然两航天器在 X 方向的初始位置相同，但两航天器都首先提高自己的轨道高度，且具有较大推力的追逐星能够达到更高的轨道高度。

(3) 两航天器之间的距离减小的越来越快，且大概呈二次函数的形式。

(4) 两航天器之间的相对加速度越来越大。这说明具有较大推力的追逐星的加速度优势会随着时间的增加而不断增大，与现象 (3) 相符。

综上所述，所提方法能够获得追逐星在 SPE game 中的燃料最优解，同时追逐星能够在精确拦截逃逸星的情况下最小化 t_f 且逃逸星能够尽量最大化 t_f。此外，所提方法对参考轨道的高度 h 和两航天器之间的初始相对状态具有鲁棒性。

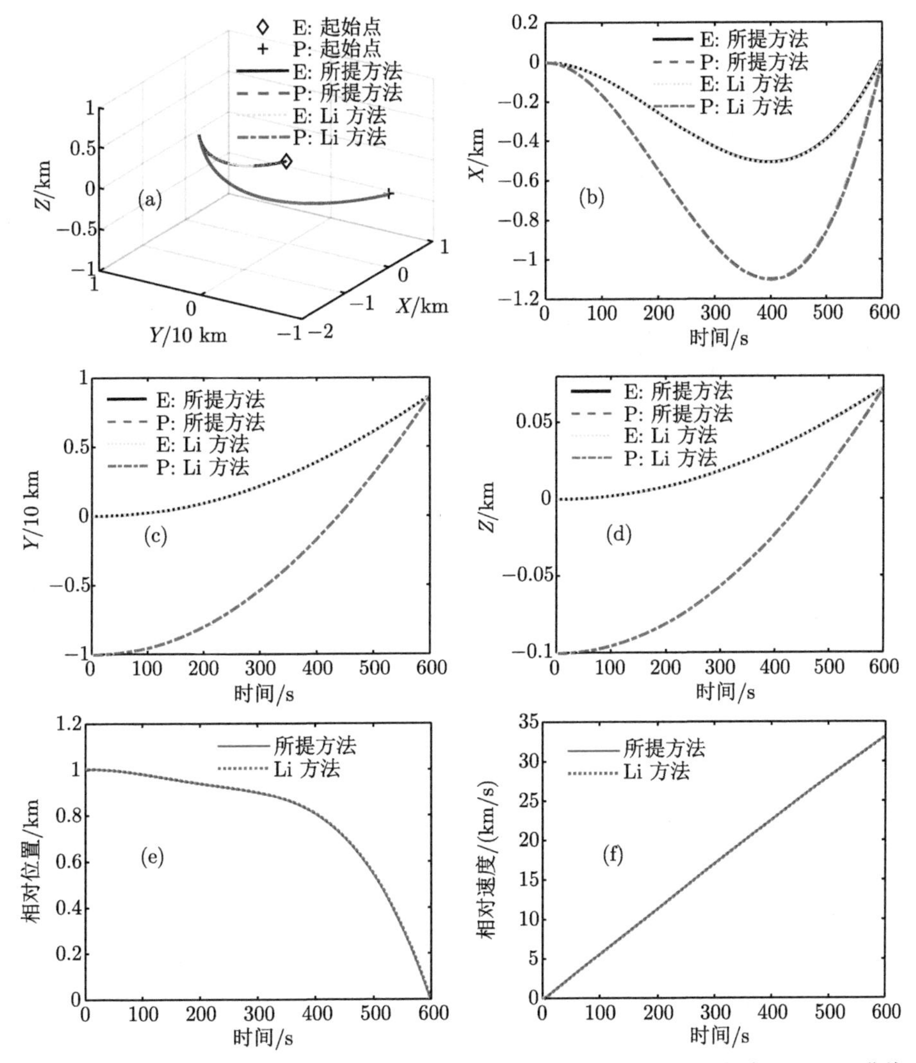

图 18.3 算例 1 情况下两航天器的运动状态：(a) 运动轨迹；(b) x-t 曲线；(c) y-t 曲线；(d) z-t 曲线；(e) 相对位置；(f) 相对速度

18.5 本章小结

本章研究了 SPE game 中追逐星的燃料最优问题，并提出了一种精确且鲁棒的求解方法。为了实现 SPE game 中追逐星的燃料最优，首先将二人零和微分对策的支付函数设置为拦截时间和追逐星的燃料消耗的表达式，然后利用二人零和微分对策的鞍点解的必要条件求解两航天器的最优控制策略。利用该最优控制策略，追逐星可以在燃料消耗最小且精确拦截逃逸星的情况下最小化拦截时间，且逃逸星可以尽量最大化拦截时间。在求解鞍点解的过程中，首先基于考虑了质量变化和 J_2 摄动的航天器相对动力学模型将鞍点解的必要条件转化为两点边值问题，然后利用降维方法和混合算法求解该两点边值问题并获得了两航天器的最优控制策略。

仿真结果表明 SPE game 中追逐星的燃料最优对其使用寿命具有重要意义，且本章所提燃料最优方法能够精确获得 SPE game 中两航天器的最优控制策略。此外，如果两航天器的质量相近，当两航天器的推力差约等于逃逸星的推力时，追逐星更可能实现燃料最优。这种现象可以为 SPE game 中追逐星的燃料最优问题的求解提供一定的指导。

本章中未尽之处还可详见本课题组已投稿文章 [25]。

参考文献

[1] Flores-Abad A, Ma O, Pham K, et al. A review of space robotics technologies for on-orbit servicing [J]. Progress in Aerospace Sciences, 2014, 68: 1-26.

[2] Shen H X, Casalino L. Revisit of the three-dimensional orbital pursuit-evasion game [J]. Journal of Guidance Control and Dynamics, 2018, 41(8): 1823-1831.

[3] Venigalla C, Scheeres D J. Spacecraft rendezvous and pursuit/evasion analysis using reachable sets [C]. AIAA/AAS Space Flight Mechanics Meeting, Kissimmee, Florida, USA, 2018.

[4] Jagat A, Sinclair A J. Nonlinear control for spacecraft pursuit-evasion game using the state-dependent Riccati equation method [J]. IEEE Transactions on Aerospace and Electronic Systems, 2017, 53(6): 3032-3042.

[5] Woodbury T, Hurtado J E. Adaptive play via estimation in uncertain nonzero-sum orbital pursuit-evasion games [C]. AIAA SPACE and Astronautics Forum and Exposition, Orlando, FL, 2017.

[6] Hafer W T, Reed H L. Orbital pursuit-evasion hybrid spacecraft controllers [C]. AIAA Guidance, Navigation, and Control Conference, Kissimmee, Florida, 2015.

[7] Isaacs R. Differential Games [M]. New York: Wiley, 1965.

[8] Horie K, Conway B A. Optimal fighter pursuit-evasion maneuvers found via two-sided optimization [J]. Journal of Guidance Control and Dynamics, 2006, 29(1): 105-112.

[9] Breitner M H, Pesch H J, Grimm W. Complex differential games of pursuit-evasion type with state constraints, Part 1: Necessary conditions for optimal open-loop strategies [J]. Journal of Optimization Theory and Applications, 1993, 78(3): 419-441.
[10] Pontani M, Conway B A. Numerical solution of the three-dimensional orbital pursuit-evasion game [J]. Journal of Guidance Control and Dynamics, 2009, 32(2): 474-487.
[11] Pachter M, Yavin Y. A stochastic homicidal chauffeur pursuit-evasion differential game [J]. Journal of Optimization Theory and Applications, 1981, 34: 405-424.
[12] Ramana M V, Kothari M. Pursuit strategy to capture high-speed evaders using multiple pursuers [J]. Journal of Guidance Control and Dynamics, 2017, 40(1): 139-149.
[13] Makkapati V R, Sun W, Tsiotras P. Optimal evading strategies for two-pursuer/one-evader problems [J]. Journal of Guidance Control and Dynamics, 2018, 41(4): 851-862.
[14] Wei S, Panagiotis T. Multiple-pursuer/one-evader pursuit–evasion game in dynamic flow fields [J]. Journal of Guidance Control and Dynamics, 2017, 40(7): 1627-1637.
[15] Anderson G M, Grazier V W. Barrier in pursuit-evasion problems between two low-thrust orbital spacecraft [J]. AIAA Journal, 1976, 14: 158-163.
[16] Li Z Y, Zhu H, Yang Z, et al. Saddle point of orbital pursuit-evasion game under J_2-perturbed dynamics [J]. Journal of Guidance Control and Dynamics, 2020, 43(9): 1733-1739.
[17] Carr R W, Cobb R G, Pachter M, et al. Solution of a pursuit-evasion game using a near-optimal strategy [J]. Journal of Guidance Control and Dynamics, 2018, 41(4): 841-850.
[18] Hafer W T, Reed H L, Turner J D, et al. Sensitivity methods applied to orbital pursuit evasion [J]. Journal of Guidance Control and Dynamics, 2015, 38(6): 1118-1126.
[19] Sun S, Zhang Q, Loxton R, et al. Numerical solution of a pursuit-evasion differential game involving two spacecraft in low earth orbit [J]. Journal of Industrial and Management Optimization, 2017, 11(4): 1127-1147.
[20] Lee S, Park S Y. Approximate analytical solutions to optimal reconfiguration problems in perturbed satellite relative motion [J]. Journal of Guidance Control and Dynamics, 2011, 34(4): 1097-1111.
[21] Li Z Y, Zhu H, Yang Z, et al. A dimension-reduction solution of free-time differential games for spacecraft pursuit-evasion [J]. Acta Astronautica, 2019, 163: 201-210.
[22] Basar T, Olsder G J. Dynamic Noncooperative Game Theory [M]. Philadelphia: Society for Industrial and Applied Mathematics, 1999.
[23] Powell M J D. A hybrid method for nonlinear equations, in Numerical Methods for Nonlinear Algebraic Equations [M]. Gordon & Breach, London, 1970.
[24] More J J, Garbow B S, Hillstorm K E. User Guide for Minpack-1 [M]. Argonne National Laboratory, 1980.
[25] Wang Q S, Li P, Lei T, et al. A fuel optimization method of pursuer in the spacecraft pursuit-evasion game [J]. Aerospace Science and Technology (Under Review).

[illegible]

[illegible] Cambridge: [illegible] Draper
Laboratory, 1990

[illegible] Wang G, [illegible] Li [illegible]. Fuel optimization [illegible] manner [illegible] space [illegible] maneuver [illegible]. Aerospace Science and Technology, [illegible] 2020 [illegible]